Rudolf Taschner

Anwendungsorientierte Mathematik 3

Anwendungsorientierte Mathematik
für ingenieurwissenschaftliche Fachrichtungen

Band 1: Grundbegriffe

Zahlen - Geometrie - Höhere Rechenmethoden - Reihen und Konvergenz - Funktion, Integral, Stetigkeit - Regeln des Differenzierens - Regeln des Integrierens

Band 2: Gleichungen und Differentialgleichungen

Differenzieren im Reellen - Nichtlineare Gleichungen - Lineare Gleichungen - Vektor- und Tensorrechnung - Differentialgleichungen - Differenzieren im Komplexen

Band 3: Geometrie und Räume von Funktionen

Kalkül mit Differentialformen - Differentialgeometrie - Krummlinige Koordinaten - Integraltransformationen - Funktionen- und Ereignisräume - Vollständige Räume

Rudolf Taschner

Anwendungsorientierte Mathematik für ingenieurwissenschaftliche Fachrichtungen

Band 3: Geometrie und Räume von Funktionen

Mit 71 Bildern, zahlreichen Beispielen und 196 Aufgaben

Autor:

Ao. Univ. Prof. Dr. phil. Rudolf Taschner

Technische Universität Wien
Institut für Analysis und Scientific Computing
http://www.rudolftaschner.at
rudolf.taschner@tuwien.ac.at

Bibliografische Information der Deutschen Nationalbibliothek
Die Deutsche Nationalbibliothek verzeichnet diese Publikation in der Deutschen Nationalbibliografie; detaillierte bibliografische Daten sind im Internet über http://dnb.d-nb.de abrufbar.

ISBN 978-3-446-44245-0
E-Book-ISBN 978-3-446-44166-8

Fachbuchverlag Leipzig im Carl Hanser Verlag

www.hanser-fachbuch.de
Lektorat: Christine Fritzsch
Herstellung: Katrin Wulst
Einbandrealisierung: Stephan Rönigk
Satz: Rudolf Taschner, Wien
Druck und Bindung: Friedrich Pustet, Regensburg

Printed in Germany

Vorwort

Der dritte Band meines Lehrbuchs über Anwendungsorientierte Mathematik besteht aus zwei großen Teilen, die jeweils drei Kapitel umfassen. Der erste Teil thematisiert die Geometrie. Das Einleitungskapitel stellt die grundlegenden Rechenmethoden vor, die man gerne unter dem Namen „Vektoranalysis“ zusammenfasst. Es ist von zentraler Bedeutung für alle, die Mathematik in der Physik und im Ingenieurwesen anwenden wollen. Die beiden folgenden Kapitel über Differentialgeometrie und krummlinige Koordinaten bauen darauf auf. Sie richten sich vornehmlich an jene Leserinnen und Leser, die sich für das Vermessungswesen, für die abstrakte Mechanik oder Elektrodynamik, oder aber für die Grundlagen der Allgemeinen Relativitätstheorie Einsteins interessieren. Der zweite Teil des Buches ist jenen Stoffgebieten gewidmet, die man unter dem Sammelbegriff „Höhere Analysis“ subsumiert. Der Bogen spannt sich dabei vom Rechnen mit verallgemeinerten Funktionen bis hin zur Wahrscheinlichkeitsrechnung, die im Zuge der Betrachtung linearer Funktionenräume im fünften Kapitel einen angemessenen Platz findet.

Die Ziele des Lehrbuchs werden in diesem Band konsequent weiter verfolgt: Es soll eine Einführung in die Mathematik geboten werden, welche die historische Entwicklung der zentralen mathematischen Konzepte betont und Exkurse in sprachliche Herleitungen einzelner Fachbegriffe sowie großzügige Abschweifungen in Erzählungen des geschichtlichen Umfeldes nicht scheut. Es soll eine Einführung in die Mathematik geboten werden, bei der nur das erklärt wird, was konstruktiv nachvollziehbar ist. Und es soll eine Einführung in die Mathematik geboten werden, bei der das Augenmerk vor allem auf Themen gelegt wird, die für Anwendungen unumgänglich sind.

Wie bei den beiden ersten Bänden des Buches ist auch hier die Anordnung des Lehrstoffs zuweilen ungewohnt. Es kommt den an Anwendungen der Mathematik Interessierten entgegen, wenn sie schon einige Verfahren, wie zum Beispiel die Berechnung von Fourierreihen, die Integraltransformationen, deren Brauchbarkeit beim Lösen partieller Differentialgleichungen und anderes mehr kennenlernen, bevor sie – wie es hier im sechsten und abschließenden Kapitel skizziert wird – mit der dahinter liegenden abstrakten Theorie konfrontiert werden. Neben vielen anderen ausgezeichneten Klassikern der Lehrbuchliteratur habe ich mich vor allem an dem brillant verfassten Buch von Harley Flanders „Differential Forms with Applications to the Physical Sciences“ und an dem beeindruckenden Buch von Robert D. Richtmyer „Principles of Advanced Mathematical Physics“ orientiert. Die wohl besten Zugänge zu den Themen konnte ich einst von Edmund Hlawka, von Johann Cigler und, was die Wahrscheinlichkeitstheorie betrifft, von Karl Sigmund in deren einzigartigen Vorlesungen an der Universität Wien erfahren. In diesem Buch versuche ich, so gut ich kann, dieses wertvolle Erbe zu vermitteln. Ein weiterer Leitstern für mich ist, wie bereits im Vorwort des ersten Bandes erwähnt, die souveräne Aufbereitung des Stoffes, die Bernard Friedman in seinen „Lectures on Applications-Oriented Mathematics“ gelang.

Auch Kenner der Materie werden an der einen oder anderen Stelle Ungewohntes finden: Den originellen Differentialrechnungsvorlesungen Ciglers verdanke ich eine raffinierte Herleitung der sogenannten Transformationsformel mehrdimensionaler Integrale; der Satz von Stokes umgeht elegant die sonst von Vortragenden gefürchtete Umständlichkeit bei der Beweisführung. Dass man vollständige Räume quadratisch integrierbarer Funktionen mit verallgemeinerten Funktionen konkret und einsichtig beschreiben kann, hat Richtmyer hervorgehoben. Somit zeigt sich, dass die von Riemann entworfene, den Prinzipien des Konstruktivismus gehorchende Integrationstheorie auch bei der Betrachtung von Hilberträumen vollständig ausreicht. Und die abstrakte Darstellung von Atlanten differenzierbarer Mannigfaltigkeiten gelingt wohl dann am besten, wenn man vorher konkrete Kartenentwürfe des Globus studiert. Die Veranschaulichung durch ansprechende Abbildungen ist hier von hohem Nutzen. Ich bin meinem Kollegen Hans Havlicek, Grandseigneur der Darstellenden Geometrie an der Technischen Universität Wien, sehr dankbar, dass er mir dafür einige seiner ausgefeilten Kartenentwürfe freigiebigst zur Verfügung gestellt hat.

Auch dieser Band wurde vom Carl Hanser Verlag unter professioneller Betreuung von Christine Fritzsch und Katrin Wulst mit großer Sorgfalt herausgegeben. Ihnen sei noch einmal herzlichst Dank gesagt. Und auch bei diesem Band bitte ich, trotz der gewissenhaften Korrekturarbeit von Andreas Körner und Carina Pöll, die noch immer verbliebenen Druckfehler zu verzeihen.
Im Vorwort seines wunderbaren Buches „The Mathematical Foundations of Quantum Mechanics" schrieb George W. Mackey: „If the reader thinks a sign should be changed he is probably right. Perhaps there are more serious errors here and there." Die gleichen Worte möchte ich den Leserinnen und Lesern dieses Buches mit auf dem Weg geben.

Mein innigstes„Magnas gratias vobis ago" möchte ich schließlich meiner Frau Bianca und meinen Kinder Laura und Alexander aussprechen: für ihre Nachsicht, für ihre Geduld, für ihre Zuneigung. Besonders stark und tief empfand ich sie beim Schreiben dieses Buches.

Wien, September 2014 *Rudolf Taschner*

Inhalt

1 Kalkül mit Differentialformen

1.1 Zellen und Ketten

„Kalkül“ stammt von dem lateinischen calculus, das „Steinchen“ bedeutet, weil die Römer mit kleinen Steinen ihre einfachen Rechnungen durchführten. „Kalkül“ bedeutet „Rechenmethode“. Dieses Kapitel stellt den Kalkül mit „Differentialformen“ vor, grob gesprochen: den Kalkül mit formalen Ausdrücken, in denen Differentiale aufscheinen. Es ist ein Kalkül, dessen Fundamente Leibniz und Newton gelegt hatten, weshalb die Differentialrechnung im Englischen „calculus“ heißt. Der Kalkül mit Differentialformen wurde bis hin zum Beginn des 20. Jahrhunderts von den maßgebenden Mathematikern ihrer Zeit, vor allem aber von Naturwissenschaftern und Ingenieuren zum Zwecke seiner vielfältigen Anwendungen so weit ausgebaut, wie es im Folgenden beschrieben wird. Ansätze dieses Kalküls haben wir bereits im Kapitel über Differentialrechnung im Komplexen kennengelernt.

Im Zuge der Vorbereitung zum Beweis des Integralsatzes von Cauchy sind wir den Begriffen der „Zelle“ und der „Kette“ in der komplexen Ebene begegnet: Eine eindimensionale Zelle Σ war damals eine achsenparallele Strecke, die zwei komplexe Größen verbindet, wobei diese entweder gleiche Imaginärteile oder gleiche Realteile besitzen. Und eine Kette Λ war damals die Summe $c_1\Sigma_1 + \ldots + c_n\Sigma_n$ derartiger Zellen $\Sigma_1, \ldots, \Sigma_n$, die mit ganzzahligen Vielfachheiten $c_1, \ldots, c_n$ multipliziert sind. Dasselbe wollen wir nun für den dreidimensionalen Raum wiederholen:

In diesem Raum befindet sich ein Koordinatensystem mit drei Achsen, die in Richtung von Vektoren weisen, die linear unabhängig sind. Am einfachsten ist es, sich die drei Richtungsvektoren der Achsen als Einheitsvektoren vorzustellen, die zueinander paarweise orthogonal sind. Dann spannen die nach vorne laufende x-Achse und die nach rechts laufende y-Achse die Grundrissebene auf. Die y-Achse und die nach oben laufende z-Achse spannen die Aufrissebene auf, und die z-Achse spannt zusammen mit der x-Achse die Kreuzrissebene auf. In diesem Raum bezeichnen $P = (p, q, r)$ und $Q = (p + a, q + b, r + c)$ zwei Punkte. Vorausgesetzt wird dabei, von allen drei reellen Größen a, b, c stehe fest, ob sie entweder mit Null übereinstimmen, oder aber ob sie größer als Null sind. Jedenfalls befindet sich der Punkt Q, falls er nicht mit P zusammenfällt, entweder in Richtung der x-Achse *vor* P oder in Richtung der y-Achse *rechts von* P oder in Richtung der z-Achse *oberhalb von* P. (Dabei schließt das Wort „oder“ nichts aus: der Punkt Q kann gleichzeitig vor P, rechts von P und auch oberhalb von P geortet sein.) Für zwei derartige Punkte bezeichnet $\Sigma = [P; Q]$ eine *Zelle*. Sie besteht aus der Gesamtheit aller Punkte $X = (x, y, z)$ mit $p \le x \le p + a$, $q \le y \le q + b$, $r \le z \le r + c$. Genauer unterscheiden wir vier Typen von Zellen:

Erstens betrachten wir den Fall $a = b = c = 0$. Bei ihm stimmt Q mit P überein, und von der Zelle $\Sigma = [P; Q]$ bleibt nur der Punkt P selbst übrig. In diesem Fall nennen wir Σ eine *nulldimensionale Zelle*.

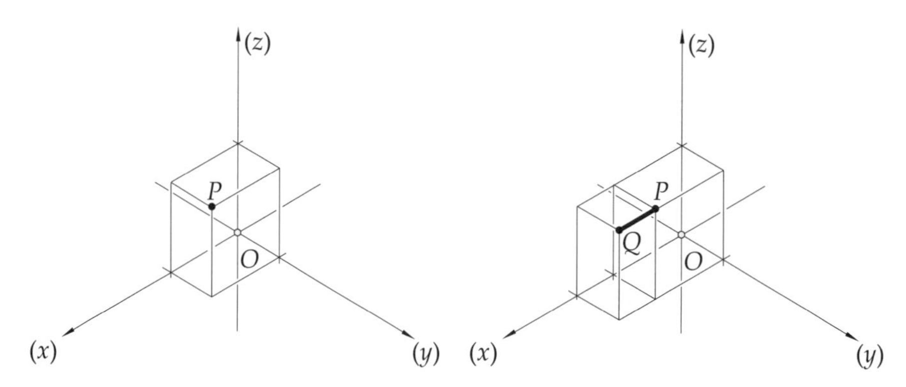

Bild 1.1 Links eine nulldimensionale Zelle, rechts eine eindimensionale, zur x-Achse parallele Zelle

Zweitens betrachten wir die drei Fälle $a > 0$, $b = c = 0$ oder $b > 0$, $c = a = 0$ oder $c > 0$, $a = b = 0$. Im ersten Fall ist die Zelle $\Sigma = [P; Q]$ eine zur nach vorne laufenden x-Achse achsenparallele Strecke, im zweiten Fall ist sie eine zur nach rechts laufenden y-Achse achsenparallele Strecke, und im dritten Fall ist sie eine zur nach oben laufenden z-Achse achsenparallele Strecke. In allen drei Fällen nennen wir Σ eine *eindimensionale Zelle.*

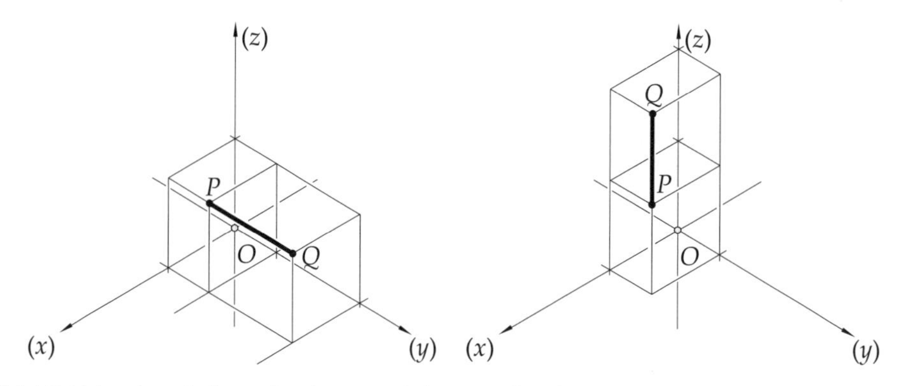

Bild 1.2 Links eine eindimensionale, zur y-Achse parallele Zelle, rechts eine eindimensionale, zur z-Achse parallele Zelle

Drittens betrachten wir die drei Fälle $a = 0$, $b > 0$, $c > 0$ oder $b = 0$, $c > 0$, $a > 0$ oder $c = 0$, $a > 0$, $b > 0$. Im ersten Fall ist die Zelle $\Sigma = [P; Q]$ ein Rechteck mit Seiten, die zur y-Achse und zur z-Achse parallel sind, im zweiten Fall ist sie ein Rechteck mit Seiten, die zur z-Achse und zur x-Achse parallel sind, und im dritten Fall liegt ein Rechteck mit Seiten vor, die zur x-Achse und zur y-Achse parallel sind. In allen drei Fällen nennen wir Σ eine *zweidimensionale Zelle.*

Viertens betrachten wir den Fall $a > 0$, $b > 0$, $c > 0$. Bei ihm ist die Zelle $\Sigma = [P; Q]$ ein Quader, dessen Kanten zu den drei Achsen parallel sind. Dementsprechend heißt in diesem Fall Σ eine *dreidimensionale Zelle.*

Liegen endlich viele Zellen $\Sigma_1, \ldots, \Sigma_n$ von der gleichen Dimension vor und bezeichnen $c_1, \ldots, c_n$ ebenso viele ganze Zahlen, heißt die daraus gebildete formale Summe $\Lambda = c_1\Sigma_1 + \ldots + c_n\Sigma_n$ eine *Kette,* genauer: eine *null-, ein-, zwei-* oder *dreidimensionale Kette,* je nachdem welche Dimension die Zellen $\Sigma_1, \ldots, \Sigma_n$ haben. Die Zahlen $c_1, \ldots, c_n$, die *Vielfachheiten,* mit denen die

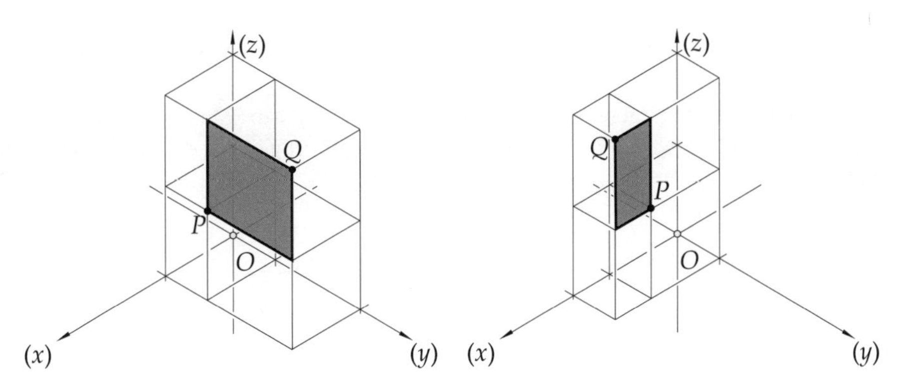

Bild 1.3 Links eine zweidimensionale, zur y- und zur z-Achse parallele Zelle, rechts eine zweidimensionale, zur z- und zur x-Achse parallele Zelle

Zellen $\Sigma_1, \ldots, \Sigma_n$ in der Kette Λ vorkommen, teilen gleichsam mit, wie oft die jeweilige Zelle in der Kette „durchlaufen" wird. Die Tatsache, dass die Vielfachheiten sowohl positive wie auch negative ganze Zahlen sein dürfen, weist darauf hin, dass man dem „Durchlaufen" der Zellen eine bestimmte „Orientierung" oder einen bestimmten „Durchlaufungssinn" zuschreibt. Wir wollen dies im Einzelnen erörtern:

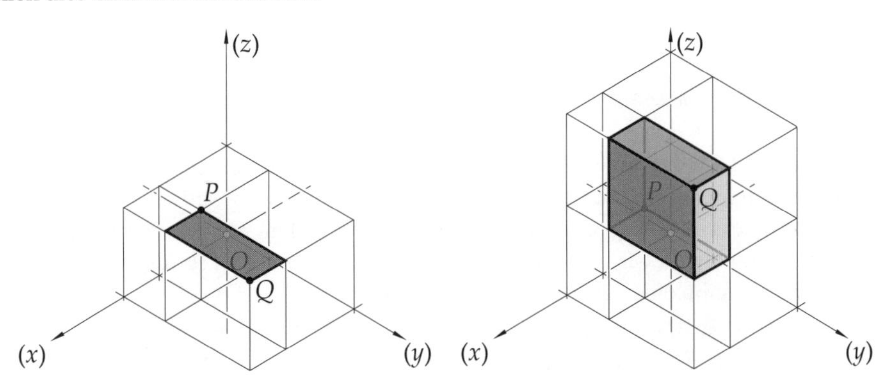

Bild 1.4 Links eine zweidimensionale, zur x- und zur y-Achse parallele Zelle, rechts eine dreidimensionale Zelle

Handelt es sich bei Σ um eine nulldimensionale Zelle, also um einen Punkt, bedeutet $c\Sigma$, dass dieser Punkt gleichsam c-mal genannt wird. Wenn c negativ sein sollte, stellt man sich am besten vor, dass an der Stelle, wo sich der Punkt befindet, ein Loch ist. Im gleichen Sinn, wie es in der Elementarteilchenphysik punktförmige Teilchen und Antiteilchen gibt, betrachten wir bei den nulldimensionalen Zellen „Punkte" und „Antipunkte" oder, anders gesprochen, „Punkte" und „Löcher". Es ist bezeichnend, dass der geniale theoretische Physiker Paul Dirac, der die Existenz von Antiteilchen theoretisch vorhergesagt hatte, ebenso von „Löchern" sprach, wenn er das „Antielektron", das später Positron getaufte Antiteilchen, als entgegengesetzt zum Elektron gezähltes punktförmiges Teilchen betrachtete.

Handelt es sich bei Σ um eine eindimensionale Zelle, also um eine achsenparallele Strecke $[P;Q]$, bedeutet $c\Sigma$, dass diese Strecke $|c|$-mal durchlaufen wird. Ist c positiv, denken wir uns die Strecke $[P;Q]$ in Richtung von P nach Q durchlaufen, ist hingegen c negativ, denken wir uns diese Strecke in Richtung von Q nach P durchlaufen. Und zwar so oft, wie der Betrag von c angibt.

Ein Beispiel dafür ist der folgende „räumliche Mäander" (das Wort Mäander stammt vom in der Antike Maíandros genannten Fluss, der sich schleifenförmig durch die Landschaft zieht): Aus den acht Punkten $A = (1,0,0)$, $B = (1,1,0)$, $C = (2,1,0)$, $D = (2,1,2)$, $E = (-2,1,2)$, $F = (-2,1,0)$, $G = (-1,1,0)$ und $H = (-1,0,0)$ bilden wir die Kette

$$\Lambda = [A;B] + [B;C] + [C;D] - [E;D] - [F;E] + [F;G] - [H;G]\ .$$

Wie man schnell erkennt, sind die Vielfachheiten so festgelegt, dass der räumliche Mäander vom Punkt A über die Punkte B, C, D, E, F, G bis zum Punkt H einmal durchlaufen wird.

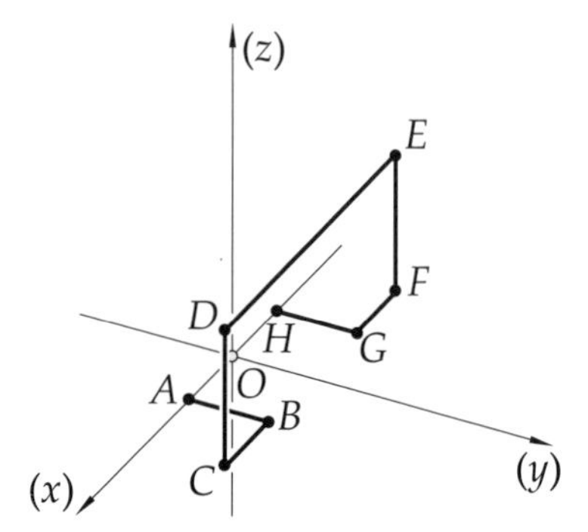

Bild 1.5 Der räumliche Mäander

Handelt es sich bei Σ um eine zweidimensionale Zelle, also um ein achsenparalleles Rechteck, verleihen wir $c\Sigma$ folgendermaßen einen „Durchlaufungssinn": Ist c positiv, denken wir uns die Seiten des Rechtecks so oft *gegen den Uhrzeigersinn* durchlaufen, wie der Betrag von c angibt. Und ist c negativ, denken wir uns ebenfalls die Seiten des Rechtecks so oft durchlaufen, wie der Betrag von c angibt, diesmal aber *im Uhrzeigersinn.*

Ein Beispiel dafür ist die folgende „geöffnete Schachtel": Sie besitzt die acht Punkte $A = (-1,-1,0)$, $B = (1,-1,0)$, $C = (1,1,0)$, $D = (-1,1,0)$, $E = (-1,-1,1)$, $F = (1,-1,1)$, $G = (1,1,1)$ und $H = (-1,1,1)$ als Ecken. Aus einer Auswahl von ihnen bilden wir die Kette

$$\Lambda = [B;G] - [A;H] + [D;G] - [A;F] - [A;C]\ .$$

Die Vielfachheiten in dieser Kette haben wir (willkürlich) so festgelegt, dass das vorne und das rechts befindliche Seitenrechteck der Schachtel einen positiven Durchlaufungssinn zugesprochen erhalten, das hinten und das links befindliche Seitenrechteck der Schachtel sowie die unten befindliche Grundfläche der Schachtel einen negativen Durchlaufungssinn zugesprochen erhalten.

Handelt es sich bei Σ um eine dreidimensionale Zelle, also um einen achsenparallelen Quader $[P;Q]$, bedeutet $c\Sigma$, dass dieser Quader $|c|$-mal in Erscheinung tritt. Auch hier sprechen wir von einem „Durchlaufen" des Quaders und unterscheiden je nach Vorzeichen, wie diese „Orientierung" des Quaders gemeint ist: Ist c positiv, wird der Quader so durchlaufen, dass seine vordere, seine rechte und seine obere Seitenfläche gegen den Uhrzeigersinn, hingegen seine hintere, seine linke und seine untere Seitenfläche im Uhrzeigersinn durchlaufen werden. Bei einem negativen c ist die Durchlaufungsrichtung der Seitenflächen jeweils umgekehrt.

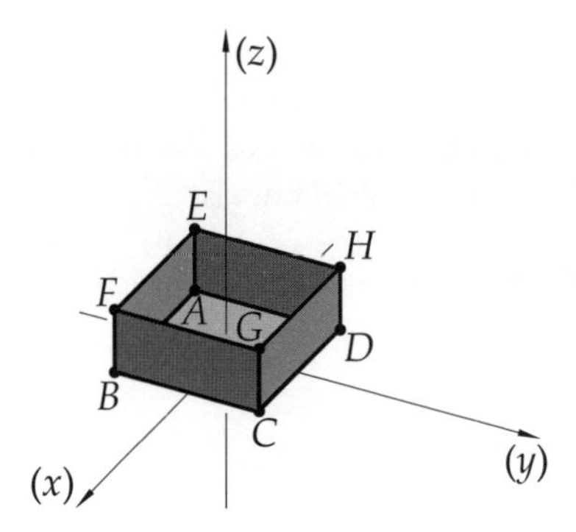

Bild 1.6 Die geöffnete Schachtel

Ein Beispiel dafür ist der folgende „durchbohrte Quader“: Er besitzt die 16 Punkte $A = (0,0,0)$, $B = (1,0,0)$, $C = (1,3,0)$, $D = (0,3,0)$, $E = (0,0,3)$, $F = (1,0,3)$, $G = (1,3,3)$, $H = (0,3,3)$ und $P = (0,1,1)$, $Q = (1,1,1)$, $R = (1,2,1)$, $S = (0,2,1)$, $T = (0,1,2)$, $U = (1,1,2)$, $V = (1,2,2)$, $W = (0,2,2)$ als Ecken: Die acht zuerst genannten als äußere Ecken und die acht zuletzt genannten als innere Ecken, die sein dreidimensionales „Loch“ begrenzen. Den durchbohrten Quader selbst erhalten wir als Kette

$$\Lambda = [A;G] - [P;V]\,.$$

Vom Quader $[A;G]$ wird der Quader $[P;V]$ gleichsam weggenommen, daher die Wahl der Vorzeichen.

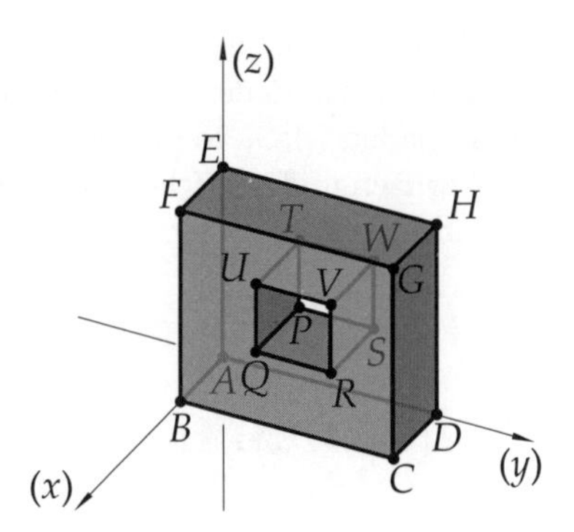

Bild 1.7 Der durchbohrte Quader

Liegt mit $\Lambda = c_1\Sigma_1 + \ldots + c_n\Sigma_n$ eine Kette, egal welcher Dimension vor und bezeichnet c eine ganze Zahl, kann man aus Λ die Kette $c\Lambda$ bilden, indem man einfach

$$c\Lambda = cc_1\Sigma_1 + \ldots + cc_n\Sigma_n$$

setzt. Und liegen mit $\Lambda' = a_1\Sigma_1' + \ldots + a_m\Sigma_m'$ und mit $\Lambda'' = b_1\Sigma_1'' + \ldots + b_k\Sigma_k''$ zwei Ketten der gleichen Dimension vor, kann man ihnen eine Summe $\Lambda' + \Lambda''$ durch die Festlegung

$$\Lambda' + \Lambda'' = a_1\Sigma_1' + \ldots + a_m\Sigma_m' + b_1\Sigma_1'' + \ldots + b_k\Sigma_k''$$

zuordnen. Beides ist sehr einfach und ohne Weiteres verständlich. Eine kleine Unsicherheit verbleibt allerdings, denn es kann vorkommen, dass zwei Ketten in verschiedenen Darstellungen vorliegen, obwohl es sich anschaulich um das gleiche Punktgefüge handelt. So wird der oben beschriebene räumliche Mäander nicht nur als

$$\Lambda = [A;B] + [B;C] + [C;D] - [E;D] - [F;E] + [F;G] - [H;G]\,,$$

sondern auch als

$$\Lambda^* = [A;B] + [F;C] + [C;D] - [E;D] - [F;E] - [G;B] - [H;G]$$

beschrieben. Warum betrachten wir Λ und Λ^* als „gleiche" Ketten? Um diese Frage allgemein beantworten und hierin Klarheit schaffen zu können, führen wir den Begriff der *Spur* einer Kette ein:

Wenn genau einer der in $\Lambda = c_1\Sigma_1 + c_2\Sigma_2 + \ldots + c_n\Sigma_n$ genannten Summanden, zum Beispiel $c_k\Sigma_k$, die Punkte einer Zelle Σ von der gleichen Dimension wie Λ mit der von Null verschiedenen Vielfachheit c_k erfasst, sagt man, dass die Punkte der Zelle Σ auf der *Spur* der Kette Λ zu liegen kommen. Wenn mehrere dieser Summanden, zum Beispiel die beiden Summanden $c_k\Sigma_k$ und $c_l\Sigma_l$ die Punkte der Zelle Σ erfassen, sollen diese Punkte nur dann zur *Spur* der Kette Λ zählen, wenn die entsprechende Summe der Vielfachheiten, im Beispiel der zwei Zellen Σ_k, Σ_l die Summe $c_k + c_l$, von Null verschieden ist. Im oben genannten Beispiel des räumlichen Mäanders gehören genau die in den Zellen $[A;B]$, $[B;C]$, $[C;D]$, $[E;D]$, $[F;E]$, $[F;G]$, $[H;G]$ vorkommenden Punkte der Spur des Mäanders an. In der Darstellung Λ^* des Mäanders kommt zwar die Zelle $[F;C]$ vor, aber nicht alle Punkte dieser Zelle gehören der Spur des Mäanders an, denn der Summand $-[G;B]$ sorgt dafür, dass die zwischen G und B befindlichen Punkte auf $[F;C]$ nicht zur Spur des Mäanders gehören. Im gleichen Sinn befinden sich die Punkte aus dem Inneren des Quaders $[P;V]$ nicht in der Spur des durchbohrten Quaders $\Lambda = [A;G]-[P;V]$, wohl aber alle anderen Punkte des Quaders $[A;G]$. Dementsprechend nennen wir zwei Ketten *gleich*, wenn sie die gleiche Spur besitzen und die Zellen dieser Spur im gleichen Durchlaufungssinn mit der gleichen Vielfachheit gezählt werden.

1.2 Differentialformen und Keilprodukt

Ziel der folgenden Erörterungen ist, die im vorigen Abschnitt vorgestellten Zellen und Ketten als Integrationsbereiche von mehrdimensionalen Integralen zu nützen. Zu diesem Zweck müssen neben den Integrationsbereichen die Integranden vorgestellt werden. Diese sind sogenannte „Differentialformen". Um sie präzise erfassen zu können, setzen wir voraus, es liege im x-y-z-Raum ein Gebiet vor, und jede im Folgenden betrachtete Variable w ist durch eine Funktion f als $w = f(x,y,z)$ definiert, wobei die Funktion f in diesem Gebiet definiert und so oft stetig differenzierbar ist, wie wir es im jeweiligen Zusammenhang benötigen. Ebenso setzen wir von allen Ketten, die wir im Folgenden betrachten werden, voraus, dass deren Spuren in diesem Gebiete liegen.

Ähnlich, wie es Zellen und Ketten verschiedener Dimensionen gibt, unterscheiden wir bei Differentialformen verschiedene „Stufen":

Eine *Differentialform ω nullter Stufe* ist eine von den Koordinaten x, y, z abhängige Variable $\omega = w = w(x,y,z)$. Wenn Σ eine nulldimensionale Zelle, also einen Punkt $P = (p,q,r)$ bezeichnet, kann man den Wert, den die Variable w an der Stelle P annimmt, berechnen. Wir haben dafür die Bezeichnung $w|_{x=p,y=q,z=r}$ kennengelernt. Nun führen wir als weitere, vorerst pompös wirkende Bezeichnung die mit einem Integral ein: wir schreiben für diesen Wert

$$\int_\Sigma \omega = \int_\Sigma w = w|_{x=p,y=q,z=r} \,.$$

Bald wird sich zeigen, dass sich diese Schreibweise bewährt.

Eine *Differentialform ω erster Stufe* ist ein Ausdruck der Gestalt $\omega = u\mathrm{d}x + v\mathrm{d}y + w\mathrm{d}z$, wobei u, v und w drei von den Koordinaten x, y, z abhängige Variablen bezeichnen: $u = u(x,y,z)$, $v = v(x,y,z)$, $w = w(x,y,z)$. Wenn $\Sigma = [P;Q]$ bei $P = (p,q,r)$ und $Q = (p+a, q+b, r+c)$ eine eindimensionale Zelle bezeichnet, unterscheiden wir für die Erklärung des Integrals von ω über die Zelle Σ drei Fälle. Im ersten Fall ist $a > 0$, und $b = c = 0$; in diesem Fall läuft Σ parallel zur x-Achse und die beiden anderen Variablen bleiben konstant: $y = q$, $z = r$. Da deren Differentiale verschwinden, lautet in diesem Fall

$$\int_\Sigma \omega = \int_\Sigma u\mathrm{d}x + v\mathrm{d}y + w\mathrm{d}z = \int_p^{p+a} u|_{y=q,z=r}\, \mathrm{d}x \,.$$

Im zweiten Fall ist $b > 0$, und $c = a = 0$; in diesem Fall läuft Σ parallel zur y-Achse und die beiden anderen Variablen bleiben konstant: $z = r$, $x = p$. Da deren Differentiale verschwinden, lautet in diesem Fall

$$\int_\Sigma \omega = \int_\Sigma u\mathrm{d}x + v\mathrm{d}y + w\mathrm{d}z = \int_q^{q+b} v|_{x=p,z=r}\, \mathrm{d}y \,.$$

Im dritten Fall ist $c > 0$, und $a = b = 0$; in diesem Fall läuft Σ parallel zur z-Achse und die beiden anderen Variablen bleiben konstant: $x = p$, $y = q$. Da deren Differentiale verschwinden, lautet in diesem Fall

$$\int_\Sigma \omega = \int_\Sigma u\mathrm{d}x + v\mathrm{d}y + w\mathrm{d}z = \int_r^{r+c} w|_{x=p,y=q}\, \mathrm{d}z \,.$$

Eine *Differentialform ω zweiter Stufe* ist ein Ausdruck der Gestalt $\omega = u\mathrm{d}y\mathrm{d}z + v\mathrm{d}z\mathrm{d}x + w\mathrm{d}x\mathrm{d}y$, wobei u, v und w drei von den Koordinaten x, y, z abhängige Variablen bezeichnen: $u = u(x,y,z)$, $v = v(x,y,z)$, $w = w(x,y,z)$. Die nach den Variablen auftretenden Symbole $\mathrm{d}y\mathrm{d}z$, $\mathrm{d}z\mathrm{d}x$ und $\mathrm{d}x\mathrm{d}y$ sehen wie Produkte von Differentialen aus. Solche Produkte sind bisher noch nie vorgekommen. Newton und Leibniz hätten mit ihnen auch gar nichts anzufangen gewusst, denn für sie waren Differentiale so kleine Größen, dass man deren Produkte gleich Null setzen kann. Doch daran wollen wir gar nicht mehr erinnert werden. Besser ist es, sich auf die geometrische Deutung der Differentiale zu berufen, die bereits von Leibniz geahnt wurde und allen Anwendern der Mathematik, die sich ein anschauliches Bild der Differentiale verschaffen wollen, in Fleisch und Blut übergegangen sein sollte: Im Punkt $X = (x,y,z)$ des betrachteten Gebietes wird eine zur x-Achse parallele $\mathrm{d}x$-Achse, eine zur y-Achse parallele $\mathrm{d}y$-Achse und eine zur z-Achse parallele $\mathrm{d}z$-Achse gelegt. So gesehen ist eine Differentialform erster Stufe, also ein Ausdruck der Gestalt $u\mathrm{d}x + v\mathrm{d}y + w\mathrm{d}z$, ein Vektor, der anschaulich vom Punkt X ausgeht und in dem $\mathrm{d}x$-$\mathrm{d}y$-$\mathrm{d}z$-Koordinatensystem die (an der Stelle X ausgewerteten) Größen u, v, w als Komponenten besitzt. Der lineare Raum dieser Differentialformen erster Stufe wird von den

Differentialen $\mathrm{d}x$, $\mathrm{d}y$, $\mathrm{d}z$ als Basis aufgespannt. Die Vektor- und Tensorrechnung beantwortet nun, wie man die Produkte $\mathrm{d}y\mathrm{d}z$, $\mathrm{d}z\mathrm{d}x$ und $\mathrm{d}x\mathrm{d}y$ zu verstehen hat: Sie sind Bivektoren. Vorsichtige schreiben tatsächlich statt $\mathrm{d}y\mathrm{d}z$, $\mathrm{d}z\mathrm{d}x$ und $\mathrm{d}x\mathrm{d}y$ diese Produkte so: $\mathrm{d}y \wedge \mathrm{d}z$, $\mathrm{d}z \wedge \mathrm{d}x$ und $\mathrm{d}x \wedge \mathrm{d}y$. Aber weil uns bisher keine anderen Produkte von Differentialen begegneten als eben jetzt diese Keilprodukte, erlauben wir uns, *beim Keilprodukt von Differentialformen den Keil einfach wegzulassen.* Genauso wie man beim gewöhnlichen Produkt von mit Buchstaben symbolisierten Zahlen den Multiplikationspunkt einfach weglässt.

Die Rechenregeln des Keilprodukts darf man aber nicht vergessen! So ist zu beachten, dass

$$\mathrm{d}x\mathrm{d}x = \mathrm{d}y\mathrm{d}y = \mathrm{d}z\mathrm{d}z = 0$$

ist und dass

$$\mathrm{d}z\mathrm{d}y = -\mathrm{d}y\mathrm{d}z\,, \qquad \mathrm{d}x\mathrm{d}z = -\mathrm{d}z\mathrm{d}x\,, \qquad \mathrm{d}y\mathrm{d}x = -\mathrm{d}x\mathrm{d}y$$

gilt. Sind $\omega_1 = u_1\mathrm{d}x + v_1\mathrm{d}y + w_1\mathrm{d}z$ und $\omega_2 = u_2\mathrm{d}x + v_2\mathrm{d}y + w_2\mathrm{d}z$ zwei Differentialformen erster Stufe, stellt $\omega = \omega_1\omega_2$ deren Keilprodukt dar, das sich aufgrund der eben genannten Rechenregeln und unter Beachtung des distributiven Rechengesetzes so berechnet:

$$\omega_1\omega_2 = \left(u_1\mathrm{d}x + v_1\mathrm{d}y + w_1\mathrm{d}z\right)\left(u_2\mathrm{d}x + v_2\mathrm{d}y + w_2\mathrm{d}z\right) =$$

$$= (v_1 w_2 - w_1 v_2)\,\mathrm{d}y\mathrm{d}z + (w_1 u_2 - u_1 w_2)\,\mathrm{d}z\mathrm{d}x + (u_1 v_2 - v_1 u_2)\,\mathrm{d}x\mathrm{d}y\,.$$

Hier trifft $\omega_2\omega_1 = -\omega_1\omega_2$ zu. Denn beide Differentialformen ω_1 und ω_2 sind von erster Stufe, 1 ist eine ungerade Zahl und das graduierte kommutative Rechengesetz ist zu beachten.

Ob man aber das Produkt einer Differentialform nullter Stufe, also einer Variable w, mit einer Differentialform ω welcher Stufe auch immer als gewöhnliches oder als Keilprodukt deutet, ist einerlei: Es ergibt in beiden Deutungen das Gleiche. Und weil 0 eine gerade Zahl ist, stimmt in diesem Fall wegen des graduierten kommutativen Rechengesetzes $w\omega = \omega w$, wie es sein soll.

Wenn $\Sigma = [P;Q]$ bei $P = \left(p,q,r\right)$ und $Q = \left(p+a, q+b, r+c\right)$ eine zweidimensionale Zelle bezeichnet, unterscheiden wir für die Erklärung des Integrals von $\omega = u\mathrm{d}y\mathrm{d}z + v\mathrm{d}z\mathrm{d}x + w\mathrm{d}x\mathrm{d}y$ über die Zelle Σ wieder drei Fälle. Im ersten Fall ist $a = 0$, und es sind $b > 0$, $c > 0$; in diesem Fall läuft Σ parallel zur y-z-Ebene und die Variable x bleibt konstant: $x = p$. Da deren Differential verschwindet, also auch $\mathrm{d}z\mathrm{d}x = \mathrm{d}z0 = 0$ sowie $\mathrm{d}x\mathrm{d}y = 0\mathrm{d}y = 0$ gilt, lautet in diesem Fall

$$\int_\Sigma \omega = \int_\Sigma u\mathrm{d}y\mathrm{d}z + v\mathrm{d}z\mathrm{d}x + w\mathrm{d}x\mathrm{d}y = \int_r^{r+c}\int_q^{q+b} u|_{x=p}\,\mathrm{d}y\cdot\mathrm{d}z\,.$$

Es ist zu beachten, dass im letzten Schritt aus dem einen Integral über die zweidimensionale Zelle Σ das zuweilen „Doppelintegral“ genannte iterierte Integral geworden ist: Im Inneren des iterierten Integrals wird über die Variable y integriert, die Variable z spielt in ihm die Rolle eines Parameters. Und im Äußeren des iterierten Integrals wird über die Variable z integriert, die Variable y kommt dort gar nicht mehr vor. Genauso gehen wir in den beiden anderen Fällen vor: Im zweiten Fall ist $b = 0$, und es sind $c > 0$, $a > 0$; in diesem Fall läuft Σ parallel zur x-z-Ebene und die Variable y bleibt konstant: $y = q$. Da deren Differential verschwindet, also auch $\mathrm{d}y\mathrm{d}z = 0\mathrm{d}z = 0$ sowie $\mathrm{d}x\mathrm{d}y = \mathrm{d}x0 = 0$ gilt, lautet in diesem Fall

$$\int_\Sigma \omega = \int_\Sigma u\mathrm{d}y\mathrm{d}z + v\mathrm{d}z\mathrm{d}x + w\mathrm{d}x\mathrm{d}y = \int_p^{p+a}\int_r^{r+c} v|_{y=q}\,\mathrm{d}z\cdot\mathrm{d}x\,.$$

Im dritten Fall ist $c = 0$, und es sind $a > 0$, $b > 0$; in diesem Fall läuft Σ parallel zur x-y-Ebene und die Variable z bleibt konstant: $z = r$. Da deren Differential verschwindet, also auch $\mathrm{d}y\mathrm{d}z = \mathrm{d}y0 = 0$ sowie $\mathrm{d}z\mathrm{d}x = 0\mathrm{d}x = 0$ gilt, lautet in diesem Fall

$$\int_\Sigma \omega = \int_\Sigma u\mathrm{d}y\mathrm{d}z + v\mathrm{d}z\mathrm{d}x + w\mathrm{d}x\mathrm{d}y = \int_q^{q+b}\int_p^{p+a} w|_{z=r}\,\mathrm{d}x\cdot\mathrm{d}y\,.$$

Eine *Differentialform* ω *dritter Stufe* ist ein Ausdruck der Gestalt $\omega = w\mathrm{d}x\mathrm{d}y\mathrm{d}z$, wobei w eine von den Koordinaten x, y, z abhängige Variable bezeichnet: $w = w(x, y, z)$. Hier werden die drei Differentiale $\mathrm{d}x$, $\mathrm{d}y$, $\mathrm{d}z$ mit dem Keilprodukt zu $\mathrm{d}x\mathrm{d}y\mathrm{d}z$ verbunden und an die Variable w angehängt. Eigentlich sollte man statt $\mathrm{d}x\mathrm{d}y\mathrm{d}z$ genauer $\mathrm{d}x \wedge \mathrm{d}y \wedge \mathrm{d}z$ schreiben. Aber wie schon zuvor vereinbaren wir auch hier, beim Keilprodukt von Differentialformen den Keil wegzulassen. Die Rechengesetze des Keilprodukts bleiben jedoch nach wie vor zu beachten, unter ihnen die Regel

$$\mathrm{d}x\mathrm{d}y\mathrm{d}z = \mathrm{d}y\mathrm{d}z\mathrm{d}x = \mathrm{d}z\mathrm{d}x\mathrm{d}y = -\mathrm{d}z\mathrm{d}y\mathrm{d}x = -\mathrm{d}y\mathrm{d}x\mathrm{d}z = -\mathrm{d}x\mathrm{d}z\mathrm{d}y$$

Wenn zum Beispiel $\omega_1 = u_1\mathrm{d}x + v_1\mathrm{d}y + w_1\mathrm{d}z$ und $\omega_2 = u_2\mathrm{d}y\mathrm{d}z + v_2\mathrm{d}z\mathrm{d}x + w_2\mathrm{d}x\mathrm{d}y$ zwei Differentialformen bezeichnen, die eine erster und die andere zweiter Stufe, lautet aufgrund der Rechengesetze deren Keilprodukt

$$\omega_1\omega_2 = (u_1\mathrm{d}x + v_1\mathrm{d}y + w_1\mathrm{d}z)(u_2\mathrm{d}y\mathrm{d}z + v_2\mathrm{d}z\mathrm{d}x + w_2\mathrm{d}x\mathrm{d}y) =$$

$$= u_1u_2\mathrm{d}x\mathrm{d}y\mathrm{d}z + v_1v_2\mathrm{d}y\mathrm{d}z\mathrm{d}x + w_1w_2\mathrm{d}z\mathrm{d}x\mathrm{d}y = (u_1u_2 + v_1v_2 + w_1w_2)\,\mathrm{d}x\mathrm{d}y\mathrm{d}z\,.$$

Hier stimmt $\omega_1\omega_2 = \omega_2\omega_1$, was wegen des graduierten kommutativen Gesetzes so sein muss, weil ω_2 von gerader Stufe ist. Ebenso ist klar, dass das Keilprodukt zweier Differentialformen zweiter Stufe Null ergibt, denn für eine Differentialform vierter Stufe, die als dieses Produkt aufscheinen sollte, ist im dreidimensionalen Raum kein Platz. Beim Keilprodukt einer Differentialform erster Stufe mit einer Differentialform dritter Stufe verhält es sich genauso.

Es liegt nun bereits nahe, wie $\omega = w\mathrm{d}x\mathrm{d}y\mathrm{d}z$ entlang einer dreidimensionalen Zelle $\Sigma = [P; Q]$ mit $P = (p, q, r)$, $Q = (p + a, q + b, r + c)$ und mit $a > 0$, $b > 0$, $c > 0$ zu integrieren ist: Wir definieren

$$\int_\Sigma \omega = \int_\Sigma w\mathrm{d}x\mathrm{d}y\mathrm{d}z = \int_r^{r+c}\int_q^{q+b}\int_p^{p+a} w\mathrm{d}x\cdot\mathrm{d}y\cdot\mathrm{d}z\,.$$

Wir deuten folglich dieses Integral als ein dreifach iteriertes Integral.

Schließlich sollen $\Lambda = c_1\Sigma_1 + c_2\Sigma_2 + \ldots + c_n\Sigma_n$ eine Kette und ω eine Differentialform bezeichnen, wobei die Stufe der Differentialform ω mit der Dimension der Kette Λ übereinstimmt. Das Integral der Differentialform über diese Kette ist naheliegend so festgelegt:

$$\int_\Lambda \omega = c_1\int_{\Sigma_1}\omega + c_2\int_{\Sigma_2}\omega + \ldots + c_n\int_{\Sigma_n}\omega$$

Nun ist es an der Zeit, anhand von Beispielen zu belegen, wie das formale Rechnen mit den so definierten Begriffen vor sich geht:

Beginnen wir mit einer Differentialform nullter Stufe, zum Beispiel mit der von x, y, z abhängigen Variablen $\omega = 3x + yz$ und betrachten wir die nulldimensionale Kette $\Lambda = \Sigma_1 - 2\Sigma_2 + 3\Sigma_3 -$

$4\Sigma_4$, bei der Σ_1 für den Punkt $(1,0,0)$, Σ_2 für den Punkt $(-1,2,0)$, Σ_3 für den Punkt $(0,-2,3)$ und Σ_4 für den Punkt $(0,0,-3)$ stehen. Dann ist definitionsgemäß

$$\begin{aligned}\int_\Lambda \omega &= (3x+yz)|_{x=1,y=0,z=0} - 2(3x+yz)|_{x=-1,y=2,z=0} + \\ &\quad +3(3x+yz)|_{x=0,y=-2,z=3} - 4(3x+yz)|_{x=0,y=0,z=-3} = \\ &= 3-2\times(-3)+3\times(-6)-4\times 0 = -9\,.\end{aligned}$$

Als Nächstes betrachten wir eine Differentialform erster Stufe, zum Beispiel $\omega = 4xy^2z\mathrm{d}x + 2xy\mathrm{d}y + 6x^2z^2\mathrm{d}z$ und integrieren diese über den im vorigen Abschnitt vorgestellten räumlichen Mäander Λ. Übernehmen wir für ihn die Bezeichnungen des vorigen Abschnitts, bekommen wir:

$$\begin{aligned}\int_\Lambda \omega &= \int_{[A;B]}\omega + \int_{[B;C]}\omega + \int_{[C;D]}\omega - \int_{[E;D]}\omega - \int_{[F;E]}\omega + \int_{[F;G]}\omega - \int_{[H;G]}\omega = \\ &= \int_0^1 2xy|_{x=1,z=0}\,\mathrm{d}y + \int_1^2 4xy^2z|_{y=1,z=0}\,\mathrm{d}x + \int_0^2 6x^2z^2|_{x=2,y=1}\,\mathrm{d}z - \\ &\quad - \int_{-2}^2 4xy^2z|_{y=1,z=2}\,\mathrm{d}x - \int_0^2 6x^2z^2|_{x=-2,y=1}\,\mathrm{d}z + \\ &\quad + \int_{-2}^{-1} 4xy^2z|_{y=1,z=0}\,\mathrm{d}x - \int_0^1 2xy|_{x=-1,z=0}\,\mathrm{d}y = \\ &= \int_0^1 2y\mathrm{d}y + \int_1^2 0\mathrm{d}x + \int_0^2 24z^2\mathrm{d}z - \int_{-2}^2 8x\mathrm{d}x - \int_0^2 24z^2\mathrm{d}z + \int_{-2}^{-1} 0\mathrm{d}x + \int_0^1 2y\mathrm{d}y = 2\,.\end{aligned}$$

Als Nächstes betrachten wir eine Differentialform zweiter Stufe, zum Beispiel $\omega = 6xy^2z^3\mathrm{d}y\mathrm{d}z + 8xy^3\mathrm{d}z\mathrm{d}x + 9x^2y^2\mathrm{d}x\mathrm{d}y$ und integrieren diese über die im vorigen Abschnitt vorgestellte geöffnete Schachtel Λ. Übernehmen wir für sie die Bezeichnungen des vorigen Abschnitts, bekommen wir:

$$\begin{aligned}\int_\Lambda \omega &= \int_{[B;G]}\omega - \int_{[A;H]}\omega + \int_{[D;G]}\omega - \int_{[A;F]}\omega - \int_{[A;C]}\omega = \\ &= \int_0^1\int_{-1}^1 6xy^2z^3|_{x=1}\,\mathrm{d}y\cdot\mathrm{d}z - \int_0^1\int_{-1}^1 6xy^2z^3|_{x=-1}\,\mathrm{d}y\cdot\mathrm{d}z + \\ &\quad + \int_{-1}^1\int_0^1 8xy^3|_{y=1}\,\mathrm{d}z\cdot\mathrm{d}x - \int_{-1}^1\int_0^1 8xy^3|_{y=-1}\,\mathrm{d}z\cdot\mathrm{d}x - \int_{-1}^1\int_{-1}^1 9x^2y^2|_{z=0}\,\mathrm{d}x\cdot\mathrm{d}y = \\ &= \int_0^1\int_{-1}^1 6y^2z^3\mathrm{d}y\cdot\mathrm{d}z + \int_0^1\int_{-1}^1 6y^2z^3\mathrm{d}y\cdot\mathrm{d}z + \\ &\quad + \int_{-1}^1\int_0^1 8x\mathrm{d}z\cdot\mathrm{d}x + \int_{-1}^1\int_0^1 8x\mathrm{d}z\cdot\mathrm{d}x - \int_{-1}^1\int_{-1}^1 9x^2y^2\mathrm{d}x\cdot\mathrm{d}y = \\ &= \int_0^1 4z^3\mathrm{d}z + \int_0^1 4z^3\mathrm{d}z + \int_{-1}^1 8x\mathrm{d}x + \int_{-1}^1 8x\mathrm{d}x - \int_{-1}^1 6y^2\mathrm{d}y = -2\,.\end{aligned}$$

Zuletzt betrachten wir eine Differentialform dritter Stufe, zum Beispiel $\omega = 30x^2 y^4 z\mathrm{d}x\mathrm{d}y\mathrm{d}z$ und integrieren diese über den im vorigen Abschnitt vorgestellten durchbohrten Quader Λ. Übernehmen wir für ihn die Bezeichnungen des vorigen Abschnitts, bekommen wir:

$$\int_\Lambda \omega = \int_{[A;G]} \omega - \int_{[P;V]} \omega = \int_0^3 \int_0^3 \int_0^1 30x^2 y^4 z\mathrm{d}x \cdot \mathrm{d}y \cdot \mathrm{d}z - \int_1^2 \int_1^2 \int_0^1 30x^2 y^4 z\mathrm{d}x \cdot \mathrm{d}y \cdot \mathrm{d}z =$$

$$= \int_0^3 \int_0^3 10y^4 z\mathrm{d}y \cdot \mathrm{d}z - \int_1^2 \int_1^2 10y^4 z\mathrm{d}y \cdot \mathrm{d}z = \int_0^3 486z\mathrm{d}z - \int_1^2 62z\mathrm{d}z = 2094\,.$$

Die Rechentechnik des Integrierens von Differentialformen über Zellen und Ketten ist somit erklärt. Offen bleibt die Frage, welche Bedeutung diese Integrale besitzen. Die Antwort darauf ist lang und beansprucht einen Großteil des restlichen Kapitels.

Die folgenden elementaren und zugleich sehr einfachen Beispiele für das Integral

$$\int_\Sigma \omega$$

geben einen ersten Einblick: Für die Differentialform nullter Stufe $\omega = 1$ und die nulldimensionale Zelle Σ ergibt dieses Integral die Zahl 1. Man kann dazu sagen, dass dieses Integral den von Σ symbolisierten Punkt einfach nur *zählt*: Er ist einmal vorhanden. Für die Differentialform erster Stufe $\omega = \mathrm{d}x + \mathrm{d}y + \mathrm{d}z$ und die eindimensionale Zelle Σ ergibt dieses Integral die *Länge* der Zelle Σ. Für die Differentialform zweiter Stufe $\omega = \mathrm{d}y\mathrm{d}z + \mathrm{d}z\mathrm{d}x + \mathrm{d}x\mathrm{d}y$ und die zweidimensionale Zelle Σ ergibt dieses Integral den *Flächeninhalt* der Zelle Σ. Und für die Differentialform dritter Stufe $\omega = \mathrm{d}x\mathrm{d}y\mathrm{d}z$ und die dreidimensionale Zelle Σ ergibt dieses Integral den *Rauminhalt* oder das *Volumen* der Zelle Σ.

Eine letzte wichtige Bemerkung soll diesen Abschnitt abrunden: Es ist zu beachten, dass den Regeln des Keilprodukts zufolge $\mathrm{d}x\mathrm{d}y = -\mathrm{d}y\mathrm{d}x$ ist und daher bei einer zweidimensionalen, zur x-y-Ebene parallelen Zelle $\Sigma = [P;Q]$ mit $P = (p,q,r)$ und $Q = (p+a, q+b, r)$

$$\int_\Sigma u\mathrm{d}x\mathrm{d}y = -\int_\Sigma u\mathrm{d}y\mathrm{d}x$$

gilt. Hingegen wissen wir, dass bei iterierten Integralen die Reihenfolge der Integration keine Rolle spielt. Es gilt:

$$\int_q^{q+b} \int_p^{p+a} u\mathrm{d}x \cdot \mathrm{d}y = \int_p^{p+a} \int_q^{q+b} u\mathrm{d}y \cdot \mathrm{d}x\,.$$

Dies scheint wegen der beiden Formeln

$$\int_\Sigma u\mathrm{d}x\mathrm{d}y = \int_q^{q+b} \int_p^{p+a} u\mathrm{d}x \cdot \mathrm{d}y \qquad \text{und} \qquad \int_\Sigma u\mathrm{d}y\mathrm{d}x = -\int_p^{p+a} \int_q^{q+b} u\mathrm{d}y \cdot \mathrm{d}x$$

einen Widerspruch zu ergeben. Doch der vermeintliche Widerspruch löst sich dann in Wohlgefallen auf, wenn wir sorgfältig zwischen einem *Integral von Differentialformen*, also dem Integral der Gestalt

$$\int_\Sigma u\mathrm{d}x\mathrm{d}y$$

und einem *iterierten Integral*, also dem Integral der Gestalt

$$\int_q^{q+b}\int_p^{p+a} u\mathrm{d}x\cdot\mathrm{d}y = \int_q^{q+b}\left(\int_p^{p+a} u\mathrm{d}x\right)\mathrm{d}y$$

unterscheiden: *Integrale von Differentialformen bewahren die Geometrie*, insbesondere die Orientierung des x-y-z-Koordinatensystems, *iterierte Integrale vergessen die Geometrie* und dienen allein der Berechnung.

1.3 Ränder

Jeder Kette Λ ordnen wir nun einen *Rand* zu, den wir mit $\partial\Lambda$ bezeichnen. Das Symbol ∂ für den Rand hat im Grunde nichts mit dem in partiellen Ableitungen vorkommenden Symbol ∂ gemein. Wir dürfen es deshalb verwenden, weil es bei den partiellen Ableitungen immer paarweise am Beginn eines scheinbaren Bruches auftritt; beim Rand $\partial\Lambda$ aber sieht man ∂ ganz allein und ohne jeden Bruchstrich. Zuerst erklären wir für jede einzelne Dimension, was der *Rand einer Zelle* ist:

Bezeichnet Σ eine nulldimensionale Zelle, also einen Punkt, soll Σ *keinen Rand* besitzen. Formal schreibt man $\partial\Sigma = \emptyset$, und man nennt das Symbol $\emptyset$ die *leere Menge*. Es betitelt eine „Menge", die so „leer" ist, dass sie nicht einmal 0 enthält. Man braucht sich unter $\emptyset$ buchstäblich „nichts" vorzustellen. Einzig wichtig zu wissen ist, dass ein Integral über die leere Menge immer Null ergibt. Kurz sagt man dafür: *Punkte sind randlos.*

Bezeichnet $\Sigma = [P;Q]$ eine eindimensionale Zelle, also die von P zu Q führende Strecke, definiert man als deren Rand $\partial\Sigma = Q - P$, genauer: $\partial\Sigma = [Q;Q] - [P;P]$. Es ist mit anderen Worten $\partial\Sigma$ jene nulldimensionale Kette, bei welcher der Endpunkt Q von Σ vom Anfangspunkt P von Σ abgezogen wird. Kurz sagt man dafür: *Der Rand einer Strecke ist ihr Endpunkt minus ihr Anfangspunkt.*

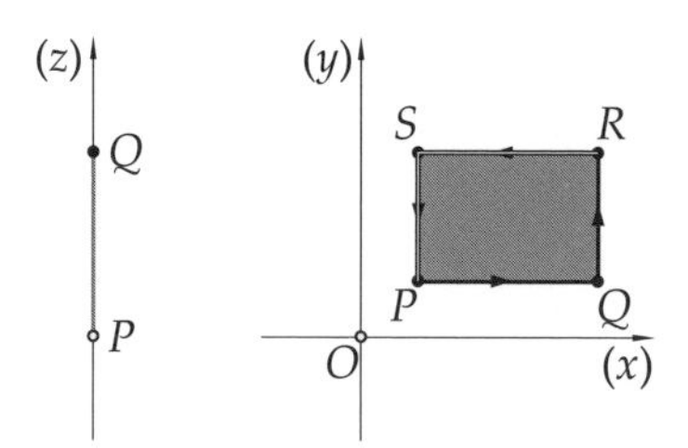

Bild 1.8 Links der Rand einer eindimensionalen, zur z-Achse parallelen Zelle: der obere Punkt wird positiv gezählt, der untere Punkt wird negativ gezählt. Rechts der Rand einer zweidimensionalen, zur x-y-Ebene parallelen Zelle: die nach rechts und nach oben führenden Strecken werden positiv gezählt, die nach links und nach unten führenden Strecken werden negativ gezählt.

Bezeichnet $\Sigma = [P;R]$ eine zweidimensionale Zelle, liegt ein Rechteck mit den Punkten P, Q, R, S als Ecken vor. Ist das Rechteck zur Grundrissebene parallel, sollen, von oben betrachtet, die in dieser Reihenfolge genannten Ecken gegen den Uhrzeigersinn durchlaufen werden. Das Gleiche soll zutreffen, wenn das Rechteck zur Aufrissebene parallel ist und von vorne betrachtet wird, oder wenn das Rechteck zur Kreuzrissebene parallel ist und von rechts betrachtet wird. In jedem der drei Fälle definiert man als Rand dieses Rechtecks die eindimensionale Kette $\partial\Sigma = [P;Q] + [Q;R] - [S;R] - [P;S]$. Kurz sagt man dafür: *Der Rand eines Rechtecks ist die Kette seiner Kanten.* Die Orientierung spielt dabei eine wichtige Rolle: *Von oben,* beziehungsweise *von vorne,* beziehungsweise *von rechts* betrachtet, wird die Kette der Kanten *gegen den Uhrzeigersinn* durchlaufen.

Bezeichnet $\Sigma = [P;V]$ eine dreidimensionale Zelle, liegt ein Quader mit den Punkten P, Q, R, S als Ecken seiner Grundfläche und mit den Punkten T, U, V, W als Ecken seiner Deckfläche vor. Betrachtet man den Quader von oben, werden die in der Reihenfolge T, U, V, W genannten Ecken gegen den Uhrzeigersinn durchlaufen; unter ihnen befinden sich jeweils die Punkte P, Q, R, S. Betrachtet man den Quader von vorne, werden die in der Reihenfolge Q, R, V, U genannten Ecken gegen den Uhrzeigersinn durchlaufen; hinter ihnen befinden sich jeweils die Punkte P, S, W, T. Betrachtet man den Quader von rechts, werden die in der Reihenfolge S, W, V, R genannten Ecken gegen den Uhrzeigersinn durchlaufen; sie überdecken aus dieser Sicht jeweils die Punkte P, T, U, Q. Als Rand dieses Quaders definiert man die zweidimensionale Kette $\partial\Sigma = [T;V] - [P;R] + [Q;V] - [P;W] + [S;V] - [P;U]$. Kurz sagt man dafür: *Der Rand eines Quaders ist die Kette seiner Seitenflächen.* Die Orientierung spielt dabei eine wichtige Rolle: *Die oben, die vorne* und *die rechts* liegenden Seitenflächen werden *addiert,* die *unten,* die *hinten* und die *links* liegenden Seitenflächen werden *subtrahiert.*

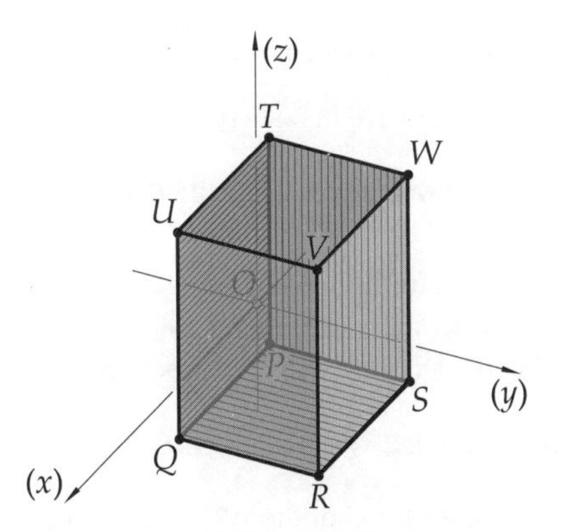

Bild 1.9 Der Rand einer dreidimensionalen Zelle: Die grau unterlegten Seitenflächen: die obere, die vordere, die rechte, werden positiv gezählt, die schraffierten Seitenflächen: die hintere, die untere, die linke, werden negativ gezählt.

Bezeichnet schließlich $\Lambda = c_1\Sigma_1 + c_2\Sigma_2 + \ldots + c_n\Sigma_n$ eine Kette, definiert man als deren Rand die um eine Dimension geschrumpfte Kette $\partial\Lambda = c_1\partial\Sigma_1 + c_2\partial\Sigma_2 + \ldots + c_n\partial\Sigma_n$. An den drei Beispielen des räumlichen Mäanders, der geöffneten Schachtel und des durchbohrten Quaders zeigen wir, wie gut diese Definitionen das beschreiben, was man intuitiv als „Rand" empfindet:

Wir übernehmen beim räumlichen Mäander

$$\Lambda = [A;B] + [B;C] + [C;D] - [E;D] - [F;E] + [F;G] - [H;G]$$

die Bezeichnungen des ersten Abschnitts. Die Rechnung

$$\partial\Lambda = (B - A) + (C - B) + (D - C) - (D - E) - (E - F) + (G - F) - (G - H) = H - A$$

zeigt, dass der Rand des räumlichen Mäanders tatsächlich sein Endpunkt H minus sein Anfangspunkt A ist.

Wir übernehmen bei der geöffneten Schachtel

$$\Lambda = [B;G] - [A;H] + [D;G] - [A;F] - [A;C]$$

ebenfalls die Bezeichnungen des ersten Abschnitts. Hier errechnet sich der Rand folgendermaßen:

$$\begin{aligned}\partial\Lambda = {} & ([B;C] + [C;G] - [F;G] - [B;F]) - ([A;D] + [D;H] - [E;H] - [A;E]) + \\ & + ([D;H] + [H;G] - [C;G] - [D;C]) - ([A;E] + [E;F] - [B;F] - [A;B]) \\ & - ([A;B] + [B;C] - [D;C] - [A;D]) = [E;H] + [H;G] - [F;G] - [E;F] \ .\end{aligned}$$

Diese eindimensionale Kette durchläuft den Rand des fehlenden „Deckels" der Schachtel *im Uhrzeigersinn*, also in mathematisch negativer Orientierung, was kein Wunder ist, denn dieser Deckel ist nicht da.

Schließlich übernehmen wir auch beim durchbohrten Quader

$$\Lambda = [A;G] - [P;V]$$

die Bezeichnungen des ersten Abschnitts. Bei ihm errechnet sich der Rand folgendermaßen:

$$\begin{aligned}\partial\Lambda = {} & ([E;G] + [B;G] + [D;G] - [A;C] - [A;H] - [A;F]) \\ & - ([T;V] + [Q;V] + [S;V] - [P;R] - [P;W] - [P;U]) \ .\end{aligned}$$

Vereinfachen lässt sich hier kaum noch etwas, aber die Bedeutung dieses Randes liegt auf der Hand.

Von diesen drei Beispielen ist das zweite, jenes der geöffneten Schachtel, besonders bemerkenswert: Wir übernehmen noch einmal die bei ihr vereinbarten Bezeichnungen und betrachten sie nun zusammen mit ihrem „Deckel", also die „geschlossene Schachtel"

$$\Lambda^* = [B;G] - [A;H] + [D;G] - [A;F] - [A;C] + [E;G] \ .$$

Dann kommt bei $\partial\Lambda^*$ zu dem oben berechneten Rand $\partial\Lambda$ noch der Rand $\partial[E;G] = [E;F] + [F;G] - [H;G] - [E;H]$ hinzu. Dadurch heben sich alle vorkommenden eindimensionalen Zellen auf, und es verbleibt $\partial\Lambda^* = \emptyset$. Diese Rechnung stimmt natürlich nicht nur für die geschlossene Schachtel mit den im ersten Abschnitt vereinbarten Koordinaten ihrer Ecken. Jeder Rand $\partial\Sigma$ einer dreidimensionalen Zelle Σ ist eine derartige „geschlossene Schachtel". Und deren Rand verschwindet. Also gilt für jede dreidimensionale Zelle Σ, dass der Rand ihres Randes verschwindet: $\partial\partial\Sigma = \emptyset$.

Bricht man diesen Gedanken um eine Dimension herunter, stimmt das Gleiche: Bezeichnet $\Sigma = [P;R]$ eine zweidimensionale Zelle, liegt ein Rechteck mit den Punkten P, Q, R, S als Ecken vor. Ist das Rechteck zur Grundrissebene parallel, sollen, von oben betrachtet, die in dieser Reihenfolge genannten Ecken gegen den Uhrzeigersinn durchlaufen werden. Das Gleiche soll zutreffen, wenn das Rechteck zur Aufrissebene parallel ist und von vorne betrachtet wird, oder wenn das Rechteck zur Kreuzrissebene parallel ist und von rechts betrachtet wird. In jedem der drei Fälle definierten wir als Rand dieses Rechtecks die eindimensionale Kette $\partial\Sigma = [P;Q] + [Q;R] - [S;R] - [P;S]$. Deren Rand errechnet sich als

$$\partial\partial\Sigma = (Q - P) + (R - Q) - (R - S) - (S - P) = \emptyset \ .$$

Auch hier verschwindet der Rand dieses Randes. Und bei einer eindimensionalen Zelle stimmt die gleiche Aussage, weil ihr Rand nur aus Punkten besteht und wir bereits wissen, dass Punkte randlos sind.

Was für Zellen gezeigt wurde, überträgt sich sofort auf Ketten: Bezeichnet Λ irgendeine Kette und $\partial\Lambda$ ihren Rand, dann gilt $\partial\partial\Lambda = \emptyset$. Man sagt dazu: *Ränder sind randlos,* und schreibt

$$\partial\partial = 0$$

(Statt $\partial\partial = \emptyset$ schreiben wir lieber $\partial\partial = 0$, weil wir damit die Vorstellung verbinden, $\partial\partial$ wirkt auf jede ihr nachfolgende Kette wie der Faktor Null, der diese Kette in den Abgrund der leeren Menge wirft.)

Wir nennen ferner eine Kette Λ *geschlossen* oder einen *Zyklus,* wenn $\partial\Lambda = \emptyset$ zutrifft. Zuweilen schreibt man

$$\oint_{\Lambda} \omega \,,$$

wenn man betonen möchte, dass die Kette Λ, entlang derer die Differentialform ω integriert wird, eine geschlossene Kette ist. Solche Integrale heißen *Ringintegrale.* Die Aussage, dass Ränder randlos sind, ist gleichbedeutend mit dem Satz: *Ränder sind geschlossen,* oder dem Satz: *Ränder sind Zyklen.*

Wenn zum Beispiel f eine Funktion bezeichnet, die in einem einfach zusammenhängenden Gebiet der komplexen Ebene bis auf isolierte Singularitäten holomorph ist, und wenn Λ in diesem Gebiet eine zweidimensionale Kette bezeichnet, auf deren Rand $\partial\Lambda$ keine Singularität von f zu liegen kommt, besagt Cauchys Residuensatz in der hier verwendeten Sprache:

$$\oint_{\partial\Lambda} f(z)\,\mathrm{d}z = 2\pi \mathrm{j} \sum_{\zeta\in\Lambda} \operatorname{res}(f;\zeta)\cdot \operatorname{ind}(\partial\Lambda;\zeta)$$

Die Summe erstreckt sich in Wahrheit nur über die Singularitäten der Funktion, denn an allen anderen Stellen ζ verschwindet das Residuum.

1.4 Differentiale

Dem Rand bei Ketten entspricht bei Differentialformen ein Begriff, den wir bereits seit Leibniz kennen: das *Differential.* Wenn $\omega = w$ eine Differentialform nullter Stufe, also eine Variable bezeichnet, ist

$$\mathrm{d}\omega = \mathrm{d}w = \frac{\partial w}{\partial x}\mathrm{d}x + \frac{\partial w}{\partial y}\mathrm{d}y + \frac{\partial w}{\partial z}\mathrm{d}z$$

eine Differentialform erster Stufe, die aus ω durch Differentiation entstand. Diese Differentiation weiten wir nun auf Differentialformen höherer Stufen aus: Wenn $\omega = u\mathrm{d}x + v\mathrm{d}y + w\mathrm{d}z$ eine Differentialform erster Stufe bezeichnet, definieren wir deren Differential als

$$\mathrm{d}\omega = \mathrm{d}\left(u\mathrm{d}x + v\mathrm{d}y + w\mathrm{d}z\right) = \mathrm{d}u\mathrm{d}x + \mathrm{d}v\mathrm{d}y + \mathrm{d}w\mathrm{d}z = \left(\frac{\partial u}{\partial x}\mathrm{d}x + \frac{\partial u}{\partial y}\mathrm{d}y + \frac{\partial u}{\partial z}\mathrm{d}z\right)\mathrm{d}x +$$

$$+\left(\frac{\partial v}{\partial x}\mathrm{d}x+\frac{\partial v}{\partial y}\mathrm{d}y+\frac{\partial v}{\partial z}\mathrm{d}z\right)\mathrm{d}y+\left(\frac{\partial w}{\partial x}\mathrm{d}x+\frac{\partial w}{\partial y}\mathrm{d}y+\frac{\partial w}{\partial z}\mathrm{d}z\right)\mathrm{d}z=$$

$$=\left(\frac{\partial w}{\partial y}-\frac{\partial v}{\partial z}\right)\mathrm{d}y\mathrm{d}z+\left(\frac{\partial u}{\partial z}-\frac{\partial w}{\partial x}\right)\mathrm{d}z\mathrm{d}x+\left(\frac{\partial v}{\partial x}-\frac{\partial u}{\partial y}\right)\mathrm{d}x\mathrm{d}y.$$

Wir haben hier streng nach den Regeln des Keilprodukts multipliziert – anders ginge es ja bei Differentialformen gar nicht. Als Ergebnis haben wir eine Differentialform zweiter Stufe erhalten. Und wenn $\omega = u\mathrm{d}y\mathrm{d}z + v\mathrm{d}z\mathrm{d}x + w\mathrm{d}x\mathrm{d}y$ eine Differentialform zweiter Stufe bezeichnet, definieren wir deren Differential als

$$\mathrm{d}\omega=\mathrm{d}\left(u\mathrm{d}y\mathrm{d}z+v\mathrm{d}z\mathrm{d}x+w\mathrm{d}x\mathrm{d}y\right)=\mathrm{d}u\mathrm{d}y\mathrm{d}z+\mathrm{d}v\mathrm{d}z\mathrm{d}x+\mathrm{d}w\mathrm{d}x\mathrm{d}y=$$

$$=\left(\frac{\partial u}{\partial x}\mathrm{d}x+\frac{\partial u}{\partial y}\mathrm{d}y+\frac{\partial u}{\partial z}\mathrm{d}z\right)\mathrm{d}y\mathrm{d}z+\left(\frac{\partial v}{\partial x}\mathrm{d}x+\frac{\partial v}{\partial y}\mathrm{d}y+\frac{\partial v}{\partial z}\mathrm{d}z\right)\mathrm{d}z\mathrm{d}x+$$

$$+\left(\frac{\partial w}{\partial x}\mathrm{d}x+\frac{\partial w}{\partial y}\mathrm{d}y+\frac{\partial w}{\partial z}\mathrm{d}z\right)\mathrm{d}x\mathrm{d}y=\left(\frac{\partial u}{\partial x}+\frac{\partial v}{\partial y}+\frac{\partial w}{\partial z}\right)\mathrm{d}x\mathrm{d}y\mathrm{d}z\,.$$

Auch hier sind wir streng nach den Rechenregeln des Keilprodukts vorgegangen und erhalten eine Differentialform dritter Stufe. Eine Differentialform $\omega = w\mathrm{d}x\mathrm{d}y\mathrm{d}z$ dritter Stufe ihrerseits differenziert ergibt $\mathrm{d}\omega = \mathrm{d}w\mathrm{d}x\mathrm{d}y\mathrm{d}z = 0$. Denn ständig treten hier Keilprodukte $\mathrm{d}x\mathrm{d}x$ oder $\mathrm{d}y\mathrm{d}y$ oder $\mathrm{d}z\mathrm{d}z$ auf, die das gesamte Differential zum Verschwinden bringen.

Wenn folglich eine Differentialform ω zweiter Stufe differenziert und noch einmal differenziert wird, man also $\mathrm{d}\mathrm{d}\omega$ berechnen möchte, muss die Differentialform $\mathrm{d}\omega$ dritter Stufe differenziert werden, und dies ergibt Null. Folglich ist bei einer Differentialform ω zweiter Stufe $\mathrm{d}\mathrm{d}\omega = 0$. Wenn $\omega = u\mathrm{d}x + v\mathrm{d}y + w\mathrm{d}z$ eine Differentialform erster Stufe bezeichnet, erhalten wir nach einer Differentiation die Differentialform

$$\mathrm{d}\omega=\left(\frac{\partial w}{\partial y}-\frac{\partial v}{\partial z}\right)\mathrm{d}y\mathrm{d}z+\left(\frac{\partial u}{\partial z}-\frac{\partial w}{\partial x}\right)\mathrm{d}z\mathrm{d}x+\left(\frac{\partial v}{\partial x}-\frac{\partial u}{\partial y}\right)\mathrm{d}x\mathrm{d}y$$

zweiter Stufe, und nach nochmaliger Differentiation aufgrund der obigen Regel und unter Beachtung des Satzes von Schwarz

$$\mathrm{d}\mathrm{d}\omega=\left(\frac{\partial}{\partial x}\left(\frac{\partial w}{\partial y}-\frac{\partial v}{\partial z}\right)+\frac{\partial}{\partial y}\left(\frac{\partial u}{\partial z}-\frac{\partial w}{\partial x}\right)+\frac{\partial}{\partial z}\left(\frac{\partial v}{\partial x}-\frac{\partial u}{\partial y}\right)\right)\mathrm{d}x\mathrm{d}y\mathrm{d}z=$$

$$=\left(\frac{\partial^2 w}{\partial x\partial y}-\frac{\partial^2 v}{\partial x\partial z}+\frac{\partial^2 u}{\partial y\partial z}-\frac{\partial^2 w}{\partial y\partial x}+\frac{\partial^2 v}{\partial z\partial x}-\frac{\partial^2 u}{\partial z\partial y}\right)\mathrm{d}x\mathrm{d}y\mathrm{d}z=0\,.$$

Und wenn $\omega = w$ eine Differentialform nullter Stufe bezeichnet, erhalten wir nach einer Differentiation die Differentialform

$$\mathrm{d}\omega=\frac{\partial w}{\partial x}\mathrm{d}x+\frac{\partial w}{\partial y}\mathrm{d}y+\frac{\partial w}{\partial z}\mathrm{d}z$$

erster Stufe, und nach nochmaliger Differentiation aufgrund der obigen Regel und unter Beachtung des Satzes von Schwarz

$$\mathrm{d}\mathrm{d}\omega=\left(\frac{\partial}{\partial y}\frac{\partial w}{\partial z}-\frac{\partial}{\partial z}\frac{\partial w}{\partial y}\right)\mathrm{d}y\mathrm{d}z+\left(\frac{\partial}{\partial z}\frac{\partial w}{\partial x}-\frac{\partial}{\partial x}\frac{\partial w}{\partial z}\right)\mathrm{d}z\mathrm{d}x+\left(\frac{\partial}{\partial x}\frac{\partial w}{\partial y}-\frac{\partial}{\partial y}\frac{\partial w}{\partial x}\right)\mathrm{d}x\mathrm{d}y=$$

$$=\left(\frac{\partial^2 w}{\partial y\partial z}-\frac{\partial^2 w}{\partial z\partial y}\right)\mathrm{d}y\mathrm{d}z+\left(\frac{\partial^2 w}{\partial z\partial x}-\frac{\partial^2 w}{\partial x\partial z}\right)\mathrm{d}z\mathrm{d}x+\left(\frac{\partial^2 w}{\partial x\partial y}-\frac{\partial^2 w}{\partial y\partial x}\right)\mathrm{d}x\mathrm{d}y=0\,.$$

Dies zeigt, dass die zweimalige Differentiation Null ergibt. Die Formel

$$\mathrm{dd} = 0$$

fasst diese Einsicht zusammen. Diese Erkenntnis ist deshalb wichtig, weil sie nachträglich die Definition der Differentiation einer Differentialform $\omega = u\mathrm{d}x + v\mathrm{d}y + w\mathrm{d}z$ rechtfertigt: Eigentlich müsste deren Differentiation, die wir mit der Formel

$$\mathrm{d}\omega = \mathrm{d}\left(u\mathrm{d}x + v\mathrm{d}y + w\mathrm{d}z\right) = \mathrm{d}u\mathrm{d}x + \mathrm{d}v\mathrm{d}y + \mathrm{d}w\mathrm{d}z$$

definierten, gemäß der Produktregel nach der Formel

$$\mathrm{d}\omega = \mathrm{d}\left(u\mathrm{d}x + v\mathrm{d}y + w\mathrm{d}z\right) = \mathrm{d}u\mathrm{d}x + u\mathrm{dd}x + \mathrm{d}v\mathrm{d}y + v\mathrm{dd}y + \mathrm{d}w\mathrm{d}z + w\mathrm{dd}z$$

erfolgen. Das tut diese auch, denn die Summanden $u\mathrm{dd}x$, $v\mathrm{dd}y$ und $w\mathrm{dd}z$, die in der oben genannten Definition nicht vorkamen, sind in der Tat Null. Und bei der Differentiation von $\omega = u\mathrm{d}y\mathrm{d}z + v\mathrm{d}z\mathrm{d}x + w\mathrm{d}x\mathrm{d}y$ spielt es sich genauso ab.

Eine Differentialform ω heißt *geschlossen*, wenn $\mathrm{d}\omega = 0$ zutrifft. Und wenn eine Differentialform ω ihrerseits das Differential einer Differentialform φ einer um eins kleineren Stufe ist, also $\omega = \mathrm{d}\varphi$ zutrifft, dann nennt man ω eine *exakte* Differentialform. Denn in diesem Fall ist sie *tatsächlich das Differential* eines φ, und sieht nicht nur bloß so aus. Die Formel $\mathrm{dd} = 0$ wird mit diesen Vereinbarungen im folgenden Satz wiedergegeben: *Exakte Differentialformen sind geschlossen.*

Es ist klar, dass für Differentialformen ω und λ gleicher Stufe die *Summenregel*

$$\mathrm{d}(\omega + \lambda) = \mathrm{d}\omega + \mathrm{d}\lambda$$

gilt. Ein wenig mehr Vorsicht muss man beim Differenzieren eines Produkts $\omega\lambda$ – das ja in Wahrheit ein Keilprodukt ist – walten lassen. Sind zum Beispiel $\omega = u\mathrm{d}x$ und $\lambda = v\mathrm{d}y$, folglich $\omega\lambda = uv\mathrm{d}x\mathrm{d}y$, errechnet sich einerseits

$$\mathrm{d}(\omega\lambda) = \mathrm{d}(uv)\,\mathrm{d}x\mathrm{d}y = u\mathrm{d}v\mathrm{d}x\mathrm{d}y + v\mathrm{d}u\mathrm{d}x\mathrm{d}y\,,$$

andererseits

$$\omega\,\mathrm{d}\lambda = u\mathrm{d}x\mathrm{d}v\mathrm{d}y = -u\mathrm{d}v\mathrm{d}x\mathrm{d}y\,, \qquad \mathrm{d}\omega\,\lambda = \mathrm{d}u\mathrm{d}x v\mathrm{d}y = v\mathrm{d}u\mathrm{d}x\mathrm{d}y\,.$$

Hier sieht man, dass $\mathrm{d}(\omega\lambda) = \mathrm{d}\omega\,\lambda - \omega\,\mathrm{d}\lambda$ zutrifft. Sind hingegen $\omega = u\mathrm{d}x\mathrm{d}y$ und $\lambda = v\mathrm{d}z$, folglich $\omega\lambda = uv\mathrm{d}x\mathrm{d}y\mathrm{d}z$, errechnet sich einerseits

$$\mathrm{d}(\omega\lambda) = \mathrm{d}(uv)\,\mathrm{d}x\mathrm{d}y\mathrm{d}z = u\mathrm{d}v\mathrm{d}x\mathrm{d}y\mathrm{d}z + v\mathrm{d}u\mathrm{d}x\mathrm{d}y\mathrm{d}z\,,$$

andererseits

$$\omega\,\mathrm{d}\lambda = u\mathrm{d}x\mathrm{d}y\mathrm{d}v\mathrm{d}z = u\mathrm{d}v\mathrm{d}x\mathrm{d}y\mathrm{d}z\,, \qquad \mathrm{d}\omega\,\lambda = \mathrm{d}u\mathrm{d}x\mathrm{d}y v\mathrm{d}z = v\mathrm{d}u\mathrm{d}x\mathrm{d}y\mathrm{d}z\,.$$

Hier sieht man, dass $\mathrm{d}(\omega\lambda) = \mathrm{d}\omega\,\lambda + \omega\,\mathrm{d}\lambda$ zutrifft. Offenkundig hängt es bei der Wahl des Vorzeichens in $\mathrm{d}(\omega\lambda) = \mathrm{d}\omega\,\lambda \pm \omega\,\mathrm{d}\lambda$ allein davon ab, welche Stufe die Differentialform ω besitzt. Ist ω von gerader Stufe, setzt man das Pluszeichen, ist ω von ungerader Stufe, setzt man das Minuszeichen. Die Regel

$$d(\omega\lambda) = d\omega\,\lambda + (-1)^r\,\omega\,d\lambda \qquad \text{mit } r \text{ als Stufe von } \omega$$

verallgemeinert daher die *Produktregel*.

Die Analogie zwischen Ketten und Differentialformen liegt auf der Hand: Was bei den Ketten eine *geschlossene Kette* oder ein *Zyklus* ist, ist bei den Differentialformen eine *geschlossene Differentialform*. Und was bei den Ketten ein *Rand* ist, ist bei den Differentialformen eine *exakte Differentialform*. Im nächsten Abschnitt wird gezeigt, dass – unter bestimmten Bedingungen – die Begriffe *exakt* und *geschlossen* das Gleiche besagen. Und im darauffolgenden Abschnitt wird die Beziehung zwischen der Welt der Ketten und der Welt der Differentialformen weiter verdeutlicht.

1.5 Unbestimmte Integrale von Differentialformen

Eine geschlossene Differentialform ω ist von der sogenannten *Integrabilitätsbedingung* $d\omega = 0$ gekennzeichnet. Der Name geht aus der folgenden Überlegung hervor: Wenn es zur Differentialform ω eine Differentialform φ gibt, deren Stufe um 1 kleiner als die Stufe von ω ist und für die $d\varphi = \omega$ gilt, nennen wir φ eine *Stammform* oder ein *Integral* von ω. Ein solches Integral gibt es definitionsgemäß dann und nur dann, wenn ω eine exakte Differentialform ist. Wir wissen, dass jede exakte Differentialform geschlossen sein muss. Daher ist die Integrabilitätsbedingung $d\omega = 0$ eine *notwendige* Bedingung dafür, dass ein Integral φ von ω existiert.

Im x-y-z-Raum ist bei einer Differentialform $\omega = w\,dx\,dy\,dz$ dritter Stufe die Integrabilitätsbedingung stets erfüllt. Bei einer Differentialform $\omega = u\,dy\,dz + v\,dz\,dx + w\,dx\,dy$ zweiter Stufe ist die Integrabilitätsbedingung $d\omega = 0$ gleichbedeutend mit der Gleichung

$$\frac{\partial u}{\partial x} + \frac{\partial v}{\partial y} + \frac{\partial w}{\partial z} = 0$$

die zuweilen auch „Integrabilitätsbedingung" von $u\,dy\,dz + v\,dz\,dx + w\,dx\,dy$ genannt wird. Bei einer Differentialform $\omega = u\,dx + v\,dy + w\,dz$ erster Stufe ist die Integrabilitätsbedingung $d\omega = 0$ gleichbedeutend mit den drei Gleichungen

$$\frac{\partial w}{\partial y} = \frac{\partial v}{\partial z}, \qquad \frac{\partial u}{\partial z} = \frac{\partial w}{\partial x}, \qquad \frac{\partial v}{\partial x} = \frac{\partial u}{\partial y}$$

die zuweilen auch „die Integrabilitätsbedingungen" von $u\,dx + v\,dy + w\,dz$ genannt werden.

Wir behaupten nun, dass die Integrabilitätsbedingung „cum grano salis" zugleich eine *hinreichende* Bedingung dafür ist, dass ein Integral φ von ω existiert: *Wenn ω eine geschlossene Differentialform ist, dann ist ω „lokal" exakt.* Das Wort „lokal" in diesem Satz steht mit dem lateinischen „cum grano salis" in Verbindung: „Cum grano salis" bedeutet wörtlich übersetzt: „mit einem Körnchen Salz". Man meint damit, dass die getroffene Aussage fast, aber nicht in voller Breite zutrifft. Es ist *fast, aber nicht ganz richtig*, dass geschlossene Differentialformen exakt sind. Erst am Ende dieses Abschnittes werden wir die mit dem Wort „lokal" umschriebene Einschränkung zu würdigen wissen.

Ganz präzise formulierte der Ingenieur, Physiker und Mathematiker Henri Poincaré, einer der bedeutendsten Gelehrten Frankreichs im beginnenden 20. Jahrhundert, diesen Sachverhalt in dem nach ihm benannten „Lemma“:

Es bezeichne ω eine Differentialform, die der Integrabilitätsbedingung $\mathrm{d}\omega = 0$ gehorcht. Dann kann man um jeden Punkt des Gebietes, in dem sie definiert ist, ein Teilgebiet so legen, dass in diesem Teilgebiet ein Integral von ω existiert.

Walter Pollak, österreichischer Jude, dessen Urgroßvater wegen seiner Wohltätigkeit Kaiser Franz Joseph mit dem Titel „von Rudin“ geadelt hatte, wurde 1938 als 16-jähriger Schüler aus Wien vertrieben. In den Vereinigten Staaten nannte er sich Walter Rudin und gilt als einer der brillantesten Autoren mathematischer Lehrbücher. Aus seiner Feder stammt der folgende schöne Beweis des Lemmas von Poincaré:

Wir fassen im ersten Schritt in Θ_x alle geschlossenen Differentialformen ω zusammen, in denen allein das Differential $\mathrm{d}x$ auftaucht. Demnach kann Θ_x nur aus Differentialformen erster Stufe der Gestalt $\omega = u\mathrm{d}x$ bestehen. Weil ω geschlossen ist, folgt aus den Integrabilitätsbedingungen $\partial u/\partial z = 0$ und $\partial u/\partial y = 0$. Hieraus ergibt sich, dass die Variable u allein von x abhängt und man das unbestimmte Integral

$$\int u\mathrm{d}x = \int u(x)\,\mathrm{d}x = U + C = U(x) + C$$

mit C als Integrationskonstante und mit der Variablen U berechnen kann, wobei $\partial U/\partial x = u$ zutrifft. Offenbar ist mit $\varphi = U$ ein Integral von ω gefunden worden.

Wir fassen nun im zweiten Schritt in $\Theta_{x,y}$ alle geschlossenen Differentialformen ω zusammen, in denen allein die Differentiale $\mathrm{d}x$ und $\mathrm{d}y$ auftauchen. Demnach besteht $\Theta_{x,y}$ einerseits aus Differentialformen erster Stufe der Gestalt $\omega = u\mathrm{d}x + v\mathrm{d}y$, andererseits aus Differentialformen zweiter Stufe der Gestalt $\omega = w\mathrm{d}x\mathrm{d}y$. Weil sie beide geschlossen sind, folgt einerseits aus den Integrabilitätsbedingungen $\partial u/\partial z = 0$ und $\partial v/\partial z = 0$, andererseits aus der Integrabilitätsbedingung $\partial w/\partial z = 0$, dass die Variablen u, v und w allein von x und y abhängen.

Wenden wir uns zuerst der geschlossenen Differentialform erster Stufe $\omega = u\mathrm{d}x + v\mathrm{d}y$ zu: In dem unbestimmten Integral

$$\int v\mathrm{d}y = \int v(x,y)\,\mathrm{d}y = V + C = V(x,y) + C$$

spielt x die Rolle eines Parameters. Jedenfalls ist $\partial V/\partial y = v$. Daher gilt:

$$\omega - \mathrm{d}V = u\mathrm{d}x + v\mathrm{d}y - \frac{\partial V}{\partial x}\mathrm{d}x - \frac{\partial V}{\partial y}\mathrm{d}y = \left(u - \frac{\partial V}{\partial x}\right)\mathrm{d}x\,.$$

In der Differentialform $\omega - \mathrm{d}V$ taucht allein das Differential $\mathrm{d}x$ auf. Und wegen $\mathrm{d}(\omega - \mathrm{d}V) = \mathrm{d}\omega = 0$ ist die Differentialform $\omega - \mathrm{d}V$ geschlossen. Darum gehört $\omega - \mathrm{d}V$ der Menge Θ_x an. Hier wissen wir bereits, dass $\omega - \mathrm{d}V$ ein Integral ψ besitzt, für das $\mathrm{d}\psi = \omega - \mathrm{d}V$ zutrifft. Folglich ist mit $\varphi = \psi + V$ ein Integral von ω gefunden worden.

Wenden wir uns nun der geschlossenen Differentialform zweiter Stufe $\omega = w\mathrm{d}x\mathrm{d}y$ zu: Auch in dem unbestimmten Integral

$$\int w\mathrm{d}y = \int w(x,y)\,\mathrm{d}y = W + C = W(x,y) + C$$

spielt x die Rolle eines Parameters. Jedenfalls gilt $\partial W/\partial y = w$. Nun setzen wir $\varphi = -W\mathrm{d}x$. Dann gilt:

$$\omega - \mathrm{d}\varphi = w\mathrm{d}x\mathrm{d}y + \left(\frac{\partial W}{\partial x}\mathrm{d}x + \frac{\partial W}{\partial y}\mathrm{d}y\right)\mathrm{d}x = w\mathrm{d}x\mathrm{d}y - \frac{\partial W}{\partial y}\mathrm{d}x\mathrm{d}y = 0\,.$$

Offenbar ist mit $\varphi = -W\mathrm{d}x$ ein Integral von ω gefunden worden.

Schließlich fassen wir im dritten Schritt in $\Theta_{x,y,z}$ alle geschlossenen Differentialformen ω zusammen, in denen alle Differentiale $\mathrm{d}x$, $\mathrm{d}y$ und $\mathrm{d}z$ auftauchen. Demnach besteht $\Theta_{x,y,z}$ zum einen aus Differentialformen erster Stufe der Gestalt $\omega = u\mathrm{d}x + v\mathrm{d}y + w\mathrm{d}z$, zum zweiten aus Differentialformen zweiter Stufe der Gestalt $\omega = u\mathrm{d}y\mathrm{d}z + v\mathrm{d}z\mathrm{d}x + w\mathrm{d}x\mathrm{d}y$ und zum dritten aus Differentialformen dritter Stufe der Gestalt $\omega = w\mathrm{d}x\mathrm{d}y\mathrm{d}z$.

Wenden wir uns zuerst den geschlossenen Differentialformen erster Stufe $\omega = u\mathrm{d}x + v\mathrm{d}y + w\mathrm{d}z$ zu: In dem unbestimmten Integral

$$\int w\mathrm{d}z = \int w(x,y,z)\,\mathrm{d}z = W + C = W(x,y,z) + C$$

spielen x und y die Rolle von Parametern. Jedenfalls ist $\partial W/\partial z = w$. Daher gilt:

$$\omega - \mathrm{d}W = u\mathrm{d}x + v\mathrm{d}y + w\mathrm{d}z - \frac{\partial W}{\partial x}\mathrm{d}x - \frac{\partial W}{\partial y}\mathrm{d}y - \frac{\partial W}{\partial z}\mathrm{d}z = \left(u - \frac{\partial W}{\partial x}\right)\mathrm{d}x + \left(v - \frac{\partial W}{\partial y}\right)\mathrm{d}y\,.$$

In der Differentialform $\omega - \mathrm{d}W$ tauchen allein die Differentiale $\mathrm{d}x$ und $\mathrm{d}y$ auf. Und wegen $\mathrm{d}(\omega - \mathrm{d}W) = \mathrm{d}\omega = 0$ ist die Differentialform $\omega - \mathrm{d}W$ geschlossen. Darum gehört $\omega - \mathrm{d}W$ der Menge $\Theta_{x,y}$ an. Hier wissen wir bereits, dass $\omega - \mathrm{d}W$ ein Integral ψ besitzt, für das $\mathrm{d}\psi = \omega - \mathrm{d}W$ zutrifft. Folglich ist mit $\varphi = \psi + W$ ein Integral von ω gefunden worden.

Wenden wir uns nun der geschlossenen Differentialform zweiter Stufe $\omega = u\mathrm{d}y\mathrm{d}z + v\mathrm{d}z\mathrm{d}x + w\mathrm{d}x\mathrm{d}y$ zu: In den beiden unbestimmten Integralen

$$\int u\mathrm{d}z = \int u(x,y,z)\,\mathrm{d}z = U + C' = U(x,y,z) + C'\,,$$

$$\int v\mathrm{d}z = \int v(x,y,z)\,\mathrm{d}z = V + C'' = V(x,y,z) + C''$$

spielen x und y die Rolle von Parametern. Jedenfalls sind $\partial U/\partial z = u$ und $\partial V/\partial z = v$. Nun setzen wir $\vartheta = V\mathrm{d}x - U\mathrm{d}y$. Dann gilt:

$$\omega - \mathrm{d}\vartheta = u\mathrm{d}y\mathrm{d}z + v\mathrm{d}z\mathrm{d}x + w\mathrm{d}x\mathrm{d}y - \frac{\partial V}{\partial y}\mathrm{d}y\mathrm{d}x - \frac{\partial V}{\partial z}\mathrm{d}z\mathrm{d}x + \frac{\partial U}{\partial x}\mathrm{d}x\mathrm{d}y + \frac{\partial U}{\partial z}\mathrm{d}z\mathrm{d}y =$$

$$= \left(w + \frac{\partial U}{\partial x} + \frac{\partial V}{\partial y}\right)\mathrm{d}x\mathrm{d}y\,.$$

In der Differentialform $\omega - \mathrm{d}\vartheta$ tauchen allein die Differentiale $\mathrm{d}x$ und $\mathrm{d}y$ auf. Und wegen $\mathrm{d}(\omega - \mathrm{d}\vartheta) = \mathrm{d}\omega = 0$ ist die Differentialform $\omega - \mathrm{d}\vartheta$ geschlossen. Darum gehört $\omega - \mathrm{d}\vartheta$ der Menge $\Theta_{x,y}$ an. Hier wissen wir bereits, dass $\omega - \mathrm{d}\vartheta$ ein Integral ψ besitzt, für das $\mathrm{d}\psi = \omega - \mathrm{d}\vartheta$ zutrifft. Folglich ist mit $\varphi = \psi + \vartheta$ ein Integral von ω gefunden worden.

Wenden wir uns schließlich der Differentialform dritter Stufe $\omega = w\mathrm{d}x\mathrm{d}y\mathrm{d}z$ zu, die ja immer geschlossen ist. In dem unbestimmten Integral

$$\int w\mathrm{d}z = \int w(x,y,z)\,\mathrm{d}z = W + C = W(x,y,z) + C$$

spielen x und y die Rolle von Parametern. Jedenfalls gilt $\partial W/\partial z = w$. Nun setzen wir $\varphi = W\mathrm{d}x\mathrm{d}y$. Dann gilt:

$$\omega - \mathrm{d}\varphi = w\mathrm{d}x\mathrm{d}y\mathrm{d}z - \frac{\partial W}{\partial z}\mathrm{d}z\mathrm{d}x\mathrm{d}y = w\mathrm{d}x\mathrm{d}y\mathrm{d}z - \frac{\partial W}{\partial z}\mathrm{d}x\mathrm{d}y\mathrm{d}z = 0\,.$$

Offenbar ist mit $\varphi = W\mathrm{d}x\mathrm{d}y$ ein Integral von ω gefunden worden. Damit ist der Beweis des Lemmas von Poincaré vollständig geführt.

Es liegt die Bezeichnung nahe, bei einer geschlossenen Differentialform ω alle denkbaren Stammformen von ω im *unbestimmten Integral von* ω zusammenzufassen. Wenn φ irgendeine Stammform von ω ist, errechnet sich dieses unbestimmte Integral als

$$\int \omega = \varphi + \gamma$$

Der Summand γ verallgemeinert den Begriff der Integrationskonstante: γ steht für eine *beliebige geschlossene* Differentialform, die von der gleichen Stufe wie φ, also von einer um 1 kleineren Stufe als die Stufe von ω ist.

An konkreten Beispielen lernt man die unbestimmte Integration geschlossener Differentialformen am besten:

Wir betrachten als erstes Beispiel die Differentialform $\omega = 8xy^2z^3\mathrm{d}x\mathrm{d}y\mathrm{d}z$, die als Differentialform dritter Stufe sicher geschlossen ist. Hier errechnet sich

$$\int 8xy^2z^3\mathrm{d}z = 2xy^2z^4 + C\,.$$

Folglich ist mit $\varphi = 2xy^2z^4\mathrm{d}x\mathrm{d}y$ ein spezielles Integral von $\omega = 8xy^2z^3\mathrm{d}x\mathrm{d}y\mathrm{d}z$ berechnet. Allgemein lautet

$$\int \omega = \int 8xy^2z^3\mathrm{d}x\mathrm{d}y\mathrm{d}z = 2xy^2z^4\mathrm{d}x\mathrm{d}y + \gamma\,,$$

wobei γ irgendeine geschlossene Differentialform zweiter Stufe bezeichnet. Auch die Differentialform $\psi = 4x^2y^2z^3\mathrm{d}y\mathrm{d}z$ ist, wie man sofort bestätigt, ein spezielles Integral von $\omega = 8xy^2z^3\mathrm{d}x\mathrm{d}y\mathrm{d}z$. Demnach muss $\psi - \varphi = 2xy^2z^3\left(2x\mathrm{d}y\mathrm{d}z - z\mathrm{d}x\mathrm{d}y\right)$ eine geschlossene Differentialform zweiter Stufe darstellen, was eine direkte Rechnung selbstverständlich bestätigt.

Im zweiten Beispiel wollen wir gleich von der eben erhaltenen geschlossenen Differentialform $\omega = 2xy^2z^3\left(2x\mathrm{d}y\mathrm{d}z - z\mathrm{d}x\mathrm{d}y\right) = 4x^2y^2z^3\mathrm{d}y\mathrm{d}z - 2xy^2z^4\mathrm{d}x\mathrm{d}y$ ausgehen und ihr Integral berechnen: Hier haben wir die Koeffizienten von $\mathrm{d}y\mathrm{d}z$ und von $\mathrm{d}z\mathrm{d}x$ nach $\mathrm{d}z$ unbestimmt zu integrieren. Da in diesem Beispiel kein Koeffizient von $\mathrm{d}z\mathrm{d}x$ vorkommt, bleibt allein das Integral

$$\int 4x^2y^2z^3\mathrm{d}z = x^2y^2z^4 + C$$

und damit der Ansatz $\vartheta = -x^2y^2z^4\mathrm{d}y$. Mit ihm errechnet sich

$$\omega - \mathrm{d}\vartheta = 4x^2y^2z^3\mathrm{d}y\mathrm{d}z - 2xy^2z^4\mathrm{d}x\mathrm{d}y + \mathrm{d}\left(x^2y^2z^4\mathrm{d}y\right) =$$

$$= 4x^2y^2z^3\mathrm{d}y\mathrm{d}z - 2xy^2z^4\mathrm{d}x\mathrm{d}y + 2xy^2z^4\mathrm{d}x\mathrm{d}y - 4x^2y^2z^3\mathrm{d}y\mathrm{d}z = 0\,.$$

Darum ist

$$\int \omega = \int 2xy^2z^3\left(2x\mathrm{d}y\mathrm{d}z - z\mathrm{d}x\mathrm{d}y\right) = -x^2y^2z^4\mathrm{d}y + \gamma\,,$$

wobei γ irgendeine geschlossene Differentialform erster Stufe bezeichnet.

Im dritten Beispiel üben wir dies gleich noch einmal anhand der Differentialform

$$\omega = x\left(z^2 - 1\right)\mathrm{d}y\mathrm{d}z - yz^2\mathrm{d}z\mathrm{d}x + (z+1)\,\mathrm{d}x\mathrm{d}y\,.$$

Problemlos lässt sich feststellen, dass ω geschlossen ist:

$$\mathrm{d}\omega = \left(z^2 - 1\right)\mathrm{d}x\mathrm{d}y\mathrm{d}z - z^2\mathrm{d}y\mathrm{d}z\mathrm{d}x + \mathrm{d}z\mathrm{d}x\mathrm{d}y = 0\,.$$

Wir ermitteln nun die Parameterintegrale

$$\int x\left(z^2 - 1\right)\mathrm{d}z = \frac{xz^3}{3} - xz + C'\,, \qquad \int -yz^2\mathrm{d}z = -\frac{yz^3}{3} + C''$$

und setzen, dem Beweis von Rudin folgend, die Differentialform ϑ als

$$\vartheta = -\frac{yz^3}{3}\mathrm{d}x - \left(\frac{xz^3}{3} - xz\right)\mathrm{d}y$$

an. Mit diesem Ansatz erhalten wir

$$\omega - \mathrm{d}\vartheta = \left(xz^2 - x\right)\mathrm{d}y\mathrm{d}z - yz^2\mathrm{d}z\mathrm{d}x + (z+1)\,\mathrm{d}x\mathrm{d}y +$$

$$+\frac{z^3}{3}\mathrm{d}y\mathrm{d}x + yz^2\mathrm{d}z\mathrm{d}x + \frac{z^3}{3}\mathrm{d}x\mathrm{d}y + xz^2\mathrm{d}z\mathrm{d}y - z\mathrm{d}x\mathrm{d}y - x\mathrm{d}z\mathrm{d}y = \mathrm{d}x\mathrm{d}y\,.$$

Die Differentialform $\mathrm{d}x\mathrm{d}y$ besitzt $-y\mathrm{d}x$ als Stammform. Folglich ist $\omega - \mathrm{d}\vartheta = \mathrm{d}\left(-y\mathrm{d}x\right)$, daher $\vartheta - y\mathrm{d}x$ ein Integral von ω. Das unbestimmte Integral von ω lautet daher

$$\int \omega = \int x\left(z^2 - 1\right)\mathrm{d}y\mathrm{d}z - yz^2\mathrm{d}z\mathrm{d}x + (z+1)\,\mathrm{d}x\mathrm{d}y = \left(xz - \frac{xz^3}{3}\right)\mathrm{d}y - \left(y + \frac{yz^3}{3}\right)\mathrm{d}x + \gamma\,,$$

wobei γ irgendeine geschlossene Differentialform erster Stufe bezeichnet.

Im vierten Beispiel wollen wir $\omega = \left(x - y - z\right)\mathrm{d}x + \left(y - z - x\right)\mathrm{d}y + \left(z - x - y\right)\mathrm{d}z$ integrieren. Auch hier zeigt die Differentiation von ω

$$\mathrm{d}\omega = -\mathrm{d}y\mathrm{d}x - \mathrm{d}z\mathrm{d}x - \mathrm{d}z\mathrm{d}y - \mathrm{d}x\mathrm{d}y - \mathrm{d}x\mathrm{d}z - \mathrm{d}y\mathrm{d}z = 0$$

sofort, dass ω geschlossen ist. Zuerst berechnet man das Parameterintegral mit dem Koeffizienten von $\mathrm{d}z$ als Integranden:

$$\int \left(z - x - y\right)\mathrm{d}z = \frac{z^2}{2} - xz - yz + C'$$

und ermittelt

$$\omega - \mathrm{d}\left(\frac{z^2}{2} - xz - yz\right) =$$

$$= (x-y-z)\,\mathrm{d}x + (y-z-x)\,\mathrm{d}y + (z-x-y)\,\mathrm{d}z - z\mathrm{d}z + x\mathrm{d}z + z\mathrm{d}x + y\mathrm{d}z + z\mathrm{d}y =$$
$$= (x-y)\,\mathrm{d}x + (y-x)\,\mathrm{d}y\,.$$

Von der so erhaltenen geschlossenen Differentialform $\vartheta = (x-y)\,\mathrm{d}x + (y-x)\,\mathrm{d}y$ berechnet man das Parameterintegral mit dem Koeffizienten von $\mathrm{d}y$ als Integranden:

$$\int (y-x)\,\mathrm{d}y = \frac{y^2}{2} - xy + C''$$

und ermittelt

$$\vartheta - \mathrm{d}\left(\frac{y^2}{2} - xy\right) = (x-y)\,\mathrm{d}x + (y-x)\,\mathrm{d}y - \mathrm{d}\left(\frac{y^2}{2} - xy\right) =$$
$$= (x-y)\,\mathrm{d}x + (y-x)\,\mathrm{d}y - y\mathrm{d}y + y\mathrm{d}x + x\mathrm{d}y = x\mathrm{d}x\,.$$

Die Differentialform $x\mathrm{d}x$ besitzt $x^2/2$ als Integral. Darum ist

$$\vartheta = (x-y)\,\mathrm{d}x + (y-x)\,\mathrm{d}y = \mathrm{d}\left(\frac{x^2}{2}\right) + \mathrm{d}\left(\frac{y^2}{2} - xy\right) = \mathrm{d}\left(\frac{x^2+y^2}{2} - xy\right)$$

und

$$\omega = \vartheta + \mathrm{d}\left(\frac{z^2}{2} - xz - yz\right) = \mathrm{d}\left(\frac{x^2+y^2+z^2}{2} - xy - xz - yz\right).$$

Folglich erhalten wir

$$\int \omega = \int (x-y-z)\,\mathrm{d}x + (y-z-x)\,\mathrm{d}y + (z-x-y)\,\mathrm{d}z = \frac{x^2+y^2+z^2}{2} - xy - xz - yz + \gamma\,,$$

wobei γ irgendeine geschlossene Differentialform nullter Stufe bezeichnet. Liegt, wie in diesem Beispiel, der ganze x-y-z-Raum als Definitionsbereich der in den Differentialformen auftretenden Funktionen vor, ist klar, dass die hier angeschriebene geschlossene Differentialform nullter Stufe γ nur eine Konstante sein kann. Doch im letzten Beispiel zeigt sich, dass sich die Verhältnisse auch ein wenig komplizierter gestalten können.

Wir betrachten als fünftes Beispiel die Differentialform

$$\omega = \frac{x\mathrm{d}y - y\mathrm{d}x}{x^2+y^2} = \frac{-y}{x^2+y^2}\mathrm{d}x + \frac{x}{x^2+y^2}\mathrm{d}y\,.$$

Der Nenner x^2+y^2 legt nahe, als neue Variablen die Polarkoordinaten r und φ gemäß $x = r\cos\varphi$ und $y = r\sin\varphi$ einzuführen. Dann vereinfacht sich ω zu

$$\omega = \frac{r\cos\varphi\cdot(\sin\varphi\cdot\mathrm{d}r + r\cos\varphi\cdot\mathrm{d}\varphi) - r\sin\varphi\cdot(\cos\varphi\cdot\mathrm{d}r - r\sin\varphi\cdot\mathrm{d}\varphi)}{r^2} = \mathrm{d}\varphi\,.$$

Dies zeigt nicht nur, dass ω eine geschlossene Differentialform ist, sondern dass der Winkel φ zugleich ein Integral von ω darstellt. Allerdings ist dieser Winkel *nicht* in der gesamten x-y-Ebene definiert, sondern bloß in einfach zusammenhängenden Teilgebieten dieser Ebene, in denen der Ursprung nicht vorkommt – wir erinnern uns an die Diskussion dieses Sachverhaltes, wenn man die x-y-Ebene als komplexe Ebene deutet und Differentialrechnung im

Komplexen treibt. Die Tatsache, dass die Differentialform ω im Ursprung nicht definiert ist, bewirkt bereits die hier angedeutete Kalamität. Man entkommt ihr dann, wenn man „Vorsichtsmaßnahmen" trifft. Eine von ihnen lautet zum Beispiel, dass die Gebiete, entlang derer man geschlossene Differentialformen integriert, *konvex* sein sollen. Damit ist gemeint, dass mit je zwei Punkten des Gebietes auch die sie verbindende Strecke im Gebiet verharrt. Es soll an dieser Stelle genügen, diese Anmerkungen getätigt zu haben. Sie sollen eine Ahnung für die Bedeutung des Begriffes „lokal" vermitteln, der zu Beginn des Abschnittes aufschien.

1.6 Integrale über Ränder und von Differentialen

Zunächst betrachten wir eine Differentialform ω nullter Stufe, also eine Variable $\omega = w$ mit $w = w(x, y, z)$ und eine eindimensionale Zelle $\Sigma = [P; Q]$. Wir gehen von $P = (p, q, r)$ und $Q = (p + a, q, r)$ mit einem positiven a aus, nehmen also an, dass Σ zur x-Achse parallel ist und der Punkt Q vor dem Punkt P liegt. Wir nehmen ferner an, dass sich Σ im Gebiet befindet, in dem w als stetig differenzierbare Variable definiert ist. Wenn man das Differential von ω, also

$$\mathrm{d}\omega = \mathrm{d}w = \frac{\partial w}{\partial x}\mathrm{d}x + \frac{\partial w}{\partial y}\mathrm{d}y + \frac{\partial w}{\partial z}\mathrm{d}z$$

entlang Σ integriert, folgt aus dem Hauptsatz der Differential- und Integralrechnung:

$$\int_\Sigma \mathrm{d}\omega = \int_\Sigma \mathrm{d}w = \int_p^{p+a} \frac{\partial w}{\partial x}|_{y=q,z=r}\,\mathrm{d}x = \left[w|_{y=q,z=r}\right]_{x=p}^{x=p+a} =$$

$$= w|_{x=p+a,y=q,z=r} - w|_{x=p,y=q,z=r}\,.$$

Das Integral über $\omega = w$ entlang des Randes $\partial\Sigma$ von Σ lautet

$$\int_{\partial\Sigma} \omega = \int_{[Q;Q]} w - \int_{[P:P]} w = w|_{x=p+a,y=q,z=r} - w|_{x=p,y=q,z=r}\,.$$

Man erhält das gleiche Ergebnis wie oben, und daher gilt:

$$\int_\Sigma \mathrm{d}\omega = \int_{\partial\Sigma} \omega\,.$$

Es ist klar, dass bei $P = (p, q, r)$, $Q = (p, q + b, r)$ mit einem positiven b oder bei $P = (p, q, r)$, $Q = (p, q, r + c)$ mit einem positiven c das gleiche Resultat zutage tritt.

Das Resultat wurde in der zuletzt angeschriebenen Formel so allgemein präsentiert, dass man an ihr gar nicht die Voraussetzung erkennt, ω sei eine Differentialform nullter Stufe und Σ eine eindimensionale Zelle. Und in der Tat zeigt sich, dass diese Formel auch für alle anderen denkbaren Fälle zutrifft. Das heißt: Die Formel gilt dann, wenn die Stufe der Differentialform ω um 1 kleiner als die Dimension der Zelle Σ ist. Wir beweisen dies im Folgenden Schritt für Schritt:

Im nächsten Schritt betrachten wir eine Differentialform ω erster Stufe, also eine Differentialform der Gestalt $\omega = u\mathrm{d}x + v\mathrm{d}y + w\mathrm{d}z$ mit $u = u(x, y, z)$, $v = v(x, y, z)$, $w = w(x, y, z)$ und eine zweidimensionale Zelle $\Sigma = [P;R]$. Wir gehen von $P = (p,q,r)$ und $R = (p,q+b,r+c)$ mit zwei positiven b und c aus, nehmen also an, dass Σ zur y-z-Ebene parallel ist und der Punkt R rechts und oberhalb des Punktes P liegt. Zusätzlich seien die Punkte Q und S als $Q = (p,q+b,r)$ und $S = (p,q,r+c)$ festgelegt: Die Punkte P, Q, R, S sind daher die Ecken eines zur Aufrissebene parallelen Rechtecks Σ, wobei sie, beim Blick von vorne auf die Aufrissebene, in der Reihenfolge P, Q, R, S gegen den Uhrzeigersinn durchlaufen werden. Wir nehmen ferner an, dass sich Σ im Gebiet befindet, in dem u, v und w als stetig differenzierbare Variablen definiert sind. Wenn man das Differential von ω, also

$$\mathrm{d}\omega = \left(\frac{\partial w}{\partial y} - \frac{\partial v}{\partial z}\right)\mathrm{d}y\mathrm{d}z + \left(\frac{\partial u}{\partial z} - \frac{\partial w}{\partial x}\right)\mathrm{d}z\mathrm{d}x + \left(\frac{\partial v}{\partial x} - \frac{\partial u}{\partial y}\right)\mathrm{d}x\mathrm{d}y$$

entlang Σ integriert, folgt aus der Definition dieses Integrals und dem Hauptsatz der Differential- und Integralrechnung:

$$\int_\Sigma \mathrm{d}\omega = \int_r^{r+c}\int_q^{q+b}\left(\frac{\partial w}{\partial y} - \frac{\partial v}{\partial z}\right)|_{x=p}\,\mathrm{d}y\cdot\mathrm{d}z =$$

$$= \int_r^{r+c}\int_q^{q+b}\frac{\partial w}{\partial y}|_{x=p}\,\mathrm{d}y\cdot\mathrm{d}z - \int_q^{q+b}\int_r^{r+c}\frac{\partial v}{\partial z}|_{x=p}\,\mathrm{d}z\cdot\mathrm{d}y =$$

$$= \int_r^{r+c}\left[w|_{x=p}\right]_{y=q}^{y=q+b}\mathrm{d}z - \int_q^{q+b}\left[v|_{x=p}\right]_{z=r}^{z=r+c}\mathrm{d}y =$$

$$= \int_r^{r+c} w|_{x=p,y=q+b}\,\mathrm{d}z - \int_r^{r+c} w|_{x=p,y=q}\,\mathrm{d}z - \int_q^{q+b} v|_{x=p,z=r+c}\,\mathrm{d}y + \int_q^{q+b} v|_{x=p,z=r}\,\mathrm{d}y\,.$$

Das Integral über $\omega = u\mathrm{d}x + v\mathrm{d}y + w\mathrm{d}z$ entlang des Randes $\partial\Sigma = [P;Q] + [Q;R] - [S;R] - [P;S]$ von Σ lautet

$$\int_{\partial\Sigma}\omega = \int_{[P;Q]}\omega + \int_{[Q;R]}\omega - \int_{[S:R]}\omega - \int_{[P;S]}\omega =$$

$$= \int_q^{q+b} v|_{x=p,z=r}\,\mathrm{d}y + \int_r^{r+c} w|_{x=p,y=q+b}\,\mathrm{d}z - \int_q^{q+b} v|_{x=p,z=r+c}\,\mathrm{d}y - \int_r^{r+c} w|_{x=p,y=q}\,\mathrm{d}z\,.$$

Man erhält das gleiche Ergebnis wie oben, und daher gilt auch für Differentialformen ω erster Stufe und zur Aufrissebene parallele zweidimensionale Zellen Σ:

$$\int_\Sigma \mathrm{d}\omega = \int_{\partial\Sigma}\omega\,.$$

Es ist klar, dass bei $P = (p,q,r)$, $Q = (p+a,q,r+c)$ mit positiven a, c oder bei $P = (p,q,r)$, $Q = (p+a,q+b,r)$ mit positiven a, b das gleiche Resultat zutage tritt.

Im nächsten und letzten Schritt betrachten wir eine Differentialform ω zweiter Stufe, also eine Differentialform der Gestalt $\omega = u\mathrm{d}y\mathrm{d}z + v\mathrm{d}z\mathrm{d}x + w\mathrm{d}x\mathrm{d}y$ mit $u = u(x,y,z)$, $v = v(x,y,z)$, $w = w(x,y,z)$ und eine dreidimensionale Zelle $\Sigma = [S;U]$. Wir gehen von $S = (p,q,r)$ und $U = (p+a,q+b,r+c)$ mit drei positiven a, b und c aus, nehmen also an, dass der Punkt U vor S, rechts von S und oberhalb des Punktes S liegt. Zusätzlich seien sechs weitere Punkte P, Q, R und T, V, W als $P = (p+a,q,r)$, $Q = (p+a,q+b,r)$, $R = (p,q+b,r)$ und $T = (p+a,q,r+c)$, $V = (p,q+b,r+c)$, $W = (p,q,r+c)$ festgelegt: Die acht Punkte P, Q, R, S, T, U, V, W sind daher die Ecken eines achsenparallelen Quaders Σ. Wir nehmen ferner an, dass sich Σ im Gebiet befindet, in dem u, v und w als stetig differenzierbare Variablen definiert sind. Wenn man das Differential von ω, also

$$d\omega = \left(\frac{\partial u}{\partial x} + \frac{\partial v}{\partial y} + \frac{\partial w}{\partial z}\right) dx dy dz$$

entlang Σ integriert, folgt aus der Definition dieses Integrals und dem Hauptsatz der Differential- und Integralrechnung:

$$\int_\Sigma d\omega = \int_r^{r+c}\int_q^{q+b}\int_p^{p+a}\left(\frac{\partial u}{\partial x} + \frac{\partial v}{\partial y} + \frac{\partial w}{\partial z}\right) dx\cdot dy\cdot dz = \int_r^{r+c}\int_q^{q+b}\int_p^{p+a}\frac{\partial u}{\partial x} dx\cdot dy\cdot dz +$$

$$+\int_p^{p+a}\int_r^{r+c}\int_q^{q+b}\frac{\partial v}{\partial y} dy\cdot dz\cdot dx + \int_q^{q+b}\int_p^{p+a}\int_r^{r+c}\frac{\partial w}{\partial z} dz\cdot dx\cdot dy =$$

$$= \int_r^{r+c}\int_q^{q+b}[u]_{x=p}^{x=p+a} dy\cdot dz + \int_p^{p+a}\int_r^{r+c}[v]_{y=q}^{y=q+b} dz\cdot dx + \int_q^{q+b}\int_p^{p+a}[w]_{z=r}^{z=r+c} dx\cdot dy =$$

$$= \int_r^{r+c}\int_q^{q+b} u|_{x=p+a}\, dy\cdot dz - \int_r^{r+c}\int_q^{q+b} u|_{x=p}\, dy\cdot dz + \int_p^{p+a}\int_r^{r+c} v|_{y=q+b}\, dz\cdot dx$$

$$- \int_p^{p+a}\int_r^{r+c} v|_{y=q}\, dz\cdot dx + \int_q^{q+b}\int_p^{p+a} w|_{z=r+c}\, dx\cdot dy - \int_q^{q+b}\int_p^{p+a} w|_{z=r}\, dx\cdot dy\,.$$

Das Integral über $\omega = u dy dz + v dz dx + w dx dy$ entlang des Randes $\partial\Sigma = [W;U] - [S;Q] + [P;U] - [S;V] + [Q;V] - [P;W]$ von Σ lautet

$$\int_{\partial\Sigma}\omega = \int_{[W;U]}\omega - \int_{[S;Q]}\omega + \int_{[P;U]}\omega - \int_{[S:V]}\omega + \int_{[Q;V]}\omega - \int_{[P;W]}\omega =$$

$$= \int_q^{q+b}\int_p^{p+a} w|_{z=r+c}\, dx\cdot dy - \int_q^{q+b}\int_p^{p+a} w|_{z=r}\, dx\cdot dy + \int_r^{r+c}\int_q^{q+b} u|_{x=p+a}\, dy\cdot dz$$

$$- \int_r^{r+c}\int_q^{q+b} u|_{x=p}\, dy\cdot dz + \int_p^{p+a}\int_r^{r+c} v|_{y=q+b}\, dz\cdot dx - \int_p^{p+a}\int_r^{r+c} v|_{y=q}\, dz\cdot dx\,.$$

Man erhält das gleiche Ergebnis wie oben, und daher gilt auch für Differentialformen ω zweiter Stufe und dreidimensionale Zellen Σ:

$$\int_\Sigma d\omega = \int_{\partial\Sigma}\omega\,.$$

Was hier für einzelne Zellen bewiesen wurde, überträgt sich direkt auf Ketten. Die somit gewonnene Erkenntnis fasst der folgende, nach dem Ende des 19. Jahrhunderts lebenden englischen Physiker und Mathematiker Sir George Gabriel Stokes benannte Satz zusammen:

Bezeichnen ω eine Differentialform und Λ eine Kette, wobei die Stufe der Differentialform um 1 kleiner als die Dimension der Kette ist und sich die Spur der Kette in dem Gebiet befindet, in dem die Differentialform definiert ist, dann gilt

$$\int_\Lambda d\omega = \int_{\partial\Lambda}\omega\,.$$

In dieser lapidaren Fassung hätte Stokes seinen Satz nicht wiedererkannt. Um der Wahrheit die Ehre zu geben: Er hatte ihn nur für Differentialformen erster Stufe und zweidimensionale Ketten formuliert. Außerdem bediente er sich, wie auch seine Zeitgenossen, einer viel umständlicheren Sprache als jener der Differentialformen, die erst eine Generation später vom französischen Mathematiker Élie Cartan erfunden wurde. Weil die Begriffe, die Stokes zur Verfügung hatte, immer noch gang und gäbe sind, wollen wir diese im nächsten Abschnitt vorstellen und zeigen, in welchen Variationen der Satz von Stokes formuliert werden kann.

1.7 Gradient, Divergenz, Rotation

Allein in diesem und in dem folgenden Abschnitt kommt wesentlich zum Tragen, dass wir von einem *cartesischen* x-y-z-Koordinatensystem ausgehen, also von der Geometrie des Anschauungsraumes, in dem wir die Basisvektoren i, j, k als Standardbasis betrachten, wobei diese Vektoren paarweise zueinander orthogonal und Einheitsvektoren sind. Unter diesen Annahmen bezeichnen wir der Einfachheit halber jeden Vektor bloß mit der Spalte seiner Komponenten. Im Anschauungsraum sehen wir Differentialformen unter dem folgenden Gesichtspunkt:

Einerseits betrachten wir eine einzelne Variable $\Phi = \Phi(x, y, z)$, die wir ein *Skalarfeld* nennen, weil es für jeden Raumpunkt des Gebietes einen Skalar als Wert annimmt. Mit einem Skalarfeld kann man die Differentialform $\omega_0 = \Phi$ nullter Stufe und die Differentialform $\omega_3 = \Phi \mathrm{d}x\mathrm{d}y\mathrm{d}z$ dritter Stufe bilden. Das dreifache Keilprodukt $\mathrm{d}x\mathrm{d}y\mathrm{d}z$ fassen wir zum Symbol dV zusammen und nennen es das *Volumselement*. Denn das Integral von

$$\mathrm{dV} = \mathrm{d}x\mathrm{d}y\mathrm{d}z$$

über eine dreidimensionale Zelle, also einen achsenparallelen Quader, ergibt in der Tat das Volumen dieses Quaders. Somit ist die Differentialform $\omega_3 = \Phi \mathrm{d}x\mathrm{d}y\mathrm{d}z = \Phi \mathrm{dV}$ das Produkt des Skalarfeldes Φ mit dem Volumselement dV.

Andererseits betrachten wir drei Variablen $a = a(x, y, z)$, $b = b(x, y, z)$, $c = c(x, y, z)$, die wir zu einem Vektor

$$v = \begin{pmatrix} a \\ b \\ c \end{pmatrix} = v(x, y, z) = \begin{pmatrix} a(x, y, z) \\ b(x, y, z) \\ c(x, y, z) \end{pmatrix}$$

zusammenfassen. Diesen variablen Vektor v nennen wir ein *Vektorfeld*, weil es für jeden Raumpunkt des Gebietes einen Vektor als Wert annimmt. Mit einem Vektorfeld kann man die Differentialform $\omega_1 = a\mathrm{d}x + b\mathrm{d}y + c\mathrm{d}z$ erster Stufe und die Differentialform $\omega_2 = a\mathrm{d}y\mathrm{d}z + b\mathrm{d}z\mathrm{d}x + c\mathrm{d}x\mathrm{d}y$ zweiter Stufe bilden. Beide Ausdrücke deuten wir als innere Produkte des Vektors v mit den beiden als Vektoren geschriebenen Ausdrücken

$$\mathrm{dL} = \begin{pmatrix} \mathrm{d}x \\ \mathrm{d}y \\ \mathrm{d}z \end{pmatrix} \quad \text{und} \quad \mathrm{dF} = \begin{pmatrix} \mathrm{d}y\mathrm{d}z \\ \mathrm{d}z\mathrm{d}x \\ \mathrm{d}x\mathrm{d}y \end{pmatrix}$$

Es sind also $\omega_1 = (v|\mathrm{dL})$ und $\omega_2 = (v|\mathrm{dF})$.

Man nennt dL das *Linienelement*. Denn wenn man formal dL über eine eindimensionale, zur x-Achse parallele Zelle integriert, erhält man als Ergebnis den Vektor, dessen erste Komponente die Länge der Zelle angibt, und dessen zweite und dritte Komponente Null sind. Bei den zur y-Achse beziehungsweise zur z-Achse parallelen eindimensionalen Zellen ist das Analoge der Fall. Wir sehen auch, dass der Vektor dL in Richtung der jeweiligen Strecke weist, entlang derer das Integral ausgewertet wird. Oft sagt man dazu, dL sei ein *Tangentialvektor*.

Und man nennt dF das *Flächenelement*. Denn wenn man formal dF über eine zweidimensionale, zur x-Achse normale Zelle integriert, erhält man als Ergebnis den Vektor, dessen erste Komponente den Flächeninhalt der Zelle angibt, und dessen zweite und dritte Komponente Null sind. Bei den zur y-Achse beziehungsweise zur z-Achse normalen zweidimensionalen Zellen ist das Analoge der Fall. Wir sehen auch, dass der Vektor dF normal zum jeweiligen Rechteck steht, entlang dessen das Integral ausgewertet wird. Oft sagt man dazu, dF sei ein *Normalvektor*.

Somit ist die Differentialform $\omega_1 = a\mathrm{d}x + b\mathrm{d}y + c\mathrm{d}z = (v|\mathrm{dL})$ das innere Produkt des Vektorfeldes v mit dem Linienelement dL, und es ist die Differentialform $\omega_2 = a\mathrm{d}y\mathrm{d}z + b\mathrm{d}z\mathrm{d}x + c\mathrm{d}x\mathrm{d}y = (v|\mathrm{dF})$ das innere Produkt des Vektorfeldes v mit dem Flächenelement dF.

Liegt ein Skalarfeld Φ vor, ergibt dessen Differentiation die Differentialform

$$\mathrm{d}\Phi = \frac{\partial\Phi}{\partial x}\mathrm{d}x + \frac{\partial\Phi}{\partial y}\mathrm{d}y + \frac{\partial\Phi}{\partial z}\mathrm{d}z\,.$$

Diese schreiben wir als $(\mathrm{grad}\,\Phi|\mathrm{dL})$. Man nennt das Vektorfeld

$$\mathrm{grad}\,\Phi = \begin{pmatrix} \partial\Phi/\partial x \\ \partial\Phi/\partial y \\ \partial\Phi/\partial z \end{pmatrix}$$

den *Gradienten* des Skalarfeldes Φ. Das lateinische gradior bedeutet „voranschreiten"; anschaulich betrachtet deutet grad Φ an, wie stark und in welche Richtung sich Φ ändert. Jedenfalls gilt für jede geschlossene eindimensionale Kette Λ

$$\int_\Lambda (\mathrm{grad}\,\Phi|\mathrm{dL}) = 0\,.$$

Man sagt zu diesem Ergebnis, dass *das Linienintegral eines Gradientenfeldes wegunabhängig ist.* Damit ist Folgendes gemeint: Wenn die beiden eindimensionalen Ketten Λ_1 und Λ_2 den gleichen Rand besitzen – im einfachsten Fall: wenn die Spuren von Λ_1 und von Λ_2 zwei zusammenhängende Streckenzüge sind, die vom gleichen Anfangspunkt ausgehen und beim gleichen Endpunkt aufhören –, dann gilt wegen $\partial(\Lambda_1 - \Lambda_2) = \emptyset$

$$\int_{\Lambda_1} (\mathrm{grad}\,\Phi|\mathrm{dL}) = \int_{\Lambda_2} (\mathrm{grad}\,\Phi|\mathrm{dL}) \qquad \text{bei} \quad \partial\Lambda_1 = \partial\Lambda_2$$

Im genannten einfachsten Fall liefern beide Linienintegrale den Wert von Φ am gemeinsamen Endpunkt minus dem Wert von Φ am gemeinsamen Anfangspunkt der beiden Streckenzüge.

Liegt ein Vektorfeld v mit den Komponenten a, b, c vor, kann man zwei Zuordnungen mit ihm vollziehen:

Zuerst betrachten wir die Differentialform zweiter Stufe

$$(v|\mathrm{dF}) = a\mathrm{d}y\mathrm{d}z + b\mathrm{d}z\mathrm{d}x + c\mathrm{d}x\mathrm{d}y$$

und differenzieren diese:

$$\mathrm{d}\,(v|\mathrm{dF}) = \left(\frac{\partial a}{\partial x} + \frac{\partial b}{\partial y} + \frac{\partial c}{\partial z}\right)\mathrm{d}x\mathrm{d}y\mathrm{d}z = \left(\frac{\partial a}{\partial x} + \frac{\partial b}{\partial y} + \frac{\partial c}{\partial z}\right)\mathrm{dV}\,.$$

Man nennt das Skalarfeld

$$\operatorname{div} v = \operatorname{div}\begin{pmatrix} a \\ b \\ c \end{pmatrix} = \frac{\partial a}{\partial x} + \frac{\partial b}{\partial y} + \frac{\partial c}{\partial z}$$

die *Divergenz* des Vektorfeldes v. Das lateinische divertere bedeutet „auseinandergehen". Der Name ergibt sich aus der Übertragung des Satzes von Stokes in die Sprache der Skalar- und Vektorfelder: Liegt eine dreidimensionale Kette Λ vor, gilt

$$\int_{\partial\Lambda} (v|\mathrm{dF}) = \int_{\Lambda} \operatorname{div} v\,\mathrm{dV}$$

Diese Fassung des Satzes von Stokes geht bereits auf Joseph-Louis Lagrange und Carl Friedrich Gauß zurück. Unabhängig von beiden hatte der russische Mathematiker Michail Wassiljewitsch Ostrogradski 1826 einen Beweis dieser Formel in der Pariser Akademie der Wissenschaften zu veröffentlichen versucht, was ihm jedoch nicht gelang. Trotzdem benennt man sie die *Integralformel von Gauß und Ostrogradski*, zuweilen jedoch nur kurz die *Integralformel von Gauß*. 1828 hatte der englische Physiker George Green ebenfalls unabhängig von den anderen Genannten diese Integralformel zur Veröffentlichung eingereicht, weshalb man bei ihr auch vom *greenschen Satz* oder der *greenschen Formel* spricht. Anschaulich stellten sich die Entdecker dieser Formel den links stehenden Integranden $(v|\mathrm{dF})$ folgendermaßen vor: Er nennt den Anteil des Vektorfeldes v in Richtung des Normalvektors dF, salopp gesagt: wie viel von v aus der Fläche herausdringt, deren Normalvektor dF ist. Darum spricht man beim linken Integral gerne vom *Fluss* des Vektorfeldes v aus der von $\partial\Lambda$ symbolisierten Fläche. Wenn $\operatorname{div} v = 0$ gilt, kann nichts vom Vektorfeld aus der Oberfläche des von Λ symbolisierten dreidimensionalen Gebildes herausdringen oder hineinfließen. Man sagt, das Vektorfeld v ist *divergenzfrei*, oder: *das Vektorfeld v hat keine Quellen und Senken.*

Sodann betrachten wir beim gegebenen Vektorfeld v mit den Komponenten a, b, c die Differentialform erster Stufe

$$(v|\mathrm{dL}) = a\mathrm{d}x + b\mathrm{d}y + c\mathrm{d}z$$

und differenzieren sie:

$$\mathrm{d}\,(v|\mathrm{dL}) = \left(\frac{\partial c}{\partial y} - \frac{\partial b}{\partial z}\right)\mathrm{d}y\mathrm{d}z + \left(\frac{\partial a}{\partial z} - \frac{\partial c}{\partial x}\right)\mathrm{d}z\mathrm{d}x + \left(\frac{\partial b}{\partial x} - \frac{\partial a}{\partial y}\right)\mathrm{d}x\mathrm{d}y\,.$$

Wir schreiben für das Ergebnis $(\operatorname{rot} v|\mathrm{dF})$. Man nennt das Vektorfeld

$$\operatorname{rot} v = \operatorname{rot}\begin{pmatrix} a \\ b \\ c \end{pmatrix} = \begin{pmatrix} \partial c/\partial y - \partial b/\partial z \\ \partial a/\partial z - \partial c/\partial x \\ \partial b/\partial x - \partial a/\partial y \end{pmatrix}$$

die *Rotation* des Vektorfeldes v. Der englische Physiker James Clerk Maxwell bevorzugte statt dieser Abkürzung die Bezeichnung curl$v$. Das englische curl bedeutet „Locke“ oder „Wirbel“, all das, was eine „Rotation“ hervorruft. Der Name ergibt sich aus der Übertragung des Satzes von Stokes in die Sprache der Skalar- und Vektorfelder: Liegt eine zweidimensionale Kette Λ vor, gilt

$$\int_{\partial\Lambda} (v|\mathrm{dL}) = \int_{\Lambda} (\mathrm{rot}\, v|\mathrm{dF})$$

Dies ist die ursprüngliche Fassung des Satzes von Stokes, so wie George Gabriel Stokes seine Formel anschrieb. Für Stokes war $(v|\mathrm{dL})$ der Anteil des Vektorfeldes v in Richtung des Tangentialvektors dL, salopp gesagt: wie stark v in die Tangentenrichtung des Randes $\partial\Lambda$ weist. Im Integral werden alle diese Anteile *um den Rand* der von Λ symbolisierten Fläche *herum* – daher „Rotation“ – aufsummiert. Wenn $\mathrm{rot}\, v = 0$ gilt, kann nichts vom Vektorfeld entlang des Randes der von Λ symbolisierten Fläche aufsummiert werden. Man sagt, das Vektorfeld v ist *rotationsfrei*, oder: *das Vektorfeld v hat keine Wirbel.*

Die Formel $\mathrm{dd} = 0$, die wir bei den Differentialformen kennenlernten, spaltet sich in der Sprache der Skalar- und Vektorfelder in zwei Formeln auf: Einmal gehen wir von einem Skalarfeld Φ aus, bilden nach der ersten Differentiation dessen Gradienten grad Φ und erhalten nach der zweiten Differentiation, die sich in der Berechnung der Rotation widerspiegelt, Null. Daher gilt:

$$\mathrm{rot}\,\mathrm{grad}\,\Phi = 0$$

Man sagt dazu: *Ein Gradientenfeld ist rotationsfrei.* Zum anderen gehen wir von einem Vektorfeld v aus, bilden nach der ersten Differentiation dessen Rotation rot v und erhalten nach der zweiten Differentiation, die sich in der Berechnung der Divergenz widerspiegelt, Null. Daher gilt:

$$\mathrm{div}\,\mathrm{rot}\, v = 0$$

Man sagt dazu: *Ein Rotationsfeld ist divergenzfrei.*

Das Lemma von Poincaré überträgt sich in die Sprache der Skalar- und Vektorfelder folgendermaßen: Liegt ein rotationsfreies Vektorfeld v vor, kann man (zumindest lokal) ein Skalarfeld Φ so konstruieren, dass $\mathrm{grad}\,\Phi = v$ zutrifft. Und liegt ein divergenzfreies Vektorfeld v vor, kann man (zumindest lokal) ein Vektorfeld w so konstruieren, dass $\mathrm{rot}\, w = v$ zutrifft.

Ein raffinierter Trick, erfunden von William Rowan Hamilton, dem Entdecker der Quaternionen, hilft die Fülle der Formeln, die einem bei den Rechnungen mit Skalar- und Vektorfeldern begegnen, leichter im Gedächtnis zu bewahren. Hamilton führte 1837 den wie einen Vektor geschriebenen Differentialoperator

$$\nabla = \begin{pmatrix} \partial/\partial x \\ \partial/\partial y \\ \partial/\partial z \end{pmatrix}$$

ein. Erst ein halbes Jahrhundert später bekam dieser Operator einen Namen: Der einflussreiche englische Physiker William Thomson, der spätere Lord Kelvin, taufte ihn *Nabla.* Das Wort ist vom Namen der antiken hebräischen Harfe übernommen, die eine ähnliche Gestalt eines auf die Spitze gestellten Dreiecks besitzt. Der Gradient eines Skalarfeldes Φ ist mit Nabla durch

$$\operatorname{grad}\Phi = \nabla\Phi$$

abgekürzt. Formal sieht es so aus, als würde man den Vektor ∇ mit dem Skalar Φ multiplizieren. Die Divergenz eines Vektorfeldes v ist mit Nabla durch

$$\operatorname{div} v = (\nabla|v)$$

verbunden. Formal sieht es so aus, als würde man das innere oder skalare Produkt des Vektors ∇ mit dem Vektor v bilden. Die Rotation eines Vektorfeldes v ist mit Nabla durch

$$\operatorname{rot} v = \nabla \times v$$

symbolisiert. Formal sieht es so aus, als würde man das Kreuzprodukt oder äußere Produkt des Vektors ∇ mit dem Vektor v bilden. Die drei Versionen des allgemeinen Satzes von Stokes lauten in dieser Bezeichnung:

$$\int_{\Lambda_1} (\nabla\Phi|\mathrm{dL}) = \int_{\Lambda_2} (\nabla\Phi|\mathrm{dL}) \qquad \text{bei} \quad \partial\Lambda_1 = \partial\Lambda_2$$

sowie

$$\int_{\partial\Lambda} (v|\mathrm{dF}) = \int_{\Lambda} (\nabla|v)\,\mathrm{dV} \qquad \text{und} \qquad \int_{\partial\Lambda} (v|\mathrm{dL}) = \int_{\Lambda} (\nabla \times v|\mathrm{dF})$$

Die Formel $\mathrm{dd} = 0$ wird in der Sprache mit Nabla in die beiden Formeln

$$\nabla \times \nabla\Phi = 0 \qquad \text{und} \qquad (\nabla|\nabla \times v) = 0$$

übersetzt, was vernünftig aussieht: Denn weil ∇ zu $\nabla\Phi$ „parallel“ ist, muss deren Kreuzprodukt verschwinden, und weil ∇ auf $\nabla \times v$ „normal“ steht, muss deren Skalarprodukt verschwinden. Natürlich ist das keine echte Begründung, bloß formale Spielerei, aber es hilft, sich Formeln zu merken.

Schließlich kann man mit ∇ und einem Skalarfeld Φ die folgende Operation ausführen: Man bildet

$$\Delta\Phi = (\nabla|\nabla\Phi) = \frac{\partial^2\Phi}{\partial x^2} + \frac{\partial^2\Phi}{\partial y^2} + \frac{\partial^2\Phi}{\partial z^2}$$

Der Differentialoperator

$$\Delta = \operatorname{div}\operatorname{grad} = \frac{\partial^2}{\partial x^2} + \frac{\partial^2}{\partial y^2} + \frac{\partial^2}{\partial z^2}$$

ist der *Laplaceoperator* im Raum. Funktionen, die Skalarfelder Φ mit $\Delta\Phi = 0$ beschreiben, heißen – wie bei der Differentialrechnung in der komplexen Ebene – *harmonische* Funktionen.

1.8 Maxwellgleichungen

„War es ein Gott, der diese Zeichen schrieb, die mit geheimnisvoll verborg'nem Trieb die Kräfte der Natur um mich enthüllen? Und mir das Herz mit stiller Freud erfüllen?" Mit diesen Worten, die einen Vers aus Goethes Faust abgewandelt wiedergeben, leitete Ludwig Boltzmann den 1893 erschienenen zweiten Teil seiner „Vorlesung über Maxwells Theorie der Elektrizität und des Lichts" ein. Die „gottvollen" Zeichen, von denen Boltzmann schwärmt, sind vier Gleichungen, welche die sechs Variablen ϱ, J, E, H, D, B in Beziehung setzen. Dabei handelt es sich bei ϱ um ein Skalarfeld, die *Ladungsdichte*, und bei den restlichen fünf Variablen um Vektorfelder: die *Stromdichte* J, die *elektrische Feldstärke* E, die *magnetische Feldstärke* H, die *elektrische Flussdichte* D und die *magnetische Flussdichte* B. Sowohl das Skalarfeld ϱ als auch die Vektorfelder J, E, H, D, B hängen vom Ort X, wo sie gemessen werden, und der Zeit t, zu der sie gemessen werden, ab.

Im Einzelnen lauten diese vier Gleichungen

$$\operatorname{div} D = \varrho \qquad \operatorname{rot} E + \frac{\partial B}{\partial t} = 0$$

$$\operatorname{div} B = 0 \qquad \operatorname{rot} H - \frac{\partial D}{\partial t} = J$$

Die links oben stehende Gleichung trägt den Namen *gaußsches Gesetz*, die rechts unten stehende Gleichung heißt zuweilen *ampèresches Gesetz*. Oberhalb von ihm ist das sogenannte *Induktionsgesetz* von Michael Faraday angeschrieben und unterhalb des gaußschen Gesetzes steht jene Gleichung, die das *Fehlen magnetischer Monopole* behauptet. Die Gruppe dieser vier Gleichungen erblickte in der von James Clerk Maxwell 1865 verfassten Schrift „A Dynamical Theory of the Electromagnetic Field" das Licht der Welt, allerdings noch nicht in dieser Form. Die hier präsentierte Darstellung stammt vorrangig von Oliver Heaviside. Dennoch war es Maxwell, dem es gelang, die bahnbrechenden experimentellen Arbeiten von Michael Faraday, dem die Mathematik zeit seines Lebens fremd blieb, zusammen mit den Erkenntnissen, die zuvor bereits Charles-Augustin de Coulomb, Hans Christian Ørsted, Carl Friedrich Gauß, Jean-Baptiste Biot, Félix Savart, André-Marie Ampère und andere gewonnen hatten, auf die genannten vier Gleichungen zu konzentrieren. Warum sie Ingenieure wie Heaviside oder mathematische Physiker wie der oben zitierte Boltzmann so „schön" empfinden, können wir verstehen, wenn wir diese Gleichungen aus dem Blickwinkel der Differentialformen betrachten.

Zur Vorbereitung erörtern wir, wie Skalar- und Vektorfelder differenziert werden, die nicht allein von den Ortskoordinaten, sondern zusätzlich von der Zeitvariable t abhängen:

Wir gehen zuerst von einem Skalarfeld $\Phi = \Phi(x, y, z, t)$ aus. Dessen Differential errechnet sich als

$$\mathrm{d}\Phi = \frac{\partial \Phi}{\partial x}\mathrm{d}x + \frac{\partial \Phi}{\partial y}\mathrm{d}y + \frac{\partial \Phi}{\partial z}\mathrm{d}z + \frac{\partial \Phi}{\partial t}\mathrm{d}t = (\operatorname{grad}\Phi|\mathrm{dL}) + \frac{\partial \Phi}{\partial t}\mathrm{d}t\,.$$

Außerdem können wir, da Φ diesmal von mehr als drei Variablen abhängt, auch die Differentialform dritter Stufe $\Phi\mathrm{dV} = \Phi\mathrm{d}x\mathrm{d}y\mathrm{d}z$ differenzieren:

$$\mathrm{d}(\Phi\mathrm{dV}) = \mathrm{d}\Phi\mathrm{dV} = \frac{\partial \Phi}{\partial t}\mathrm{d}t\mathrm{dV} = -\frac{\partial \Phi}{\partial t}\mathrm{dV}\mathrm{d}t\,.$$

Das Minuszeichen ergibt sich, weil sowohl dV als auch dt Differentialformen ungerader Stufen sind.

Dann gehen wir von einem Vektorfeld $v = v(x, y, z, t)$ aus. Bezeichnen wir seine Komponenten mit a, b, c, also $v = a\mathrm{i} + b\mathrm{j} + c\mathrm{k}$, errechnet sich das Differential der mit $(v|\mathrm{dL})$ bezeichneten Differentialform erster Stufe als

$$\mathrm{d}(v|\mathrm{dL}) = \mathrm{d}(a\mathrm{d}x + b\mathrm{d}y + c\mathrm{d}z) = \left(\frac{\partial c}{\partial y} - \frac{\partial b}{\partial z}\right)\mathrm{d}y\mathrm{d}z + \left(\frac{\partial a}{\partial z} - \frac{\partial c}{\partial x}\right)\mathrm{d}z\mathrm{d}x +$$

$$+\left(\frac{\partial b}{\partial x} - \frac{\partial a}{\partial y}\right)\mathrm{d}x\mathrm{d}y + \frac{\partial a}{\partial t}\mathrm{d}t\mathrm{d}x + \frac{\partial b}{\partial t}\mathrm{d}t\mathrm{d}y + \frac{\partial c}{\partial t}\mathrm{d}t\mathrm{d}z = (\mathrm{rot}\ v|\mathrm{dF}) - \left(\frac{\partial v}{\partial t}|\mathrm{dL}\right)\mathrm{d}t\,.$$

Das Minuszeichen ergibt sich, weil zum Schluss eine Vertauschung von dx, dy und dz mit dt erfolgt. Ferner errechnet sich das Differential der mit $(v|\mathrm{dF})$ bezeichneten Differentialform zweiter Stufe als

$$\mathrm{d}(v|\mathrm{dF}) = \mathrm{d}(a\mathrm{d}y\mathrm{d}z + b\mathrm{d}z\mathrm{d}x + c\mathrm{d}x\mathrm{d}y) = \frac{\partial a}{\partial x}\mathrm{d}x\mathrm{d}y\mathrm{d}z + \frac{\partial b}{\partial y}\mathrm{d}y\mathrm{d}z\mathrm{d}x + \frac{\partial c}{\partial z}\mathrm{d}z\mathrm{d}x\mathrm{d}y +$$

$$+\frac{\partial a}{\partial t}\mathrm{d}t\mathrm{d}y\mathrm{d}z + \frac{\partial b}{\partial t}\mathrm{d}t\mathrm{d}z\mathrm{d}x + \frac{\partial c}{\partial t}\mathrm{d}t\mathrm{d}x\mathrm{d}y = \mathrm{div}\ v \cdot \mathrm{dV} + \left(\frac{\partial v}{\partial t}|\mathrm{dF}\right)\mathrm{d}t\,.$$

Somit erhalten wir die folgenden vier Differentiationsregeln:

$$\mathrm{d}\Phi = (\mathrm{grad}\ \Phi|\mathrm{dL}) + \frac{\partial \Phi}{\partial t}\mathrm{d}t \qquad \mathrm{d}(v|\mathrm{dL}) = (\mathrm{rot}\ v|\mathrm{dF}) - \left(\frac{\partial v}{\partial t}|\mathrm{dL}\right)\mathrm{d}t$$

$$\mathrm{d}(\Phi\mathrm{dV}) = -\frac{\partial \Phi}{\partial t}\mathrm{dV}\mathrm{d}t \qquad \mathrm{d}(v|\mathrm{dF}) = \mathrm{div}\ v \cdot \mathrm{dV} + \left(\frac{\partial v}{\partial t}|\mathrm{dF}\right)\mathrm{d}t$$

Nun kehren wir zu den Maxwellgleichungen zurück. Wir definieren zwei Differentialformen zweiter Stufe, nämlich

$$\lambda = (E|\mathrm{dL})\,\mathrm{d}t + (B|\mathrm{dF}) \qquad \text{und} \qquad \omega = (D|\mathrm{dF}) - (H|\mathrm{dL})\,\mathrm{d}t$$

und eine Differentialform dritter Stufe, nämlich

$$\sigma = \varrho\mathrm{dV} - (J|\mathrm{dF})\,\mathrm{d}t\,.$$

Aus dem Induktionsgesetz und dem Fehlen magnetischer Monopole folgern wir:

$$\mathrm{d}\lambda = \mathrm{d}(E|\mathrm{dL})\,\mathrm{d}t + \mathrm{d}(B|\mathrm{dF}) = (\mathrm{rot}\ E|\mathrm{dF})\,\mathrm{d}t + \mathrm{div}\ B \cdot \mathrm{dV} + \left(\frac{\partial B}{\partial t}\mathrm{d}t|\mathrm{dF}\right) =$$

$$= \left(-\frac{\partial B}{\partial t}|\mathrm{dF}\right)\mathrm{d}t + 0 + \left(\frac{\partial B}{\partial t}|\mathrm{dF}\right)\mathrm{d}t = 0\,.$$

Aus dem gaußschen Gesetz und dem ampèreschen Gesetz folgern wir:

$$\mathrm{d}\omega = \mathrm{d}(D|\mathrm{dF}) - \mathrm{d}(H|\mathrm{dL})\,\mathrm{d}t = \mathrm{div}\ D \cdot \mathrm{dV} + \left(\frac{\partial D}{\partial t}\mathrm{d}t|\mathrm{dF}\right) - (\mathrm{rot}\ H|\mathrm{dF})\,\mathrm{d}t =$$

$$= \varrho\mathrm{dV} + \left(\frac{\partial D}{\partial t}|\mathrm{dF}\right)\mathrm{d}t - \left(J + \frac{\partial D}{\partial t}|\mathrm{dF}\right)\mathrm{d}t = \sigma\,.$$

Die vier Maxwellgleichungen konzentrieren sich folglich auf die beiden folgenden und tatsächlich bestechend schönen Gleichungen

$$\mathrm{d}\lambda = 0\,, \qquad \mathrm{d}\omega = \sigma$$

Diese beiden Gleichungen sprechen nicht allein wegen ihrer Eleganz an, sie erlauben zugleich zwei wichtige Folgerungen. Die erste Folgerung betrifft die zweite Gleichung $\mathrm{d}\omega = \sigma$: Differentiation beider Seiten ergibt wegen $\mathrm{dd}\omega = 0$

$$0 = \mathrm{d}\sigma = \mathrm{d}\varrho \mathrm{dV} - \mathrm{d}\,(J|\mathrm{dF})\,\mathrm{d}t = -\frac{\partial \varrho}{\partial t}\mathrm{dV}\mathrm{d}t - \operatorname{div} J \cdot \mathrm{dV}\mathrm{d}t\,.$$

Hieraus folgt die sogenannte *Kontinuitätsgleichung*

$$\frac{\partial \varrho}{\partial t} + \operatorname{div} J = 0$$

Sie besagt, dass eine Änderung der Ladungsdichte nur durch das „Abfließen" der Stromdichte erfolgt. Die zweite Folgerung betrifft die erste Gleichung $\mathrm{d}\lambda = 0$, der zufolge – jedenfalls lokal – eine Differentialform α erster Stufe mit $\mathrm{d}\alpha = \lambda$ vorliegen muss. Wir schreiben dieses Integral von λ als

$$\alpha = (A|\mathrm{dL}) + \Phi \mathrm{d}t$$

und nennen das Skalarfeld Φ das *skalare Potential* und das Vektorfeld A das *Vektorpotential* des durch die beiden Vektorfelder E und B gekennzeichneten *elektromagnetischen Feldes.* Mit dieser Bezeichnung bedeutet $\mathrm{d}\alpha = \lambda$

$$\mathrm{d}\alpha = \mathrm{d}\,(A|\mathrm{dL}) + \mathrm{d}\Phi \mathrm{d}t = (\operatorname{rot} A|\mathrm{dF}) + \left(\frac{\partial A}{\partial t}\mathrm{d}t|\mathrm{dL}\right) + \big(\operatorname{grad} \Phi|\mathrm{dL}\big)\,\mathrm{d}t =$$

$$= (\operatorname{rot} A|\mathrm{dF}) + \left(\operatorname{grad} \Phi - \frac{\partial A}{\partial t}|\mathrm{dL}\right)\mathrm{d}t = \lambda = (B|\mathrm{dF}) + (E|\mathrm{dL})\,\mathrm{d}t\,.$$

Die Rechnung zeigt, dass die beiden Vektorfelder E und B die Konstruktion eines Skalarfeldes Φ und eines Vektorfeldes A mit

$$\operatorname{rot} A = B \qquad \text{und} \qquad \operatorname{grad} \Phi - \frac{\partial A}{\partial t} = E$$

erlauben.

Kehren wir noch einmal zu den ursprünglichen Maxwellgleichungen zurück, die wir nun in der Form

$$\operatorname{div} D \cdot \mathrm{dV} = \varrho \mathrm{dV} \qquad (\operatorname{rot} E|\mathrm{dF}) = -\left(\frac{\partial B}{\partial t}|\mathrm{dF}\right)$$

$$\operatorname{div} B \cdot \mathrm{dV} = 0 \qquad (\operatorname{rot} H|\mathrm{dF}) = \left(\frac{\partial D}{\partial t}|\mathrm{dF}\right) + (J|\mathrm{dF})$$

notieren. In dieser Schreibweise betonen wir einerseits, dass es sich um Gleichungen von Differentialformen handelt, und wir trennen die linken von den rechten Seiten so, dass links nur die Vektorfelder E, B, D, H mit deren Ableitungen nach den Ortskoordinaten vorkommen.

Dies hilft bei der folgenden Rechnung, die ein Schüler von Maxwell, der Physiker John Henry Poynting, als Erster durchführte. Poynting definierte den später nach ihm benannten Vektor – genauer: das nach ihm benannte Vektorfeld S gemäß der Formel

$$(S|\mathrm{dF}) = (E|\mathrm{dL})\,(H|\mathrm{dL}) \ .$$

Es ist klar, dass sich S aus dem Vektorprodukt von E mit H ergibt: $S = E \times H$. Konzentriert man sich allein auf die Ortskoordinaten, ergibt die Differentiation der obigen Formel

$$\operatorname{div} S \cdot \mathrm{dV} = (\operatorname{rot} E|\mathrm{dF})\,(H|\mathrm{dL}) - (E|\mathrm{dL})\,(\operatorname{rot} H|\mathrm{dF}) \ .$$

Setzen wir nun auf der rechten Seite die in der rechten Spalte stehenden Maxwellgleichungen ein, bekommen wir

$$\operatorname{div} S \cdot \mathrm{dV} = -\left(\frac{\partial B}{\partial t}|\mathrm{dF}\right)(H|\mathrm{dL}) - (E|\mathrm{dL})\left(\frac{\partial D}{\partial t}|\mathrm{dF}\right) - (E|\mathrm{dL})\,(J|\mathrm{dF}) =$$

$$= -\left(\frac{\partial B}{\partial t}|H\right)\mathrm{dV} - (E|J)\,\mathrm{dV} - \left(E|\frac{\partial D}{\partial t}\right)\mathrm{dV} \, .$$

Die so erhaltene Formel

$$\left(\frac{\partial B}{\partial t}|H\right) + (E|J) + \left(E|\frac{\partial D}{\partial t}\right) + \operatorname{div} S = 0$$

wird als *Satz von Poynting* bezeichnet.

Betrachten wir den Spezialfall, dass die elektrischen Felder D und E sowie die magnetischen Felder B und H zueinander proportional sind. Es soll also zwei Konstanten, die sogenannte *Dielektrizität* ε und die sogenannte *Permeabilität* μ mit der Eigenschaft $D = \varepsilon E$ und $B = \mu H$ geben. Dann heißt die Variable

$$u = \frac{1}{2}\big(\varepsilon\,(E|E) + \mu\,(H|H)\big) = \frac{\varepsilon}{2}\,\|E\|^2 + \frac{\mu}{2}\,\|H\|^2$$

die *Energiedichte* des elektromagnetischen Feldes. Dem Satz von Poynting zufolge errechnet sich deren zeitliche Änderung als

$$\frac{\partial u}{\partial t} = \varepsilon\left(E|\frac{\partial E}{\partial t}\right) + \mu\left(H|\frac{\partial H}{\partial t}\right) = -\operatorname{div} S - (E|J) \ .$$

Anschaulich deutete Poynting das Ergebnis

$$\frac{\partial u}{\partial t} + \operatorname{div} S + (E|J) = 0$$

so: Die Energiedichte des elektromagnetischen Feldes ändert sich, wenn einerseits die durch $(E|J)$ symbolisierte „Arbeitsdichte" des Feldes am Strom verrichtet wird und wenn andererseits eine durch die Divergenz des Poyntingvektors S symbolisierte „Abstrahlung" der Energiedichte vorliegt. Heinrich Hertz bewies, dass sich diese Abstrahlung als *Licht* offenbart. So gesehen darf man mit vollem Recht feststellen: Am ersten Tag der Schöpfung, an dem das Licht erschaffen wurde, erließ Gott die Maxwellgleichungen.

1.9 Kurvenintegrale

Nun kehren wir wieder zur Sprache der Differentialformen zurück, weil sie einheitlich, prägnant und einprägsam zu formulieren erlaubt. Es ist keine Kunst, alles im Folgenden Erörterte in die Sprache der Skalar- und Vektorfelder zu übersetzen.

Wir betrachten auf einer t-Achse ein offenes Intervall J. Liegen drei (hinreichend oft stetig differenzierbare) Funktionen $f_1 : J \longrightarrow \mathbb{R}$, $f_2 : J \longrightarrow \mathbb{R}$, $f_3 : J \longrightarrow \mathbb{R}$ vor, ist durch

$$\begin{cases} x = x(t) = f_1(t) \\ y = y(t) = f_2(t) \\ z = z(t) = f_3(t) \end{cases}$$

eine *Kurve*, genauer: eine *Raumkurve* im x-y-z-Raum gegeben. Wir gehen dabei von einer *Jordankurve* aus, also einer Kurve, bei der jeder Punkt nur das Bild eines einzigen Parameterwertes ist. Bezeichnet $[a; b]$ ein kompaktes Teilintervall von J, fassen wir alle Bildpunkte $X = (x, y, z) = X(t)$ dieser Raumkurve, bei denen t das Intervall $[a; b]$ durchläuft, zu einem *Kurvenstück* Γ zusammen. Bezeichnet schließlich $\omega = u\mathrm{d}x + v\mathrm{d}y + w\mathrm{d}z$ eine Differentialform erster Stufe, ist das *Kurvenintegral*

$$\int_\Gamma \omega = \int_\Gamma u\mathrm{d}x + v\mathrm{d}y + w\mathrm{d}z$$

dadurch definiert, dass man für x, y, z die von t abhängigen Variablen $x = x(t)$, $y = y(t)$, $z = z(t)$ einsetzt und das Integral

$$\int_{t=a}^{t=b} u\mathrm{d}x + v\mathrm{d}y + w\mathrm{d}z = \int_a^b (u\dot{x} + v\dot{y} + w\dot{z})\,\mathrm{d}t$$

ermittelt. Eigentlich handelt es sich bei dem rechten Integral um das Integral entlang einer Zelle, nämlich um

$$\int_\Sigma \omega = \int_\Sigma u\mathrm{d}x + v\mathrm{d}y + w\mathrm{d}z\,,$$

in dem $\Sigma = [a; b]$ eine eindimensionale Zelle entlang der t-Achse beschreibt. Die Formel

$$\int_\Gamma \omega = \int_\Sigma \omega$$

besagt nichts anderes, als dass *das Kurvenintegral, unabhängig von der Parametrisierung der Kurve, immer gleich groß ist.*

Handelt es sich bei Γ um eine geschlossene Kurve, also um ein Kurvenstück, für das $\partial\Gamma = \emptyset$ gilt, schreibt man, um dies zu betonen, für das obige Kurvenintegral zuweilen auch

$$\oint_\Gamma \omega\,.$$

Am besten versteht man den Begriff des Kurvenintegrals anhand von Beispielen: Wir betrachten das Kurvenintegral

$$\int_\Gamma (3x^2 + 6z)\,\mathrm{d}x + 20xy^2\mathrm{d}y - 14yz\mathrm{d}z$$

und wollen es entlang dreier Kurvenstücke berechnen, die von $O = (0,0,0)$ zu $R = (1,1,1)$ führen: Die erste Kurve ist dabei durch die Parametrisierung $x = t$, $y = t^3$, $z = t^2$ gegeben. Das Kurvenstück Γ erhält man, wenn man t das Intervall $[0;1]$ durchlaufen lässt. In diesem Beispiel errechnet sich das Kurvenintegral als

$$\int_\Gamma (3x^2+6z)\,\mathrm{d}x + 20xy^2\mathrm{d}y - 14yz\mathrm{d}z = \int_\Gamma (3t^2+6t^2)\,\mathrm{d}t + 20t\cdot t^6\mathrm{d}(t^3) - 14t^3\cdot t^2\mathrm{d}(t^2) =$$

$$= \int_0^1 9t^2\mathrm{d}t + 60t^9\mathrm{d}t - 28t^6\mathrm{d}t = \int_0^1 (9t^2+60t^9-28t^6)\,\mathrm{d}t = 5\,.$$

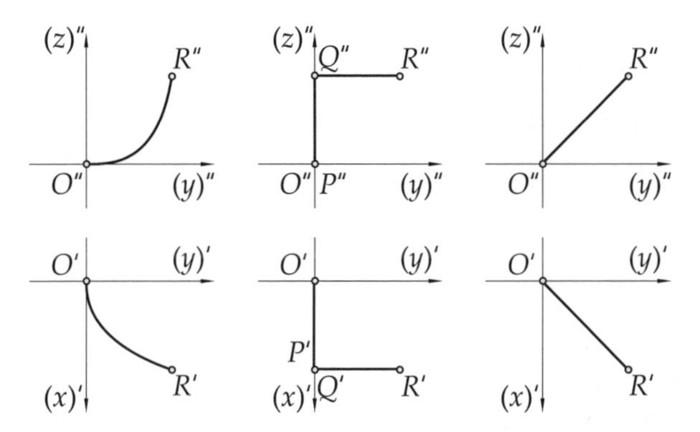

Bild 1.10 Die drei von O zu R führenden Kurvenstücke in Grund- und Aufriss: links das glatte und gekrümmte Kurvenstück, in der Mitte die Kette von drei achsenparallelen Strecken, rechts die Strecke von O nach R

Das zweite Kurvenstück ist in Wahrheit eine Kette von Kurvenstücken: Es ist jene Kette, die aus der von O zu $P = (1,0,0)$ führenden Strecke, danach aus der von P zu $Q = (1,0,1)$ führenden Strecke und schließlich aus der von Q zu R führenden Strecke besteht. Die erste Strecke wird von $x = t$, $y = 0$, $z = 0$ mit t aus $[0;1]$ parametrisiert, die zweite Strecke wird von $x = 1$, $y = 0$, $z = t$ mit t aus $[0;1]$ parametrisiert und die dritte Strecke wird von $x = 1$, $y = t$, $z = 1$ mit t aus $[0;1]$ parametrisiert. In diesem Beispiel errechnet sich das Kurvenintegral als

$$\int_\Gamma (3x^2+6z)\,\mathrm{d}x + 20xy^2\mathrm{d}y - 14yz\mathrm{d}z = \int_{[O;P]} (3x^2+6z)\,\mathrm{d}x + 20xy^2\mathrm{d}y - 14yz\mathrm{d}z +$$

$$+ \int_{[P;Q]} (3x^2+6z)\,\mathrm{d}x + 20xy^2\mathrm{d}y - 14yz\mathrm{d}z + \int_{[Q;R]} (3x^2+6z)\,\mathrm{d}x + 20xy^2\mathrm{d}y - 14yz\mathrm{d}z =$$

$$= \int_0^1 3t^2\mathrm{d}t + \int_0^1 0 + \int_0^1 20t^2\mathrm{d}t = 7 + \frac{2}{3}\,.$$

Das dritte Kurvenstück ist die Strecke von O zu R: Hier ist die Kurve zum Beispiel durch die Parametrisierung $x = t$, $y = t$, $z = t$ gegeben und die Strecke Γ von O zu R erhält man, wenn t das Intervall $[0;1]$ durchläuft. In diesem Beispiel errechnet sich das Kurvenintegral als

$$\int_\Gamma (3x^2+6z)\,\mathrm{d}x + 20xy^2\mathrm{d}y - 14yz\mathrm{d}z = \int_0^1 (3t^2+6t)\,\mathrm{d}t + 20t\cdot t^2\mathrm{d}t - 14t\cdot t\mathrm{d}t =$$

$$= \int_0^1 (20t^3 - 11t^2 + 6t)\,\mathrm{d}t = 4 + \frac{1}{3}\,.$$

Dass die hier über die drei verschiedenen Wege von O zu R berechneten Kurvenintegrale von $\omega = \left(3x^2 + 6z\right) \mathrm{d}x + 20xy^2 \mathrm{d}y - 14yz\mathrm{d}z$ unterschiedliche Ergebnisse liefern, wundert nicht, weil das Differential von ω, also die Differentialform

$$\begin{aligned}
\mathrm{d}\omega &= \mathrm{d}\left(\left(3x^2 + 6z\right) \mathrm{d}x + 20xy^2 \mathrm{d}y - 14yz\mathrm{d}z\right) = \\
&= 6x\mathrm{d}x\mathrm{d}x + 6\mathrm{d}z\mathrm{d}x + 20y^2\mathrm{d}x\mathrm{d}y + 40xy\mathrm{d}y\mathrm{d}y - 14z\mathrm{d}y\mathrm{d}z - 14y\mathrm{d}z\mathrm{d}z = \\
&= -14z\mathrm{d}y\mathrm{d}z + 6\mathrm{d}z\mathrm{d}x + 20y^2\mathrm{d}x\mathrm{d}y
\end{aligned}$$

nicht mit Null übereinstimmt.

1.10 Flächenintegrale

Wir betrachten in der von einer s-Achse und einer t-Achse aufgespannten Ebene ein Gebiet G. Liegen drei (hinreichend oft stetig differenzierbare) Funktionen $f_1 : G \longrightarrow \mathbb{R}$, $f_2 : G \longrightarrow \mathbb{R}$, $f_3 : G \longrightarrow \mathbb{R}$ vor, ist durch

$$\begin{cases} x = x(s,t) = f_1(s,t) \\ y = y(s,t) = f_2(s,t) \\ z = z(s,t) = f_3(s,t) \end{cases}$$

eine *Fläche* im x-y-z-Raum gegeben. Wir gehen dabei von der Voraussetzung aus, jeder Punkt dieser Fläche sei nur das Bild eines einzigen Paares (s,t) von Parameterwerten. Bezeichnet Σ eine in G liegende zweidimensionale Zelle der s-t-Ebene, fassen wir alle Bildpunkte $X = \left(x,y,z\right) = X(s,t)$ dieser Fläche, bei denen das Paar (s,t) die Zelle Σ durchläuft, zu einem *Flächenstück* Δ zusammen. Bezeichnet schließlich $\omega = u\mathrm{d}y\mathrm{d}z + v\mathrm{d}z\mathrm{d}x + w\mathrm{d}x\mathrm{d}y$ eine Differentialform zweiter Stufe, ist das *Flächenintegral*

$$\int_\Delta \omega = \int_\Delta u\mathrm{d}y\mathrm{d}z + v\mathrm{d}z\mathrm{d}x + w\mathrm{d}x\mathrm{d}y$$

dadurch definiert, dass man für x, y, z die von s und von t abhängigen Variablen $x = x(s,t)$, $y = y(s,t)$, $z = z(s,t)$ einsetzt und das Integral

$$\int_\Sigma u\mathrm{d}y\mathrm{d}z + v\mathrm{d}z\mathrm{d}x + w\mathrm{d}x\mathrm{d}y$$

ermittelt.

Weil sich ein Flächenintegral über ein *zwei*dimensionales Flächenstück erstreckt, schreibt man zuweilen statt eines Integralzeichens zwei eng aneinander gebundene Integralzeichen. Und handelt es sich bei Δ um eine geschlossene Fläche, also um ein Flächenstück, für das $\partial\Delta = \emptyset$ gilt, zeichnet man, um dies zu betonen, um die beiden Integralzeichen zusätzlich einen Ring. Man schreibt folglich zuweilen für das obige Flächenintegral

$$\iint_\Delta \omega \qquad \text{und bei } \partial\Delta = \emptyset\text{:} \quad \oiint_\Delta \omega\,.$$

Wir selbst aber halten uns an die Bezeichnung mit einem einzigen Integralsymbol.

Ganz analog zu Kurvenintegralen trifft auch bei Flächenintegralen

$$\int_\Delta \omega = \int_\Sigma \omega$$

zu, unabhängig davon, wie die Fläche parametrisiert ist.

Um diese Parameterunabhängigkeit beweisen zu können, bedarf es einiger Vorbereitungen: Es sei eine von einer σ-Achse und einer τ-Achse aufgespannte σ-τ-Ebene gegeben und zwischen dem vorliegenden Gebiet G der s-t-Ebene und einem entsprechenden Gebiet G' der σ-τ-Ebene soll ein *Diffeomorphismus* $\sigma = \sigma(s,t)$, $\tau = \tau(s,t)$ bestehen. Damit meinen wir, dass die Variablen σ und τ nicht nur (hinreichend oft) stetig differenzierbar von s und t abhängen, sondern dass das Gleichungssystem

$$\begin{cases} \sigma = \sigma(s,t) \\ \tau = \tau(s,t) \end{cases}$$

nach s und t gelöst werden kann, also (ebenso oft) stetig differenzierbar s und t von σ und τ abhängen:

$$\begin{cases} s = s(\sigma,\tau) \\ t = t(\sigma,\tau)\ . \end{cases}$$

Bei allen im Folgenden betrachteten Diffeomorphismen gehen wir davon aus, sie seien *orientierungstreu.* Dies drückt sich dadurch aus, dass die Determinanten der jacobischen Matrizen – wie hier die Determinante von $\partial(\sigma,\tau)/\partial(s,t)$ – stets *positiv* sind. Ob nun die vorliegende Fläche mit den Parametern s und t durch

$$\begin{cases} x = x(s,t) \\ y = y(s,t) \\ z = z(s,t) \end{cases}$$

oder mit den Parametern σ, τ durch

$$\begin{cases} x = x(\sigma,\tau) = x(s(\sigma,\tau), t(\sigma,\tau)) \\ y = y(\sigma,\tau) = y(s(\sigma,\tau), t(\sigma,\tau)) \\ z = z(\sigma,\tau) = z(s(\sigma,\tau), t(\sigma,\tau)) \end{cases}$$

erfasst wird, ist einerlei. Wird die zweidimensionale Zelle Σ im Gebiet G auf das Flächenstück Δ' im Gebiet G' der σ-τ-Ebene abgebildet, gilt es

$$\int_\Sigma \omega = \int_{\Delta'} \omega$$

zu beweisen. Wir zeigen dies aber nicht direkt, sondern dadurch, dass wir einen weiteren Diffeomorphismus betrachten: Es sei eine von einer ξ-Achse und einer η-Achse aufgespannte ξ-η-Ebene gegeben und zwischen dem vorliegenden Gebiet G der s-t-Ebene und einem entsprechenden Gebiet G'' der ξ-η-Ebene soll ebenfalls ein *Diffeomorphismus* $\xi = \xi(s,t)$, $\eta = \eta(s,t)$ bestehen. Auch bei ihm können wir die vorliegende Fläche mit den Parametern ξ, η durch

$$\begin{cases} x = x(\xi,\eta) = x(s(\xi,\eta), t(\xi,\eta)) \\ y = y(\xi,\eta) = y(s(\xi,\eta), t(\xi,\eta)) \\ z = z(\xi,\eta) = y(s(\xi,\eta), t(\xi,\eta)) \end{cases}$$

erfassen. Wird die zweidimensionale Zelle Σ im Gebiet G auf das Flächenstück Δ'' im Gebiet G'' der ξ-η-Ebene abgebildet, gilt es

$$\int_\Sigma \omega = \int_{\Delta''} \omega$$

zu beweisen. Und wenn wir sogar

$$\int_{\Delta'} \omega = \int_{\Delta''} \omega$$

zeigen können, sind wir völlig zufrieden gestellt, denn allgemeiner als

einerseits durch $\begin{cases} x = x(\sigma,\tau) \\ y = y(\sigma,\tau) \\ z = z(\sigma,\tau) \end{cases}$ und andererseits durch $\begin{cases} x = x(\xi,\eta) \\ y = y(\xi,\eta) \\ z = z(\xi,\eta) \end{cases}$

kann die Fläche gar nicht parametrisiert werden. Wobei zu beachten ist, dass zwischen den Variablen σ, τ und ξ, η ein Diffeomorphismus $\sigma = \sigma(\xi,\eta)$, $\tau = \tau(\xi,\eta)$ mit der Umkehrung $\xi = \xi(\sigma,\tau)$, $\eta = \eta(\sigma,\tau)$ vorliegt.

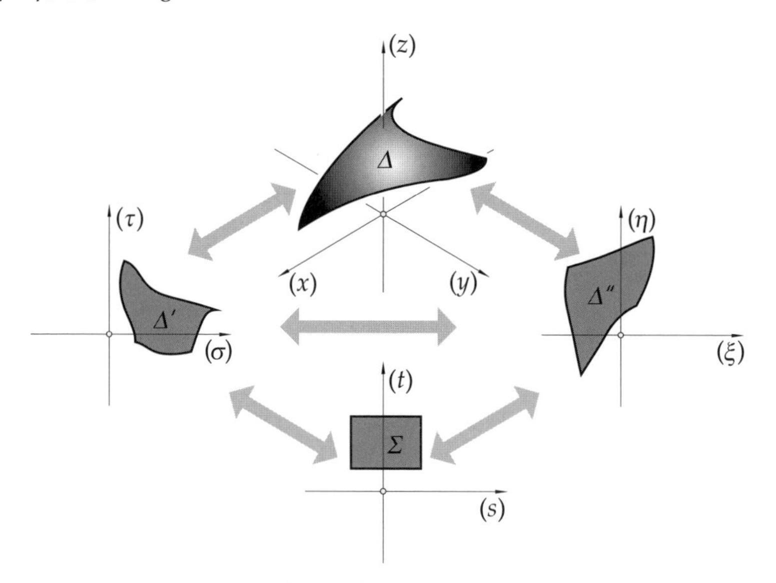

Bild 1.11 Die beiden Flächenstücke Δ' und Δ'' sind diffeomorphe Bilder der Zelle Σ. Das im Raum befindliche Flächenstück Δ ist sowohl ein diffeomorphes Bild von Δ' als auch ein diffeomorphes Bild von Δ''.

Wir denken uns nun in $\omega = u\mathrm{d}y\mathrm{d}z + v\mathrm{d}z\mathrm{d}x + w\mathrm{d}x\mathrm{d}y$ die Parametrisierung $x = x(\sigma,t)$, $y = y(\sigma,t)$, $z = z(\sigma,t)$ eingesetzt. Daraus gewinnt man ω in der Gestalt $\omega = p\mathrm{d}\sigma\mathrm{d}\tau$ mit $p = p(\sigma,\tau)$. Wir nehmen an, es sei die Variable

$$q = q(\sigma,\tau) = \int p\mathrm{d}\sigma = \int p(\sigma,\tau)\,\mathrm{d}\sigma$$

dadurch erhalten, dass man $p\mathrm{d}\sigma$ (mit τ als Parameter) unbestimmt nach σ integriert. Dadurch gewinnen wir die Beziehung

$$\frac{\partial q}{\partial \sigma} = p\,.$$

Aus ihr folgern wir

$$\mathrm{d}(q\mathrm{d}\tau) = \frac{\partial q}{\partial \sigma}\mathrm{d}\sigma\mathrm{d}\tau + \frac{\partial q}{\partial \tau}\mathrm{d}\tau\mathrm{d}\tau = \frac{\partial q}{\partial \sigma}\mathrm{d}\sigma\mathrm{d}\tau = p\mathrm{d}\sigma\mathrm{d}\tau\,.$$

Wir wissen bereits, dass Kurvenintegrale unabhängig von der Parametrisierung der Kurve sind. Diese Einsicht wenden wir auf die durch $\partial\Delta'$ und $\partial\Delta''$ gegebenen Ketten von Kurvenstücken an, die den zwei zueinander diffeomorphen Parametrisierungen des Randes vom gegebenen Flächenstück zugrunde liegen. Aufgrund des allgemeinen Satzes von Stokes gilt:

$$\int_{\Delta'}\omega = \int_{\Delta'} p\mathrm{d}\sigma\mathrm{d}\tau = \int_{\Delta'}\mathrm{d}(q\mathrm{d}\tau) = \int_{\partial\Delta'} q\mathrm{d}\tau = \int_{\partial\Delta''} q\mathrm{d}\tau = \int_{\Delta''}\mathrm{d}(q\mathrm{d}\tau) = \int_{\Delta''} p\mathrm{d}\sigma\mathrm{d}\tau = \int_{\Delta''}\omega.$$

Genau dies galt es zu beweisen. Denn jetzt wissen wir, dass

$$\int_{\Delta}\omega = \int_{\Delta'}\omega = \int_{\Delta''}\omega = \int_{\Sigma}\omega$$

stimmt.

In einem ersten Beispiel berechnen wir

$$\int_{\Delta} 18z\mathrm{d}y\mathrm{d}z - 12\mathrm{d}z\mathrm{d}x + 3y\mathrm{d}x\mathrm{d}y\,,$$

wobei Δ jenes Flächenstück auf der Ebene $2x+3y+6z=12$ bezeichnet, das sich oberhalb der Grundrissebene, vor der Aufrissebene und rechts von der Kreuzrissebene befindet. Es soll mit anderen Worten $z \geq 0$ und $x \geq 0$ und $y \geq 0$ zutreffen.

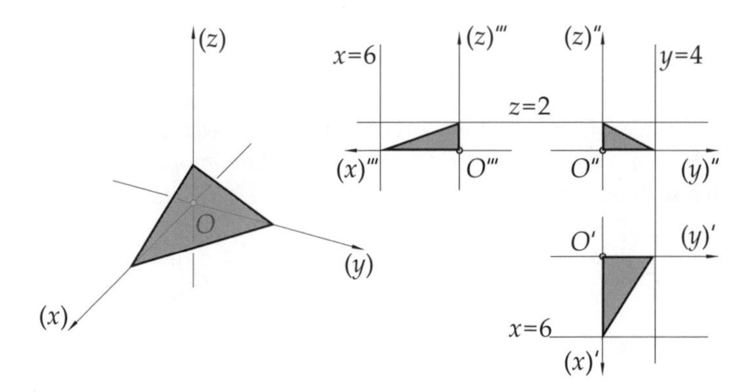

Bild 1.12 Flächenstück auf der Ebene $2x+3y+6z=12$, das sich oberhalb der Grundrissebene, vor der Aufrissebene und rechts von der Kreuzrissebene befindet: links im Schrägriss, rechts im Grund-, Auf- und Kreuzriss

Jedenfalls kann man die Ebene mit den Parametern x und y durch die Gleichung $z = z(x,y) = 2 - x/3 - y/2$ erfassen. Die Schnittgerade der Ebene mit der Grundrissebene ist durch $2x+3y = 12$ gegeben, wird also von $y = 4 - 2x/3$ mit x als Parameter beschrieben. Wenn beim Flächenstück $y \geq 0$ gewahrt werden soll, durchläuft x das Intervall $[0;6]$. Daher ist das Flächenstück durch

$$z = 2 - \frac{x}{3} - \frac{y}{2} \qquad \text{mit } 0 \leq x \leq 6 \text{ und } 0 \leq y \leq 4 - \frac{2x}{3}$$

parametrisiert.

An dieser Stelle halten wir kurz inne, weil wir dieses Beispiel in einen allgemeineren Zusammenhang einbauen wollen: Wenn J ein offenes Intervall der x-Achse bezeichnet, $\alpha : J \longrightarrow \mathbb{R}$ und $\beta : J \longrightarrow \mathbb{R}$ zwei stetig differenzierbare Funktionen sind, für die $\alpha(x) < \beta(x)$ für alle x aus J zutrifft und wenn $[a;b]$ ein kompaktes Teilintervall von J ist, nennt man die Gesamtheit Λ aller Punkte (x,y) mit $a \le x \le b$ und $\alpha(x) \le y \le \beta(x)$ einen *Normalbereich* in der x-y-Ebene – genauer: eine *senkrecht verzerrte* zweidimensionale Zelle. (Vertauschen x und y bei dieser Definition die Rollen, spricht man von einer *waagrecht verzerrten* zweidimensionalen Zelle.) Jedenfalls besteht zwischen dem durch $s \in J$, $t \in \mathbb{R}$ gegebenen senkrechten Streifen der s-t-

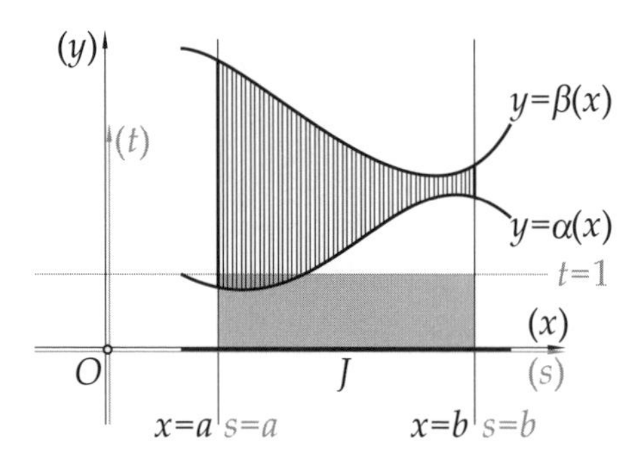

Bild 1.13 Ein Normalbereich als senkrecht verzerrte zweidimensionale Zelle

Ebene und dem deckungsgleichen durch $x \in J$, $y \in \mathbb{R}$ gegebenen Streifen der x-y-Ebene bei

$$\begin{cases} x = x(s,t) = s \\ y = y(s,t) = t\beta(s) + (1-t)\alpha(s) \end{cases}$$

ein Diffeomorphismus. Dieser bildet die zweidimensionale Zelle Σ, die in der s-t-Ebene als Menge aller (s,t) mit $a \le s \le b$ und $0 \le t \le 1$ gegeben ist, diffeomorph auf den Normalbereich Λ ab. Demnach errechnet sich

$$\int_\Lambda w\mathrm{d}x\mathrm{d}y = \int_\Sigma w\mathrm{d}x\mathrm{d}y = \int_\Sigma w\mathrm{d}s\mathrm{d}\big(t\beta(s) + (1-t)\alpha(s)\big) = \int_\Sigma w\mathrm{d}s\big(\beta(s) - \alpha(s)\big)\mathrm{d}t =$$

$$= \int_\Sigma w\cdot\big(\beta(s) - \alpha(s)\big)\cdot\mathrm{d}s\mathrm{d}t = \int_a^b \left(\int_0^1 w\cdot\big(\beta(s) - \alpha(s)\big)\mathrm{d}t\right)\mathrm{d}s\,.$$

Beachtet man, dass im inneren Integral (mit s als Parameter) bei der Substitution $y = y(t) = t\beta(s) + (1-t)\alpha(s)$ einerseits $y|_{t=0} = \alpha(s)$, $y|_{t=1} = \beta(s)$ und andererseits $\mathrm{d}y = \big(\beta(s) - \alpha(s)\big)\mathrm{d}t$, also

$$\int_0^1 w\cdot\big(\beta(s) - \alpha(s)\big)\mathrm{d}t = \int_{\alpha(s)}^{\beta(s)} w\mathrm{d}y$$

gilt, erhält man, wenn man wieder x statt s schreibt:

$$\int_\Lambda w\mathrm{d}x\mathrm{d}y = \int_a^b \int_{\alpha(x)}^{\beta(x)} w\mathrm{d}y\cdot\mathrm{d}x$$

Man kann daher Integrale über Normalbereiche unmittelbar als iterierte Integrale berechnen.

Zwar ist der in dem Beispiel genannte Dreiecksbereich aller (x, y) mit $0 \le x \le 6$ und $0 \le y \le 4 - 2x/3$ nicht im strengen Sinn der obigen Definition ein Normalbereich, weil nur für den durch $0 < x < 6$ gekennzeichneten Streifen ein Diffeomorphismus zwischen ihm und dem entsprechenden Streifen in der s-t-Ebene vorliegt. Die Stetigkeit des Integrals in den Grenzen erlaubt zum Glück die Grenzübergänge $x \to 0$ und $x \to 6$; auch in vielen weiteren Beispielen kommen uneigentliche Integrale dieser Art immer wieder vor, und wir werden dies meistens gar nicht mehr besonders ansprechen. Somit bekommen wir nach Parametrisierung der Ebene durch $z = 2 - x/3 - y/2$ die folgende Ermittlung des zu berechnenden Flächenintegrals:

$$\int_\Delta 18z\mathrm{d}y\mathrm{d}z - 12\mathrm{d}z\mathrm{d}x + 3y\mathrm{d}x\mathrm{d}y =$$

$$= \int_\Delta 18\left(2 - \frac{x}{3} - \frac{y}{2}\right)\mathrm{d}y\left(-\frac{\mathrm{d}x}{3} - \frac{\mathrm{d}y}{2}\right) - 12\left(-\frac{\mathrm{d}x}{3} - \frac{\mathrm{d}y}{2}\right)\mathrm{d}x + 3y\mathrm{d}x\mathrm{d}y =$$

$$= \int_\Delta (36 - 6x - 9y)\frac{\mathrm{d}x\mathrm{d}y}{3} - 12\frac{\mathrm{d}x\mathrm{d}y}{2} + 3y\mathrm{d}x\mathrm{d}y =$$

$$= \int_\Delta (6 - 2x)\,\mathrm{d}x\mathrm{d}y = \int_0^6 \int_0^{4-\frac{2x}{3}} (6 - 2x)\,\mathrm{d}y \cdot \mathrm{d}x =$$

$$= \int_0^6 (6 - 2x)\left(4 - \frac{2x}{3}\right)\mathrm{d}x = \int_0^6 \left(\frac{4x^2}{3} - 12x + 24\right)\mathrm{d}x = 24\,.$$

In einem zweiten Beispiel soll

$$\int_\Delta z\mathrm{d}y\mathrm{d}z + x\mathrm{d}z\mathrm{d}x - 3y^2 z\mathrm{d}x\mathrm{d}y$$

ermittelt werden, wenn Δ das unten von $z = 0$ und oben von $z = 5$ sowie links von $y = 0$ und hinten von $x = 0$ begrenzte Flächenstück auf dem durch $x^2 + y^2 = 16$ gegebenen Zylinder bezeichnet. Es handelt sich anschaulich um das vorne rechts liegende Viertel des Zylindermantels.

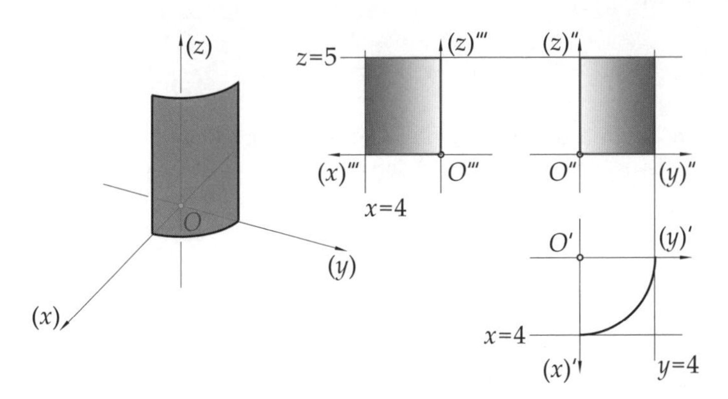

Bild 1.14 Das unten von $z = 0$ und oben von $z = 5$ sowie links von $y = 0$ und hinten von $x = 0$ begrenzte Flächenstück auf dem durch $x^2 + y^2 = 16$ gegebenen Zylinder: links im Schrägriss, rechts im Grund-, Auf- und Kreuzriss

Hier empfiehlt es sich, Zylinderkoordinaten

$$\begin{cases} x = \varrho\cos\varphi \\ y = \varrho\sin\varphi \\ z = z \end{cases}$$

einzuführen. Bei ihnen errechnen sich

$$\begin{cases} \mathrm{d}x = \cos\varphi\cdot\mathrm{d}\varrho - \varrho\sin\varphi\cdot\mathrm{d}\varphi \\ \mathrm{d}y = \sin\varphi\cdot\mathrm{d}\varrho + \varrho\cos\varphi\cdot\mathrm{d}\varphi \\ \mathrm{d}z = \mathrm{d}z \end{cases}$$

und die Keilprodukte

$$\begin{cases} \mathrm{d}y\mathrm{d}z = \varrho\cos\varphi\cdot\mathrm{d}\varphi\mathrm{d}z - \sin\varphi\cdot\mathrm{d}z\mathrm{d}\varrho \\ \mathrm{d}z\mathrm{d}x = \varrho\sin\varphi\cdot\mathrm{d}\varphi\mathrm{d}z + \cos\varphi\cdot\mathrm{d}z\mathrm{d}\varrho \\ \mathrm{d}x\mathrm{d}y = \varrho\mathrm{d}\varrho\mathrm{d}\varphi\,. \end{cases}$$

Die letzte Formel $\mathrm{d}x\mathrm{d}y = \varrho\mathrm{d}\varrho\mathrm{d}\varphi$ tritt in vielen praktischen Anwendungen auf und sollte im Kopf behalten werden. In unserem Beispiel ist das Viertel des Zylindermantels, also das Flächenstück Δ auf dem Zylindermantel, bei $\varrho = 4$ als Bild der Zelle Σ aller (φ, z) mit $0 \le \varphi \le \pi/2$ und $0 \le z \le 5$ gegeben. Das Flächenintegral lautet wegen $\mathrm{d}\varrho = 0$ aufgrund der obigen Formeln

$$\int_\Delta z\mathrm{d}y\mathrm{d}z + x\mathrm{d}z\mathrm{d}x - 3y^2z\mathrm{d}x\mathrm{d}y = \int_\Sigma z\cdot 4\cos\varphi\cdot\mathrm{d}\varphi\mathrm{d}z + 4\cos\varphi\cdot 4\sin\varphi\cdot\mathrm{d}\varphi\mathrm{d}z =$$

$$= \int_0^5\int_0^{\pi/2}\left(4z\cos\varphi + 16\sin\varphi\cdot\cos\varphi\right)\mathrm{d}\varphi\cdot\mathrm{d}z = \int_0^5\left[4z\sin\varphi + 8\sin^2\varphi\right]_{\varphi=0}^{\varphi=\pi/2}\mathrm{d}z =$$

$$= \int_0^5 (4z+8)\mathrm{d}z = 65\,.$$

In einem dritten Beispiel soll

$$\int_\Delta x\mathrm{d}y\mathrm{d}z + y\mathrm{d}z\mathrm{d}x - (2z-10)\,\mathrm{d}x\mathrm{d}y$$

ermittelt werden, wenn Δ die sich oberhalb der Grundrissebene befindliche Halbkugel bezeichnet, wobei $x^2 + y^2 + z^2 = 25$ die Kugel darstellt.

Hier empfiehlt es sich, Kugelkoordinaten

$$\begin{cases} x = r\sin\vartheta\cdot\cos\varphi \\ y = r\sin\vartheta\cdot\sin\varphi \\ z = r\cos\vartheta \end{cases}$$

einzuführen. Bei ihnen errechnen sich

$$\begin{cases} \mathrm{d}x = \sin\vartheta\cdot\cos\varphi\cdot\mathrm{d}r + r\cos\vartheta\cdot\cos\varphi\cdot\mathrm{d}\vartheta - r\sin\vartheta\cdot\sin\varphi\cdot\mathrm{d}\varphi \\ \mathrm{d}y = \sin\vartheta\cdot\sin\varphi\cdot\mathrm{d}r + r\cos\vartheta\cdot\sin\varphi\cdot\mathrm{d}\vartheta + r\sin\vartheta\cdot\cos\varphi\cdot\mathrm{d}\varphi \\ \mathrm{d}z = \cos\vartheta\cdot\mathrm{d}r - r\sin\vartheta\cdot\mathrm{d}\vartheta \end{cases}$$

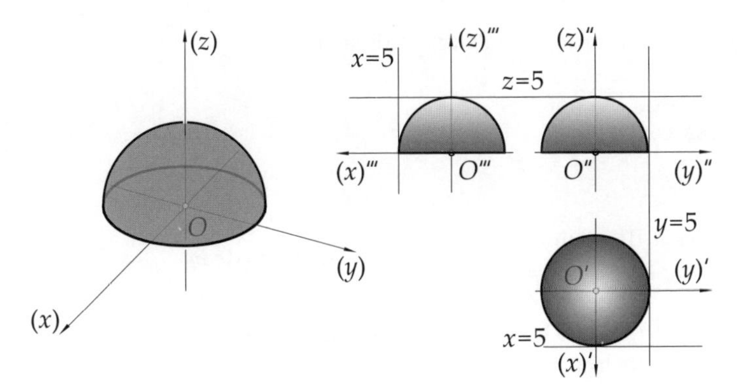

Bild 1.15 Die Halbkugel oberhalb der Grundrissebene ist Teil der durch $x^2 + y^2 + z^2 = 25$ gegebenen Kugel: links im Schrägriss, rechts im Grund-, Auf- und Kreuzriss.

und die Keilprodukte

$$\begin{cases} \mathrm{d}y\mathrm{d}z = r^2 \sin^2\vartheta \cdot \cos\varphi \cdot \mathrm{d}\vartheta\mathrm{d}\varphi + r\sin\vartheta \cdot \cos\vartheta \cdot \cos\varphi \cdot \mathrm{d}\varphi\mathrm{d}r - r\sin\varphi \cdot \mathrm{d}r\mathrm{d}\vartheta \\ \mathrm{d}z\mathrm{d}x = r^2 \sin^2\vartheta \cdot \sin\varphi \cdot \mathrm{d}\vartheta\mathrm{d}\varphi + r\sin\vartheta \cdot \cos\vartheta \cdot \sin\varphi \cdot \mathrm{d}\varphi\mathrm{d}r + r\cos\varphi \cdot \mathrm{d}r\mathrm{d}\vartheta \\ \mathrm{d}x\mathrm{d}y = r^2 \sin\vartheta \cdot \cos\vartheta \cdot \mathrm{d}\vartheta\mathrm{d}\varphi - r \cdot \sin^2\vartheta \cdot \mathrm{d}\varphi\mathrm{d}r\,. \end{cases}$$

In unserem Beispiel ist das Flächenstück Δ auf der Kugel bei $r = 5$ als Bild der Zelle Σ aller (ϑ, φ) mit $0 \le \vartheta \le \pi/2$ und $0 \le \varphi \le 2\pi$ gegeben. Das Flächenintegral lautet wegen $\mathrm{d}r = 0$ aufgrund der obigen Formeln

$$\int_\Delta x\mathrm{d}y\mathrm{d}z + y\mathrm{d}z\mathrm{d}x - (2z - 10)\,\mathrm{d}x\mathrm{d}y =$$

$$= \int_\Sigma 5\sin\vartheta \cdot \cos\varphi \cdot 25\sin^2\vartheta \cdot \cos\varphi \cdot \mathrm{d}\vartheta\mathrm{d}\varphi + 5\sin\vartheta \cdot \sin\varphi \cdot 25\sin^2\vartheta \cdot \sin\varphi \cdot \mathrm{d}\vartheta\mathrm{d}\varphi$$

$$- \int_\Sigma (10\cos\vartheta - 10) \cdot 25\sin\vartheta \cdot \cos\vartheta \cdot \mathrm{d}\vartheta\mathrm{d}\varphi =$$

$$= \int_0^{2\pi} \int_0^{\pi/2} \left(125\sin^3\vartheta - 250\sin\vartheta \cdot \cos^2\vartheta + 250\sin\vartheta \cdot \cos\vartheta\right) \mathrm{d}\vartheta \cdot \mathrm{d}\varphi =$$

$$= 250\pi \int_0^{\pi/2} \left(\sin^2\vartheta - 2\cos^2\vartheta + 2\cos\vartheta\right) \sin\vartheta \cdot \mathrm{d}\vartheta =$$

$$= 250\pi \int_{\vartheta=0}^{\vartheta=\pi/2} \left(3\cos^2\vartheta - 2\cos\vartheta - 1\right) \mathrm{d}(\cos\vartheta) =$$

$$= 250\pi \left[\cos^3\vartheta - \cos^2\vartheta - \cos\vartheta\right]_{\vartheta=0}^{\vartheta=\pi/2} = 250\pi\,.$$

Will man hingegen

$$\int_\Theta x\mathrm{d}y\mathrm{d}z + y\mathrm{d}z\mathrm{d}x - (2z - 10)\,\mathrm{d}x\mathrm{d}y$$

berechnen, wenn Θ die Kreisfläche auf der Grundrissebene mit 5 als Radius und dem Ursprung als Mittelpunkt bezeichnet, vereinfacht sich wegen $z = 0$ dieses Integral zu

$$\int_\Theta 10\mathrm{d}x\mathrm{d}y\,.$$

Hier bietet sich die Einführung von Polarkoordinaten

$$\begin{cases} x = r\cos\varphi \\ y = r\sin\varphi \end{cases}$$

mit

$$\begin{cases} \mathrm{d}x = \cos\varphi\cdot\mathrm{d}r - r\sin\varphi\cdot\mathrm{d}\varphi \\ \mathrm{d}y = \sin\varphi\cdot\mathrm{d}r + r\cos\varphi\cdot\mathrm{d}\varphi \end{cases} \qquad \text{und} \qquad \mathrm{d}x\mathrm{d}y = r\mathrm{d}r\mathrm{d}\varphi$$

an, denn Θ ist unter diesem Diffeomorphismus das Bild der Zelle Σ aller (r,φ) mit $0 \le r \le 5$, $0 \le \varphi \le 2\pi$. Es errechnet sich

$$\int_\Theta x\mathrm{d}y\mathrm{d}z + y\mathrm{d}z\mathrm{d}x - (2z-10)\,\mathrm{d}x\mathrm{d}y = \int_\Theta 10\mathrm{d}x\mathrm{d}y = \int_\Sigma 10r\mathrm{d}r\mathrm{d}\varphi =$$

$$= \int_0^{2\pi}\int_0^5 10r\mathrm{d}r\cdot\mathrm{d}\varphi = \int_0^{2\pi}\left[5r^2\right]_{r=0}^{r=5}\mathrm{d}\varphi = 250\pi\,.$$

Dass beide Integrale, jenes über Δ und jenes über Θ, das gleiche Ergebnis liefern, ist kein Wunder. Denn $\Delta - \Theta$ bildet den Rand des Halbkugelkörpers Π, und nach dem allgemeinen Satz von Stokes gilt

$$\int_\Delta \omega - \int_\Theta \omega = \int_{\Delta-\Theta} \omega = \int_{\partial\Pi} \omega = \int_\Pi \mathrm{d}\omega\,.$$

Weil $\omega = x\mathrm{d}y\mathrm{d}z + y\mathrm{d}z\mathrm{d}x - (2z-10)\,\mathrm{d}x\mathrm{d}y$ wegen

$$\mathrm{d}\omega = \mathrm{d}x\mathrm{d}y\mathrm{d}z + \mathrm{d}y\mathrm{d}z\mathrm{d}x - 2\mathrm{d}z\mathrm{d}x\mathrm{d}y = 0$$

geschlossen ist, müssen die beiden Integrale, jenes über Δ und jenes über Θ, das gleiche Ergebnis liefern. Das Integral über Π ist ein sogenanntes „Raumintegral“. Im nächsten Abschnitt lernen wir, Integrale dieser Art zu berechnen.

1.11 Raumintegrale

Wir betrachten in dem von einer r-Achse, einer s-Achse und einer t-Achse aufgespannten r-s-t-Raum ein Gebiet G. Es seien drei (hinreichend oft stetig differenzierbare) Funktionen $f_1 : G \longrightarrow \mathbb{R}$, $f_2 : G \longrightarrow \mathbb{R}$, $f_3 : G \longrightarrow \mathbb{R}$ gegeben, die bei

$$\begin{cases} x = x(r,s,t) = f_1(r,s,t) \\ y = y(r,s,t) = f_2(r,s,t) \\ z = z(r,s,t) = f_3(r,s,t) \end{cases}$$

einen Diffeomorphismus von G zu einem Gebiet im x-y-z-Raum beschreiben. Damit meinen wir genauer, dass die hier beschriebene Zuordnung in der Form $r = r(x,y,z)$, $s = s(x,y,z)$, $t = t(x,y,z)$ umgekehrt werden kann. Überdies setzen wir, wie schon im vorigen Abschnitt, voraus, dass alle betrachteten Diffeomorphismen orientierungstreu sind, was man anhand der Determinante der jacobischen Matrix $\partial(x,y,z)/\partial(r,s,t)$ kontrollieren kann: diese muss positiv sein. Bezeichnet Σ im Gebiet G eine dreidimensionale Zelle, nennen wir das mithilfe des genannten Diffeomorphismus gewonnene Bild Π dieser Zelle im x-y-z-Raum ein „Raumstück" (in Analogie zu „Kurvenstück" und „Flächenstück"), besser aber: einen Körper. Bezeichnet $\omega = w\mathrm{d}x\mathrm{d}y\mathrm{d}z$ eine Differentialform dritter Stufe, ist das *Raumintegral*

$$\int_\Pi \omega = \int_\Pi w\mathrm{d}x\mathrm{d}y\mathrm{d}z$$

dadurch definiert, dass man für x, y, z die von r, von s und von t abhängigen Variablen $x = x(r,s,t)$, $y = y(r,s,t)$, $z = z(r,s,t)$ einsetzt und das Integral

$$\int_\Sigma w\mathrm{d}x\mathrm{d}y\mathrm{d}z$$

ermittelt.

Weil sich ein Raumintegral über einen *drei*dimensionalen Körper erstreckt, schreibt man zuweilen statt eines Integralzeichens drei eng aneinander gebundene Integralzeichen. Man schreibt folglich zuweilen für das obige Raumintegral

$$\iiint_\Pi \omega\,.$$

Wir selbst aber halten uns an die Bezeichnung mit einem einzigen Integralsymbol.

Ganz analog zu Kurven- und Flächenintegralen trifft auch bei Raumintegralen

$$\int_\Pi \omega = \int_\Sigma \omega$$

zu, unabhängig davon, wie der Diffeomorphismus lautet, der den Körper Π parametrisiert.

Wir führen den Beweis dieser Unabhängigkeit von der Parametrisierung, indem wir einen weiteren Diffeomorphismus vom Gebiet G des r-s-t-Raumes in den ξ-η-ζ-Raum betrachten. Es liegen somit die beiden Diffeomorphismen

$$\begin{cases} x = x(r,s,t) \\ y = y(r,s,t) \\ z = z(r,s,t) \end{cases} \quad \text{und} \quad \begin{cases} \xi = \xi(r,s,t) \\ \eta = \eta(r,s,t) \\ \zeta = \zeta(r,s,t) \end{cases}$$

vor und die Körper Π im x-y-z-Raum sowie Ψ im ξ-η-ζ-Raum sind als Bilder von Σ ebenfalls zueinander diffeomorph. Insbesondere liegt auch zwischen den jeweiligen Gebieten des x-y-z-Raumes und des ξ-η-ζ-Raumes ein Diffeomorphismus

$$\begin{cases} \xi = \xi(x,y,z) \\ \eta = \eta(x,y,z) \\ \zeta = \zeta(x,y,z) \end{cases} \quad \text{mit seiner Umkehrung} \quad \begin{cases} x = x(\xi,\eta,\zeta) \\ y = y(\xi,\eta,\zeta) \\ z = z(\xi,\eta,\zeta) \end{cases}$$

vor.

Wir denken uns nun in $\omega = w\mathrm{d}x\mathrm{d}y\mathrm{d}z$ den Diffeomorphismus $x = x(\xi,\eta,\zeta)$, $y = y(\xi,\eta,\zeta)$, $z = z(\xi,\eta,\zeta)$ eingesetzt. (Setzt man $\xi = r$, $\eta = s$, $\zeta = t$ ist darin der Spezialfall mit enthalten, bei

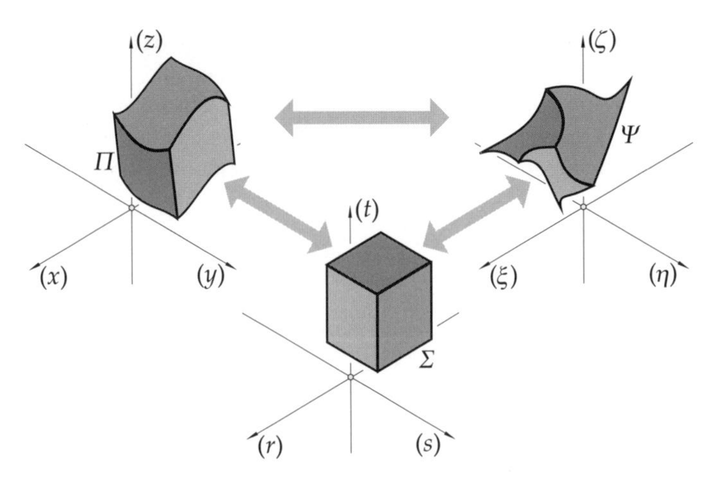

Bild 1.16 Die beiden Körper Π und Ψ sind diffeomorphe Bilder der dreidimensionalen Zelle Σ und daher auch zueinander diffeomorph.

dem der zu Π diffeomorphe Körper Ψ mit der dreidimensionalen Zelle Σ übereinstimmt.) Wir nehmen an, es sei die Variable

$$W = W(x,y,z) = \int w\mathrm{d}x = \int w(x,y,z)\,\mathrm{d}x$$

dadurch erhalten, dass man $w\mathrm{d}x$ (mit y, z als Parameter) unbestimmt nach x integriert. Dadurch gewinnen wir die Beziehung

$$\frac{\partial W}{\partial x} = w\,.$$

Aus ihr folgern wir

$$\mathrm{d}(W\mathrm{d}y\mathrm{d}z) = \frac{\partial W}{\partial x}\mathrm{d}x\mathrm{d}y\mathrm{d}z + \frac{\partial W}{\partial y}\mathrm{d}y\mathrm{d}y\mathrm{d}z + \frac{\partial W}{\partial z}\mathrm{d}z\mathrm{d}y\mathrm{d}z = w\mathrm{d}x\mathrm{d}y\mathrm{d}z\,.$$

Weil wir bereits wissen, dass Flächenintegrale unabhängig von der Parametrisierung der Fläche sind, und diese Einsicht auf die durch $\partial\Pi$ und $\partial\Psi$ gegebenen Ketten von Flächenstücken anwenden, erhalten wir aufgrund des allgemeinen Satzes von Stokes

$$\int_\Pi \omega = \int_\Pi w\mathrm{d}x\mathrm{d}y\mathrm{d}z = \int_\Pi \mathrm{d}(W\mathrm{d}y\mathrm{d}z) = \int_{\partial\Pi} W\mathrm{d}y\mathrm{d}z =$$

$$= \int_{\partial\Psi} W\mathrm{d}y\mathrm{d}z = \int_\Psi \mathrm{d}(W\mathrm{d}y\mathrm{d}z) = \int_\Psi w\mathrm{d}x\mathrm{d}y\mathrm{d}z = \int_\Psi \omega\,.$$

Genau dies wollten wir beweisen.

Wieder zeigen drei Beispiele, wie man bei der Ermittlung von Raumintegralen vorgeht.

Im ersten Beispiel ermitteln wir

$$\int_\Pi 45x^2 y\mathrm{d}x\mathrm{d}y\mathrm{d}z\,,$$

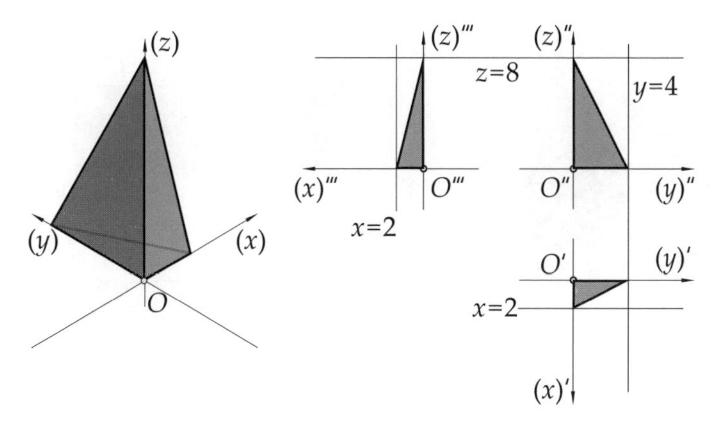

Bild 1.17 Die Pyramide, die von der Grundrissebene $z = 0$, der Aufrissebene $x = 0$, der Kreuzrissebene $y = 0$ und der Ebene $4x + 2y + z = 8$ begrenzt wird: links im Schrägriss (zur besseren Veranschaulichung laufen diesmal die Achsen der x-y-Ebene nach hinten), rechts im Grund-, Auf- und Kreuzriss

wobei Π eine Pyramide ist, die von der Grundrissebene $z = 0$, der Aufrissebene $x = 0$, der Kreuzrissebene $y = 0$ und der Ebene $4x + 2y + z = 8$ begrenzt wird.

Diese Pyramide ruht auf einer von der x-Achse, der y-Achse und der von der Geraden $4x + 2y = 8$ begrenzten Dreiecksfläche. Diese ist dadurch gekennzeichnet, dass die Variable x das Intervall $[0;2]$ durchläuft und bei einem gegebenen x aus diesem Intervall die Variable y das Intervall $[0;4-2x]$ durchläuft. Bei einem gegebenen $x \in [0;2]$ und $y \in [0;4-2x]$ liegt (x,y,z) genau dann in der Pyramide Π wenn z das Intervall $[0;8-4x-2y]$ durchläuft. So gesehen ist Π ein räumlicher Normalbereich, und das vorgelegte Integral errechnet sich so:

$$\int_\Pi 45x^2 y\mathrm{d}x\mathrm{d}y\mathrm{d}z = \int_0^2 \int_0^{4-2x} \int_0^{8-4x-2y} 45x^2 y\mathrm{d}z \cdot \mathrm{d}y \cdot \mathrm{d}x =$$

$$= \int_0^2 \int_0^{4-2x} 45x^2 y(8-4x-2y)\mathrm{d}y \cdot \mathrm{d}x = \int_0^2 \int_0^{4-2x} (360x^2 y - 180x^3 y - 90x^2 y^2)\mathrm{d}y \cdot \mathrm{d}x =$$

$$= \int_0^2 [180x^2 y^2 - 90x^3 y^2 - 30x^2 y^3]_{y=0}^{y=4-2x} \mathrm{d}x =$$

$$= \int_0^2 (960x^2 - 1440x^3 + 720x^4 - 120x^5)\mathrm{d}x = 128.$$

Im zweiten Beispiel ermitteln wir

$$\int_\Pi 2xz\mathrm{d}x\mathrm{d}y\mathrm{d}z\,,$$

wobei Π jener Körper ist, der links von der Kreuzrissebene $y = 0$, rechts von der dazu parallelen Ebene $y = 6$, hinten von der Aufrissebene $x = 0$, oben von der zur Grundrissebene parallelen Ebene $z = 4$ und unten beziehungsweise vorne – daher am besten im Kreuzriss sichtbar – von der durch $z = x^2$ gegebenen Fläche begrenzt wird. Diese Fläche schneidet bei $x = 2$ die obere Begrenzungsebene $z = 4$ des Körpers.

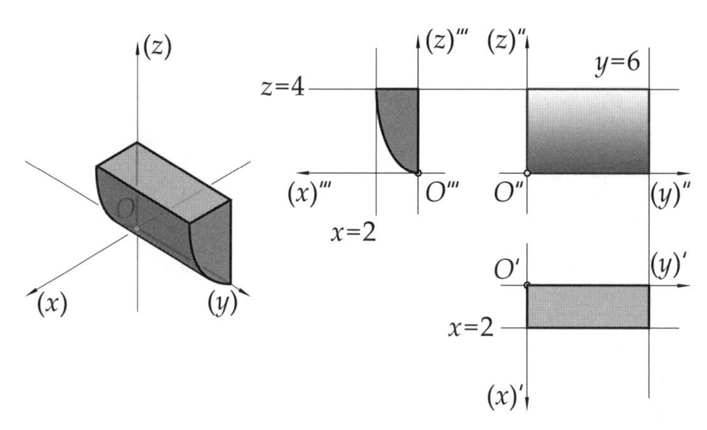

Bild 1.18 Der Körper, der links von der Ebene $y = 0$, rechts von der Ebene $y = 6$, hinten von der Ebene $x = 0$, oben von der Ebene $z = 4$ und unten beziehungsweise vorne von der durch $z = x^2$ gegebenen Fläche begrenzt wird: links im Schrägriss, rechts im Grund-, Auf- und Kreuzriss

Auch hier liegt ein Normalbereich vor: Die Variable y durchläuft das Intervall $[0;6]$, die Variable x durchläuft das Intervall $[0;2]$ und von x abhängig durchläuft z das Intervall $\left[x^2;4\right]$. Daraus ergibt sich die Berechnung des Integrals als

$$\int_\Pi 2xz\mathrm{d}x\mathrm{d}y\mathrm{d}z = \int_0^6 \int_0^2 \int_{x^2}^4 2xz\mathrm{d}z \cdot \mathrm{d}x \cdot \mathrm{d}y = \int_0^6 \int_0^2 \left[xz^2\right]_{z=x^2}^{z=4} \mathrm{d}x \cdot \mathrm{d}y =$$

$$= \int_0^6 \int_0^2 \left(16x - x^5\right) \mathrm{d}x \cdot \mathrm{d}y = \int_0^6 \left[8x^2 - \frac{x^6}{6}\right]_{x=0}^{x=2} \mathrm{d}y = \int_0^6 \frac{64}{3} \mathrm{d}y = 128\,.$$

Zur Vorbereitung des dritten Beispiels rechnen wir das Volumselement $\mathrm{dV} = \mathrm{d}x\mathrm{d}y\mathrm{d}z$ in Zylinderkoordinaten ϱ, φ, z und in Kugelkoordinaten r, ϑ, φ um. Von den Zylinderkoordinaten kennen wir bereits die Formel $\mathrm{d}x\mathrm{d}y = \varrho\mathrm{d}\varrho\mathrm{d}\varphi$, folglich lautet für sie

$$\mathrm{dV} = \mathrm{d}x\mathrm{d}y\mathrm{d}z = \varrho\mathrm{d}\varrho\mathrm{d}\varphi\mathrm{d}z$$

Von den Kugelkoordinaten kennen wir bereits die beiden Formeln

$$\mathrm{d}x\mathrm{d}y = r^2 \sin\vartheta \cdot \cos\vartheta \cdot \mathrm{d}\vartheta\mathrm{d}\varphi - r \cdot \sin^2\vartheta \cdot \mathrm{d}\varphi\mathrm{d}r \qquad \text{und} \qquad \mathrm{d}z = \cos\vartheta \cdot \mathrm{d}r - r\sin\vartheta \cdot \mathrm{d}\vartheta\,.$$

Aus der Rechnung

$$\left(r^2 \sin\vartheta \cdot \cos\vartheta \cdot \mathrm{d}\vartheta\mathrm{d}\varphi - r \cdot \sin^2\vartheta \cdot \mathrm{d}\varphi\mathrm{d}r\right)(\cos\vartheta \cdot \mathrm{d}r - r\sin\vartheta \cdot \mathrm{d}\vartheta) =$$

$$= r^2 \sin\vartheta \cdot \cos^2\vartheta \cdot \mathrm{d}\vartheta\mathrm{d}\varphi\mathrm{d}r + r^2 \cdot \sin^3\vartheta \cdot \mathrm{d}\varphi\mathrm{d}r\mathrm{d}\vartheta = r^2 \sin\vartheta \cdot \mathrm{d}r\mathrm{d}\vartheta\mathrm{d}\varphi$$

folgt

$$\mathrm{dV} = \mathrm{d}x\mathrm{d}y\mathrm{d}z = r^2 \sin\vartheta \cdot \mathrm{d}r\mathrm{d}\vartheta\mathrm{d}\varphi$$

Nun soll das Integral

$$\int_\Pi \frac{xyz}{x^2 + y^2} \mathrm{d}x\mathrm{d}y\mathrm{d}z$$

über jenen Körper Π ermittelt werden, der links von der Kreuzrissebene $x = 0$, hinten von der Aufrissebene $y = 0$ unten von der Grundrissebene $z = 0$ und oben, sowie zugleich rechts und vorne von der durch

$$\left(x^2 + y^2 + z^2\right)^2 = 48xy$$

gegebenen Fläche begrenzt wird. Führt man hier Kugelkoordinaten $x = r\sin\vartheta \cdot \cos\varphi$, $y = r\sin\vartheta \cdot \sin\varphi$, $z = r\cos\vartheta$ ein, lautet die Gleichung der oberen Begrenzungsfläche

$$r^2 = 48\sin^2\vartheta \cdot \sin\varphi \cdot \cos\varphi\,.$$

Die Winkel ϑ und φ durchlaufen unabhängig voneinander das Intervall $[0;\pi/2]$ und der Radius r durchläuft in Abhängigkeit von ihnen das Intervall $\left[0;4\sqrt{3\sin\varphi\cdot\cos\varphi}\cdot\sin\vartheta\right]$. Dementsprechend errechnet sich das Integral so:

$$\int_\Pi \frac{xyz}{x^2+y^2}\mathrm{d}x\mathrm{d}y\mathrm{d}z =$$

$$= \int_0^{\pi/2}\int_0^{\pi/2}\int_0^{4\sqrt{3\sin\varphi\cdot\cos\varphi}\cdot\sin\vartheta} \frac{r^3\sin^2\vartheta\cdot\cos\vartheta\cdot\sin\varphi\cdot\cos\varphi}{r^2\sin^2\vartheta}\cdot r^2\sin\vartheta\cdot\mathrm{d}r\cdot\mathrm{d}\vartheta\cdot\mathrm{d}\varphi =$$

$$= \int_0^{\pi/2}\int_0^{\pi/2}\int_0^{4\sqrt{3\sin\varphi\cdot\cos\varphi}\cdot\sin\vartheta} r^3\sin\vartheta\cdot\cos\vartheta\cdot\sin\varphi\cdot\cos\varphi\cdot\mathrm{d}r\cdot\mathrm{d}\vartheta\cdot\mathrm{d}\varphi =$$

$$= \int_0^{\pi/2}\int_0^{\pi/2}\left[\frac{r^4}{4}\right]_{r=0}^{r=4\sqrt{3\sin\varphi\cdot\cos\varphi}\cdot\sin\vartheta} \sin\vartheta\cdot\cos\vartheta\cdot\sin\varphi\cdot\cos\varphi\cdot\mathrm{d}\vartheta\cdot\mathrm{d}\varphi =$$

$$= 576\int_0^{\pi/2}\int_0^{\pi/2}\sin^5\vartheta\cdot\cos\vartheta\cdot\sin^3\varphi\cdot\cos^3\varphi\cdot\mathrm{d}\vartheta\cdot\mathrm{d}\varphi =$$

$$= 576\int_0^{\pi/2}\sin^5\vartheta\cdot\cos\vartheta\cdot\mathrm{d}\vartheta\int_0^{\pi/2}\left(\sin^3\varphi - \sin^5\varphi\right)\cos\varphi\cdot\mathrm{d}\varphi =$$

$$= 576\left[\frac{\sin^6\vartheta}{6}\right]_0^{\pi/2}\cdot\left[\frac{\sin^4\varphi}{4} - \frac{\sin^6\varphi}{6}\right]_0^{\pi/2} = 8\,.$$

1.12 Eulersche Gammafunktion

Wir beschließen das Kapitel mit einer Anwendung der in ihm hergeleiteten Formeln, insbesondere der Umrechnung $\mathrm{d}x\mathrm{d}y = r\mathrm{d}r\mathrm{d}\varphi$ bei cartesischen Koordinaten x, y und Polarkoordinaten r, φ. Zuvor sei noch angemerkt, dass die Dimension drei bei der Definition von Zellen, Ketten, deren Rändern und von Differentialformen, Keilprodukten von Differentialen und deren Differentialen keine besondere Rolle spielt. Man könnte die gleichen Überlegungen auch für die Dimensionen zwei, vier oder für Dimensionen größer als vier anstellen. (Einzig die Übersetzung der Koeffizienten von Differentialen in Skalar- und Vektorfelder macht wesentlich von der Dimensionszahl drei Gebrauch.)

In diesem Abschnitt betrachten wir bloß die zweidimensionale x-y-Ebene und zeigen, wie man in ihr das Integral

$$\int_\Delta e^{-x^2-y^2}\,dx\,dy$$

ermittelt, wenn Δ den ersten Quadranten aller Punkte (x,y) mit $x \geq 0$ und $y \geq 0$ bezeichnet. Es handelt sich hier um ein uneigentliches Integral, das man als Grenzwert

$$\int_\Delta e^{-x^2-y^2}\,dx\,dy = \lim_{R\to\infty}\int_{\Delta_R} e^{-x^2-y^2}\,dx\,dy$$

schreiben kann, wobei Δ_R die Viertelkreisscheibe aller Punkte (x,y) des ersten Quadranten mit $x^2+y^2 \leq R^2$ darstellt. Diese Viertelkreisscheibe ist in dem Quadrat Σ_R aller Punkte (x,y) mit $0 \leq x \leq R$ und $0 \leq y \leq R$ enthalten, und die Viertelkreisscheibe umfasst ihrerseits das Quadrat $\Sigma_{R/\sqrt{2}}$ aller Punkte (x,y) mit $0 \leq x \leq R/\sqrt{2}$ und $0 \leq y \leq R/\sqrt{2}$. Weil der Integrand $e^{-x^2-y^2}$ positiv ist, besteht daher die Ungleichungskette

$$\int_{\Sigma_{R/\sqrt{2}}} e^{-x^2-y^2}\,dx\,dy \leq \int_{\Delta_R} e^{-x^2-y^2}\,dx\,dy \leq \int_{\Sigma_R} e^{-x^2-y^2}\,dx\,dy\,.$$

Ihr zufolge gilt auch

$$\int_\Delta e^{-x^2-y^2}\,dx\,dy = \lim_{S\to\infty}\int_{\Sigma_S} e^{-x^2-y^2}\,dx\,dy\,.$$

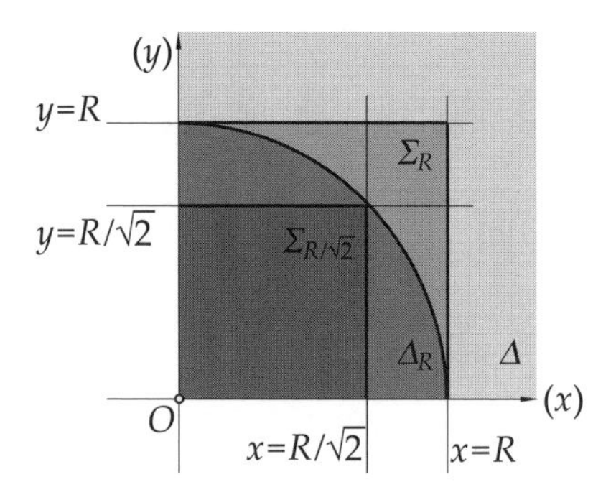

Bild 1.19 Integrationsbereiche zur Ermittlung des euler-poissonschen Integrals

Bei der Berechnung des Integrals entlang der Viertelkreisscheibe Δ_R führen wir die Polarkoordinaten $x = r\cos\varphi$, $y = r\sin\varphi$ ein: Δ_R ist das diffeomorphe Bild der Zelle Λ, die durch $0 \leq r \leq R$ und $0 \leq \varphi \leq \pi/2$ gegeben ist. (Eigentlich müssten wir $r > 0$ verlangen, aber die Stetigkeit des Integrals in den Grenzen lässt den Grenzübergang $r \to 0$ zu.) Daher lautet

$$\int_{\Delta_R} e^{-x^2-y^2}\,dx\,dy = \int_\Lambda e^{-x^2-y^2}\,dx\,dy = \int_\Lambda e^{-r^2}\,r\,dr\,d\varphi = \int_0^{\pi/2}\int_0^R e^{-r^2}\,r\,dr\cdot d\varphi =$$

$$= \int_0^{\pi/2}\int_{r=0}^{r=R}\frac{1}{2}e^{-r^2}\,d\left(r^2\right)\cdot d\varphi = \int_0^{\pi/2}\left[\frac{-1}{2}e^{-r^2}\right]_{r=0}^{r=R} d\varphi = \frac{1}{2}\left(1-e^{-R^2}\right)\int_0^{\pi/2} d\varphi =$$

$$= \frac{\pi}{4}\left(1-e^{-R^2}\right).$$

Der Grenzübergang $R \to \infty$ liefert somit das Ergebnis

$$\int_{\Delta} \mathrm{e}^{-x^2-y^2} \mathrm{d}x\mathrm{d}y = \frac{\pi}{4} .$$

Bei der Berechnung des Integrals entlang der Zelle Σ_S gehen wir direkt vor:

$$\int_{\Sigma_S} \mathrm{e}^{-x^2-y^2} \mathrm{d}x\mathrm{d}y = \int_0^S \int_0^S \mathrm{e}^{-x^2} \mathrm{e}^{-y^2} \mathrm{d}x \cdot \mathrm{d}y = \int_0^S \mathrm{e}^{-x^2} \mathrm{d}x \int_0^S \mathrm{e}^{-y^2} \mathrm{d}y = \left(\int_0^S \mathrm{e}^{-z^2} \mathrm{d}z \right)^2 .$$

Der Grenzübergang $S \to \infty$ liefert somit das Ergebnis

$$\int_{\Delta} \mathrm{e}^{-x^2-y^2} \mathrm{d}x\mathrm{d}y = \left(\int_0^\infty \mathrm{e}^{-z^2} \mathrm{d}z \right)^2 .$$

Weil dieses Quadrat mit $\pi/4$ übereinstimmt, erhält man so eine neuerliche Berechnung des euler-poissonschen Integrals:

$$\int_0^\infty \mathrm{e}^{-z^2} \mathrm{d}z = \frac{\sqrt{\pi}}{2}$$

Wir geben im Folgenden einen weiteren Beweis dieser wichtigen Formel, der auf der von Leonhard Euler gemäß

$$\Gamma(z) = \int_0^\infty t^{z-1} \mathrm{e}^{-t} \mathrm{d}t$$

definierten *Gammafunktion* fußt. In diesem Integral darf z eine komplexe Größe mit $\mathrm{Re}\, z > 0$ bezeichnen. Denn weil e^{-t} viel stärker nach Null konvergiert als die Potenz t^{z-1} nach unendlich divergieren kann, ist das Integral an der Grenze ∞ konvergent, und weil bei $t \to 0$ der Integrand $t^{z-1}\mathrm{e}^{-t}$ von der Größenordnung $t^{\mathrm{Re}\, z-1}$ ist, kann man das Integral auch an der Grenze 0 berechnen. Zwei Eigenschaften der Gammafunktion stellt Euler sofort fest: Es gilt

$$\Gamma(1) = \int_0^\infty \mathrm{e}^{-t} \mathrm{d}t = \lim_{T\to\infty} \int_0^T \mathrm{e}^{-t} \mathrm{d}t = \lim_{T\to\infty} \left(1 - \mathrm{e}^{-T}\right) = 1$$

und die partielle Integration von

$$\Gamma(z+1) = \int_0^\infty t^z \mathrm{e}^{-t} \mathrm{d}t = -\int_{t=0}^{t=\infty} t^z \mathrm{d}\left(\mathrm{e}^{-t}\right) = -\left[t^z \mathrm{e}^{-t}\right]_{t=0}^{t=\infty} + \int_{t=0}^{t=\infty} \mathrm{e}^{-t} \mathrm{d}\left(t^z\right) =$$

(hier verwenden wir wieder, dass e^{-t} bei $t \to \infty$ viel stärker nach Null konvergiert als die Potenz t^z nach unendlich divergieren kann)

$$= \int_0^\infty \mathrm{e}^{-t} z t^{z-1} \mathrm{d}t = z \int_0^\infty t^{z-1} \mathrm{e}^{-t} \mathrm{d}t = z\Gamma(z)$$

liefert die sogenannte Funktionalgleichung der Gammafunktion:

$$\Gamma(z+1) = z\Gamma(z)$$

Auf diese Weise bekommt Euler der Reihe nach

$$\Gamma(2) = \Gamma(1+1) = 1 \cdot \Gamma(1) = 1\,,$$
$$\Gamma(3) = \Gamma(2+1) = 2 \cdot \Gamma(2) = 2 \cdot 1\,,$$
$$\Gamma(4) = \Gamma(3+1) = 3 \cdot \Gamma(3) = 3 \cdot 2 \cdot 1\,,$$
$$\ldots$$

Geht man bei einer beliebigen Zahl n von $\Gamma(n) = (n-1)!$ aus, folgt aus der Funktionalgleichung $\Gamma(n+1) = n\Gamma(n) = n(n-1)! = n!$ und daher für jede natürliche Zahl n die Formel

$$\Gamma(n+1) = n!$$

Mit der von ihm definierten Gammafunktion beantwortete Euler eine Frage, die ihn seit seiner frühesten Jugend beschäftigte: Wie kann man $(1/2)!$ sinnvoll definieren? Mit der Berechnung von $\Gamma(3/2) = (1/2)\Gamma(1/2)$ sollte ihm die Gammafunktion die Lösung liefern. Wie groß aber ist $\Gamma(1/2)$?

Wir finden die Antwort, indem wir die Gammafunktion mithilfe der Substitution $t = x^2$, bei der $\mathrm{d}t = 2x\mathrm{d}x$ ist, folgendermaßen darstellen:

$$\Gamma(z) = \int_0^\infty t^{z-1}\mathrm{e}^{-t}\mathrm{d}t = 2\int_0^\infty x^{2z-1}\mathrm{e}^{-x^2}\mathrm{d}x\,.$$

Beschränken wir uns auf komplexe z mit $0 < \operatorname{Re} z < 1$, können wir in der obigen Formel z durch $1-z$ ersetzen und statt x nun y als Integrationsvariable schreiben:

$$\Gamma(1-z) = 2\int_0^\infty y^{1-2z}\mathrm{e}^{-y^2}\mathrm{d}y\,.$$

Das Produkt der beiden Integrale lautet

$$\Gamma(z)\Gamma(1-z) = 4\int_0^\infty\int_0^\infty x^{2z-1}y^{1-2z}\mathrm{e}^{-x^2-y^2}\mathrm{d}x\cdot\mathrm{d}y = 4\int_\Delta \left(\frac{y}{x}\right)^{1-2z}\mathrm{e}^{-x^2-y^2}\mathrm{d}x\mathrm{d}y\,.$$

Wie bereits oben bezeichnet auch hier Δ den ersten Quadranten. Mit der Einführung von Polarkoordinaten $x = r\cos\varphi$, $y = r\sin\varphi$ bekommen wir

$$\Gamma(z)\Gamma(1-z) = 4\int_\Delta \tan^{1-2z}\varphi\cdot\mathrm{e}^{-r^2}r\mathrm{d}r\mathrm{d}\varphi = 4\int_0^\infty \mathrm{e}^{-r^2}r\mathrm{d}r\int_0^{\pi/2}\tan^{1-2z}\varphi\cdot\mathrm{d}\varphi =$$

$$= 4\int_{r=0}^{r=\infty}\frac{1}{2}\mathrm{e}^{-r^2}\mathrm{d}\left(r^2\right)\cdot\int_0^{\pi/2}\tan^{1-2z}\varphi\cdot\mathrm{d}\varphi = 2\int_0^{\pi/2}\tan^{1-2z}\varphi\cdot\mathrm{d}\varphi\,.$$

Im verbleibenden Integral substituieren wir $t = \tan^2\varphi$, wir beachten, dass $\varphi = 0$ zu $t = 0$ und $\varphi = \pi/2$ zu $t = \infty$ führt und dass $\mathrm{d}t = 2\tan\varphi\cdot(1+t)\,\mathrm{d}\varphi$ ist, also

$$\Gamma(z)\Gamma(1-z) = \int_0^\infty \frac{t^{-z}}{1+t}\mathrm{d}t$$

gilt. Dieses Mellinintegral hatten wir für $z = 1-s$ im Kapitel über das Differenzieren im Komplexen (im Abschnitt 6.11 des zweiten Bandes) bereits als $\pi/\sin\pi s = \pi/\sin\pi z$ berechnet, woraus sich für die Gammafunktion der sogenannte *Ergänzungssatz* ergibt:

$$\Gamma(z)\Gamma(1-z) = \frac{\pi}{\sin\pi z} \qquad \text{bei } 0 < \operatorname{Re} z < 1$$

Hier setzen wir speziell $z = 1/2$ und erhalten aus $\Gamma(1/2)^2 = \pi$ die schöne Formel

$$\Gamma\left(\frac{1}{2}\right) = \sqrt{\pi}$$

Eulers Frage nach $(1/2)!$ besitzt daher die eigenartige Antwort $\sqrt{\pi}/2$. Setzt man in der Darstellung

$$\Gamma(z) = 2\int_0^\infty x^{2z-1}\mathrm{e}^{-x^2}\mathrm{d}x$$

für $z = 1/2$ ein, bekommt man, wie versprochen, noch einmal den Wert des euler-poissonschen Integrals.

Interessanter ist es, wie man mithilfe der Gammafunktion die Größe von $n!$ bei großen Zahlen n ungefähr abschätzen kann. Zu diesem Zweck führen wir die folgende Umformung durch:

$$n! = \Gamma(n+1) = \int_0^\infty t^n \mathrm{e}^{-t}\mathrm{d}t = \int_0^\infty \mathrm{e}^{-t+n\ln t}\mathrm{d}t = \int_0^\infty \mathrm{e}^{-n(t/n-\ln t)}\mathrm{d}t\,.$$

Hier substituieren wir $t/n = 1+u$, also $t = (1+u)\,n$, beachten, dass $t = 0$ zu $u = -1$ und $t = \infty$ zu $u = \infty$ führt und $\mathrm{d}t = n\mathrm{d}u$ gilt:

$$n! = \int_{-1}^\infty \mathrm{e}^{-n(1+u-\ln n-\ln(1+u))}n\mathrm{d}u = n^{n+1}\mathrm{e}^{-n}\int_{-1}^\infty \mathrm{e}^{-n(u-\ln(1+u))}\mathrm{d}u\,.$$

Der Mercatorreihe zufolge ist $\ln(1+u) = u - u^2/2 + \ldots$, folglich $u - \ln(1+u) \approx u^2/2$. Dies führt zur Näherung

$$n! \approx n^{n+1}\mathrm{e}^{-n}\int_{-1}^\infty \mathrm{e}^{-nu^2/2}\mathrm{d}u \approx n^{n+1}\mathrm{e}^{-n}\int_{-\infty}^\infty \mathrm{e}^{-nu^2/2}\mathrm{d}u = 2n^{n+1}\mathrm{e}^{-n}\int_0^\infty \mathrm{e}^{-\left(u\sqrt{n}/\sqrt{2}\right)^2}\mathrm{d}u\,.$$

Hier substituieren wir $v = u\sqrt{n}/\sqrt{2}$ mit $\mathrm{d}u = \mathrm{d}v\sqrt{2}/\sqrt{n}$ und dem Resultat

$$n! \approx 2n^{n+1}\mathrm{e}^{-n}\cdot\frac{\sqrt{2}}{\sqrt{n}}\int_0^\infty \mathrm{e}^{-v^2}\mathrm{d}v = 2n^{n+1}\mathrm{e}^{-n}\cdot\frac{\sqrt{2}}{\sqrt{n}}\cdot\frac{\sqrt{\pi}}{2}\,.$$

Die so nach Kürzen erhaltene Formel

$$n! \approx n^n\mathrm{e}^{-n}\cdot\sqrt{2\pi n}$$

heißt *stirlingsche Formel.* Benannt ist sie nach James Stirling, einem schottischen Mathematiker, der eine Generation nach Newton lebte.

1.13 Übungsaufgaben

1.1 Der Streckenzug $\Lambda = [O;A] + [A;B] + [B;C] - [D;C] - [E;D]$ beginnt bei $O = (0,0,0)$ und führt über die Punkte $A = (1,0,0)$, $B = (1,1,0)$, $C = (1,1,2)$, $D = (1,0,2)$ zu $E = (0,0,2)$. Dieser Streckenzug soll anschaulich dargestellt werden. Das Integral

$$\int_\Lambda u\mathrm{d}x + v\mathrm{d}y + w\mathrm{d}z$$

ist auf eine Summe von Integralen über Intervalle zurückzuführen.

1.2 Bei dem in Aufgabe **1.1** genannten Streckenzug Λ ist das Integral

$$\int_{\Lambda} \left(6x^2 y - z\right) \mathrm{d}x + 2\left(x^2 + yz\right) \mathrm{d}y + \left(y^2 - x\right) \mathrm{d}z$$

zu berechnen.

1.3 Ein Flächenstück $\Phi = [O;Q] + [O;S] + [U;S]$ setzt sich aus dem von den Ecken $O = (0,0,0)$, $P = (0,0,1)$, $Q = (2,0,1)$, $R = (2,0,0)$ begrenzten Rechteck, aus dem von den Ecken O, R, $S = (2,3,0)$, $V = (0,3,0)$ begrenzten Rechteck und aus dem von den Ecken $U = (0,3,-1)$, V, S, $T = (2,3,-1)$ begrenzten Rechteck zusammen. Dieses Flächenstück soll anschaulich dargestellt werden. Das Integral

$$\int_{\Phi} u \mathrm{d}y \mathrm{d}z + v \mathrm{d}z \mathrm{d}x + w \mathrm{d}x \mathrm{d}y$$

ist auf eine Summe von iterierten Integralen zurückzuführen.

1.4 Bei dem in Aufgabe **1.3** genannten Flächenstück Φ ist das Integral

$$\int_{\Phi} x(1-2z) \mathrm{d}y \mathrm{d}z + y(2z-1) \mathrm{d}z \mathrm{d}x$$

zu berechnen.

1.5 Ein Körper $\Pi = [P;V] + [O;F]$ setzt sich aus dem von den Ecken $O = (0,0,0)$, $P = (0,-2,0)$, $Q = (2,-2,0)$, $R = (2,0,0)$, $S = (0,0,2)$, $T = (0,-2,2)$, $U = (2,-2,2)$, $V = (2,0,2)$ begrenzten Würfel und aus dem von den Ecken O, $A = (1,0,0)$, $B = (1,1,0)$, $C(0,1,0)$, $D = (0,0,1)$, $E = (1,0,1)$, $F = (1,1,1)$, $G = (0,1,1)$ begrenzten Würfel zusammen. Dieser Körper soll anschaulich dargestellt werden. Das Integral

$$\int_{\Pi} w \mathrm{d}x \mathrm{d}y \mathrm{d}z$$

ist auf eine Summe von iterierten Integralen zurückzuführen.

1.6 Bei dem in Aufgabe **1.5** genannten Körper Π ist das Integral

$$\int_{\Pi} 24xy^3 z^2 \mathrm{d}x \mathrm{d}y \mathrm{d}z$$

zu berechnen.

1.7 Wie lautet von dem in Aufgabe **1.1** beschriebenen Streckenzug Λ der Rand $\partial\Lambda$?

1.8 Wie lautet von dem in Aufgabe **1.3** beschriebenen Flächenstück Φ der Rand $\partial\Phi$?

1.9 Wie lautet von dem in Aufgabe **1.5** beschriebenen Körper Π der Rand $\partial\Pi$?

1.10 Es ist von den in den Aufgaben **1.7**, **1.8**, **1.9** ermittelten Rändern $\partial\Lambda$, $\partial\Phi$, $\partial\Pi$ zu bestätigen, dass deren Ränder verschwinden.

1.11 Es ist zu bestätigen, dass $\omega = \left(2x^3 - xy^2\right) \mathrm{d}x + \left(2y^3 - x^2 y\right) \mathrm{d}y$ geschlossen ist. Es ist ein Integral von ω zu berechnen.

1.12 Es ist zu bestätigen, dass $\omega = \mathrm{e}^y \mathrm{d}x + \left(x\mathrm{e}^y - 2y\right) \mathrm{d}y$ geschlossen ist. Es ist ein Integral von ω zu berechnen.

1.13 Es ist zu bestätigen, dass $\omega = yx^{y-1}\mathrm{d}x + x^y \ln x \cdot \mathrm{d}y$ geschlossen ist. Es ist ein Integral von ω zu berechnen.

1.14 Es ist zu bestätigen, dass $\omega = \left(6x^2y - z\right)\mathrm{d}x + 2\left(x^3 + yz\right)\mathrm{d}y + \left(y^2 - x\right)\mathrm{d}z$ geschlossen ist. Es ist ein Integral von ω zu berechnen.

1.15 Es ist zu bestätigen, dass $\omega = x(1-2z)\,\mathrm{d}y\mathrm{d}z + y(2z-1)\,\mathrm{d}z\mathrm{d}x$ geschlossen ist. Es ist ein Integral von ω zu berechnen.

1.16 Es ist für $\Phi = \Phi\left(x, y, z\right) = 3x^2y - y^3z^2$ das Vektorfeld $\operatorname{grad}\Phi$ zu ermitteln. Wie lautet $\operatorname{grad}\Phi$ an der Stelle $(1, -2, -1)$?

1.17 Es sind für zwei Skalarfelder $\Phi = \Phi\left(x, y, z\right)$ und $\Psi = \Psi\left(x, y, z\right)$ die Formeln $\operatorname{grad}(\Phi + \Psi) = \operatorname{grad}\Phi + \operatorname{grad}\Psi$ und $\operatorname{grad}(\Phi\Psi) = \Phi\operatorname{grad}\Psi + \Psi\operatorname{grad}\Phi$ herzuleiten.

1.18 Es sei bei einem vom Ursprung O verschiedenen Punkt $X = \left(x, y, z\right)$ der Radius r als $r = \|OX\|$ gegeben und OX_0 bezeichne den Einheitsvektor $OX_0 = (1/r)\,OX$. Es ist einerseits für $\Psi = \ln r$ die Formel $\operatorname{grad}\Psi = (1/r)\,OX_0$ und andererseits ist für jede ganze Zahl n und für $\Phi = r^n$ die Formel $\operatorname{grad}\Phi = nr^{n-1}OX_0$ herzuleiten.

1.19 Es ist zu begründen, dass bei einem Skalarfeld $\Phi = \Phi\left(x, y, z\right)$ und einer Konstanten c in jedem Punkt $X = \left(x, y, z\right)$ auf der durch $\Phi = c$ gegebenen Fläche der Vektor $\operatorname{grad}\Phi$ auf diese Fläche, d.h. auf die Tangentialebene der Fläche in diesem Punkt, normal steht.

1.20 Welchen Winkel schließen die beiden durch $x^2 + y^2 + z^2 = 9$ und durch $x^2 + y^2 - z = 3$ gegebenen Flächen in ihrem gemeinsamen Punkt $(2, -1, 2)$ ein?

1.21 Es ist für

$$v = \begin{pmatrix} x^2z \\ -2y^3z^2 \\ xy^2z \end{pmatrix}$$

das Skalarfeld $\operatorname{div} v$ zu ermitteln. Wie lautet $\operatorname{div} v$ an der Stelle $(1, -1, 1)$?

1.22 Es sind für zwei Vektorfelder $u = u\left(x, y, z\right)$ und $v = v\left(x, y, z\right)$ und für ein Skalarfeld $\Phi = \Phi\left(x, y, z\right)$ die Formeln $\operatorname{div}(u + v) = \operatorname{div} u + \operatorname{div} v$ und $\operatorname{div}(\Phi v) = \Phi\operatorname{div} v + \left(v|\operatorname{grad}\Phi\right)$ herzuleiten.

1.23 Es sei bei einem vom Ursprung O verschiedenen Punkt $X = \left(x, y, z\right)$ der Radius r als $r = \|OX\|$ gegeben. Es ist für $v = \left(1/r^3\right)OX$ die Formel $\operatorname{div} v = 0$ herzuleiten.

1.24 Es ist für zwei Skalarfelder $\Phi = \Phi\left(x, y, z\right)$ und $\Psi = \Psi\left(x, y, z\right)$ die Formel

$$\operatorname{div}\left(\Phi\operatorname{grad}\Psi - \Psi\operatorname{grad}\Phi\right) = \Phi\Delta\Psi - \Psi\Delta\Phi$$

herzuleiten, wobei Δ den Laplaceoperator abkürzt.

1.25 Die Konstante a im Vektorfeld

$$v = \begin{pmatrix} x + 3y \\ y - 2z \\ x + az \end{pmatrix}$$

ist so festzulegen, dass dieses Feld quellen- und senkenfrei ist.

1.26 Es ist für

$$v = \begin{pmatrix} xz^3 \\ -2x^2yz \\ 2yz^4 \end{pmatrix}$$

das Vektorfeld rot v zu ermitteln. Wie lautet rot v an der Stelle $(1,-1,1)$?

1.27 Es sind für zwei Vektorfelder $u = u(x,y,z)$ und $v = v(x,y,z)$ und für ein Skalarfeld $\Phi = \Phi(x,y,z)$ die Formeln rot $(u+v) = \text{rot}\,u + \text{rot}\,v$ und rot $(\Phi v) = \Phi\text{rot}\,v + \text{grad}\,\Phi \times v$ herzuleiten.

1.28 Es ist herzuleiten, dass bei einem wirbelfreien Vektorfeld v, für das also rot $v = 0$ gilt, das bei $O = (0,0,0)$ und $X = (x,y,z)$ durch $u = v \times OX$ gegebene Vektorfeld u quellen- und senkenfrei ist, also div $u = 0$ gilt.

1.29 Es sei bei einem vom Ursprung O verschiedenen Punkt $X = (x,y,z)$ der Radius r als $r = \|OX\|$ gegeben. Es ist für ein differenzierbares Skalarfeld $\Phi = \Phi(r)$ zu beweisen, dass $\Phi(r)\,OX$ wirbelfrei ist.

1.30 Die Konstanten a, b, c im Vektorfeld

$$v = \begin{pmatrix} x+2y+az \\ bx-3y-z \\ 4x+cy+2z \end{pmatrix}$$

sind so festzulegen, dass dieses Feld wirbelfrei ist.

1.31 Es ist

$$\int_\Gamma \left(3x^2+6y\right)\mathrm{d}x - 14yz\mathrm{d}y + 20xz^2\mathrm{d}z$$

für die folgenden Wege Γ von $O = (0,0,0)$ nach $C = (1,1,1)$ zu berechnen: **a)** Für die durch $x = t$, $y = t^2$, $z = t^3$ gegebene Kurve. **b)** Für den Streckenzug, der von O über $A = (1,0,0)$ und $B = (1,1,0)$ nach C führt. **c)** Für die direkt von O nach C führende Strecke.

1.32 Es ist

$$\int_\Gamma 3xy\mathrm{d}x - 5z\mathrm{d}y + 10x\mathrm{d}z$$

zu ermitteln, wenn bei der durch $x = t^2+1$, $y = 2t^2$, $z = t^3$ gegebenen Kurve das Kurvenstück Γ entsteht, wenn t das Intervall $[1;2]$ durchläuft.

1.33 Es ist zu zeigen, dass

$$v = \begin{pmatrix} 2xy+z^3 \\ x^2 \\ 3xz^2 \end{pmatrix}$$

ein wirbelfreies Vektorfeld ist. Es ist für irgendein von $(1,-2,1)$ zu $(3,1,4)$ führendes Kurvenstück Γ das Integral

$$\int_\Gamma (v|\mathrm{dL})$$

zu ermitteln.

1.34 Es ist zu dem in Aufgabe **1.33** genannten Vektorfeld v ein Skalarfeld Φ so zu bestimmen, dass $\operatorname{grad}\Phi = v$ zutrifft. Mit Kenntnis von Φ ist das in Aufgabe **1.33** beschriebene Kurvenintegral nochmals zu ermitteln.

1.35 Die beiden Gleichungen $x^2 + y^2 = 1$ und $z = 1$ beschreiben eine Kurve im Raum. Es sei Γ jenes Kurvenstück auf dieser Kurve, das von oben betrachtet gegen den Uhrzeigersinn vom Punkt $(0,1,1)$ zum Punkt $(1,0,1)$ führt. Das Integral

$$\int_\Gamma (yz+2x)\,\mathrm{d}x + xz\,\mathrm{d}y + (xy+2z)\,\mathrm{d}z$$

ist zu ermitteln.

1.36 Es bezeichnet Δ jenes Flächenstück auf der Ebene $3x+2y+6z = 12$, das sich oberhalb der Grundrissebene $z = 0$, vor der Aufrissebene $x = 0$ und rechts von der Kreuzrissebene $y = 0$ befindet. Das Integral

$$\int_\Delta 18\mathrm{d}y\mathrm{d}z - 12x\mathrm{d}z\mathrm{d}x + 6z\mathrm{d}x\mathrm{d}y$$

ist zu berechnen.

1.37 Es bezeichnet Δ jenes Flächenstück auf dem durch $x^2 + y^2 = 16$ gegebenen Zylinder, das sich vor der Aufrissebene $x = 0$, rechts von der Kreuzrissebene $y = 0$ und zwischen der Grundrissebene $z = 0$ und der zu ihr parallelen Ebene $z = 5$ befindet. Das Integral

$$\int_\Delta 4y\mathrm{d}y\mathrm{d}z + 6z\mathrm{d}z\mathrm{d}x - 8x\mathrm{d}x\mathrm{d}y$$

ist zu berechnen.

1.38 Für das Vektorfeld

$$v = \begin{pmatrix} y \\ x-2xz \\ -xy \end{pmatrix}$$

ist das Integral

$$\int_\Phi (v|\mathrm{dF})$$

zu berechnen, wenn Φ das sich oberhalb der Grundrissebene $z = 0$, vor der Aufrissebene $x = 0$, rechts von der Kreuzrissebene $y = 0$ befindliche Achtel der durch $x^2 + y^2 + z^2 = 9$ gegebenen Kugelfläche bezeichnet.

1.39 Für das Vektorfeld

$$v = \begin{pmatrix} 6z \\ 2x+y \\ -x \end{pmatrix}$$

ist das Integral

$$\int_\Phi (v|\mathrm{dF})$$

zu berechnen, wenn Φ das Flächenstück auf dem Zylinder $x^2 + z^2 = 9$ bezeichnet, das oberhalb der Grundrissebene $z = 0$, vor der Aufrissebene $x = 0$, und zwischen der Kreuzrissebene $y = 0$ und der zu ihr parallelen Ebene $y = 8$ liegt.

1.40 Es bezeichnet Δ die Oberfläche des von den Ebenen $x = 0$, $x = 1$, $y = 0$, $y = 1$, $z = 0$, $z = 1$ begrenzten Würfels. Für diese ist das Integral

$$\int_{\Delta} 4z\mathrm{d}y\mathrm{d}z - y^2\mathrm{d}z\mathrm{d}x + yz\mathrm{d}x\mathrm{d}y$$

zu ermitteln.

1.41 Für den von der Grundrissebene $z = 0$, von der Kreuzrissebene $y = 0$, von der Aufrissebene $x = 0$ und von der Ebene $4x + 2y + z = 8$ begrenzten Körper Π ist das Integral

$$\int_{\Pi} 45x^2 y\mathrm{d}x\mathrm{d}y\mathrm{d}z$$

zu ermitteln.

1.42 Für den von der Aufrissebene $x = 0$, von der Kreuzrissebene $y = 0$ und der zu ihr parallelen Ebene $y = 6$, von der zur Grundrissebene parallelen Ebene $z = 4$ und von der Fläche $z = x^2$ begrenzten Körper Π ist das Integral

$$\int_{\Pi} xz\mathrm{d}x\mathrm{d}y\mathrm{d}z$$

zu ermitteln.

1.43 Wie groß ist das Integral

$$\int_{\Pi} 3\mathrm{d}x\mathrm{d}y\mathrm{d}z\,,$$

wenn der Körper Π von den beiden Zylindern $x^2 + y^2 = 1$ und $x^2 + z^2 = 1$ begrenzt wird?

1.44 Wie groß ist das Integral

$$\int_{\Pi} \left(x^2 + y^2 + z^2\right)\mathrm{d}x\mathrm{d}y\mathrm{d}z\,,$$

wenn der Körper Π die Vollkugel mit dem Ursprung $O = (0,0,0)$ als Mittelpunkt und mit 5 als Radius bezeichnet?

1.45 Es bezeichnet f eine stetige Funktion, die nur positive Werte annimmt und es sei $[a;b]$ ein Intervall innerhalb des Argumentbereichs der Funktion f. Der Körper Π besteht aus allen Punkten (x,y,z) für die $a \le z \le b$ und $\sqrt{x^2 + y^2} \le f(z)$ zutrifft. Man nennt Π einen Rotationskörper mit der z-Achse als Achse. Im Aufriss beziehungsweise im Kreuzriss stellen die beiden Kurven $y = \pm f(z)$ beziehungsweise $x = \pm f(z)$ den Umriss des Rotationskörpers dar. Es ist für ihn die Formel

$$\int_{\Pi} \mathrm{d}x\mathrm{d}y\mathrm{d}z = \pi \int_a^b f(z)^2\,\mathrm{d}z$$

herzuleiten.

1.46 Mithilfe das Satzes von Stokes ist das Integral

$$\int_{\partial\Delta} (y - \sin x)\, dx + \cos x \cdot dy$$

zu ermitteln, wenn Δ das in der x-y-Ebene liegende Dreieck mit den Ecken $(0,0)$, $(\pi/2,0)$, $(\pi/2,1)$ bezeichnet und sein Rand gegen den Uhrzeigersinn durchlaufen wird.

1.47 Mithilfe das Satzes von Gauß ist das Integral

$$\int_{\partial\Pi} 4xz\,dy\,dz - y^2\,dz\,dx + yz\,dx\,dy$$

zu ermitteln, wenn Π den Würfel bezeichnet, der von den Ebenen $x = 0$, $x = 1$, $y = 0$, $y = 1$, $z = 0$, $z = 1$ begrenzt wird.

1.48 Mithilfe das Satzes von Gauß ist das Integral

$$\int_{\partial\Pi} (v|\mathrm{dF})$$

zu ermitteln, wenn v für das Vektorfeld

$$v = \begin{pmatrix} 4x \\ -2y^2 \\ z^2 \end{pmatrix}$$

steht und Π den von den Ebenen $z = 0$, $z = 3$ und vom Zylinder $x^2 + y^2 = 4$ begrenzten Körper bezeichnet.

1.49 Mithilfe das Satzes von Stokes ist das Integral

$$\int_{\partial\Delta} 12x\,dz - \frac{3}{2}y^2\,dx - 9z^2\,dy$$

zu ermitteln, wenn Δ das Dreieck bezeichnet, dessen Seiten die Schnitte der Ebene $2x + 3y + 6z = 12$ mit der Aufrissebene $x = 0$, der Kreuzrissebene $y = 0$ und der Grundrissebene $z = 0$ sind.

1.50 Mithilfe das Satzes von Stokes ist das Integral

$$\int_{\partial\Delta} (v|\mathrm{dL})$$

zu ermitteln, wenn v für das Vektorfeld

$$v = \begin{pmatrix} 2x - y \\ -yz^2 \\ -y^2 z \end{pmatrix}$$

steht und Δ die Halbkugel bezeichnet, die durch $x^2 + y^2 + z^2 = 1$ sowie $z \geq 0$ gegeben ist.

Lösungen der Rechenaufgaben

1.1 $\int_0^1 u|_{y=0,z=0}\mathrm{d}x + \int_0^1 v|_{x=1,z=0}\mathrm{d}y + \int_0^2 w|_{x=1,y=1}\mathrm{d}z - \int_0^1 v|_{x=1,z=2}\mathrm{d}y - \int_0^1 u|_{y=0,z=2}\mathrm{d}x$

1.2 0

1.3 $\int_0^2\int_0^1 v|_{y=0}\mathrm{d}z\mathrm{d}x + \int_0^3\int_0^2 w|_{z=0}\mathrm{d}x\mathrm{d}y + \int_0^2\int_{-1}^0 v|_{y=3}\mathrm{d}z\mathrm{d}x$

1.4 -12

1.5 $\int_0^2\int_{-2}^0\int_0^2 w\mathrm{d}x\mathrm{d}y\mathrm{d}z + \int_0^1\int_0^1\int_0^1 w\mathrm{d}x\mathrm{d}y\mathrm{d}z$

1.6 -511

1.7 $\partial\Lambda = E - O$ (genauer: $[E;E] - [O;O]$)

1.8 $\partial\Phi = [O;P] + [P;Q] - [R;Q] + [R;S] - [T;S] - [U;T] + [U;V] - [O;V]$

1.9 $\partial\Pi = [T;V] + [Q;V] + [O;V] - [P;R] - [P;S] - [P;U] + [D;F] + [A;F] + [C;F] - [O;B] - [O;G] - [O;E]$

1.11 $\int\omega = (1/2)(x^4 - x^2y^2 + y^4) + C_0$

1.12 $\int\omega = x\mathrm{e}^y - y^2 + C_0$

1.13 $\int\omega = x^y + C_0$

1.14 $\int\omega = 2x^3y - xz + y^2z + C_0$

1.15 $\int\omega = (yz^2 - yz)\mathrm{d}x - (xz - xz^2)\mathrm{d}y + \gamma$ wobei $\mathrm{d}\gamma = 0$

1.16 $\operatorname{grad}\Phi = \begin{pmatrix} 6xy \\ 3x^2 - 3y^2z^2 \\ -2y^3z \end{pmatrix}$, $\operatorname{grad}\Phi|_{x=1,y=-2,z=-1} = \begin{pmatrix} -12 \\ -9 \\ -16 \end{pmatrix}$

1.20 $54°24'53''$

1.21 -3

1.25 $a = -2$

1.26 $\operatorname{rot} v = \begin{pmatrix} 2(x^2y + z^4) \\ 3xz^2 \\ -4xyz \end{pmatrix}$, $\operatorname{rot} v|_{x=1,y=-1,z=1} = \begin{pmatrix} 0 \\ 3 \\ 4 \end{pmatrix}$

1.30 $a = 4,\ b = 2,\ c = -1$

1.31 **a)** 5, **b)** $7 + (2/3)$, **c)** $4 + (1/3)$

1.32 303

1.33 und **1.34** 202

1.35 1

1.36 116

1.37 460

1.38 $-(9/4) - (81\pi/8)$

1.39 180

1.40 $3/2$

1.41 128

1.42 64

1.43 16

1.44 $625\pi/2$

1.46 $-(\pi/4)-(2/\pi)$

1.47 $3/2$

1.48 84π

1.49 24

1.50 π

2 Differentialgeometrie

2.1 Bewegliche Dreibeine

Der Kalkül mit Differentialformen hilft, ein tiefes Verständnis für Geometrie zu entwickeln. Die formale Sprache, derer wir uns bedienen, stammt von Mathematikern des späten 19. und des beginnenden 20. Jahrhunderts, vor allem vom brillanten französischen Mathematiker Élie Cartan, dessen Sohn Henri Cartan diese höchst elegante Schreibweise in seinen beeindruckenden Lehrbüchern verbreitete. Das geistige Fundament all dessen, wovon hier berichtet wird, ist aber schon viel früher von Carl Friedrich Gauß gelegt worden. Eigentlich wurde Gauß durch Auftragsarbeiten zu seinen geometrischen Erkenntnissen veranlasst: Zwischen 1797 und 1801 sammelte er die ersten Erfahrungen, als er dem Generalquartiermeister Karl Ludwig von Lecoq bei dessen Landesvermessung des Herzogtums Westfalen als Berater zur Seite stand. 1816 war er beauftragt, Landesvermessungen in Dänemark durchzuführen, und zwischen 1818 und 1826 leitete er die Landesvermessung des Königreiches Hannover. Die Arbeit war nicht nur sehr mühsam: Theodoliten und der von Gauß erfundene Heliotrop, ein Gerät, das bei Sonnenlicht einen vom Theodoliten angepeilten Messpunkt wie einen hellen Stern bei Tageslicht erstrahlen ließ, mussten auf hohe Berge transportiert und mit penibler Genauigkeit aufgestellt werden. Die Arbeit war auch zeitraubend. Bei Schlechtwetter musste die Messung verschoben werden. In den Arbeitspausen, so dürfen wir vermuten, reiften bei Gauß grundsätzliche Gedanken zur Geometrie. Wir versuchen, ihnen in diesem und im folgenden Kapitel nachzuspüren.

In diesem Kapitel gehen wir vom Anschauungsraum aus. Wie im Kapitel über Geometrie des ersten Bandes bezeichnet O einen festen Punkt des Raumes, den *Ursprung*, und i, j, k symbolisieren drei konstante Vektoren, die paarweise aufeinander normal stehen und die Länge 1 besitzen. Sie zeigen in Richtung der *Koordinatenachsen*. Demnach bilden i, j, k ein Orthonormalsystem und $(O;\mathrm{i},\mathrm{j},\mathrm{k})$ ein cartesisches Koordinatensystem. Jeden Punkt X des Raumes können wir als $X = O + x\mathrm{i} + y\mathrm{j} + z\mathrm{k}$ erfassen. Wir schreiben dafür wie üblich kurz $X = (x, y, z)$ und nennen x, y, z die Koordinaten von X. Jeden Vektor v des Raumes können wir als $v = a\mathrm{i} + b\mathrm{j} + c\mathrm{k}$ erfassen. Wir schreiben dafür wie üblich kurz

$$v = \begin{pmatrix} a \\ b \\ c \end{pmatrix}$$

und nennen a, b, c die Komponenten von v. Während x, y, z oder a, b, c Variablen sein können, sind O und i, j, k konstant. Darum gilt bei Differentiation $\mathrm{d}X = \mathrm{i}\,\mathrm{d}x + \mathrm{j}\,\mathrm{d}y + \mathrm{k}\,\mathrm{d}z$ und $\mathrm{d}v = \mathrm{i}\,\mathrm{d}a + \mathrm{j}\,\mathrm{d}b + \mathrm{k}\,\mathrm{d}c$, also im Sinne der obigen Abkürzung:

$$\text{bei } X = (x, y, z): \quad \mathrm{d}X = \begin{pmatrix} \mathrm{d}x \\ \mathrm{d}y \\ \mathrm{d}z \end{pmatrix} \qquad \text{und bei } v = \begin{pmatrix} a \\ b \\ c \end{pmatrix}: \quad \mathrm{d}v = \begin{pmatrix} \mathrm{d}a \\ \mathrm{d}b \\ \mathrm{d}c \end{pmatrix}$$

Ausgangspunkt für alle folgenden Überlegungen ist die Idee, dem variablen Punkt X drei variable Vektoren v_1, v_2, v_3 zuzugesellen, von denen allein vorausgesetzt sei, dass sie linear unabhängig sind. Das System $(X; v_1, v_2, v_3)$ nennen wir ein *bewegliches Dreibein*. Denn man stellt sich anschaulich vor, dass die drei Vektoren v_1, v_2, v_3 wie drei Beine vom Punkt X ausgehend in verschiedene Richtungen weisen. Die Idee, welche der Konstruktion des beweglichen Dreibeins zugrunde liegt, lautet: Die Änderungen des Punktes X und der Vektoren v_1, v_2, v_3 sollen von eben diesem beweglichen Dreibein $(X; v_1, v_2, v_3)$ aus studiert werden.

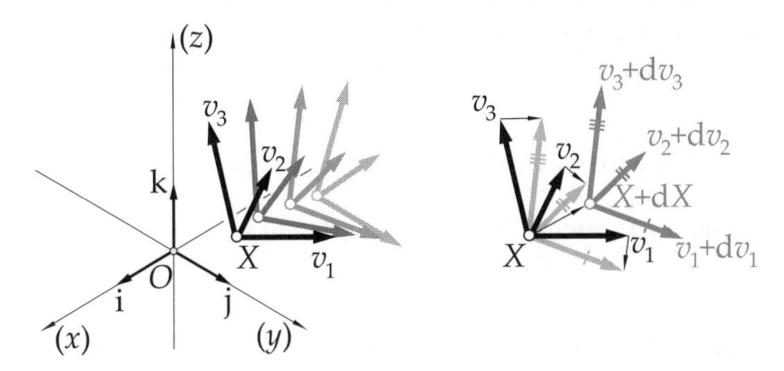

Bild 2.1 Links ein bewegliches Dreibein im Anschauungsraum; rechts die Darstellung der Vektoren $\mathrm{d}X$, $\mathrm{d}v_1$, $\mathrm{d}v_2$, $\mathrm{d}v_3$ als dünn gezeichnete Pfeile

Weil $\mathrm{d}X$ ein Vektor ist und v_1, v_2, v_3 eine Basis des Anschauungsraumes darstellt, muss es Komponenten $\sigma_1, \sigma_2, \sigma_3$ mit

$$\mathrm{d}X = v_1\sigma_1 + v_2\sigma_2 + v_3\sigma_3 = \begin{pmatrix} v_1 & v_2 & v_3 \end{pmatrix} \begin{pmatrix} \sigma_1 \\ \sigma_2 \\ \sigma_3 \end{pmatrix}$$

geben. Kürzt man die Zeile bestehend aus v_1, v_2, v_3 mit V und die Spalte, bestehend aus σ_1, σ_2, σ_3 mit Σ ab, vereinfacht sich diese Darstellung mit der Matrizenmultiplikation zu $\mathrm{d}X = V\Sigma$. Bezeichnet m eine der Zahlen 1, 2 oder 3 stellt auch $\mathrm{d}v_m$ einen Vektor dar. Daher muss es Komponenten $\omega_{1m}, \omega_{2m}, \omega_{3m}$ mit

$$\mathrm{d}v_m = v_1\omega_{1m} + v_2\omega_{2m} + v_3\omega_{3m} = \begin{pmatrix} v_1 & v_2 & v_3 \end{pmatrix} \begin{pmatrix} \omega_{1m} \\ \omega_{2m} \\ \omega_{3m} \end{pmatrix}$$

geben. Kürzt man die Spalte, bestehend aus $\omega_{1m}, \omega_{2m}, \omega_{3m}$ mit Ω_m ab, vereinfacht sich diese Darstellung mit der Matrizenmultiplikation zu $\mathrm{d}v_m = V\Omega_m$. Die Zeile Ω, bestehend aus den Spalten $\Omega_1, \Omega_2, \Omega_3$ ist eine Matrix

$$\Omega = \begin{pmatrix} \Omega_1 & \Omega_2 & \Omega_3 \end{pmatrix} = \begin{pmatrix} \omega_{11} & \omega_{12} & \omega_{13} \\ \omega_{21} & \omega_{22} & \omega_{23} \\ \omega_{31} & \omega_{32} & \omega_{33} \end{pmatrix}.$$

Mit ihrer Hilfe werden die drei Gleichungen $\mathrm{d}v_1 = V\Omega_1$, $\mathrm{d}v_2 = V\Omega_2$, $\mathrm{d}v_3 = V\Omega_3$ zu der einen Gleichung $\mathrm{d}V = V\Omega$ verschmolzen. Man nennt

$$\mathrm{d}X = V\Sigma\,, \qquad \mathrm{d}V = V\Omega$$

die *Ableitungsgleichungen.* Ausführlich lauten diese:

$$\mathrm{d}X = v_1\sigma_1 + v_2\sigma_2 + v_3\sigma_3\,, \qquad \left\{\begin{aligned} \mathrm{d}v_1 &= v_1\omega_{11} + v_2\omega_{21} + v_3\omega_{31} \\ \mathrm{d}v_2 &= v_1\omega_{12} + v_2\omega_{22} + v_3\omega_{32} \\ \mathrm{d}v_3 &= v_1\omega_{13} + v_2\omega_{23} + v_3\omega_{33} \end{aligned}\right.$$

Nicht umsonst sind die hier eingeführten Ableitungskoeffizienten σ_m und ω_{km} mit griechischen Kleinbuchstaben bezeichnet. Handelt es sich bei ihnen doch um Differentialformen erster Stufe. Aus der Tatsache, dass das Differential eines Differentials verschwindet, ziehen wir zwei Folgerungen, die sich im Laufe der Erörterungen als sehr wichtig herausstellen werden. Einerseits gilt:

$$0 = \mathrm{dd}X = \mathrm{d}(V\Sigma) = \mathrm{d}V\,\Sigma + V\,\mathrm{d}\Sigma = V\Omega\Sigma + V\,\mathrm{d}\Sigma = V\,(\mathrm{d}\Sigma + \Omega\Sigma)\ .$$

Weil die in V aufgelisteten Vektoren linear unabhängig sind, muss demnach

$$\mathrm{d}\Sigma + \Omega\Sigma = 0$$

sein. Ausführlich angeschrieben bedeutet dies, dass für jede Zahl m zwischen 1 und 3

$$\mathrm{d}\sigma_m + \sum_{n=1}^{3} \omega_{mn}\sigma_n = 0$$

zutrifft. Man nennt diese Formeln die *Gleichungen von Gauß.* Andererseits gilt:

$$0 = \mathrm{dd}V = \mathrm{d}(V\Omega) = \mathrm{d}V\,\Omega + V\,\mathrm{d}\Omega = V\Omega\Omega + V\,\mathrm{d}\Omega = V\,(\mathrm{d}\Omega + \Omega\Omega)\ .$$

Weil die in V aufgelisteten Vektoren linear unabhängig sind, muss demnach

$$\mathrm{d}\Omega + \Omega\Omega = 0$$

sein. Mit der Schreibweise $\Omega\Omega$ statt Ω^2 erinnern wir daran, dass die ω_{km} Differentialformen sind und als solche nach den Regeln des Keilprodukts multipliziert werden. Ausführlich angeschrieben bedeutet dies, dass für jede Zahl k und jede Zahl m zwischen 1 und 3

$$\mathrm{d}\omega_{km} + \sum_{n=1}^{3} \omega_{kn}\omega_{nm} = 0$$

zutrifft. Man nennt diese Formeln die *Gleichungen von Mainardi und Codazzi,* benannt nach den beiden in den 70-er Jahren des 19. Jahrhunderts an der Universität Pavia lehrenden Mathematikern Gaspare Mainardi und Delfino Codazzi.

Vorerst werden wir weder die Gleichungen von Gauß noch die Gleichungen von Mainardi und Codazzi benötigen. Wir halten sie gleichsam in Reserve. Wenn wir anhand einiger Beispiele hinreichend viel Übung im Umgang mit den Ableitungskoeffizienten erworben haben, werden diese Beziehungen auch nicht mehr so fremdartig auf uns wirken, wie dies vielleicht jetzt noch der Fall ist.

Sehr wichtig für alles Folgende sind jene beweglichen Dreibeine (X, v_1, v_2, v_3), bei denen die Vektoren v_1, v_2, v_3 ein *Orthonormalsystem* bilden. Dann ist nämlich das skalare Produkt

$(v_k|v_m)$ im Fall $k = m$ gleich 1 und im Fall $k \neq m$ gleich 0. In jedem Fall ist es konstant, und die Differentiation ergibt daher

$$\begin{aligned}
0 &= \mathrm{d}(v_k|v_m) = (\mathrm{d}v_k|v_m) + (v_k|\mathrm{d}v_m) = \\
&= (v_1\omega_{1k} + v_2\omega_{2k} + v_3\omega_{3k}|v_m) + (v_k|v_1\omega_{1m} + v_2\omega_{2m} + v_3\omega_{3m}) = \\
&= (v_1|v_m)\,\omega_{1k} + (v_2|v_m)\,\omega_{2k} + (v_3|v_m)\,\omega_{3k} + (v_k|v_1)\,\omega_{1m} + (v_k|v_2)\,\omega_{2m} + (v_k|v_3)\,\omega_{3m} = \\
&= \omega_{mk} + \omega_{km}\,.
\end{aligned}$$

Hieraus folgt für alle Zahlen k, m, n zwischen 1 und 3

$$\omega_{km} = -\omega_{mk}\,, \qquad \omega_{nn} = 0$$

Knapp kann man dies auch mit der Formel $\Omega^{\mathrm{tr}} = -\Omega$ zusammenfassen. Man sagt dazu, die Matrix Ω ist *schiefsymmetrisch:* In ihrer Hauptdiagonale stehen lauter Nullen und die rechts oben stehenden Eintragungen sind, an den Nullen der Hauptdiagonale gespiegelt, links unten entgegengesetzt gleich. Bei einem beweglichen Dreibein (X, v_1, v_2, v_3), bei dem die Vektoren v_1, v_2, v_3 ein *Orthonormalsystem* bilden, vereinfachen sich die Ableitungsgleichungen zu

$$\mathrm{d}X = v_1\sigma_1 + v_2\sigma_2 + v_3\sigma_3\,, \qquad \begin{cases} \mathrm{d}v_1 = v_2\omega_{21} + v_3\omega_{31} \\ \mathrm{d}v_2 = -v_1\omega_{21} + v_3\omega_{32} \\ \mathrm{d}v_3 = -v_1\omega_{31} - v_2\omega_{32} \end{cases}$$

Wir stellen schließlich fest, dass alle hier durchgeführten Überlegungen von der Wahl der Dimension drei unabhängig sind. In diesem Kapitel werden wir uns allerdings auf die Dimension drei des Anschauungsraumes konzentrieren. Erst im nächsten Kapitel gehen wir davon ab. Auch diese Vorgangsweise ist Gauß geschuldet: Er hat seine Differentialgeometrie nur für die Dimension drei des Anschauungsraumes veröffentlicht, aber insgeheim gewusst, dass sie sich auf andere Dimensionen verallgemeinern lässt. Erst ein Jahr vor seinem Tod, als sein bester Schüler Bernhard Riemann in einem Vortrag darauf zu sprechen kam, lüftete Gauß sein Geheimnis: Er war bei Riemanns Vortrag „Über die Hypothesen, welche der Geometrie zugrunde liegen" der Einzige, der Riemann verstand, von ihm begeistert war und zugleich zum Ausdruck brachte, dass Riemann wohl als einziger seiner Zeitgenossen ihm im geometrischen Denken das Wasser reichen könne.

2.2 Raumkurven

1847 erschien die Doktorarbeit von Jean Frédéric Frenet, die ihn sogleich zum Professor an der Universität Toulouse beförderte. In ihr beschrieb Frenet Punkte $X = (x, y, z)$ des Anschauungsraumes, die sich entlang einer Kurve bewegen. Wir nehmen folglich an, der Punkt sei von einem Parameter t abhängig, $X = X(t)$, wobei t ein offenes Intervall durchläuft. Wie üblich sollen

$$\begin{cases} x = x(t) \\ y = y(t) \\ z = z(t) \end{cases}$$

hinreichend oft stetig differenzierbar von t abhängen. Differentiation von X ergibt den Tangentenvektor

$$\mathrm{d}X = \begin{pmatrix} \mathrm{d}x \\ \mathrm{d}y \\ \mathrm{d}z \end{pmatrix} = \begin{pmatrix} \dot{x} \\ \dot{y} \\ \dot{z} \end{pmatrix} \mathrm{d}t\,.$$

Kurvenpunkte, bei denen $\mathrm{d}X = 0$ ist, nennt man *singulär*. Solche Punkte werden aus der nachfolgenden Betrachtung ausgeschlossen. Denn alle übrigen regulären Kurvenpunkte besitzen einen *Tangenteneinheitsvektor*

$$u = (\mathrm{d}X)_0 = \begin{pmatrix} \dot{x} \\ \dot{y} \\ \dot{z} \end{pmatrix} \frac{1}{\sqrt{\dot{x}^2 + \dot{y}^2 + \dot{z}^2}}\,.$$

Die Formel $(u|u) = 1$ zieht nach Differentiation $\mathrm{d}(u|u) = (\mathrm{d}u|u) + (u|\mathrm{d}u) = 2(\mathrm{d}u|u) = 0$ nach sich. Deshalb steht $\mathrm{d}u$ auf den Tangenteneinheitsvektor normal. Kurvenpunkte, bei denen $\mathrm{d}u = 0$ ist, nennt man *Tangentenschmiegepunkte*. Solche Punkte werden aus der nachfolgenden Betrachtung ausgeschlossen. Denn alle übrigen Kurvenpunkte besitzen einen *Normaleneinheitsvektor* $n = (\mathrm{d}u)_0$. Definiert man schließlich den *Binormaleneinheitsvektor* m durch $m = u \times n$, hat man ein Orthonormalsystem von Vektoren u, n, m konstruiert, die zusammen mit dem Kurvenpunkt X das nach Frenet benannte Dreibein $(X; u, n, m)$ bilden. Weil $\mathrm{d}X$ in die u-Richtung weist, lautet die Ableitungsgleichung für den Kurvenpunkt $\mathrm{d}X = u\sigma_1$. Der Ableitungskoeffizient σ_1 errechnet sich als

$$\sigma_1 = \sqrt{\dot{x}^2 + \dot{y}^2 + \dot{z}^2}\,\mathrm{d}t = \mathrm{d}s$$

und wird das *Bogenelement* oder das *Differential* ds *der Bogenlänge* s genannt. Sein unbestimmtes Integral s ist die *Bogenlänge* der Kurve. Wenn der Parameter t ein kompaktes Teilintervall $K = [a; b]$ des offenen Intervalls durchläuft, betrachtet man ein *Kurvenstück* der gegebenen Kurve und erhält mit

$$\int_K \sigma_1 = \int_K \mathrm{d}s = s|_{t=b} - s|_{t=a}$$

die *Länge* dieses Kurvenstücks. Weil $\mathrm{d}u$ in die n-Richtung weist, lautet die Ableitungsgleichung für den Tangentenvektor $\mathrm{d}u = n\omega_{21}$. Die beiden Vektoren u und n spannen, von X ausgehend eine Ebene auf, die man die *Schmiegebene* der Kurve nennt. In dieser beschreibt der Ableitungskoeffizient $\omega_{21} = \mathrm{d}\alpha$, wie schnell sich die Kurve von der Tangentenrichtung abwendet. Das Verhältnis $\kappa = \mathrm{d}\alpha/\mathrm{d}s$ heißt die *Krümmung* der Kurve. Weil $\omega_{31} = 0$ ist, vereinfacht sich die Ableitungsgleichung des Binormalenvektors zu $\mathrm{d}m = -n\omega_{32}$. Der Binormalenvektor m ist der Normalvektor zur Schmiegebene. Deshalb beschreibt der Ableitungskoeffizient $\omega_{32} = \mathrm{d}\vartheta$, wie schnell sich die Kurve von der Schmiegebene abhebt. Das Verhältnis $\tau = \mathrm{d}\vartheta/\mathrm{d}s$ heißt die *Torsion* der Kurve. Kurvenpunkte mit verschwindender Torsion heißen *Henkelpunkte*. Eine aus lauter Henkelpunkten bestehende Kurve hat einen konstanten Binormalenvektor und ist daher eine ebene Kurve.

Die Ableitungsgleichungen des frenetschen Dreibeins lauten daher

$$\mathrm{d}X = u\,\mathrm{d}s\,, \qquad \left\{ \begin{aligned} \mathrm{d}u &= n\,\mathrm{d}\alpha \\ \mathrm{d}n &= -u\,\mathrm{d}\alpha + m\,\mathrm{d}\vartheta \\ \mathrm{d}m &= -n\,\mathrm{d}\vartheta \end{aligned} \right.$$

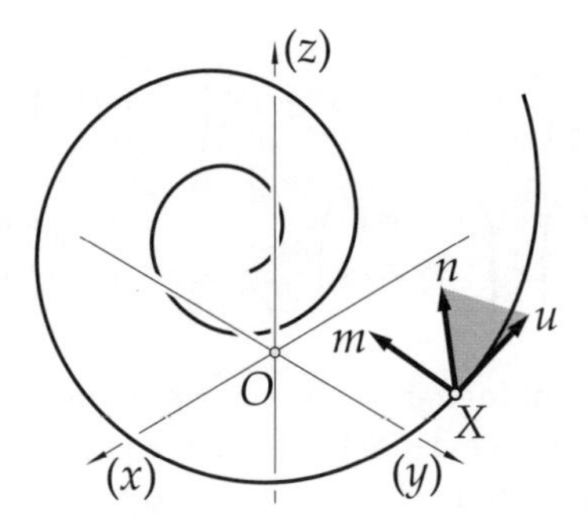

Bild 2.2 Frenetsches Dreibein einer Raumkurve

Das typische Beispiel einer Raumkurve ist die durch

$$\begin{cases} x = r\cos t \\ y = r\sin t \\ z = at \end{cases}$$

gegebene *Schraubenlinie*. Es bezeichnen r und a Konstanten, wobei $r > 0$ ist. Der Grundriss der Schraubenlinie ist ein Kreis mit dem Grundriss des Ursprungs als Mittelpunkt und mit r als Radius. Der Aufriss der Schraubenlinie ist eine sinusförmige Kurve, die um den Aufriss der z-Achse oszilliert. Durchläuft t ein Intervall der Länge 2π, wird im Grundriss der Kreis einmal durchlaufen und im Aufriss der Punkt um den Wert $2\pi a$ in z-Richtung bei $a > 0$ gehoben und bei $a < 0$ gesenkt. Deshalb heißt der Betrag von $2\pi a$ die *Ganghöhe* der Schraubenlinie. Für die so gegebene Schraubenlinie lauten die Rechnungen zur Ermittlung des frenetschen Dreibeins folgendermaßen:

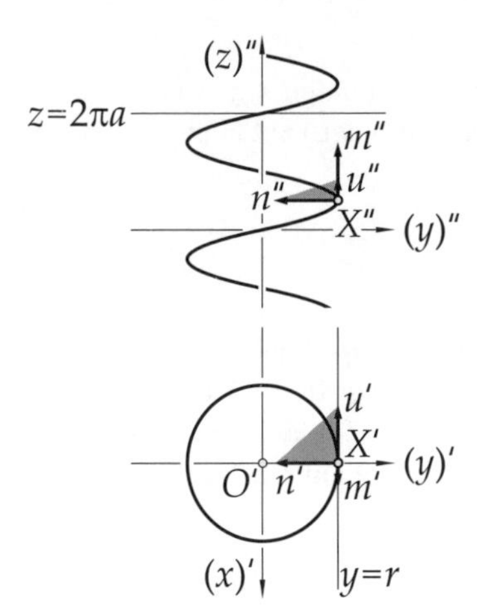

Bild 2.3 Schraubenlinie in Grund- und Aufriss

$$\mathrm{d}X = \begin{pmatrix} -r\sin t \\ r\cos t \\ a \end{pmatrix} \mathrm{d}t\,, \qquad u = (\mathrm{d}X)_0 = \begin{pmatrix} -r\sin t \\ r\cos t \\ a \end{pmatrix} \frac{1}{\sqrt{r^2 + a^2}}\,,$$

$$\mathrm{d}u = \begin{pmatrix} -r\cos t \\ -r\sin t \\ 0 \end{pmatrix} \frac{\mathrm{d}t}{\sqrt{r^2+a^2}}, \qquad n = (\mathrm{d}u)_0 = \begin{pmatrix} -\cos t \\ -\sin t \\ 0 \end{pmatrix},$$

$$m = u \times n = \begin{pmatrix} -r\sin t \\ r\cos t \\ a \end{pmatrix} \times \begin{pmatrix} -\cos t \\ -\sin t \\ 0 \end{pmatrix} \frac{1}{\sqrt{r^2+a^2}} = \begin{pmatrix} a\sin t \\ -a\cos t \\ r \end{pmatrix} \frac{1}{\sqrt{r^2+a^2}}.$$

Mit $\mathrm{d}X = u\sqrt{r^2+a^2}\,\mathrm{d}t$ bekommt man $\mathrm{d}s = \sqrt{r^2+a^2}\,\mathrm{d}t$. Somit ist durch $s = s_0 + t\sqrt{r^2+a^2}$ mit einer Konstanten s_0 die Bogenlänge der Schraubenlinie gegeben. Demnach lautet die Länge des Bogens, wenn die Schraubenlinie eine Ganghöhe zurücklegt, $2\pi\sqrt{r^2+a^2}$. Aus $\mathrm{d}u = n\mathrm{d}\alpha$ errechnet sich

$$\mathrm{d}\alpha = \frac{r}{\sqrt{r^2+a^2}}\mathrm{d}t, \qquad \kappa = \frac{\mathrm{d}\alpha}{\mathrm{d}s} = \frac{r}{r^2+a^2}.$$

Und aus

$$\mathrm{d}m = \begin{pmatrix} a\cos t \\ a\sin t \\ 0 \end{pmatrix} \frac{\mathrm{d}t}{\sqrt{r^2+a^2}} = -\begin{pmatrix} -\cos t \\ -\sin t \\ 0 \end{pmatrix} \mathrm{d}\vartheta$$

errechnet sich

$$\mathrm{d}\vartheta = \frac{a}{\sqrt{r^2+a^2}}\mathrm{d}t, \qquad \tau = \frac{\mathrm{d}\vartheta}{\mathrm{d}s} = \frac{a}{r^2+a^2}.$$

2.3 Flächen im Raum

Eine *Fläche* liegt vor, wenn die Koordinaten x, y, z eines Punktes $X = (x, y, z)$ hinreichend oft stetig differenzierbar von zwei Parametern abhängen, die wir mit p und q bezeichnen. In

$$\begin{cases} x = x(p,q) \\ y = y(p,q) \\ z = z(p,q) \end{cases}$$

durchläuft (p,q) ein Gebiet in der p-q-Ebene. Geht man von einem konstanten q aus, liegt eine vom Kurvenparameter p abhängige Kurve $X = X(p)$ vor, die auf der Flächenhaut liegt und eine *p-Linie* heißt. Geht man von einem konstanten p aus, liegt eine vom Kurvenparameter q abhängige Kurve $X = X(q)$ vor, die auf der Flächenhaut liegt und eine *q-Linie* heißt. Die Vektoren

$$g_1 = \frac{\partial X}{\partial p}, \qquad g_2 = \frac{\partial X}{\partial q}$$

spannen, von X aus eingetragen, die *Tangentialebene* der Fläche im Punkt X auf. Ausgenommen sind dabei die *singulären Punkte* der Fläche, bei denen die Vektoren g_1, g_2 linear abhängig sind. Parameterwerte (p,q) singulärer Punkte entfernen wir aus dem Gebiet der p-q-Ebene, von dem aus die Fläche parametrisiert wird. Wir betrachten nur Flächen ohne singuläre Punkte. Dies erlaubt, überall auf der Fläche den Normaleinheitsvektor h gemäß der Formel

$h = (g_1 \times g_2)_0$ festzulegen. Er steht normal auf die Tangentialebene und seine Richtung ist allein durch die Vereinbarung festgelegt, dass der Parameter p vor dem Parameter q genannt wird, wodurch der Fläche eine Orientierung aufgeprägt ist. Wir nennen $(X; g_1, g_2, h)$ das *gaußsche Dreibein* der Fläche; dem Namen Gauß sind die Bezeichnungen g_1, g_2 der Tangentenvektoren geschuldet.

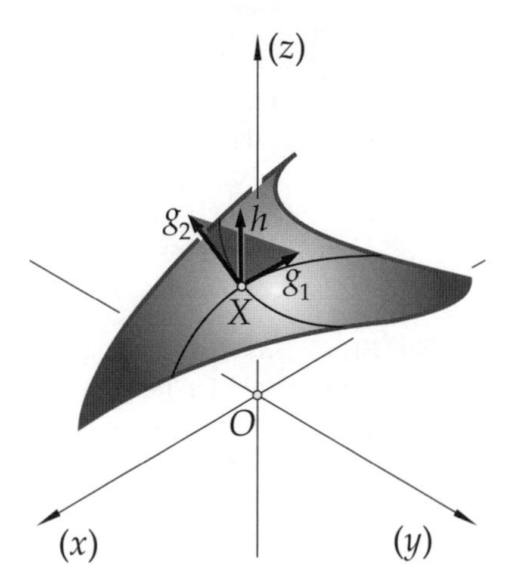

Bild 2.4 Gaußsches Dreibein einer Fläche im Raum

Tatsächlich betrachtete Gauß als erster die Größen

$$g_{11} = (g_1|g_1)\,, \qquad g_{12} = g_{21} = (g_1|g_2)\,, \qquad g_{22} = (g_2|g_2)$$

die er die *Fundamentalgrößen* nannte. Er selbst verwendete dafür die Buchstaben E, F, G. Aus Gründen, die wir erst später als sinnvoll würdigen werden, ziehen wir die Bezeichnung g_{11}, $g_{12} = g_{21}$, g_{22} vor. Den Buchstaben G verwenden wir als Abkürzung der Matrix

$$G = \begin{pmatrix} g_{11} & g_{12} \\ g_{21} & g_{22} \end{pmatrix}$$

Sie ist die metrische Fundamentalmatrix des linearen zweidimensionalen Raumes aller Tangentenvektoren, der von g_1, g_2 aufgespannt wird. Als solche ist sie symmetrisch und positiv definit. Es sind g_{11} und die Determinante

$$g = \det G = g_{11} g_{22} - g_{12}^2$$

positive Größen. Als Flächeninhalt des Parallelogramms mit X, $X + g_1$, $X + g_1 + g_2$, $X + g_2$ als Ecken ist $\sqrt{g}$ zugleich die Länge des Vektors $g_1 \times g_2$. Darum gilt für den Normaleinheitsvektor h der Fläche

$$h = (g_1 \times g_2)_0 = (g_1 \times g_2)\,\frac{1}{\sqrt{g}}$$

Im Allgemeinen bilden g_1, g_2, h kein Orthonormalsystem. Darum sind die Ableitungsgleichungen des gaußschen Dreibeins reichlich verwickelt. Gauß selbst machte dies nichts aus.

Er besaß selbst vor höchst komplizierten Rechnungen nie die geringste Scheu, beherrschte sie im Gegenteil wie ein begnadeter Magier. Den klaren Durchblick dahinter verdanken wir nicht ihm, sondern dem zwei Generationen nach Gauß in Paris wirkenden Jean Gaston Darboux. Er schlug vor, statt g_1, g_2 die beiden Tangentenvektoren

$$v_1 = (g_1)_0 = g_1 \frac{1}{\sqrt{g_{11}}} \qquad \text{und} \qquad v_2 = h \times v_1$$

zu betrachten, denn v_1, v_2, h bilden ein Orthonormalsystem. Wir nennen $(X; v_1, v_2, h)$ ein *darbouxsches Dreibein* der Fläche. Bei ihm lauten die Ableitungsgleichungen

$$\mathrm{d}X = v_1\sigma_1 + v_2\sigma_2\,, \qquad \begin{cases} \mathrm{d}v_1 = v_2\omega_{21} + h\omega_{31} \\ \mathrm{d}v_2 = -v_1\omega_{21} + h\omega_{32} \\ \mathrm{d}h = -v_1\omega_{31} - v_2\omega_{32} \end{cases}$$

Mit voller Absicht sprechen wir bei $(X; v_1, v_2, h)$ von *einem*, und nicht von *dem* darbouxschen Dreibein der Fläche. Betrachten wir nämlich auf der Tangentialebene der Fläche einen beliebigen Tangenteneinheitsvektor u, gilt $u = v_1 \cos\alpha + v_2 \sin\alpha$, wenn α für den Winkel $\alpha = \sphericalangle v_1 u$ steht. Der Vektor $w = -v_1 \sin\alpha + v_2 \cos\alpha$ ist ein auf u normal stehender Einheitsvektor der Tangentialebene, sodass auch u, w, h ein Orthonormalsystem bildet, das dieselbe Orientierung wie v_1, v_2, h besitzt. Gleichberechtigt zum darbouxschen Dreibein $(X; v_1, v_2, h)$ ist auch $(X; u, w, h)$ ein darbouxsches Dreibein mit Ableitungsgleichungen der gleichen Bauart, die wir in der Form

$$\mathrm{d}X = u\lambda_1 + w\lambda_2\,, \qquad \begin{cases} \mathrm{d}u = w\mu_{21} + h\mu_{31} \\ \mathrm{d}w = -u\mu_{21} + h\mu_{32} \\ \mathrm{d}h = -u\mu_{31} - w\mu_{32} \end{cases}$$

notieren. Einsetzen von $u = v_1 \cos\alpha + v_2 \sin\alpha$ und $w = -v_1 \sin\alpha + v_2 \cos\alpha$ in die Ableitungsgleichung für $\mathrm{d}X$ ergibt

$$\sigma_1 = \cos\alpha \cdot \lambda_1 - \sin\alpha \cdot \lambda_2\,, \qquad \sigma_2 = \sin\alpha \cdot \lambda_1 + \cos\alpha \cdot \lambda_2$$

Ersetzt man α durch $-\alpha$, bekommt man die Berechnung der λ_1, λ_2 aus σ_1, σ_2:

$$\lambda_1 = \cos\alpha \cdot \sigma_1 + \sin\alpha \cdot \sigma_2\,, \qquad \lambda_2 = -\sin\alpha \cdot \sigma_1 + \cos\alpha \cdot \sigma_2$$

Einsetzen von $u = v_1 \cos\alpha + v_2 \sin\alpha$ und $w = -v_1 \sin\alpha + v_2 \cos\alpha$ in die Ableitungsgleichung für $\mathrm{d}h$ ergibt

$$\omega_{31} = \cos\alpha \cdot \mu_{31} - \sin\alpha \cdot \mu_{32}\,, \qquad \omega_{32} = \sin\alpha \cdot \mu_{31} + \cos\alpha \cdot \mu_{32}$$

Ersetzt man α durch $-\alpha$, bekommt man die Berechnung der μ_{31}, μ_{32} aus ω_{31}, ω_{32}:

$$\mu_{31} = \cos\alpha \cdot \omega_{31} + \sin\alpha \cdot \omega_{32}\,, \qquad \mu_{32} = -\sin\alpha \cdot \omega_{31} + \cos\alpha \cdot \omega_{32}$$

Schließlich belegt die Rechnung

$$\begin{aligned} \mathrm{d}u &= \mathrm{d}v_1 \cos\alpha + \mathrm{d}v_2 \sin\alpha - v_1 \sin\alpha \cdot \mathrm{d}\alpha + v_2 \cos\alpha \cdot \mathrm{d}\alpha = \\ &= (v_2\omega_{21} + h\omega_{31})\cos\alpha + (-v_1\omega_{21} + h\omega_{32})\sin\alpha - v_1 \sin\alpha \cdot \mathrm{d}\alpha + v_2 \cos\alpha \cdot \mathrm{d}\alpha = \\ &= -v_1 \sin\alpha \cdot (\omega_{21} + \mathrm{d}\alpha) + v_2 \cos\alpha \cdot (\omega_{21} + \mathrm{d}\alpha) + h(\cos\alpha \cdot \omega_{31} + \sin\alpha \cdot \omega_{32}) = \\ &= w(\omega_{21} + \mathrm{d}\alpha) + h\mu_{31} = w\mu_{21} + h\mu_{31} \end{aligned}$$

die Umrechnungsformel von ω_{21} zu μ_{21} und bei Ersetzung von α durch $-\alpha$ ihre Umkehrung, also

$$\mu_{21} = \omega_{21} + \mathrm{d}\alpha\,, \qquad \omega_{21} = \mu_{21} - \mathrm{d}\alpha$$

2.4 Hyperbolisches Paraboloid

Als Beispiel einer Fläche, bei der wir die eben besprochenen Definitionen konkret erproben können, bietet sich das hyperbolische Paraboloid an, das die Punkte $X = \left(x, y, z\right)$ trägt, für die

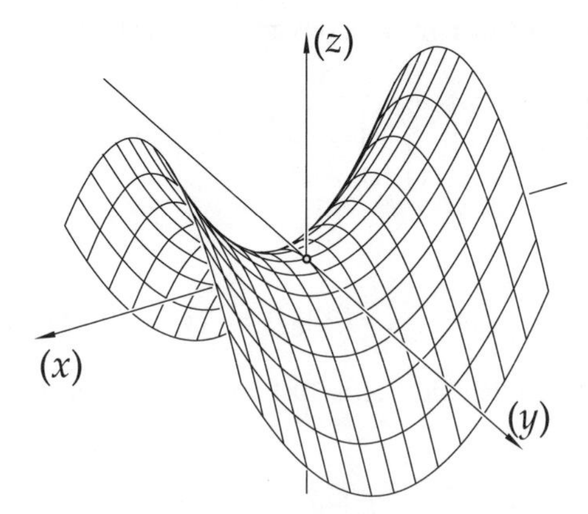

Bild 2.5 Schrägriss eines hyperbolischen Paraboloids

$$z = \frac{x^2}{2} - \frac{y^2}{2}$$

gilt. Die Fläche erhält ihren Namen aus folgendem Grund: Bei konstantem x, also in einer zur Aufrissebene parallelen Ebene $x = c$, sieht man aus der Formel $y^2 = c^2 - 2z$, dass die Schnittkurve des hyperbolischen Paraboloids mit dieser Ebene eine nach unten geöffnete Parabel mit einem Scheitel oberhalb der Grundrissebene ist. Bei konstantem y, also in einer zur Kreuzrissebene parallelen Ebene $y = c$, sieht man aus der Formel $x^2 = 2z + c^2$, dass die Schnittkurve des hyperbolischen Paraboloids mit dieser Ebene eine nach oben geöffnete Parabel mit einem Scheitel unterhalb der Grundrissebene ist. Und bei konstantem und von Null verschiedenem z, also in einer zur Grundrissebene parallelen Ebene $z = c$, sieht man aus der Formel $x^2 - y^2 = 2c$, dass die Schnittkurve des hyperbolischen Paraboloids mit dieser Ebene eine Hyperbel ist.

Aufgrund der oben angeschriebenen Gleichung des hyperbolischen Paraboloids gehen wir davon aus, dass es durch die Parameter $p = x$, $q = y$ erfasst wird, wobei $\left(x, y\right)$ die ganze x-y-Ebene durchläuft. Die Tangentenvektoren des gaußschen Dreibeins lauten

$$g_1 = \frac{\partial X}{\partial x} = \begin{pmatrix} 1 \\ 0 \\ x \end{pmatrix}, \qquad g_2 = \frac{\partial X}{\partial y} = \begin{pmatrix} 0 \\ 1 \\ -y \end{pmatrix}.$$

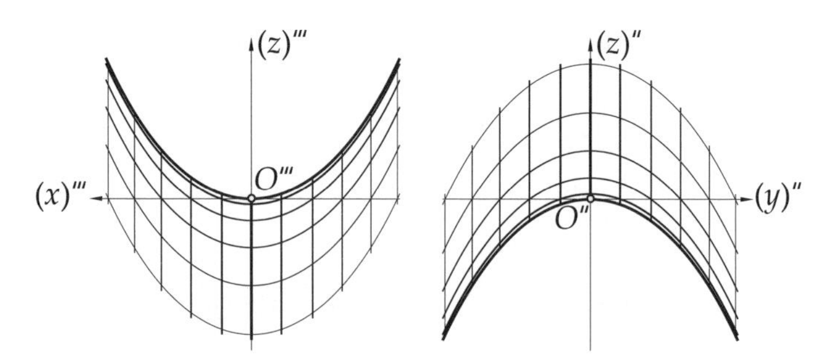

Bild 2.6 Kreuz- und Aufriss eines hyperbolischen Paraboloids

Deren Kreuzprodukt und der Normalvektor des gaußschen Dreibeins lauten somit

$$g_1 \times g_2 = \begin{pmatrix} -x \\ y \\ 1 \end{pmatrix}, \qquad h = \begin{pmatrix} -x \\ y \\ 1 \end{pmatrix} \frac{1}{\sqrt{1+x^2+y^2}}.$$

Die Fundamentalgrößen lauten

$$g_{11} = (g_1 | g_1) = 1 + x^2, \quad g_{12} = g_{21} = (g_1 | g_2) = -xy, \quad g_{22} = (g_2 | g_2) = 1 + y^2.$$

Dementsprechend errechnen sich die metrische Fundamentalmatrix und deren Determinante als

$$G = \begin{pmatrix} 1+x^2 & -xy \\ -xy & 1+y^2 \end{pmatrix}, \qquad g = \det G = 1 + x^2 + y^2.$$

Ein darbouxsches Dreibein $(X; v_1, v_2, h)$ bekommt man folgendermaßen: Es sind

$$v_1 = (g_1)_0 = \begin{pmatrix} 1 \\ 0 \\ x \end{pmatrix} \frac{1}{\sqrt{g_{11}}}, \qquad h = \begin{pmatrix} -x \\ y \\ 1 \end{pmatrix} \frac{1}{\sqrt{g}},$$

$$v_2 = h \times v_1 = \begin{pmatrix} xy \\ 1+x^2 \\ -y \end{pmatrix} \frac{1}{\sqrt{g_{11}}\sqrt{g}} = \begin{pmatrix} -g_{12} \\ g_{11} \\ -y \end{pmatrix} \frac{1}{\sqrt{g_{11}}\sqrt{g}}.$$

Mit diesen Angaben berechnen wir die Ableitungskoeffizienten σ_1 und σ_2. Wir betrachten in der Gleichung

$$\mathrm{d}X = \begin{pmatrix} 1 \\ 0 \\ x \end{pmatrix} \mathrm{d}x + \begin{pmatrix} 0 \\ 1 \\ -y \end{pmatrix} \mathrm{d}y = \begin{pmatrix} 1 \\ 0 \\ x \end{pmatrix} \frac{\sigma_1}{\sqrt{g_{11}}} + \begin{pmatrix} -g_{12} \\ g_{11} \\ -y \end{pmatrix} \frac{\sigma_2}{\sqrt{g_{11}}\sqrt{g}}$$

nur die zweiten Komponenten und schließen aus

$$\mathrm{d}y = \frac{g_{11}\sigma_2}{\sqrt{g_{11}}\sqrt{g}} = \frac{\sqrt{g_{11}}}{\sqrt{g}}\sigma_2 \qquad \text{auf} \qquad \sigma_2 = \frac{\sqrt{g}}{\sqrt{g_{11}}}\mathrm{d}y.$$

Dieses Ergebnis setzen wir in die Gleichung der ersten Komponenten ein:

$$\mathrm{d}x = \frac{\sigma_1}{\sqrt{g_{11}}} - g_{12}\frac{1}{\sqrt{g_{11}}\sqrt{g}}\frac{\sqrt{g}}{\sqrt{g_{11}}}\mathrm{d}y = \frac{\sigma_1}{\sqrt{g_{11}}} - \frac{g_{12}}{g_{11}}\mathrm{d}y\,.$$

Hieraus ergibt sich

$$\sigma_1 = \sqrt{g_{11}}\,\mathrm{d}x + \frac{g_{12}}{\sqrt{g_{11}}}\mathrm{d}y\,.$$

Ferner berechnen wir die Ableitungskoeffizienten ω_{21}, ω_{31} und ω_{32}. Differentiation von v_1 ergibt:

$$\mathrm{d}v_1 = \begin{pmatrix}0\\0\\1\end{pmatrix}\frac{\mathrm{d}x}{\sqrt{g_{11}}} + \begin{pmatrix}1\\0\\x\end{pmatrix}\mathrm{d}\left(\frac{1}{\sqrt{g_{11}}}\right) = \begin{pmatrix}0\\0\\1\end{pmatrix}\frac{\mathrm{d}x}{\sqrt{g_{11}}} + \begin{pmatrix}1\\0\\x\end{pmatrix}\frac{-\mathrm{d}g_{11}}{2g_{11}\sqrt{g_{11}}} =$$

$$= \begin{pmatrix}0\\0\\1\end{pmatrix}\frac{\mathrm{d}x}{\sqrt{g_{11}}} - \begin{pmatrix}1\\0\\x\end{pmatrix}\frac{x\mathrm{d}x}{g_{11}\sqrt{g_{11}}} = \begin{pmatrix}0-x\\0\\g_{11}-x^2\end{pmatrix}\frac{\mathrm{d}x}{g_{11}\sqrt{g_{11}}} = \begin{pmatrix}-x\\0\\1\end{pmatrix}\frac{\mathrm{d}x}{g_{11}\sqrt{g_{11}}} =$$

$$= v_2\omega_{21} + h\omega_{31} = \begin{pmatrix}-g_{12}\\g_{11}\\-y\end{pmatrix}\frac{\omega_{21}}{\sqrt{g_{11}}\sqrt{g}} + \begin{pmatrix}-x\\y\\1\end{pmatrix}\frac{\omega_{31}}{\sqrt{g}}\,.$$

Multiplikation mit $g_{11}\sqrt{g_{11}}\sqrt{g}$ führt zu

$$\begin{pmatrix}-x\sqrt{g}\\0\\\sqrt{g}\end{pmatrix}\mathrm{d}x = \begin{pmatrix}-g_{12}g_{11}\\g_{11}^2\\-yg_{11}\end{pmatrix}\omega_{21} + \begin{pmatrix}-xg_{11}\sqrt{g_{11}}\\yg_{11}\sqrt{g_{11}}\\g_{11}\sqrt{g_{11}}\end{pmatrix}\omega_{31}\,.$$

Betrachten wir in der Gleichung allein die zweite Komponente, bedeutet dies:

$$g_{11}^2\omega_{21} + yg_{11}\sqrt{g_{11}}\,\omega_{31} = 0\,, \qquad \sqrt{g_{11}}\,\omega_{21} = -y\omega_{31}\,.$$

Betrachten wir in der Gleichung allein die dritte Komponente, bedeutet dies unter Beachtung des eben Erhaltenen:

$$\sqrt{g}\,\mathrm{d}x = -yg_{11}\omega_{21} + g_{11}\sqrt{g_{11}}\,\omega_{31} = y^2\sqrt{g_{11}}\,\omega_{31} + g_{11}\sqrt{g_{11}}\,\omega_{31} =$$
$$= \sqrt{g_{11}}\left(g_{11}+y^2\right)\omega_{31} = g\sqrt{g_{11}}\,\omega_{31}\,.$$

Hieraus gewinnen wir:

$$\omega_{31} = \frac{1}{\sqrt{g_{11}}\sqrt{g}}\mathrm{d}x\,, \qquad \omega_{21} = \frac{-y}{g_{11}\sqrt{g}}\mathrm{d}x\,.$$

Zwecks der Berechnung von ω_{32} betrachten wir in der Ableitungsgleichung $\mathrm{d}h = -v_1\omega_{31} - v_2\omega_{32}$ allein die dritte Komponente:

$$\mathrm{d}\left(\frac{1}{\sqrt{g}}\right) = -\frac{x}{\sqrt{g_{11}}}\cdot\frac{1}{\sqrt{g_{11}}\sqrt{g}}\mathrm{d}x + \frac{y}{\sqrt{g_{11}}\sqrt{g}}\omega_{32}\,.$$

Dabei ist

$$\mathrm{d}\left(\frac{1}{\sqrt{g}}\right) = \frac{-\mathrm{d}g}{2g\sqrt{g}} = \frac{-\left(x\mathrm{d}x + y\mathrm{d}y\right)}{g\sqrt{g}} .$$

Beide Seiten von

$$\frac{x\mathrm{d}x + y\mathrm{d}y}{g\sqrt{g}} = \frac{x}{g_{11}\sqrt{g}}\mathrm{d}x - \frac{y}{\sqrt{g_{11}}\sqrt{g}}\omega_{32}$$

multiplizieren wir mit $g_{11}g\sqrt{g}$ und bekommen

$$xg_{11}\mathrm{d}x + yg_{11}\mathrm{d}y = xg\mathrm{d}x - yg\sqrt{g_{11}}\,\omega_{32} ,$$

also

$$\begin{aligned} yg\sqrt{g_{11}}\,\omega_{32} &= x\left(g - g_{11}\right)\mathrm{d}x - g_{11}y\mathrm{d}y = x\left(1 + x^2 + y^2 - 1 - x^2\right)\mathrm{d}x - g_{11}y\mathrm{d}y = \\ &= xy^2\mathrm{d}x - g_{11}y\mathrm{d}y . \end{aligned}$$

Division durch $yg\sqrt{g_{11}}$ ergibt:

$$\omega_{32} = \frac{xy}{g\sqrt{g_{11}}}\mathrm{d}x - \frac{\sqrt{g_{11}}}{g}\mathrm{d}y = \frac{-g_{12}}{g\sqrt{g_{11}}}\mathrm{d}x - \frac{\sqrt{g_{11}}}{g}\mathrm{d}y .$$

Die gesuchten Ableitungskoeffizienten lauten somit:

$$\sigma_1 = \sqrt{g_{11}}\,\mathrm{d}x + \frac{g_{12}}{\sqrt{g_{11}}}\mathrm{d}y , \qquad \sigma_2 = \frac{\sqrt{g}}{\sqrt{g_{11}}}\mathrm{d}y , \qquad \omega_{21} = \frac{-y}{g_{11}\sqrt{g}}\mathrm{d}x$$

$$\omega_{31} = \frac{1}{\sqrt{g_{11}}\sqrt{g}}\mathrm{d}x , \qquad \omega_{32} = \frac{-g_{12}}{g\sqrt{g_{11}}}\mathrm{d}x - \frac{\sqrt{g_{11}}}{g}\mathrm{d}y .$$

Zwei Fragen stellen sich nach diesen aufwendigen Rechnungen. Erstens: Welche Folgerungen über Form und Bauart des hyperbolischen Paraboloids – allgemein: einer Fläche – kann man aus der Kenntnis der Ableitungskoeffizienten ziehen? Zweitens: Ist es ein Zufall, dass sich die Ableitungskoeffizienten mithilfe der Fundamentalgrößen so kompakt darstellen lassen? Wir widmen uns zuerst der Beantwortung der zweiten Frage, die Ableitungskoeffizienten σ_1 und σ_2 betreffend. Danach wird sich nach und nach das Geheimnis der Antworten auf beide Fragen lüften.

2.5 Darbouxsches Dreibein und metrische Fundamentalmatrix

Liegt eine Fläche $X = X\left(p, q\right)$ mit

$$g_1 = \frac{\partial X}{\partial p} , \qquad g_2 = \frac{\partial X}{\partial q} , \qquad h = \left(g_1 \times g_2\right)_0$$

als Vektoren des gaußschen Dreibeins vor, kann man *ohne Verwendung des Normaleinheitsvektors h*, allein unter Verwendung der metrischen Fundamentalmatrix

$$G = \begin{pmatrix} g_{11} & g_{12} \\ g_{21} & g_{22} \end{pmatrix} \qquad \text{mit } \det G = g_{11}g_{22} - g_{12}^2 = g$$

die beiden Tangenteneinheitsvektoren v_1, v_2 eines darbouxschen Dreibeins $(X; v_1, v_2, h)$ ermitteln. Die Berechnung von v_1 liegt auf der Hand:

$$v_1 = (g_1)_0 = g_1 \frac{1}{\sqrt{g_{11}}}\,.$$

Als Nächstes beachten wir, dass der Vektor $g_1^\perp$, definiert durch

$$g_1^\perp = \begin{vmatrix} g_{11} & g_{12} \\ g_1 & g_2 \end{vmatrix} = g_2 g_{11} - g_1 g_{12}\,,$$

einerseits zur Tangentialebene parallel ist und andererseits auf g_1 normal steht. Seine Länge errechnet sich als Wurzel von

$$\begin{aligned}(g_1^\perp | g_1^\perp) &= (g_2|g_2)\, g_{11}^2 - 2\,(g_2|g_1)\, g_{11}g_{12} + (g_1|g_1)\, g_{12}^2 = \\ &= g_{11}^2 g_{22} - 2g_{11}g_{12}^2 + g_{11}g_{12}^2 = g_{11}\left(g_{11}g_{22} - g_{12}^2\right) = g_{11}g\,.\end{aligned}$$

Folglich ist mit

$$v_2 = (g_1^\perp)_0 = (g_2 g_{11} - g_1 g_{12})\frac{1}{\sqrt{g_{11}}\sqrt{g}} = g_2\frac{\sqrt{g_{11}}}{\sqrt{g}} - g_1\frac{g_{12}}{\sqrt{g_{11}}\sqrt{g}}$$

der zweite Vektor v_2 des darbouxschen Dreibeins $(X; v_1, v_2, h)$ ermittelt.

Die Ermittlung von v_1, v_2 aus g_1, g_2 fasst die folgende Matrizengleichung zusammen:

$$\begin{pmatrix} v_1 & v_2 \end{pmatrix} = \begin{pmatrix} g_1 & g_2 \end{pmatrix} \begin{pmatrix} \frac{1}{\sqrt{g_{11}}} & \frac{-g_{12}}{\sqrt{g_{11}}\sqrt{g}} \\ 0 & \frac{\sqrt{g_{11}}}{\sqrt{g}} \end{pmatrix}.$$

Die rechts stehende Matrix, die den Basiswechsel beschreibt, besitzt die Determinante

$$\begin{vmatrix} \frac{1}{\sqrt{g_{11}}} & \frac{-g_{12}}{\sqrt{g_{11}}\sqrt{g}} \\ 0 & \frac{\sqrt{g_{11}}}{\sqrt{g}} \end{vmatrix} = \frac{1}{\sqrt{g}}\,.$$

Dementsprechend errechnet sich ihre inverse Matrix als

$$\begin{pmatrix} \frac{1}{\sqrt{g_{11}}} & \frac{-g_{12}}{\sqrt{g_{11}}\sqrt{g}} \\ 0 & \frac{\sqrt{g_{11}}}{\sqrt{g}} \end{pmatrix}^{-1} = \sqrt{g}\begin{pmatrix} \frac{\sqrt{g_{11}}}{\sqrt{g}} & \frac{g_{12}}{\sqrt{g_{11}}\sqrt{g}} \\ 0 & \frac{1}{\sqrt{g_{11}}} \end{pmatrix} = \begin{pmatrix} \sqrt{g_{11}} & \frac{g_{12}}{\sqrt{g_{11}}} \\ 0 & \frac{\sqrt{g}}{\sqrt{g_{11}}} \end{pmatrix}.$$

Hieraus folgern wir

$$\begin{pmatrix} g_1 & g_2 \end{pmatrix} = \begin{pmatrix} v_1 & v_2 \end{pmatrix} \begin{pmatrix} \sqrt{g_{11}} & \dfrac{g_{12}}{\sqrt{g_{11}}} \\ 0 & \dfrac{\sqrt{g}}{\sqrt{g_{11}}} \end{pmatrix}.$$

Für die Ableitungsgleichung von $\mathrm{d}X$ bedeutet dies:

$$\mathrm{d}X = g_1 \mathrm{d}p + g_2 \mathrm{d}q = \begin{pmatrix} g_1 & g_2 \end{pmatrix} \begin{pmatrix} \mathrm{d}p \\ \mathrm{d}q \end{pmatrix} = \begin{pmatrix} v_1 & v_2 \end{pmatrix} \begin{pmatrix} \sqrt{g_{11}} & \dfrac{g_{12}}{\sqrt{g_{11}}} \\ 0 & \dfrac{\sqrt{g}}{\sqrt{g_{11}}} \end{pmatrix} \begin{pmatrix} \mathrm{d}p \\ \mathrm{d}q \end{pmatrix} =$$

$$= \begin{pmatrix} v_1 & v_2 \end{pmatrix} \begin{pmatrix} \sqrt{g_{11}}\mathrm{d}p + \dfrac{g_{12}}{\sqrt{g_{11}}}\mathrm{d}q \\ \dfrac{\sqrt{g}}{\sqrt{g_{11}}}\mathrm{d}q \end{pmatrix} = v_1 \left(\sqrt{g_{11}}\mathrm{d}p + \frac{g_{12}}{\sqrt{g_{11}}}\mathrm{d}q \right) + v_2 \frac{\sqrt{g}}{\sqrt{g_{11}}}\mathrm{d}q\,.$$

Weil $\mathrm{d}X = v_1\sigma_1 + v_2\sigma_2$ gilt, sind somit die Ableitungskoeffizienten σ_1, σ_2 mithilfe der Fundamentalgrößen folgendermaßen dargestellt:

$$\sigma_1 = \sqrt{g_{11}}\mathrm{d}p + \frac{g_{12}}{\sqrt{g_{11}}}\mathrm{d}q\,, \qquad \sigma_2 = \frac{\sqrt{g}}{\sqrt{g_{11}}}\mathrm{d}q$$

Nicht nur diese beiden Formeln sind bemerkenswert. Auch die Tatsache ist festzuhalten, dass das Produkt $\sigma_1\sigma_2$ – es ist, wie bei Differentialformen üblich, als Keilprodukt zu verstehen – dieser beiden Ableitungskoeffizienten

$$\sigma_1\sigma_2 = \sqrt{g}\,\mathrm{d}p\mathrm{d}q$$

lautet.

2.6 Drehflächen

Bevor weitere allgemeine Überlegungen angestellt werden, soll ein sehr oft vorkommender Typ von Flächen untersucht werden, jener der Drehflächen. Bei ihnen taufen wir die Parameter statt p und q bevorzugt anders, den ersten zumeist t, zuweilen aber auch ϑ, den zweiten jedoch immer φ. Denn eine *Drehfläche* $X = \left(x, y, z\right) = X\left(t, \varphi\right)$ ist durch

$$\begin{cases} x = r(t)\cos\varphi \\ y = r(t)\sin\varphi \\ z = z(t) \end{cases}$$

gegeben. Dabei durchläuft der Parameter t ein offenes Intervall und der Parameter φ die ganze φ-Achse. Es wird vorausgesetzt, dass durch $Y = (r, z) = Y(t)$ mit

$$\begin{cases} r = r(t) \\ z = z(t) \end{cases}$$

eine in der r-z-Ebene liegende ebene Kurve gegeben ist. Zusätzlich wird angenommen, dass für alle Parameterwerte t die Variable $r(t)$ positiv ist. Die ebene Kurve $Y = Y(t)$ heißt die *Erzeugende*, zuweilen auch der *Meridian* der Drehfläche. Setzt man in der Formel für die Drehfläche nämlich $\varphi = \pm\pi/2$, sieht man diese Erzeugende und die an der z-Achse gespiegelte Erzeugende im Aufriss als *Umriss* der Drehfläche. Die Drehfläche selbst entsteht, wenn man ihre Erzeugende um die z-Achse dreht – daher auch der Name. Die z-Achse ist die *Achse* der Drehfläche. Jede t-Linie auf der Drehfläche ist eine Erzeugende der Drehfläche. Die φ-Linien der Drehfläche heißen deren *Breitenkreise* und der Parameter φ wird der *Azimut* der Drehfläche genannt.

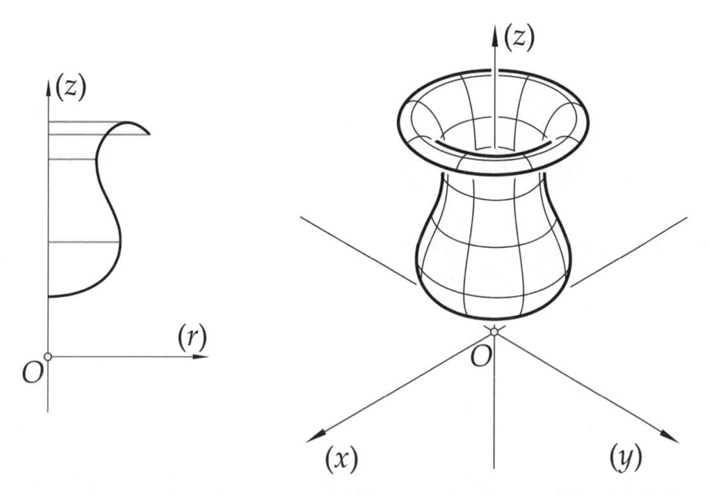

Bild 2.7 Links die Erzeugende einer Drehfläche, rechts die Drehfläche im Schrägriss; der Breitenkreis entlang des rechten Randpunktes der Erzeugenden heißt Gürtelkreis, der Breitenkreis entlang des linken Randpunktes der Erzeugenden heißt Kehlkreis und der Breitenkreis entlang des Hochpunktes der Erzeugenden heißt Plattkreis.

Es erweist sich als günstig, das Differential ds_E der Bogenlänge der Erzeugenden und die Krümmung κ_E der Erzeugenden, die sich gemäß

$$ds_E = \sqrt{\dot{r}^2 + \dot{z}^2}\,dt\,, \qquad \kappa_E = \frac{\dot{r}\,\ddot{z} - \ddot{r}\,\dot{z}}{\left(\dot{r}^2 + \dot{z}^2\right)^{3/2}}$$

errechnen, im Blick zu behalten. Die beiden Tangentenvektoren g_1, g_2 des gaußschen Dreibeins lauten

$$g_1 = \frac{\partial X}{\partial t} = \begin{pmatrix} \dot{r}\cos\varphi \\ \dot{r}\sin\varphi \\ \dot{z} \end{pmatrix}, \qquad g_2 = \frac{\partial X}{\partial \varphi} = \begin{pmatrix} -r\sin\varphi \\ r\cos\varphi \\ 0 \end{pmatrix} = r\begin{pmatrix} -\sin\varphi \\ \cos\varphi \\ 0 \end{pmatrix}.$$

Der Normaleinheitsvektor h errechnet sich als

$$h = \left(g_1 \times g_2\right)_0 = \begin{pmatrix} -\dot{z}\cos\varphi \\ -\dot{z}\sin\varphi \\ \dot{r} \end{pmatrix} \frac{1}{\sqrt{\dot{r}^2 + \dot{z}^2}} = \begin{pmatrix} -\dot{z}\cos\varphi \\ -\dot{z}\sin\varphi \\ \dot{r} \end{pmatrix} \frac{dt}{ds_E}\,.$$

Die beiden Rechnungen

$$v_1 = \left(g_1\right)_0 = \begin{pmatrix} \dot{r}\cos\varphi \\ \dot{r}\sin\varphi \\ \dot{z} \end{pmatrix} \frac{1}{\sqrt{\dot{r}^2+\dot{z}^2}} = \begin{pmatrix} \dot{r}\cos\varphi \\ \dot{r}\sin\varphi \\ \dot{z} \end{pmatrix} \frac{\mathrm{d}t}{\mathrm{d}s_\mathrm{E}} \quad \text{und} \quad v_2 = h \times v_1 = \begin{pmatrix} -\sin\varphi \\ \cos\varphi \\ 0 \end{pmatrix}$$

liefern die Tangentenvektoren v_1, v_2 eines darbouxschen Dreibeins. Es ist bemerkenswert, dass bei Drehflächen $v_2 = \left(g_2\right)_0$ zutrifft. Dies erkennt man auch anhand der Fundamentalgrößen

$$g_{11} = \dot{r}^2 + \dot{z}^2\,, \qquad g_{12} = 0\,, \qquad g_{22} = r^2\,,$$

denn es ist $g_{12} = 0$, also g_2 normal auf g_1. Die Determinante g der metrischen Fundamentalmatrix G errechnet sich als

$$g = r^2 \cdot \left(\dot{r}^2 + \dot{z}^2\right) = r^2 \cdot \left(\frac{\mathrm{d}s_\mathrm{E}}{\mathrm{d}t}\right)^2 .$$

Aus der Ableitungsgleichung $\mathrm{d}X = v_1 \mathrm{d}s_\mathrm{E} + v_2 r \mathrm{d}\varphi$ folgern wir $\sigma_1 = \mathrm{d}s_\mathrm{E}$ und $\sigma_2 = r\mathrm{d}\varphi$. Die Ableitungskoeffizienten ω_{21} und ω_{32} bekommen wir am einfachsten aus der Ableitungsgleichung für $\mathrm{d}v_2$:

$$\mathrm{d}v_2 = \begin{pmatrix} -\cos\varphi \\ -\sin\varphi \\ 0 \end{pmatrix} \mathrm{d}\varphi = -v_1\omega_{21} + h\omega_{32} =$$

$$= \begin{pmatrix} -\dot{r}\cos\varphi \\ -\dot{r}\sin\varphi \\ -\dot{z} \end{pmatrix} \frac{\omega_{21}}{\sqrt{\dot{r}^2+\dot{z}^2}} + \begin{pmatrix} -\dot{z}\cos\varphi \\ -\dot{z}\sin\varphi \\ \dot{r} \end{pmatrix} \frac{\omega_{32}}{\sqrt{\dot{r}^2+\dot{z}^2}} .$$

Betrachtet man die dritte Komponente, folgt hieraus sofort $\dot{r}\omega_{32} = \dot{z}\omega_{21}$. Betrachtet man die erste Komponente, also die Gleichung

$$-\cos\varphi \cdot \mathrm{d}\varphi = \frac{-\dot{r}\cos\varphi \cdot \omega_{21}}{\sqrt{\dot{r}^2+\dot{z}^2}} + \frac{-\dot{z}\cos\varphi \cdot \omega_{32}}{\sqrt{\dot{r}^2+\dot{z}^2}} ,$$

bekommt man nach Multiplikation beider Seiten mit $-\dot{r}\sqrt{\dot{r}^2+\dot{z}^2}$ und nach Division beider Seiten durch $\cos\varphi$

$$\dot{r}\sqrt{\dot{r}^2+\dot{z}^2}\,\mathrm{d}\varphi = \dot{r}^2\omega_{21} + \dot{z}\dot{r}\omega_{32} = \dot{r}^2\omega_{21} + \dot{z}^2\omega_{21} = \left(\dot{r}^2+\dot{z}^2\right)\omega_{21} .$$

Somit erhalten wir die Ableitungskoeffizienten

$$\omega_{21} = \frac{\dot{r}}{\sqrt{\dot{r}^2+\dot{z}^2}}\mathrm{d}\varphi = \left(\frac{\mathrm{d}r}{\mathrm{d}s_\mathrm{E}}\right)\mathrm{d}\varphi\,, \qquad \omega_{32} = \frac{\dot{z}}{\sqrt{\dot{r}^2+\dot{z}^2}}\mathrm{d}\varphi = \left(\frac{\mathrm{d}z}{\mathrm{d}s_\mathrm{E}}\right)\mathrm{d}\varphi\,.$$

Den Ableitungskoeffizienten ω_{31} erhalten wir, wenn wir in der Ableitungsgleichung $\mathrm{d}v_1 = v_2\omega_{21} + h\omega_{31}$ allein die Gleichung der dritten Komponente, also

$$\mathrm{d}\left(\frac{\dot{z}}{\sqrt{\dot{r}^2+\dot{z}^2}}\right) = \frac{\dot{r}}{\sqrt{\dot{r}^2+\dot{z}^2}}\omega_{31}$$

in den Blick nehmen. Weil

$$\mathrm{d}\left(\frac{\dot z}{\sqrt{\dot r^2+\dot z^2}}\right)=\frac{\left(\dot r^2+\dot z^2\right)\ddot z-\dot z\left(\dot r\ddot r+\dot z\ddot z\right)}{\left(\dot r^2+\dot z^2\right)\sqrt{\dot r^2+\dot z^2}}\mathrm{d}t=\frac{\dot r\left(\dot r\ddot z-\ddot r\dot z\right)}{\left(\dot r^2+\dot z^2\right)\sqrt{\dot r^2+\dot z^2}}\mathrm{d}t=\frac{\dot r}{\sqrt{\dot r^2+\dot z^2}}\kappa_{\mathrm{E}}\mathrm{d}s_{\mathrm{E}}$$

zutrifft, bekommt man $\omega_{31}=\kappa_{\mathrm{E}}\mathrm{d}s_{\mathrm{E}}$. Der folgende Satz fasst die Ergebnisse dieser Rechnungen zusammen:

Es ist eine Drehfläche $X=\left(x,y,z\right)=X\left(t,\varphi\right)$ mit

$$\begin{cases} x=r(t)\cos\varphi \\ y=r(t)\sin\varphi \\ z=z(t) \end{cases}$$

so gegeben, dass die in der Halbebene $r>0$ der r-z-Ebene liegende Erzeugende $Y=(r,z)=Y(t)$ mit

$$\begin{cases} r=r(t) \\ z=z(t) \end{cases}$$

eine ebene Kurve darstellt. Das Differential $\mathrm{d}s_{\mathrm{E}}$ der Bogenlänge und die Krümmung κ_{E} dieser Erzeugenden lauten:

$$\mathrm{d}s_{\mathrm{E}}=\sqrt{\dot r^2+\dot z^2}\,\mathrm{d}t\,,\qquad \kappa_{\mathrm{E}}=\frac{\dot r\ddot z-\ddot r\dot z}{\left(\dot r^2+\dot z^2\right)^{3/2}}\,.$$

Definiert man

$$v_1=\left(\frac{\partial X}{\partial t}\right)_0,\qquad v_2=\left(\frac{\partial X}{\partial\varphi}\right)_0,\qquad h=v_1\times v_2\,,$$

bildet $(X;v_1,v_2,h)$ ein darbouxsches Dreibein dieser Drehfläche. Die in den Ableitungsgleichungen

$$\mathrm{d}X=v_1\sigma_2+v_2\sigma_2\,,\qquad \begin{cases} \mathrm{d}v_1=v_2\omega_{21}+h\omega_{31} \\ \mathrm{d}v_2=-v_1\omega_{21}+h\omega_{32} \\ \mathrm{d}h=-v_1\omega_{31}-v_2\omega_{32} \end{cases}$$

auftretenden Ableitungskoeffizienten lauten:

$$\sigma_1=\mathrm{d}s_{\mathrm{E}}\,,\qquad \sigma_2=r\mathrm{d}\varphi\,,\qquad \omega_{21}=\left(\frac{\mathrm{d}r}{\mathrm{d}s_{\mathrm{E}}}\right)\mathrm{d}\varphi\,,\qquad \omega_{31}=\kappa_{\mathrm{E}}\mathrm{d}s_{\mathrm{E}}\,,\qquad \omega_{32}=\left(\frac{\mathrm{d}z}{\mathrm{d}s_{\mathrm{E}}}\right)\mathrm{d}\varphi$$

Das einfachste Beispiel einer Drehfläche ist ein *Drehzylinder*, gegeben durch

$$\begin{cases} x=R\cos\varphi \\ y=R\sin\varphi \\ z=t \end{cases}$$

mit einer positiven Konstanten R. Die beiden Parameter t und φ durchlaufen $\mathbb{R}$. Die z-Achse ist die Achse dieses Zylinders, der R als Radius seines Breitenkreises besitzt. Bei ihm sind $\mathrm{d}s_\mathrm{E} = \mathrm{d}t$ und $\kappa_\mathrm{E} = 0$, folglich lauten die Ableitungskoeffizienten:

$$\sigma_1 = \mathrm{d}t\,, \qquad \sigma_2 = R\mathrm{d}\varphi\,, \qquad \omega_{21} = 0\,, \qquad \omega_{31} = 0\,, \qquad \omega_{32} = \mathrm{d}\varphi\,.$$

Fast ebenso einfach ist das Beispiel eines *Drehkegels*, gegeben durch

$$\begin{cases} x = t\sin\vartheta_0\cos\varphi \\ y = t\sin\vartheta_0\sin\varphi \\ z = t\cos\vartheta_0 \end{cases}$$

mit einem konstanten Winkel ϑ_0 aus $]0;\pi[$. Der halbe *Öffnungswinkels* des Kegels ist bei $\vartheta_0 < \pi/2$ eben dieser Winkel ϑ_0 und bei $\vartheta_0 > \pi/2$ sein Supplementärwinkel $\pi - \vartheta_0$. Es ist dies jener Winkel, den die Kegelerzeugenden mit der z-Achse, welche die Kegelachse darstellt, einschließen. Im Falle $\vartheta_0 = \pi/2$ wird aus dem Kegel eine punktierte Ebene: Der Ursprung O gehört der Fläche nie an. Denn der Parameter t darf nur die positive reelle Achse $\mathbb{R}^+$ durchlaufen, weil die Kegelspitze O offenkundig ein singulärer Flächenpunkt ist. Der Azimut φ darf, wie bei allen Drehflächen, ganz $\mathbb{R}$ durchlaufen. Wegen $r = t\sin\vartheta_0$, $z = t\cos\vartheta_0$ sind $\mathrm{d}s_\mathrm{E} = \mathrm{d}t$ und $\kappa_\mathrm{E} = 0$, folglich lauten die Ableitungskoeffizienten:

$$\sigma_1 = \mathrm{d}t\,, \qquad \sigma_2 = t\sin\vartheta_0\cdot\mathrm{d}\varphi\,, \qquad \omega_{21} = \sin\vartheta_0\cdot\mathrm{d}\varphi\,, \qquad \omega_{31} = 0\,, \qquad \omega_{32} = \cos\vartheta_0\cdot\mathrm{d}\varphi\,.$$

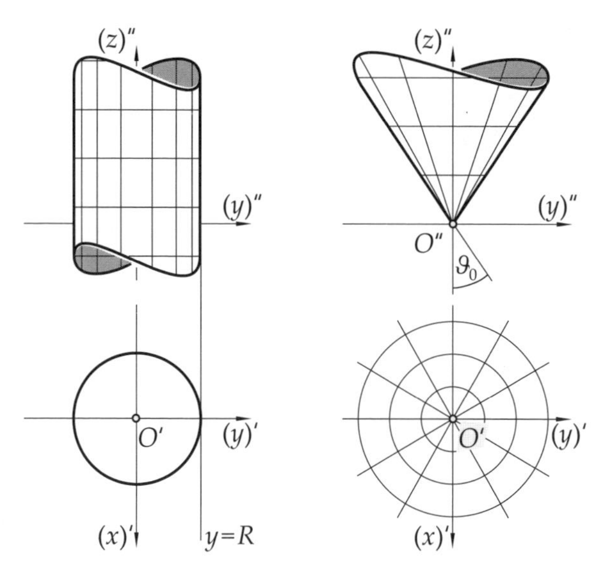

Bild 2.8 Links ein Drehzylinder und rechts ein Drehkegel in Grund- und Aufriss

Geometrisch besonders interessant ist die *Kugel*, gegeben durch

$$\begin{cases} x = R\sin\vartheta\cos\varphi \\ y = R\sin\vartheta\sin\varphi \\ z = R\cos\vartheta \end{cases}$$

mit einer positiven Konstanten R, dem Radius der Kugel, die O als Mittelpunkt besitzt. Die vom Nordpol $(0,0,R)$ zum Südpol $(0,0,-R)$ führende Erzeugende ist ein Halbkreis, wobei der Parameter ϑ das Intervall $]0;\pi[$ durchläuft. In der vorliegenden Darstellung sind die beiden Pole als singuläre Punkte von der Kugel wegzunehmen – was eigenartig ist, denn als Kugelpunkte sind sie keineswegs gegenüber anderen Kugelpunkten bevorzugt. Dass es sich bei ihnen um singuläre Punkte handelt, liegt einzig und allein an der Parametrisierung der Kugel durch die beiden Parameter ϑ und φ. Wir kommen an anderer Stelle noch einmal darauf zu sprechen. Wegen $r = R\sin\vartheta$, $z = R\cos\vartheta$ sind $\mathrm{d}s_\mathrm{E} = R\mathrm{d}\vartheta$ und $\kappa_\mathrm{E} = -1/R$, folglich lauten die Ableitungskoeffizienten:

$$\sigma_1 = R\mathrm{d}\vartheta\,, \quad \sigma_2 = R\sin\vartheta\cdot\mathrm{d}\varphi\,, \quad \omega_{21} = \cos\vartheta\cdot\mathrm{d}\varphi\,, \quad \omega_{31} = -\mathrm{d}\vartheta\,, \quad \omega_{32} = -\sin\vartheta\cdot\mathrm{d}\varphi\,.$$

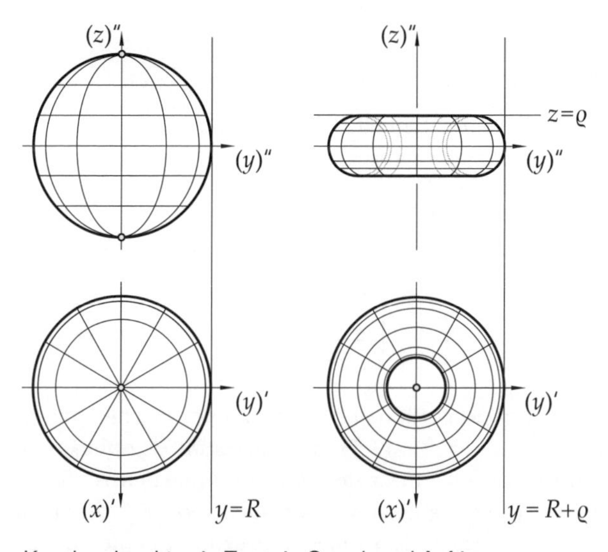

Bild 2.9 Links eine Kugel und rechts ein Torus in Grund- und Aufriss

Als letztes Beispiel einer Drehfläche betrachten wir den durch

$$\begin{cases} x = \big(R+\varrho\cos\vartheta\big)\cos\varphi \\ y = \big(R+\varrho\cos\vartheta\big)\sin\varphi \\ z = \varrho\sin\vartheta \end{cases}$$

gegebenen *Torus*. Das lateinische torus bedeutet „Wulst“, und in der Tat handelt es sich bei dieser Fläche um ein wulstartiges Gebilde. Ein Schwimmreifen ist ein typischer Torus. Wir gehen der Einfachheit halber davon aus, dass für die beiden positiven Konstanten ϱ und R die Beziehung $\varrho < R$ zutrifft. Dann erweist sich die Erzeugende des Torus als ein Kreis mit Radius ϱ, dessen Mittelpunkt im Abstand R von der z-Achse, der Achse des Torus, entfernt ist. Die beiden Winkelparameter ϑ und φ können ganz $\mathbb{R}$ durchlaufen. Aus den Beziehungen $r = r(\vartheta) = R+\varrho\cos\vartheta$ und $z = z(\vartheta) = \varrho\sin\vartheta$ folgt $\mathrm{d}r/\mathrm{d}\vartheta = -\varrho\sin\vartheta$, $\mathrm{d}z/\mathrm{d}\vartheta = \varrho\cos\vartheta$ und daher sind $\mathrm{d}s_\mathrm{E} = \varrho\mathrm{d}\vartheta$ und $\kappa_\mathrm{E} = 1/\varrho$. Folglich lauten die Ableitungskoeffizienten:

$$\sigma_1 = \varrho\mathrm{d}\vartheta\,, \quad \sigma_2 = \big(R+\varrho\cos\vartheta\big)\mathrm{d}\varphi\,, \quad \omega_{21} = -\sin\vartheta\cdot\mathrm{d}\varphi\,, \quad \omega_{31} = \mathrm{d}\vartheta\,, \quad \omega_{32} = \cos\vartheta\cdot\mathrm{d}\varphi\,.$$

2.7 Winkel, Länge, Flächeninhalt

Die beiden folgenden Abschnitte beschäftigen sich mit mathematischen Messungen.

Wir gehen von zwei durch $X = (x, y, z) = X(t)$ und durch $X = (x, y, z) = X(\tau)$ gegebenen Kurven aus. Die Koordinaten x, y, z der Kurvenpunkte errechnen sich als

$$\begin{cases} x = x(t) \\ y = y(t) \\ z = z(t) \end{cases} \quad \text{beziehungsweise} \quad \begin{cases} x = x(\tau) \\ y = y(\tau) \\ z = z(\tau) \end{cases}$$

wobei t ein offenes Intervall J beziehungsweise τ ein offenes Intervall J' durchläuft. Für die Differentialquotienten nach den Parametern verwenden wir die Abkürzungen

$$\frac{\mathrm{d}x}{\mathrm{d}t} = \dot{x}\,, \quad \frac{\mathrm{d}y}{\mathrm{d}t} = \dot{y}\,, \quad \frac{\mathrm{d}z}{\mathrm{d}t} = \dot{z}\,, \qquad \frac{\mathrm{d}x}{\mathrm{d}\tau} = x'\,, \quad \frac{\mathrm{d}y}{\mathrm{d}\tau} = y'\,, \quad \frac{\mathrm{d}z}{\mathrm{d}\tau} = z'\,.$$

Die Tangentenvektoren und deren Einheitsvektoren lauten demnach

$$\mathrm{d}X = \begin{pmatrix} \dot{x} \\ \dot{y} \\ \dot{z} \end{pmatrix} \mathrm{d}t\,, \qquad u = \begin{pmatrix} \dot{x} \\ \dot{y} \\ \dot{z} \end{pmatrix} \frac{1}{\sqrt{\dot{x}^2 + \dot{y}^2 + \dot{z}^2}}\,,$$

$$\mathrm{d}X = \begin{pmatrix} x' \\ y' \\ z' \end{pmatrix} \mathrm{d}\tau\,, \qquad u' = \begin{pmatrix} x' \\ y' \\ z' \end{pmatrix} \frac{1}{\sqrt{x'^2 + y'^2 + z'^2}}\,.$$

Besitzen die beiden Kurven jeweils für den Parameterwert $t = t_0$ beziehungsweise $\tau = \tau_0$ einen gemeinsamen Punkt $S = X|_{t=t_0} = X|_{\tau=\tau_0}$, heißt S ein *Berührungspunkt* oder aber ein *Schnittpunkt* der beiden Kurven, je nachdem, ob der *Winkel* φ, unter dem die beiden Kurven einander in S treffen, 0° bzw. 180° ist oder aber von 0° wie auch von 180° verschieden ist. Definitionsgemäß wird φ als Winkel zwischen den Tangentenvektoren in diesem Punkt festgelegt. Den Cosinus dieses Winkels φ ermittelt man daher aus der Formel

$$\cos\varphi = (u|u') = \frac{\dot{x}x' + \dot{y}y' + \dot{z}z'}{\sqrt{\dot{x}^2 + \dot{y}^2 + \dot{z}^2}\sqrt{x'^2 + y'^2 + z'^2}}$$

in der für t beziehungsweise für τ die Werte t_0 beziehungsweise τ_0 eingesetzt werden. Damit ist der Winkel φ nur seinem Betrage nach bestimmt. Wenn beide Kurven in S den gleichen Binormalenvektor und somit die gleiche Schmiegebene besitzen und wenn n den Normaleneinheitsvektor der durch $X = X(t)$ gegebenen Kurve bezeichnet, kann mit der Festlegung $\sin\varphi = (n|u')$ auch das Vorzeichen von φ so fixiert werden, als ob man die beiden Kurven von der Spitze des Binormalenvektors aus betrachtet.

Die *Länge* eines Kurvenstücks haben wir bereits mithilfe der Bogenlänge s, deren Differential durch $\mathrm{d}X = u\,\mathrm{d}s$ gegeben ist, fixiert. Es fällt auf, dass

$$\mathrm{d}X = \begin{pmatrix} \dot{x} \\ \dot{y} \\ \dot{z} \end{pmatrix} \mathrm{d}t = \begin{pmatrix} \mathrm{d}x \\ \mathrm{d}y \\ \mathrm{d}z \end{pmatrix}$$

mit dem Längenelement dL übereinstimmt. Dies verführt dazu, $\mathrm{d}s = \|\mathrm{dL}\|$ zu schreiben. Im ersten Band haben wir in Abschnitt 6.2 erwähnt, dass sich Leibniz zu solchen Bezeichnungen verleiten ließ. Aber damals steckte die Differentialrechnung noch in den Kinderschuhen. Die Bezeichnungen trieben wie die Gedanken ihrer Entdecker arge Blüten. Wenn wir uns folgsam an die Vereinbarung halten, dass Produkte von Differentialformen *immer* als Keilprodukte zu lesen sind, müssen wir *strikt von dieser Schreibweise ablassen.* Denn es stünde $\|\mathrm{dL}\|$ für $\sqrt{(\mathrm{dL}|\mathrm{dL})}$, und im Sinne des Keilprodukts reduziert sich $(\mathrm{dL}|\mathrm{dL})$ auf Null. Wohl aber ist $\|\mathrm{dL}/\mathrm{d}t\| = \sqrt{\dot{x}^2 + \dot{y}^2 + \dot{z}^2}$ eine sinnvolle Größe, und das Bogenelement lautet

$$\mathrm{d}s = \left\|\frac{\mathrm{dL}}{\mathrm{d}t}\right\| \mathrm{d}t$$

Nun betrachten wir eine durch $X = X(t)$ gegebene Kurve, bei der wir annehmen wollen, für alle Parameterwerte t ist $z = 0$. Es liegt somit eine in der x-y-Ebene liegende ebene Kurve vor. Demnach besitzt sie nur ein *frenetsches Zweibein* $(X; u, n)$ mit dem Tangentenvektor $\mathrm{d}X$, dem Normalenvektor $\mathrm{d}X^{\perp}$ und deren Einheitsvektoren u, n, gegeben durch

$$\mathrm{d}X = \begin{pmatrix} \dot{x} \\ \dot{y} \end{pmatrix} \mathrm{d}t\,, \quad u = \begin{pmatrix} \dot{x} \\ \dot{y} \end{pmatrix} \frac{1}{\sqrt{\dot{x}^2 + \dot{y}^2}}\,, \qquad \mathrm{d}X^{\perp} = \begin{pmatrix} -\dot{y} \\ \dot{x} \end{pmatrix} \mathrm{d}t\,, \quad n = \begin{pmatrix} -\dot{y} \\ \dot{x} \end{pmatrix} \frac{1}{\sqrt{\dot{x}^2 + \dot{y}^2}}\,.$$

Der hier uninteressante Binormalenvektor ist der konstante Vektor k. Der auf den Vektor OX mit den Komponenten x, y normal stehende Vektor $OX^{\perp}$ besitzt die Komponenten $-y$, x. Die Differentialform erster Stufe

$$\omega_{\mathrm{F}} = \frac{1}{2}\left(OX^{\perp}|\mathrm{dL}\right) = \frac{1}{2}\left(OX^{\perp}|u\right)\mathrm{d}s$$

heißt das *Flächenelement erster Stufe.* Es errechnet sich als

$$\omega_{\mathrm{F}} = \frac{1}{2}\left(x\mathrm{d}y - y\mathrm{d}x\right)$$

Dass es sich bei ω_{F} um eine Differentialform erster Stufe handelt, ist offensichtlich. Der Name „Flächenelement“ rührt von der folgenden Eigenschaft dieser Differentialform her:

Wenn P und Q zwei voneinander verschiedene Punkte bezeichnen, ist durch $X = P + tPQ$ die durch P und Q laufende Gerade als Kurve gegeben. Für sie ist $\mathrm{dL} = \mathrm{d}X = PQ\mathrm{d}t$ und wegen $OX = OP + tPQ$ gilt $OX^{\perp} = OP^{\perp} + tPQ^{\perp}$. Demnach lautet bei ihr

$$\omega_{\mathrm{F}} = \frac{1}{2}\left(OP^{\perp} + tPQ^{\perp}|PQ\mathrm{d}t\right) = \frac{1}{2}\left(OP^{\perp}|PQ\right)\mathrm{d}t\,.$$

Durchläuft t das Intervall $[0;1]$, wird von der Geraden die von P zu Q führende Strecke Γ betrachtet, und der Betrag des Integrals

$$\int_{\Gamma} \omega_{\mathrm{F}} = \int_{t=0}^{t=1} \omega_{\mathrm{F}} = \frac{1}{2}\left(OP^{\perp}|PQ\right)$$

teilt uns den Flächeninhalt des Dreiecks mit den Ecken O, P, Q mit. Dabei ist das Vorzeichen des Integrals positiv, wenn die Durchlaufungsrichtung von O, P, Q gegen den Uhrzeigersinn erfolgt, und negativ im entgegengesetzten Fall.

Von einem Dreieck aus überträgt sich diese Eigenschaft des Flächenelements für alle Vielecke mit dem Ursprung O als einer ihrer Ecken. Nun betrachten wir allgemein eine in der x-y-Ebene liegende Kurve $X = X(t)$ und auf ihr ein Kurvenstück Γ, das vom Kurvenpunkt A zum Kurvenpunkt B führt. Wir gehen dabei von $A = X|_{t=t_1}$ und $B = X|_{t=t_2}$ aus. Der Einfachheit halber sei angenommen, dass die von O zu A und von O zu B führenden Strecken das Kurvenstück Γ nicht schneiden. Dann teilt uns der Betrag des Integrals

$$\int_\Gamma \omega_\mathrm{F} = \frac{1}{2}\int_{t=t_1}^{t=t_2} x\mathrm{d}y - y\mathrm{d}x$$

den Inhalt der von den beiden genannten Strecken und dem Kurvenstück eingeschlossenen *Sektorfläche* mit. Schon Leibniz hat diese Formel gekannt, sie ist daher als *leibnizsche Sektorformel* nach ihm benannt. Wenn das Kurvenstück Γ geschlossen ist, teilt uns die leibnizsche Sektorformel den Flächeninhalt des von Γ umrandeten Flächenstücks Δ mit. Weil $\partial\Delta = \Gamma$ gilt, folgt aus dem Satz von Stokes

$$\int_\Gamma \omega_\mathrm{F} = \int_\Delta \mathrm{d}\omega_\mathrm{F}\,.$$

Das ist kein Wunder, denn

$$\mathrm{d}\omega_\mathrm{F} = \frac{1}{2}\mathrm{d}\left(x\mathrm{d}y - y\mathrm{d}x\right) = \mathrm{d}x\mathrm{d}y = \mathrm{dF}$$

ist das Flächenelement der x-y-Ebene.

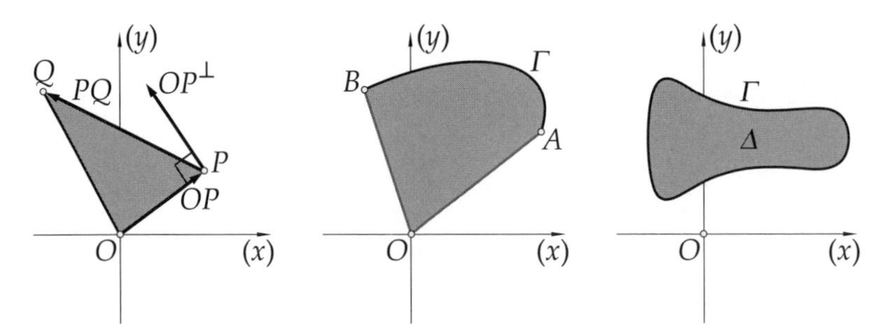

Bild 2.10 Links die Berechnung des Inhalts einer Dreiecksfläche, in der Mitte die Berechnung des Inhalts einer Sektorfläche und rechts die Berechnung des Inhalts einer geschlossenen Fläche

Als erstes Anwendungsbeispiel betrachten wir bei positiven Konstanten a, b mit $a \geq b$ die durch

$$\begin{cases} x = a\cos t \\ y = b\sin t \end{cases} \quad \text{mit} \quad \begin{cases} \mathrm{d}x = -a\sin t\cdot\mathrm{d}t \\ \mathrm{d}y = b\cos t\cdot\mathrm{d}t \end{cases}$$

gegebene Ellipse. Bezeichnen α und β zwei Winkel mit $0 < \beta - \alpha \leq 2\pi$, erhält man einen Ellipsensektor, wenn t das Intervall $[\alpha;\beta]$ durchläuft. Wegen

$$\omega_\mathrm{F} = \frac{1}{2}\left(x\mathrm{d}y - y\mathrm{d}x\right) = \frac{ab}{2}\mathrm{d}t$$

errechnet sich sein Flächeninhalt als $ab(\beta-\alpha)/2$. Die Ellipse selbst schließt eine Fläche mit dem Inhalt $ab\pi$ ein. Speziell besitzt bei $a=b=r$ die von einem Kreis mit Radius r begrenzte Kreisfläche den Inhalt $r^2\pi$.

Als zweites Anwendungsbeispiel betrachten wir bei positiven Konstanten a, b den durch

$$\begin{cases} x = a\cosh t \\ y = b\sinh t \end{cases} \quad \text{mit} \quad \begin{cases} \mathrm{d}x = a\sinh t \cdot \mathrm{d}t \\ \mathrm{d}y = b\cosh t \cdot \mathrm{d}t \end{cases}$$

gegebenen Ast einer Hyperbel. Durchläuft der Parameter t das Intervall $[-T, T]$, erhält man ein zur x-Achse symmetrisches, von $A = (a\cosh T, -b\sinh T)$ zu $B = (a\cosh T, b\sinh T)$ führendes Kurvenstück der Hyperbel, das zusammen mit den von O zu A und von O zu B führenden Strecken einen Hyperbelsektor einschließt. Wegen

$$\omega_{\mathrm{F}} = \frac{1}{2}(x\mathrm{d}y - y\mathrm{d}x) = \frac{ab}{2}\mathrm{d}t$$

errechnet sich sein Flächeninhalt als abT.

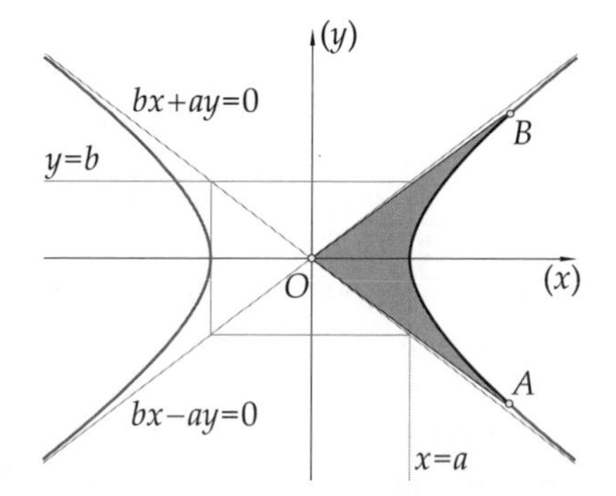

Bild 2.11 Hyperbel $b^2x^2 - a^2y^2 = a^2b^2$ und Hyperbelsektor. Die beiden Geraden $bx + ay = 0$ und $bx - ay$, die man zum Geradenpaar $b^2x^2 - a^2y^2 = 0$ zusammenfassen kann, sind die Asymptoten der Hyperbel.

Im Falle $a = b = 1$ errechnet sich der Parameter t aus den Koordinaten x, y des Hyperbelpunktes $X = (x, y)$ mithilfe der Areafunktionen: $t = \operatorname{arcosh} x$ und $t = \operatorname{arsinh} y$. Folglich markiert $t = T$ jenen Punkt auf der t-Achse, der mit dem Flächeninhalt des von $(\cosh T, -\sinh T)$ zu $(\cosh T, \sinh T)$ reichenden Hyperbelsektors übereinstimmt. Das lateinische Wort area bedeutet „Fläche". Somit ist erklärt, warum die Umkehrfunktionen der hyperbolischen Funktionen Areafunktionen getauft wurden.

2.8 Oberfläche, Volumen

In diesem Abschnitt kehren wir zum x-y-z-Raum zurück. Wir betrachten die durch $X = X(p, q)$ gegebene Fläche. Die Koordinaten x, y, z der Flächenpunkte errechnen sich als

$$\begin{cases} x = x(p,q) \\ y = y(p,q) \\ z = z(p,q) \end{cases}$$

wobei (p,q) ein Gebiet der p-q-Ebene durchläuft. Kürzen wir die Vektoren g_1, g_2 des gaußschen Dreibeins $(X; g_1, g_2, h)$ mit

$$g_1 = \begin{pmatrix} a \\ b \\ c \end{pmatrix} \quad \text{und} \quad g_2 = \begin{pmatrix} \alpha \\ \beta \\ \gamma \end{pmatrix}$$

ab, lauten $\mathrm{d}x = a\mathrm{d}p + \alpha\mathrm{d}q$, $\mathrm{d}y = b\mathrm{d}p + \beta\mathrm{d}q$, $\mathrm{d}z = c\mathrm{d}p + \gamma\mathrm{d}q$, demnach

$$\mathrm{d}y\mathrm{d}z = \begin{vmatrix} b & \beta \\ c & \gamma \end{vmatrix} \mathrm{d}p\mathrm{d}q\,, \qquad \mathrm{d}z\mathrm{d}x = \begin{vmatrix} c & \gamma \\ a & \alpha \end{vmatrix} \mathrm{d}p\mathrm{d}q\,, \qquad \mathrm{d}x\mathrm{d}y = \begin{vmatrix} a & \alpha \\ b & \beta \end{vmatrix} \mathrm{d}p\mathrm{d}q\,.$$

Folglich errechnet sich das Flächenelement dF als

$$\mathrm{dF} = \begin{pmatrix} \mathrm{d}y\mathrm{d}z \\ \mathrm{d}z\mathrm{d}x \\ \mathrm{d}x\mathrm{d}y \end{pmatrix} = g_1 \times g_2 \mathrm{d}p\mathrm{d}q = h\sqrt{g}\,\mathrm{d}p\mathrm{d}q = h\sigma_1\sigma_2\,.$$

Wir verwenden hier die übliche Bezeichnung σ_1, σ_2 für die Ableitungskoeffizienten eines darbouxschen Dreibeins und g für die Determinante der metrischen Fundamentalmatrix G der Fläche. *Nicht* aber schreiben wir $\sigma_1\sigma_2 = \|\mathrm{dF}\|$, denn wie beim Längenelement ist auch beim Flächenelement die Bildung von $\sqrt{(\mathrm{dF}|\mathrm{dF})}$ sinnlos, solange man – was wir immer tun – die Produkte von Differentialformen als Keilprodukte versteht. Wohl aber ist $\|\mathrm{dF}/(\mathrm{d}p\mathrm{d}q)\| = \sqrt{g}$ eine sinnvolle Größe, und wir können

$$\sigma_1\sigma_2 = \left\| \frac{\mathrm{dF}}{\mathrm{d}p\mathrm{d}q} \right\| \mathrm{d}p\mathrm{d}q = \sqrt{g}\,\mathrm{d}p\mathrm{d}q$$

schreiben. Wir nennen die Differentialform $\sigma_1\sigma_2$ zweiter Stufe das *Oberflächenelement*.

Im Falle der x-y-Ebene mit $p = x$, $q = y$ und $X = (x, y, 0)$ reduziert sich wegen $\sigma_1 = \mathrm{d}x$ und $\sigma_2 = \mathrm{d}y$ das Oberflächenelement auf das Flächenelement der Ebene: $\sigma_1\sigma_2 = \mathrm{d}\omega_{\mathrm{F}}$. Bezeichnet allgemein Δ ein Flächenstück auf der Fläche, welches dadurch entsteht, dass (p,q) ein ihm diffeomorphes Flächenstück Φ im Gebiet durchläuft, benennt der Betrag des Integrals

$$\int_\Delta \sigma_1\sigma_2 = \int_\Phi \sqrt{g}\,\mathrm{d}p\mathrm{d}q$$

die *Oberfläche* dieses Flächenstücks. Bei einer Drehfläche lautet das Flächenelement $\sigma_1\sigma_2 = r\mathrm{d}s_{\mathrm{E}}d\varphi$, wobei φ deren Azimut, s_{E} die Bogenlänge ihrer Erzeugenden und r den Abstand der Erzeugenden von der z-Achse bezeichnen. Betrachtet man von der Erzeugenden ein Kurvenstück Γ, entsteht durch Drehung von Γ um die z-Achse der Mantel M der Drehfläche. Seine Oberfläche errechnet sich als

$$\int_M \sigma_1\sigma_2 = 2\pi \int_\Gamma r\mathrm{d}s_{\mathrm{E}}$$

Betrachtet man zum Beispiel den Mantel eines Drehzylinders mit Radius R der Höhe H, lautet dessen Oberfläche $2\pi RH$. Betrachtet man einen Drehkegel mit halbem Öffnungswinkel ϑ_0, dessen Erzeugende von der Spitze aus gemessen die Länge S besitzt und dessen Mantel von einem Basiskreis des Radius $R = S\sin\vartheta_0$ begrenzt wird, lautet die Oberfläche dieses Kegelmantels πRS; rechnet man die Oberfläche der Basiskreisscheibe hinzu, erhält man $\pi R(S+R)$. Betrachtet man eine Kugel vom Radius R, lautet deren Oberfläche

$$2\pi \int_0^{\pi} R^2 \sin\vartheta \cdot \mathrm{d}\vartheta = 4\pi R^2 .$$

Betrachtet man einen Torus mit dem Kreis vom Radius ϱ als Erzeugenden, dessen Mittelpunkt von der z-Achse des Torus im Abstand R entfernt ist, lautet dessen Oberfläche

$$2\pi \int_0^{2\pi} \varrho\left(R+\varrho\cos\vartheta\right) \mathrm{d}\vartheta = 4\pi^2 R\varrho .$$

Die Differentialform zweiter Stufe

$$\omega_{\mathrm{V}} = \frac{1}{3}(OX|\mathrm{dF}) = \frac{1}{3}(OX|h)\,\sigma_1\sigma_2 = \frac{1}{3}(OX|h)\sqrt{g}\,\mathrm{d}p\mathrm{d}q$$

heißt das *Volumselement zweiter Stufe*. Beachtet man, dass OX die Komponenten x, y, z besitzt und dass dF die Komponenten $\mathrm{d}y\mathrm{d}z$, $\mathrm{d}z\mathrm{d}x$, $\mathrm{d}x\mathrm{d}y$ besitzt, errechnet es sich als

$$\omega_{\mathrm{V}} = \frac{1}{3}\left(x\mathrm{d}y\mathrm{d}z + y\mathrm{d}z\mathrm{d}x + z\mathrm{d}x\mathrm{d}y\right)$$

Dass es sich bei ω_{V} um eine Differentialform zweiter Stufe handelt, ist offensichtlich. Der Name „Volumselement" rührt von der folgenden Eigenschaft dieser Differentialform her:

Wenn P, Q und R drei Punkte bezeichnen, die nicht auf einer gemeinsamen Geraden liegen, ist durch $X = P + pPQ + qPR$ die durch P, Q und R laufende Ebene als Fläche gegeben. Für sie ist $h = (PQ \times PR)_0$ und $\sqrt{g} = \|PQ \times PR\|$. Wegen $OX = OP + pPQ + qPR$ und weil h normal auf $pPQ + qPR$ steht, gilt

$$\omega_{\mathrm{V}} = \frac{1}{3}\left(OP + pPQ + qPR|h\right)\sqrt{g}\,\mathrm{d}p\mathrm{d}q = \frac{1}{3}\left(OP|h\sqrt{g}\right)\mathrm{d}p\mathrm{d}q = \frac{1}{3}(OP|PQ \times PR)\,\mathrm{d}p\mathrm{d}q .$$

Der Betrag von $(OP|PQ \times PR)$ stimmt mit dem sechsfachen Volumen des von vier Dreiecksflächen begrenzten Körpers (eines sogenannten *Tetraeders*, weil tetra auf griechisch „vier" bedeutet) überein, der O, P, Q, R als Ecken besitzt. Durchläuft p das Intervall $[0;q]$, wobei q das Intervall $[0;1]$ durchläuft, wird von der Fläche die Dreiecksfläche Δ mit P, Q und R als Ecken betrachtet. Der Betrag des Integrals

$$\int_\Delta \omega_{\mathrm{V}} = \int_0^1 \int_0^q \frac{1}{3}(OP|PQ \times PR)\,\mathrm{d}p \cdot \mathrm{d}q = \frac{1}{3}(OP|PQ \times PR) \int_0^1 q\mathrm{d}q = \frac{1}{6}(OP|PQ \times PR)$$

teilt uns das *Volumen* dieses Körpers mit. Dabei ist das Vorzeichen des Integrals positiv, wenn der Normalvektor der Dreiecksfläche in den Raum außerhalb des Körpers weist.

Von einem Tetraeder aus überträgt sich diese Eigenschaft des Volumselements für alle von ebenen Flächen begrenzten Körpern mit dem Ursprung O als einer ihrer Ecken. Nun betrachten wir allgemein ein von einer geschlossenen Kurve Γ begrenztes Flächenstück Δ auf der durch $X = X(p,q)$ gegebenen Fläche. Der Ursprung O ist dabei von allen Punkten der Kurve Γ verschieden. In der p-q-Ebene soll Δ diffeomorph zum Flächenstück Φ sein, mit anderen Worten: Genau die Punkte (p,q) aus Φ entsprechen Flächenpunkten $X(p,q)$ auf Δ. Der Einfachheit halber sei angenommen, dass die von O zu den Punkten der Kurve Γ führenden Strecken das Flächenstück Δ nicht schneiden. Dann teilt uns der Betrag des Integrals

$$\int_{\Delta} \omega_{\mathrm{V}} = \int_{\Phi} \omega_{\mathrm{V}} = \frac{1}{3} \int_{\Phi} x \mathrm{d} y \mathrm{d} z + y \mathrm{d} z \mathrm{d} x + z \mathrm{d} x \mathrm{d} y$$

das Volumen des räumlichen *Sektors* mit, der einerseits von Δ und andererseits von jener Fläche begrenzt wird, die entsteht, wenn man die Gesamtheit der von O ausgehenden und zu den Punkten der Kurve Γ führenden Geraden betrachtet. Wenn Γ die leere Menge, das Flächenstück Δ daher geschlossen ist, teilt uns diese Formel das Volumen des von Δ begrenzten Körpers Π mit. Weil $\partial\Pi = \Delta$ gilt, folgt aus dem Satz von Stokes

$$\int_{\Delta} \omega_{\mathrm{V}} = \int_{\Pi} \mathrm{d}\omega_{\mathrm{V}} .$$

Das ist kein Wunder, denn

$$\mathrm{d}\omega_{\mathrm{V}} = \frac{1}{3} \mathrm{d}\left(x \mathrm{d} y \mathrm{d} z + y \mathrm{d} z \mathrm{d} x + z \mathrm{d} x \mathrm{d} y\right) = \mathrm{d} x \mathrm{d} y \mathrm{d} z = \mathrm{dV}$$

ist das Volumselement des x-y-z-Raumes.

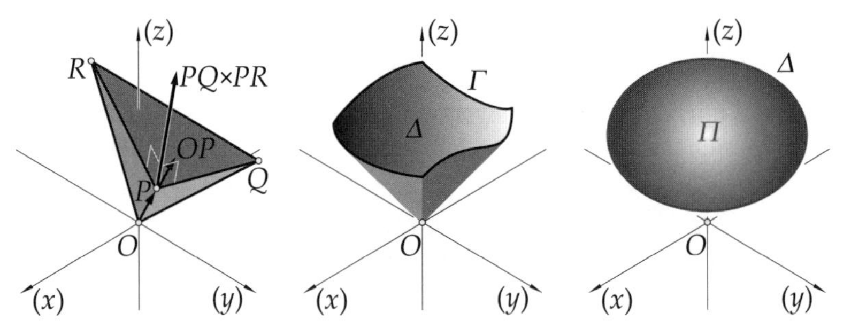

Bild 2.12 Links die Berechnung des Inhalts eines Tetraeders, in der Mitte die Berechnung des Inhalts eines räumlichen Sektors und rechts die Berechnung des Inhalts eines Körpers

Wenn $X = X\left(r, \varphi\right)$ bei einem konstanten positiven H durch

$$\begin{cases} x = r\cos\varphi \\ y = r\sin\varphi \\ z = H \end{cases}$$

gegeben ist und $\left(r, \varphi\right)$ jene Halbebene der r-φ-Ebene mit $r > 0$ durchläuft, liegt die zur Grundrissebene parallele Ebene im Abstand H von der Grundrissebene vor, von der man den Punkt $(0, 0, H)$ wegnimmt. Lässt man r das Intervall $]0; R]$ und φ das Intervall $[0; 2\pi]$ durchlaufen, erhält man – wenn der Grenzübergang $r \to 0$ zusätzlich gestattet wird – die Kreisfläche mit Radius R und Mittelpunkt $(0, 0, H)$ als Flächenstück Δ dieser Ebene. Der zugehörige räumliche Sektor, ein Vollkegel, wird von dieser Kreisfläche und dem Drehkegel begrenzt, der O als Spitze, die z-Achse als Achse und $\vartheta_0 = \arctan(R/H)$ als halben Öffnungswinkel besitzt. Wegen $\mathrm{d}z = 0$ ist $\omega_{\mathrm{V}} = (H/3)\,\mathrm{d}x\mathrm{d}y = (H/3)\,r\mathrm{d}r\mathrm{d}\varphi$. Folglich errechnet sich das Volumen des Vollkegels als

$$\int_{\Delta} \omega_{\mathrm{V}} = \frac{H}{3} \int_{0}^{2\pi} \int_{0}^{R} r \mathrm{d} r \cdot \mathrm{d}\varphi = \frac{R^2 \pi H}{3} .$$

Bei der durch

$$\begin{cases} x = r(t)\cos\varphi \\ y = r(t)\sin\varphi \\ z = z(t) \end{cases} \quad \text{mit} \quad \begin{cases} \mathrm{d}x = \cos\varphi\cdot\mathrm{d}r - r\sin\varphi\cdot\mathrm{d}\varphi \\ \mathrm{d}y = \sin\varphi\cdot\mathrm{d}r + r\cos\varphi\cdot\mathrm{d}\varphi \\ \mathrm{d}z = \mathrm{d}z \end{cases}$$

gegebenen Drehfläche gilt unter Beachtung von $\mathrm{d}r\mathrm{d}z = \dot{r}\dot{z}\mathrm{d}t\mathrm{d}t = 0$

$$\mathrm{d}y\mathrm{d}z = -r\cos\varphi\cdot\mathrm{d}z\mathrm{d}\varphi, \qquad \mathrm{d}z\mathrm{d}x = -r\sin\varphi\cdot\mathrm{d}z\mathrm{d}\varphi\,, \qquad \mathrm{d}x\mathrm{d}y = r\mathrm{d}r\mathrm{d}\varphi\,.$$

Darum lautet hier

$$\omega_{\mathrm{V}} = \frac{1}{3}\left(-r^2\cos^2\varphi\cdot\mathrm{d}z\mathrm{d}\varphi - r^2\sin^2\varphi\cdot\mathrm{d}z\mathrm{d}\varphi + rz\mathrm{d}r\mathrm{d}\varphi\right) = \frac{r}{3}\left(z\mathrm{d}r - r\mathrm{d}z\right)\mathrm{d}\varphi = \frac{2r}{3}\omega_{\mathrm{F_E}}\mathrm{d}\varphi\,.$$

Dabei kürzt $\omega_{\mathrm{F_E}} = (z\mathrm{d}r - r\mathrm{d}z)/2$ das Flächenelement erster Stufe der Erzeugenden $r = r(t)$, $z = z(t)$ der Drehfläche in der r-z-Ebene ab.

Als erstes Beispiel betrachten wir den Zylinder, bei dem $r(t) = R$ konstant ist und bei dem wir den Parameter z das Intervall $[0; H]$ sowie den Azimut φ wie üblich $[0; 2\pi]$ durchlaufen lassen. Der zugehörige räumliche Sektor ist ein Vollzylinder, aus dem der oben betrachtete Vollkegel herausgebohrt ist. Bezeichnet Δ den Zylindermantel, lautet wegen $\omega_{\mathrm{F_E}} = -R\mathrm{d}z/2$

$$\int_\Delta \frac{2R}{3}\omega_{\mathrm{F_E}}\mathrm{d}\varphi = -\frac{R^2}{3}\int_0^{2\pi}\int_0^H \mathrm{d}z\cdot\mathrm{d}\varphi = -\frac{2R^2\pi H}{3}\,.$$

Addiert man zum Betrag $2R^2\pi H/3$ dieses Integrals das Volumen $R^2\pi H/3$ des herausgebohrten Vollkegels, erhält man das Vollzylindervolumen $R^2\pi H$.

Als zweites Beispiel betrachten wir die Kugel Δ, bei der $r(\vartheta) = R\sin\vartheta$ und $z(\vartheta) = R\cos\vartheta$ lauten. Für sie errechnet sich $\omega_{\mathrm{F_E}} = R^2\mathrm{d}\vartheta/2$, und daher lautet das Volumen der Vollkugel

$$\int_\Delta \frac{2R\sin\vartheta}{3}\omega_{\mathrm{F_E}}\mathrm{d}\varphi = \frac{R^3}{3}\int_0^{2\pi}\int_0^{\pi}\sin\vartheta\cdot\mathrm{d}\vartheta\cdot\mathrm{d}\varphi = \frac{4R^3\pi}{3}\,.$$

Und als drittes Beispiel betrachten wir den Torus Δ, bei dem $r(\vartheta) = R + \varrho\sin\vartheta$ und $z(\vartheta) = \varrho\cos\vartheta$ lauten. Für ihn errechnet sich $\omega_{\mathrm{F_E}} = \varrho\left(\varrho + R\sin\vartheta\right)\mathrm{d}\vartheta/2$, und daher lautet das Volumen des Volltorus

$$\frac{2}{3}\int_\Delta \left(R + \varrho\sin\vartheta\right)\omega_{\mathrm{F_E}}\mathrm{d}\varphi = \frac{\varrho}{3}\int_0^{2\pi}\int_0^{2\pi}\left(R + \varrho\sin\vartheta\right)\left(\varrho + R\sin\vartheta\right)\mathrm{d}\vartheta\cdot\mathrm{d}\varphi = 2\pi^2R\varrho^2\,.$$

2.9 Flächenkurven

Die letzten Abschnitte dieses Kapitels sind der Berechnung von Krümmungen einer durch $X = X\left(p, q\right)$ gegebenen Fläche gewidmet, deren gaußsches Dreibein $\left(X; g_1, g_2, h\right)$ lautet. Am besten versteht man die Krümmungen einer Fläche, wenn man sie auf die Krümmung einer Kurve zurückzuführen versucht. Wir nehmen an, dass in der p-q-Ebene eine Kurve vorliegt, die durch

$$\begin{cases} p = p(t) \\ q = q(t) \end{cases}$$

gegeben ist, wobei t ein offenes Intervall durchläuft. Dabei soll gesichert sein, dass für alle Parameterwerte t der Kurvenpunkt $(p(t), q(t))$ im Parametergebiet der Fläche liegt, sodass man zugleich eine durch $X = X(t) = X(p(t), q(t))$ gegebene Raumkurve erhält. Dieser Raumkurve können wir gemäß der Festlegungen $u = (\mathrm{d}X)_0$, $n = (\mathrm{d}u)_0$, $m = u \times n$ ein frenetsches Dreibein $(X; u, n, m)$ mit den Ableitungsgleichungen

$$\mathrm{d}X = u\mathrm{d}s\,, \qquad \begin{cases} \mathrm{d}u = n\mathrm{d}\alpha \\ \mathrm{d}n = -u\mathrm{d}\alpha + m\mathrm{d}\vartheta \\ \mathrm{d}m = -n\mathrm{d}\vartheta \end{cases}$$

zuordnen. Die Größen $\kappa = \mathrm{d}\alpha/\mathrm{d}s$ und $\tau = \mathrm{d}\vartheta/\mathrm{d}s$ sind die Krümmung und die Torsion der Raumkurve. Doch zugleich ist diese Raumkurve eine *Flächenkurve*, weil alle ihre Kurvenpunkte auf der Flächenhaut liegen. Definieren wir $w = h \times u$, ist dieser Flächenkurve ein darbouxsches Dreibein $(X; u, w, h)$ zugeordnet. Die Ableitungsgleichungen dieses darbouxschen Dreibeins lauten allgemein

$$\mathrm{d}X = u\lambda_1 + w\lambda_2\,, \qquad \begin{cases} \mathrm{d}u = w\mu_{21} + h\mu_{31} \\ \mathrm{d}w = -u\mu_{21} + h\mu_{32} \\ \mathrm{d}h = -u\mu_{31} - w\mu_{32} \end{cases}$$

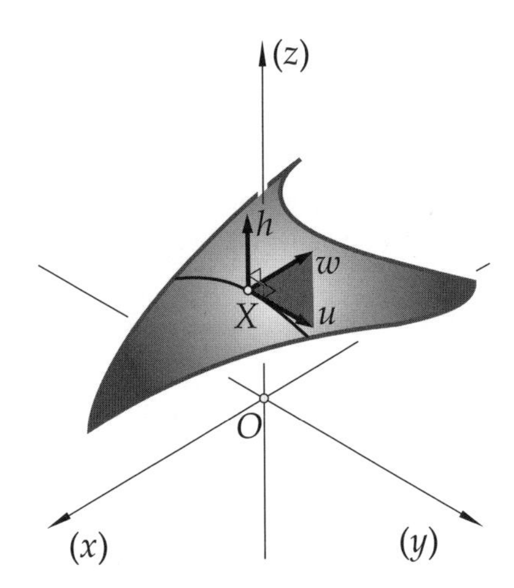

Bild 2.13 Darbouxsches Dreibein einer Flächenkurve

Setzen wir in ihnen $p = p(t)$ und $q = q(t)$ ein, hängen die Ableitungskoeffizienten λ_n und μ_{mn} allein vom Differential $\mathrm{d}t$ ab, und es gilt darüber hinaus $\lambda_1 = \mathrm{d}s$, $\lambda_2 = 0$. Bezeichnen wir die restlichen Ableitungskoeffizienten mit $\mu_{21} = \mathrm{d}\gamma$, $\mu_{31} = \mathrm{d}\beta$, $\mu_{32} = \mathrm{d}\delta$, lauten die Ableitungsgleichungen des darbouxschen Dreibeins $(X; u, w, h)$ der Flächenkurve

$$\mathrm{d}X = u\mathrm{d}s\,, \qquad \begin{cases} \mathrm{d}u = w\mathrm{d}\gamma + h\mathrm{d}\beta \\ \mathrm{d}w = -u\mathrm{d}\gamma + h\mathrm{d}\delta \\ \mathrm{d}h = -u\mathrm{d}\beta - w\mathrm{d}\delta \end{cases}$$

Die aus den Ableitungskoeffizienten gebildeten Größen

$$\kappa_g = \frac{d\gamma}{ds}, \qquad \kappa_n = \frac{d\beta}{ds}, \qquad \tau_g = \frac{d\delta}{ds}$$

heißen die *geodätische Krümmung* κ_g, die *Normalkrümmung* κ_n und die *geodätische Torsion* τ_g. Die griechischen Wörter gẽ und daízein bedeuten „Erde“ und „teilen“; Geodäsie ist die Wissenschaft von der Messung der Erdoberfläche, wobei diese Messung durch geschicktes Einteilen in Flächenstücke erfolgt.

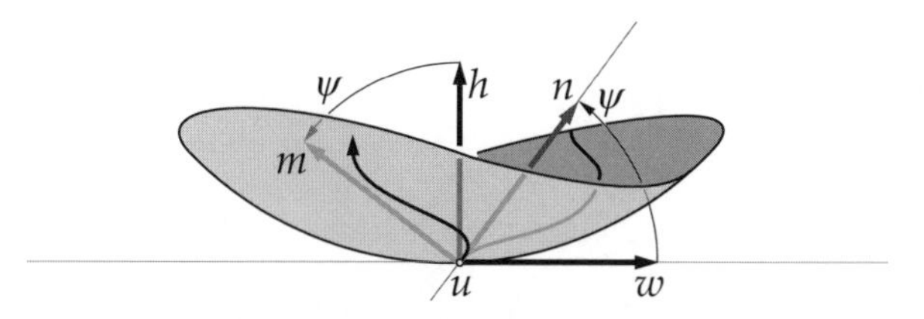

Bild 2.14 Im hier betrachteten Punkt der Flächenkurve ist der Tangentenvektor u projizierend. Man sieht den Normalenvektor n und den Binormalenvektor m der Kurve sowie den Vektor w, der zusammen mit u die (hier projizierende) Tangentialebene aufspannt, und den Normalvektor h der Fläche.

Um ein anschauliches Verständnis dieser drei Begriffe gewinnen zu können, führen wir sie auf die uns bereits bekannte Krümmung und Torsion der Raumkurve zurück. Zu diesem Zweck betrachten wir den Winkel $\psi = \sphericalangle wn = \sphericalangle hm$ zwischen der Tangentialebene der Fläche und der Schmiegebene der Kurve. Aus $n = w\cos\psi + h\sin\psi$ folgern wir $du = n d\alpha = w\cos\psi \cdot d\alpha + h\sin\psi \cdot d\alpha$, was wegen $du = w d\gamma + h d\beta$ zu $d\gamma = \cos\psi \cdot d\alpha$, $d\beta = \sin\psi \cdot d\alpha$ führt. Hieraus folgern wir die Beziehungen

$$\kappa_g = \kappa\cos\psi, \qquad \kappa_n = \kappa\sin\psi, \qquad \kappa_g^2 + \kappa_n^2 = \kappa^2$$

Anschaulich bedeutet dies: Die Krümmung κ der Kurve setzt sich aus den beiden Anteilen der geodätischen Krümmung κ_g und der Normalkrümmung κ_n so zusammen, dass die beiden zuletzt genannten die Katheten eines rechtwinkligen Dreiecks mit einer Hypotenuse der Länge κ bilden. In diesem Sinn ist die geodätische Krümmung jener Anteil der Krümmung, der auf die Tangentialebene der Fläche projiziert ist, und die Normalkrümmung jener Anteil der Krümmung, der auf die Flächennormale h projiziert ist – daher auch der Name „Normalkrümmung“. Flächenkurven, deren geodätische Krümmung überall verschwindet, heißen *geodätische Linien.* Auf einer Ebene sind die Geraden geodätische Linien. In diesem Sinn verallgemeinert der Begriff der geodätischen Linie jenen der Geraden, wenn man von ebenen Kurven zu Kurven übergeht, die auf einer Fläche entlanggleiten.

Wir ersehen ferner aus der Beziehung $w = n\cos\psi - m\sin\psi$

$$\begin{aligned} d\delta &= (h|dw) = \big(h|d\,(n\cos\psi - m\sin\psi)\big) = \\ &= \big(h|\cos\psi \cdot dn - \sin\psi \cdot dm\big) + \big(h| - n\sin\psi - m\cos\psi\big)\,d\psi = \\ &= \big(h| - u\cos\psi \cdot d\alpha + m\cos\psi \cdot d\vartheta + n\sin\psi \cdot d\vartheta\big) + (h| - h)\,d\psi = d\vartheta - d\psi\,. \end{aligned}$$

Nach Division durch ds bekommt man so

$$\tau_g = \tau - \frac{d\psi}{ds}$$

Anschaulich ist die geodätische Torsion jener Anteil der Torsion der Raumkurve, der über die Änderung des zwischen der Tangentialebene der Fläche und der Schmiegebene der Kurve aufgespannten Winkels hinausgeht.

Als einfaches Beispiel betrachten wir die Schraubenlinie

$$\begin{cases} x = r\cos t \\ y = r\sin t \\ z = at \end{cases}$$

die auf dem durch

$$\begin{cases} x = r\cos\varphi \\ y = r\sin\varphi \\ z = z \end{cases}$$

gegebenen Zylinder entlanggleitet. Es bezeichnen wie üblich r eine positive Konstante, den Zylinderradius, und a eine Konstante, wobei $2\pi a$ die Ganghöhe der Schraubenlinie benennt. In der z-φ-Ebene, der Parameterebene des Zylinders, ist die Schraubenlinie durch $z = at$, $\varphi = t$, also durch $z = a\varphi$ gegeben und beschreibt in dieser Ebene eine Gerade. Der Tangenteneinheitsvektor u der Schraubenlinie, der Normalvektor h der Zylinderfläche und der sich aus ihrem Kreuzprodukt ergebende Vektor $w = h \times u$ lauten

$$u = \begin{pmatrix} -r\sin t \\ r\cos t \\ a \end{pmatrix} \frac{1}{\sqrt{r^2 + a^2}}, \qquad h = \begin{pmatrix} -\cos t \\ -\sin t \\ 0 \end{pmatrix}, \qquad w = \begin{pmatrix} -a\sin t \\ a\cos t \\ -r \end{pmatrix} \frac{1}{\sqrt{r^2 + a^2}}.$$

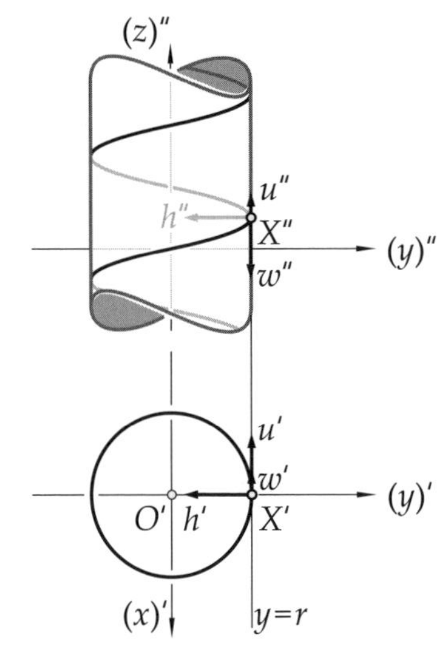

Bild 2.15 Schraubenlinie auf einem Zylinder in Grund- und Aufriss

Aus der Ableitungsgleichung $\mathrm{d}u = w\mathrm{d}\gamma + h\mathrm{d}\beta$, also aus

$$\begin{pmatrix} -r\cos t \\ -r\sin t \\ 0 \end{pmatrix} \frac{\mathrm{d}t}{\sqrt{r^2 + a^2}} = \begin{pmatrix} -a\sin t \\ a\cos t \\ -r \end{pmatrix} \frac{\mathrm{d}\gamma}{\sqrt{r^2 + a^2}} + \begin{pmatrix} -\cos t \\ -\sin t \\ 0 \end{pmatrix} \mathrm{d}\beta,$$

entnehmen wir sofort $\mathrm{d}\beta = r\mathrm{d}t/\sqrt{r^2+a^2}$, $\mathrm{d}\gamma = 0$. Und aus der Ableitungsgleichung $\mathrm{d}w = -u\mathrm{d}\gamma + h\mathrm{d}\delta = h\mathrm{d}\delta$, also aus

$$\begin{pmatrix} -a\cos t \\ -a\sin t \\ 0 \end{pmatrix} \frac{\mathrm{d}t}{\sqrt{r^2+a^2}} = \begin{pmatrix} -\cos t \\ -\sin t \\ 0 \end{pmatrix} \mathrm{d}\delta\,,$$

entnehmen wir sofort $\mathrm{d}\delta = a\mathrm{d}t/\sqrt{r^2+a^2}$. Die geodätische Krümmung, die Normalkrümmung und die geodätische Torsion der Schraubenlinie auf der Zylinderfläche lauten wegen $\mathrm{d}s = \sqrt{r^2+a^2}\,\mathrm{d}t$ folglich $\kappa_\mathrm{g} = 0$, $\kappa_\mathrm{n} = r/\left(r^2+a^2\right)$, $\tau_\mathrm{g} = a/\left(r^2+a^2\right)$. Die Schraubenlinie ist folglich auf dem Zylinder eine geodätische Linie, und ihre Schmiegebene schließt mit der Tangentialebene des Zylinders einen durchwegs konstanten Winkel ein.

2.10 Kinematik eines punktförmigen Körpers

Wir vertiefen das Verständnis für die im vorigen Abschnitt hergeleiteten Begriffe, indem wir den Parameter t der Flächenkurve $X = X\left(p(t), q(t)\right) = X(t)$ als Zeit deuten. Dann bezeichnet $X = X(t)$ anschaulich den Ort, den ein punktförmiger Körper zur Zeit t einnimmt. Wir nennen den Vektor

$$\frac{\mathrm{d}X}{\mathrm{d}t} = u \cdot \frac{\mathrm{d}s}{\mathrm{d}t}$$

den *Geschwindigkeitsvektor*. Wir übernehmen dabei die Bezeichnungen von oben: $(X; u, n, m)$ steht für das frenetsche Dreibein der durch $X = X(t)$ gegebenen Kurve, die den Weg des Körpers markiert. In der Physik wird die Geschwindigkeit gerne mit v, stammend vom lateinischen velocitas, das „Schnelligkeit" bedeutet, abgekürzt. Wir schreiben daher für den Betrag $\mathrm{d}s/\mathrm{d}t$ der Geschwindigkeit das Symbol v und beachten, dass

$$v = \frac{\mathrm{d}s}{\mathrm{d}t}$$

als Länge des Geschwindigkeitsvektors $\mathrm{d}X/\mathrm{d}t$ ein Skalar ist. (In den anderen Abschnitten dieses Kapitels stehen u, v, w immer für Vektoren. Nur hier machen wir der traditionellen Schreibweise der Physik zuliebe eine Ausnahme.) Differenziert man den Geschwindigkeitsvektor, erhält man

$$\mathrm{d}\left(\frac{\mathrm{d}X}{\mathrm{d}t}\right) = \mathrm{d}(uv) = v\mathrm{d}u + u\mathrm{d}v = vn\kappa\mathrm{d}s + u\mathrm{d}v = vn\kappa\frac{\mathrm{d}s}{\mathrm{d}t}\mathrm{d}t + u\mathrm{d}v = nv^2\kappa\mathrm{d}t + u\mathrm{d}v\,.$$

Dividiert man dies durch $\mathrm{d}t$, erhält man den *Beschleunigungsvektor* b, der sich als $b = u(\mathrm{d}v/\mathrm{d}t) + nv^2\kappa$ errechnet. Ist der Weg des punktförmigen Körpers nicht geradlinig, liegt eine positive Krümmung κ vor, und man kann den Krümmungsradius $r = 1/\kappa$ in diese Gleichung einsetzen. Somit gilt

$$b = ub_\mathrm{t} + nb_\mathrm{r} \quad \text{mit} \quad b_\mathrm{t} = \frac{\mathrm{d}v}{\mathrm{d}t}\,, \quad b_\mathrm{r} = \frac{v^2}{r}$$

Die in Tangentenrichtung weisende Komponente b_t des Beschleunigungsvektors ist die *Tangentialbeschleunigung* des Körpers. Sie stimmt mit der Änderung des Betrags der Geschwindigkeit überein. Sie ist, anschaulich gesprochen, die Geschwindigkeit der Nadel des Tachometers. Die in Normalenrichtung weisende Komponente b_r des Beschleunigungsvektors heißt die *Radialbeschleunigung* oder *Zentripetalbeschleunigung*. Newton hatte sie als vis centripeta, als aufs Zentrum hingerichtetes Streben, zum ersten Mal so genannt; das lateinische petere bedeutet nämlich „anstreben". Bei einer gleichförmigen Bewegung entlang einer Kreislinie mit Radius r kommt nur sie zum Tragen. Betrachtet man die Kurve $X = X(t)$ bloß als Raumkurve, stellt man sich am besten anschaulich vor, der Körper sei eine Rakete, die so im Raum ausgerichtet ist, dass der in ihr hockende Astronaut nach vorne in u-Richtung blickt und sein Rückgrat in die Binormalenrichtung zeigt, also in Richtung der Normalen zur Schmiegebene. Dann empfindet der Astronaut die Tangentialbeschleunigung b_t als Schub, der ihn nach vorne treibt. Die Zentripetalbeschleunigung b_r empfindet der Astronaut in dem Maße, wie stark er sich nach links getrieben fühlt.

Nun aber soll sich der Körper auf der Fläche bewegen. Wie im Abschnitt zuvor bezeichnet ψ den Winkel zwischen der Tangentialebene der Fläche und der Schmiegebene der Kurve. Mit ihm zerlegen wir die Zentripetalbeschleunigung in zwei Komponenten: Die *Horizontalbeschleunigung* $b_g = b_r \cos\psi$ und die *Normalbeschleunigung* $b_n = b_r \sin\psi$. Es gelten somit die Beziehungen

$$b_g^2 + b_n^2 = b_r^2\,, \qquad b_r^2 + b_t^2 = \|b\|^2$$

Betrachtet man die Kurve $X = X(t)$ nun als Flächenkurve, stellt man sich am besten anschaulich vor, der Körper sei ein Auto, das so ausgerichtet ist, dass die in ihm lenkende Fahrerin wie zuvor der Astronaut nach vorne in u-Richtung blickt, nun aber ihr Rückgrat in Richtung der Flächennormalen zeigt. Selbst wenn sie mit konstantem Betrag v ihrer Geschwindigkeit unterwegs ist, empfindet sie Beschleunigungen: Die Horizontalbeschleunigung, für die die geodätische Krümmung der Flächenkurve verantwortlich zeichnet, und die das Gefühl des Treibens nach rechts oder nach links hervorruft, und die Normalbeschleunigung, für die die Normalkrümmung der Flächenkurve verantwortlich zeichnet, und die das Gefühl des Treibens nach oben oder nach unten hervorruft. Die Horizontalbeschleunigung hängt direkt mit dem Einschlag des Lenkrads zusammen. Aber selbst wenn das Lenkrad so festgehalten wird, dass die Richtung der Räder haargenau in die Tangentenrichtung u weisen, man somit keine Horizontalbeschleunigung verspürt, kann es wegen der Unebenheiten der Straße und der Landschaft immer noch eine Normalbeschleunigung geben.

Als einfaches Beispiel betrachten wir die durch

$$\begin{cases} x = R\sin\vartheta\cdot\cos\varphi \\ y = R\sin\vartheta\cdot\sin\varphi \\ z = R\cos\vartheta \end{cases}$$

gegebene Kugel, auf der wir uns mit konstantem Geschwindigkeitsbetrag auf dem durch $\vartheta = \vartheta_0$ gegebenen Breitenkreis entlang bewegen. Dabei ist der konstante Polwinkel ϑ_0 dem Intervall $]0;\pi[$ entnommen und der Azimut φ nimmt gemäß $\varphi = \varphi(t) = \omega_0 t$ mit der Zeit t zu. Dementsprechend heißt die Konstante ω_0 die *Azimutalgeschwindigkeit*. Aus $x = R\sin\vartheta_0\cdot\cos\omega_0 t$ sowie

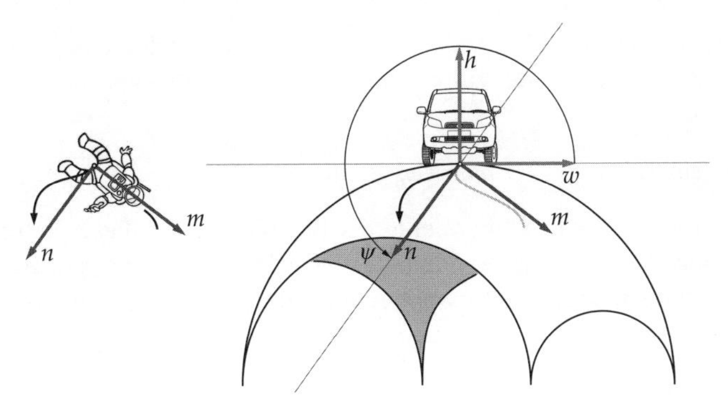

Bild 2.16 Links fährt ein Astronaut, auf einer (von vorne betrachtet nur als Punkt gezeichneten) Rakete hockend, eine Raumkurve mit dem Normalenvektor n und dem Binormalenvektor m entlang. Der Astronaut empfindet eine Zentripetalbeschleunigung nach links, also in Richtung des Normalenvektors n der Kurve. Rechts das auf der Fläche fahrende, dem Beobachter entgegenkommende und eine Rechtskurve einschlagende Auto zusammen mit dem Normalenvektor n und dem Binormalenvektor m der gleichen Raumkurve wie links. Hinzu kommen der zur Tangentialebene der Fläche parallele Vektor w und der Normalvektor h der Fläche.

$y = R\sin\vartheta_0 \cdot \sin\omega_0 t$ und $z = R\cos\vartheta_0$ entnimmt man

$$\mathrm{d}X = \begin{pmatrix} -\sin\omega_0 t \\ \cos\omega_0 t \\ 0 \end{pmatrix} \omega_0 R\sin\vartheta_0 \cdot \mathrm{d}t\,, \qquad u = \begin{pmatrix} -\sin\omega_0 t \\ \cos\omega_0 t \\ 0 \end{pmatrix}.$$

Folglich ist $\mathrm{d}s = \omega_0 R\sin\vartheta_0 \cdot \mathrm{d}t$. Der Betrag $v = \omega_0 R\sin\vartheta_0$ der Geschwindigkeit bleibt daher konstant und die Tangentialbeschleunigung ist Null. Mit den Rechnungen

$$\mathrm{d}u = \begin{pmatrix} -\cos\omega_0 t \\ -\sin\omega_0 t \\ 0 \end{pmatrix} \omega_0 \mathrm{d}t\,, \qquad n = \begin{pmatrix} -\cos\omega_0 t \\ -\sin\omega_0 t \\ 0 \end{pmatrix}$$

erhalten wir $\mathrm{d}\alpha = \omega_0 \mathrm{d}t$. Die Krümmung κ sowie der Krümmungsradius $r = 1/\kappa$ errechnen sich als

$$\kappa = \frac{\mathrm{d}\alpha}{\mathrm{d}s} = \frac{1}{R\sin\vartheta_0}\,, \qquad r = R\sin\vartheta_0\,.$$

Die Zentripetalbeschleunigung b_{r} der Bewegung entlang des Breitenkreises besitzt somit den konstanten Wert

$$b_{\mathrm{r}} = \frac{\omega_0^2 R^2 \sin^2\vartheta_0}{R\sin\vartheta_0} = \omega_0^2 \cdot R\sin\vartheta_0\,.$$

Da der Normalvektor der Kugel, vom Breitenkreis aus gesehen,

$$h = \begin{pmatrix} \sin\vartheta_0 \cdot \cos\omega_0 t \\ \sin\vartheta_0 \cdot \sin\omega_0 t \\ \cos\vartheta_0 \end{pmatrix}$$

lautet und das skalare Produkt $(h|n) = -\sin\vartheta_0 = \sin(-\vartheta_0)$ mit dem Sinus des Winkels zwischen Tangentialebene der Kurve und der zur z-Achse normalen Schmiegebene des Breitenkreises übereinstimmt, sind

$$b_\text{g} = \omega_0^2 \cdot R\sin\vartheta_0 \cdot \cos\vartheta_0 \,, \qquad b_\text{n} = -\omega_0^2 \cdot R\sin^2\vartheta_0$$

die Horizontal- und die Normalkomponente der Beschleunigung dieser Bewegung. Im Fall $\vartheta_0 = \pi/2$ bewegt man sich entlang des Äquators, der auf der Kugel eine geodätische Linie darstellt. Bei der Fahrt entlang des Äquators gibt es offenkundig keine Horizontalkomponente der Beschleunigung.

2.11 Krümmungen einer Fläche

Wie schon in den Abschnitten zuvor gehen wir von einer Fläche $X = (x, y, z) = X(p, q)$ aus, deren gaußsches Dreibein $(X; g_1, g_2, h)$ lautet. Setzen wir $v_1 = (g_1)_0$ und $v_2 = h \times v_1$, erhalten wir ein darbouxsches Dreibein $(X; v_1, v_2, h)$ mit den Ableitungsgleichungen

$$\mathrm{d}X = v_1\sigma_1 + v_2\sigma_2 \,, \qquad \begin{cases} \mathrm{d}v_1 = v_2\omega_{21} + h\omega_{31} \\ \mathrm{d}v_2 = -v_1\omega_{21} + h\omega_{32} \\ \mathrm{d}h = -v_1\omega_{31} - v_2\omega_{32} \end{cases}$$

Wir wissen bereits, dass wir mit den Fundamentalgrößen $g_{11} = (g_1|g_1)$, $g_{12} = (g_1|g_2)$, $g_{22} = (g_2|g_2)$ und der Determinante $g = g_{11}g_{22} - g_{12}^2$ die Ableitungskoeffizienten σ_1, σ_2 darstellen können:

$$\sigma_1 = \sqrt{g_{11}}\,\mathrm{d}p + \frac{g_{12}}{\sqrt{g_{11}}}\mathrm{d}q \,, \qquad \sigma_2 = \frac{g}{\sqrt{g_{11}}}\mathrm{d}q \,.$$

Mühelos bestätigt man, dass sich daraus die Differentiale $\mathrm{d}p$, $\mathrm{d}q$ als Linearkombinationen von σ_1, σ_2 ermitteln lassen, nämlich als

$$\mathrm{d}p = \frac{1}{\sqrt{g_{11}}}\sigma_1 - \frac{g_{12}}{g\sqrt{g_{11}}}\sigma_2 \,, \qquad \mathrm{d}q = \frac{\sqrt{g_{11}}}{g}\sigma_2 \,.$$

Die Formeln selbst sind für uns nicht von Bedeutung. Wichtig allein ist zu wissen, dass demnach auch die beiden Differentialformen ω_{31} und ω_{32} Linearkombinationen von σ_1 und σ_2 sein müssen. Es gibt daher Variablen a, b', b'', c mit

$$\omega_{31} = a\sigma_1 + b'\sigma_2 \,, \qquad \omega_{32} = b''\sigma_1 + c\sigma_2 \,.$$

An dieser Stelle kommen die zu Beginn dieses Kapitels hergeleiteten Gleichungen von Gauß zum ersten Mal zum Tragen: Die Gleichung

$$\mathrm{d}\sigma_3 + \sum_{n=1}^{3} \omega_{3n}\sigma_n = 0$$

vereinfacht sich wegen $\sigma_3 = 0$ und $\omega_{33} = 0$ zu $\omega_{31}\sigma_1 + \omega_{32}\sigma_2 = 0$. Der obige Ansatz für ω_{31} und ω_{32} darin eingesetzt, ergibt:

$$0 = (a\sigma_1 + b'\sigma_2)\sigma_1 + (b''\sigma_1 + c\sigma_2)\sigma_2 = (b'' - b')\sigma_1\sigma_2 \,.$$

Das hat $b'' - b' = 0$ zur Folge. Die beiden Größen b' und b'' sind einander gleich und können mit dem einen Symbol b bezeichnet werden. Wir folgern hieraus

$$\omega_{31} = a\sigma_1 + b\sigma_2, \qquad \omega_{32} = b\sigma_1 + c\sigma_2$$

und stellen uns die Aufgabe, über die Bedeutung der Variablen a, b, c Näheres zu erfahren.

Zu diesem Zweck betrachten wir auf der Tangentialebene der Fläche einen Einheitsvektor u, der zu v_1 den Winkel $\alpha = \sphericalangle v_1 u$ einschlägt. Es gilt $u = v_1 \cos\alpha + v_2 \sin\alpha$, und u bildet zusammen mit dem Vektor $w = -v_1 \sin\alpha + v_2 \cos\alpha$ und dem Normalvektor h ein weiteres darbouxsches Dreibein $(X; u, w, h)$ der Fläche mit den Ableitungsgleichungen

$$\mathrm{d}X = u\lambda_1 + w\lambda_2\,, \qquad \begin{cases} \mathrm{d}u = w\mu_{21} + h\mu_{31} \\ \mathrm{d}w = -u\mu_{21} + h\mu_{32} \\ \mathrm{d}h = -u\mu_{31} - w\mu_{32} \end{cases}$$

Wir wissen bereits, dass $\mu_{31} = \omega_{31}\cos\alpha + \omega_{32}\sin\alpha$ zutrifft. Also gilt, wenn man $\omega_{31} = a\sigma_1 + b\sigma_2$, $\omega_{32} = b\sigma_1 + c\sigma_2$ darin einsetzt,

$$\mu_{31} = (a\cos\alpha + b\sin\alpha)\,\sigma_1 + (b\cos\alpha + c\sin\alpha)\,\sigma_2\,.$$

Stellen wir uns u als Tangenteneinheitsvektor einer Flächenkurve mit Bogenlänge s vor, folgen aus

$$\mathrm{d}X = u\,\mathrm{d}s = (v_1\cos\alpha + v_2\sin\alpha)\,\mathrm{d}s = v_1\cos\alpha\cdot\mathrm{d}s + v_2\sin\alpha\cdot\mathrm{d}s$$

die Beziehungen $\sigma_1 = \cos\alpha\cdot\mathrm{d}s$, $\sigma_2 = \sin\alpha\cdot\mathrm{d}s$. Für die Flächenkurve ist $\mu_{31} = \mathrm{d}\beta$, die mit $\mathrm{d}s$ multiplizierte Normalkrümmung κ_n der Flächenkurve. Deshalb lautet

$$\begin{aligned}\kappa_\mathrm{n}\mathrm{d}s &= (a\cos\alpha + b\sin\alpha)\cos\alpha\cdot\mathrm{d}s + (b\cos\alpha + c\sin\alpha)\sin\alpha\cdot\mathrm{d}s = \\ &= \left(a\cos^2\alpha + 2b\sin\alpha\cdot\cos\alpha + c\sin^2\alpha\right)\mathrm{d}s\,.\end{aligned}$$

Wir erkennen hieraus: Die Normalkrümmung κ_n einer Flächenkurve im Kurvenpunkt X der Fläche ist bereits durch die Richtung u des Tangenteneinheitsvektors der Kurve bestimmt. Schließt dieser mit dem Vektor $v_1 = (g_1)_0$ den Winkel $\alpha = \sphericalangle v_1 u$ ein, lautet sie

$$\kappa_\mathrm{n} = a\cos^2\alpha + 2b\sin\alpha\cdot\cos\alpha + c\sin^2\alpha$$

Vorausgeahnt hat diesen Satz der Ingenieur Jean-Baptiste Meusnier de la Place, einer der begabtesten Schüler von Gaspard Monge, des bedeutendsten Geometers Frankreichs zur Zeit Napoleons. Man nennt das Ergebnis ihm zu Ehren den *Satz von Meusnier*. Jedenfalls entnehmen wir ihm die geometrische Bedeutung der Größen a und c. Wir brauchen nur $\alpha = 0°$ oder $\alpha = 90°$ zu setzen: *Es bezeichnen a die Normalkrümmung der Fläche in Richtung des Vektors v_1 und c die Normalkrümmung der Fläche in Richtung des Vektors v_2.*

Wir wissen ferner, dass $\mu_{32} = -\omega_{31}\sin\alpha + \omega_{32}\cos\alpha$ zutrifft. Also gilt, wenn man $\omega_{31} = a\sigma_1 + b\sigma_2$, $\omega_{32} = b\sigma_1 + c\sigma_2$ darin einsetzt,

$$\mu_{32} = (-a\sin\alpha + b\cos\alpha)\,\sigma_1 + (-b\sin\alpha + c\cos\alpha)\,\sigma_2\,.$$

Stellen wir uns u als Tangenteneinheitsvektor einer Flächenkurve mit Bogenlänge s vor, können wir noch einmal die Beziehungen $\sigma_1 = \cos\alpha \cdot \mathrm{d}s$, $\sigma_2 = \sin\alpha \cdot \mathrm{d}s$ verwenden. Für diese Flächenkurve ist $\mu_{32} = \mathrm{d}\delta$, die mit $\mathrm{d}s$ multiplizierte geodätische Torsion τ_g der Flächenkurve. Deshalb lautet

$$\begin{aligned}\tau_\mathrm{g}\mathrm{d}s &= (-a\sin\alpha + b\cos\alpha)\cos\alpha \cdot \mathrm{d}s + (-b\sin\alpha + c\cos\alpha)\sin\alpha \cdot \mathrm{d}s = \\ &= b\left(\cos^2\alpha - \sin^2\alpha\right)\mathrm{d}s + (c-a)\sin\alpha \cdot \cos\alpha \cdot \mathrm{d}s = b\cos 2\alpha \cdot \mathrm{d}s + \frac{c-a}{2}\sin 2\alpha \cdot \mathrm{d}s\,.\end{aligned}$$

Wir erkennen hieraus: Die geodätische Torsion τ_g einer Flächenkurve im Kurvenpunkt X der Fläche ist bereits durch die Richtung u des Tangenteneinheitsvektors der Kurve bestimmt. Schließt dieser mit dem Vektor v_1 den Winkel $\alpha = \sphericalangle v_1 u$ ein, lautet sie

$$\tau_\mathrm{g} = b\cos 2\alpha + \frac{c-a}{2}\sin 2\alpha$$

Setzen wir $\alpha = 0°$ oder $\alpha = 90°$, erkennen wir aus dieser Formel, dass b *die geodätische Torsion der Fläche in Richtung des Vektors* v_1 *und* $-b$ *die geodätische Torsion der Fläche in Richtung des Vektors* v_2 *bezeichnen.* Darüber hinaus ergibt die Differentiation der Normalkrümmung κ_n nach dem Winkel α

$$\frac{\partial\kappa_\mathrm{n}}{\partial\alpha} = -2a\sin\alpha \cdot \cos\alpha + 2b\left(\cos^2\alpha - \sin^2\alpha\right) + 2c\sin\alpha \cdot \cos\alpha = 2\left(b\cos 2\alpha + \frac{c-a}{2}\sin 2\alpha\right)$$

und daher die schöne Formel

$$\frac{\partial\kappa_\mathrm{n}}{\partial\alpha} = 2\tau_\mathrm{g}$$

die den Zusammenhang zwischen Normalkrümmung und geodätischer Torsion ans Licht bringt.

An dieser Stelle erinnern wir uns an den Abschnitt 4.6 des zweiten Bandes. Dort wurde die quadratische Form $Q(\alpha) = a\cos^2\alpha + 2b\sin\alpha \cdot \cos\alpha + c\sin^2\alpha$ bereits eingehend untersucht. Sieht man von dem Spezialfall $a = c$ und $b = 0$ ab, gibt es, so lernten wir in diesem Abschnitt, zwei aufeinander normal stehende Richtungen, gekennzeichnet durch die Einheitsvektoren u_0 und w_0 in der Tangentialebene der Fläche, in deren Richtungen die Normalkrümmung $\kappa_\mathrm{n} = Q(\alpha)$ die beiden extremalen Werte $\kappa_\mathrm{n} = \kappa_1$ und $\kappa_\mathrm{n} = \kappa_2$ annimmt. Diese beiden Normalkrümmungen κ_1 und κ_2 heißen die *Hauptkrümmungen* der Fläche im Punkt X. Sie sind die Eigenwerte der Matrix

$$\begin{pmatrix} a & b \\ b & c \end{pmatrix}.$$

Die beiden zugehörigen Eigenvektoren u_0 und w_0 sind die eben genannten Einheitsvektoren. Sie bestimmen die *Hauptkrümmungsrichtungen.* Es sind jene Richtungen auf der Tangentialebene der Fläche, an denen die geodätische Torsion verschwindet. Die halbe Spur der hier angeschriebenen Matrix nennt man die *mittlere Krümmung* H und die Determinante der hier angeschriebenen Matrix nennt man die *gaußsche Krümmung* K der Fläche. Weil es sich um Invarianten der Matrix handelt, gilt

$$H = \frac{a+c}{2} = \frac{\kappa_1 + \kappa_2}{2}\,, \qquad K = ac - b^2 = \kappa_1\kappa_2$$

Wenn κ_1 und κ_2 verschiedene Vorzeichen tragen, die obige Matrix also indefinit ist, nennt man den Flächenpunkt X einen *hyperbolischen Flächenpunkt*. Wenn κ_1 und κ_2 gleiche Vorzeichen tragen, die obige Matrix also positiv definit oder aber negativ definit ist, nennt man den Flächenpunkt X einen *elliptischen Flächenpunkt*. Unter diesen stechen die sogenannten *Nabelpunkte* hervor, für die $\kappa_1 = \kappa_2$ zutrifft: Sie beschreiben den Ausnahmefall $a = c$ und $b = 0$, bei dem die Normalkrümmung in jeder Richtung auf der Tangentialebene gleich groß ist. Wenn genau eine der Hauptkrümmungen Null ist, spricht man von einem *parabolischen Flächenpunkt* X, wenn sogar beide Hauptkrümmungen Null sind, heißt X ein *parabolischer Nabelpunkt*. Die Ebene besteht aus lauter parabolischen Nabelpunkten.

Beim Drehzylinder mit $\sigma_1 = \mathrm{d}t$, $\sigma_2 = R\mathrm{d}\varphi$, $\omega_{31} = 0$, $\omega_{32} = \mathrm{d}\varphi$ ist $a = b = 0$ und $c = 1/R$, folglich lauten bei ihm $H = 1/(2R)$ und $K = 0$. Er besteht aus lauter parabolischen Punkten.

Beim Drehkegel mit $\sigma_1 = \mathrm{d}t$, $\sigma_2 = t\sin\vartheta_0 \cdot \mathrm{d}\varphi$, $\omega_{31} = 0$, $\omega_{32} = \cos\vartheta_0 \cdot \mathrm{d}\varphi$ ist $a = b = 0$ und $c = 1/(t\tan\vartheta_0)$, folglich lauten bei ihm $H = 1/(2t\tan\vartheta_0)$ und $K = 0$. Auch er besteht aus lauter parabolischen Punkten.

Bei der Kugel mit $\sigma_1 = R\mathrm{d}\vartheta$, $\sigma_2 = R\sin\vartheta \cdot \mathrm{d}\varphi$, $\omega_{31} = -\mathrm{d}\vartheta$, $\omega_{32} = -\sin\vartheta \cdot \mathrm{d}\varphi$ ist $a = c = -1/R$ und $b = 0$, folglich lauten bei ihr $H = -1/R$ und $K = 1/R^2$. Die Kugel besteht aus lauter Nabelpunkten.

Beim Torus mit $\sigma_1 = \varrho\mathrm{d}\vartheta$, $\sigma_2 = \left(R + \varrho\cos\vartheta\right)\mathrm{d}\varphi$, $\omega_{31} = \mathrm{d}\vartheta$, $\omega_{32} = \cos\vartheta \cdot \mathrm{d}\varphi$ ist $a = 1/\varrho$, $b = 0$ und $c = (\cos\vartheta)/\left(R + \varrho\cos\vartheta\right)$, folglich lauten bei ihm

$$H = \frac{R + 2\varrho\cos\vartheta}{2\varrho\left(R + \varrho\cos\vartheta\right)} \qquad \text{und} \qquad K = \frac{\cos\vartheta}{\varrho\left(R + \varrho\cos\vartheta\right)} \; .$$

Die Punkte mit $\vartheta = \pm 90°$, die sich auf den beiden Plattkreisen auf dem Torus befinden, die am höchsten beziehungsweise am tiefsten liegen, sind parabolische Punkte. Die beiden genannten Kreise trennen die hyperbolischen Punkte des Torus, die sich auf der durch $90° < \vartheta < 270°$ gekennzeichneten „Innenseite" des Torus befinden, von den elliptischen Punkten des Torus, die sich auf der durch $-90° < \vartheta < 90°$ gekennzeichneten „Außenseite" des Torus befinden.

2.12 Parallelverschiebung eines Vektors

Gauß wusste, dass nicht nur die beiden Ableitungskoeffizienten ω_{31} und ω_{32} Linearkombinationen $\omega_{31} = a\sigma_1 + b\sigma_2$ und $\omega_{32} = b\sigma_1 + c\sigma_2$ von σ_1 und σ_2 sind. Auch der Ableitungskoeffizient ω_{21} muss sich als eine derartige Linearkombination schreiben lassen. Wir setzen diese in der Form $\omega_{21} = \gamma_1\sigma_1 + \gamma_2\sigma_2$ an und ermitteln die noch unbekannten Koeffizienten γ_1, γ_2, indem wir die Gleichungen von Gauß, also

$$\mathrm{d}\sigma_m + \sum_{n=1}^{3} \omega_{mn}\sigma_n = 0$$

diesmal für $m = 1$ und für $m = 2$ anschreiben und dabei $\sigma_3 = 0$, $\omega_{11} = \omega_{22} = 0$ sowie $\omega_{21} = -\omega_{12} = \gamma_1\sigma_1 + \gamma_2\sigma_2$ ins Spiel bringen:

$$\mathrm{d}\sigma_1 - \omega_{21}\sigma_2 = \mathrm{d}\sigma_1 - \gamma_1\sigma_1\sigma_2 = 0 \, , \qquad \mathrm{d}\sigma_2 + \omega_{21}\sigma_1 = \mathrm{d}\sigma_2 + \gamma_2\sigma_2\sigma_1 = 0 \, .$$

Hieraus folgert Gauß

$$\gamma_1 = \frac{\mathrm{d}\sigma_1}{\sigma_1\sigma_2}, \quad \gamma_2 = \frac{\mathrm{d}\sigma_2}{\sigma_1\sigma_2}, \qquad \omega_{21} = \left(\frac{\mathrm{d}\sigma_1}{\sigma_1\sigma_2}\right)\sigma_1 + \left(\frac{\mathrm{d}\sigma_2}{\sigma_1\sigma_2}\right)\sigma_2 .$$

Nicht die Formel als solche ist aus seiner Sicht bedeutsam, sondern die Tatsache, dass *der Ableitungskoeffizient ω_{21} bereits dann bekannt ist, wenn man die σ_1 und σ_2 also die Fundamentalgrößen der Fläche kennt.* Noch bemerkenswerter war in seinen Augen eine Folgerung aus derjenigen der Gleichungen

$$\mathrm{d}\omega_{km} + \sum_{n=1}^{3} \omega_{kn}\omega_{nm} = 0$$

von Mainardi und Codazzi, bei der man $k = 2$ und $m = 1$ setzt: Bedenkt man, dass $\omega_{11} = \omega_{22} = 0$ und $\omega_{23} = -\omega_{32}$ sind, verbleibt $\mathrm{d}\omega_{21} - \omega_{32}\omega_{31} = 0$. Setzt man in $\omega_{32}\omega_{31}$ die Formeln $\omega_{31} = a\sigma_1 + b\sigma_2$ und $\omega_{32} = b\sigma_1 + c\sigma_2$ ein, bekommt man

$$\omega_{32}\omega_{31} = (b\sigma_1 + c\sigma_2)(a\sigma_1 + b\sigma_2) = \left(b^2 - ac\right)\sigma_1\sigma_2 = -K\sigma_1\sigma_2 .$$

Folglich kann Gauß die nach ihm benannte Krümmung K der Fläche bereits dann berechnen, wenn er die Fundamentalgrößen g_{11}, g_{12}, g_{22} und daher σ_1, σ_2 kennt. Denn es gilt

$$K = \frac{-\mathrm{d}\omega_{21}}{\sigma_1\sigma_2} = \frac{-\mathrm{d}\left[\left(\frac{\mathrm{d}\sigma_1}{\sigma_1\sigma_2}\right)\sigma_1 + \left(\frac{\mathrm{d}\sigma_2}{\sigma_1\sigma_2}\right)\sigma_2\right]}{\sigma_1\sigma_2} .$$

Auch hier ist die Formel selbst nicht von Interesse, sondern allein die Tatsache, dass diese Berechnung überhaupt möglich ist. *Denn man braucht bei ihr vom Normalvektor h der Fläche nichts zu wissen.* Gauß war von seinem Resultat so begeistert, dass er es *Theorema egregium* nannte, wörtlich übersetzt: einen „herausragenden Satz“.

Nun betrachten wir einen Einheitsvektor u auf der Tangentialebene der Fläche, der mit dem Vektor v_1 den Winkel $\alpha = \sphericalangle v_1 u$ einschließt. Legen wir w durch $w = h \times u$ fest, wissen wir von Abschnitt 2.3, wie sich bei der Ableitungsgleichung $\mathrm{d}u = w\mu_{21} + h\mu_{31}$ die Ableitungskoeffizienten μ_{21} und μ_{31} aus den Ableitungskoeffizienten ω_{21}, ω_{31}, ω_{32} errechnen. Die Ableitungsgleichung für $\mathrm{d}u$ lautet

$$\mathrm{d}u = w(\omega_{21} + \mathrm{d}\alpha) + h(\cos\alpha \cdot \omega_{31} + \sin\alpha \cdot \omega_{32}) .$$

Anschaulich liest man diese Formel so: Die Änderung des Vektors u spaltet sich in zwei Anteile auf: in einen Tangentialanteil der Größe $\omega_{21} + \mathrm{d}\alpha$ und in einen Anteil in Richtung des Normalvektors h. Dies veranlasste den in der ersten Hälfte des 20. Jahrhunderts in Padua und Rom lehrenden Mathematiker Tullio Levi-Civitá zu einer Idee, die in ihrem Kern schon vom deutschen Physiker Elwin Bruno Christoffel vorausgeahnt wurde: Wir nehmen an, dass im Flächenpunkt $X = X_0 = X\left(p_0, q_0\right)$ der Einheitsvektor u_0 der Tangentialebene mit dem von X_0 ausgehenden Vektor v_1 den Winkel $\alpha_0 = \sphericalangle v_1 u_0$ einschließt. Wenn die gaußsche Krümmung K der Fläche überall Null ist, folgt aus $\mathrm{d}\omega_{21} = 0$, dass ω_{21} – zumindest lokal – eine exakte Differentialform darstellt, folglich die Gleichung $\mathrm{d}\alpha = -\omega_{21}$ eine Lösung $\alpha = \alpha\left(p, q\right)$ besitzt. Diese Lösung ist durch die Anfangsbedingung $\alpha\left(p_0, q_0\right) = \alpha_0$ eindeutig bestimmt. Die Schar aller Einheitsvektoren $u = u\left(p, q\right)$ auf der Tangentialebene, für die $\sphericalangle v_1 u = \alpha = \alpha\left(p, q\right)$ zutrifft, nennt Levi-Civitá die zum vorgegebenen Vektor u_0 *parallelverschobenen* Vektoren.

Die x-y-Ebene ist eine Fläche mit verschwindender gaußscher Krümmung. Bei ihr sind im Sinne unserer Bezeichnungen $g_1 = v_1 = \mathrm{i}$, $g_2 = v_2 = \mathrm{j}$, $\sigma_1 = \mathrm{d}x$, $\sigma_2 = \mathrm{d}y$ und ω_{21} ist konstant Null. Dementsprechend besitzt die Differentialgleichung $\mathrm{d}\alpha = 0$ einen konstanten Winkel $\alpha = \sphericalangle \mathrm{i}u$ als Lösung. In der Ebene sind die zu u_0 parallelverschobenen Einheitsvektoren u genau diejenigen Einheitsvektoren, die zu i den gleichen Winkel einschließen wie u_0. Dies ist eben jene Parallelverschiebung, die wir bereits im zweiten Kapitel des ersten Bandes anschaulich vorweggenommen haben. Damals hatten wir wie selbstverständlich vorausgesetzt, dass solche Parallelverschiebungen durchführbar sind. Graßmann baute auf ihnen den Begriff des Vektors auf, denn in seiner Theorie sind zueinander parallelverschobene Vektoren gleicher Länge als gleich zu betrachten. Nun erkennen wir, dass all dies nur deshalb möglich ist, weil die Ebene die gaußsche Krümmung Null hat.

Wenn die gaußsche Krümmung einer Fläche nicht konstant Null ist, gibt es keine universelle Parallelverschiebung von Vektoren. Levi-Civitá erfand als Ersatz dafür eine sehr naheliegende Konstruktion, die in ihren Grundzügen bereits bei Gauß zu finden ist: Er betrachtet eine durch $p = p(t)$, $q = q(t)$ gegebene Kurve $X = X(t) = X\big(p(t), q(t)\big)$ auf der Fläche. Wenn t ein kompaktes Teilintervall des Parameterintervalls durchläuft, das bei $t = t_0$ beginnt, liegt bei $p_0 = p|_{t=t_0}$ und $q_0 = q|_{t=t_0}$ ein am Flächenpunkt $X = X_0 = X\big(p_0, q_0\big)$ beginnendes Kurvenstück vor. Ihm entlang lassen wir den Tangenteneinheitsvektor u seines darbouxschen Dreibeins $(X; u, w, h)$ laufen. Ein Einheitsvektor $v = v(t)$, der entlang des Kurvenstücks läuft, beginnt bei X_0 mit $v_0 = v|_{t=t_0}$ und soll zum Vektor u den Winkel $\alpha = \sphericalangle uv = \alpha(t)$ einschließen. Im Besonderen ist $\varphi|_{t=t_0} = \alpha_0$. Der Ableitungskoeffizient ω_{21} lautet, wenn $p = p(t)$ und $q = q(t)$ gesetzt sind, $\omega_{21} = \mathrm{d}\gamma$, denn er ist die mit dem Differential der Bogenlänge multiplizierte geodätische Krümmung der Kurve. Von der Rechnung zuvor wird Levi-Civitá dazu motiviert, den Vektor v entlang des Kurvenstücks *parallelverschoben* zu nennen, wenn $\omega_{21} + \mathrm{d}\alpha = \mathrm{d}\gamma + \mathrm{d}\alpha = \mathrm{d}\big(\gamma + \alpha\big)$ mit Null übereinstimmt. Am interessantesten ist der Fall, wenn das Kurvenstück eine geodätische Linie mit $\mathrm{d}\gamma = 0$ ist: In diesem Fall bleibt der Winkel α bei einer Parallelverschiebung von v entlang des Kurvenstücks konstant: $\alpha = \alpha_0$. Mit anderen Worten:

Eine Flächenkurve ist genau dann eine geodätische Linie, wenn an ihr entlanglaufende Einheitsvektoren, die zu den Tangentenvektoren der Flächenkurve einen konstanten Winkel einschließen, entlang der Flächenkurve parallelverschoben werden.

Gauß hat diese Sachlage bereits in voller Allgemeinheit durchdacht. Anhand der Erdkugel als Fläche $X = X\big(\vartheta, \varphi\big)$ mit

$$\begin{cases} x = R\sin\vartheta \cdot \cos\varphi \\ y = R\sin\vartheta \cdot \sin\varphi \\ z = R\cos\vartheta \end{cases}$$

zeigt er beispielhaft, worauf die Parallelverschiebung entlang geodätischer Linien hinausläuft: Wir gehen vom Punkt $X = A$ auf dem Äquator und dem Greenwichmeridian, also von $\vartheta = \vartheta_0 = \pi/2$ und von $\varphi = \varphi_0 = 0$ aus. An ihn heften wir den Vektor $v = v_0$, der zum dort Richtung Osten weisenden Äquator einen rechten Winkel einschließt, also nach Norden zeigt. Ihn wollen wir entlang einer Wanderung auf der Kugel parallelverschieben. Zuerst gehen wir von A aus entlang des Äquators Richtung Osten, bis wir zum Punkt $X = B$ mit Azimut φ gelangen. Der Aufriss zeigt, dass dabei der Vektor v stets nach Norden zeigt, im Grundriss ist der Vektor v

projizierend, denn er weist vom Umriss der Kugel aus in die z-Richtung. Daher stimmt v im Punkt B mit dem dortigen Tangenteneinheitsvektor u jenes von B bis zum Nordpol C reichenden Meridians überein, für den φ konstant und $\vartheta = (\pi/2) - t$ mit t aus $]0;\pi/2]$ ist. Aus dem Grundriss ersieht man, dass im Nordpol C der parallelverschobene Vektor v mit dem von C zu A führenden Greenwichmeridian den Winkel $\pi - \varphi$ einschließt. Das bis zu A führende Stück dieses Meridians ist dadurch gegeben, dass sein Azimut Null beträgt und $\vartheta = t$ lautet, wobei t das Intervall $]0;\pi/2]$ durchläuft. Im Punkt A angelangt, ersieht man aus dem Aufriss, dass nun der parallelverschobene Vektor v zum ursprünglichen Vektor v_0 den Winkel φ einschließt. Es ist klar, dass der Flächeninhalt des von A, B, C begrenzten sphärischen Dreiecks die Hälfte von $\left(4R^2\pi\right)\cdot\left(\varphi : 2\pi\right)$, also genau $R^2\varphi$ beträgt. Anders formuliert:

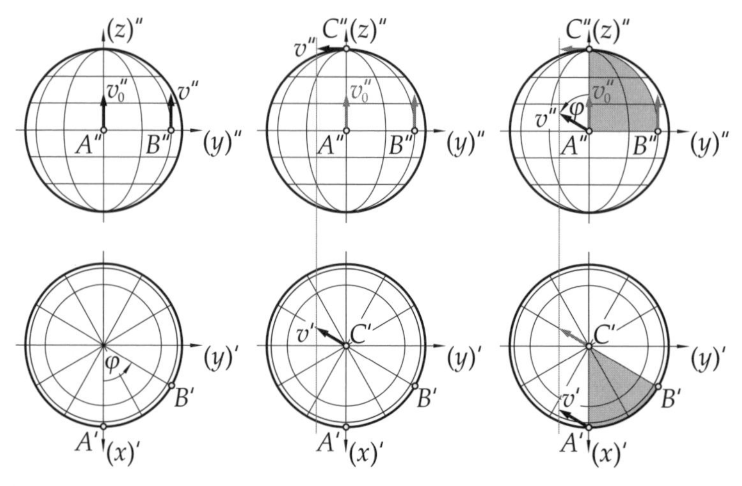

Bild 2.17 Links in Grund- und Aufriss die Parallelverschiebung des Vektors v von A nach B, in der Mitte die Parallelverschiebung des Vektors v von B nach C und rechts die Parallelverschiebung des Vektors v von C nach A

> Der Flächeninhalt des sphärischen Dreiecks mit der gaußschen Krümmung $K = 1/R^2$ der Kugel multipliziert benennt jenen Winkel φ, um den sich ein entlang der Seiten des sphärischen Dreiecks parallelverschobener Vektor dreht.

Man nennt diesen Winkel den *sphärischen Exzess* des Dreiecks. Das lateinische excedere bedeutet „über etwas hinausgehen". Am sphärischen Exzess erkennt man, wie sehr sich ein sphärisches von einem ebenen Dreieck unterscheidet. Gauß wusste, dass sich das hier gebrachte Beispiel allgemein auf Flächen mit konstanter gaußscher Krümmung überträgt, und benannte diese Einsicht *Theorema elegantissimum*, wörtlich übersetzt: einen wunderschönen Satz.

2.13 Übungsaufgaben

2.1 bis **2.3:** Vincenzo Viviani, ein Zeitgenosse von Galilei, gilt als Erfinder der folgenden, nach ihm benannten Raumkurve: Die durch $x^2 + y^2 + z^2 = 4$ gegebene Kugel mit dem Radius 2 und dem Ursprung als Mittelpunkt wird von dem durch $(x-1)^2 + y^2 = 1$ gegebenen Zylinder geschnitten. Die Achse dieses Zylinders ist zur z-Achse parallel und verläuft durch den Punkt $(1,0,0)$; der Basiskreis des Zylinders besitzt den Radius 1.

2.1 Es ist zu bestätigen, dass diese Raumkurve, die das sogenannte *vivianische Fenster* aus der Kugel herausschneidet, die Punkte $X = (x, y, z)$ trägt, wobei $x = \cos^2 t$, $y = \sin t \cdot \cos t$, und $z = \sin t$ bei einem beliebigen reellen Parameter t gilt. Es ist zu zeigen, dass der Grundriss des vivianischen Fensters ein Kreis und der Kreuzriss des vivianischen Fensters ein Parabelbogen sind. Der Aufriss des vivianischen Fensters ist eine Achterschleife, die man nach Christiaan Huygens eine *huygenssche Lemniskate* nennt. Das lateinische lemniscus bedeutet „Schleife". Die huygenssche Lemniskate stellt eine spezielle Lissajous-Figur dar (benannt nach dem französischen Physiker Jules Antoine Lissajous). Ihre Eigenschaften wurden vom französischen Mathematiker Camille-Christophe Gerono erforscht.

2.2 Wie lautet der Tangenteneinheitsvektor der in Aufgabe **2.1** beschriebenen vivianischen Kurve?

2.3 Wie lauten das Differential der Bogenlänge, die Krümmung und die Torsion der in Aufgabe **2.1** beschriebenen vivianischen Kurve?

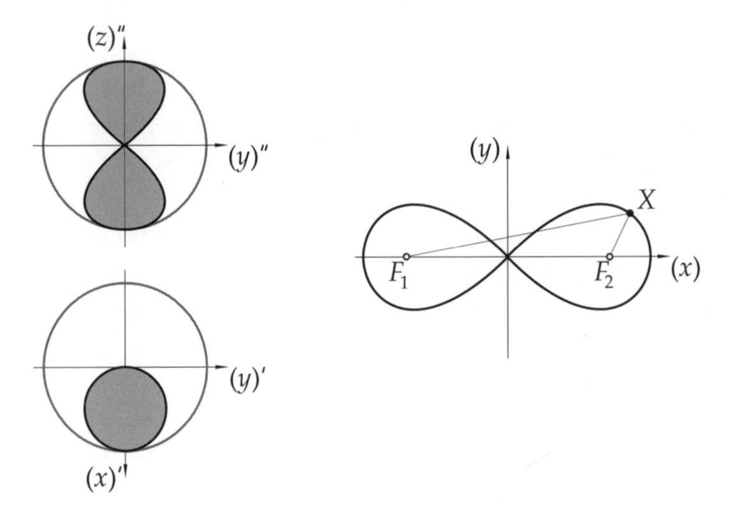

Bild 2.18 Links das vivianische Fenster in Grund- und Aufriss, rechts die bernoullische Lemniskate

2.4 Die nach Jakob Bernoulli benannte *bernoullische Lemniskate* trägt bei einem vorgegebenen positiven a alle Punkte $X = (x, y)$ der x-y-Ebene, deren Produkt der Abstände von den beiden Punkten $F_1 = (-a, 0)$ und $F_2 = (a, 0)$ den Wert a^2 ergibt. Es ist zu zeigen, dass in cartesischen Koordinaten diese Kurve von der Gleichung $(x^2 + y^2)^2 = 2a^2(x^2 - y^2)$ und bei $x = r\cos\varphi$, $y = r\sin\varphi$ in Polarkoordinaten diese Kurve von der Gleichung $r = a\sqrt{2\cos 2\varphi}$ erfasst wird. Welche Winkel φ sind dabei zugelassen? Wie groß ist jede der beiden von der bernoullischen

Lemniskate eingeschlossene Teilfläche? Es ist zu zeigen, dass für die Krümmung κ der bernoullischen Lemniskate die Formel $2a^2\kappa = 3r$ zutrifft.

2.5 bis **2.8:** Es sind die Oberflächenelemente $\sigma_1\sigma_2$ der folgenden Flächen $X = (x, y, z)$ zu ermitteln:

2.5 Das durch $x = a\sin\vartheta \cdot \cos\varphi$, $y = b\sin\vartheta \cdot \sin\varphi$, $z = c\cos\vartheta$ gegebene *Ellipsoid*, worin a, b, c positive Konstanten bezeichnen und $\vartheta \in \,]0;\pi[$, $\varphi \in \mathbb{R}$ die Parameter sind.

2.6 Das durch $x = a\cosh t \cdot \cos\varphi$, $y = b\cosh t \cdot \sin\varphi$, $z = c\sinh t$ gegebene *einschalige Hyperboloid*, worin a, b, c positive Konstanten bezeichnen und $t \in \mathbb{R}$, $\varphi \in \mathbb{R}$ die Parameter sind.

2.7 Das durch $x = a\cosh t$, $y = b\sinh t \cdot \cos\varphi$, $z = c\sinh t \cdot \sin\varphi$ gegebene *zweischalige Hyperboloid*, worin a, b, c positive Konstanten bezeichnen und $t \in \mathbb{R}$, $\varphi \in \mathbb{R}$ die Parameter sind.

2.8 Das durch $x = at\cos\varphi$, $y = bt\sin\varphi$, $z = t^2/2$ gegebene *elliptische Paraboloid*, worin a, b positive Konstanten bezeichnen und $t \in \mathbb{R}$, $\varphi \in \mathbb{R}$ die Parameter sind.

2.9 bis **2.13:** Es sei durch $Y = Y(p)$ eine Raumkurve gegeben, wenn der Parameter p das offene Intervall J durchläuft. Es sei durch v ein vom Nullvektor verschiedener Vektor gegeben, der im Allgemeinen vom Parameter p stetig differenzierbar abhängt, $v = v(p)$. Es bezeichnet $I = \,]a;b[$ ein offenes Intervall, wobei dessen Intervallgrenzen a, b im Allgemeinen ebenfalls vom Parameter p stetig differenzierbar abhängen, $a = a(p)$, $b = b(p)$. Dann heißt die durch $X = X(p,q) = Y(p) + qv$ gegebene Fläche eine *Regelfläche*. Der Name leitet sich aus dem lateinischen Wort regula her, das hier „Lineal" bedeutet. Denn die Regelfläche enthält geradlinige q-Linien, die sogenannten *Erzeugenden* der Regelfläche. Die Kurve $Y = Y(p)$ heißt die *Leitkurve* der Regelfläche. Ist die Leitkurve eine ebene Kurve, ist v ein zu dieser Ebene nicht paralleler und konstanter Vektor und ist $I = \mathbb{R}$, beschreibt diese Regelfläche einen *allgemeinen Zylinder* (das griechische kylíndein bedeutet „rollen"). Ist die Leitkurve eine ebene Kurve, bezeichnet S einen nicht in dieser Ebene liegenden Punkt, ist $v = YS$ und ist $I = \,]-\infty;1[$, beschreibt diese Regelfläche einen *allgemeinen Kegel*. Ist die Leitkurve $Y = Y(p)$ eine Raumkurve und bezeichnet $v = u$ ihren Tangenteneinheitsvektor, heißt die daraus bei $I = \mathbb{R}^+$ gebildete Regelfläche die *Tangentenfläche* der Leitkurve.

2.9 Es sind von einer Regelfläche die Ableitungskoeffizienten σ_1, σ_2 zu ermitteln.

2.10 Es ist zu zeigen, dass das durch $x = \cosh t \cdot \cos\varphi$, $y = \cosh t \cdot \sin\varphi$, $z = \sinh t$ gegebene einschalige Hyperboloid mit der durch $x = \cos p - q\sin p$, $y = \sin p + q\cos p$, $z = \pm q$ gegebenen Regelfläche übereinstimmt, weil beide Parametrisierungen die Gleichung $x^2 + y^2 - z^2 = 1$ lösen.

2.11 Es ist zu zeigen, dass das durch $z = (x^2/2) - (y^2/2)$ gegebene hyperbolische Paraboloid mit der durch $x = (p+q)/\sqrt{2}$, $y = (p-q)/\sqrt{2}$, $z = pq$ gegebenen Regelfläche übereinstimmt. Hieraus ist zu folgern, dass man einen Schrägriss des hyperbolischen Paraboloids erhält, indem man einen achsenparallelen Würfel mit dem Ursprung als Mittelpunkt betrachtet. Auf einer seiner Seitenflächen zeichnet man eine Diagonale und verlängert diese über die Eckpunkte hinaus. Dann legt man durch jeden Punkt der verlängerten Diagonale eine Gerade durch den Ursprung.

2.12 Es ist zu begründen, warum auf einer Regelfläche keine elliptischen Flächenpunkte liegen.

2.13 Der Normalvektor h einer Regelfläche $X = X(p,q) = Y(p) + qv$ heißt *torsal*, wenn er nicht vom Parameter q abhängt, er also entlang der Erzeugenden konstant ist. Das Wort torsal kommt vom spätlateinischen tursus, abgeleitet aus dem griechischen thyrsos, das den Stab des Weingottes Bacchus beschreibt. Dieser Stab besitzt gleichsam die Urform eines langgestreckten Zylinders, und der Normalvektor eines allgemeinen Zylinders ist torsal. Allgemein ist zu zeigen, dass *Torsen*, das sind Regelflächen mit torsalen Normalvektoren, die gaußsche Krümmung Null besitzen.

2.14 Eine *Schraubfläche* liegt vor, wenn ihre Punkte X als

$$X = X(t,\varphi) = (r(t)\cos\varphi, r(t)\sin\varphi, q(t) + a\varphi)$$

dargestellt werden. Dabei beschreibt $Y = Y(t) = (r(t), q(t))$ eine in der Halbebene $r > 0$ der r-q-Ebene liegende Kurve, wobei t das offene Intervall J durchläuft, welche die *Erzeugende* der Schraubfläche heißt. Auch der Parameter φ durchläuft ein offenes Intervall. a bezeichnet eine Konstante, aus der man die *Ganghöhe* der Schraubfläche als $2\pi a$ erhält. Es sind von einer Schraubfläche die Ableitungskoeffizienten σ_1, σ_2 zu ermitteln.

2.15 Die durch $x = t\cos\varphi$, $y = t\sin\varphi$, $z = a\varphi$ gegebene Schraubfläche heißt eine *Wendelfläche.* Wie lauten die gaußsche und die mittlere Krümmung der Wendelfläche?

2.16 Eine *Rohrfläche* liegt vor, wenn ihre Punkte X als

$$X = X(t,\varphi) = Y(t) + R\cdot(n\cos\varphi + m\sin\varphi)$$

dargestellt werden. Dabei beschreibt $Y = Y(t)$ eine Raumkurve, wobei t das offene Intervall J durchläuft, welche die *Mittellinie* der Rohrfläche heißt. Die Vektoren n und m sind der Normalen- und der Binormalenvektor der Mittellinie. Der Parameter φ durchläuft $\mathbb{R}$. R bezeichnet eine positive Konstante. Die Rohrfläche entsteht offenkundig dadurch, dass man den Mittelpunkt eines Kreis vom Radius R die Mittellinie entlangführt und dabei die Kreisscheibe immer senkrecht zur Mittellinie liegt. Ersetzt man den Kreis durch eine andere geschlossene Kurve, erhält man eine *allgemeine Rohrfläche* mit dieser Kurve als *Profillinie.* Es ist von einer Rohrfläche der Tangentenvektor $\mathrm{d}X$ zu ermitteln, wenn s die Bogenlänge, κ die Krümmung und τ die Torsion der Mittellinie bezeichnen.

2.17 Die durch

$$X = X(t,\varphi) = (\cosh t\cdot\cos\varphi, \cosh t\cdot\sin\varphi, t)$$

gegebene Fläche ist ein *Katenoid.* Das lateinische catena bedeutet „Kette". Eine Kette hängt nämlich in der r-z-Ebene (bei der diesmal die r-Achse nach oben und die z-Achse nach links weisen) in Form der Kurve $r = \cosh t$, $z = t$ von oben herab, und das Katenoid ist die aus dieser *Kettenlinie* entstehende Drehfläche. Es ist zu begründen, dass es sich hierbei um eine sogenannte *Minimalfläche* handelt, die dadurch gekennzeichnet ist, dass ihre mittlere Krümmung Null ist.

2.18 Es ist nachzurechnen, dass es sich bei der durch

$$X = X(p,q) = \left(p - \frac{p^3}{3} + pq^2, q - \frac{q^3}{3} + qp^2, p^2 - q^2\right)$$

gegebenen, nach dem Mathematiker Alfred Enneper benannten Fläche um eine Minimalfläche handelt.

2.19 Es ist nachzurechnen, dass es sich bei der für p, und q aus $]-\pi/2;\pi/2[$ durch

$$X = X(p,q) = (p, q, \ln\cos q - \ln\cos p)$$

gegebenen, nach dem Mathematiker Heinrich Ferdinand Scherk benannten Fläche um eine Minimalfläche handelt.

2.20 Es bezeichnen κ_1 und κ_2 die Hauptkrümmungen einer Fläche im Punkt X. In der Tangentialebene der Fläche im Punkt X sind die ξ-Achse in der zu κ_1 gehörenden Hauptkrümmungsrichtung und die η-Achse in der zu κ_2 gehörenden Hauptkrümmungsrichtung eingetragen. Die durch die Gleichung $\kappa_1\xi^2 + \kappa_2\eta^2 = \pm 1$ beschriebene Kurve wird nach dem Marineingenieur Pierre-Charles-François Dupin benannt und heißt die *Indikatrix* der Fläche im Punkt X. Dupin selbst erfand das Kunstwort „Indikatrix“, das lateinische indicare bedeutet „anzeigen“ oder „verraten“. Tatsächlich verrät die Indikatrix, welche Kurve aus der Fläche in der Nähe des Punktes X herausgeschnitten wird, wenn man die Tangentialebene in Richtung des Normalvektors leicht anhebt oder leicht senkt. In einem parabolischen Nabelpunkt gibt es keine Indikatrix. Sonst besteht die Indikatrix in einem parabolischen Punkt aus zwei zueinander parallelen Geraden in Richtung jener Hauptkrümmungsrichtung, deren Hauptkrümmung von Null verschieden ist. In den elliptischen Punkten ist die Indikatrix eine Ellipse; in den Nabelpunkten sogar ein Kreis. Sie ist in den elliptischen Punkten der *Horizont* der Fläche, den ein kleiner, senkrecht auf der Fläche stehender Beobachter in seinem Gesichtsfeld als Rand der Fläche wahrnimmt. In den hyperbolischen Punkten ist die Indikatrix ein Paar von Hyperbeln mit gleichen Asymptoten. Die Richtungen dieser Asymptoten auf der Tangentialebene nennt man die *Asymptotenrichtungen* der Fläche. Es ist zu zeigen, dass die Normalkrümmung der Fläche in den Asymptotenrichtungen verschwindet.

2.21 Weil die Normalkrümmung einer Fläche zur Normalbeschleunigung proportional ist, besteht zugleich eine Proportionalität zwischen der Normalkrümmung und der *Spannung* der Flächenhaut in Richtung des zur Normalkrümmung gehörenden Tangentenvektors. Minimalflächen sind dadurch gekennzeichnet, dass sich in jedem Flächenpunkt diese Spannungen von aufeinander normal stehenden Tangentenrichtungen aufheben. Es ist herzuleiten, dass dies genau bei den Flächen mit verschwindender mittlerer Krümmung der Fall ist. Daran liegt es, dass Minimalflächen entstehen, wenn eine aus Draht verwirklichte geschlossene Jordankurve in eine Seifenlösung getaucht und herausgehoben wird: Die Seifenhautfläche ist eine Minimalfläche. Und daher heißen die in den Aufgaben **2.15**, **2.16** und **2.17** genannten Flächen „Minimalflächen“.

2.22 Man nehme irgendeine mathematische Formelsammlung zur Hand und bestätige die darin vorkommenden Formeln für Längen von Kurven und für Flächeninhalte.

2.23 Man nehme irgendeine mathematische Formelsammlung zur Hand und bestätige die darin vorkommenden Formeln für Oberflächen und für Volumina von Körpern.

2.24 Es sind von dem in Abschnitt 2.4 vorgestellten hyperbolischen Paraboloid die mittlere Krümmung und die gaußsche Krümmung zu berechnen.

2.25 Die bei einem konstanten positiven R in der r-z-Ebene für r aus $]0; R[$ durch

$$z = R \operatorname{arcosh} \frac{R}{r} - \sqrt{R^2 - r^2}$$

gegebene Kurve heißt eine *Traktrix*. Der Name stammt vom lateinischen trahere, das „ziehen“ oder „schleppen“ bedeutet. Man veranschaulicht sich diese Kurve am besten so: Im Punkt $(R, 0)$ befindet sich ein störrischer Esel, der an eine Leine der Länge R gebunden ist, die der im Ursprung befindliche Bauer spannt. Nun bewegt sich der Bauer in Richtung der positiven

z-Achse, und der Esel wird von ihm entlang der Traktrix gezogen, weil diese der Differentialgleichung

$$\frac{\mathrm{d}z}{\mathrm{d}r} = -\frac{\sqrt{R^2 - r^2}}{r}$$

gehorcht. Mit der Traktrix als Erzeugende entsteht eine Drehfläche, die ein *Traktrikoid* genannt wird, und deren Oberfläche und das von ihr oberhalb der Grundrissebene eingeschlossene Volumen Christiaan Huygens als erster berechnete. Es ist zu bestätigen, dass diese Fläche die negative Konstante $-1/R^2$ als gaußsche Krümmung besitzt. Dies ist der entgegengesetzte Wert der gaußschen Krümmung einer Kugel vom Radius R, weshalb das Traktrikoid vom italienischen Geometer Eugenio Beltrami mit dem Namen *Pseudosphäre* getauft wurde.

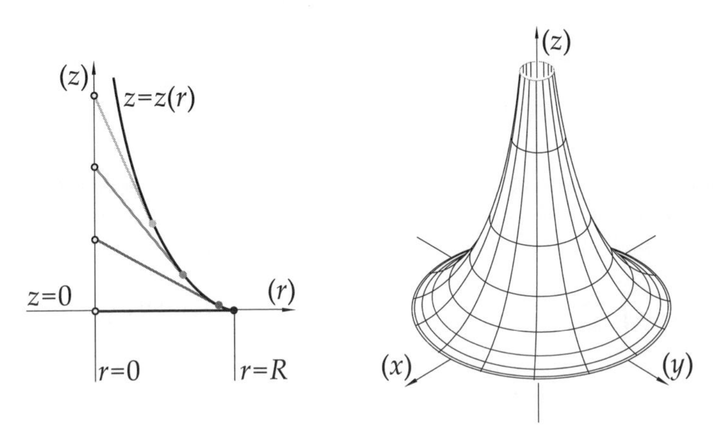

Bild 2.19 Links die Traktrix und rechts die Pseudosphäre im Schrägriss

Lösungen der Rechenaufgaben

2.2 $u = \begin{pmatrix} -\sin 2t \\ \cos 2t \\ \cos t \end{pmatrix} \frac{1}{\sqrt{1+\cos^2 t}}$

2.3 $\mathrm{d}s = \sqrt{1+\cos^2 t}\,\mathrm{d}t$, $\kappa = \sqrt{6\cos 2t + 26}/(2\sqrt{(1+\cos^2 t)^3})$, $\tau = (12\cos t)/(3\cos 2t + 13)$

2.4 $\varphi \in [-\pi/4; \pi/4] \cup [3\pi/4; 5\pi/4]$, a^2

2.5 $\sigma_1\sigma_2 = \sqrt{a^2b^2\cos^2\vartheta + c^2(a^2\sin^2\varphi + b^2\cos^2\varphi)\sin^2\vartheta} \cdot \sin\vartheta \cdot \mathrm{d}\vartheta\mathrm{d}\varphi$

2.6 $\sigma_1\sigma_2 = (1/2)(a^2c^2\cosh^4 t \cdot (1-\cos 2\varphi) + b^2c^2\cosh^4 t \cdot (1+\cos 2\varphi) + 2a^2b^2\cosh^2 t \cdot \sinh^2 t)$

2.7 $\sigma_1\sigma_2 = (1/2)(a^2b^2\sinh^4 t \cdot (1-\cos 2\varphi) + a^2c^2\sinh^4 t \cdot (1+\cos 2\varphi) + 2b^2c^2\cosh^2 t \cdot \sinh^2 t)$

2.8 $\sigma_1\sigma_2 = (1/2)(a^2t^4(1-\cos 2\varphi) + b^2t^4(1+\cos 2\varphi) + 2a^2b^2t^2)$

2.9 $\sigma_1 = \|\mathrm{d}Y/\mathrm{d}p\|\mathrm{d}p + ((\mathrm{d}Y/\mathrm{d}p)_0|v)\mathrm{d}q, \quad \sigma_2 = \|(\mathrm{d}Y/\mathrm{d}p)_0 \times v\|\mathrm{d}q$

2.14 $\sigma_1 = \sqrt{\dot r^2 + \dot q^2}\,\mathrm{d}t + (a\dot q/\sqrt{\dot r^2+\dot q^2})\mathrm{d}\varphi, \quad \sigma_2 = \sqrt{(\dot r^2(r^2+a^2) + r^2\dot q^2)/(\dot r^2+\dot q^2)}\,\mathrm{d}\varphi$

2.15 $H = 0, \quad K = -a^2/(a^2+t^2)^2$

2.16 $\mathrm{d}X = (u(1 - R\kappa\cos\varphi) - nR\tau\sin\varphi + mR\tau\cos\varphi)\mathrm{d}s + R(m\cos\varphi - n\sin\varphi)\mathrm{d}\varphi$

2.24 $H = (g + g_{11}^2 + g_{12}^2)/(2g_{11}g\sqrt{g}), \quad K = 1/g^2$

3 Krummlinige Koordinaten

3.1 Quadratische Plattkarten

Wir lernten die Punkte $X = (x, y, z)$ einer Kugel mit konstantem Radius R mithilfe der Parametrisierung

$$\begin{cases} x = R\sin\vartheta \cdot \cos\varphi \\ y = R\sin\vartheta \cdot \sin\varphi \\ z = R\cos\vartheta \end{cases}$$

kennen. Wenn wir uns einer „geographischen Sprache" bedienen, sehen wir die Kugel wie einen Globus. Wir betrachten die ϑ-Linien als dessen vom Nord- zum Südpol laufende Meridiane und die φ-Linien als dessen Breitenkreise. Ihnen entlang laufen die Tangentenvektoren

$$g_1 = \frac{\partial X}{\partial \vartheta} = R \cdot \begin{pmatrix} \cos\vartheta \cdot \cos\varphi \\ \cos\vartheta \cdot \sin\varphi \\ -\sin\vartheta \end{pmatrix}, \qquad g_2 = \frac{\partial X}{\partial \varphi} = R\sin\vartheta \cdot \begin{pmatrix} -\sin\varphi \\ \cos\varphi \\ 0 \end{pmatrix}$$

mit den Fundamentalgrößen

$$g_{11} = (g_1|g_1) = R^2, \qquad g_{12} = g_{21} = (g_1|g_2) = 0, \qquad g_{22} = (g_2|g_2) = R^2\sin^2\vartheta .$$

Nun wollen wir den Blick vom Globus im dreidimensionalen Anschauungsraum abwenden und die Kugel allein anhand eines Atlasses, bestehend aus ebenen Karten betrachten. Im vorliegenden Abschnitt liegen die Karten in der ϑ-φ-Ebene. Bei einem konstanten Winkel α betrachten wir in ihr das Gebiet P_α, bestehend aus allen Punkten (ϑ, φ) mit $0 < \vartheta < \pi$ und mit $\alpha - \pi < \varphi < \alpha + \pi$. Diese sogenannte *quadratische Plattkarte* erfasst fast alle Kugelpunkte. Ausgenommen sind nur der durch $\vartheta = 0$ gekennzeichnete Nordpol, der durch $\vartheta = \pi$ gekennzeichnete Südpol und die durch $\varphi = \alpha \pm \pi$ beschriebenen Punkte jenes Meridians, der dem durch $\varphi = \alpha$ gegebenen Meridian gegenüberliegt. Anschaulich ist eine quadratische Plattkarte ein Rechteck mit der Länge 2π und der Breite π. Die den Äquator darstellende Gerade $\vartheta = 0$ durchschneidet das Rechteck waagrecht in der Mitte. Im Abstand von jeweils $\pi/12 = 15°$ sind nördlich und südlich die Breitenkreise als dazu parallele Strecken eingetragen.

Wählt man $\alpha = 0$, durchschneidet bei der Karte P_0 der Greenwichmeridian $\varphi = 0$ das Rechteck senkrecht in der Mitte. Auch zu ihm sind jeweils im Abstand von $\pi/12 = 15°$ östlich und westlich die Meridiane als dazu parallele Strecken eingetragen. Nur die für $\varphi = \pm\pi$ stehende „Datumsgrenze" liegt am senkrechten Rand dieses Rechtecks und gehört nicht mehr zur Karte.

Wählt man $\alpha = \pi$, durchschneidet bei der Karte P_π die Datumsgrenze $\varphi = \pi$ das Rechteck senkrecht in der Mitte und der für $\varphi = 0$ beziehungsweise für $\varphi = 2\pi$ stehende Greenwichmeridian liegt am senkrechten Rand dieses Rechtecks und gehört nicht mehr zur Karte. Bei der Karte P_π

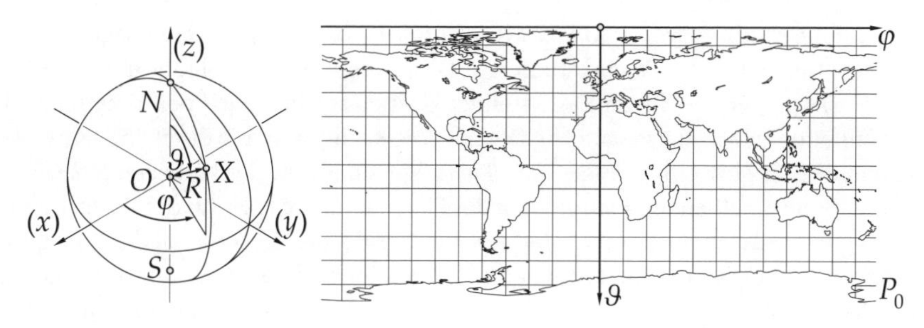

Bild 3.1 Der Polwinkel ϑ und der Azimut φ: links im Schrägriss der Kugel und rechts in der quadratischen Plattkarte

sind die Fidschi-Inseln im Zentrum des Geschehens und Europa liegt, in zwei Teile getrennt, am Rand der Welt. Allgemein reichen zwei quadratische Plattkarten P_α und P_β mit voneinander verschiedenen Winkeln α und β aus, um – abgesehen von den beiden Polen – alle Kugelpunkte zu erfassen.

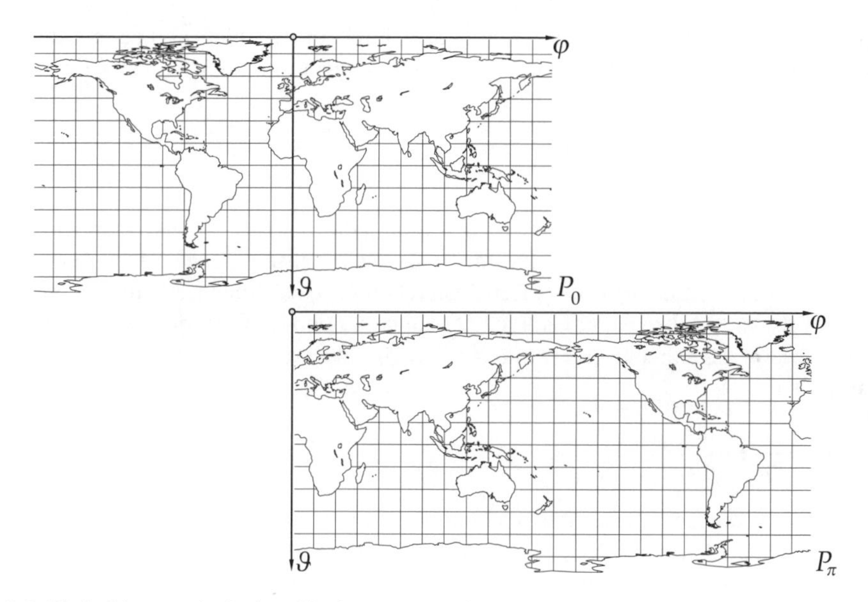

Bild 3.2 Die beiden quadratischen Plattkarten P_0 und P_π

Von Immanuel Kant, dem bedeutenden Philosophen des späten 18. Jahrhunderts, der zeit seines langen Lebens seine Heimatstadt Königsberg in Ostpreußen nie verließ, wird behauptet, er habe hervorragende Vorlesungen über die Geographie Afrikas gehalten. Und dies, obwohl Kant die Erde nur aus Atlanten ebener Karten kannte. Die Karten erzählten ihm vom Globus alles, was er wissen musste. Wir machen uns im Folgenden diesen Standpunkt zu eigen.

Von einer Fläche, die – für uns vielleicht gar nicht wahrnehmbar – im dreidimensionalen Anschauungsraum vorliegt, sind uns die beiden Variablen p, q bekannt, die als Parameter die Flächenpunkte beschreiben. Das Gebiet, aus dem die Paare (p, q) der beiden Parameter p, q entnommen werden, nennen wir eine *Karte* der Fläche. Wir vereinbaren, dass wir *nicht auf die Fläche im Anschauungsraum, sondern nur auf ihre Karte* blicken. Gauß sagte dazu, dass wir die *innere Geometrie* der Fläche studieren. Diese Vereinbarung erlaubt uns, (p,q) einen *Punkt der Fläche* zu nennen. In der Karte stellt er ja einen solchen dar. Ebenso nennen wir die durch ihn laufende, zur p-Achse parallele Gerade eine p-Linie und die durch ihn laufende, zur q-Achse parallele Gerade eine q-Linie *der Fläche* – jedenfalls in der vorliegenden Karte. Die Variablen p, q selbst heißen die *Koordinaten* der Flächenpunkte (p,q) in der Karte. Im obigen Beispiel der quadratischen Plattkarten sind $p = \vartheta$ und $q = \varphi$ die Koordinaten des Kugelpunktes (ϑ,φ). Weil aber das quadratische Raster der ϑ- und φ-Linien in den quadratischen Plattkarten „in Wirklichkeit" auf die gekrümmten Meridiane und Breitenkreise des im Anschauungsraum befindlichen Globus verweisen – zeitweise erlauben wir uns immer noch, auf den Globus zu schielen –, nennen wir ϑ und φ die *krummlinigen* Koordinaten der Kugelpunkte (ϑ,φ) in den quadratischen Plattkarten.

Stur den Blick auf die quadratischen Plattkarten gerichtet, dürfen wir die Tangentenvektoren $g_1 = \partial X/\partial\vartheta$ und $g_2 = \partial X/\partial\varphi$ streng genommen gar nicht mehr so bezeichnen, weil uns der Raumpunkt X aus dem Blickfeld geriet. Darum lassen wir ihn auch bei der Bezeichnung weg. Wir nennen ab nun die beiden Differentialoperatoren $g_1 = \partial/\partial\vartheta$ und $g_2 = \partial/\partial\varphi$ die Basisvektoren entlang der ϑ- und entlang der φ-Linie.

Das Gleiche führen wir allgemein bei einer Fläche durch, die wir allein von einer Karte in der p-q-Ebene kennen. In ihr verlaufen die p-Linien waagrecht und die q-Linien senkrecht. Die beiden Differentialoperatoren

$$g_1 = \frac{\partial}{\partial p} \qquad \text{und} \qquad g_2 = \frac{\partial}{\partial q}$$

heißen die *Basisvektoren* entlang der p- und entlang der q-Linie. Wir zeichnen, von einem Punkt (p,q) ausgehend, den Basisvektor $\partial/\partial p$ als zur p-Achse parallelen Pfeil der Länge 1. Denn es ist $\partial p/\partial p = 1$ und $\partial q/\partial p = 0$. Den Basisvektor $\partial/\partial q$ zeichnen wir vom gleichen Punkt ausgehend als zur q-Achse parallelen Pfeil der Länge 1, denn es ist $\partial p/\partial q = 0$ und $\partial q/\partial q = 1$. Für beliebige, im Allgemeinen von p und q abhängige Skalare a und b heißt der Differentialoperator

$$u = a\frac{\partial}{\partial p} + b\frac{\partial}{\partial q}$$

ein *Tangentenvektor* der Fläche. Wir zeichnen ihn, vom Flächenpunkt (p,q) ausgehend, als Pfeil. Er weist in p-Richtung a Einheiten und in q-Richtung b Einheiten vom Punkt (p,q), dem *Aufpunkt* des Pfeiles, weg. Weil wie a und b auch der Vektor u vom jeweiligen Aufpunkt (p,q) abhängt, sprechen wir genauer von einem *Vektorfeld* $u = u(p,q)$ der Fläche. Es ist wichtig, dass wir in der Karte mit krummlinigen Koordinaten die Vektoren u nicht so parallel verschieben dürfen, wie wir es von den Pfeilen in der Geometrie der Ebene gewohnt sind. Vektoren sind ab jetzt an ihren Aufpunkt gebunden. Anschaulich sind sie Pfeile, deren Schafte stets im Aufpunkt liegen. Im zweiten Kapitel des ersten Bandes war die damalige Gleichsetzung parallelverschobener Pfeile deshalb erlaubt, weil die Parallelkoordinaten x und y nicht krumm-, sondern geradlinig sind. Die x-y-Ebene ist eben flach, die von der Karte mit krummlinigen Koordinaten erfasste Fläche im Allgemeinen nicht. Bei einer solchen Karte besitzt jeder Aufpunkt (p,q) seinen eigenen Vektorraum $\mathcal{V} = \mathcal{V}(p,q)$. Betrachten wir in ihm zwei Vektoren

$$u = a\frac{\partial}{\partial p} + b\frac{\partial}{\partial q}\,, \qquad v = \alpha\frac{\partial}{\partial p} + \beta\frac{\partial}{\partial q}$$

und einen, im Allgemeinen von (p,q) abhängigen Skalar $c = c(p,q)$, sind der vom Aufpunkt ausgehende Summenvektor $u+v$ und der vom Aufpunkt ausgehende und mit dem Skalar c gestreckte Vektor cu naheliegend so definiert:

$$u+v=(a+\alpha)\frac{\partial}{\partial p}+(b+\beta)\frac{\partial}{\partial q}, \qquad cu=ca\frac{\partial}{\partial p}+cb\frac{\partial}{\partial q}.$$

Eine zusätzliche Information von der im Anschauungsraum befindlichen Fläche müssen wir bei Betreiben der inneren Geometrie allerdings besitzen: Wir müssen wissen, wie die inneren Produkte $g_{11} = (g_1|g_1)$, $g_{12} = g_{21} = (g_1|g_2)$ und $g_{22} = (g_2|g_2)$ der Basisvektoren lauten. Mit anderen Worten: Wir müssen die symmetrische und positiv definite metrische Fundamentalmatrix

$$G=\begin{pmatrix} g_{11} & g_{12} \\ g_{21} & g_{22} \end{pmatrix}$$

der Fläche kennen. Dann wissen wir auch, wie das innere Produkt $(u|v)$ der beiden oben genannten Vektoren u und v lautet:

$$(u|v)=g_{11}a\alpha+g_{12}(a\beta+\alpha b)+g_{22}b\beta=\begin{pmatrix} a & b \end{pmatrix}\begin{pmatrix} g_{11} & g_{12} \\ g_{21} & g_{22} \end{pmatrix}\begin{pmatrix} \alpha \\ \beta \end{pmatrix}.$$

Die Fundamentalgrößen g_{11}, $g_{12} = g_{21}$, g_{22} klären darüber auf, wie man von der Karte aus Winkel, Längen und Oberflächen misst. So teilen sie uns zum Beispiel mit, dass der Basisvektor $\partial/\partial p$ auf der Fläche die Länge $\sqrt{g_{11}}$ und der Basisvektor $\partial/\partial q$ auf der Fläche die Länge $\sqrt{g_{22}}$ besitzen. Ferner schließen diese beiden Basisvektoren auf der Fläche jenen Winkel γ ein, für den

$$\cos\gamma=\frac{g_{12}}{\sqrt{g_{11}}\sqrt{g_{22}}}$$

zutrifft.

Es ist in diesem Zusammenhang interessant, die durch die Gleichung

$$g_{11}x^2+2g_{12}xy+g_{22}y^2=r^2$$

gegebene Kurve zu betrachten. Es handelt sich bei ihr um eine Ellipse mit dem Ursprung des x-y-Koordinatensystems als Mittelpunkt, welche entlang der x-Achse den Durchmesser $2r/\sqrt{g_{11}}$ und entlang der y-Achse den Durchmesser $2r/\sqrt{g_{22}}$ besitzt. Wir verschieben diese Ellipse so in die Karte, dass nun der Punkt (p,q) ihren Mittelpunkt darstellt. Dann beschreibt diese Ellipse, wie auf der Tangentialebene der Fläche jener Kreis aussieht, der den Berührungspunkt (p,q) der Tangentialebene als Mittelpunkt und die positive Größe r als Radius besitzt. Ihrem Erfinder, dem im 19. Jahrhundert lebenden Astronomen, Geodäten und Mathematiker Nicolas Auguste Tissot zu Ehren, wird diese Kurve die *tissotsche Verzerrungsellipse* genannt.

Bei den quadratischen Plattkarten lautet die tissotsche Verzerrungsellipse

$$R^2x^2+R^2\sin^2\vartheta\cdot y^2=r^2\,.$$

Ihre zur ϑ-Richtung parallele kleine Halbachse ist r/R lang und ihre zur φ-Richtung parallele große Halbachse ist $r/(R\sin\vartheta)$ lang. Nur am Äquator, bei $\vartheta=\pi/2$, stimmen diese beiden

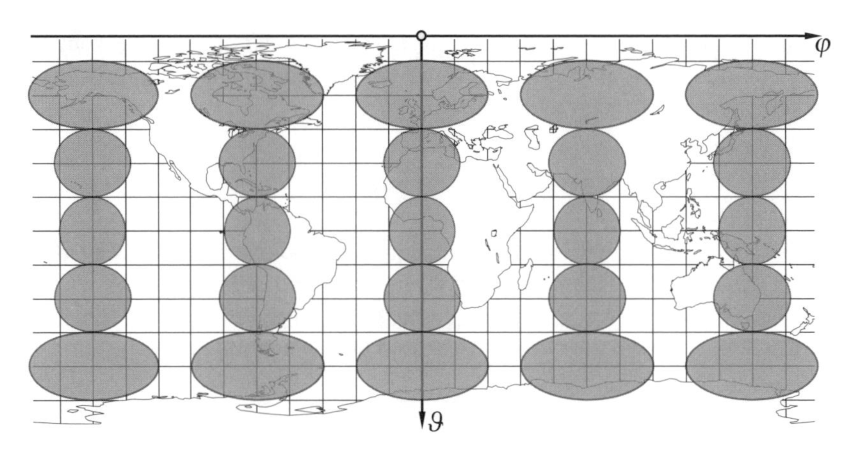

Bild 3.3 Tissotsche Verzerrungsellipsen in der quadratischen Plattkarte

Längen überein. Am Äquator wird die Verzerrungsellipse zu einem Kreis. Dort findet bloß eine Streckung der in der Karte eingezeichneten Pfeile um den Faktor r/R statt, aber keine Verzerrung der zwischen den Pfeilen bestehenden Winkel. Flächenpunkte, an denen die tissotsche Verzerrungsellipse ein Kreis ist, werden von der Karte deshalb *winkeltreu* oder *konform* erfasst.

Die beiden positiven Eigenwerte λ und μ der metrischen Fundamentalmatrix G heißen die *Hauptverzerrungen*. Mit ihnen muss man rechnen, wenn man die innere Geometrie der Fläche studiert. Ihr arithmetisches Mittel, das zugleich die halbe Spur von G bezeichnet, nennt man die *mittlere Verzerrung*

$$\frac{\lambda+\mu}{2}=\frac{g_{11}+g_{22}}{2}$$

Ihr geometrisches Mittel, das zugleich die Wurzel aus der Determinante g von G bezeichnet, nennt man die *Flächenverzerrung*

$$\sqrt{\lambda\mu}=\sqrt{g}=\sqrt{g_{11}g_{22}-g_{12}^2}$$

Diesen Namen versteht man, wenn man ein Flächenstück betrachtet, das in der Karte als eine kompakte Menge K wiedergegeben ist. Die Oberfläche dieses Flächenstücks errechnet sich bekanntlich als

$$\int_K \sqrt{g}\,\mathrm{d}p\mathrm{d}q=\int_K \sqrt{\lambda\mu}\,\mathrm{d}p\mathrm{d}q\,.$$

Ist die Flächenverzerrung konstant, sieht man, abgesehen von einem konstanten Proportionalitätsfaktor, die Fläche bei Betrachtung ihrer Karte *flächentreu*.

Im folgenden Abschnitt werden wir Karten ermitteln, die den Globus flächentreu oder winkeltreu beschreiben.

3.2 Zylinderprojektionen

Wir verstehen, wie die quadratische Plattkarte P_α entsteht, wenn wir uns die im Anschauungsraum durch

$$\begin{cases} x = R\sin\vartheta\cdot\cos\varphi \\ y = R\sin\vartheta\cdot\sin\varphi \\ z = R\cos\vartheta \end{cases}$$

gegebene Kugel von dem im Anschauungsraum durch

$$\begin{cases} x = R\cos\varphi \\ y = R\sin\varphi \\ z = z \end{cases}$$

gegebenen Drehzylinder ummantelt vorstellen: Der Drehzylinder berührt die Kugel am Äquator. Wir sagen, dass eine *Zylinderprojektion* vorliegt, wenn für jeden Azimut $\varphi = \varphi_0$ die Punkte des Meridians, also der ϑ-Linie $\varphi = \varphi_0$ umkehrbar eindeutig auf die Punkte der diesen Meridian berührenden Zylindererzeugenden, also der z-Linie $\varphi = \varphi_0$ abgebildet werden. Es besteht mit anderen Worten eine umkehrbare eindeutige Zuordnung $z = z(\vartheta)$. Danach denken wir uns den Drehzylinder entlang der Erzeugenden $\varphi = \alpha \pm \pi$ aufgeschlitzt und in die Ebene abgerollt: Schon ist eine Karte der Kugel gewonnen.

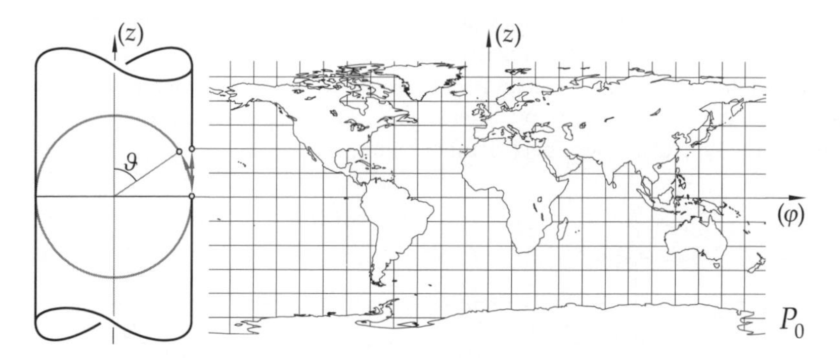

Bild 3.4 Die quadratische Plattkarte als Zylinderprojektion

Bei der quadratischen Plattkarte P_α lautet die Zuordnung von ϑ zu z einfach $z = R\cdot((\pi/2) - \vartheta)$, denn genau dies ist die mit einem Vorzeichen versehene Länge des Meridianbogens vom Äquator bis zum Kugelpunkt. Bei einem auf der Nordhalbkugel gelegenen Punkt wird die Länge positiv, bei einem auf der Südhalbkugel gelegenen Punkt wird die Länge negativ gemessen. Es ist bezeichnend, dass $\mathrm{d}z/\mathrm{d}\vartheta = -R$ negativ ist. Denn wir betrachten auf der einen Seite die ϑ-φ-Ebene, in der die quadratische Plattkarte der Kugel liegt, und auf der anderen Seite die φ-z-Ebene – man beachte, dass diesmal der Azimut φ *vor* der Zylinderhöhe z genannt ist –, in der die Karte des Zylinders liegt. Diese stellt sich in der φ-z-Ebene als senkrechter Streifen dar, der von den senkrechten Geraden $\varphi = \alpha - \pi$ und $\varphi = \alpha + \pi$ berandet wird. Bei einem negativen $\mathrm{d}z/\mathrm{d}\vartheta$ bleibt so die Orientierung beim Wechsel von der einen Karte zur anderen gewahrt.

Nun aber gehen wir von den quadratischen Plattkarten zu anderen Zylinderprojektionen über. Wenn wir die Zuordnung $z = z(\vartheta)$ fixiert haben, sehen wir die Karte der Kugel in der φ-z-Ebene.

Der Azimut φ ist dabei wie üblich dem Intervall $]\alpha-\pi;\alpha+\pi[$ entnommen und die Höhe z auf dem Zylinder, also der entlang der Erzeugenden gemessene und mit einem Vorzeichen versehene Abstand vom Äquator, durchläuft ein geeignetes offenes Intervall. In der Karte lauten die Basisvektoren

$$\frac{\partial}{\partial\varphi} \quad \text{und} \quad \frac{\partial}{\partial z} = \frac{\partial\vartheta}{\partial z}\frac{\partial}{\partial\vartheta} = \frac{\mathrm{d}\vartheta}{\mathrm{d}z}\frac{\partial}{\partial\vartheta}\,.$$

Die Fundamentalgrößen lauten folglich

$$\left(\frac{\partial}{\partial\varphi}\Big|\frac{\partial}{\partial\varphi}\right) = R^2\sin^2\vartheta\,, \qquad \left(\frac{\partial}{\partial\varphi}\Big|\frac{\partial}{\partial z}\right) = 0\,, \qquad \left(\frac{\partial}{\partial z}\Big|\frac{\partial}{\partial z}\right) = \left(\frac{\mathrm{d}\vartheta}{\mathrm{d}z}\right)^2\left(\frac{\partial}{\partial\vartheta}\Big|\frac{\partial}{\partial\vartheta}\right) = R^2\left(\frac{\mathrm{d}\vartheta}{\mathrm{d}z}\right)^2.$$

Wenn die Zylinderprojektion flächentreu sein soll, muss die aus diesen Fundamentalgrößen gebildete Flächenverzerrung

$$\sqrt{R^2\sin^2\vartheta\cdot R^2\left(\frac{\mathrm{d}\vartheta}{\mathrm{d}z}\right)^2} = -R^2\sin\vartheta\cdot\frac{\mathrm{d}\vartheta}{\mathrm{d}z}$$

konstant sein. (Das Minuszeichen tritt deshalb auf, weil $\mathrm{d}\vartheta/\mathrm{d}z$ negativ ist.) Die sich daraus mit einer positiven Konstanten C ergebende Differentialgleichung $\mathrm{d}z = -C\sin\vartheta\cdot\mathrm{d}\vartheta$ besitzt $z = C_0 + C\cos\vartheta$ als allgemeine Lösung. Eine sehr naheliegende Wahl der Konstanten C_0 und C traf der im 18. Jahrhundert lebende elsässische Mathematiker Johann Heinrich Lambert mit der Festlegung $C_0 = 0$ und $C = R$. Bei der *lambertschen Zylinderprojektion* wird gemäß $z = R\cos\vartheta$ der Kugelpunkt senkrecht auf jene Erzeugende des Zylinders projiziert, die den Meridian der Kugel am Äquator berührt. Bei der lambertschen Zylinderprojektion sieht man auf der mit L_α bezeichneten Karte, wie groß die Flächen der Kontinente, der Inseln, der Staatsgebiete auf dem Globus im Verhältnis zueinander sind. Allerdings verzerrt diese flächentreue Karte L_α abseits vom Äquator die Winkel auf der Kugel ziemlich heftig.

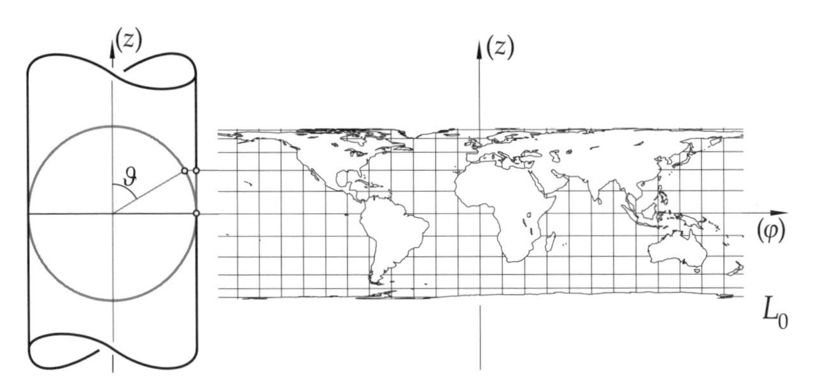

Bild 3.5 Die lambertsche Zylinderprojektion

Für die Schifffahrt ist nicht die flächentreue, sondern die winkeltreue Erdkarte von besonderer Bedeutung. Als sich die europäischen Seefahrer nach der Erfindung des Kompass so weit auf die Ozeane wagten, dass sie den Blickkontakt zu den Küstenstreifen verloren, war es für den Steuermann unerlässlich, eine winkeltreue Karte M_α zu besitzen. Nur mit ihrer Hilfe kann er von der Position des Schiffes auf hoher See aus das Lineal zum gewünschten Ziel hin ausrichten und aus dem Winkel, den das Lineal mit dem Meridian bzw. dem Breitenkreis an der

Schiffsposition bildet, den Kurs ablesen, der zum Ziel hinführt. Wenn die Zylinderprojektion winkeltreu sein soll, müssen die beiden in der Hauptdiagonale der metrischen Fundamentalmatrix vorkommenden Größen übereinstimmen (in der Nebendiagonale stehen ohnedies nur zwei Nullen):

$$\left(\frac{\partial}{\partial\varphi}\middle|\frac{\partial}{\partial\varphi}\right) = R^2\sin^2\vartheta = \left(\frac{\partial}{\partial z}\middle|\frac{\partial}{\partial z}\right) = R^2\left(\frac{\mathrm{d}\vartheta}{\mathrm{d}z}\right)^2 .$$

Hieraus folgt die Differentialgleichung

$$\mathrm{d}z = \frac{-\mathrm{d}\vartheta}{\sin\vartheta},$$

wobei das Minuszeichen wieder der Tatsache geschuldet ist, dass $\mathrm{d}z/\mathrm{d}\vartheta$ negativ sein soll. Der folgende Trick hilft, diese Differentialgleichung zu lösen: Man setzt $t = \tan(\vartheta/2)$. Dann ist nämlich einerseits

$$\mathrm{d}t = \frac{1}{2}\left(1+\tan^2\frac{\vartheta}{2}\right)\mathrm{d}\vartheta = \frac{1+t^2}{2}\mathrm{d}\vartheta, \qquad \text{also} \qquad \mathrm{d}\vartheta = \frac{2\mathrm{d}t}{1+t^2}$$

und andererseits

$$\sin\vartheta = \sin 2\frac{\vartheta}{2} = 2\sin\frac{\vartheta}{2}\cdot\cos\frac{\vartheta}{2} = 2\tan\frac{\vartheta}{2}\cdot\cos^2\frac{\vartheta}{2} = \frac{2\tan\frac{\vartheta}{2}}{1+\tan^2\frac{\vartheta}{2}} = \frac{2t}{1+t^2}.$$

Damit vereinfacht sich die Differentialgleichung zu $\mathrm{d}z = -\mathrm{d}t/t$ mit der allgemeinen Lösung $z = C_0 - \ln t = C_0 - \ln\arctan(\vartheta/2)$. Weil am Äquator $z = 0$ und $\vartheta = \pi/2$ gilt, folgt aus $\arctan(\pi/4) = 1$, das die Integrationskonstante C_0 Null ist. Folglich ersieht man aus der Gleichung $z + \ln\arctan(\vartheta/2) = 0$, wie bei der flächentreuen Karte M_a die z-Werte lauten, bei denen man die zum waagrechten Äquator $z = 0$ parallelen Breitenkreise der jeweiligen Werte für ϑ einzutragen hat.

Der flandrische Geograph Gerard de Kremer, der sich latinisiert Gerardus Mercator nannte, hatte im 16. Jahrhundert, in dem er lebte, naturgemäß weder von Differentialgleichungen im heutigen Sinn, noch von dem eben vorgestellten Trick die geringste Ahnung. Trotzdem gelang ihm im Jahre 1569 der bis heute nach ihm benannte Entwurf einer flächentreuen Zylinderprojektion. Wir können davon ausgehen, dass er in der Proportion, die modern geschrieben

$$-\mathrm{d}\vartheta : \mathrm{d}z = \sin\vartheta$$

lautet, das zielführende Konstruktionsverfahren entdeckte. Wir zeichnen den Umriss der Kugel und des Zylinders im Aufriss, betrachten insbesondere den Meridian und die Erzeugende, welche durch $\varphi = \pi/2$ gegeben sind. Angenommen, Mercator kennt bereits für einen Wert ϑ mit $\vartheta \leq \pi/2$ den entsprechenden Wert $z = z(\vartheta)$. Dann fährt er entlang des Meridians von diesem Punkt aus ein klein wenig nach Norden. Er legt dabei den kleinen Winkel $-\mathrm{d}\vartheta$ zurück. (Das Minuszeichen tritt deshalb auf, weil die Bewegung gegen die Orientierung von ϑ gerichtet ist.) Von dem nun erhaltenen Punkt zieht Mercator eine Senkrechte nach unten und schneidet diese mit dem Strahl, der vom Ursprung zum ursprünglichen, dem Winkel ϑ zugeordneten Punkt führt. Wenn die Bewegung so klein ist, dass man den Unterschied zwischen der tatsächlichen Bewegung auf dem Meridian und der ihr entsprechenden Bewegung entlang der Tangente des

Meridians vernachlässigen kann, bildet der eben erhaltene Schnittpunkt mit dem Anfangs- und dem Endpunkt der Bewegung ein rechtwinkliges Dreieck. Seine Gegenkathete zu dem in ihm auftretenden Winkel ϑ ist $-R\mathrm{d}\vartheta$ lang. Wenn wir die Länge der Hypotenuse mit $R\mathrm{d}z$ bezeichnen, besteht somit in der Tat die Beziehung $-\mathrm{d}\vartheta : \mathrm{d}z = \sin\vartheta$. Nun wusste Mercator, welche Strecke $\mathrm{d}z$ er an die Höhe $z = z(\vartheta)$ anzufügen hat, um die Höhe $z + \mathrm{d}z$ vom Bild des dem Wert $\vartheta - \mathrm{d}\vartheta$ entsprechenden Kugelpunktes auf der Erzeugenden des Zylinders zu erhalten.

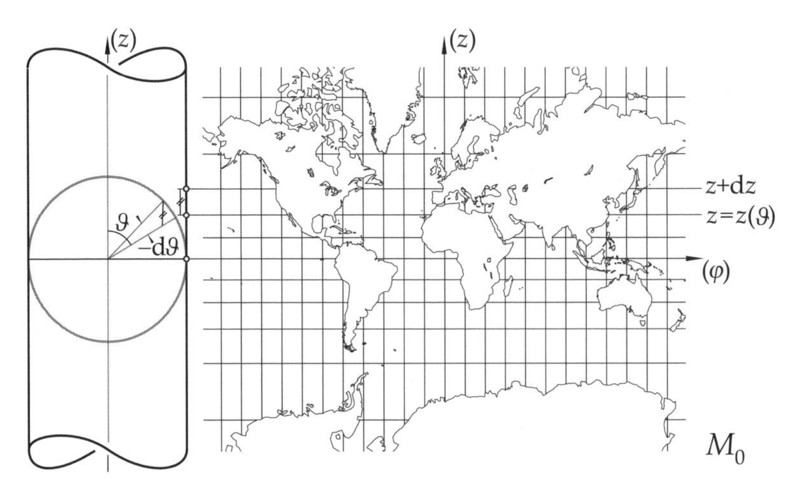

Bild 3.6 Die Mercatorprojektion zusammen mit dem Prinzip ihrer Konstruktion

Kurz gesagt: Mercator löste die Differentialgleichung $\mathrm{d}z = -\mathrm{d}\vartheta / \sin\vartheta$, indem er sie graphisch integrierte.

Mercators flächentreue Weltkarte galt zu seiner Zeit als Sensation und Mercator wurde ein sehr wohlhabender Mann. Aber ähnlich wie Kant hatte auch er von der wirklichen Welt fast nichts kennengelernt. Er wuchs in Rupelmode in der Grafschaft Flandern auf und übersiedelte 1552 von dort nach Duisburg, wo er bis zu seinem Tod verharrte. Der Globus hat sich ihm bloß mathematisch erschlossen.

Eine auf der Mercatorkarte eingezeichnete gerade Linie $z = a(\varphi - \varphi_0)$ mit einem von Null verschiedenen Anstieg a ist auf der Kugel eine sogenannte *Kompasslinie*. Denn man bewegt sich auf ihr so, dass man alle Meridiane unter dem gleichen Winkel schneidet. Zuweilen nennt man Kompasslinien auch *Loxodrome*, denn das griechische loxos bedeutet „schief" und dromos ist der „Lauf"; eigentlich ist eine Loxodrome eine „Schiefläufige". Betrachten wir den Zylinder, der den Globus am Äquator berührt und auf dem der Globus mithilfe der Mercatorprojektion abgebildet ist. Er ist also noch nicht an der Erzeugenden $\varphi = \alpha$ durchtrennt und noch nicht als Karte M_α in die Ebene abgerollt. Dann ist auf diesem Zylinder die Loxodrome eine Schraubenlinie. Da die Pole der Kugel bei der Mercatorprojektion in Richtung der z-Achse nach $\pm\infty$ divergieren, wird es entlang einer Loxodromen nie gelingen, den Pol zu erreichen. Die durch $\varphi = \varphi_0 - (1/a)\ln\arctan(\vartheta/2)$ gegebene Loxodrome umwindet die Pole unablässig.

Im nächsten Abschnitt wenden wir uns der Erfassung der Pole auf der Kugel zu. Den hier betrachteten Zylinderprojektionen hatten sie sich ja stets entzogen.

3.3 Gnomonische und stereographische Projektion

Um die Kugel von ihrem Nordpol aus beschreiben zu können, projizieren wir die Kugelpunkte auf die Tangentialebene des Nordpols. In dieser Tangentialebene bildet der Nordpol den Ursprung. Durch ihn legen wir parallel zur x-Achse des Anschauungsraumes eine p-Achse und parallel zur y-Achse des Anschauungsraumes eine q-Achse.

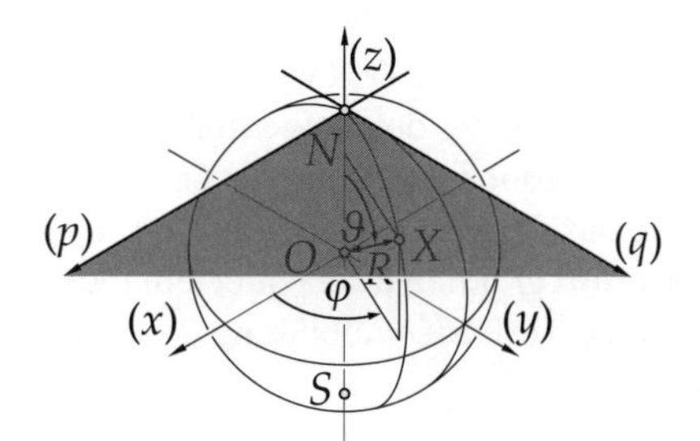

Bild 3.7 Schrägriss der Kugel mit der p-q-Ebene als Tangentialebene im Nordpol N

Es erweist sich als günstig, in der so parametrisierten p-q-Ebene Polarkoordinaten r und φ einzuführen, indem man

$$\begin{cases} p = r\cos\varphi \\ q = r\sin\varphi \end{cases}$$

setzt. Denn der darin vorkommende Winkel φ stimmt mit dem Azimut der Kugel überein. Wir sagen, dass eine *Azimutalprojektion* vorliegt, wenn für jeden Azimut $\varphi = \varphi_0$ die Punkte des Meridians, also der ϑ-Linie $\varphi = \varphi_0$ umkehrbar eindeutig auf die Punkte der diesen Meridian berührenden Tangente in der p-q-Ebene, also der r-Linie $\varphi = \varphi_0$ abgebildet werden. Es besteht mit anderen Worten eine umkehrbare eindeutige Zuordnung $r = r(\vartheta)$. Einerseits gilt somit

$$\frac{\partial}{\partial r} = \frac{\partial\vartheta}{\partial r}\frac{\partial}{\partial\vartheta} = \frac{\mathrm{d}\vartheta}{\mathrm{d}r}\frac{\partial}{\partial\vartheta},$$

andererseits errechnet sich

$$\frac{\partial}{\partial r} = \frac{\partial p}{\partial r}\frac{\partial}{\partial p} + \frac{\partial q}{\partial r}\frac{\partial}{\partial q} = \cos\varphi\cdot\frac{\partial}{\partial p} + \sin\varphi\cdot\frac{\partial}{\partial q},$$

$$\frac{\partial}{\partial\varphi} = \frac{\partial p}{\partial\varphi}\frac{\partial}{\partial p} + \frac{\partial q}{\partial\varphi}\frac{\partial}{\partial q} = -r\sin\varphi\cdot\frac{\partial}{\partial p} + r\cos\varphi\cdot\frac{\partial}{\partial q}.$$

Dieses Gleichungssystem lösen wir nach $\partial/\partial p$ und $\partial/\partial q$ auf und erhalten

$$\frac{\partial}{\partial p} = \cos\varphi\cdot\frac{\partial}{\partial r} - \frac{\sin\varphi}{r}\frac{\partial}{\partial\varphi} = \cos\varphi\cdot\frac{\mathrm{d}\vartheta}{\mathrm{d}r}\frac{\partial}{\partial\vartheta} - \frac{\sin\varphi}{r}\frac{\partial}{\partial\varphi},$$

$$\frac{\partial}{\partial q} = \sin\varphi\cdot\frac{\partial}{\partial r} + \frac{\cos\varphi}{r}\frac{\partial}{\partial\varphi} = \sin\varphi\cdot\frac{\mathrm{d}\vartheta}{\mathrm{d}r}\frac{\partial}{\partial\vartheta} + \frac{\cos\varphi}{r}\frac{\partial}{\partial\varphi}.$$

Damit können wir in der p-q-Ebene die Fundamentalgrößen berechnen:

$$\left(\frac{\partial}{\partial p}\Big|\frac{\partial}{\partial p}\right) = R^2\left(\frac{\mathrm{d}\vartheta}{\mathrm{d}r}\right)^2\cos^2\varphi + \frac{R^2\sin^2\vartheta}{r^2}\sin^2\varphi\,,$$

$$\left(\frac{\partial}{\partial p}\Big|\frac{\partial}{\partial q}\right) = R^2\left(\frac{\mathrm{d}\vartheta}{\mathrm{d}r}\right)^2\cos\varphi\cdot\sin\varphi - \frac{R^2\sin^2\vartheta}{r^2}\cos\varphi\cdot\sin\varphi = \frac{R^2}{2}\left(\left(\frac{\mathrm{d}\vartheta}{\mathrm{d}r}\right)^2 - \frac{\sin^2\vartheta}{r^2}\right)\sin 2\varphi\,,$$

$$\left(\frac{\partial}{\partial q}\Big|\frac{\partial}{\partial q}\right) = R^2\left(\frac{\mathrm{d}\vartheta}{\mathrm{d}r}\right)^2\sin^2\varphi + \frac{R^2\sin^2\vartheta}{r^2}\cos^2\varphi\,.$$

Eine sehr naheliegende Azimutalprojektion liegt vor, wenn man den vom Mittelpunkt der Kugel zum Kugelpunkt führenden Strahl mit der Tangentialebene schneidet. Dieser Strahl sticht wie ein Obelisk senkrecht aus der Erdoberfläche hervor. Seit der Antike verwendete man solche senkrechten Stäbe als Schattenanzeiger für Sonnenuhren. Die Griechen nannten den Schattenanzeiger ein *Gnomon*. Das Wort gnomon bezeichnet jemanden, der weiß oder prüft; gnosis ist die „Erkenntnis". Demzufolge wird diese Abbildung der Kugel auf die p-q-Ebene die *gnomonische Projektion* genannt.

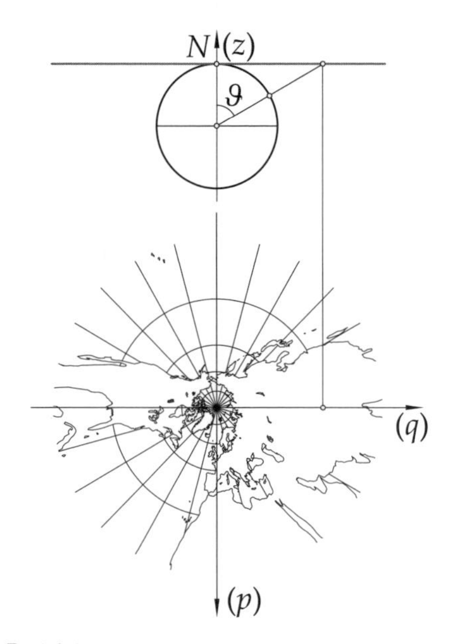

Bild 3.8 Die gnomonische Projektion

Bei ihr ist wegen $r : R = \tan\vartheta$, also wegen $r = R\tan\vartheta$

$$\frac{\mathrm{d}r}{\mathrm{d}\vartheta} = \frac{R}{\cos^2\vartheta}\,, \qquad \left(\frac{\mathrm{d}\vartheta}{\mathrm{d}r}\right)^2 = \frac{\cos^4\vartheta}{R^2}\,.$$

Wegen $r^2 = R^2 \tan^2\vartheta$ und $\left(R^2 \sin^2\vartheta\right)/r^2 = \cos^2\vartheta$ lauten bei ihr die Fundamentalgrößen

$$\left(\frac{\partial}{\partial p}|\frac{\partial}{\partial p}\right) = \cos^4\vartheta\cdot\cos^2\varphi + \cos^2\vartheta\cdot\sin^2\varphi\,,$$

$$\left(\frac{\partial}{\partial p}|\frac{\partial}{\partial q}\right) = \frac{\cos^4\vartheta - \cos^2\vartheta}{2}\sin 2\varphi\,,$$

$$\left(\frac{\partial}{\partial q}|\frac{\partial}{\partial q}\right) = \cos^4\vartheta\cdot\sin^2\varphi + \cos^2\vartheta\cdot\cos^2\varphi\,.$$

Wie man sieht, ist es hier erlaubt, $\vartheta = 0$ zu setzen. Der Nordpol der Kugel ist keineswegs singulär, ganz im Gegenteil: Bei ihm vereinfacht sich die metrische Fundamentalmatrix zur Einheitsmatrix. Sobald man aber vom Nordpol abrückt, treten die wildesten Verzerrungen zutage. Bloß die Nordhalbkugel wird von der gnomonischen Projektion erfasst, wobei die ganze p-q-Ebene als Karte dient. Die Punkte des durch $\vartheta = \pi/2$ gegebenen Äquators divergieren auf der Karte ins Unendliche, wobei es je nach Azimut φ verschiedene Richtungen des Unendlichen gibt, die wir bei $\varphi = 0$ mit ∞, bei $\varphi = \pi$ mit $-\infty$, allgemein beim Azimut φ mit $\mathrm{e}^{\mathrm{j}\varphi}\infty$ abkürzen.

Obwohl sie alles andere als winkeltreu ist, bewährt sich die gnomonische Projektion für die Seefahrt aus dem folgenden Grund: Die kürzeste Verbindung zweier Punkte auf der Nordhalbkugel gewinnt man dadurch, dass man die Ebene, welche die beiden Punkte und den Kugelmittelpunkt trägt, mit der Kugel schneidet. Die Schnittkurve ist jener Großkreisbogen, *Orthodrome* genannt, der auf kürzestem Weg die beiden Punkte verbindet. Bei der gnomonischen Projektion schneidet auf der Tangentialebene die gleiche Ebene die Orthodrome als geradlinige Verbindung der beiden Punkte heraus. So erkennt man zum Beispiel sehr gut, welchen ziemlich weit nach Norden gerichteten Weg ein Schiff von Southhampton nach New York einschlagen muss, um dabei möglichst wenige Seemeilen fahren zu müssen.

Bei der sogenannten *stereographischen Projektion* schneidet man nicht den vom Mittelpunkt, sondern den vom Südpol der Kugel zum Kugelpunkt führenden Strahl mit der Tangentialebene. Das griechische stereos bedeutet eigentlich „hart“ oder „fest“, hat also mit der Konstruktion von der Wortbedeutung her kaum etwas gemein. Trotzdem ist diese Projektion bereits den beiden griechischen Astronomen Hipparch und Ptolemäus bekannt. Möglicherweise entdeckten sie schon Gelehrte des alten Ägypten. Jedenfalls ist bei ihr wegen $r : (2R) = \tan(\vartheta/2)$, also wegen $r = 2R\tan(\vartheta/2)$

$$\frac{\mathrm{d}r}{\mathrm{d}\vartheta} = R\left(1+\tan^2\frac{\vartheta}{2}\right), \qquad \left(\frac{\mathrm{d}\vartheta}{\mathrm{d}r}\right)^2 = \frac{1}{R^2\left(1+\tan^2\frac{\vartheta}{2}\right)^2} = \frac{\cos^4\frac{\vartheta}{2}}{R^2}\,.$$

Wir kommen auf den im vorigen Abschnitt genannten Trick zurück und verwenden die Beziehungen

$$\sin\vartheta = \frac{2\tan\frac{\vartheta}{2}}{1+\tan^2\frac{\vartheta}{2}}\,, \qquad \frac{\sin^2\vartheta}{r^2} = \frac{\dfrac{4\tan^2\frac{\vartheta}{2}}{\left(1+\tan^2\frac{\vartheta}{2}\right)^2}}{4R^2\tan^2\frac{\vartheta}{2}} = \frac{1}{R^2\left(1+\tan^2\frac{\vartheta}{2}\right)^2} = \frac{\cos^4\frac{\vartheta}{2}}{R^2}\,.$$

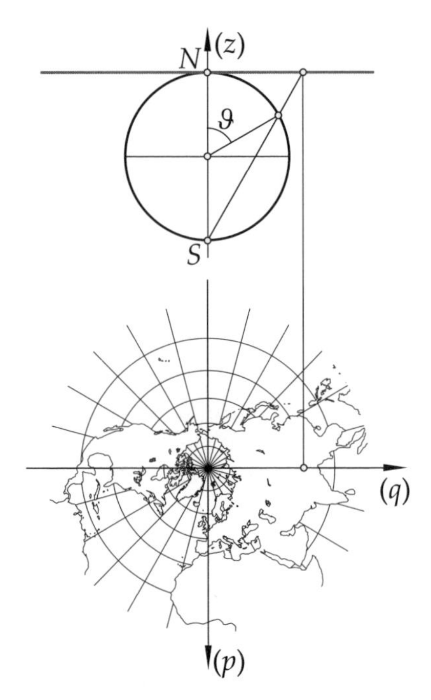

Bild 3.9 Die stereographische Projektion

Darum lauten bei der stereographischen Projektion die Fundamentalgrößen

$$\left(\frac{\partial}{\partial p}\middle|\frac{\partial}{\partial p}\right)=\cos^4\frac{\vartheta}{2}\,,\qquad \left(\frac{\partial}{\partial p}\middle|\frac{\partial}{\partial q}\right)=0\,,\qquad \left(\frac{\partial}{\partial q}\middle|\frac{\partial}{\partial q}\right)=\cos^4\frac{\vartheta}{2}\,.$$

Auch hier ist es erlaubt $\vartheta = 0$ zu setzen, den Nordpol somit als regulären Kugelpunkt zu betrachten. Wie bei der gnomonischen Projektion vereinfacht sich bei ihm die metrische Fundamentalmatrix zur Einheitsmatrix. Im Übrigen zeigt sich, dass die stereographische Projektion überall *winkeltreu* ist und bis auf den Südpol die gesamte Kugel erfasst, wobei die ganze p-q-Ebene als Karte dient. Der Südpol selbst wird in der Karte als unendlich ferner Punkt wahrgenommen. Aus Sicht der stereographischen Projektion gibt es also nicht wie bei der gnomonischen Projektion unendlich viele unendlich ferne Punkte $\mathrm{e}^{\mathrm{j}\varphi}\infty$, sondern nur einen, den man als Bruch $1/0$ symbolisiert.

In der Antike und im 16. und 17. Jahrhundert, als man vom Nordpol noch gar nichts kannte, hatte man die Tangentialebene bei der stereographischen Projektion nicht an den Nordpol, sondern an einen Punkt des Äquators, zum Beispiel am Schnittpunkt des Äquators mit dem Greenwichmeridian, geheftet. Außerdem begnügte man sich, nur eine Halbkugel abzubilden, zum Beispiel die Hemisphäre mit den durch $\varphi = \pm\pi/2$ gegebenen Meridianen als Grenzen. Dadurch erhielten die berühmten Kartographen Jean Roze, Rumold Mercator, der Sohn des Gerard Mercator, oder François d'Aiguillon ihre beeindruckenden winkeltreuen Kartenentwürfe, die man in den frühen Atlanten bewundern kann.

Kehren wir noch einmal zur stereographischen Projektion mit dem Nordpol als Aufpunkt der Tangentialebene zurück. Wir überlegen uns, wie sich in ihr die durch

$$\varphi = \varphi_0 - (1/a)\ln\arctan(\vartheta/2)$$

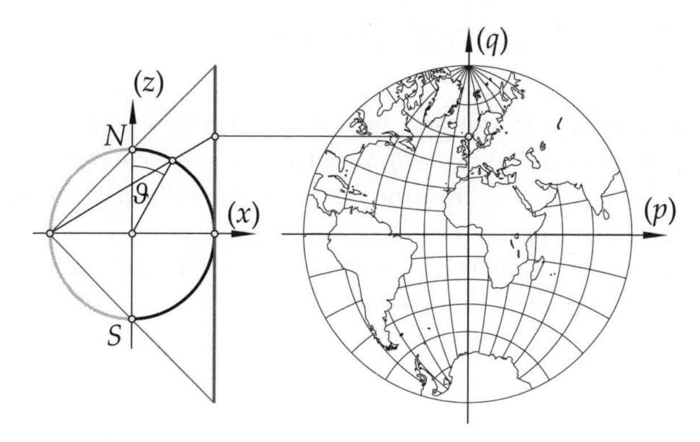

Bild 3.10 Die stereographische Projektion der östlichen Hemisphäre

gegebene Loxodrome darstellt. Beachten wir, dass $\tan(\vartheta/2) = r/(2R)$ ist, schließen wir aus der Gleichung $a(\varphi - \varphi_0) + \ln(r/(2R)) = \ln\left(r\mathrm{e}^{a(\varphi-\varphi_0)}/(2R)\right) = 0$ auf die Formel

$$r = 2R\mathrm{e}^{a(\varphi_0-\varphi)}$$

für die Loxodrome. Sie zeigt sich in der p-q-Ebene als sogenannte *logarithmische Spirale*, die sich um den Nordpol windet.

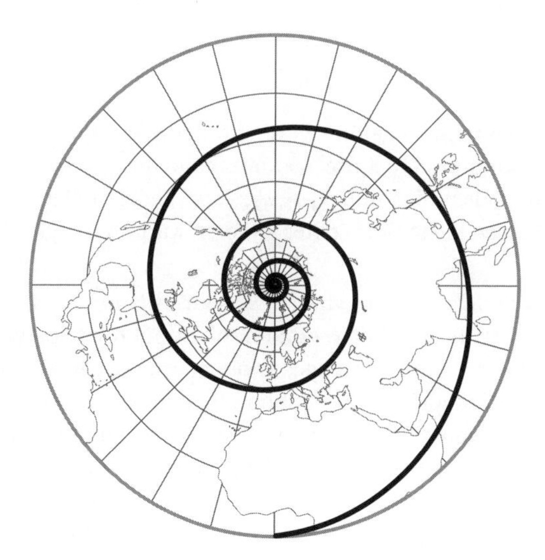

Bild 3.11 Die stereographische Projektion bildet eine Loxodrome als logarithmische Spirale ab

Aus der Winkeltreue der stereographischen Projektion schloss Jakob Bernoulli, dass die logarithmische Spirale die vom Nordpol ausgehenden Strahlen stets unter dem gleichen Winkel schneidet. Er war von der von ihm entdeckten geometrischen Eigenschaft dieser schönen Kurve so fasziniert, dass er sie auf seinem Grabstein graviert wissen wollte, versehen mit den Worten „eadem mutata resurgo“, „Verwandelt kehre ich als Gleiche wieder“ – gemeint ist wohl neben der Kurve auch die Seele des Jakob Bernoulli. Leider hatte der Steinmetz aber statt ihrer eine archimedische Spirale gemeißelt.

3.4 Karten einer Mannigfaltigkeit

Die Idee Bernhard Riemanns, die er in seinem Vortrag vor Gauß zum Ausdruck brachte, bestand darin, die hier erörterten Gedanken zu verallgemeinern. Riemann geht von einem Gebiet L im n-dimensionalen q_1-q_2-...-q_n-Raum aus und nennt die im Gebiet liegenden Objekte $(q_1, q_2, \dots, q_n)$ *Punkte* einer n-dimensionalen *Mannigfaltigkeit*. Das Gebiet selbst heißt eine *Karte* dieser Mannigfaltigkeit. Zusätzlich betrachtet er in jedem der Punkte einen Vektorraum $\mathcal{V} = \mathcal{V}(q_1, q_2, \dots, q_n)$, der die Differentialoperatoren

$$\frac{\partial}{\partial q_1}, \quad \frac{\partial}{\partial q_2}, \quad \dots, \quad \frac{\partial}{\partial q_n}$$

als Basisvektoren besitzt. *Vektoren* u, v, genau genommen: *Vektorfelder* u, v, sind als lineare Differentialoperatoren

$$u = a_1 \frac{\partial}{\partial q_1} + a_2 \frac{\partial}{\partial q_2} + \dots + a_n \frac{\partial}{\partial q_n}, \qquad v = b_1 \frac{\partial}{\partial q_1} + b_2 \frac{\partial}{\partial q_2} + \dots + b_n \frac{\partial}{\partial q_n}$$

gegeben. Ihre Komponenten a_m und b_m sind als Skalare im Allgemeinen vom jeweiligen *Aufpunkt* $(q_1, q_2, \dots, q_n)$ der Vektoren u, v abhängige Variablen. Es ist klar, wie man ihre Summe $u + v$ und bei einem Skalar $c = c(q_1, q_2, \dots, q_n)$ das Produkt cu festlegt:

$$u + v = (a_1 + b_1) \frac{\partial}{\partial q_1} + (a_2 + b_2) \frac{\partial}{\partial q_2} + \dots + (a_n + b_n) \frac{\partial}{\partial q_n},$$

$$cu = ca_1 \frac{\partial}{\partial q_1} + ca_2 \frac{\partial}{\partial q_2} + \dots + ca_n \frac{\partial}{\partial q_n}.$$

Die Pointe in dem von Riemann eingeführten Begriff der Mannigfaltigkeit besteht darin, dass diese im Allgemeinen nicht nur eine Karte, sondern eine Mehrzahl von Karten, einen ganzen *Atlas* besitzt. Es kann sein, dass die Punkte $(q_1, q_2, \dots, q_n)$ eines Teilgebietes M von L zugleich Punkte $(\varphi_1, \varphi_2, \dots, \varphi_n)$ eines Teilgebietes einer anderen Karte Λ der gleichen Mannigfaltigkeit sind.

Wir haben diese Betrachtungsweise im vorigen Abschnitt kennengelernt: Die Kugel ist eine zweidimensionale Mannigfaltigkeit. Mit der gnomonischen Projektion werden die Punkte der nördlichen Halbkugel, der Nordpol mit eingeschlossen erfasst. Mit zwei quadratischen Plattkarten P_α und P_β bei voneinander verschiedenen Winkeln α, β werden alle Kugelpunkte, abgesehen vom Nordpol und vom Südpol erfasst. Schließlich kann man die gnomonische Projektion analog zu der im vorigen Abschnitt betrachteten auch mit der Tangentialebene am Südpol als Karte definieren und somit die Punkte der südlichen Halbkugel, den Südpol mit eingeschlossen, erfassen. Die Kugel ist somit von einem aus vier Karten bestehenden Atlas beschrieben.

Es würde sogar ein Atlas bestehend aus den beiden folgenden Karten genügen: Zum einen die im vorigen Abschnitt beschriebene stereographische Projektion in die p-q-Ebene, bei der im Ursprung der Ebene der Nordpol liegt und der Südpol als einziger Kugelpunkt, mit $1/0$ bezeichnet, im Unendlichen liegt. Wir erinnern uns: Setzt man $p^2 + q^2 = r^2$ und bezeichnen wie üblich R den Radius der Kugel, ϑ ihren Polwinkel sowie φ ihren Azimut, gelten die Beziehungen $p = r\cos\varphi$, $q = r\sin\varphi$, zusammengefasst zu $p + \mathrm{j}q = r\mathrm{e}^{\mathrm{j}\varphi}$, sowie

$$r = 2R\tan\frac{\vartheta}{2}.$$

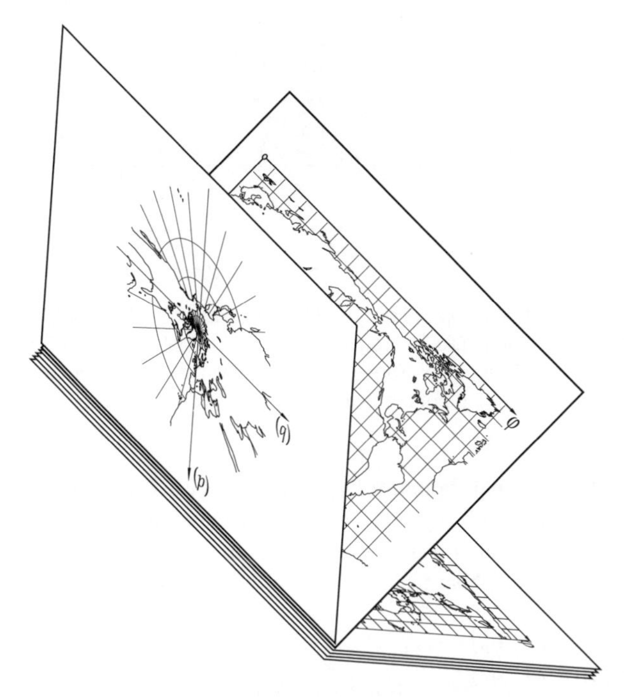

Bild 3.12 Ein Atlas der Kugel, bestehend aus der gnomonischen Projektion, zwei quadratischen Plattkarten und weiteren Karten

Und zum anderen die analoge stereographische Projektion in die λ-μ-Ebene, bei der Nord- und Südpol die Rollen vertauschen. Bei ihr setzen wir $\lambda^2 + \mu^2 = \varrho^2$. Wir schreiben $\lambda = \varrho\cos\varphi$, $\mu = -\varrho\sin\varphi$, zusammengefasst zu $\lambda + \mathrm{j}\mu = \varrho \mathrm{e}^{-\mathrm{j}\varphi}$. Warum wir bei $\mu = -\varrho\sin\varphi$ ein Minuszeichen auftauchen lassen, werden wir am Ende des Abschnitts verstehen. Jedenfalls gilt

$$\varrho = 2R\tan\frac{\pi - \vartheta}{2} = 2R\tan\left(\frac{\pi}{2} - \frac{\vartheta}{2}\right) = \frac{2R}{\tan\frac{\vartheta}{2}} = \frac{4R^2}{r}\,.$$

Hier liegt der Südpol im Ursprung der Ebene und der Nordpol ist als einziger Kugelpunkt, mit 1/0 bezeichnet, seinerseits im Unendlichen. Die vom Nord- und Südpol verschiedenen Kugelpunkte werden sowohl als (p, q) als auch als (λ, μ) erfasst. Aus

$$\lambda + \mathrm{j}\mu = \varrho \mathrm{e}^{-\mathrm{j}\varphi} = \frac{4R^2}{r\mathrm{e}^{\mathrm{j}\varphi}} = \frac{4R^2}{p + \mathrm{j}q} = \frac{4R^2 p}{p^2 + q^2} - \mathrm{j}\frac{4R^2 q}{p^2 + q^2}$$

ersehen wir den Zusammenhang der Koordinaten λ, μ und der Koordinaten p, q des gleichen Kugelpunktes:

$$\lambda = \frac{4R^2 p}{p^2 + q^2}\,, \qquad \mu = \frac{-4R^2 q}{p^2 + q^2}\,,$$

und genauso gilt:

$$p = \frac{4R^2 \lambda}{\lambda^2 + \mu^2}\,, \qquad q = \frac{-4R^2 \mu}{\lambda^2 + \mu^2}\,.$$

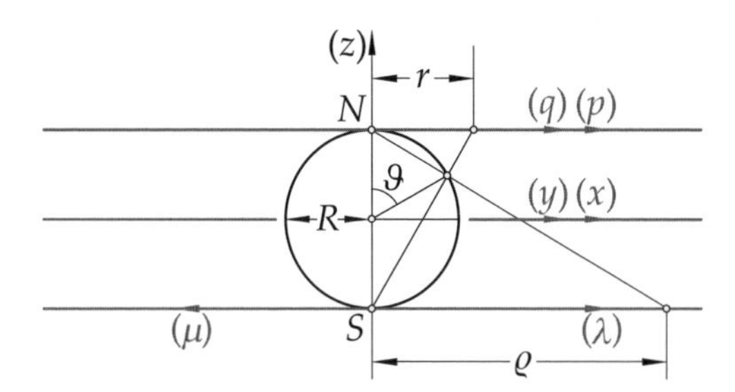

Bild 3.13 Im Nordpol N und im Südpol S der Kugel mit Radius R sind zur projizierenden x-y-Ebene parallele Tangentialebenen gelegt. Die Tangentialebene im Nordpol ist die p-q-Ebene, die Tangentialebene im Südpol ist die λ-μ-Ebene. Der Kugelpunkt mit Polwinkel ϑ wird mit zwei stereographischen Projektionen auf die p-q-Ebene und auf die λ-μ-Ebene abgebildet.

Bei Mannigfaltigkeiten verlangt Riemann in ähnlicher Weise Folgendes: Wird ein beliebiger Punkt des Teilgebietes M der im q_1-q_2-…-q_n-Raum liegenden Karte L als $(q_1, q_2, \ldots, q_n)$ erfasst und derselbe Punkt von der im φ_1-φ_2-…-φ_n-Raum liegenden Karte Λ als $(\varphi_1, \varphi_2, \ldots, \varphi_n)$ erfasst, besteht ein Diffeomorphismus

$$\left\{\begin{array}{l} \varphi_1 = \varphi_1(q_1, q_2, \ldots, q_n) \\ \varphi_2 = \varphi_2(q_1, q_2, \ldots, q_n) \\ \ldots \\ \varphi_n = \varphi_n(q_1, q_2, \ldots, q_n) \end{array}\right. \quad \text{mit der Umkehrung} \quad \left\{\begin{array}{l} q_1 = q_1(\varphi_1, \varphi_2, \ldots, \varphi_n) \\ q_2 = q_2(\varphi_1, \varphi_2, \ldots, \varphi_n) \\ \ldots \\ q_n = q_n(\varphi_1, \varphi_2, \ldots, \varphi_n) \end{array}\right.$$

zwischen den Koordinaten dieses Punktes. Dies bewirkt, dass sich die Basisvektoren $\partial/\partial\varphi_m$ nach der Formel

$$\frac{\partial}{\partial \varphi_m} = \frac{\partial q_1}{\partial \varphi_m}\frac{\partial}{\partial q_1} + \frac{\partial q_2}{\partial \varphi_m}\frac{\partial}{\partial q_2} + \ldots + \frac{\partial q_n}{\partial \varphi_m}\frac{\partial}{\partial q_n} = \begin{pmatrix} \frac{\partial}{\partial q_1} & \frac{\partial}{\partial q_2} & \cdots & \frac{\partial}{\partial q_n} \end{pmatrix} \begin{pmatrix} \frac{\partial q_1}{\partial \varphi_m} \\ \frac{\partial q_2}{\partial \varphi_m} \\ \vdots \\ \frac{\partial q_n}{\partial \varphi_m} \end{pmatrix}$$

errechnen. Mit der Bezeichnung

$$\frac{\partial(q_1, q_2, \ldots, q_n)}{\partial(\varphi_1, \varphi_2, \ldots, \varphi_n)} = \begin{pmatrix} \frac{\partial q_1}{\partial \varphi_1} & \frac{\partial q_1}{\partial \varphi_2} & \cdots & \frac{\partial q_1}{\partial \varphi_n} \\ \frac{\partial q_2}{\partial \varphi_1} & \frac{\partial q_2}{\partial \varphi_2} & \cdots & \frac{\partial q_2}{\partial \varphi_n} \\ \vdots & \vdots & \ddots & \vdots \\ \frac{\partial q_n}{\partial \varphi_1} & \frac{\partial q_n}{\partial \varphi_2} & \cdots & \frac{\partial q_n}{\partial \varphi_n} \end{pmatrix}$$

für die rechts stehende jacobische Matrix lautet daher die Formel des Basiswechsels

$$\begin{pmatrix} \frac{\partial}{\partial \varphi_1} & \frac{\partial}{\partial \varphi_2} & \cdots & \frac{\partial}{\partial \varphi_n} \end{pmatrix} = \begin{pmatrix} \frac{\partial}{\partial q_1} & \frac{\partial}{\partial q_2} & \cdots & \frac{\partial}{\partial q_n} \end{pmatrix} \frac{\partial(q_1, q_2, \ldots, q_n)}{\partial(\varphi_1, \varphi_2, \ldots, \varphi_n)} .$$

Beim Beispiel der beiden stereographischen Projektionen sind

$$\frac{\partial p}{\partial \lambda} = \frac{4R^2(\mu^2 - \lambda^2)}{(\lambda^2 + \mu^2)^2}, \quad \frac{\partial p}{\partial \mu} = \frac{-8R^2\lambda\mu}{(\lambda^2 + \mu^2)^2}, \quad \frac{\partial q}{\partial \lambda} = \frac{8R^2\lambda\mu}{(\lambda^2 + \mu^2)^2}, \quad \frac{\partial p}{\partial \mu} = \frac{4R^2(\mu^2 - \lambda^2)}{(\lambda^2 + \mu^2)^2} .$$

Die Determinante der jacobischen Matrix

$$\frac{\partial(p, q)}{\partial(\lambda, \mu)} = \frac{4R^2}{(\lambda^2 + \mu^2)^2} \begin{pmatrix} \mu^2 - \lambda^2 & -2\lambda\mu \\ 2\lambda\mu & \mu^2 - \lambda^2 \end{pmatrix}$$

errechnet sich als $4R^2/(\lambda^2 + \mu^2) = 4R^2/\varrho^2 = 4R^2 r^2$. Weil sie positiv ist, bleibt bei diesem Kartenwechsel die Orientierung erhalten. Dies ist der Grund, warum wir in $\mu = -\varrho \sin \varphi$ ein Minuszeichen auftauchen ließen: Wir wollen allein Diffeomorphismen zulassen, welche die *Orientierung* erhalten, mit anderen Worten: bei denen die Determinante der zugehörigen jacobischen Matrix positiv ist.

3.5 Messen auf einer Mannigfaltigkeit

Riemann verlangt von den Mannigfaltigkeiten, die er betrachtete, noch mehr: Für jeden ihrer Punkte $(q_1, q_2, \ldots q_n)$ sind n^2 *Fundamentalgrößen* $g_{11}, g_{12}, \ldots, g_{nn}$ definiert, welche die *metrische Fundamentalmatrix*

$$G = \begin{pmatrix} g_{11} & g_{12} & \cdots & g_{1n} \\ g_{21} & g_{22} & \cdots & g_{2n} \\ \vdots & \vdots & \ddots & \vdots \\ g_{n1} & g_{n2} & \cdots & g_{nn} \end{pmatrix}$$

zusammenfasst. Dabei verlangt Riemann erstens, dass die Matrix G symmetrisch ist. Das bedeutet, dass für alle Indizes k und m die Beziehung $g_{km} = g_{mk}$ zutrifft. Und Riemann verlangt zweitens, dass die Matrix G positiv definit ist. Das bedeutet, dass $g_{11} > 0$ gilt und dass für alle Zahlen m zwischen 2 und n die mit

$$G_m = \begin{pmatrix} g_{11} & g_{12} & \cdots & g_{1m} \\ g_{21} & g_{22} & \cdots & g_{2m} \\ \vdots & \vdots & \ddots & \vdots \\ g_{m1} & g_{m2} & \cdots & g_{mm} \end{pmatrix}$$

bezeichneten Minoren von G positive Determinanten besitzen. (Später ging der eine Generation nach Riemann lebende und in Göttingen wirkende Mathematiker Hermann Minkowski von dieser zweiten Bedingung ein wenig ab, weil im Falle $n = 4$ mit x, y, z als Raumkoordinaten und mit t als Zeitkoordinate sich Riemanns Überlegungen verallgemeinern ließen – Albert

Einsteins Relativitätstheorie fußt darauf – aber in diesem Fall verlangt wird, dass zwar noch G_3 positiv definit ist, die Determinante von G selbst aber negativ ist. Wir wollen es bei dieser Anmerkung bewenden lassen und kehren zu Riemanns ursprünglicher Geometrie zurück.)

Die inneren Produkte der Basisvektoren erklärt Riemann mithilfe der Formel

$$\left(\frac{\partial}{\partial q_k} \middle| \frac{\partial}{\partial q_m}\right) = g_{km} .$$

Folglich ist für beliebige Vektoren

$$u = a_1 \frac{\partial}{\partial q_1} + a_2 \frac{\partial}{\partial q_2} + \ldots + a_n \frac{\partial}{\partial q_n} , \qquad v = b_1 \frac{\partial}{\partial q_1} + b_2 \frac{\partial}{\partial q_2} + \ldots + b_n \frac{\partial}{\partial q_n}$$

deren inneres Produkt als

$$(u|v) = \sum_{k=1}^{n} \sum_{m=1}^{n} g_{km} a_k b_m = \begin{pmatrix} a_1 & a_2 & \cdots & a_n \end{pmatrix} G \begin{pmatrix} b_1 \\ b_2 \\ \vdots \\ b_n \end{pmatrix}$$

gegeben. Insbesondere gilt bei einem Kartenwechsel

$$\frac{\partial}{\partial \varphi_m} = \frac{\partial q_1}{\partial \varphi_m} \frac{\partial}{\partial q_1} + \frac{\partial q_2}{\partial \varphi_m} \frac{\partial}{\partial q_2} + \ldots + \frac{\partial q_n}{\partial \varphi_m} \frac{\partial}{\partial q_n}$$

und

$$\frac{\partial}{\partial \varphi_k} = \frac{\partial q_1}{\partial \varphi_k} \frac{\partial}{\partial q_1} + \frac{\partial q_2}{\partial \varphi_k} \frac{\partial}{\partial q_2} + \ldots + \frac{\partial q_n}{\partial \varphi_k} \frac{\partial}{\partial q_n} ,$$

dass sich die Fundamentalgrößen γ_{km} bezogen auf die Basis der im φ_1-φ_2-…-φ_n-Raum liegenden Karte als

$$\gamma_{km} = \left(\frac{\partial}{\partial \varphi_k} \middle| \frac{\partial}{\partial \varphi_m}\right) = \begin{pmatrix} \frac{\partial q_1}{\partial \varphi_m} & \frac{\partial q_2}{\partial \varphi_m} & \cdots & \frac{\partial q_n}{\partial \varphi_m} \end{pmatrix} G \begin{pmatrix} \frac{\partial q_1}{\partial \varphi_k} \\ \frac{\partial q_2}{\partial \varphi_k} \\ \vdots \\ \frac{\partial q_n}{\partial \varphi_k} \end{pmatrix}$$

errechnen. Bezeichnet in dieser Karte

$$\Gamma = \begin{pmatrix} \gamma_{11} & \gamma_{12} & \cdots & \gamma_{1n} \\ \gamma_{21} & \gamma_{22} & \cdots & \gamma_{2n} \\ \vdots & \vdots & \ddots & \vdots \\ \gamma_{n1} & \gamma_{n2} & \cdots & \gamma_{nn} \end{pmatrix}$$

die metrische Fundamentalmatrix, lautet aufgrund der obigen Rechnung ihre Darstellungsformel

$$\Gamma = \frac{\partial(q_1, q_2, \ldots, q_n)}{\partial(\varphi_1, \varphi_2, \ldots, \varphi_n)}^{\mathrm{tr}} \cdot G \cdot \frac{\partial(q_1, q_2, \ldots, q_n)}{\partial(\varphi_1, \varphi_2, \ldots, \varphi_n)} .$$

Auf der Mannigfaltigkeit liegt eine *Kurve* vor, wenn die Koordinaten $q_1, q_2, \ldots, q_n$ eines Kurvenpunktes $\left(q_1, q_2, \ldots, q_n\right)$ stetig differenzierbar von einem Kurvenparameter t abhängen, wobei dieser ein offenes Intervall J durchläuft. Für alle Zahlen m zwischen 1 und n besteht demnach die Abhängigkeit $q_m = q_m(t)$. Newtons Symbolik folgend bezeichnen wir die Ableitungen nach t mit $\dot{q}_m = \mathrm{d}q_m/\mathrm{d}t$ und erhalten mit

$$u = \dot{q}_1 \frac{\partial}{\partial q_1} + \dot{q}_2 \frac{\partial}{\partial q_2} + \ldots + \dot{q}_n \frac{\partial}{\partial q_n}$$

den *Tangentialvektor* an die Kurve. Mit

$$\mathrm{d}s = \sqrt{(u|u)}\,\mathrm{d}t = \sqrt{\sum_{k=1}^{n} \sum_{m=1}^{n} g_{km} \dot{q}_k \dot{q}_m}\,\mathrm{d}t$$

erhalten wir das *Differential der Bogenlänge* der Kurve. Bezeichnet $[a; b]$ ein im Parameterintervall liegendes kompaktes Intervall, erhält man ein Kurvenstück Σ, wenn man t nur $[a; b]$ durchlaufen lässt. Das Integral

$$\int_{\Sigma} \mathrm{d}s = \int_a^b \sqrt{\sum_{k=1}^{n} \sum_{m=1}^{n} g_{km} \dot{q}_k \dot{q}_m}\,\mathrm{d}t$$

teilt uns die *Länge* des Kurvenstücks mit.

Wir nehmen an, es sei eine zweite Kurve $q_m = q_m(\tau)$ gegeben, deren Parameter τ ein offenes Intervall I durchläuft. Wenn für den Parameter t_0 aus J und den Parameter τ_0 aus I die beiden Kurven den gleichen Punkt besitzen, sagen wir, dass sich diese beiden Kurven in diesem Punkt treffen und dort einander berühren beziehungsweise einander schneiden. Dies hängt davon ab, ob deren *Schnittwinkel* φ entweder $0°$ beziehungsweise $180°$ beträgt, oder aber von diesen beiden Werten verschieden ist. Berechnet wird der Betrag des Schnittwinkels φ nach der Formel

$$\cos\varphi = \frac{(u|v)}{\sqrt{(u|u)}\sqrt{(v|v)}}$$

In ihr bezeichnen u den oben angeschriebenen Tangentenvektor der ersten Kurve und

$$v = q'_1 \frac{\partial}{\partial q_1} + q'_2 \frac{\partial}{\partial q_2} + \ldots + q'_n \frac{\partial}{\partial q_n}$$

den Tangentenvektor der zweiten Kurve, wobei für alle Zahlen m zwischen 1 und n die Ableitung der Koordinate q_m nach τ mit $q'_m = \mathrm{d}q_m/\mathrm{d}\tau$ abgekürzt ist.

3.6 Ableitungskoeffizienten der Punkte

Die metrische Fundamentalmatrix erlaubt, aus der Basis $\partial/\partial q_1, \partial/\partial q_2, \ldots, \partial/\partial q_n$ eine Orthonormalbasis $v_1, v_2, \ldots, v_n$ der Mannigfaltigkeit zu gewinnen. Wir erinnern an das Orthogonalisierungsverfahren nach Gram und Schmidt, das wir im zweiten Band in Abschnitt 4.5 kennengelernt haben: Zunächst berechnen wir der Reihe nach die Vektoren

$$u_1 = \frac{\partial}{\partial q_1}\,, \qquad u_2 = \begin{vmatrix} g_{11} & g_{12} \\ \dfrac{\partial}{\partial q_1} & \dfrac{\partial}{\partial q_2} \end{vmatrix}\,, \qquad u_3 = \begin{vmatrix} g_{11} & g_{12} & g_{13} \\ g_{21} & g_{22} & g_{23} \\ \dfrac{\partial}{\partial q_1} & \dfrac{\partial}{\partial q_2} & \dfrac{\partial}{\partial q_3} \end{vmatrix}\,,$$

bis hin zu

$$u_n = \begin{vmatrix} g_{11} & g_{12} & \cdots & g_{1n} \\ \vdots & \vdots & \ddots & \vdots \\ g_{(n-1)1} & g_{(n-1)2} & \cdots & g_{(n-1)n} \\ \dfrac{\partial}{\partial q_1} & \dfrac{\partial}{\partial q_2} & \cdots & \dfrac{\partial}{\partial q_n} \end{vmatrix}\,.$$

Von diesen Vektoren ist uns Folgendes bekannt: Für alle Zahlen m zwischen 1 und n ist u_m vom Nullvektor verschieden und eine Linearkombination der Vektoren $\partial/\partial q_1, \partial/\partial q_2, \ldots, \partial/\partial q_m$. Und für alle voneinander verschiedenen Zahlen k, m zwischen 1 und n stehen u_k und u_m aufeinander normal, es gilt $(u_k|u_m) = 0$. Somit ist klar, dass man mit

$$v_1 = \frac{1}{\sqrt{(u_1|u_1)}}u_1\,, \qquad v_2 = \frac{1}{\sqrt{(u_2|u_2)}}u_2\,, \qquad \ldots \qquad v_n = \frac{1}{\sqrt{(u_n|u_n)}}u_n$$

die gesuchte Orthonomalbasis bekommt. Von den Punkten der Mannigfaltigkeit ausgehend bildet sie ein *bewegliches n-Bein*, genauer: ein *darbouxsches n-Bein*. Wie im Kapitel über Differentialgeometrie definieren wir Differentialformen erster Stufe $\sigma_1, \sigma_2, \ldots, \sigma_n$ gemäß der Formel

$$\frac{\partial}{\partial q_1}\mathrm{d}q_1 + \frac{\partial}{\partial q_2}\mathrm{d}q_2 + \ldots + \frac{\partial}{\partial q_n}\mathrm{d}q_n = v_1\sigma_1 + v_2\sigma_2 + \ldots + v_n\sigma_n$$

und nennen die so festgelegten $\sigma_1, \sigma_2, \ldots, \sigma_n$ die *Ableitungskoeffizienten der Punkte* der Mannigfaltigkeit.

Wenn zum Beispiel eine von den Parametern p, q abhängige Fläche vorliegt, wobei in der Karte auf der p-q-Ebene die Flächenpunkte mit (p, q) bezeichnet sind, kennen wir bereits die Vektoren v_1, v_2 des darbouxschen Zweibeins. Im Kontext der inneren Geometrie ist es kein *Drei*bein, sondern nur ein *Zwei*bein, weil wir in der Karte den Normalvektor h der Fläche nicht kennen. Aber wir wissen, dass die Ableitungskoeffizienten der Punkte

$$\sigma_1 = \sqrt{g_{11}}\,\mathrm{d}p + \frac{g_{12}}{\sqrt{g_{11}}}\mathrm{d}q\,, \qquad \sigma_2 = \frac{\sqrt{g}}{\sqrt{g_{11}}}\mathrm{d}q \qquad \text{mit} \qquad g = \det G = g_{11}g_{22} - g_{12}^2$$

lauten.

Viel einfacher gestalten sich die hier genannten Rechnungen, wenn man gleich davon ausgehen kann, dass die Basisvektoren $\partial/\partial q_1, \partial/\partial q_2, \ldots, \partial/\partial q_n$ paarweise aufeinander normal stehen, wenn also für alle voneinander verschiedenen Zahlen k, m zwischen 1 und n die Fundamentalgrößen g_{km} verschwinden. Denn in diesem Fall lautet die Orthonormalbasis

$$v_1 = \frac{1}{\sqrt{g_{11}}}\frac{\partial}{\partial q_1}\,, \qquad v_2 = \frac{1}{\sqrt{g_{22}}}\frac{\partial}{\partial q_2}\,, \qquad \ldots \qquad v_n = \frac{1}{\sqrt{g_{nn}}}\frac{\partial}{\partial q_n}$$

und die Ableitungskoeffizienten der Punkte errechnen sich als

$$\sigma_1 = \sqrt{g_{11}}\,\mathrm{d}q_1\,, \qquad \sigma_2 = \sqrt{g_{22}}\,\mathrm{d}q_2\,, \qquad \ldots, \qquad \sigma_n = \sqrt{g_{nn}}\,\mathrm{d}q_n\,.$$

Zum Glück tritt dieser Fall einer metrischen Fundamentalmatrix in Diagonalgestalt recht häufig auf.

Selbstverständlich beim dreidimensionalen Anschauungsraum, bei dem wir die Punkte mit den cartesischen Koordinaten x, y, z beschreiben. Gemäß unserer Bezeichnung ist

$$\mathrm{i} = \frac{\partial}{\partial x}\,, \qquad \mathrm{j} = \frac{\partial}{\partial y}\,, \qquad \mathrm{k} = \frac{\partial}{\partial z}$$

bereits ein Orthonormalsystem und die Ableitungskoeffizienten der Punkte lauten in diesem Beispiel $\sigma_1 = \mathrm{d}x$, $\sigma_2 = \mathrm{d}y$, $\sigma_3 = \mathrm{d}z$.

Mit dem Diffeomorphismus

$$\begin{cases} x = \varrho\cos\varphi \\ y = \varrho\sin\varphi \end{cases}$$

führt man im Raum Zylinderkoordinaten ϱ, φ, z ein. Aus den Formeln

$$\frac{\partial}{\partial\varrho} = \frac{\partial x}{\partial\varrho}\frac{\partial}{\partial x} + \frac{\partial y}{\partial\varrho}\frac{\partial}{\partial y} = \cos\varphi\cdot\frac{\partial}{\partial x} + \sin\varphi\cdot\frac{\partial}{\partial y}\,,$$
$$\frac{\partial}{\partial\varphi} = \frac{\partial x}{\partial\varphi}\frac{\partial}{\partial x} + \frac{\partial y}{\partial\varphi}\frac{\partial}{\partial y} = -\varrho\sin\varphi\cdot\frac{\partial}{\partial x} + \varrho\cos\varphi\cdot\frac{\partial}{\partial y}$$

errechnet sich

$$\left(\frac{\partial}{\partial\varrho}\Big|\frac{\partial}{\partial\varrho}\right) = 1\,, \qquad \left(\frac{\partial}{\partial\varrho}\Big|\frac{\partial}{\partial\varphi}\right) = 0\,, \qquad \left(\frac{\partial}{\partial\varphi}\Big|\frac{\partial}{\partial\varphi}\right) = \varrho^2\,.$$

Darum lautet für Zylinderkoordinaten ϱ, φ, z die Orthonormalbasis

$$v_1 = \frac{\partial}{\partial\varrho}\,, \qquad v_2 = \frac{1}{\varrho}\frac{\partial}{\partial\varphi}\,, \qquad v_3 = \frac{\partial}{\partial z}$$

und die Ableitungskoeffizienten der Punkte lauten in diesem Beispiel $\sigma_1 = \mathrm{d}\varrho$, $\sigma_2 = \varrho\mathrm{d}\varphi$, $\sigma_3 = \mathrm{d}z$.

Mit dem Diffeomorphismus

$$\begin{cases} \varrho = r\sin\vartheta \\ z = r\cos\vartheta \end{cases}$$

führt man im Raum Kugelkoordinaten r, ϑ, φ ein. Aus den Formeln

$$\frac{\partial}{\partial r} = \frac{\partial\varrho}{\partial r}\frac{\partial}{\partial\varrho} + \frac{\partial z}{\partial r}\frac{\partial}{\partial z} = \sin\vartheta\cdot\frac{\partial}{\partial\varrho} + \cos\vartheta\cdot\frac{\partial}{\partial z}\,,$$
$$\frac{\partial}{\partial\vartheta} = \frac{\partial\varrho}{\partial\vartheta}\frac{\partial}{\partial\varrho} + \frac{\partial z}{\partial\vartheta}\frac{\partial}{\partial z} = r\cos\vartheta\cdot\frac{\partial}{\partial\varrho} - r\sin\vartheta\cdot\frac{\partial}{\partial z}$$

errechnet sich

$$\left(\frac{\partial}{\partial r}\Big|\frac{\partial}{\partial r}\right)=1\,,\qquad \left(\frac{\partial}{\partial r}\Big|\frac{\partial}{\partial \vartheta}\right)=0\,,\qquad \left(\frac{\partial}{\partial \vartheta}\Big|\frac{\partial}{\partial \vartheta}\right)=r^2\,.$$

Darum lautet für Kugelkoordinaten r, ϑ, φ die Orthonormalbasis

$$v_1=\frac{\partial}{\partial r}\,,\qquad v_2=\frac{1}{r}\frac{\partial}{\partial\vartheta}\,,\qquad v_3=\frac{1}{\varrho}\frac{\partial}{\partial\varphi}=\frac{1}{r\sin\vartheta}\frac{\partial}{\partial\varphi}$$

und die Ableitungskoeffizienten der Punkte lauten in diesem Beispiel $\sigma_1=\mathrm{d}r$, $\sigma_2=r\mathrm{d}\vartheta$, $\sigma_3=r\sin\vartheta\cdot\mathrm{d}\varphi$

3.7 Inhaltselement einer Mannigfaltigkeit

Im Falle einer allgemein gegebenen Mannigfaltigkeit, bei der die Basisvektoren $\partial/\partial q_1$, $\partial/\partial q_2$, $\ldots$, $\partial/\partial q_n$ nicht notwendig paarweise aufeinander normal stehen, ist die Ermittlung der Orthonormalbasis $v_1, v_2, \ldots, v_n$ und der Ableitungskoeffizienten der Punkte $\sigma_1, \sigma_2, \ldots, \sigma_n$ sehr mühsam. Doch zumindest eine wichtige Information kann man aus der Gleichung

$$\frac{\partial}{\partial q_1}\mathrm{d}q_1+\frac{\partial}{\partial q_2}\mathrm{d}q_2+\ldots+\frac{\partial}{\partial q_n}\mathrm{d}q_n=v_1\sigma_1+v_2\sigma_2+\ldots+v_n\sigma_n$$

gewinnen: Bildet man bei einer Zahl m zwischen 1 und n auf beiden Seiten das innere Produkt mit v_m und beachtet man, dass der Vektor v_m zu allen Vektoren $\partial/\partial q_1$, $\partial/\partial q_2$, $\ldots$, $\partial/\partial q_{m-1}$ normal steht, ersieht man hieraus die Darstellungsformel

$$\sigma_m=\left(\frac{\partial}{\partial q_m}\Big|v_m\right)\mathrm{d}q_m+\left(\frac{\partial}{\partial q_{m+1}}\Big|v_m\right)\mathrm{d}q_{m+1}+\ldots+\left(\frac{\partial}{\partial q_n}\Big|v_m\right)\mathrm{d}q_n\,.$$

Den ersten Koeffizienten $\left(\partial/\partial q_m\,|\,v_m\right)$ der rechten Summe ermitteln wir mithilfe der Formeln des Orthogonalisierungsverfahrens von Gram und Schmidt. Ihm zufolge ist nämlich einerseits

$$\left(\frac{\partial}{\partial q_m}\Big|u_m\right)=\begin{vmatrix} g_{11} & g_{12} & \cdots & g_{1n}\\ \vdots & \vdots & \ddots & \vdots\\ g_{(m-1)1} & g_{(m-1)2} & \cdots & g_{(m-1)m}\\ \left(\frac{\partial}{\partial q_m}\Big|\frac{\partial}{\partial q_1}\right) & \left(\frac{\partial}{\partial q_m}\Big|\frac{\partial}{\partial q_2}\right) & \cdots & \left(\frac{\partial}{\partial q_m}\Big|\frac{\partial}{\partial q_n}\right)\end{vmatrix}=\det G_m$$

die Determinante des m-ten Minors G_m von G. Andererseits wissen wir vom Orthogonalisierungsverfahren, dass

$$(u_m|u_m)=\det G_{m-1}\cdot\det G_m$$

zutrifft. Darum gilt

$$\left(\frac{\partial}{\partial q_m}\Big|v_m\right)=\frac{1}{\sqrt{\det G_{m-1}\cdot\det G_m}}\left(\frac{\partial}{\partial q_m}\Big|u_m\right)=\frac{\det G_m}{\sqrt{\det G_{m-1}\cdot\det G_m}}=\frac{\sqrt{\det G_m}}{\sqrt{\det G_{m-1}}}\,,$$

und wir bekommen die Darstellung

$$\sigma_m = \frac{\sqrt{\det G_m}}{\sqrt{\det G_{m-1}}} \mathrm{d}q_m + \left(\frac{\partial}{\partial q_{m+1}} | v_m\right) \mathrm{d}q_{m+1} + \ldots + \left(\frac{\partial}{\partial q_n} | v_m\right) \mathrm{d}q_n \,.$$

Dieses Wissen genügt, um das durch $\sigma_1\sigma_2\ldots\sigma_n$ definierte *Inhaltselement* der Mannigfaltigkeit berechnen zu können. Aus

$$\sigma_1\sigma_2\ldots\sigma_n = \sqrt{g_{11}}\,\mathrm{d}q_1 \frac{\sqrt{\det G_2}}{\sqrt{g_{11}}} \mathrm{d}q_2 \frac{\sqrt{\det G_3}}{\sqrt{\det G_2}} \mathrm{d}q_3 \ldots \frac{\sqrt{\det G_n}}{\sqrt{\det G_{n-1}}} \mathrm{d}q_n$$

und $G_n = G$ folgern wir die wichtige Formel

$$\sigma_1\sigma_2\ldots\sigma_n = \sqrt{\det G}\,\mathrm{d}q_1\mathrm{d}q_2\ldots\mathrm{d}q_n$$

Ein schönes Anwendungsbeispiel betrifft die Berechnung des Inhalts der vierdimensionalen Vollkugel Θ mit Radius R. Diese befindet sich im vierdimensionalen x-y-z-ξ-Raum, dessen Punkte (x, y, z, ξ) die cartesischen Koordinaten x, y, z, ξ besitzen. Umrandet wird die vierdimensionale Vollkugel von der durch die Gleichung $x^2 + y^2 + z^2 + \xi^2 = R^2$ gegebenen dreidimensionalen Mannigfaltigkeit $\Sigma = \partial\Theta$, einer sogenannten dreidimensionalen Sphäre. Das griechische sphaíra bedeutet nämlich „Hülle“. Mithilfe der Diffeomorphismen

$$\begin{cases} x = \varrho\cos\varphi \\ y = \varrho\sin\varphi \end{cases} \qquad \begin{cases} \varrho = r\sin\vartheta \\ z = r\cos\vartheta \end{cases} \qquad \begin{cases} r = \alpha\sin\psi \\ \xi = \alpha\cos\psi \end{cases}$$

gelangt man von der obigen Gleichung schrittweise zu $\varrho^2 + z^2 + \xi^2 = R^2$, wobei φ das offene Intervall $]-\pi;\pi[$ durchläuft, zu $r^2 + \xi^2 = R^2$, wobei ϑ das offene Intervall $]0;\pi[$ durchläuft, und zu $\alpha^2 = R^2$, wobei ψ das offene Intervall $]0;\pi[$ durchläuft. Mit anderen Worten: In vierdimensionalen Kugelkoordinaten α, ψ, ϑ, φ lautet die Gleichung der dreidimensionalen Sphäre einfach nur $\alpha = R$. Die bereits bekannten Umrechnungen

$$\frac{\partial}{\partial\varrho} = \cos\varphi\cdot\frac{\partial}{\partial x} + \sin\varphi\cdot\frac{\partial}{\partial y}\,, \qquad \frac{\partial}{\partial\varphi} = -\varrho\sin\varphi\cdot\frac{\partial}{\partial x} + \varrho\cos\varphi\cdot\frac{\partial}{\partial y}\,,$$

$$\frac{\partial}{\partial r} = \sin\vartheta\cdot\frac{\partial}{\partial\varrho} + \cos\vartheta\cdot\frac{\partial}{\partial z}\,, \qquad \frac{\partial}{\partial\vartheta} = r\cos\vartheta\cdot\frac{\partial}{\partial\varrho} - r\sin\vartheta\cdot\frac{\partial}{\partial z}$$

mit

$$\left(\frac{\partial}{\partial\varrho}|\frac{\partial}{\partial\varrho}\right) = 1\,, \qquad \left(\frac{\partial}{\partial\varrho}|\frac{\partial}{\partial\varphi}\right) = 0\,, \qquad \left(\frac{\partial}{\partial\varphi}|\frac{\partial}{\partial\varphi}\right) = \varrho^2\,,$$

$$\left(\frac{\partial}{\partial r}|\frac{\partial}{\partial r}\right) = 1\,, \qquad \left(\frac{\partial}{\partial r}|\frac{\partial}{\partial\vartheta}\right) = 0\,, \qquad \left(\frac{\partial}{\partial\vartheta}|\frac{\partial}{\partial\vartheta}\right) = r^2$$

führen zusammen mit

$$\frac{\partial}{\partial\alpha} = \frac{\partial r}{\partial\alpha}\frac{\partial}{\partial r} + \frac{\partial\xi}{\partial\alpha}\frac{\partial}{\partial\xi} = \sin\psi\cdot\frac{\partial}{\partial r} + \cos\psi\cdot\frac{\partial}{\partial\xi}\,,$$

$$\frac{\partial}{\partial\psi} = \frac{\partial r}{\partial\psi}\frac{\partial}{\partial r} + \frac{\partial\xi}{\partial\psi}\frac{\partial}{\partial\xi} = \alpha\cos\psi\cdot\frac{\partial}{\partial r} - \alpha\sin\psi\cdot\frac{\partial}{\partial\xi}$$

mit

$$\left(\frac{\partial}{\partial\alpha}\Big|\frac{\partial}{\partial\alpha}\right)=1\,,\qquad \left(\frac{\partial}{\partial\alpha}\Big|\frac{\partial}{\partial\psi}\right)=0\,,\qquad \left(\frac{\partial}{\partial\psi}\Big|\frac{\partial}{\partial\psi}\right)=\alpha^2$$

zur metrischen Fundamentalmatrix G in vierdimensionalen Kugelkoordinaten:

$$G=\begin{pmatrix} 1 & 0 & 0 & 0 \\ 0 & \alpha^2 & 0 & 0 \\ 0 & 0 & r^2 & 0 \\ 0 & 0 & 0 & \varrho^2 \end{pmatrix}.$$

Die Wurzel aus ihrer Determinante lautet

$$\sqrt{\det G}=\alpha r\varrho=\alpha^2\sin\psi\cdot r\sin\vartheta=\alpha^3\sin^2\psi\cdot\sin\vartheta\,.$$

Darum ergibt das Integral

$$\int_\Theta\sqrt{\det G}\,\mathrm{d}\alpha\mathrm{d}\psi\mathrm{d}\vartheta\mathrm{d}\varphi=\int_0^R\alpha^3\mathrm{d}\alpha\cdot\int_0^\pi\sin^2\psi\cdot\mathrm{d}\psi\cdot\int_0^\pi\sin\vartheta\cdot\mathrm{d}\vartheta\cdot\int_{-\pi}^\pi\mathrm{d}\varphi=$$

$$=\left[\frac{\alpha^4}{4}\right]_0^R\cdot\left[\frac{\psi-\sin\psi\cdot\cos\psi}{2}\right]_0^\pi\cdot[-\cos\vartheta]_0^\pi\cdot[\varphi]_{-\pi}^\pi=\frac{R^4}{4}\cdot\frac{\pi}{2}\cdot2\cdot2\pi=\frac{\pi^2}{2}R^4$$

den Inhalt der vierdimensionalen Vollkugel mit Radius R.

Überdies können wir die mit der Gleichung $x^2+y^2+z^2+\xi^2=R^2$ beschriebene dreidimensionale Sphäre Σ als dreidimensionale Mannigfaltigkeit betrachten. Sieht man von den durch $\psi=0$, $\psi=\pi$, $\vartheta=0$, $\vartheta=\pi$ und von $\varphi=\pm\pi$ gegebenen Teilen dieser Mannigfaltigkeit ab, die allesamt von kleinerer Dimension als 3 sind, können wir diese Sphäre im ψ-ϑ-φ-Raum als Gesamtheit aller Punkte (ψ,ϑ,φ) betrachten, wobei die Koordinaten ψ, ϑ, φ jeweils die offenen Intervalle $]0;\pi[$, $]0;\pi[$ und $]-\pi,\pi[$ durchlaufen. Aufgrund der eben durchgeführten Rechnungen wird den Basisvektoren $\partial/\partial\psi$, $\partial/\partial\vartheta$, $\partial/\partial\varphi$ die Orthonormalbasis

$$v_1=\frac{1}{R}\frac{\partial}{\partial\psi}\,,\qquad v_2=\frac{1}{R\sin\psi}\frac{\partial}{\partial\vartheta}\,,\qquad v_3=\frac{1}{R\sin\psi\cdot\sin\vartheta}\frac{\partial}{\partial\varphi}$$

zugeordnet. Die Ableitungskoeffizienten der Punkte lauten somit

$$\sigma_1=R\mathrm{d}\psi\,,\qquad \sigma_2=R\sin\psi\cdot\mathrm{d}\vartheta\,,\qquad \sigma_3=R\sin\psi\cdot\sin\vartheta\cdot\mathrm{d}\varphi\,.$$

Demgemäß benennt das Integral

$$\int_\Sigma\sigma_1\sigma_2\sigma_3=R^3\int_0^\pi\sin^2\psi\cdot\mathrm{d}\psi\cdot\int_0^\pi\sin\vartheta\cdot\mathrm{d}\vartheta\cdot\int_{-\pi}^\pi\mathrm{d}\varphi=2\pi^2R^3$$

den Inhalt der dreidimensionalen Sphäre mit Radius R.

3.8 Ableitungskoeffizienten der Vektoren

In der Flächentheorie lernten wir nicht nur die Ableitungskoeffizienten σ_1, σ_2 der Flächenpunkte, sondern auch die mit ω_{km} bezeichneten Ableitungskoeffizienten kennen. Sie beschrieben die Änderungen der Vektoren des darbouxschen Dreibeins. Unser Ziel ist, ähnliche

Differentialformen erster Stufe ω_{km} für n-dimensionale Mannigfaltigkeiten zu definieren, welche wir die *Ableitungskoeffizienten der Vektoren* nennen wollen. Die Indizes k, m durchlaufen dabei die Zahlen zwischen 1 und n. Dabei gehen wir von der Orthonormalbasis $v_1, v_2, \ldots, v_n$ aus und nehmen an, dass wir die Ableitungskoeffizienten $\sigma_1, \sigma_2, \ldots, \sigma_n$ der Punkte bereits kennen. Weil wir unserer Untersuchung eine Orthonormalbasis zugrunde legen, erheben wir an die ω_{km} die Forderung, dass die von ihnen gebildete Matrix schiefsymmetrisch ist. Wir nennen dies die *Forderung der Antisymmetrie*. Es soll also für alle Indizes k, m

$$\omega_{mk} = -\omega_{km} \qquad \text{und insbesondere} \qquad \omega_{mm} = 0$$

sein. Im Falle der Flächen, also der zweidimensionalen Mannigfaltigkeiten, ist $n = 2$, und es bleibt aufgrund dieser Forderung nur der eine Ableitungskoeffizient $\omega_{21} = -\omega_{12}$ der Vektoren v_1, v_2 übrig. Die anderen im vorigen Kapitel betrachteten Ableitungskoeffizienten der Vektoren des darbouxschen Dreibeins entgleiten uns. Denn wir betreiben innere Geometrie, betrachten also die Fläche nur mittels ihrer ebenen, zweidimensionalen Karten.

Neben der Forderung der Antisymmetrie erheben wir als zweite Forderung an die ω_{km}, dass sie für alle Indizes k den *Gleichungen von Gauß*

$$d\sigma_k + \sum_{m=1}^{n} \omega_{km}\sigma_m = 0$$

gehorchen. Wegen $\omega_{km}\sigma_m = -\sigma_m\omega_{km}$ können wir diese auch in der Gestalt

$$d\sigma_k = \sum_{m=1}^{n} \sigma_m\omega_{km}$$

schreiben.

Wir rufen uns in Erinnerung, dass die Differentiale $d\sigma_k$ Differentialformen zweiter Stufe sind, folglich als Linearkombinationen von $\sigma_1\sigma_2, \sigma_1\sigma_3, \ldots, \sigma_{n-1}\sigma_n$ in der Form

$$d\sigma_k = c_{k12}\sigma_1\sigma_2 + c_{k13}\sigma_1\sigma_3 + \ldots + c_{k(n-1)n}\sigma_{n-1}\sigma_n = \sum_{l=1}^{n} \sum_{m=l+1}^{n} c_{klm}\sigma_l\sigma_m$$

dargestellt werden können. Die Koeffizienten c_{klm} sind für alle Zahlen k zwischen 1 und n, für alle Zahlen l zwischen 1 und n und für alle Zahlen m zwischen $l+1$ und n eindeutig bestimmt. Legt man überdies $c_{kmm} = 0$ und $c_{kml} = -c_{klm}$ fest, hat man die c_{klm} sogar für alle Indizes k, l, m definiert, die Zahlen zwischen 1 und n annehmen. Weil $\sigma_m\sigma_l = -\sigma_l\sigma_m$ gilt, ist mit dieser Festlegung die Darstellung

$$d\sigma_k = \frac{1}{2}\sum_{l=1}^{n} \sum_{m=1}^{n} c_{klm}\sigma_l\sigma_m \qquad \text{mit} \quad c_{klm} + c_{kml} = 0$$

gewonnen, in der die Indizes l und m gleichsam „gleichberechtigt" in Erscheinung treten.

Nun schreiben wir für die Ableitungskoeffizienten der Vektoren den Ansatz

$$\omega_{lm} = \sum_{k=1}^{n} \Gamma_{klm}\sigma_k$$

Die darin vorkommenden Koeffizienten Γ_{klm} werden nach ihrem Erfinder *Christoffelsymbole* genannt. Sie gilt es zu berechnen.

Erstens folgern wir aus der Forderung der Antisymmetrie für alle Indizes k, l, m zwischen 1 und n

$$\Gamma_{klm} + \Gamma_{kml} = 0$$

Die Christoffelsymbole sind genauso wie die c_{klm} in ihren beiden letzten Indizes antisymmetrisch. Wir nennen es die *erste Vertauschungsregel* der Christoffelsymbole.

Zweitens folgern wir aus der obigen Darstellung der $d\sigma_k$ und den Gleichungen von Gauß

$$d\sigma_l = \frac{1}{2} \sum_{m=1}^{n} \sum_{k=1}^{n} c_{lmk} \sigma_m \sigma_k = \sum_{m=1}^{n} \sigma_m \omega_{lm} = \sum_{m=1}^{n} \sigma_m \sum_{k=1}^{n} \Gamma_{klm} \sigma_k = \sum_{m=1}^{n} \sum_{k=1}^{n} \Gamma_{klm} \sigma_m \sigma_k .$$

Wegen $\sigma_m \sigma_k = -\sigma_k \sigma_m$ gilt überdies

$$d\sigma_l = -\sum_{m=1}^{n} \sum_{k=1}^{n} \Gamma_{klm} \sigma_k \sigma_m = -\sum_{k=1}^{n} \sum_{m=1}^{n} \Gamma_{mlk} \sigma_m \sigma_k .$$

Hier wurde im letzten Schritt einfach nur ein Bezeichnungswechsel zwischen m und k durchgeführt. Addiert man die beiden so erhaltenen Gleichungen

$$\frac{1}{2} \sum_{m=1}^{n} \sum_{k=1}^{n} c_{lmk} \sigma_m \sigma_k = \sum_{m=1}^{n} \sum_{k=1}^{n} \Gamma_{klm} \sigma_m \sigma_k$$

und

$$\frac{1}{2} \sum_{m=1}^{n} \sum_{k=1}^{n} c_{lmk} \sigma_m \sigma_k = -\sum_{m=1}^{n} \sum_{k=1}^{n} \Gamma_{mlk} \sigma_m \sigma_k ,$$

bekommt man

$$\sum_{m=1}^{n} \sum_{k=1}^{n} c_{lmk} \sigma_m \sigma_k = \sum_{m=1}^{n} \sum_{k=1}^{n} (\Gamma_{klm} - \Gamma_{mlk}) \sigma_m \sigma_k .$$

Somit folgern wir aus den Gleichungen von Gauß für alle Indizes k, l, m zwischen 1 und n

$$\Gamma_{klm} - \Gamma_{mlk} = c_{lmk}$$

Diese *zweite Vertauschungsregel* der Christoffelsymbole fixiert ihr Verhalten, wenn man den ersten mit dem letzten Index vertauscht.

In der folgenden Formelkette werden die beiden Vertauschungsregeln der Christoffelsymbole dreimal abwechselnd angewendet:

$$\Gamma_{klm} = -\Gamma_{kml} = -\Gamma_{lmk} - c_{mlk} = \Gamma_{lkm} - c_{mlk} = \Gamma_{mkl} + c_{kml} - c_{mlk} =$$
$$= -\Gamma_{mlk} + c_{kml} - c_{mlk} = -\Gamma_{klm} - c_{lkm} + c_{kml} - c_{mlk} .$$

Addition von Γ_{klm} auf beiden Seiten, Division durch 2 und Vertauschen der letzten beiden Indizes bei den Koeffizienten auf der rechten Seite ergibt die Berechnungsformel

$$\Gamma_{klm} = \frac{1}{2}(c_{lmk} + c_{mkl} - c_{klm})$$

der Christoffelsymbole für alle Indizes k, l, m zwischen 1 und n.

Gewissenhaft hat man nachträglich zu prüfen, ob mit dieser Berechnungsformel die beiden Vertauschungsregeln eingehalten werden. Dabei ist wichtig, dass die c_{klm} in den beiden letzten Indizes antisymmetrisch sind. Denn dann gilt wegen

$$\frac{1}{2}(c_{lmk} + c_{mkl} - c_{klm}) + \frac{1}{2}(c_{mlk} + c_{lkm} - c_{kml}) =$$
$$= \frac{1}{2}(c_{lmk} + c_{mkl} - c_{klm} - c_{mkl} - c_{lmk} + c_{klm}) = 0$$

sowie

$$\frac{1}{2}(c_{lmk} + c_{mkl} - c_{klm}) - \frac{1}{2}(c_{lkm} + c_{kml} - c_{mlk}) =$$
$$= \frac{1}{2}(c_{lmk} + c_{mkl} - c_{klm} + c_{lmk} + c_{klm} - c_{mkl}) = c_{lmk}\,.$$

So soll es auch sein.

In der Praxis erweist es sich als zielführend, die ω_{km} gleich direkt aus den Gleichungen von Gauß zu erraten. Wenn $n = 3$ ist und man die Antisymmetrie der ω_{km} berücksichtigt, vereinfachen sich die Gleichungen von Gauß zu

$$\begin{cases} d\sigma_1 - \omega_{21}\sigma_2 - \omega_{31}\sigma_3 = 0 \\ d\sigma_2 + \omega_{21}\sigma_1 - \omega_{32}\sigma_3 = 0 \\ d\sigma_3 + \omega_{31}\sigma_1 + \omega_{32}\sigma_2 = 0\,. \end{cases}$$

Im Beispiel des Anschauungsraumes mit den cartesischen Koordinaten x, y, z lauten $\sigma_1 = dx$, $\sigma_2 = dy$, $\sigma_3 = dz$. Es sind $d\sigma_1 = d\sigma_2 = d\sigma_3 = 0$, folglich alle $\omega_{km} = 0$.

Im Beispiel des Anschauungsraumes mit den Zylinderkoordinaten ϱ, φ, z lauten $\sigma_1 = d\varrho$, $\sigma_2 = \varrho d\varphi$, $\sigma_3 = dz$. Hier erhalten wir

$$\begin{cases} 0 - \varrho\omega_{21}d\varphi - \omega_{31}dz = 0 \\ d\varrho d\varphi + \omega_{21}d\varrho - \omega_{32}dz = 0 \\ 0 + \omega_{31}d\varrho + \varrho\omega_{32}d\varphi = 0 \end{cases}$$

und daher

$$\begin{cases} \varrho\omega_{21}d\varphi + \omega_{31}dz = 0 \\ (\omega_{21} - d\varphi)\,d\varrho - \omega_{32}dz = 0 \\ \omega_{31}d\varrho + \varrho\omega_{32}d\varphi = 0\,. \end{cases}$$

Dieses Gleichungssystem wird offenkundig von $\omega_{21} = d\varphi$, $\omega_{31} = \omega_{32} = 0$ gelöst.

Im Beispiel des Anschauungsraumes mit den Kugelkoordinaten r, ϑ, φ lauten $\sigma_1 = dr$ $\sigma_2 = r d\vartheta$, $\sigma_3 = r\sin\vartheta \cdot d\varphi$. Hier erhalten wir

$$\begin{cases} 0 - r\omega_{21}d\vartheta - r\sin\vartheta \cdot \omega_{31}d\varphi = 0 \\ dr d\vartheta + \omega_{21}dr - r\sin\vartheta \cdot \omega_{32}d\varphi = 0 \\ \sin\vartheta \cdot dr d\varphi + r\cos\vartheta \cdot d\vartheta d\varphi + \omega_{31}dr + r\omega_{32}d\vartheta = 0 \end{cases}$$

und daher

$$\begin{cases} r\omega_{21}\mathrm{d}\vartheta + r\sin\vartheta\cdot\omega_{31}\mathrm{d}\varphi = 0 \\ (\omega_{21} - \mathrm{d}\vartheta)\,\mathrm{d}r - r\sin\vartheta\cdot\omega_{32}\mathrm{d}\varphi = 0 \\ \left(\omega_{31} - \sin\vartheta\cdot\mathrm{d}\varphi\right)\mathrm{d}r + r\left(\omega_{32} - \cos\vartheta\cdot\mathrm{d}\varphi\right)\mathrm{d}\vartheta = 0\,. \end{cases}$$

Dieses Gleichungssystem wird offenkundig von $\omega_{21} = \mathrm{d}\vartheta$, $\omega_{31} = \sin\vartheta\cdot\mathrm{d}\varphi$, $\omega_{32} = \cos\vartheta\cdot\mathrm{d}\varphi$ gelöst. Im Beispiel der dreidimensionalen Sphäre vom konstanten Radius R mit den Koordinaten ψ, ϑ, φ lauten $\sigma_1 = R\mathrm{d}\psi$, $\sigma_2 = R\sin\psi\cdot\mathrm{d}\vartheta$, $\sigma_3 = R\sin\psi\cdot\sin\vartheta\cdot\mathrm{d}\varphi$. Hier erhalten wir

$$\begin{cases} 0 - R\sin\psi\cdot\omega_{21}\mathrm{d}\vartheta - R\sin\psi\cdot\sin\vartheta\cdot\omega_{31}\mathrm{d}\varphi = 0 \\ R\cos\psi\cdot\mathrm{d}\psi\mathrm{d}\vartheta + R\omega_{21}\mathrm{d}\psi - R\sin\psi\cdot\sin\vartheta\cdot\omega_{32}\mathrm{d}\varphi = 0 \\ R\cos\psi\cdot\sin\vartheta\cdot\mathrm{d}\psi\mathrm{d}\varphi + R\sin\psi\cdot\cos\vartheta\cdot\mathrm{d}\vartheta\mathrm{d}\varphi + R\omega_{31}\mathrm{d}\psi + R\sin\psi\cdot\omega_{32}\mathrm{d}\vartheta = 0 \end{cases}$$

und daher

$$\begin{cases} R\sin\psi\cdot\omega_{21}\mathrm{d}\vartheta + R\sin\psi\cdot\sin\vartheta\cdot\omega_{31}\mathrm{d}\varphi = 0 \\ R\left(\omega_{21} - \cos\psi\cdot\mathrm{d}\vartheta\right)\mathrm{d}\psi - R\sin\psi\cdot\sin\vartheta\cdot\omega_{32}\mathrm{d}\varphi = 0 \\ R\left(\omega_{31} - \cos\psi\cdot\sin\vartheta\cdot\mathrm{d}\varphi\right)\mathrm{d}\psi + R\sin\psi\cdot\left(\omega_{32} - \cos\vartheta\cdot\mathrm{d}\varphi\right)\mathrm{d}\vartheta = 0\,. \end{cases}$$

Dieses Gleichungssystem wird offenkundig von $\omega_{21} = \cos\psi\cdot\mathrm{d}\vartheta$, $\omega_{31} = \cos\psi\cdot\sin\vartheta\cdot\mathrm{d}\varphi$, $\omega_{32} = \cos\vartheta\cdot\mathrm{d}\varphi$ gelöst.

3.9 Krümmungen einer Mannigfaltigkeit

Nicht zur Sprache gekommen sind bisher die Gleichungen von Mainardi und Codazzi, die allgemein für beliebige Zahlen k, m zwischen 1 und n

$$\mathrm{d}\omega_{km} + \sum_{l=1}^{n} \omega_{kl}\omega_{lm} = 0$$

lauten. Im Falle $n = 3$ reduzieren sich die Gleichungen von Mainardi und Codazzi auf die drei Gleichungen

$$\begin{cases} \mathrm{d}\omega_{21} + \omega_{21}\omega_{11} + \omega_{22}\omega_{21} + \omega_{23}\omega_{31} = 0 \\ \mathrm{d}\omega_{31} + \omega_{31}\omega_{11} + \omega_{32}\omega_{21} + \omega_{33}\omega_{31} = 0 \\ \mathrm{d}\omega_{32} + \omega_{31}\omega_{12} + \omega_{32}\omega_{22} + \omega_{33}\omega_{32} = 0 \end{cases} \quad \text{vereinfacht:} \quad \begin{cases} \mathrm{d}\omega_{21} - \omega_{32}\omega_{31} = 0 \\ \mathrm{d}\omega_{31} + \omega_{32}\omega_{21} = 0 \\ \mathrm{d}\omega_{32} - \omega_{31}\omega_{21} = 0 \end{cases}$$

Im Anschauungsraum mit den cartesischen Koordinaten x, y, z und mit $\omega_{21} = 0$, $\omega_{31} = 0$, $\omega_{32} = 0$ sind sie natürlich erfüllt. Im Anschauungsraum mit den Zylinderkoordinaten ϱ, φ, z und mit $\omega_{21} = \mathrm{d}\varphi$, $\omega_{31} = \omega_{32} = 0$ stimmen sie auch, und im Anschauungsraum mit den Kugelkoordinaten r, ϑ, φ und mit $\omega_{21} = \mathrm{d}\vartheta$, $\omega_{31} = \sin\vartheta\cdot\mathrm{d}\varphi$, $\omega_{32} = \cos\vartheta\cdot\mathrm{d}\varphi$ ist die erste der drei Gleichungen offensichtlich erfüllt, und die Rechnungen

$$\mathrm{d}\omega_{31} + \omega_{32}\omega_{21} = \cos\vartheta\cdot\mathrm{d}\vartheta\mathrm{d}\varphi + \cos\vartheta\cdot\mathrm{d}\varphi\mathrm{d}\vartheta = 0\,,$$
$$\mathrm{d}\omega_{32} - \omega_{31}\omega_{21} = -\sin\vartheta\cdot\mathrm{d}\vartheta\mathrm{d}\varphi - \sin\vartheta\cdot\mathrm{d}\varphi\mathrm{d}\vartheta = 0$$

zeigen, dass auch die beiden anderen Gleichungen von Mainardi und Codazzi erfüllt sind. Im Raum der dreidimensionalen Sphäre vom konstanten Radius R mit den Koordinaten ψ, ϑ, φ lauten $\omega_{21} = \cos\psi \cdot d\vartheta$, $\omega_{31} = \cos\psi \cdot \sin\vartheta \cdot d\varphi$, $\omega_{32} = \cos\vartheta \cdot d\varphi$. Hier erhält man

$$\begin{cases} d\omega_{21} - \omega_{32}\omega_{31} = -\sin\psi \cdot d\psi d\vartheta = \sin\psi \cdot d\vartheta d\psi \\ d\omega_{31} + \omega_{32}\omega_{21} = \cos\psi \cdot \cos\vartheta \cdot d\vartheta d\varphi - \sin\psi \cdot \sin\vartheta \cdot d\psi d\varphi + \cos\vartheta \cdot \cos\psi \cdot d\varphi d\vartheta \\ \qquad = \sin\psi \cdot \sin\vartheta \cdot d\varphi d\psi \\ d\omega_{32} - \omega_{31}\omega_{21} = -\sin\vartheta \cdot d\vartheta d\varphi - \cos^2\psi \cdot \sin\vartheta \cdot d\varphi d\vartheta = \sin^2\psi \cdot \sin\vartheta \cdot d\varphi d\vartheta\,. \end{cases}$$

Die Gleichungen von Mainardi und Codazzi sind ganz und gar nicht erfüllt. Dies liegt daran, dass der Anschauungsraum, in dem diese Gleichungen erfüllt sind, egal von welchem Koordinatensystem in ihm man ausgeht, *flach* ist. Der Raum der dreidimensionalen Sphäre hingegen ist *gekrümmt*. Allgemein nennt man die für Zahlen k, m zwischen 1 und n durch

$$d\omega_{km} + \sum_{l=1}^{n} \omega_{kl}\omega_{lm} = \Omega_{km}$$

definierten Differentialformen zweiter Stufe Ω_{km} die *Krümmungsformen* der Mannigfaltigkeit. Es ist klar, dass $\Omega_{mk} = -\Omega_{km}$ gilt.

Im einfachsten Fall $n = 2$ ist die zweidimensionale Mannigfaltigkeit eine Fläche – so wie wir sie im vorigen Kapitel untersuchten, hier allerdings nur mit Mitteln der inneren Geometrie betrachtet. Es gibt die beiden Ableitungskoeffizienten σ_1, σ_2 der Punkte und gemäß der Gleichungen von Gauß

$$d\sigma_1 - \omega_{21}\sigma_2 = 0\,, \qquad d\sigma_2 + \omega_{21}\sigma_1 = 0$$

nur den einen Ableitungskoeffizienten ω_{21} der Vektoren. In diesem Beispiel ist $\Omega_{21} = d\omega_{21}$ die einzige Krümmungsform einer zweidimensionalen Mannigfaltigkeit. Da sie eine Differentialform zweiter Stufe, also ein Vielfaches von $\sigma_1\sigma_2$ ist, muss es einen Koeffizienten K geben, für den $\Omega_{21} + K\sigma_1\sigma_2 = d\omega_{21} + K\sigma_1\sigma_2 = 0$ zutrifft. Vom Theorema egregium wissen wir, dass diese Größe K die gaußsche Krümmung der Fläche ist.

Im allgemeinen Fall einer n-dimensionalen Mannigfaltigkeit stellte Riemann für alle Zahlen k, m zwischen 1 und n die Krümmungsformen Ω_{km} als Linearkombination der Basis $\sigma_1\sigma_2$, $\sigma_1\sigma_3$, ..., $\sigma_{n-1}\sigma_n$ des Raumes der Differentialformen zweiter Stufe dar:

$$\Omega_{km} = \sum_{j=1}^{n} \sum_{l=j+1}^{n} R_{kmjl}\sigma_j\sigma_l\,.$$

Wir wissen bereits, wie man eine solche Summe „gleichberechtigt“ in den Summationsindizes gestaltet: Man definiert für Zahlen j und l mit $l < j$ die Größen R_{kmjl} gemäß $R_{kmjl} = -R_{kmlj}$ denn es ist $\sigma_j\sigma_l = -\sigma_l\sigma_j$ und man legt $R_{kmjj} = 0$ fest, denn es ist $\sigma_j\sigma_j = 0$. Dadurch erreicht man einerseits für alle Indizes j, k, l, m zwischen 1 und n

$$R_{kmjl} + R_{mkjl} = 0 \qquad \text{und} \qquad R_{kmjl} + R_{kmlj} = 0$$

andererseits

$$\Omega_{km} = \frac{1}{2}\sum_{j=1}^{n}\sum_{l=1}^{n} R_{kmjl}\sigma_j\sigma_l$$

Riemann zu Ehren werden die *Krümmungskomponenten* R_{kmjl} nach ihm benannt.

Im Beispiel des zur dreidimensionalen Sphäre mit Radius R gekrümmten dreidimensionalen ψ-ϑ-φ-Raumes lauten die drei Krümmungsformen

$$\Omega_{21} = \sin\psi \cdot \mathrm{d}\vartheta\mathrm{d}\psi\,, \qquad \Omega_{31} = \sin\psi \cdot \sin\vartheta \cdot \mathrm{d}\varphi\mathrm{d}\psi\,, \qquad \Omega_{32} = \sin^2\psi \cdot \sin\vartheta \cdot \mathrm{d}\varphi\mathrm{d}\vartheta.$$

Setzt man diese in die drei Gleichungen

$$\begin{cases} \Omega_{21} = R_{2112}\sigma_1\sigma_2 + R_{2113}\sigma_1\sigma_3 + R_{2123}\sigma_2\sigma_3 \\ \Omega_{31} = R_{3112}\sigma_1\sigma_2 + R_{3113}\sigma_1\sigma_3 + R_{3123}\sigma_2\sigma_3 \\ \Omega_{32} = R_{3212}\sigma_1\sigma_2 + R_{3213}\sigma_1\sigma_3 + R_{3223}\sigma_2\sigma_3 \end{cases}$$

mit $\sigma_1 = R\mathrm{d}\psi$, $\sigma_2 = R\sin\psi \cdot \mathrm{d}\vartheta$, $\sigma_3 = R\sin\psi \cdot \sin\vartheta \cdot \mathrm{d}\varphi$ ein, erhält man das Gleichungssystem

$$\begin{cases} \sin\psi \cdot \mathrm{d}\vartheta\mathrm{d}\psi = R^2\sin\psi \cdot R_{2112}\mathrm{d}\psi\mathrm{d}\vartheta + R^2\sin\psi \cdot \sin\vartheta \cdot R_{2113}\mathrm{d}\psi\mathrm{d}\varphi + \\ \qquad + R^2\sin^2\psi \cdot \sin\vartheta \cdot R_{2123}\mathrm{d}\vartheta\mathrm{d}\varphi \\ \sin\psi \cdot \sin\vartheta \cdot \mathrm{d}\varphi\mathrm{d}\psi = R^2\sin\psi \cdot R_{3112}\mathrm{d}\psi\mathrm{d}\vartheta + R^2\sin\psi \cdot \sin\vartheta \cdot R_{3113}\mathrm{d}\psi\mathrm{d}\varphi + \\ \qquad + R^2\sin^2\psi \cdot \sin\vartheta \cdot R_{3123}\mathrm{d}\vartheta\mathrm{d}\varphi \\ \sin^2\psi \cdot \sin\vartheta \cdot \mathrm{d}\varphi\mathrm{d}\vartheta = R^2\sin\psi \cdot R_{3212}\mathrm{d}\psi\mathrm{d}\vartheta + R^2\sin\psi \cdot \sin\vartheta \cdot R_{3213}\mathrm{d}\psi\mathrm{d}\varphi + \\ \qquad + R^2\sin^2\psi \cdot \sin\vartheta \cdot R_{3223}\mathrm{d}\vartheta\mathrm{d}\varphi \end{cases}$$

mit der Lösung

$$R_{1212} = -R_{2112} = R_{2121} = -R_{1221} = R_{1313} = -R_{3113} = R_{3131} = -R_{1331} =$$
$$= R_{2323} = -R_{3223} = R_{3232} = -R_{2332} = \frac{1}{R^2}\,,$$

alle übrigen Krümmungskomponenten R_{kmjl} sind Null.

Nachdem Albert Einstein 1905 die begrifflich anspruchsvolle, aber mathematisch ziemlich einfache Spezielle Relativitätstheorie entdeckt hatte, versuchte er, sie zu verallgemeinern. In der Speziellen Relativitätstheorie bewegen sich Körper geradlinig gleichförmig, denn auf sie wirken keine Kräfte, die ihnen Beschleunigungen aufprägen. Bei der Allgemeinen Relativitätstheorie sollte nach Einsteins Vorstellungen, die Schwerkraft mit eingebunden werden. Dabei ging er vom sogenannten *Äquivalenzprinzip* aus: Ob sich eine Person in einer allseits geschlossenen Liftkabine befindet, die auf der Erdoberfläche ruht, oder ob diese Person in der Liftkabine im leeren Raum schwebt, wobei die Kabine mit konstanter Beschleunigung so gehoben wird, dass ihre Geschwindigkeit pro Sekunde um etwa 10 Meter pro Sekunde zunimmt, kann die Person nicht entscheiden. Denn sie kann nicht ins Freie blicken. In beiden Fällen herrscht in der Kabine die gleiche Physik. Ein Apfel, den sie aus der Hand lässt, bewegt sich in beiden Situationen in der gleichen Weise: Steht die Liftkabine auf der Erde, fällt er herab, weil er *schwer* ist. Wird die Liftkabine im leeren Raum beschleunigt, scheint er ebenfalls zu fallen, weil er *träge* ist: Von der Hand gelassen, macht er das schneller werdende Heben des Liftes nicht mit. Was aber, wenn die Person bei gestreckten Armen von *beiden* Händen je einen Apfel loslässt? Auf der Erde fallen beide herab. Doch ihre Fallwege sind nicht ganz exakt parallel, denn die Äpfel streben dem Erdmittelpunkt zu. Wird die Liftkabine im leeren Raum beschleunigt, sollten sich – so die naive Annahme – die beiden Äpfel völlig exakt zur Seilrichtung des Liftes parallel zum Liftboden beschleunigt bewegen. Scheinbar stünde damit der Person ein Mittel zur Verfügung, mit dem sie entscheiden könnte, ob sie auf der Erdoberfläche ruht, oder aber ob die Liftkabine beschleunigt gehoben wird. Dies widerspricht dem Äquivalenzprinzip, an das Einstein felsenfest glaubte. Es wurde bereits zu seiner Zeit mit erstaunlich genauen Messungen des ungarischen Barons Loránd Eötvös experimentell bestätigt. Es darf daher auch in der beschleunigt gehobenen Liftkabine keine exakt parallele Bewegung der losgelassenen Äpfel geben. Diese Abweichung von der Parallelität kommt, so vermutete Einstein, dadurch zustande, dass *der Raum gekrümmt ist.*

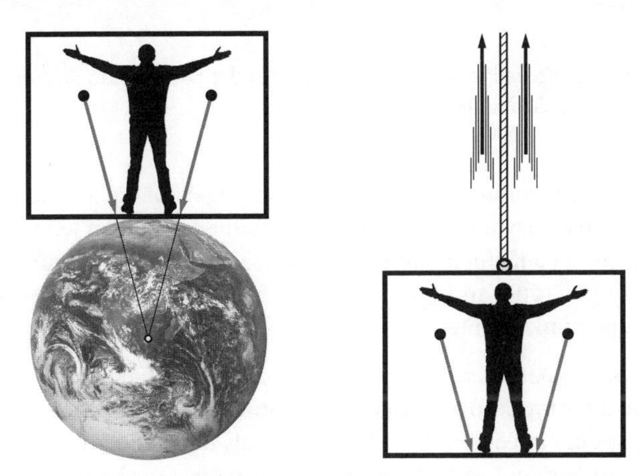

Bild 3.14 Links lässt der auf der Erde in einer Kabine befindliche Beobachter zwei Äpfel fallen, rechts der im freien Raum in einer Kabine befindliche Beobachter, wobei diese Kabine mit konstanter Beschleunigung nach oben getrieben wird. In beiden Situationen legen die Fallwege nahe, dass der Raum gekrümmt ist.

Von da an bis zum Jahre 1915 bemühte er sich mit Unterstützung seines ehemaligen und in der Differentialgeometrie beschlagenen Kommilitonen Marcel Grossmann, die Krümmungen von drei- und sogar von vierdimensionalen Mannigfaltigkeiten zu verstehen. (Vierdimensional deshalb, weil nach Hermann Minkowski die Zeitdimension zu den drei räumlichen Dimensionen hinzukommt.) Mit ziemlicher Anstrengung erwarb sich Einstein schließlich ein Verständnis für die von Riemann erfundene Theorie. Die Erinnerung an die damaligen Mühen mögen den Hintergrund für seine tröstlichen Worte gewesen sein, als ihm einmal ein Mädchen schrieb, dass sie in der Schule mit der Mathematik auf Kriegsfuß stünde: „Mach' dir keine Sorgen wegen deiner Schwierigkeiten mit der Mathematik. Ich kann dir versichern, dass meine noch größer sind.“

3.10 Übungsaufgaben

3.1 bis **3.3:** Bei den folgenden Kartenprojektionen ist festzustellen, mit welchen Verzerrungen man bei ihnen rechnen muss:

3.1 Bei der *orthographischen Azimutalprojektion* von der Kugel auf die am Nordpol gelegte Tangentialebene wird von jedem Kugelpunkt der Nordhalbkugel aus die Senkrechte auf die Tangentialebene mit der Tangentialebene geschnitten. Der so erhaltene Schnittpunkt ist das Bild des Kugelpunktes auf der Tangentialebene.

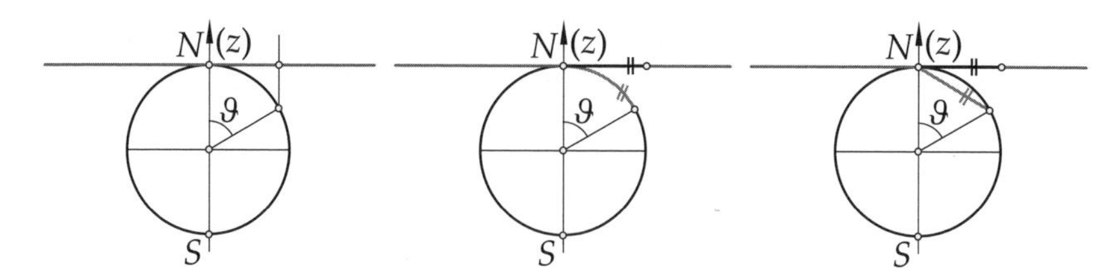

Bild 3.15 Links die orthographische Azimutalprojektion, in der Mitte die äquidistante Azimutalprojektion, rechts die lambertsche Azimutalprojektion

3.2 Bei der *äquidistanten Azimutalprojektion* von der Kugel auf die am Nordpol gelegte Tangentialebene bilden die vom Nordpol ausgehenden Strahlen die Bilder jener Meridiane, die sie berühren. Ein Kugelpunkt auf einem Meridian besitzt als Bild auf dem entsprechenden Strahl jenen Punkt, der vom Nordpol so weit entfernt ist, wie die Länge des Meridianbogens vom Nordpol bis zum Kugelpunkt beträgt.

3.3 Bei der *lambertschen Azimutalprojektion* von der Kugel auf die am Nordpol gelegte Tangentialebene bilden die vom Nordpol ausgehenden Strahlen die Bilder jener Meridiane, die sie berühren. Ein Kugelpunkt auf einem Meridian besitzt als Bild auf dem entsprechenden Strahl jenen Punkt, der vom Nordpol so weit entfernt ist, wie der Kugelpunkt selbst vom Nordpol geradlinig entfernt ist.

3.4 bis **3.9:** Es bezeichnen in einer Karte einer dreidimensionalen Mannigfaltigkeit die Variablen p, q, r die Koordinaten der von der Karte erfassten Punkte. Die Basisvektoren $\partial/\partial p$, $\partial/\partial q$ und $\partial/\partial r$ entlang der p-, der q- und der r-Linien sollen in allen Punkten paarweise aufeinander normal stehen. Es sind daher

$$g_{11} = \left(\frac{\partial}{\partial p} \middle| \frac{\partial}{\partial p}\right), \quad g_{22} = \left(\frac{\partial}{\partial q} \middle| \frac{\partial}{\partial q}\right), \quad g_{33} = \left(\frac{\partial}{\partial r} \middle| \frac{\partial}{\partial r}\right)$$

positive Variablen, und es wird von

$$\left(\frac{\partial}{\partial p} \middle| \frac{\partial}{\partial q}\right) = \left(\frac{\partial}{\partial q} \middle| \frac{\partial}{\partial r}\right) = \left(\frac{\partial}{\partial r} \middle| \frac{\partial}{\partial p}\right) = 0 .$$

ausgegangen. Die Ableitungskoeffizienten der Punkte errechnen sich als $\sigma_1 = \sqrt{g_{11}}\mathrm{d}p$, $\sigma_2 = \sqrt{g_{22}}\mathrm{d}q$, $\sigma_3 = \sqrt{g_{33}}\mathrm{d}r$. Mit

$$j_1 = \frac{1}{\sqrt{g_{11}}}\frac{\partial}{\partial p}, \quad j_2 = \frac{1}{\sqrt{g_{22}}}\frac{\partial}{\partial q}, \quad j_3 = \frac{1}{\sqrt{g_{33}}}\frac{\partial}{\partial r}$$

werden die Tangenteneinheitsvektoren in Richtung der p-, der q- und der r-Linie bezeichnet. Sie bilden in jedem Punkt auf der Karte der Mannigfaltigkeit eine Orthonormalbasis.

3.4 Mit

$$\mathrm{dL} = j_1\sqrt{g_{11}}\mathrm{d}p + j_2\sqrt{g_{22}}\mathrm{d}q + j_3\sqrt{g_{33}}\mathrm{d}r$$

wird das *Linienelement* dL bezeichnet. Es ist zu begründen, dass

$$\int_\Gamma \mathrm{dL}$$

für ein Kurvenstück Γ entlang der p-, der q- oder der r-Linie die Länge dieses Kurvenstücks darstellt.

3.5 Mit

$$\mathrm{dF} = j_1\sqrt{g_{22}g_{33}}\mathrm{d}q\mathrm{d}r + j_2\sqrt{g_{33}g_{11}}\mathrm{d}r\mathrm{d}p + j_3\sqrt{g_{11}g_{22}}\mathrm{d}p\mathrm{d}q$$

wird das *Flächenelement* dF bezeichnet. Es ist zu begründen, dass

$$\int_\Delta \mathrm{dF}$$

für ein Flächenstück Δ auf der q-r-, der r-p- oder der p-q-Fläche die Oberfläche dieses Flächenstücks darstellt. Schließlich wird das dreidimensionale Inhaltselement zugleich als *Volumselement*

$$\mathrm{dV} = \sqrt{g_{11}g_{22}g_{33}}\mathrm{d}p\mathrm{d}q\mathrm{d}r$$

bezeichnet.

3.6 Liegt ein Skalarfeld $\Phi = \Phi\left(p, q, r\right)$ vor, wird ihm mit der Definition

$$\mathrm{d}\Phi = \left(\operatorname{grad}\Phi|\mathrm{dL}\right)$$

ein Vektorfeld grad Φ zugeordnet. Es ist die Berechnungsformel

$$\operatorname{grad}\Phi = j_1\frac{1}{\sqrt{g_{11}}}\frac{\partial\Phi}{\partial p} + j_2\frac{1}{\sqrt{g_{22}}}\frac{\partial\Phi}{\partial q} + j_3\frac{1}{\sqrt{g_{33}}}\frac{\partial\Phi}{\partial r}$$

des Gradienten grad Φ eines Skalarfeldes zu bestätigen.

3.7 Liegt ein Vektorfeld $v = v\left(p, q, r\right) = j_1 a + j_2 b + j_3 c$ vor, wird ihm mit der Definition

$$\mathrm{d}\left(v|\mathrm{dL}\right) = \left(\operatorname{rot} v|\mathrm{dF}\right)$$

ein Vektorfeld rot Φ zugeordnet. Es ist die Berechnungsformel

$$\begin{aligned}\operatorname{rot} v = {} & j_1\frac{1}{\sqrt{g_{22}g_{33}}}\left(\frac{\partial\left(c\sqrt{g_{33}}\right)}{\partial q} - \frac{\partial\left(b\sqrt{g_{22}}\right)}{\partial r}\right) + \\ & + j_2\frac{1}{\sqrt{g_{33}g_{11}}}\left(\frac{\partial\left(a\sqrt{g_{11}}\right)}{\partial r} - \frac{\partial\left(c\sqrt{g_{33}}\right)}{\partial p}\right) + \\ & + j_3\frac{1}{\sqrt{g_{11}g_{22}}}\left(\frac{\partial\left(b\sqrt{g_{22}}\right)}{\partial p} - \frac{\partial\left(a\sqrt{g_{11}}\right)}{\partial q}\right)\end{aligned}$$

der Rotation rot v eines Vektorfeldes zu bestätigen.

3.8 Liegt ein Vektorfeld $v = v\left(p, q, r\right) = j_1 a + j_2 b + j_3 c$ vor, wird ihm mit der Definition

$$\mathrm{d}\left(v|\mathrm{dF}\right) = \operatorname{div} v\,\mathrm{dV}$$

ein Skalarfeld div v zugeordnet. Es ist die Berechnungsformel

$$\operatorname{div} v = \frac{1}{\sqrt{g_{11}g_{22}g_{33}}}\left(\frac{\partial\left(a\sqrt{g_{22}g_{33}}\right)}{\partial p} + \frac{\partial\left(b\sqrt{g_{33}g_{11}}\right)}{\partial q} + \frac{\partial\left(c\sqrt{g_{11}g_{22}}\right)}{\partial r}\right)$$

der Divergenz div v eines Vektorfeldes zu bestätigen.

3.9 Liegt ein Skalarfeld $\Phi = \Phi(p, q, r)$ vor, wird ihm mit der Definition

$$\Delta\Phi = \operatorname{div}\operatorname{grad}\Phi$$

ein Skalarfeld $\Delta\Phi$ zugeordnet. Es ist die Berechnungsformel

$$\Delta\Phi = \frac{1}{\sqrt{g_{11}g_{22}g_{33}}}\left(\frac{\partial}{\partial p}\left(\frac{\partial\Phi}{\partial p}\sqrt{\frac{g_{22}g_{33}}{g_{11}}}\right) + \frac{\partial}{\partial q}\left(\frac{\partial\Phi}{\partial q}\sqrt{\frac{g_{33}g_{11}}{g_{22}}}\right) + \frac{\partial}{\partial r}\left(\frac{\partial\Phi}{\partial r}\sqrt{\frac{g_{11}g_{22}}{g_{33}}}\right)\right)$$

des Laplaceoperators Δ zu bestätigen.

3.10 bis **3.13:** Es bezeichnen ϱ, φ, z die Zylinderkoordinaten eines Raumpunktes. Die Vektoren

$$j_1 = \frac{\partial}{\partial\varrho}, \qquad j_2 = \frac{1}{\varrho}\frac{\partial}{\partial\varphi}, \qquad j_3 = \frac{\partial}{\partial z}$$

bilden die Orthonormalbasis entlang der ϱ-, der φ- und der z-Linien und es sind $g_{11} = 1$, $g_{22} = \varrho^2$, $g_{33} = 1$.

3.10 Für ein Skalarfeld $\Phi = \Phi(\varrho, \varphi, z)$ ist die Formel

$$\operatorname{grad}\Phi = j_1\frac{\partial\Phi}{\partial\varrho} + j_2\frac{1}{\varrho}\frac{\partial\Phi}{\partial\varphi} + j_3\frac{\partial\Phi}{\partial z}$$

für den Gradienten in Zylinderkoordinaten zu bestätigen.

3.11 Für ein Vektorfeld $v = v(\varrho, \varphi, z) = j_1 a + j_2 b + j_3 c$ ist die Formel

$$\operatorname{rot} v = j_1\left(\frac{1}{\varrho}\frac{\partial c}{\partial\varphi} - \frac{\partial b}{\partial z}\right) + j_2\left(\frac{\partial a}{\partial z} - \frac{\partial c}{\partial\varrho}\right) + j_3\left(\frac{\partial b}{\partial\varrho} + \frac{b}{\varrho} - \frac{1}{\varrho}\frac{\partial a}{\partial\varphi}\right)$$

für die Rotation in Zylinderkoordinaten zu bestätigen.

3.12 Für ein Vektorfeld $v = v(\varrho, \varphi, z) = j_1 a + j_2 b + j_3 c$ ist die Formel

$$\operatorname{div} v = \frac{\partial a}{\partial\varrho} + \frac{a}{\varrho} + \frac{1}{\varrho}\frac{\partial b}{\partial\varphi} + \frac{\partial c}{\partial z}$$

für die Divergenz in Zylinderkoordinaten zu bestätigen.

3.13 Für ein Skalarfeld $\Phi = \Phi(\varrho, \varphi, z)$ ist die Formel

$$\Delta\Phi = \frac{\partial^2\Phi}{\partial\varrho^2} + \frac{1}{\varrho}\frac{\partial\Phi}{\partial\varrho} + \frac{1}{\varrho^2}\frac{\partial^2\Phi}{\partial\varphi^2} + \frac{\partial^2\Phi}{\partial z^2}$$

für den Laplaceoperator in Zylinderkoordinaten zu bestätigen.

3.14 bis **3.17:** Es bezeichnen r, ϑ, φ die Kugelkoordinaten eines Raumpunktes. Die Vektoren

$$j_1 = \frac{\partial}{\partial r}, \qquad j_2 = \frac{1}{r}\frac{\partial}{\partial\vartheta}, \qquad j_3 = \frac{1}{r\sin\vartheta}\frac{\partial}{\partial\varphi}$$

bilden die Orthonormalbasis entlang der r-, der ϑ- und der φ-Linien und es sind $g_{11} = 1$, $g_{22} = r^2$, $g_{33} = r^2\sin^2\vartheta$.

3.14 Für ein Skalarfeld $\Phi = \Phi(r, \vartheta, \varphi)$ ist die Formel

$$\operatorname{grad}\Phi = j_1 \frac{\partial \Phi}{\partial r} + j_2 \frac{1}{r}\frac{\partial \Phi}{\partial \vartheta} + j_3 \frac{1}{r\sin\vartheta}\frac{\partial \Phi}{\partial \varphi}$$

für den Gradienten in Kugelkoordinaten zu bestätigen.

3.15 Für ein Vektorfeld $v = v(r, \vartheta, \varphi) = j_1 a + j_2 b + j_3 c$ ist die Formel

$$\operatorname{rot} v = j_1 \left(\frac{1}{r}\frac{\partial c}{\partial \vartheta} + \frac{c}{r\tan\vartheta} - \frac{1}{r\sin\vartheta}\frac{\partial b}{\partial \varphi} \right) + j_2 \left(\frac{1}{r\sin\vartheta}\frac{\partial a}{\partial \varphi} - \frac{\partial c}{\partial r} - \frac{c}{r} \right) + j_3 \left(\frac{\partial b}{\partial r} + \frac{b}{r} - \frac{1}{r}\frac{\partial a}{\partial \vartheta} \right)$$

für die Rotation in Kugelkoordinaten zu bestätigen.

3.16 Für ein Vektorfeld $v = v(r, \vartheta, \varphi) = j_1 a + j_2 b + j_3 c$ ist die Formel

$$\operatorname{div} v = \frac{\partial a}{\partial r} + \frac{2a}{r} + \frac{1}{r}\frac{\partial b}{\partial \vartheta} + \frac{b}{r\tan\vartheta} + \frac{1}{r\sin\vartheta}\frac{\partial c}{\partial \varphi}$$

für die Divergenz in Kugelkoordinaten zu bestätigen.

3.17 Für ein Skalarfeld $\Phi = \Phi(r, \vartheta, \varphi)$ ist die Formel

$$\Delta\Phi = \frac{\partial^2 \Phi}{\partial r^2} + \frac{2}{r}\frac{\partial \Phi}{\partial r} + \frac{1}{r^2}\frac{\partial^2 \Phi}{\partial \vartheta^2} + \frac{1}{r^2\tan\vartheta}\frac{\partial \Phi}{\partial \vartheta} + \frac{1}{r^2\sin^2\vartheta}\frac{\partial^2 \Phi}{\partial \varphi^2}$$

für den Laplaceoperator in Kugelkoordinaten zu bestätigen.

3.18 Es bezeichnen p, q, z die *parabolischen Zylinderkoordinaten* eines Raumpunktes, wenn ihr Zusammenhang mit seinen cartesischen Koordinaten x, y, z durch den Diffeomorphismus

$$x = \frac{p^2}{2} - \frac{q^2}{2}, \qquad y = pq$$

gegeben ist. Es sind die Einheitsvektoren entlang der p-, der q- und der z-Linien zu berechnen und zu bestätigen, dass diese paarweise aufeinander normal stehen. Wie lauten in diesem Koordinatensystem die Ableitungskoeffizienten σ_1, σ_2, σ_3 der Punkte?

3.19 Es bezeichnen p, q, φ die *Paraboloidkoordinaten* eines Raumpunktes, wenn ihr Zusammenhang mit seinen cartesischen Koordinaten x, y, z durch den Diffeomorphismus

$$x = pq\cos\varphi, \qquad y = pq\sin\varphi, \qquad z = \frac{p^2}{2} - \frac{q^2}{2}$$

gegeben ist. Es sind die Einheitsvektoren entlang der p-, der q- und der φ-Linien zu berechnen und zu bestätigen, dass diese paarweise aufeinander normal stehen. Wie lauten in diesem Koordinatensystem die Ableitungskoeffizienten σ_1, σ_2, σ_3 der Punkte?

3.20 Es bezeichnen ϱ, ϑ, φ die aus der Figur des in Abschnitt 2.6 vorgestellten Torus entnommenen Koordinaten eines Raumpunktes, wenn bei einer positiven Konstante R ihr Zusammenhang mit seinen cartesischen Koordinaten x, y, z durch den Diffeomorphismus

$$x = (R + \varrho\cos\vartheta)\cos\varphi, \qquad y = (R + \varrho\cos\vartheta)\sin\varphi \qquad z = \varrho\sin\vartheta$$

gegeben ist. Es sind die Einheitsvektoren entlang der ϱ-, der ϑ- und der φ-Linien zu berechnen und zu bestätigen, dass diese paarweise aufeinander normal stehen. Wie lauten in diesem Koordinatensystem die Ableitungskoeffizienten $\sigma_1, \sigma_2, \sigma_3$ der Punkte?

3.21 bis **3.27:** Es bezeichnen in einer Karte einer n-dimensionalen Mannigfaltigkeit die Variablen $q_1, q_2, \ldots, q_n$ die Koordinaten der von der Karte erfassten Punkte. Ein Vektor

$$u = a_1 \frac{\partial}{\partial q_1} + a_2 \frac{\partial}{\partial q_2} + \ldots + a_n \frac{\partial}{\partial q_n}$$

(eigentlich: ein Vektorfeld u) ist zugleich ein linearer Differentialoperator, der einem Skalarfeld $\Phi = \Phi(q_1, q_2, \ldots,)$ das Skalarfeld

$$u\Phi = a_1 \frac{\partial \Phi}{\partial q_1} + a_2 \frac{\partial \Phi}{\partial q_2} + \ldots + a_n \frac{\partial \Phi}{\partial q_n}$$

zuordnet. Zwei Vektoren

$$u = a_1 \frac{\partial}{\partial q_1} + a_2 \frac{\partial}{\partial q_2} + \ldots + a_n \frac{\partial}{\partial q_n}, \qquad v = b_1 \frac{\partial}{\partial q_1} + b_2 \frac{\partial}{\partial q_2} + \ldots + b_n \frac{\partial}{\partial q_n}$$

werden mittels der sogenannten *Lie-Klammer* $[u, v]$ multipliziert, benannt nach dem in der zweiten Hälfte des 19. Jahrhunderts lebenden norwegischen Mathematiker Sophus Lie. Dabei stellt $[u, v]$ einen linearen Differentialoperator dar, der für ein Skalarfeld Φ durch

$$[u, v]\,\Phi = u\,(v\Phi) - v\,(u\Phi)$$

definiert ist.

3.21 Im Fall $n = 2$ ist für

$$u = a_1 \frac{\partial}{\partial q_1} + a_2 \frac{\partial}{\partial q_2}, \qquad v = b_1 \frac{\partial}{\partial q_1} + b_2 \frac{\partial}{\partial q_2}$$

die Formel

$$\left(a_1 \frac{\partial b_1}{\partial q_1} + a_2 \frac{\partial b_1}{\partial q_2} - b_1 \frac{\partial a_1}{\partial q_1} - b_2 \frac{\partial a_1}{\partial q_2}\right) \frac{\partial}{\partial q_1} + \left(a_1 \frac{\partial b_2}{\partial q_1} + a_2 \frac{\partial b_2}{\partial q_2} - b_1 \frac{\partial a_2}{\partial q_1} - b_2 \frac{\partial a_2}{\partial q_2}\right) \frac{\partial}{\partial q_2}$$

für die Lie-Klammer $[u, v]$ zweier Vektoren herzuleiten.

3.22 Es ist allgemein zu zeigen, dass die Lie-Klammer $[u, v]$ zweier Vektoren u und v ebenfalls einen Vektor darstellt, indem bei

$$u = \sum_{m=1}^{n} a_m \frac{\partial}{\partial q_m}, \qquad v = \sum_{m=1}^{n} b_m \frac{\partial}{\partial q_m}$$

die Formel

$$[u, v] = \sum_{m=1}^{n} \sum_{k=1}^{n} \left(a_k \frac{\partial b_m}{\partial q_k} - b_k \frac{\partial a_m}{\partial q_k}\right) \frac{\partial}{\partial q_m}$$

hergeleitet wird.

3.23 Es ist für drei Vektoren u, v, w und für eine Konstante c zu zeigen, dass die Lie-Klammer die Rechenregeln der Linearität befolgt, dass also

$$[u, v+w] = [u, v] + [u, w] \qquad \text{und} \qquad [u, cv] = c\,[u, v]$$

gilt.

3.24 Es ist für ein Skalarfeld Φ die Produktregel

$$[u, \Phi v] = \Phi\,[u, v] + u\Phi\, v$$

herzuleiten.

3.25 Es ist zu zeigen, dass die Lie-Klammer die Rechengesetze der Antikommutativität $[u, v] = -\,[v, u]$ und der nach Carl Gustav Jacobi benannten *jacobischen Identität*

$$[u, [v, w]] + [v, [w, u]] + [w, [u, v]] = 0$$

befolgt.

3.26 Es ist zu begründen, dass man jedem Vektor u und jeder Differentialform ω erster Stufe, die durch

$$u = a_1 \frac{\partial}{\partial q_1} + a_2 \frac{\partial}{\partial q_2} + \ldots + a_n \frac{\partial}{\partial q_n}\,, \qquad \omega = p_1 \mathrm{d}q_1 + p_2 \mathrm{d}q_2 + \ldots + p_n \mathrm{d}q_n$$

gegeben sind, das Skalarfeld $\Phi = \{u, \omega\}$ nach der Formel

$$\{u, \omega\} = a_1 p_1 + a_2 p_2 + \ldots + a_n p_n$$

so zuordnen kann, dass Φ unabhängig vom Kartenwechsel definiert ist.

3.27 Es ist zu zeigen, dass die Differentialform ω erster Stufe genau dann geschlossen ist, wenn

$$\{[u, v], \omega\} = u\,\{v, \omega\} - v\,\{u, \omega\}$$

für alle Vektoren u und v stimmt.

3.28 Im fünfdimensionalen x-y-z-ξ-η-Raum besitzen dessen Punkte (x, y, z, ξ, η) die cartesischen Koordinaten x, y, z, ξ, η. Umrandet wird die fünfdimensionale Vollkugel Θ mit Radius R von der durch die Gleichung $x^2 + y^2 + z^2 + \xi^2 + \eta^2 = R^2$ gegebenen vierdimensionalen Mannigfaltigkeit $\Sigma = \partial\Theta$, einer vierdimensionalen Sphäre. Mithilfe der Diffeomorphismen

$$\left\{\begin{array}{l} x = \varrho \cos\varphi \\ y = \varrho \sin\varphi \end{array}\right. \qquad \left\{\begin{array}{l} \varrho = r \sin\vartheta \\ z = r \cos\vartheta \end{array}\right. \qquad \left\{\begin{array}{l} r = \alpha \sin\psi \\ \xi = \alpha \cos\psi \end{array}\right. \qquad \left\{\begin{array}{l} \alpha = \beta \sin\lambda \\ \eta = \beta \cos\lambda \end{array}\right.$$

gelangt man von der obigen Gleichung schrittweise zur Gleichung $\beta^2 = R^2$, wobei φ das offene Intervall $]-\pi; \pi[$ durchläuft und ϑ, ψ, λ das offene Intervall $]0; \pi[$ durchlaufen. Mit anderen Worten: In fünfdimensionalen Kugelkoordinaten β, λ, ψ, ϑ, φ lautet die Gleichung der vierdimensionalen Sphäre einfach nur $\beta = R$. Wie groß ist ihr Inhalt und wie groß ist der Inhalt der fünfdimensionalen Vollkugel, die sie berandet?

3.29 Im sechsdimensionalen x-y-z-ξ-η-ζ-Raum besitzen dessen Punkte $(x, y, z, \xi, \eta, \zeta)$ die cartesischen Koordinaten x, y, z, ξ, η, ζ. Umrandet wird die sechsdimensionale Vollkugel Θ mit

Radius R von der durch die Gleichung $x^2+y^2+z^2+\xi^2+\eta^2+\zeta^2 = R^2$ gegebenen fünfdimensionalen Mannigfaltigkeit $\Sigma = \partial\Theta$, einer fünfdimensionalen Sphäre. Mithilfe der Diffeomorphismen

$$\begin{cases} x = \varrho\cos\varphi \\ y = \varrho\sin\varphi \end{cases} \quad \begin{cases} \varrho = r\sin\vartheta \\ z = r\cos\vartheta \end{cases} \quad \begin{cases} r = \alpha\sin\psi \\ \xi = \alpha\cos\psi \end{cases} \quad \begin{cases} \alpha = \beta\sin\lambda \\ \eta = \beta\cos\lambda \end{cases} \quad \begin{cases} \beta = \gamma\sin\mu \\ \zeta = \gamma\cos\mu \end{cases}$$

gelangt man von der obigen Gleichung schrittweise zur Gleichung $\gamma^2 = R^2$, wobei φ das offene Intervall $]-\pi;\pi[$ durchläuft und ϑ, ψ, λ, μ das offene Intervall $]0;\pi[$ durchlaufen. Mit anderen Worten: In sechsdimensionalen Kugelkoordinaten γ, μ, λ, ψ, ϑ, φ lautet die Gleichung der fünfdimensionalen Sphäre einfach nur $\gamma = R$. Wie groß ist ihr Inhalt und wie groß ist der Inhalt der sechsdimensionalen Vollkugel, die sie berandet?

3.30 a) Es sind aus den Gleichungen von Gauß für alle Zahlen k zwischen 1 und n die nach Élie Cartan benannten *Integrabilitätsbedingungen*

$$\sum_{m=1}^{n} \Omega_{km}\sigma_m = 0$$

herzuleiten.

b) Es sind nach Differentiation der Gleichungen

$$\Omega_{km} = \mathrm{d}\omega_{km} + \sum_{l=1}^{n} \omega_{kl}\omega_{lm}$$

für alle Zahlen m und k zwischen 1 und n die nach dem italienischen Mathematiker Luigi Bianchi benannten *Identitäten*

$$\mathrm{d}\Omega_{km} = \sum_{l=1}^{n} (\omega_{kl}\Omega_{lm} - \Omega_{kl}\omega_{lm})$$

herzuleiten.

3.31 Eine von Henri Poincaré erfundene zweidimensionale Mannigfaltigkeit, genannt die *poincarésche Halbebene*, besitzt die obere p-q-Ebene, bestehend aus allen Punkten $X = (p, q)$ mit $q > 0$ als einzige Karte. Die Fundamentalgrößen der poincaréschen Halbebene lauten

$$g_{11} = \left(\frac{\partial}{\partial p}\Big|\frac{\partial}{\partial p}\right) = g_{22} = \left(\frac{\partial}{\partial q}\Big|\frac{\partial}{\partial q}\right) = \frac{1}{q^2}\,, \qquad g_{12} = \left(\frac{\partial}{\partial p}\Big|\frac{\partial}{\partial q}\right) = g_{21} = \left(\frac{\partial}{\partial q}\Big|\frac{\partial}{\partial p}\right) = 0\,.$$

Es ist zu bestätigen, dass die poincarésche Halbebene die konstante gaußsche Krümmung -1 besitzt. Es ist zu zeigen, dass die q-Linien, also die von der p-Achse senkrecht nach oben führenden Strahlen geodätische Linien sind. Ebenso ist zu zeigen, dass bei einem konstanten a und einem konstanten positiven r die durch $p = a + r\cos t$, $q = r\sin t$ bei t aus $]0;\pi[$ beschriebenen Halbkreise, deren begrenzende Durchmesser auf der p-Achse liegen, ebenfalls geodätische Linien sind.

Anmerkung: Die genannten q-Linien und Halbkreise bilden in der poincaréschen Halbebene das Gegenstück zu den Geraden in der cartesischen Ebene. Es zeigt sich, dass in der poincaréschen Halbebene mit der Ausnahme des Parallelenaxioms alle Axiome, die Euklid für die Geometrie der Ebene aufgestellt hat, Gültigkeit besitzen. Damit wurde eine schon von Gauß, dem ungarischen Mathematiker János Bolyai und dem russischen Mathematiker Nikolai Iwanowitsch Lobatschewski erwogene Vermutung bewiesen, dass Euklids Parallelenaxiom nicht aus den anderen Axiomen seiner Geometrie herleitbar ist.

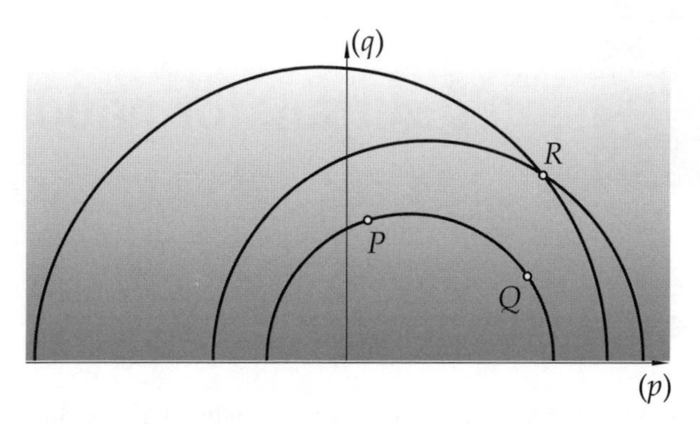

Bild 3.16 Die poincarésche Halbebene: Durch je zwei Punkte P und Q kann man genau eine geodätische Linie (einen Halbkreis mit dem Kreismittelpunkt auf der p-Achse) legen. Aber durch den Punkt R gibt es mehrere geodätische Linien, die zur geodätischen Linie durch P und Q parallel sind.

Lösungen der Rechenaufgaben

3.1 $((\partial/\partial p)|(\partial/\partial p)) = (\cos^2\varphi/\cos^2\vartheta) + \sin^2\varphi,$
$((\partial/\partial p)|(\partial/\partial q)) = (1/2)(1/\cos^2\vartheta - 1)\sin 2\varphi,$
$((\partial/\partial q)|(\partial/\partial q)) = (\sin^2\varphi/\cos^2\vartheta) + \cos^2\varphi$

3.2 $((\partial/\partial p)|(\partial/\partial p)) = \cos^2\varphi + ((\sin\vartheta)/\vartheta)^2\sin^2\varphi,$
$((\partial/\partial p)|(\partial/\partial q)) = (1/2)(1 - ((\sin\vartheta)/\vartheta)^2)\sin 2\varphi,$
$((\partial/\partial q)|(\partial/\partial q)) = \sin^2\varphi + ((\sin\vartheta)/\vartheta)^2\cos^2\varphi$

3.3 $((\partial/\partial p)|(\partial/\partial p)) = (\cos^2\varphi)/(\cos^2(\vartheta/2)) + 4\sin^2(\vartheta/2)\sin^2\varphi,$
$((\partial/\partial p)|(\partial/\partial q)) = (1/2\cos^2(\vartheta/2))(1 - \cos^4(\vartheta/2))\sin 2\varphi,$
$((\partial/\partial q)|(\partial/\partial q)) = (\sin^2\varphi)/(\cos^2(\vartheta/2)) + 4\sin^2(\vartheta/2)\cos^2\varphi$

3.18 $\sigma_1 = \sqrt{p^2+q^2}\,\mathrm{d}p, \quad \sigma_2 = \sqrt{p^2+q^2}\,\mathrm{d}q, \quad \sigma_3 = \mathrm{d}z$

3.19 $\sigma_1 = \sqrt{p^2+q^2}\,\mathrm{d}p, \quad \sigma_2 = \sqrt{p^2+q^2}\,\mathrm{d}q, \quad \sigma_3 = pq\,\mathrm{d}\varphi$

3.20 $\sigma_1 = \mathrm{d}\varrho, \quad \sigma_2 = \varrho\,\mathrm{d}\vartheta, \quad \sigma_3 = (R + \varrho\cos\vartheta)\mathrm{d}\varphi$

3.28 $8\pi^2R^4/3, 8\pi^2R^5/15$

3.29 $\pi^3, \pi^3/6$

4 Integraltransformationen

4.1 Testfunktionen

„Eine *Funktion* ist ein Rechenverfahren.“ So wurde im ersten Band der Begriff „Funktion“ definiert. Ob diese Definition damit übereinstimmt, was sich Leibniz, der Erfinder dieses Begriffs, unter einer „Funktion“ vorstellte, darf bezweifelt werden. Denn diese Definition geht allein vom sogenannten *algorithmischen* Gesichtspunkt aus. (Das Wort *Algorithmus* stammt vom Namen des im 9. Jahrhundert wirkenden Gelehrten Muhammed al-Chwarizmi, dessen mit Rechenaufgaben vollgestopftes Lehrbuch in der mittelalterlichen lateinischen Übersetzung mit den Worten „dixit Algorismi“, „Algorismi hat gesagt“ beginnt.) Ein Algorithmus ist ein Rechenverfahren, wie es sich der blutigste Laie vorstellt. Der einer Funktion zugrundeliegende Algorithmus startet bei Eingabe des Argumentwertes. Er führt nach starr vorgegebenen Regeln klar festgelegte Umformungen durch. Er hält mit der Ausgabe eines Funktionswertes an – ausgenommen er landet bei einem Widerspruch und druckt „error“ aus, oder er gerät in eine „Schleife“, bewerkstelligt also endlos Umformungen, ohne ein Ziel zu erreichen. In diesen Ausnahmefällen wird der eingegebene Argumentwert als für die Funktion „ungültig“ verworfen. Er gehört nicht dem Argumentbereich der Funktion an.

Leibniz bevorzugte jedoch – so dürfen wir vermuten – nicht den algorithmischen, sondern den *beschreibenden* Gesichtspunkt. Er stellte sich nicht die Frage „Was ist eine Funktion?“, sondern die Frage „Wie sieht eine Funktion aus?“ Leibniz hatte das Bild der Funktionskurve $y = f(x)$ vor seinen Augen. Er war – getreu seinem Wort „natura non facit saltus“, „die Natur macht keine Sprünge“ – davon überzeugt: Eine Funktion f verformt die x-Achse in der x-y-Ebene zu einer Kurve. Auf welche Weise bei einem vorliegenden Argumentwert $x = a$ der Funktionswert $y = b = f(a)$ zustandekommt, interessiert Leibniz erst in zweiter Linie. Die Funktionskurve $y = f(x)$ wird einfach als vorhanden vorausgesetzt.

Nimmt man den algorithmischen Standpunkt ein, stellt sich die Frage: Wie *berechnet* man bei einem gegebenen Argumentwert $x = a$ den Funktionswert $y = b = f(a)$? Nimmt man hingegen den beschreibenden Standpunkt ein, stellt sich die Frage: Wie *misst* man bei einem gegebenen Argumentwert $x = a$ den Funktionswert $y = b = f(a)$? Hierauf gab erst die Mathematik des 20. Jahrhunderts, drei Jahrhunderte nach Leibniz, eine befriedigende Antwort. Allerdings sind einige Vorbereitungen zu treffen, bevor wir diese Antwort verstehen können.

Wir gehen vorerst von der Voraussetzung aus, dass die Funktion f über einem offenen Intervall definiert und stetig ist, und dass a diesem offenen Intervall angehört. Der einfacheren Bezeichnung zuliebe wollen wir zunächst $a = 0$ annehmen. Um den Funktionswert $b = f(0)$ *messen* zu können, betrachten wir für jede Zahl n die Funktion φ_n mit

$$\varphi_n(x) = \begin{cases} c_n e^{-n^2/(1-n^2x^2)}, & \text{wenn } -\dfrac{1}{n} \le x \le \dfrac{1}{n} \text{ gilt} \\ 0, & \text{wenn } |x| \ge \dfrac{1}{n} \text{ gilt.} \end{cases}$$

Die positive Konstante c_n ist hierbei so festgelegt, dass

$$\frac{1}{c_n} = \int_{-1/n}^{1/n} e^{-n^2/(1-n^2x^2)} \, dx = 2\int_0^{1/n} e^{-n^2/(1-n^2x^2)} \, dx$$

zutrifft. Wir hatten in Abschnitt 1.8 des zweiten Bandes die Funktionen φ_n bereits kennengelernt. Sie besitzen die folgenden Eigenschaften: Erstens ist jedes φ_n über $\mathbb{R}$ definiert und beliebig oft stetig differenzierbar. Zweitens nimmt für alle x außerhalb des kompakten Intervalles $[-1/n; 1/n]$ die Funktion φ_n den Wert Null an, und sie nimmt innerhalb des offenen Intervalles $]-1/n; 1/n[$ nur positive Werte an. Drittens gilt aufgrund der Festlegung der Konstanten c_n

$$\int_{-\infty}^{\infty} \varphi_n(x) \, dx = 1 \, .$$

Man kann die bombastisch wirkenden Integrationsgrenzen $-\infty$ und ∞ ohne Weiteres durch -1 und 1 oder durch $-1/n$ und $1/n$ ersetzen. Wir werden es aber im Verlauf dieses Kapitels vorrangig mit Integralen über ganz $\mathbb{R}$ zu tun haben und wollen uns daher an die Grenzen $-\infty$ und ∞ zu gewöhnen beginnen. Mithilfe einer geeigneten Funktion unter den φ_1, φ_2, ..., φ_n, ... erreichen wir das Ziel: $b = f(0)$ „messen“ zu können:

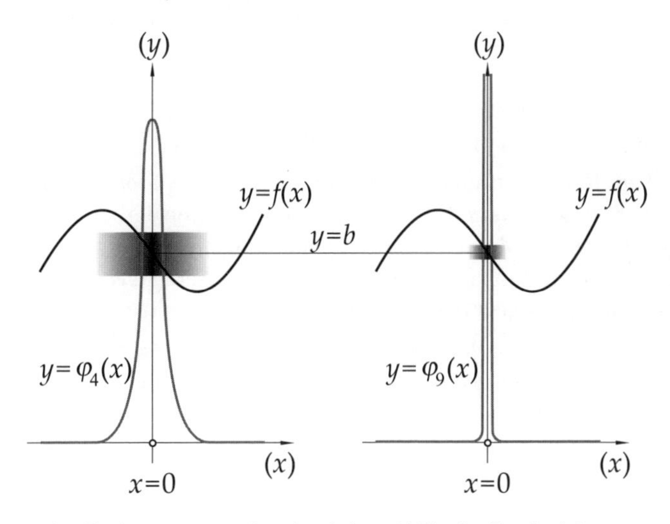

Bild 4.1 Messung des Funktionswertes $b = f(0)$ links mithilfe der Testfunktion φ_4 und rechts mithilfe der Testfunktion φ_9

Die positive Größe ε sei beliebig klein genannt. Wir nehmen an, die Rechengenauigkeit sei so vereinbart, dass zwei reelle Größen bereits dann als gleich gelten, falls sie sich höchstens um ε unterscheiden. Da f als stetig vorausgesetzt wurde, kann man ein positives δ so bestimmen, dass einerseits $]-\delta; \delta[$ im Argumentbereich von f enthalten ist und andererseits für alle x aus $]-\delta; \delta[$

$$\left| f(x) - f(0) \right| = \left| f(x) - b \right| < \varepsilon$$

zutrifft. Wählt man die Zahl n so groß, dass $n \geq 1/\delta$ stimmt, folgt hieraus

$$\left|b - \int_{-\infty}^{\infty} f(x)\,\varphi_n(x)\,\mathrm{d}x\right| = \left|b \int_{-\infty}^{\infty} \varphi_n(x)\,\mathrm{d}x - \int_{-\infty}^{\infty} f(x)\,\varphi_n(x)\,\mathrm{d}x\right| =$$

$$= \left|\int_{-1/n}^{1/n} \big(b - f(x)\big)\,\varphi_n(x)\,\mathrm{d}x\right| \leq \int_{-1/n}^{1/n} |b - f(x)|\,\varphi_n(x)\,\mathrm{d}x \leq \varepsilon \int_{-\infty}^{\infty} \varphi_n(x)\,\mathrm{d}x = \varepsilon\,.$$

Darum ermittelt das Integral

$$\int_{-\infty}^{\infty} f(x)\,\varphi_n(x)\,\mathrm{d}x$$

im Rahmen der vereinbarten Rechengenauigkeit den Funktionswert b. Daher gilt:

$$\lim_{n\to\infty} \int_{-\infty}^{\infty} f(x)\,\varphi_n(x)\,\mathrm{d}x = f(0)\;.$$

Dem hier abstrakt vorgestellten Messprozess liegt ein anschauliches Bild zugrunde: Blickt man auf die Funktionskurven der Funktionen $\varphi_1, \varphi_2, \ldots, \varphi_n, \ldots$, sieht man, wie sie sich mit wachsendem n immer „nadelartiger" an der Stelle 0 zusammenziehen und zugleich an dieser Stelle so an Höhe gewinnen, dass die von ihnen oberhalb der x-Achse eingeschlossene Fläche den Inhalt 1 beibehält. Bei der Bildung von $f(x)\,\varphi_n(x)$ spielen nur die ganz nahe bei Null gelegenen Argumentwerte eine Rolle. Wegen der Stetigkeit von f macht es für große n im Rahmen der vereinbarten Rechengenauigkeit keinen Unterschied, ob man $f(x)\,\varphi_n(x)$ oder $f(0)\,\varphi_n(x) = b\varphi_n(x)$ betrachtet. Die Funktion φ_n ähnelt einem Abtastgerät: Es *testet*, wie sich die zu messende Funktion f an der Stelle $a = 0$ verhält. Das ist der Grund, warum um 1935 der russische Mathematiker Sergei Lwowitsch Sobolew und ein paar Jahre später der französische Mathematiker Laurent Schwartz, die bahnbrechenden Erfinder der in diesem Kapitel erläuterten Theorie, die Funktion φ_n eine *Testfunktion* nannten.

Wir fassen den Begriff der Testfunktion sehr weit. Eine *Testfunktion* ϑ liegt bereits dann vor, wenn ϑ über $\mathbb{R}$ definiert ist, wenn ϑ beliebig oft stetig differenzierbar ist und wenn ϑ einen „kompakten Träger" besitzt. Mit dieser letzten Bedingung meinen wir, dass es ein kompaktes Intervall gibt, außerhalb dessen die Testfunktion ϑ nur den Wert Null annimmt. Jedes kompakte Intervall, das diese Eigenschaft besitzt, heißt ein *Träger* der Funktion ϑ.

Bei einem beliebigen reellen a sind zum Beispiel die durch $\psi_n(x) = \varphi_n(a - x)$ gegebenen Funktionen ψ_n Testfunktionen. Wenn die stetige Funktion f in einem offenen Intervall um a definiert ist, gilt offenkundig

$$\lim_{n\to\infty} \int_{-\infty}^{\infty} f(x)\,\psi_n(x)\,\mathrm{d}x = \lim_{n\to\infty} \int_{-\infty}^{\infty} f(x)\,\varphi_n(a - x)\,\mathrm{d}x =$$

$$= \lim_{n\to\infty} \int_{-\infty}^{\infty} f(a - y)\,\varphi_n(y)\,\mathrm{d}y = f(a)\;.$$

Dies zeigt, wie man mit Testfunktionen die Funktionswerte stetiger Funktionen „messen" kann.

Mit je zwei Testfunktionen φ und ϑ ist auch deren Summe $\varphi + \vartheta$, definiert durch $(\varphi + \vartheta)(x) = \varphi(x) + \vartheta(x)$, eine Testfunktion. Und mit jeder Testfunktion ϑ und jeder Konstante c ist auch das Produkt $c\vartheta$, definiert durch $(c\vartheta)(x) = c\vartheta(x)$, eine Testfunktion. *Die Gesamtheit aller Testfunktionen bildet daher einen linearen Raum.* Auch das Produkt zweier Testfunktionen bleibt eine Testfunktion, doch das spielt erst später eine Rolle.

Schließlich erklären Sobolew und Schwartz, unter welchen Bedingungen in ihrer Theorie eine Folge von Testfunktionen $\vartheta_1, \vartheta_2, \ldots, \vartheta_n, \ldots$ *konvergent* heißt und eine Testfunktion ϑ als *Grenzwert* besitzt. Zunächst verlangen sie, dass die Konvergenz nur dann vorliegt, wenn es ein kompaktes Intervall gibt, das allen Funktionen $\vartheta_1, \vartheta_2, \ldots, \vartheta_n, \ldots$ der Folge als Träger dient. Theoretisch könnten sie die Konvergenz dann vorliegen lassen, wenn die Testfunktionen ϑ_1, $\vartheta_2, \ldots, \vartheta_n, \ldots$ gleichmäßig gegen die Funktion ϑ konvergieren. Doch das ist ihnen aus Gründen, die wir bald verstehen werden, zu wenig. Sobolew und Schwartz verlangen mehr: Die Konvergenz im Sinne ihrer Theorie liegt erst dann vor, wenn nicht nur die Testfunktionen ϑ_1, $\vartheta_2, \ldots, \vartheta_n, \ldots$ in dem kompakten Intervall gleichmäßig gegen die Funktion ϑ konvergieren, sondern auch deren Ableitungen $\vartheta'_1, \vartheta'_2, \ldots, \vartheta'_n, \ldots$ in diesem Intervall gleichmäßig gegen die Ableitung ϑ' der Funktion ϑ konvergieren, darüber hinaus deren Ableitungen $\vartheta''_1, \vartheta''_2, \ldots, \vartheta''_n$, $\ldots$ in diesem Intervall gleichmäßig gegen die zweite Ableitung ϑ'' von ϑ konvergieren, und dies so weiter für alle höheren Ableitungen. Weil sie unendlich viele Voraussetzungen für das Vorliegen der Konvergenz verlangen, sprechen sie bildhaft von der *starken Konvergenz* der Folge $\vartheta_1, \vartheta_2, \ldots, \vartheta_n, \ldots$ von Testfunktionen gegen die Testfunktion ϑ. Sobolew und Schwartz sorgen mit ihren vielen Forderungen an die Folge $\vartheta_1, \vartheta_2, \ldots, \vartheta_n, \ldots$ dafür, dass nur unter sehr einschneidenden Bedingungen die Folge $\vartheta_1, \vartheta_2, \ldots, \vartheta_n, \ldots$ *stark konvergent* heißt und eine Testfunktion ϑ als *starken Grenzwert* besitzt. Die Folge der Funktionen $\varphi_1, \varphi_2, \ldots, \varphi_n, \ldots$ erfüllt zum Beispiel ganz und gar nicht die genannten Voraussetzungen der starken Konvergenz. Diese Funktionen haben zwar $[-1;1]$ als gemeinsamen kompakten Träger, konvergieren in ihm aber nicht gleichmäßig, ja an der Stelle 0 nicht einmal punktweise. Von einer gleichmäßigen Konvergenz der Folge ihrer Ableitungsfunktionen ist natürlich auch nicht die Rede.

Fassen wir zusammen:

Testfunktionen sind Funktionen, die einen kompakten Träger besitzen und beliebig oft stetig differenzierbar sind. Die starke Konvergenz liegt dann vor, wenn sie über einem kompakten Intervall erfolgt, das als Träger aller Funktionen dient, und wenn die gleichmäßige Konvergenz nicht allein von der Funktionenfolge selbst, sondern auch von der Folge der ersten, der Folge der zweiten, und der Folge aller weiteren höheren Ableitungen der Funktionen gegeben ist.

Sobolew und Schwartz schufen sich damit ein Instrumentarium von „besonders zahmen" Funktionen, die sie unter ein „besonders strenges" Regiment stellen. Ihr Ziel war, damit „besonders wilde" Funktionen bändigen zu können. Darunter sogar Funktionen, die dem algorithmischen Gesichtspunkt entgleiten. Wie ihnen dies gelingt, lehrt der nächste Abschnitt.

4.2 Verallgemeinerte Funktionen

Angelpunkt der Theorie von Sobolew und Schwartz ist, dass jeder stetigen Funktion f und jeder Testfunktion ϑ durch die Zuordnung

$$\langle f|\vartheta\rangle = \int_{-\infty}^{\infty} f(x)\,\vartheta(x)\,\mathrm{d}x$$

ein Skalar zugewiesen wird. Weil ϑ einen kompakten Träger besitzt, handelt es sich hierbei in Wahrheit um ein Integral mit einem kompakten Intervall als Integrationsbereich. Überdies ist das Produkt der beiden Funktionen f und ϑ stetig und daher über dem kompakten Intervall integrierbar. Frappant erinnert diese Zuordnung an ein inneres oder skalares Produkt. In der Tat gelten die *Rechengesetze der Linearität.* Es gilt nämlich für beliebige stetige Funktionen f, f_1, f_2, für beliebige Testfunktionen ϑ, ϑ_1, ϑ_2 und für beliebige Konstanten c_1, c_2 sowohl das Gesetz

$$\langle c_1 f_1 + c_2 f_2 | \vartheta \rangle = c_1 \langle f_1 | \vartheta \rangle + c_2 \langle f_2 | \vartheta \rangle ,$$

wie auch das Gesetz

$$\langle f | c_1 \vartheta_1 + c_2 \vartheta_2 \rangle = c_1 \langle f | \vartheta_1 \rangle + c_2 \langle f | \vartheta_2 \rangle .$$

Allerdings schreiben wir diese Zuordnung nicht wie bei einem inneren Produkt mit runden Klammern, sondern mit spitzen Klammern. Denn die beiden in ihm auftretenden Faktoren f und ϑ sind nicht dem gleichen linearen Raum entnommen, sondern zwei verschiedenen linearen Räumen: der erste Faktor f dem Raum der stetigen Funktionen und der zweite Faktor ϑ dem Raum der Testfunktionen.

Die bahnbrechende Idee von Sobolew und Schwartz bestand darin, bei dieser Zuordnung den Spieß gleichsam umzudrehen: Nicht mithilfe einer stetigen Funktion f eine Art inneres Produkt mit einer Testfunktion ϑ zu erklären, sondern umgekehrt mithilfe einer Art inneren Produkts mit einer Testfunktion ϑ den Begriff der „Funktion" möglichst allgemein zu fassen. Sobolew nennt ein mit f bezeichnetes Objekt eine *verallgemeinerte Funktion,* wenn f jeder Testfunktion ϑ eine reelle Größe $\langle f | \vartheta \rangle$ so zuweist, dass diese Zuordnung von ϑ zu $\langle f | \vartheta \rangle$ erstens dem *Rechengesetz der Linearität* gehorcht. Dieses besagt, dass für je zwei Testfunktionen ϑ_1, ϑ_2 und je zwei Konstanten c_1, c_2

$$\langle f | c_1 \vartheta_1 + c_2 \vartheta_2 \rangle = c_1 \langle f | \vartheta_1 \rangle + c_2 \langle f | \vartheta_2 \rangle$$

gilt. Und diese Zuordnung von ϑ zu $\langle f | \vartheta \rangle$ gehorcht zweitens dem *Rechengesetz der Stetigkeit,* das in der Formel

$$\left\langle f \middle| \lim_{n \to \infty} \vartheta_n \right\rangle = \lim_{n \to \infty} \langle f | \vartheta_n \rangle$$

zum Ausdruck kommt. In dieser Formel bezeichnet $\vartheta_1, \vartheta_2, \ldots, \vartheta_n, \ldots$ eine Folge von Testfunktionen, die *stark* gegen die Testfunktion $\vartheta = \lim_{n \to \infty} \vartheta_n$ konvergiert.

Schwartz erfand für eine verallgemeinerte Funktion f den Namen *Distribution.* Das lateinische distribuere bedeutet „verteilen". Im Sinne des Bildes einer Funktion f, das sich Leibniz gemacht hatte, „verteilt" eine Funktion f die Punkte der x-Achse auf die Funktionskurve $y = f(x)$. Wir werden hier jedoch den Fachbegriff „verallgemeinerte Funktion", den Sobolew prägte, bevorzugen.

Jede stetige Funktion f ist zugleich eine verallgemeinerte Funktion. Denn mit der Formel

$$\langle f | \vartheta \rangle = \int_{-\infty}^{\infty} f(x) \, \vartheta(x) \, \mathrm{d}x$$

wird jeder Testfunktion ϑ eine reelle Größe $\langle f | \vartheta \rangle$ zugeordnet, und wir wissen bereits um das Rechengesetz der Linearität Bescheid. Wenn die Folge von Testfunktionen $\vartheta_1, \vartheta_2, \ldots, \vartheta_n, \ldots$

das Intervall $[a;b]$ als gemeinsamen Träger besitzt und darin gleichmäßig gegen die Testfunktion ϑ konvergiert, folgt aus dem Satz, dass bei gleichmäßiger Konvergenz Integral und Grenzwert vertauscht werden dürfen, die Formel

$$\left\langle f \middle| \lim_{n\to\infty} \vartheta_n \right\rangle = \int_{-\infty}^{\infty} f(x) \lim_{n\to\infty} \vartheta_n(x)\,\mathrm{d}x = \int_a^b f(x) \lim_{n\to\infty} \vartheta_n(x)\,\mathrm{d}x =$$

$$= \lim_{n\to\infty} \int_a^b f(x)\,\vartheta_n(x)\,\mathrm{d}x = \lim_{n\to\infty} \int_{-\infty}^{\infty} f(x)\,\vartheta_n(x)\,\mathrm{d}x = \lim_{n\to\infty} \langle f|\vartheta_n\rangle \ .$$

Somit ist das Rechengesetz der Stetigkeit gesichert, wenn die Folge $\vartheta_1, \vartheta_2, \ldots, \vartheta_n, \ldots$ stark gegen eine Testfunktion ϑ konvergiert.

Aber auch die an der Stelle 0 unstetige Heavisidefunktion H mit $\mathrm{H}(x) = 1$ für $x > 0$ und $\mathrm{H}(x) = 0$ für $x < 0$ ist zugleich eine verallgemeinerte Funktion. Denn mit der Formel

$$\langle \mathrm{H}|\vartheta\rangle = \int_{-\infty}^{\infty} \mathrm{H}(x)\,\vartheta(x)\,\mathrm{d}x = \int_0^{\infty} \vartheta(x)\,\mathrm{d}x$$

wird jeder Testfunktion ϑ eine reelle Größe $\langle \mathrm{H}|\vartheta\rangle$ zugeordnet, und das Rechengesetz der Linearität gilt für dieses Integral offenkundig. Ferner soll die Folge von Testfunktionen $\vartheta_1, \vartheta_2, \ldots, \vartheta_n, \ldots$ das Intervall $[a;b]$ als gemeinsamen Träger besitzen, wobei wir ohne Weiteres von der Annahme ausgehen dürfen, dieses sei so groß, dass $a < 0 < b$ zutrifft. Überdies soll diese Folge gleichmäßig gegen die Testfunktion ϑ konvergieren. Dann folgt aus dem Satz, dass bei gleichmäßiger Konvergenz Integral und Grenzwert vertauscht werden dürfen, die Formel

$$\left\langle \mathrm{H} \middle| \lim_{n\to\infty} \vartheta_n \right\rangle = \int_0^{\infty} \lim_{n\to\infty} \vartheta_n(x)\,\mathrm{d}x = \int_0^b \lim_{n\to\infty} \vartheta_n(x)\,\mathrm{d}x =$$

$$= \lim_{n\to\infty} \int_0^b \vartheta_n(x)\,\mathrm{d}x = \lim_{n\to\infty} \int_0^{\infty} \vartheta_n(x)\,\mathrm{d}x = \lim_{n\to\infty} \langle \mathrm{H}|\vartheta_n\rangle \ .$$

Auch hier ist das Rechengesetz der Stetigkeit gesichert, wenn die Folge $\vartheta_1, \vartheta_2, \ldots, \vartheta_n, \ldots$ stark gegen eine Testfunktion ϑ konvergiert.

Ein weiteres Beispiel einer verallgemeinerten Funktion bezeichnen wir mit δ''. Sie ist dadurch gekennzeichnet, dass sie jeder Testfunktion ϑ den Skalar

$$\langle \delta''|\vartheta\rangle = \vartheta''(0)$$

zuweist. Wegen der Summenregel und der Tatsache, dass beim Differenzieren konstante Faktoren erhalten bleiben, trifft

$$\langle \delta''|c_1\vartheta_1 + c_2\vartheta_2\rangle = (c_1\vartheta_1 + c_2\vartheta_2)''(0) = c_1\vartheta_1''(0) + c_2\vartheta_2''(0) = c_1\langle \delta''|\vartheta_1\rangle + c_2\langle \delta''|\vartheta_2\rangle$$

zu. Damit ist das Rechengesetz der Linearität begründet. Und wenn die Folge $\vartheta_1, \vartheta_2, \ldots, \vartheta_n, \ldots$ stark gegen eine Testfunktion ϑ konvergiert, konvergiert insbesondere die Folge aller zweiten Ableitungen $\vartheta_1'', \vartheta_2'', \ldots, \vartheta_n'', \ldots$ an der Stelle 0 gegen $\vartheta''(0)$. Die daraus folgende Formel

$$\left\langle \delta'' \middle| \lim_{n\to\infty} \vartheta_n \right\rangle = \langle \delta''|\vartheta\rangle = \vartheta''(0) = \lim_{n\to\infty} \vartheta_n''(0) = \lim_{n\to\infty} \langle f|\vartheta_n\rangle$$

belegt das Rechengesetz der Stetigkeit.

Wie bei den beiden zuvor gebrachten Beispielen schreiben wir auch bei der verallgemeinerten Funktion δ'' die Zuordnung von der Testfunktion ϑ zum Skalar $\langle \delta'' | \vartheta \rangle$ als Integral:

$$\langle \delta'' | \vartheta \rangle = \int_{-\infty}^{\infty} \delta''(x)\, \vartheta(x)\, \mathrm{d}x = \vartheta''(0) \; .$$

Dies tun wir im vollen Bewusstsein der Tatsache, dass es keine integrierbare Funktion δ'' gibt, die mit ϑ multipliziert und über $\mathbb{R}$ integriert die zweite Ableitung von ϑ an der Stelle Null liefert. Jedenfalls gibt es die Funktion δ'' dann nicht, wenn man bei Funktionen allein den algorithmischen Standpunkt einnimmt. Doch das starre Festhalten an ihm wollen wir vorsätzlich mit der Einführung des Begriffs einer *verallgemeinerten* Funktion zugunsten einer breiteren Sichtweise aufgeben.

Wir vereinbaren, ab nun bei jeder verallgemeinerten Funktion f die Zuordnung von der Testfunktion ϑ zum Skalar $\langle f | \vartheta \rangle$ auch als Integral

$$\int_{-\infty}^{\infty} f(x)\, \vartheta(x)\, \mathrm{d}x = \langle f | \vartheta \rangle$$

zu schreiben. Wenn f eine stetige Funktion ist, liegt tatsächlich das mithilfe riemannscher Zwischensummen berechnete Integral des Produktes von f mit ϑ vor. Doch stetig muss f als verallgemeinerte Funktion nicht sein. Im Allgemeinen ist die Schreibweise von $\langle f | \vartheta \rangle$ mit dem Integral daher bloß als Symbol zu verstehen. Im Laufe der Erörterungen wird sich zeigen, wie diese symbolische Schreibweise hilft, sich Rechengesetze zu merken. Einige dieser Rechengesetze lernen wir im nächsten Abschnitt kennen.

4.3 Rechnen mit verallgemeinerten Funktionen

Bezeichnen f und g zwei verallgemeinerte Funktionen und bezeichnet c eine reelle Größe, definieren wir die verallgemeinerten Funktionen $f + g$ und cf, indem wir für jede Testfunktion ϑ die folgenden Vereinbarungen treffen:

$$\langle f + g | \vartheta \rangle = \langle f | \vartheta \rangle + \langle g | \vartheta \rangle \qquad \text{und} \qquad \langle cf | \vartheta \rangle = c \langle f | \vartheta \rangle$$

Ein Produkt zweier verallgemeinerter Funktionen definieren wir nicht. Wohl aber verwenden wir die Tatsache, dass mit zwei Testfunktionen φ und ϑ auch deren durch $(\varphi\vartheta)(x) = \varphi(x)\, \vartheta(x)$ definiertes Produkt $\varphi\vartheta$ eine Testfunktion bleibt. Damit gelingt es, das Produkt $f\varphi$ einer verallgemeinerten Funktion f mit einer Testfunktion φ so zu erklären, dass $f\varphi$ ebenfalls eine verallgemeinerte Funktion ist: Wir definieren für jede Testfunktion ϑ

$$\langle f\varphi | \vartheta \rangle = \langle f | \varphi\vartheta \rangle$$

Alle hier genannten Festlegungen übertragen sich stimmig auf die symbolische Schreibweise von $\langle f | \vartheta \rangle$ als Integral.

Als Nächstes wollen wir erklären, unter welcher Voraussetzung eine verallgemeinerte Funktion f in einem offenen Intervall J der x-Achse *stetig* heißt: Dies soll genau dann der Fall sein, wenn es eine stetige Funktion $g : J \longrightarrow \mathbb{R}$ mit der folgenden Eigenschaft gibt: Für alle Testfunktionen ϑ mit Träger in J gilt

$$\langle f|\vartheta\rangle = \int_{-\infty}^{\infty} g(x)\,\vartheta(x)\,\mathrm{d}x\,.$$

Dann existiert insbesondere für jeden Punkt a aus J und für die Folge $\psi_1, \psi_2, \ldots, \psi_n, \ldots$ jener Testfunktionen, die für jede Zahl n durch $\psi_n(x) = \varphi_n(a-x)$ definiert sind, der Grenzwert

$$\lim_{n\to\infty} \langle f|\psi_n\rangle = \lim_{n\to\infty} \int_{-\infty}^{\infty} g(x)\,\varphi_n(a-x)\,\mathrm{d}x = g(a)\,.$$

Dementsprechend setzt man $f(x) = g(x)$, wenn die Variable x das offene Intervall J durchläuft. Das bedeutet, dass verallgemeinerte Funktionen in jenen offenen Intervallen, in denen sie stetig sind, mit stetigen Funktionen im ursprünglichen Sinn übereinstimmen. An allen Stellen dieser offenen Intervalle besitzen sie wohldefinierte Funktionswerte.

Betrachten wir als Beispiel die verallgemeinerte Funktion δ'', die jeder Testfunktion ϑ gemäß $\langle\delta''|\vartheta\rangle = \vartheta''(0)$ deren zweite Ableitung an der Stelle Null zuweist. Über dem offenen Intervall $\mathbb{R}^+ =]0;\infty[$ ist δ'' stetig. Denn für jedes positive a gilt, sobald die Zahl n so groß ist, dass $1/n < a$ zutrifft,

$$\langle\delta''|\psi_n\rangle = \int_{-\infty}^{\infty} \delta''(x)\,\varphi_n(a-x)\,\mathrm{d}x = \varphi_n''(a) = 0\,.$$

Darum ist $\delta''(x) = 0$, solange x die positive x-Achse durchläuft. Ebenso gilt $\delta''(x) = 0$, solange x die negative x-Achse durchläuft. An der Stelle $x = 0$ hingegen ist es unsinnig, von einem Funktionswert von δ'' zu sprechen. Nur an dieser Stelle ist δ'' unstetig – dies jedoch auf eine höchst eigentümliche Weise, die unsere gewohnte Vorstellungskraft übersteigt.

Die symbolische Schreibweise von $\langle f|\vartheta\rangle$ als Integral nützen wir als Nächstes dazu, um bei zwei konstanten reellen Größen a, b mit $a \neq 0$ erklären zu können, wie man aus der verallgemeinerten Funktion f, bei der

$$\langle f|\vartheta\rangle = \int_{-\infty}^{\infty} f(x)\,\vartheta(x)\,\mathrm{d}x$$

ist, die verallgemeinerte Funktion g berechnet, bei der

$$\langle g|\vartheta\rangle = \int_{-\infty}^{\infty} g(x)\,\vartheta(x)\,\mathrm{d}x = \int_{-\infty}^{\infty} f(ax+b)\,\vartheta(x)\,\mathrm{d}x$$

gilt. Man sagt, dass die verallgemeinerte Funktion g aus der verallgemeinerten Funktion f durch die *lineare Substitution* $y = ax + b$ hervorgeht. Wir schreiben hierfür symbolisch $g(x) = f(ax+b)$, wohl wissend, dass bei verallgemeinerten Funktionen die Bezeichnung $f(x)$ ziemlich gewagt ist. Jedenfalls dann, wenn die Variable x nicht gerade ein offenes Intervall durchläuft, in dem die verallgemeinerte Funktion f stetig ist. Im Falle eines positiven a führt man die genannte Substitution $y = ax + b$ mit $x = (y-b)/a$ formal wie in der Integralrechnung üblich durch:

$$\langle g|\vartheta\rangle = \int_{-\infty}^{\infty} f(ax+b)\,\vartheta(x)\,\mathrm{d}x = \int_{-\infty}^{\infty} f(y)\,\vartheta\left(\frac{y-b}{a}\right)\frac{1}{a}\mathrm{d}y = \frac{1}{a}\langle f|\varphi\rangle\,,$$

wobei die Testfunktion φ durch $\varphi(y) = \vartheta((y-b)/a)$ gegeben ist. Im Falle eines negativen a hat man zu bedenken, dass die Substitution eine Vertauschung der Integrationsgrenzen bewirkt. Um diese wieder umkehren zu können, muss man einen Vorzeichenwechsel durchführen. Dieser wird am elegantesten dadurch bewerkstelligt, dass man statt des Vorfaktors $1/a$ den Vorfaktor $1/|a|$ anschreibt. Wir erhalten somit die *lineare Substitutionsformel*

$$\langle g|\vartheta\rangle = \frac{1}{|a|}\langle f|\varphi\rangle \qquad \text{bei} \quad g(x) = f(ax+b) \quad \text{und} \quad \varphi(y) = \vartheta\left(\frac{y-b}{a}\right)$$

Wenn wir zum Beispiel die verallgemeinerte Funktion δ^{**} durch $\delta^{**}(x) = \delta''(-x)$ definieren, bedeutet dies: $\langle\delta^{**}|\vartheta\rangle = \langle\delta''|\varphi\rangle = \varphi''(0)$, wobei $\varphi(y) = \vartheta(-y)$ ist. Da $\varphi'(y) = -\vartheta'(y)$ und $\varphi''(y) = \vartheta''(y)$ gilt, bekommen wir $\langle\delta^{**}|\vartheta\rangle = \vartheta''(0)$. Dies beweist die Gleichheit $\delta^{**} = \delta''$. Symbolisch schreiben wir dafür $\delta''(-x) = \delta''(x)$, was so aussieht, als ob δ'' eine gerade Funktion wäre.

Ein anderes Beispiel ist die verallgemeinerte Funktion f, die als $f(x) = \mathrm{H}(x-b)$ festgelegt wird. Für sie errechnet sich

$$\langle f|\vartheta\rangle = \int_{-\infty}^{\infty} \mathrm{H}(x-b)\,\vartheta(x)\,\mathrm{d}x = \int_{-\infty}^{\infty} \mathrm{H}(y)\,\vartheta(y+b)\,\mathrm{d}y = \int_{0}^{\infty} \vartheta(y+b)\,\mathrm{d}y = \int_{b}^{\infty} \vartheta(x)\,\mathrm{d}x\,.$$

Liegt eine Folge $f_1, f_2, \ldots, f_n, \ldots$ verallgemeinerter Funktionen vor, heißt diese Folge gegen die verallgemeinerte Funktion f *schwach konvergent*, wenn für alle Testfunktionen ϑ die Grenzwertbeziehungen

$$\lim_{n\to\infty} \langle f_n|\vartheta\rangle = \langle f|\vartheta\rangle$$

zutreffen. Wir betrachten als Beispiel die aus den Testfunktionen

$$\varphi_n(x) = \begin{cases} c_n \mathrm{e}^{-n^2/(1-n^2x^2)}\,, & \text{wenn } -\dfrac{1}{n} \le x \le \dfrac{1}{n} \text{ gilt} \\ 0\,, & \text{wenn } |x| \ge \dfrac{1}{n} \text{ gilt} \end{cases}$$

mit

$$\frac{1}{c_n} = \int_{-1/n}^{1/n} \mathrm{e}^{-n^2/(1-n^2x^2)}\,\mathrm{d}x$$

gebildeten Stammfunktionen $\Phi_1, \Phi_2, \ldots, \Phi_n, \ldots$, die gemäß

$$\Phi_n(x) = \int_{-\infty}^{x} \varphi_n(t)\,\mathrm{d}t = \int_{-1/n}^{x} \varphi_n(t)\,\mathrm{d}t$$

definiert sind. Jede dieser Funktionen Φ_n ist über $\mathbb{R}$ definiert, beliebig oft stetig differenzierbar, für $x \le -1/n$ gilt $\Phi_n(x) = 0$, für $x \ge 1/n$ gilt $\Phi_n(x) = 1$ und über dem Intervall $[-1/n; 1/n]$ steigt Φ_n glatt und monoton von 0 bis 1 an. Offenkundig ist über $\mathbb{R}^*$ die punktweise, nicht aber die gleichmäßige Konvergenz $\lim_{n\to\infty} \Phi_n = \mathrm{H}$ gegeben, wobei H die Heavisidefunktion bezeichnet. Da die Funktionen Φ_n keinen kompakten Träger besitzen, sind sie keine Testfunktionen, wohl aber verallgemeinerte Funktionen. Es errechnet sich $\langle\Phi_n|\vartheta\rangle$ als

$$\langle\Phi_n|\vartheta\rangle = \int_{-\infty}^{\infty} \Phi_n(x)\,\vartheta(x)\,\mathrm{d}x = \int_{-1/n}^{1/n} \Phi_n(x)\,\vartheta(x)\,\mathrm{d}x + \int_{1/n}^{\infty} \vartheta(x)\,\mathrm{d}x\,.$$

Die beiden aus der Stetigkeit des Integrals in den Grenzen folgenden Formeln

$$\lim_{n\to\infty}\int_{-1/n}^{1/n}\Phi_n(x)\,\vartheta(x)\,\mathrm{d}x = 0 \qquad \text{und} \qquad \lim_{n\to\infty}\int_{1/n}^{\infty}\vartheta(x)\,\mathrm{d}x = \int_0^{\infty}\vartheta(x)\,\mathrm{d}x$$

belegen

$$\lim_{n\to\infty}\langle\Phi_n|\vartheta\rangle = \int_0^{\infty}\vartheta(x)\,\mathrm{d}x = \langle\mathrm{H}|\vartheta\rangle\ .$$

Dies beweist, dass die Folge der Funktionen $\Phi_1, \Phi_2, \dots, \Phi_n, \dots$ nicht nur punktweise, sondern auch schwach gegen die Heavisidefunktion H konvergiert.

Es ist klar, dass eine Folge $f_1, f_2, \dots, f_n, \dots$ stetiger Funktionen, die über jedem kompakten Intervall gleichmäßig gegen die stetige Funktion f konvergiert, zugleich schwach gegen die Funktion f konvergiert. Interessanter ist, dass man aus der schwachen Konvergenz mit einer Zusatzbedingung zumindest auf die punktweise Konvergenz zurückschließen darf:

Es sei $f_1, f_2, \dots, f_n, \dots$ eine Folge verallgemeinerter Funktionen, die gegen die verallgemeinerte Funktion f schwach konvergiert. Wenn in einem offenen Intervall J sowohl alle Funktionen f_n der Folge als auch die Grenzfunktion f nicht nur stetig sind, sondern sogar einer Lipschitzbedingung mit einer gemeinsamen Lipschitzkonstanten L gehorchen, dann konvergiert für alle x aus J die Folge $f_1(x), f_2(x), \dots, f_n(x), \dots$ der Funktionswerte gegen den Funktionswert $f(x)$ der schwachen Grenzfunktion.

Die im Satz geforderte Lipschitzbedingung besagt, dass für alle x und alle ξ des Intervalls J sowohl $|f_n(x) - f_n(\xi)| \le L|x-\xi|$ für alle Zahlen n, als auch $|f(x) - f(\xi)| \le L|x-\xi|$ gilt. Wir greifen zum Nachweis des Satzes ein beliebiges x aus J heraus und nehmen an, die Zahl k_0 sei so groß, dass $[x - 1/k_0; x + 1/k_0]$ in J enthalten ist. ψ_k sei der Name der durch $\psi_k(\xi) = \varphi_k(x-\xi)$ gegebenen Testfunktion. Aus der vorausgesetzten Lipschitzbedingung für f folgt ab $k \ge k_0$

$$|\langle f|\psi_k\rangle - f(x)| = \left|\int_{-\infty}^{\infty} f(\xi)\,\psi_k(\xi)\,\mathrm{d}\xi - f(x)\int_{-\infty}^{\infty}\psi_k(\xi)\,\mathrm{d}\xi\right| =$$

$$= \left|\int_{x-1/k}^{x+1/k}\big(f(\xi) - f(x)\big)\,\psi_k(\xi)\,\mathrm{d}\xi\right| \le \sup_{\xi\in[x-\frac{1}{k};x+\frac{1}{k}]}|f(\xi) - f(x)|\cdot 1 \le \frac{L}{k}\ .$$

Die gleiche Rechnung beweist für alle Zahlen n ab $k \ge k_0$

$$|\langle f_n|\psi_k\rangle - f_n(x)| \le \frac{L}{k}\ .$$

Nun sei das positive ε beliebig klein genannt. Die Zahl k sei so groß gewählt, dass neben $k \ge k_0$ auch $L/k < \varepsilon/3$ zutrifft. Wegen der schwachen Konvergenz der Folge $f_1, f_2, \dots, f_n, \dots$ gegen f kann man eine Zahl n_0 finden, sodass für alle Zahlen n mit $n \ge n_0$

$$|\langle f_n|\psi_k\rangle - \langle f|\psi_k\rangle| < \frac{\varepsilon}{3}$$

stimmt. Aus den eben bewiesenen Ungleichungen folgt für alle Zahlen n mit $n \ge n_0$

$$|f_n(x) - f(x)| \le |f_n(x) - \langle f_n|\psi_k\rangle| + |\langle f_n|\psi_k\rangle - \langle f|\psi_k\rangle| + |\langle f|\psi_k\rangle - f(x)| < \frac{2L}{k} + \frac{\varepsilon}{3} < \varepsilon\ .$$

Damit ist gezeigt, dass tatsächlich $\lim_{n\to\infty} f_n(x) = f(x)$ stimmt.

Nun sind die Vorbereitungen dafür geschaffen, die wichtigste aller verallgemeinerten Funktionen kennenzulernen, die den Anstoß für die ganze Theorie gegeben hat.

4.4 Diracs Deltafunktion

Tatsächlich stammt die Idee, verallgemeinerte Funktionen zu betrachten, nicht von einem Mathematiker, sondern von Paul Dirac, einem der eminentesten theoretischen Physiker des 20. Jahrhunderts, der ursprünglich Elektrotechnik studierte und so mit den Ideen des eine Generation vor ihm lebenden Oliver Heaviside vertraut war. Dirac stellte sich die Frage, wie man die Ladungsverteilung eines punktförmigen Elektrons mathematisch fassen solle. Dabei gehen wir der Einfachheit halber von einer eindimensionalen Welt aus und lassen das Elektron im Ursprung der x-Achse ruhen. Die Ladungsverteilung $\delta(x)$ des Elektrons, dem wir willkürlich die Ladung 1 zusprechen, müsste nach Dirac so gestaltet sein, dass die Integration

$$\int_a^b \delta(x)\,\mathrm{d}x$$

die auf dem Intervall $[a; b]$ gemessene Gesamtladung mitteilt. Wenn bei diesem Intervall $a < b < 0$ oder aber $0 < a < b$ zutrifft, liefert das Integral den Wert Null, denn das Elektron hält sich in dem Intervall nicht auf. Wenn hingegen bei diesem Intervall $a < 0 < b$ zutrifft, liefert das Integral den Wert Eins, denn das Elektron befindet sich in dem Intervall und wird durch das Integral erfasst. Somit hat, laut Dirac, die Ladungsverteilung $\delta(x)$ des Elektrons die eigenartige Eigenschaft, dass für alle von Null verschiedenen x sicher $\delta(x) = 0$ ist, aber an der Stelle $x = 0$ diese Ladungsverteilung derart gewaltig gegen unendlich divergiert, dass

$$\int_{-\infty}^{\infty} \delta(x)\,\mathrm{d}x = 1$$

stimmt. Selbstverständlich war sich Dirac der Tatsache bewusst, dass es keine integrierbare Funktion mit dieser Eigenschaft geben kann. Denn wenn eine Funktion für alle von Null verschiedenen Argumentwerte so definiert ist, dass sie an diesen Stellen den Wert Null besitzt, ist sie zwar integrierbar, aber ihr Integral wird immer Null liefern – egal welchen Wert man ihr an der Stelle Null zuweist. Die Physik, so Dirac, legt dennoch nahe, Ladungsverteilungen wie das eben vorgestellte $\delta(x)$ in Augenschein zu nehmen. Im Vertrauen darauf, dass die Mathematik seine paradoxe *Deltafunktion* doch noch irgendwie erklären wird können, ließ er sich von den Bedenken jener Mathematiker nicht beirren, die glaubten, Funktionen allein aus der Sicht des algorithmischen Standpunktes betrachten zu dürfen.

Und in der Tat haben wenige Jahre später Sobolew und Schwartz die Rechtfertigung für Diracs Ideen nachgeliefert.

Die diracsche Deltafunktion δ ist eine verallgemeinerte Funktion. Für jede Testfunktion ϑ ist sie durch

$$\langle \delta | \vartheta \rangle = \int_{-\infty}^{\infty} \delta(x)\,\vartheta(x)\,\mathrm{d}x = \vartheta(0)$$

definiert. Weil für jede Testfunktion ϑ wegen ihrer Stetigkeit

$$\lim_{n\to\infty} \langle \varphi_n | \vartheta \rangle = \lim_{n\to\infty} \int_{-\infty}^{\infty} \varphi_n(x)\,\vartheta(x)\,\mathrm{d}x = \lim_{n\to\infty} \int_{-\infty}^{\infty} \vartheta(x)\,\varphi_n(x)\,\mathrm{d}x = \vartheta(0)$$

zutrifft, ist gezeigt:

Die diracsche Deltafunktion δ ist der schwache Grenzwert der Folge $\varphi_1, \varphi_2, \ldots, \varphi_n, \ldots$ der Funktionen φ_n mit

$$\varphi_n(x) = \begin{cases} c_n \mathrm{e}^{-n^2/(1-n^2x^2)}, & \text{wenn } -\dfrac{1}{n} \le x \le \dfrac{1}{n} \text{ gilt} \\ 0\,, \text{wenn } |x| \ge \dfrac{1}{n} \text{ gilt,} & \end{cases}$$

wobei

$$\frac{1}{c_n} = \int_{-1/n}^{1/n} \mathrm{e}^{-n^2/(1-n^2x^2)}\,\mathrm{d}x$$

gilt.

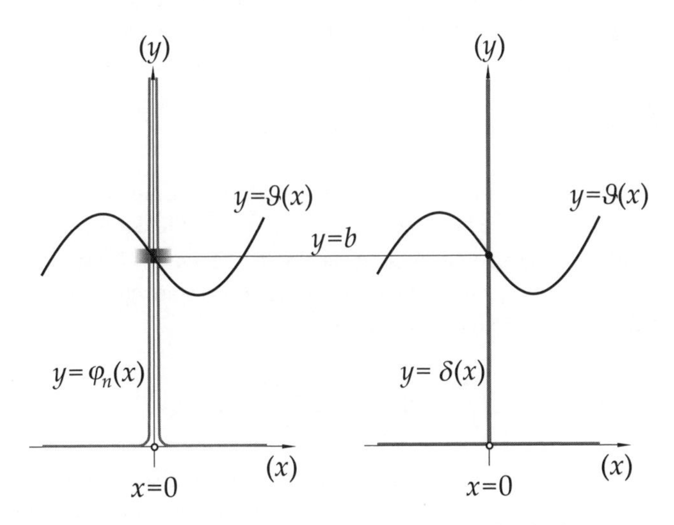

Bild 4.2 Messung des Funktionswertes $b = \vartheta(0)$ links mithilfe der Testfunktion φ_n und rechts mithilfe der diracschen Deltafunktion δ

Insbesondere erkennen wir, dass die diracsche Deltafunktion an allen von Null verschiedenen Stellen stetig ist und dort den Funktionswert Null besitzt. Denn für jeden von Null verschiedenen Punkt a gilt für die Folge $\psi_1, \psi_2, \ldots, \psi_n, \ldots$ jener Testfunktionen, die für jede Zahl n durch $\psi_n(x) = \varphi_n(a-x)$ definiert sind, die Grenzwertbeziehung

$$\lim_{n\to\infty} \langle \delta | \psi_n \rangle = \lim_{n\to\infty} \int_{-\infty}^{\infty} \delta(x)\,\varphi_n(a-x)\,\mathrm{d}x = \lim_{n\to\infty} \varphi_n(a) = 0\,.$$

Aus der Regel zur linearen Substitution bei verallgemeinerten Funktionen folgt einerseits, dass die diracsche Deltafunktion gerade ist, $\delta(-x) = \delta(x)$, und dass die Formel

$$\int_{-\infty}^{\infty} \delta(x-a)\,\vartheta(x)\,\mathrm{d}x = \vartheta(a)$$

zutrifft. Dirac würde sagen: $\delta(x-a)$, die *an der Stelle a konzentrierte diracsche Deltafunktion*, ist an allen von a verschiedenen Argumentwerten Null, aber nimmt an der Stelle a derart massiv den Wert unendlich an, dass die Integration des Produkts dieser Funktion mit einer Testfunktion ϑ den Funktionswert von ϑ an dieser Stelle liefert. Bezeichnet φ eine Testfunktion, errechnet sich die durch $f(x) = \varphi(x)\,\delta(x-a)$ gegebene verallgemeinerte Funktion folgendermaßen: Für jede Testfunktion ϑ gilt

$$\langle f|\vartheta\rangle = \int_{-\infty}^{\infty} \varphi(x)\,\delta(x-a)\,\vartheta(x)\,\mathrm{d}x = \int_{-\infty}^{\infty} \delta(x-a)\,\varphi(x)\,\vartheta(x)\,\mathrm{d}x = \varphi(a)\,\vartheta(a)\;.$$

Das gleiche Resultat bekommt man, wenn man bei $g(x) = \varphi(a)\,\delta(x-a)$ den Ausdruck $\langle g|\vartheta\rangle$ berechnet. Hieraus folgt die schöne Formel

$$\varphi(x)\,\delta(x-a) = \varphi(a)\,\delta(x-a)$$

Es spricht nichts dagegen, sie auch anzuwenden, wenn φ keine Testfunktion ist, sondern eine beliebige verallgemeinerte Funktion, die in einem offenen Intervall um die Stelle a stetig ist.

Als weiteres Beispiel wollen wir für ein von Null verschiedenes a die durch $f(x) = \delta\left(x^2-a^2\right)$ symbolisierte verallgemeinerte Funktion f berechnen. Wir verwenden dazu wie üblich die symbolische Integration:

$$\langle f|\vartheta\rangle = \int_{-\infty}^{\infty} \delta\left(x^2-a^2\right)\vartheta(x)\,\mathrm{d}x = \int_{-\infty}^{0} \delta\left(x^2-a^2\right)\vartheta(x)\,\mathrm{d}x + \int_{0}^{\infty} \delta\left(x^2-a^2\right)\vartheta(x)\,\mathrm{d}x\,.$$

Im ersten Summanden durchläuft die Integrationsvariable x die negative reelle Achse. Substituiert man $y = x^2 - a^2$, lautet die Umkehrung $x = -\sqrt{a^2+y}$, die Grenzen $x = -\infty$ und $x = 0$ gehen in $y = \infty$ und $y = -a^2$ über und es ist $\mathrm{d}x = -\mathrm{d}y/\left(2\sqrt{a^2+y}\right)$. Das Minuszeichen verschwindet, wenn man im Integral die Integrationsgrenzen vertauscht. Darum bekommt man nach der Substitution für den ersten Summanden

$$\int_{-\infty}^{0} \delta\left(x^2-a^2\right)\vartheta(x)\,\mathrm{d}x = \int_{-a^2}^{\infty} \delta(y)\,\frac{\vartheta\left(-\sqrt{a^2+y}\right)}{2\sqrt{a^2+y}}\,\mathrm{d}y\,.$$

Analog erhält man für den zweiten Summanden mit der gleichen Substitution $y = x^2 - a^2$ unter Beachtung, dass diesmal die Integrationsvariable x die positive reelle Achse durchläuft,

$$\int_{0}^{\infty} \delta\left(x^2-a^2\right)\vartheta(x)\,\mathrm{d}x = \int_{-a^2}^{\infty} \delta(y)\,\frac{\vartheta\left(\sqrt{a^2+y}\right)}{2\sqrt{a^2+y}}\,\mathrm{d}y\,.$$

Wenn man beachtet, dass für y mit $y \le -a^2$ sicher $\delta(y) = 0$ zutrifft, erhält man demzufolge

$$\langle f|\vartheta\rangle = \int_{-\infty}^{\infty} \delta\left(x^2-a^2\right)\vartheta(x)\,\mathrm{d}x = \int_{-a^2}^{\infty} \delta(y)\,\frac{\vartheta\left(\sqrt{a^2+y}\right)+\vartheta\left(-\sqrt{a^2+y}\right)}{2\sqrt{a^2+y}}\,\mathrm{d}y =$$

$$= \int_{-\infty}^{\infty} \delta(y)\,\frac{\vartheta\left(\sqrt{a^2+y}\right)+\vartheta\left(-\sqrt{a^2+y}\right)}{2\sqrt{a^2+y}}\,\mathrm{d}y = \frac{\vartheta(a)+\vartheta(-a)}{2|a|}\;.$$

In der Formel

$$\delta\left(x^2 - a^2\right) = \frac{1}{2|a|}\left(\delta\left(x-a\right) + \delta\left(x+a\right)\right)$$

ist diese Berechnung von $\delta\left(x^2 - a^2\right)$ symbolisch erfasst.

Die spannendste Eigenschaft verallgemeinerter Funktionen haben wir jedoch noch gar nicht erwähnt: Verallgemeinerte Funktionen sind – in einem etwas anderen als dem üblichen Sinn – beliebig oft differenzierbar. Hierauf kommen wir im nächsten Abschnitt zu sprechen.

4.5 Differentiation verallgemeinerter Funktionen

Bezeichnet f eine stetig differenzierbare Funktion mit f' als Ableitungsfunktion und ϑ eine Testfunktion, errechnet sich nach der Formel der partiellen Integration

$$\left\langle f' | \vartheta \right\rangle = \int_{-\infty}^{\infty} f'(x)\,\vartheta(x)\,\mathrm{d}x = \left[f(x)\,\vartheta(x)\right]_{-\infty}^{\infty} - \int_{-\infty}^{\infty} f(x)\,\vartheta'(x)\,\mathrm{d}x.$$

Da die Testfunktion an den Grenzen $-\infty$ und ∞ die Funktionswerte Null annimmt, fällt der erste Ausdruck in der Differenz weg, und es verbleibt

$$\left\langle f' | \vartheta \right\rangle = \int_{-\infty}^{\infty} f'(x)\,\vartheta(x)\,\mathrm{d}x = -\int_{-\infty}^{\infty} f(x)\,\vartheta'(x)\,\mathrm{d}x = -\left\langle f | \vartheta' \right\rangle .$$

Eben diese Formel

$$\left\langle f' | \vartheta \right\rangle = -\left\langle f | \vartheta' \right\rangle$$

ziehen wir heran, um jeder verallgemeinerten Funktion f eine Ableitungsfunktion f' zuzuordnen, die ebenfalls eine verallgemeinerte Funktion darstellt.

Es klingt kurios, ist aber ganz ernst gemeint: Jede verallgemeinerte Funktion f kann man differenzieren, indem man ihre Ableitungsfunktion f' nach der Regel $\left\langle f' | \vartheta \right\rangle = -\left\langle f | \vartheta' \right\rangle$ berechnet. Ob die verallgemeinerte Funktion stetig oder gar stetig differenzierbar ist, spielt keine Rolle. Wir behaupten ferner Folgendes:

Wenn eine Folge von verallgemeinerten Funktionen $f_1, f_2, \ldots, f_n, \ldots$ schwach gegen eine verallgemeinerte Funktion f konvergiert, dann konvergiert die Folge $f_1', f_2', \ldots, f_n', \ldots$ ihrer Ableitungsfunktionen schwach gegen die Ableitungsfunktion f' ihres schwachen Grenzwertes.

Der Nachweis dafür ist erstaunlich einfach: Für jede Zahl n und jede Testfunktion ϑ gilt $\left\langle f_n' | \vartheta \right\rangle = -\left\langle f_n | \vartheta' \right\rangle$. Nach Voraussetzung besteht die Konvergenz $\lim_{n\to\infty}\left\langle f_n | \vartheta' \right\rangle = \left\langle f | \vartheta' \right\rangle$. Daraus erhält man $\lim_{n\to\infty}\left\langle f_n' | \vartheta \right\rangle = -\left\langle f | \vartheta' \right\rangle = \left\langle f' | \vartheta \right\rangle$, womit die Behauptung bewiesen ist.

Die Ableitungsfunktionen $\delta', \delta'', \delta''', \ldots$ der diracschen Deltafunktion errechnen sich zum Beispiel aus den Formeln

$$\langle \delta' | \vartheta \rangle = -\langle \delta | \vartheta' \rangle = -\vartheta'(0) , \qquad \langle \delta'' | \vartheta \rangle = -\langle \delta' | \vartheta' \rangle = \vartheta''(0) ,$$

und so weiter. Wenn man für eine Zahl n bereits die Formel $\langle \delta^{(n-1)} | \vartheta \rangle = (-1)^{n-1} \vartheta^{(n-1)}(0)$ kennt, ergibt sich die n-te Ableitung nach der Formel

$$\langle \delta^{(n)} | \vartheta \rangle = -\langle \delta^{(n-1)} | \vartheta' \rangle = -(-1)^{n-1} \vartheta^{(n-1+1)}(0) = (-1)^n \vartheta^{(n)}(0) .$$

Es gilt somit für jede Zahl n

$$\langle \delta^{(n)} | \vartheta \rangle = (-1)^n \vartheta^{(n)}(0)$$

Darum ist die Bezeichnung der verallgemeinerten Funktion δ'', die wir schon zuvor kennengelernt haben, sehr gut gewählt: Sie ist tatsächlich die zweite Ableitung der diracschen Deltafunktion.

Für die Ableitung H' der Heavisidefunktion bekommen wir

$$\langle \mathrm{H}' | \vartheta \rangle = -\langle \mathrm{H} | \vartheta' \rangle = -\int_{-\infty}^{\infty} \mathrm{H}(x)\, \vartheta'(x)\, \mathrm{d}x = -\int_{0}^{\infty} \vartheta'(x)\, \mathrm{d}x = -[\vartheta(x)]_0^{\infty} = \vartheta(0) .$$

Wir gelangen zur Erkenntnis

$$\mathrm{H}' = \delta$$

die diracsche Deltafunktion ist die Ableitung der Heavisidefunktion. So weit hergeholt ist das gar nicht. Denn die Funktionskurve der Heavisidefunktion ist für von Null verschiedene Argumente waagrecht, hat dort in der Tat den Anstieg Null. Und an der Stelle Null „springt“ die Funktionskurve der Heavisidefunktion von Null auf Eins. Sie hat dort einen unendlichen Anstieg, jedoch nur 1 als Sprunghöhe.

Wir können dieses anschauliche Bild sofort verallgemeinern: Es sei f eine reelle Funktion, die über einer in $\mathbb{R}$ dichten Menge definiert ist. Wir nennen f eine *stückweise stetig differenzierbare* Funktion, wenn eine endliche Folge von Punkten $c_1, c_2, \ldots, c_{n-1}, c_n$ mit $c_1 < c_2 < \ldots < c_{n-1} < c_n$ vorliegt und dabei Folgendes gesichert ist: Über jedem der Intervalle $]-\infty; c_1]$, $[c_1; c_2]$, $\ldots$, $[c_{n-1}; c_n]$, $[c_n; \infty[$ ist die Funktion f stetig, und über jedem der Intervalle $]-\infty; c_1[$, $]c_1; c_2[$, $\ldots$, $]c_{n-1}; c_n[$, $]c_n; \infty[$ ist die Funktion f sogar stetig differenzierbar. Für jede ganze Zahl m zwischen 1 und n benennt der Unterschied

$$a_m = \lim_{x \to c_m, x > c_m} f(x) - \lim_{x \to c_m, x < c_m} f(x)$$

zwischen rechts- und linksseitigem Grenzwert der Funktion an der Stelle c_m die *Sprunghöhe* der Funktionskurve von f an der Stelle c_m. Sobald a_m von Null verschieden ist, handelt es sich bei c_m um eine Unstetigkeitsstelle, genauer: um eine *Sprungstelle* von f. Allerdings ist die durch

$$g(x) = f(x) - \sum_{m=1}^{n} a_m \mathrm{H}(x - c_m)$$

definierte Funktion g so konstruiert, dass diese Sprunghöhen vom nachgereihten Summanden $-a_m \mathrm{H}(x - c_m)$ gerade aufgehoben werden. Die Funktion g ist eine über ganz $\mathbb{R}$ stetige

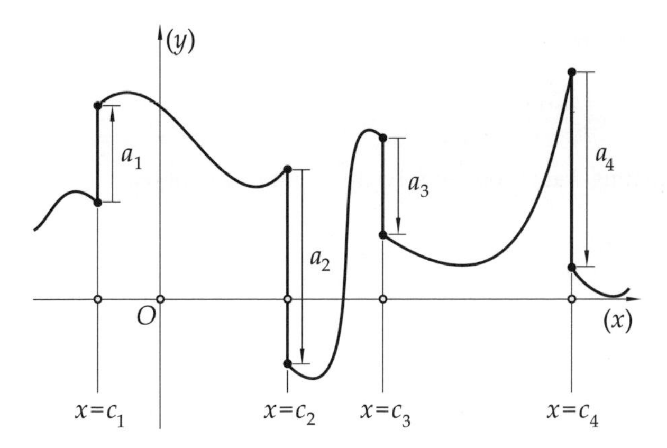

Bild 4.3 Schaubild einer stückweise stetig differenzierbaren Funktion

Funktion und über der Vereinigung der Intervalle $]-\infty; c_1[,]c_1; c_2[, \ldots,]c_{n-1}; c_n[;]c_n; \infty[$ stetig differenzierbar.

Jede stückweise stetig differenzierbare Funktion f ist zugleich eine verallgemeinerte Funktion. Denn wir können sie als Summe

$$f(x) = g(x) + \sum_{m=1}^{n} a_m \mathrm{H}(x - c_m)$$

einer stetigen und bis auf die Stellen $c_1, c_2, \ldots, c_{n-1}, c_n$ stetig differenzierbaren Funktion g und einer aus Heavisidefunktionen bestehenden Summe darstellen. Ferner wissen wir, wie f zu differenzieren ist: Es gilt

$$f'(x) = g'(x) + \sum_{m=1}^{n} a_m \delta(x - c_m) .$$

In Worten formuliert:

Die Ableitungsfunktion einer stückweise stetig differenzierbaren Funktion besteht aus der gewöhnlichen Ableitung dieser Funktion plus den an den Sprungstellen konzentrierten diracschen Deltafunktionen mit den jeweiligen Sprunghöhen multipliziert.

Bemerkenswert an der Differentiation von verallgemeinerten Funktionen ist, dass der Satz über die konstante Funktion für verallgemeinerte Funktionen richtig bleibt:

Satz über die konstante Funktion: Gilt für eine verallgemeinerte Funktion, dass ihre Ableitungsfunktion Null ist, dann ist die verallgemeinerte Funktion selbst konstant.

Für den Nachweis gehen wir davon aus, dass die Ableitungsfunktion f' der verallgemeinerten Funktion f Null ist. Damit meinen wir, dass für jede Testfunktion ϑ die Beziehung $\langle f' | \vartheta \rangle = 0$ zutrifft, was zu $\langle f | \vartheta' \rangle = 0$ gleichwertig ist. Hierbei ist zu beachten, dass es sich bei ϑ' um eine

Testfunktion handelt, für die

$$\int_{-\infty}^{\infty} \vartheta'(x)\,\mathrm{d}x = [\vartheta(x)]_{-\infty}^{\infty} = 0$$

stimmt. Geht man umgekehrt von einer Testfunktion ϱ aus, für die

$$\int_{-\infty}^{\infty} \varrho(x)\,\mathrm{d}x = 0$$

zutrifft, ist durch

$$\varphi(x) = \int_{-\infty}^{x} \varrho(t)\,\mathrm{d}t$$

ebenfalls eine Testfunktion gegeben, deren Ableitungsfunktion mit der Testfunktion ϱ übereinstimmt: $\varphi' = \varrho$. Dies bedeutet, dass wir von allen Testfunktionen ϱ, für die

$$\int_{-\infty}^{\infty} \varrho(x)\,\mathrm{d}x = 0$$

zutrifft, die Beziehung $\langle f|\varrho\rangle = 0$ kennen. Nun soll ϑ eine beliebige Testfunktion bezeichnen. Wir berechnen deren Integral

$$\int_{-\infty}^{\infty} \vartheta(x)\,\mathrm{d}x = a\,,$$

das wir als $a = \langle 1|\vartheta\rangle$ abkürzen dürfen, wenn 1 die konstante verallgemeinerte Funktion mit 1 als Funktionswert symbolisiert. Von der zu Beginn des Kapitels definierten Testfunktion φ_1 wissen wir, dass deren Integral 1 lautet:

$$\int_{-\infty}^{\infty} \varphi_1(x)\,\mathrm{d}x = 1\,.$$

Darum ist die Testfunktion $\varrho = \vartheta - a\varphi_1$ von der Bauart, dass ihr von $-\infty$ bis ∞ erstrecktes Integral verschwindet. Dementsprechend bekommen wir

$$0 = \langle f|\varrho\rangle = \langle f|\vartheta - a\varphi_1\rangle = \langle f|\vartheta\rangle - a\langle f|\varphi_1\rangle\,.$$

Die reelle Größe $\langle f|\varphi_1\rangle = c$ ist eine Konstante. Die Rechnung

$$\langle f - c|\vartheta\rangle = \langle f|\vartheta\rangle - c\langle 1|\vartheta\rangle = \langle f|\vartheta\rangle - ca = \langle f|\vartheta\rangle - a\langle f|\varphi_1\rangle = 0$$

belegt schließlich, dass f mit der Konstante c übereinstimmt, wie behauptet wurde.

Eine unmittelbare Folgerung aus dem Satz über die konstante Funktion lautet:

> Wenn für eine Zahl n die n-te Ableitungsfunktion einer verallgemeinerten Funktion Null ist, dann ist die verallgemeinerte Funktion ein Polynom, das, wenn es nicht konstant Null ist, einen kleineren Grad als n besitzt.

Für die Zahl $n = 1$ haben wir diese Aussage eben bewiesen, denn ein Polynom von einem kleineren Grad als 1 ist – wenn es nicht konstant Null ist – eine von Null verschiedene Konstante.

Nun nehmen wir an, dass wir diese Aussage bereits für die Zahl n als richtig erkannt haben. Falls die verallgemeinerte Funktion f die Eigenschaft besitzt, dass ihre $(n+1)$-te Ableitungsfunktion $f^{(n+1)}$ konstant Null ist, folgern wir aus dem Satz über die konstante Funktion, dass die n-te Ableitungsfunktion $f^{(n)} = c$ eine Konstante sein muss. Die Konstante c ergibt sich zugleich aus der n-ten Ableitung des Monoms $cx^n / n!$ und wir ersehen hieraus, dass die n-te Ableitung von $f(x) - cx^n / n!$ konstant Null ist. Unserer Annahme folgend ist $f(x) - cx^n / n!$ ein Polynom $p(x)$ höchstens $(n-1)$-ten Grades (falls $p(x)$ nicht überhaupt konstant Null ist). Dann aber ist $f(x) = cx^n / n! + p(x)$ ein Polynom $p(x)$ höchstens n-ten Grades (ausgenommen c stimmt mit Null überein und $p(x)$ ist konstant Null). Wir sehen somit, dass sich die Gültigkeit dieses Satzes von n auf $n+1$ überträgt, womit der Beweis des Satzes geführt ist.

Spannender ist es, bei einer Zahl n nach den verallgemeinerten Funktionen f zu suchen, für die

$$f^{(n)}(x) = \delta(x-a)$$

zutrifft. Offenkundig lösen Polynome $p(x)$ der Gestalt $p(x) = c_1 x^{n-1} + c_2 x^{n-2} + \ldots + c_{n-1} x + c_n$ die zugehörige homogene Gleichung $p^{(n)}(x) = 0$. Wenn somit eine partikuläre Lösung $f(x)$ der obigen Gleichung gefunden wird, dann gewinnen wir mit $f(x) + p(x)$ die allgemeine Lösung dieser Gleichung. Jedenfalls brauchen wir nur ein f zu suchen, für das

$$f^{(n-1)}(x) = \mathrm{H}(x-a) = \begin{cases} 1 & \text{für } x > a \\ 0 & \text{für } x < a \end{cases}$$

gilt. Wenn $n > 1$ ist, führt dies nach einer weiteren Integration zu

$$f^{(n-2)}(x) = \begin{cases} x-a & \text{für } x > a \\ 0 & \text{für } x < a\,. \end{cases}$$

Dabei sind die Integrationskonstanten so gewählt, dass $f^{(n-2)}$ stetig ist. Wenn $n > 2$ ist, führt dies nach einer weiteren Integration zu

$$f^{(n-3)}(x) = \begin{cases} \dfrac{(x-a)^2}{2} & \text{für } x > a \\ 0 & \text{für } x < a\,, \end{cases}$$

wobei wieder die Integrationskonstanten so fixiert sind, dass $f^{(n-3)}$ stetig differenzierbar ist. Allgemein erhalten wir die Formel

$$f^{(n-k-1)}(x) = \begin{cases} \dfrac{(x-a)^k}{k!} & \text{für } x > a \\ 0 & \text{für } x < a\,, \end{cases}$$

aus der sich im Falle $k = n-1$ schließlich

$$f(x) = \begin{cases} \dfrac{(x-a)^{n-1}}{(n-1)!} & \text{für } x > a \\ 0 & \text{für } x < a \end{cases}$$

ergibt. Wichtig ist, sich die hieraus folgende Erkenntnis, dass $f(x)+p(x)$ die allgemeine Lösung dieser Gleichung darstellt, nicht als Formel, sondern als Leitspruch zu merken:

Die allgemeine Lösung y von $y^{(n)}(x) = \delta(x-a)$ ist durch eine „gewöhnliche" Funktion gegeben, die für $x < a$ und für $x > a$ die zugehörige homogene Gleichung löst. Bei $x = a$ sind die Funktion und ihre Ableitungen bis zur Ordnung $n-2$ stetig, hingegen hat die $(n-1)$-te Ableitung der Funktion an der Stelle $x = a$ einen Sprung der Höhe 1. Im Spezialfall $n = 1$ hat die Funktion selbst an der Stelle $x = a$ einen Sprung der Höhe 1.

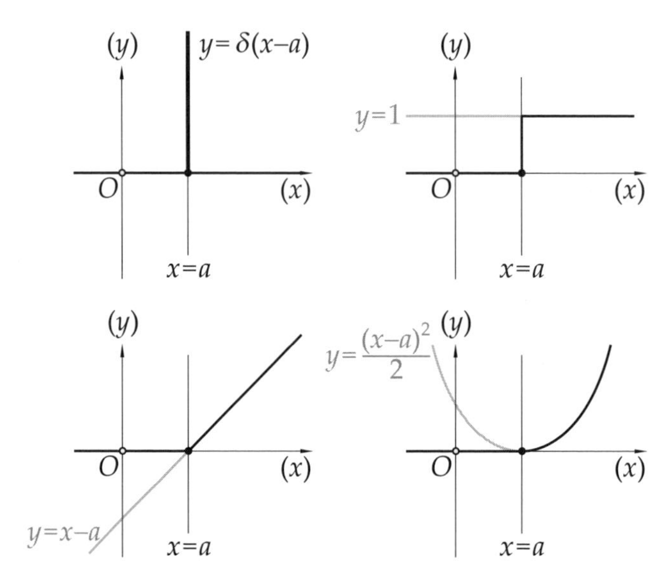

Bild 4.4 Links oben das Schaubild von $y = \delta(x-a)$, rechts oben das Schaubild ihres Integrals, das an der Stelle a linksseitig den Wert 0 und rechtsseitig den Wert 1 besitzt, links unten das Schaubild des Integrals der rechts oben ermittelten Funktion, das an der Stelle a den Wert 0 besitzt, und rechts unten das Schaubild des Integrals der links unten ermittelten Funktion, das an der Stelle a den Wert Null besitzt.

Im nächsten Abschnitt werden wir sehen, wie dieser Leitspruch Differentialgleichungen zu lösen hilft.

4.6 Greensche Funktionen

Am eben bewiesenen Leitspruch ändert sich nichts, wenn man zum Beispiel für $n = 2$ die Bildung der zweiten Ableitungsfunktion durch einen linearen Differentialoperator L zweiter Ordnung ersetzt:

Bezeichnet

$$L = \frac{\partial^2}{\partial x^2} + p\frac{\partial}{\partial x} + q$$

einen linearen Differentialoperator, in dem die Koeffizienten $p = p(x)$ und $q = q(x)$ stetige Funktionen sind, dann ist die allgemeine Lösung $y = y(x) = G(x,\xi)$ von $Ly = \delta(x-\xi)$ durch eine „gewöhnliche“ Funktion G gegeben, die in der ersten Variable x für $x < \xi$ und für $x > \xi$ die zugehörige homogene Gleichung löst. Bei $x = \xi$ ist die Funktion in der ersten Variable x stetig, hingegen hat ihre Ableitung nach der ersten Variable x an der Stelle $x = \xi$ einen Sprung der Höhe 1.

In der Tat: Es sei

$$G(x,\xi) = \begin{cases} g_1(x) & \text{für } x < \xi \\ g_2(x) & \text{für } x > \xi \end{cases}$$

so definiert, dass sowohl für die zweimal stetig differenzierbare Funktion g_1 die Beziehung $Lg_1(x) = 0$, als auch für die zweimal stetig differenzierbare Funktion g_2 die Beziehung $Lg_2(x) = 0$ stimmt. Bei $x = \xi$ soll die Zuordnung $x \mapsto G(x,\xi)$ stetig sein, was

$$\lim_{x\to\xi,\, x>\xi} g_2(x) = g_2(\xi) = \lim_{x\to\xi,\, x<\xi} g_1(x) = g_1(\xi)$$

bedeutet. Hingegen soll die Ableitung dieser Zuordnung an der Stelle $x = \xi$ einen Sprung der Höhe 1 aufweisen, was

$$\lim_{x\to\xi,\, x>\xi} g_2'(x) - \lim_{x\to\xi,\, x<\xi} g_1'(x) = g_2'(\xi) - g_1'(\xi) = 1$$

bedeutet. Mithilfe der Heavisidefunktion können wir die Funktion G als

$$G(x,\xi) = g_1(x) + \mathrm{H}(x-\xi)\big(g_2(x) - g_1(x)\big)$$

darstellen. Deren Ableitung nach x lautet wegen $\mathrm{H}' = \delta$ und wegen $\delta(x-\xi)\big(g_2(x) - g_1(x)\big) = \big(g_2(\xi) - g_1(\xi)\big)\delta(x-\xi) = 0$

$$\frac{\partial G(x,\xi)}{\partial x} = g_1'(x) + \mathrm{H}(x-\xi)\big(g_2'(x) - g_1'(x)\big) + \delta(x-\xi)\big(g_2(x) - g_1(x)\big) =$$
$$= g_1'(x) + \mathrm{H}(x-\xi)\big(g_2'(x) - g_1'(x)\big)\ .$$

Die nochmalige Ableitung liefert wieder wegen $\mathrm{H}' = \delta$ und wegen $\delta(x-\xi)\big(g_2'(x) - g_1'(x)\big) = \big(g_2'(\xi) - g_1'(\xi)\big)\delta(x-\xi) = \delta(x-\xi)$

$$\frac{\partial^2 G(x,\xi)}{\partial x^2} = g_1''(x) + \mathrm{H}(x-\xi)\big(g_2''(x) - g_1''(x)\big) + \delta(x-\xi)\big(g_2'(x) - g_1'(x)\big) =$$
$$= g_1''(x) + \mathrm{H}(x-\xi)\big(g_2''(x) - g_1''(x)\big) + \delta(x-\xi)\ .$$

Weil wir von $Lg_1(x) = 0$ und $Lg_2(x) = 0$ ausgehen, beweisen diese Formeln, in den linearen Differentialoperator L eingesetzt, $LG(x,\xi) = \delta(x-\xi)$, wie behauptet wurde.

Um die Bedeutung dieses Leitspruchs verstehen zu können, betrachten wir als Beispiel die Auslenkung u eines eindimensionalen elastischen Mediums – wir stellen uns am besten eine Saite einer Violine vor. Diese Saite ist entlang der x-Achse an den Stellen $x = 0$ und $x = 1$ fixiert. Es gelten somit die *Randbedingungen* $u|_{x=0} = u|_{x=1} = 0$. Die Auslenkung u hängt von der Stelle x auf der x-Achse und von der Zeit t ab, und gehorcht dabei der eindimensionalen inhomogenen *Wellengleichung*

$$\frac{\partial^2 u}{\partial x^2} - \frac{1}{c^2} \cdot \frac{\partial^2 u}{\partial t^2} = F$$

In ihr symbolisiert das Störglied $F = F(x,t)$ die auf die Saite wirkende Kraft. Newton bevorzugte, eine Kraft mit dem Buchstaben F zu bezeichnen. Denn er sprach von einer „fortitudo“, dem lateinischen Wort für „Kraft“. Die Konstante c besitzt die Dimension einer Geschwindigkeit und wird die *Wellengeschwindigkeit* der Auslenkung genannt. Wir wollen von einer auf die Saite mit konstanter Kreisfrequenz ω einwirkenden Kraft ausgehen. Insbesondere betrachten wir vorerst den Spezialfall $F = \delta(x-\xi)\,e^{j\omega t}$. Anschaulich gedeutet: Nur an der Stelle ξ des offenen Intervalls $]0;1[$ wird die Saite mit Amplitude 1 periodisch erregt. Der naheliegende Ansatz lautet $u = v(x)\,e^{j\omega t}$, die Saite antwortet auf diese Erregung mit einer Schwingung in der gleichen Periode. Allein die Form $v = v(x)$ der Schwingung gilt es noch auszurechnen. Zweimalige Differentiation dieses Ansatzes nach dem Ort x und nach der Zeit t liefert

$$\frac{\partial^2 u}{\partial x^2} = \frac{\partial^2 v}{\partial x^2} e^{j\omega t}, \qquad \frac{\partial^2 u}{\partial t^2} = -\omega^2 \cdot v(x)\,e^{j\omega t}.$$

Setzt man dies in die obige Wellengleichung bei $F = \delta(x-\xi)\,e^{j\omega t}$ ein, verbleibt

$$Lv = \delta(x-\xi) \qquad \text{mit} \qquad L = \frac{\partial^2}{\partial x^2} + k^2 .$$

Dabei kürzt die Konstante k das Verhältnis $k = \omega/c$ ab und wird zuweilen die *Wellenzahl*, genauer: die *Kreiswellenzahl* genannt. Wir bestätigen sofort, dass die zugehörige homogene Gleichung $Lv = 0$ die allgemeine Lösung $v = C_1 \sin kx + C_2 \cos kx$ besitzt. Berücksichtigen wir die Randbedingung $v|_{x=0} = 0$, bleibt nur $v = A \sin kx$ übrig. Wir könnten die allgemeine Lösung auch in der Gestalt $v = C_1^* \sin k(1-x) + C_2^* \cos k(1-x)$ anschreiben. Diese Darstellung eignet sich nämlich am besten für die Randbedingung $v|_{x=1} = 0$, denn da bleibt nur die Lösung in der Gestalt $v = B \sin k(1-x)$ übrig. An dieser Stelle kommt der Leitspruch zum Tragen: Wir suchen jene Funktion G mit

$$G(x,\xi) = \begin{cases} A \sin kx & \text{für } x < \xi \\ B \sin k(1-x) & \text{für } x > \xi\,, \end{cases}$$

die bei $x = \xi$ stetig ist und deren Ableitung an der Stelle $x = \xi$ einen Sprung der Höhe 1 aufweist. Diese Suche führt zum Gleichungssystem

$$\begin{cases} A \sin k\xi - B \sin k(1-\xi) = 0 \\ -kB \cos k(1-\xi) - kA \cos k\xi = 1\,. \end{cases}$$

Die Multiplikation der ersten Gleichung mit $k \cos k\xi$, der zweiten Gleichung mit $\sin k\xi$ und die nachfolgende Addition führt auf der linken Seite zu

$$-kB \sin k(1-\xi) \cdot \cos k\xi - kB \sin k\xi \cdot \cos k(1-\xi) = -kB \sin(k(1-\xi) + k\xi) = -kB \sin k\,.$$

Diese muss mit der ebenso erhaltenen rechten Seite, also mit $\sin k\xi$ übereinstimmen, woraus sich die Konstante B als

$$B = \frac{-\sin k\xi}{k \sin k}$$

errechnet. (Von den sogenannten *Resonanzen*, bei denen die Kreiswellenzahl k mit einem ganzzahligen Vielfachen von π übereinstimmt und damit den Nenner Null werden lässt, wollen wir absehen.) In analoger Weise bekommen wir, wenn wir die erste Zeile des Gleichungssystems mit $k \cos k(1-\xi)$ und die zweite Zeile mit $\sin k(1-\xi)$ multiplizieren und die so erhaltenen Gleichungen addieren

$$A = \frac{-\sin k(1-\xi)}{k \sin k} \, .$$

Die gesuchte Funktion G errechnet sich somit aus der Formel

$$G(x,\xi) = \begin{cases} \dfrac{-\sin k(1-\xi) \cdot \sin kx}{k \sin k} & \text{für } x < \xi \\ \dfrac{-\sin k(1-x) \cdot \sin k\xi}{k \sin k} & \text{für } x > \xi \, . \end{cases}$$

Wenn die Kraft F nicht von der speziellen Gestalt $F = \delta(x-\xi)\,\mathrm{e}^{\mathrm{j}\omega t}$, sondern allgemeiner von der Form $F = f(x)\,\mathrm{e}^{\mathrm{j}\omega t}$ ist, verwenden wir die Darstellung

$$F = f(x)\,\mathrm{e}^{\mathrm{j}\omega t} = \int_0^1 \delta(x-\xi) f(\xi)\,\mathrm{e}^{\mathrm{j}\omega t}\,\mathrm{d}\xi$$

und berufen uns auf das Superpositionsprinzip, um $Lu = F$ zu lösen. Denn wegen $LG(x,\xi) = \delta(x-\xi)$ ist mit

$$u = \int_0^1 G(x,\xi) f(\xi)\,\mathrm{e}^{\mathrm{j}\omega t}\,\mathrm{d}\xi$$

die gesuchte Auslenkung u als Integral dargestellt.

Nicht umsonst wurde die hier berechnete Funktion G mit diesem Buchstaben abgekürzt. Denn hundert Jahre vor Sobolew und Schwartz hatte der britische Mathematiker George Green eben dieses Lösungsverfahren wie ein „Rezept" beschrieben. Es lautet so:

Um aus der homogenen linearen Differentialgleichung $Lu = 0$ die Lösungen der zugehörigen inhomogenen Differentialgleichung $Lu = f(x)$ zu erhalten, ist die greensche Funktion G des Differentialoperators L unter Beachtung der zugehörigen Randbedingungen zu ermitteln. Man betrachtet zu diesem Zweck ein ξ, das sich zwischen den beiden Rändern befindet. Für $x < \xi$ und für $x > \xi$ besteht die greensche Funktion aus Lösungen der zugehörigen homogenen Gleichung, und sie hat an der Stelle $x = \xi$ zwei Forderungen zu gehorchen: dort selbst stetig zu sein und eine Ableitung nach x zu besitzen, die dort einen Sprung der Höhe 1 aufweist. Dann liefert das nach der Variablen ξ ausgewertete Integral von $G(x,\xi) f(\xi)$ das gesuchte u.

Dieses Rezept kommt ohne Erwähnung verallgemeinerter Funktionen, insbesondere ohne die diracsche Deltafunktion aus. Darum konnte es George Green schon um 1830 formulieren. Doch die Herleitung des Rezepts ist am einsichtigsten und am elegantesten, wenn man die diracsche Deltafunktion kennt.

4.7 Fouriers Integraltheorem

Die Heavisidefunktion besitzt eine interessante Integraldarstellung: Um sie herzuleiten, erinnern wir uns an den Abschnitt 1.10 des zweiten Bandes und die dort für positive ω hergeleitete Formel

$$\int_0^\infty \frac{\sin\omega t}{t}\mathrm{d}t = \frac{\pi}{2}$$

für den Integralsinus. Weil der Integrand in der Integrationsvariablen t eine gerade Funktion ist, gilt sogar

$$\int_{-\infty}^\infty \frac{\sin\omega t}{t}\mathrm{d}t = \pi\,.$$

Allerdings hat man darauf zu achten, dass man sich hierbei auf uneigentliche Integrale beschränkt, bei denen die Grenzen *symmetrisch* von beiden Seiten angenähert werden. Wir meinen damit, dass dieses von $-\infty$ über die hebbare Singularität 0 zu ∞ reichende uneigentliche Integral als der folgende Grenzwert gelesen wird:

$$\int_{-\infty}^\infty \frac{\sin\omega t}{t}\mathrm{d}t = \lim_{\varepsilon\to 0,\Omega\to\infty}\left(\int_\varepsilon^\Omega \frac{\sin\omega t}{t}\mathrm{d}t + \int_{-\Omega}^{-\varepsilon} \frac{\sin\omega t}{t}\mathrm{d}t\right)\,.$$

Man spricht zuweilen vom *Hauptwert* dieses uneigentlichen Integrals. Weil beim Integral

$$\int_\varepsilon^\Omega \frac{\cos\omega t}{t}\mathrm{d}t$$

der Integrand in der Integrationsvariable t eine ungerade Funktion darstellt, gilt für den Hauptwert des über diesen Integranden gebildeten uneigentlichen Integrals

$$\int_{-\infty}^\infty \frac{\cos\omega t}{t}\mathrm{d}t = \lim_{\varepsilon\to 0,\Omega\to\infty}\left(\int_\varepsilon^\Omega \frac{\cos\omega t}{t}\mathrm{d}t + \int_{-\Omega}^{-\varepsilon} \frac{\cos\omega t}{t}\mathrm{d}t\right) = 0\,.$$

Setzt man $x = \omega$ oder aber $x = -\omega$, beachtet man, dass $\sin(-\omega t) = -\sin\omega t$ gilt, und schreibt man statt der Integrationsvariable t nun k, folgt einerseits aus der Formel für den Integralsinus

$$\int_{-\infty}^\infty \frac{\sin kx}{k}\mathrm{d}k = \begin{cases} \pi & \text{für } x > 0 \\ -\pi & \text{für } x < 0\,. \end{cases}$$

Andererseits ist, unabhängig vom Vorzeichen von x, das Hauptwertintegral über $(\cos kx)/k$, über k integriert, Null:

$$\int_{-\infty}^\infty \frac{\cos kx}{k}\mathrm{d}k = 0\,.$$

Unter Beachtung der eulerschen Formel $\mathrm{e}^{\mathrm{j}kx} = \cos kx + \mathrm{j}\sin kx$ bekommen wir daher

$$\int_{-\infty}^\infty \frac{\mathrm{e}^{\mathrm{j}kx}}{k}\mathrm{d}k = \begin{cases} \mathrm{j}\pi & \text{für } x > 0 \\ -\mathrm{j}\pi & \text{für } x < 0\,. \end{cases}$$

Folglich können wir die Heavisidefunktion folgendermaßen darstellen:

$$\mathrm{H}(x) = \frac{1}{2\pi}\left(\pi + \int_{-\infty}^\infty \frac{\mathrm{e}^{\mathrm{j}kx}}{\mathrm{j}k}\mathrm{d}k\right)\,.$$

Wer vorsichtig ist, liest diese Formel als schwachen Grenzwert, zum Beispiel als

$$\mathrm{H}(x) = \frac{1}{2\pi} \lim_{n\to\infty} \left(\pi + \int_{1/n}^{n} \frac{\mathrm{e}^{\mathrm{j}kx}}{\mathrm{j}k} \mathrm{d}k + \int_{-n}^{-1/n} \frac{\mathrm{e}^{\mathrm{j}kx}}{\mathrm{j}k} \mathrm{d}k \right).$$

Differentiation nach x liefert die sogenannte *Fourierdarstellung der diracschen Deltafunktion*:

$$\delta(x) = \frac{1}{2\pi} \int_{-\infty}^{\infty} \mathrm{e}^{\mathrm{j}kx} \mathrm{d}k$$

Auch hier hat man selbstverständlich dieses uneigentliche Integral als schwachen Grenzwert zu lesen. Joseph Fourier, der zur Zeit Napoleons lebte, hatte naturgemäß von dieser Darstellung der diracschen Deltafunktion keine Ahnung. Erst später werden wir verstehen, warum sein Name hier auftaucht. Substituiert man in dieser Darstellung x durch $x-\xi$ und multipliziert man beide Seiten von

$$\delta(x-\xi) = \frac{1}{2\pi} \int_{-\infty}^{\infty} \mathrm{e}^{\mathrm{j}k(x-\xi)} \mathrm{d}k$$

mit $\varphi(\xi)$, wobei φ eine Testfunktion bezeichnet, erhält man auf der linken Seite nach Integration über ξ

$$\int_{-\infty}^{\infty} \delta(x-\xi)\,\varphi(\xi)\,\mathrm{d}\xi = \varphi(x)$$

und auf der rechten Seite nach Integration über ξ

$$\frac{1}{2\pi} \int_{-\infty}^{\infty} \varphi(\xi) \int_{-\infty}^{\infty} \mathrm{e}^{\mathrm{j}k(x-\xi)} \mathrm{d}k \cdot \mathrm{d}\xi = \frac{1}{2\pi} \int_{-\infty}^{\infty} \int_{-\infty}^{\infty} \varphi(\xi)\,\mathrm{e}^{-\mathrm{j}k\xi} \mathrm{d}\xi \cdot \mathrm{e}^{\mathrm{j}kx} \mathrm{d}k\,.$$

Die Formel

$$\varphi(x) = \frac{1}{2\pi} \int_{-\infty}^{\infty} \int_{-\infty}^{\infty} \varphi(\xi)\,\mathrm{e}^{-\mathrm{j}k\xi} \mathrm{d}\xi \cdot \mathrm{e}^{\mathrm{j}kx} \mathrm{d}k$$

heißt das *fouriersche Integraltheorem*. Das Wort Theorem, stammt vom griechischen theoreîn, das „anschauen" bedeutet. Ein Theorem ist in der Mathematik eine besonders bemerkenswerte Erkenntnis. Wir deuten das fouriersche Integraltheorem in folgender Weise: Jeder Testfunktion φ wird gemäß der sogenannten *Fouriertransformation*

$$\tilde{\varphi}(k) = \int_{-\infty}^{\infty} \varphi(\xi)\,\mathrm{e}^{-\mathrm{j}k\xi} \mathrm{d}\xi$$

eine Testfunktion $\tilde{\varphi}$ zugewiesen. Sie heißt die *Fouriertransformierte* von φ. Die ursprüngliche Funktion φ gewinnt man ihrerseits aus ihrer Fouriertransformierten mit der aus dem fourierschen Integraltheorem folgenden *Umkehrformel der Fouriertransformation*:

$$\varphi(x) = \frac{1}{2\pi} \int_{-\infty}^{\infty} \tilde{\varphi}(k)\,\mathrm{e}^{\mathrm{j}kx} \mathrm{d}k$$

Besonders bemerkenswert ist, dass nicht bloß Testfunktionen, sondern eine Reihe weiterer Funktionen der Fouriertransformation unterworfen werden können. Sogar einige verallgemeinerte Funktionen fallen darunter. Die Fourierdarstellung der diracschen Deltafunktion zum

Beispiel besagt, dass die konstante Funktion mit 1 als Funktionswert die Fouriertransformierte der diracschen Deltafunktion ist. Ferner folgt aus der Fourierdarstellung der diracschen Deltafunktion

$$\int_{-\infty}^{\infty} \mathrm{e}^{-\mathrm{j}k\xi}\,\mathrm{d}\xi = \int_{-\infty}^{\infty} \mathrm{e}^{\mathrm{j}\xi(-k)}\,\mathrm{d}\xi = 2\pi\cdot\delta(-k) = 2\pi\cdot\delta(k)\ ,$$

dass die mit 2π multiplizierte diracsche Deltafunktion die Fouriertransformierte der konstanten Funktion mit 1 als Funktionswert ist.

Sowohl die Fouriertransformation wie ihre Umkehrtransformation ordnen einer Funktion f eine neue Funktion $\mathscr{K}[f]$ mittels einer Integration folgender Bauart zu:

$$\mathscr{K}[f](s) = \int_J K(s,t)\, f(t)\,\mathrm{d}t\ .$$

Man spricht demgemäß von einer *Integraltransformation.* Genauer sagt man, dass die Integraltransformation $\mathscr{K}$ Funktionen f, in die man Variablen t der t-Achse einsetzt, in Funktionen $\mathscr{K}[f]$ überführt, die auf Variablen s der s-Achse wirken. In der obigen Formel bezeichnet J ein Intervall der t-Achse und $K(s,t)$ den sogenannten *Kern* der Integraltransformation $\mathscr{K}$. Bei der Fouriertransformation $\mathscr{F}$ werden über der x-Achse definierte Funktionen φ in über der k-Achse definierte Funktionen $\tilde{\varphi} = \mathscr{F}[\varphi]$ gemäß der Formel

$$\mathscr{F}[\varphi](k) = \int_{-\infty}^{\infty} \mathrm{e}^{-\mathrm{j}kx}\varphi(x)\,\mathrm{d}x$$

überführt. Der Kern der Fouriertransformation ist daher $F(k,x) = \mathrm{e}^{-\mathrm{j}kx}$ und das zugehörige Integrationsintervall die ganze x-Achse $]-\infty;\infty[$. Bei der Umkehrtransformation $\mathscr{F}^{-1}$ der Fouriertransformation werden über der k-Achse definierte Funktionen $\tilde{\varphi}$ in über der x-Achse definierte Funktionen $\varphi = \mathscr{F}^{-1}[\tilde{\varphi}]$ gemäß der Formel

$$\mathscr{F}^{-1}[\tilde{\varphi}](x) = \frac{1}{2\pi}\int_{-\infty}^{\infty} \mathrm{e}^{\mathrm{j}kx}\tilde{\varphi}(k)\,\mathrm{d}k$$

überführt. Der Kern dieser Umkehrtransformation ist daher $\tilde{F}(x,k) = (1/2\pi)\,\mathrm{e}^{\mathrm{j}kx}$ und das zugehörige Integrationsintervall die ganze k-Achse $]-\infty;\infty[$. Egal um welche Integraltransformation $\mathscr{K}$ es sich handelt: sie ist jedenfalls immer linear. Das heißt, dass für zwei Funktionen f und g und für eine Konstante c stets die Rechengesetze

$$\mathscr{K}[f+g] = \mathscr{K}[f] + \mathscr{K}[g] \qquad \text{und} \qquad \mathscr{K}[cf] = c\mathscr{K}[f]$$

befolgt werden. Bei der Fouriertransformation und ihrer Umkehrtransformation haben wir bereits die wichtigen Formeln

$$\mathscr{F}[\delta] = 1 \qquad \text{und} \qquad \mathscr{F}[1] = 2\pi\cdot\delta$$

kennengelernt. Die Darstellung der Heavisidefunktion als

$$\mathrm{H}(x) = \frac{1}{2\pi}\left(\pi + \int_{-\infty}^{\infty} \frac{\mathrm{e}^{\mathrm{j}kx}}{\mathrm{j}k}\,\mathrm{d}k\right) = \frac{1}{2\pi}\int_{-\infty}^{\infty} \mathrm{e}^{\mathrm{j}kx}\left(\pi\delta(k) + \frac{1}{\mathrm{j}k}\right)\mathrm{d}k$$

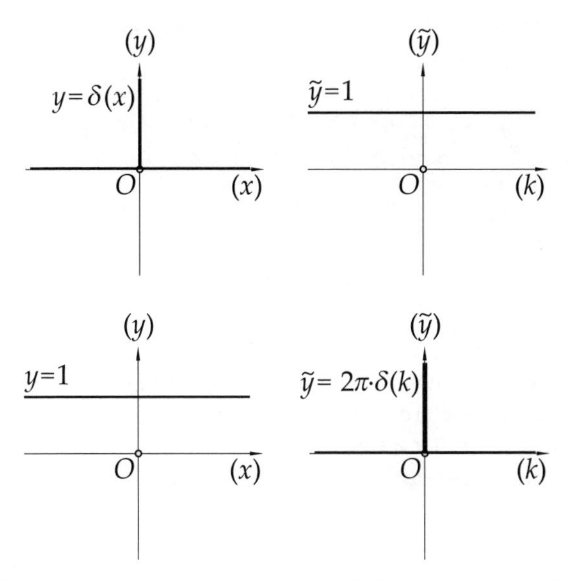

Bild 4.5 Oben: die Fouriertransformierte der diracschen Deltafunktion ist die Konstante 1. Unten: die Fouriertransformierte der Konstanten 1 ist die mit 2π multiplizierte diracsche Deltafunktion

zeigt, dass die verallgemeinerte Funktion $\tilde{\mathrm{H}}$ mit

$$\tilde{\mathrm{H}}(k) = \pi\delta(k) + \frac{1}{\mathrm{j}k}$$

die Fouriertransformierte der Heavisidefunktion sein muss.

Als nächstes Beispiel betrachten wir für ein positives a die Funktion ψ_a mit $\psi_a(x) = \mathrm{e}^{-ax^2/2}$, deren Schaubild die Form einer Glocke besitzt, die sich symmetrisch zur Senkrechten durch den Nullpunkt über die x-Achse erstreckt und sich mit wachsender Entfernung zu dieser Senkrechten sehr rasch dem Wert Null annähert. Dabei erfolgt diese Annäherung umso schneller, je größer a ist. Differenziert man ihre Fouriertransformierte

$$\tilde{\psi}_a(k) = \mathscr{F}[\psi_a](k) = \int_{-\infty}^{\infty} \mathrm{e}^{-ax^2/2}\mathrm{e}^{-\mathrm{j}kx}\mathrm{d}x$$

nach k, bekommt man

$$\frac{\mathrm{d}\tilde{\psi}_a(k)}{\mathrm{d}k} = -\mathrm{j}\int_{-\infty}^{\infty} \mathrm{e}^{-\mathrm{j}kx}\mathrm{e}^{-ax^2/2}x\mathrm{d}x = \frac{\mathrm{j}}{a}\int_{x=-\infty}^{x=\infty} \mathrm{e}^{-\mathrm{j}kx}\mathrm{d}\left(\mathrm{e}^{-ax^2/2}\right) =$$

$$= \frac{\mathrm{j}}{a}\left[\mathrm{e}^{-\mathrm{j}kx}\mathrm{e}^{-ax^2/2}\right]_{x=-\infty}^{x=\infty} - \frac{\mathrm{j}}{a}\int_{x=-\infty}^{x=\infty} \mathrm{e}^{-ax^2/2}\mathrm{d}\left(\mathrm{e}^{-\mathrm{j}kx}\right) = -\frac{\mathrm{j}}{a}\int_{-\infty}^{\infty} \mathrm{e}^{-ax^2/2}\left(-\mathrm{j}k\right)\mathrm{e}^{-\mathrm{j}kx}\mathrm{d}x =$$

$$= \frac{-k}{a}\int_{-\infty}^{\infty} \mathrm{e}^{-ax^2/2}\mathrm{e}^{-\mathrm{j}kx}\mathrm{d}x = \frac{-k}{a}\cdot\tilde{\psi}_a(k)\ .$$

Die hieraus folgende Differentialgleichung

$$\frac{\mathrm{d}\tilde{\psi}_a(k)}{\tilde{\psi}_a(k)} = \frac{-k}{a}\cdot\mathrm{d}k = \mathrm{d}\left(-\frac{k^2}{2a}\right)$$

besitzt die allgemeine Lösung $\tilde{\psi}(k) = C\mathrm{e}^{-k^2/2a}$. Die Integrationskonstante C ermittelt man aus dem euler-poissonschen Integral, denn es ist

$$C = \tilde{\psi}(0) = \int_{-\infty}^{\infty} \mathrm{e}^{-ax^2/2}\mathrm{d}x = \sqrt{\frac{2}{a}} \int_{-\infty}^{\infty} \mathrm{e}^{-z^2}\mathrm{d}z = \sqrt{\frac{2}{a}} \cdot 2\int_{0}^{\infty} \mathrm{e}^{-z^2}\mathrm{d}z = \sqrt{\frac{2\pi}{a}} .$$

Somit erhalten wir das bemerkenswerte Resultat

$$\text{bei } \psi_a(x) = \mathrm{e}^{-ax^2/2}: \qquad \mathscr{F}[\psi_a](k) = \tilde{\psi}_a(k) = \sqrt{\frac{2\pi}{a}} \cdot \mathrm{e}^{-k^2/2a}$$

Auch die Fouriertransformierte $\tilde{\psi}_a$ von ψ_a besitzt als Schaubild die Form einer Glocke. Aber je rascher die Glocke der ursprünglichen Funktion in Richtung der x-Achse herabsinkt, umso gemächlicher führt dies die Glocke der Fouriertransformierten in Richtung der k-Achse durch. Besonders interessant ist der Fall $a = 1$: Bei ihm ist, abstrakt gesprochen, die Funktion ψ_1 eine *Eigenfunktion* der Fouriertransformation mit dem *Eigenwert* $\sqrt{2\pi}$.

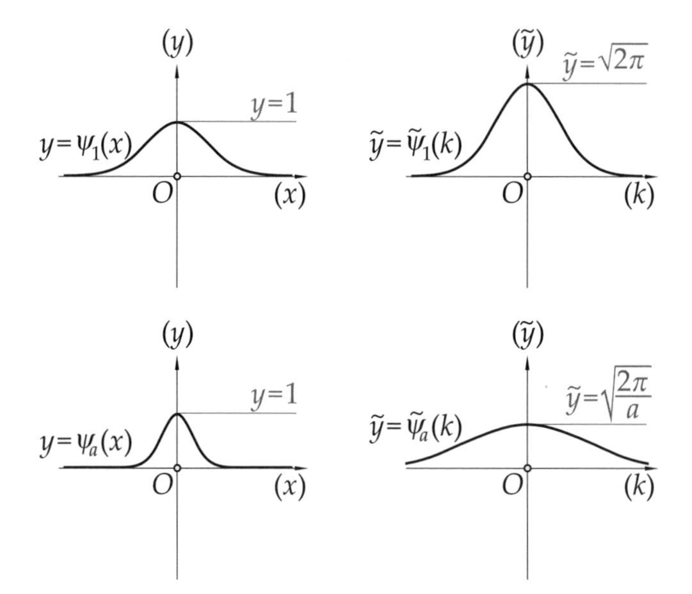

Bild 4.6 Oben: die Fouriertransformierte der Funktion ψ_1 ist die mit $\sqrt{2\pi}$ multiplizierte Funktion ψ_1, unten: die Fouriertransformierte der Funktion ψ_a bei einem a mit $a > 1$

Schließlich wollen wir für eine Testfunktion φ, deren Fouriertransformierte $\mathscr{F}[\varphi] = \tilde{\varphi}$ lautet, die Fouriertransformierte der Ableitung φ' berechnen. Partielle Integration liefert:

$$\mathscr{F}[\varphi'](k) = \int_{-\infty}^{\infty} \mathrm{e}^{-\mathrm{j}kx}\varphi'(x)\,\mathrm{d}x = \int_{x=-\infty}^{x=\infty} \mathrm{e}^{-\mathrm{j}kx}\mathrm{d}\left(\varphi(x)\right) =$$

$$= \left[\mathrm{e}^{-\mathrm{j}kx}\varphi(x)\right]_{x=-\infty}^{x=\infty} - \int_{x=-\infty}^{x=\infty} \varphi(x)\,\mathrm{d}\left(\mathrm{e}^{-\mathrm{j}kx}\right) = \mathrm{j}k\int_{-\infty}^{\infty} \mathrm{e}^{-\mathrm{j}kx}\varphi(x)\,\mathrm{d}x =$$

$$= \mathrm{j}k \cdot \tilde{\varphi}(k) = \mathrm{j}k \cdot \mathscr{F}[\varphi](k) .$$

Tatsächlich zeigt das Beispiel $f = \mathrm{H}$ der Heavisidefunktion, dass die Formel

$$\mathcal{F}\left[f'\right](k) = \mathrm{j}k \cdot \mathcal{F}\left[f\right](k)$$

sogar für mehr Funktionen als nur für Testfunktionen f zutrifft. Allerdings gründet der eben geführte Beweis mit partieller Integration wesentlich auf der Tatsache, dass die Funktion beim Grenzübergang $x \to \pm\infty$ den Wert Null annimmt (was zum Beispiel bei der Heavisidefunktion nicht der Fall ist). Darum ist die Formel, welche besagt, dass die *Differentiation* einer Funktion mit der *Multiplikation* ihrer Fouriertransformierten mit dem j-fachen ihres Arguments einhergeht, nur mit großer Vorsicht zu genießen. Trotzdem ist diese Formel von großer praktischer Bedeutung. Der nächste Abschnitt zeigt, wie es mit ihr gelingt, Differentialgleichungen zu lösen.

4.8 Zwei partielle Differentialgleichungen

Zwei über der x-Achse definierten Funktionen f und g ordnen wir gemäß der Formel

$$f * g(x) = \int_{-\infty}^{\infty} f(\xi)\, g(x-\xi)\, \mathrm{d}\xi$$

eine sogenannte *Faltung* $f * g$, genauer: eine *der Fouriertransformation zugehörige Faltung*, zu. Die Faltung $f * g$ besitzt die Eigenschaften eines Produktes, insbesondere gilt $f * g = g * f$ sowie

$$f * \left(g_1 + g_2\right) = f * g_1 + f * g_2 \qquad \text{und} \qquad f * \left(cg\right) = c\left(f * g\right) .$$

Tatsächlich besteht ein inniger Zusammenhang zwischen dem gewöhnlichen Produkt und der Faltung, denn es gilt der folgende

Faltungssatz: Das Produkt $\tilde{f} \cdot \tilde{g}$ der Fouriertransformierten $\tilde{f} = \mathcal{F}\left[f\right]$ und $\tilde{g} = \mathcal{F}\left[f\right]$ ist die Fouriertransformierte der Faltung $f * g$ der Funktionen f und g. Knapp formuliert:

$$\mathcal{F}\left[f\right] \cdot \mathcal{F}\left[g\right] = \mathcal{F}\left[f * g\right]$$

Der Nachweis gründet auf der Rechnung

$$\mathcal{F}\left[f * g\right](k) = \int_{-\infty}^{\infty}\int_{-\infty}^{\infty} f(\xi)\, g(x-\xi)\, \mathrm{d}\xi \cdot \mathrm{e}^{-\mathrm{j}kx}\mathrm{d}x =$$

$$= \int_{-\infty}^{\infty}\int_{-\infty}^{\infty} f(\xi)\,\mathrm{e}^{-\mathrm{j}k\xi} \cdot g(x-\xi)\,\mathrm{e}^{-\mathrm{j}k(x-\xi)}\mathrm{d}\xi \cdot \mathrm{d}x =$$

$$= \int_{\xi=-\infty}^{\xi=\infty} f(\xi)\,\mathrm{e}^{-\mathrm{j}k\xi}\mathrm{d}\xi \cdot \int_{x=-\infty}^{x=\infty} g(x-\xi)\,\mathrm{e}^{-\mathrm{j}k(x-\xi)}\mathrm{d}x =$$

$$= \int_{\xi=-\infty}^{\xi=\infty} f(\xi)\,\mathrm{e}^{-\mathrm{j}k\xi}\mathrm{d}\xi \cdot \int_{y=-\infty}^{y=\infty} g\left(y\right)\mathrm{e}^{-\mathrm{j}ky}\mathrm{d}y =$$

$$= \int_{-\infty}^{\infty} f(x)\,\mathrm{e}^{-\mathrm{j}kx}\mathrm{d}x \cdot \int_{-\infty}^{\infty} g(x)\,\mathrm{e}^{-\mathrm{j}kx}\mathrm{d}x = \tilde{f}(k)\cdot\tilde{g}(k)\ .$$

Als erstes Beispiel für die Anwendung der Fouriertransformation lösen wir die *Wärmeleitungsgleichung* genannte Differentialgleichung

$$\frac{\partial u}{\partial t} = c\cdot\frac{\partial^2 u}{\partial x^2}\ .$$

In ihr steht c für eine positive Konstante. Die Variable $u = u(x,t)$ ist zu ermitteln. Dabei variiert die Ortsvariable x im Intervall $]-\infty;\infty[$ und die Zeitvariable t im Intervall $]0;\infty[$. Im Grenzübergang $t \to 0$ soll die gesuchte Variable u der Randbedingung

$$u|_{t=0} = f(x)$$

gehorchen, wobei die Funktion f mit ihrer Fouriertransformierten $\tilde{f} = \mathscr{F}[f]$ bekannt ist.

Die Lösungsmethode besteht darin, die Gleichung von der x-t-Ebene in die k-t-Ebene zu transformieren, indem man vom Ansatz

$$\tilde{u} = \tilde{u}(k,t) = \int_{-\infty}^{\infty} u(x,t)\,\mathrm{e}^{-\mathrm{j}kx}\mathrm{d}x$$

ausgeht. Die zweifache Differentiation nach x in der x-t-Ebene entspricht der zweifachen Multiplikation mit $\mathrm{j}k$, also mit $(\mathrm{j}k)^2 = -k^2$ in der k-t-Ebene. Darum ist

$$\int_{-\infty}^{\infty} c\cdot\frac{\partial^2 u}{\partial x^2}\mathrm{e}^{-\mathrm{j}kx}\mathrm{d}x = -ck^2\cdot\int_{-\infty}^{\infty} u(x,t)\,\mathrm{e}^{-\mathrm{j}kx}\mathrm{d}x = -ck^2\cdot\tilde{u}\ .$$

Der Differentialgleichung zufolge ist dieser Ausdruck identisch mit

$$\int_{-\infty}^{\infty} \frac{\partial u}{\partial t}\mathrm{e}^{-\mathrm{j}kx}\mathrm{d}x = \frac{\partial}{\partial t}\int_{-\infty}^{\infty} u(x,t)\,\mathrm{e}^{-\mathrm{j}kx}\mathrm{d}x = \frac{\partial\tilde{u}}{\partial t}\ .$$

Die sich daraus ergebende Differentialgleichung

$$\frac{\partial\tilde{u}}{\partial t} = -ck^2\cdot\tilde{u}$$

besitzt die allgemeine Lösung $\tilde{u} = \tilde{u}(k,t) = C\cdot\mathrm{e}^{-ctk^2}$. Setzt man in ihr $t = 0$ erkennt man, dass $C = \tilde{f}(k)$ sein muss. Nun gilt es, die Lösung $\tilde{u} = \tilde{u}(k,t) = \tilde{f}(k)\cdot\mathrm{e}^{-ctk^2}$ von der k-t-Ebene in die x-t-Ebene zurück zu transformieren. Hier ist es hilfreich, an die durch $\psi_a(x) = \mathrm{e}^{-ax^2/2}$ definierte Funktion ψ_a mit ihrer Fouriertransformierten $\tilde{\psi}_a(k) = \sqrt{2\pi/a}\cdot\mathrm{e}^{-k^2/2a}$ zu erinnern. Setzt man nämlich $ct = 1/2a$, also $a = 1/2ct$, erkennt man, dass e^{-ctk^2} die Fouriertransformierte von

$$\sqrt{\frac{a}{2\pi}}\mathrm{e}^{-ax^2/2} = \frac{1}{\sqrt{4\pi ct}}\mathrm{e}^{-x^2/4ct}$$

ist. Zusammengefasst: $\tilde{u} = \tilde{u}(k,t)$ ist das Produkt der Fouriertransformierten von $f(x)$ und der Fouriertransformierten von $\left(1/\sqrt{4\pi ct}\right)\mathrm{e}^{-x^2/4ct}$. Dem Faltungssatz zufolge ist daher das gesuchte $u = u(x,t)$ die Faltung der beiden genannten Funktionen:

$$u = \frac{1}{\sqrt{4\pi ct}}\int_{-\infty}^{\infty} f(\xi)\,\mathrm{e}^{-(x-\xi)^2/4ct}\mathrm{d}\xi\ .$$

Als zweites Beispiel für die Anwendung der Fouriertransformation lösen wir die *Laplacegleichung* genannte Differentialgleichung

$$\frac{\partial^2 u}{\partial x^2} + \frac{\partial^2 u}{\partial y^2} = 0 \, .$$

Man kürzt sie knapp als $\Delta u = 0$ ab, wenn Δ den Laplaceoperator in der x-y-Ebene bezeichnet. Die Variable $u = u(x, y)$ ist zu ermitteln. Dabei variiert die Ortsvariable x im Intervall $]-\infty; \infty[$ und die Ortsvariable y im Intervall $]0; \infty[$. Wir betrachten somit nur die Punkte (x, y) der oberen Halbebene. Im Grenzübergang $y \to 0$ soll die gesuchte Variable u der Randbedingung

$$u|_{y=0} = f(x)$$

gehorchen, wobei die Funktion f mit ihrer Fouriertransformierten $\tilde{f} = \mathscr{F}[f]$ bekannt ist. Und im Grenzübergang $y \to \infty$ soll die gesuchte Variable u verschwinden: $u|_{y=\infty} = 0$.

Die Lösungsmethode besteht wie schon im Beispiel zuvor darin, die Gleichung von der x-y-Ebene in die k-y-Ebene zu transformieren, indem man vom Ansatz

$$\tilde{u} = \tilde{u}(k, y) = \int_{-\infty}^{\infty} u(x, y) \, \mathrm{e}^{-\mathrm{j}kx} \mathrm{d}x$$

ausgeht. Die zweifache Differentiation nach x in der x-y-Ebene entspricht der zweifachen Multiplikation mit $\mathrm{j}k$, also mit $(\mathrm{j}k)^2 = -k^2$ in der k-y-Ebene. Darum ist

$$\int_{-\infty}^{\infty} \frac{\partial^2 u}{\partial x^2} \mathrm{e}^{-\mathrm{j}kx} \mathrm{d}x = -k^2 \cdot \int_{-\infty}^{\infty} u(x, y) \, \mathrm{e}^{-\mathrm{j}kx} \mathrm{d}x = -k^2 \cdot \tilde{u} \, .$$

Der Differentialgleichung zufolge ist dieser Ausdruck identisch mit

$$-\int_{-\infty}^{\infty} \frac{\partial^2 u}{\partial y^2} \mathrm{e}^{-\mathrm{j}kx} \mathrm{d}x = -\frac{\partial^2}{\partial y^2} \int_{-\infty}^{\infty} u(x, y) \, \mathrm{e}^{-\mathrm{j}kx} \mathrm{d}x = -\frac{\partial^2 \tilde{u}}{\partial y^2} \, .$$

Die sich daraus ergebende Differentialgleichung

$$\frac{\partial^2 \tilde{u}}{\partial y^2} = k^2 \cdot \tilde{u}$$

besitzt die allgemeine Lösung $\tilde{u} = \tilde{u}(k, y) = C_1 \mathrm{e}^{|k|y} + C_2 \mathrm{e}^{-|k|y}$. Der Grenzübergang $y \to \infty$ belegt, dass $C_1 = 0$ sein muss. Und setzt man in ihr $y = 0$ erkennt man, dass $C_2 = \tilde{f}(k)$ sein muss. Nun gilt es, die Lösung $\tilde{u} = \tilde{u}(k, y) = \tilde{f}(k) \cdot \mathrm{e}^{-|k|y}$ von der k-y-Ebene in die x-y-Ebene zurück zu transformieren. Hierzu berechnen wir jene Funktion φ, deren Fouriertransformierte $\tilde{\varphi}(k) = \mathrm{e}^{-|k|y}$ lautet:

$$\varphi(x) = \mathscr{F}^{-1}[\tilde{\varphi}](x) = \frac{1}{2\pi} \int_{-\infty}^{\infty} \mathrm{e}^{-|k|y} \mathrm{e}^{\mathrm{j}kx} \mathrm{d}k = \frac{1}{2\pi} \left(\int_0^{\infty} \mathrm{e}^{-ky} \mathrm{e}^{\mathrm{j}kx} \mathrm{d}k + \int_{-\infty}^{0} \mathrm{e}^{ky} \mathrm{e}^{\mathrm{j}kx} \mathrm{d}k \right) =$$

$$= \frac{1}{2\pi} \left(\int_0^{\infty} \mathrm{e}^{k(-y+\mathrm{j}x)} \mathrm{d}k + \int_{-\infty}^{0} \mathrm{e}^{k(y+\mathrm{j}x)} \mathrm{d}k \right) = \frac{1}{2\pi} \left(\left[\frac{\mathrm{e}^{k(-y+\mathrm{j}x)}}{-y+\mathrm{j}x} \right]_{k=0}^{k=\infty} + \left[\frac{\mathrm{e}^{k(y+\mathrm{j}x)}}{y+\mathrm{j}x} \right]_{k=-\infty}^{k=0} \right) =$$

$$= \frac{1}{2\pi} \left(\frac{1}{y-\mathrm{j}x} + \frac{1}{y+\mathrm{j}x} \right) = \frac{1}{\pi} \cdot \frac{y}{x^2 + y^2} \, .$$

Zusammengefasst: $\tilde{u} = \tilde{u}(k, y)$ ist das Produkt der Fouriertransformierten von $f(x)$ und der Fouriertransformierten von $(1/\pi) \cdot y/(x^2 + y^2)$. Dem Faltungssatz zufolge ist daher das gesuchte $u = u(x, y)$ die Faltung der beiden genannten Funktionen:

$$u = \frac{1}{\pi} \int_{-\infty}^{\infty} f(\xi) \frac{y}{(x-\xi)^2 + y^2} \mathrm{d}\xi$$

Man nennt diese Lösungsformel die *poissonsche Integralformel für die Halbebene*. Sie ist ein Gegenstück zur cauchyschen Integralformel und stellt die in der oberen Halbebene *harmonischen* $u = u(x, y)$ dar, deren Werteverteilung auf der die obere Halbebene begrenzenden horizontalen x-Achse durch $u|_{y=0} = f(x)$ vorgegeben ist.

Im Zuge der bisherigen Erörterungen haben wir die drei wichtigsten Typen *partieller Differentialgleichungen* kennengelernt: Es sind dies die Wellengleichung, die in ihrer homogenen Form

$$\frac{\partial^2 u}{\partial x^2} - \frac{1}{c^2} \cdot \frac{\partial^2 u}{\partial t^2} = 0$$

lautet, und die wir schon in einem früheren Abschnitt betrachteten. Und es sind dies die in diesem Abschnitt betrachtete Wärmeleitungsgleichung

$$\frac{\partial^2 u}{\partial x^2} = \frac{1}{c} \cdot \frac{\partial u}{\partial t}$$

sowie die in diesem Abschnitt betrachtete Laplacegleichung

$$\frac{\partial^2 u}{\partial x^2} + \frac{\partial^2 u}{\partial y^2} = 0$$

Weil die linke Seite der Wellengleichung formal an die linke Seite einer Hyperbelgleichung $x^2/a^2 - y^2/b^2 = 1$ erinnert, nennt man die Wellengleichung eine *hyperbolische Differentialgleichung*. Weil die Wärmeleitungsgleichung formal an die Gleichung $y^2 = 2px$ einer Parabel erinnert, nennt man die Wärmeleitungsgleichung eine *parabolische Differentialgleichung*. Und weil die linke Seite der Laplacegleichung formal an die linke Seite einer Ellipsengleichung $x^2/a^2 + y^2/b^2 = 1$ erinnert, nennt man die Wellengleichung eine *elliptische Differentialgleichung*.

Nicht nur partielle Differentialgleichungen, auch lineare Differentialgleichungen mit konstanten Koeffizienten lassen sich sehr elegant mit einer Integraltransformation lösen. Allerdings eignet sich hierfür am besten eine Variante der Fouriertransformation, die wir in den beiden folgenden Abschnitten vorstellen und bei Differentialgleichungen anwenden wollen.

4.9 Rechnen mit dem Differentialoperator

Wir kürzen in diesem Abschnitt die Differentiation nach der Variablen t mit $\mathrm{D} = \partial/\partial t$ ab. Für die diracsche Deltafunktion δ haben wir bereits die Ableitung $\delta'(t) = \mathrm{D}\delta(t)$, ja sogar für jede

Zahl n die n-te Ableitung $\delta^{(n)}(t) = \mathrm{D}^n \delta(t)$ kennengelernt. Wenn

$$P(s) = c_0 s^n + c_1 s^{n-1} + \ldots + c_{n-1} s + c_n$$

ein Polynom bezeichnet, ist somit klar, was $P(\mathrm{D})\delta$ bedeutet: Es gilt

$$P(\mathrm{D})\delta(t) = c_0 \delta^{(n)}(t) + c_1 \delta^{(n-1)}(t) + \ldots + c_{n-1}\delta'(t) + c_n \delta(t) \; .$$

Nun interessiert uns, was $\varphi(\mathrm{D})\delta$ bedeutet, wenn φ eine rationale Funktion bezeichnet. Es ist $\varphi(s) = P(s)/N(s)$ der Quotient zweier Polynome. Das Zählerpolynom $P(s)$ ist von der oben beschriebenen Bauart und das Nennerpolynom $N(s)$ denken wir uns in Faktoren der Gestalt $(s-a)^m$ zerlegt. Wenn – was wir annehmen wollen – der Grad des Nennerpolynoms den des Zählerpolynoms übertrifft, kann man $\varphi(s)$ in eine Summe von Partialbrüchen der Gestalt $A/(s-a)^k$ zerlegen. Darum genügt es $\left(1/(\mathrm{D}-a)^k\right)\delta$ zu kennen, um $\varphi(\mathrm{D})\delta$ berechnen zu können. Weil

$$(\mathrm{D}-a)\left(\mathrm{e}^{at}\mathrm{H}(t)\right) = a\mathrm{e}^{at}\mathrm{H}(t) + \mathrm{e}^{at}\delta(t) - a\mathrm{e}^{at}\mathrm{H}(t) = \mathrm{e}^0\delta(t) = \delta(t)$$

gilt, bekommen wir zunächst

$$\frac{1}{\mathrm{D}-a}\delta(t) = \mathrm{e}^{at}\mathrm{H}(t) \; .$$

Mehrfache Differentiation dieser Gleichung nach a führt zu

$$\frac{1}{(\mathrm{D}-a)^2}\delta(t) = t\mathrm{e}^{at}\mathrm{H}(t) \; , \qquad \frac{1}{(\mathrm{D}-a)^3}\delta(t) = \frac{t^2}{2}\mathrm{e}^{at}\mathrm{H}(t) \; ,$$

allgemein bei der Annahme von

$$\frac{1}{(\mathrm{D}-a)^n}\delta(t) = \frac{t^{n-1}}{(n-1)!}\mathrm{e}^{at}\mathrm{H}(t)$$

nach nochmaliger Differentiation nach a und Division durch n zu

$$\frac{1}{(\mathrm{D}-a)^{n+1}}\delta(t) = \frac{t^n}{n!}\mathrm{e}^{at}\mathrm{H}(t)$$

Dies beweist, dass $\varphi(\mathrm{D})\delta$ von der Bauart $\varphi(\mathrm{D})\delta(t) = f(t)\mathrm{H}(t)$ ist. Somit besteht zwischen den rationalen Funktionen $\varphi(s)$ und den gemäß $\varphi(\mathrm{D})\delta(t) = f(t)\mathrm{H}(t)$ erhaltenen Funktionen $f(t)$ eine umkehrbar eindeutige Beziehung. Man nennt φ die *Laplacetransformierte* der Funktion f und schreibt für sie $\varphi = \mathscr{L}[f]$.

Mithilfe der folgenden Überlegung kann man für ein konstantes h auch $\mathrm{e}^{-h\mathrm{D}}\delta$ ermitteln. Es gilt nämlich

$$\mathrm{D}\left(\mathrm{e}^{st}\right) = s\cdot\mathrm{e}^{st} \; , \qquad \mathrm{D}^2\left(\mathrm{e}^{st}\right) = s^2\cdot\mathrm{e}^{st} \; , \qquad \mathrm{D}^3\left(\mathrm{e}^{st}\right) = s^3\cdot\mathrm{e}^{st} \; ,$$

allgemein $D^n\left(\mathrm{e}^{st}\right) = s^n \cdot e^{st}$ für jede Zahl n. Weil sich eine holomorphe Funktion φ in eine Potenzreihe entwickeln lässt, gilt deshalb auch $\varphi(\mathrm{D})e^{st} = \varphi(s)\cdot e^{st}$. Die Fourierdarstellung der diracschen Deltafunktion

$$\delta(t) = \frac{1}{2\pi}\int_{-\infty}^{\infty} \mathrm{e}^{\mathrm{j}kt}\mathrm{d}k$$

gestattet bei $s = \mathrm{j}k$ demnach die folgende Rechnung:

$$\mathrm{e}^{-h\mathrm{D}}\delta(t) = \frac{1}{2\pi}\int_{-\infty}^{\infty}\mathrm{e}^{-h\mathrm{D}}\mathrm{e}^{\mathrm{j}kt}\mathrm{d}k = \frac{1}{2\pi}\int_{-\infty}^{\infty}\mathrm{e}^{-h\mathrm{j}k}\mathrm{e}^{\mathrm{j}kt}\mathrm{d}k = \frac{1}{2\pi}\int_{-\infty}^{\infty}\mathrm{e}^{\mathrm{j}k(t-h)}\mathrm{d}k = \delta(t-h)\ .$$

Die Formel

$$\mathrm{e}^{-h\mathrm{D}}\delta(t) = \delta(t-h)$$

nennt man den *Verschiebungssatz der diracschen Deltafunktion*. Er ist der Spezialfall des allgemeinen *Verschiebungssatzes*, der in der Formel

$$\mathrm{e}^{-h\mathrm{D}}f(t) = f(t-h)$$

zum Ausdruck kommt und dessen Nachweis – jedenfalls für Testfunktionen f – auf den Verschiebungssatz der diracschen Deltafunktion gründet. Es ist nämlich

$$\mathrm{e}^{-h\mathrm{D}}f(t) = \mathrm{e}^{-h\mathrm{D}}\int_{-\infty}^{\infty}f(\tau)\delta(t-\tau)\mathrm{d}\tau = \int_{-\infty}^{\infty}f(\tau)\mathrm{e}^{-h\mathrm{D}}\delta(t-\tau)\mathrm{d}\tau =$$

$$= \int_{-\infty}^{\infty}f(\tau)\delta(t-h-\tau)\mathrm{d}\tau = f(t-h)\ .$$

Ersetzt man h durch $-h$ und entwickelt man $\mathrm{e}^{h\mathrm{D}}$ in die Exponentialreihe

$$\mathrm{e}^{h\mathrm{D}} = \sum_{n=0}^{\infty}\frac{h^n\mathrm{D}^n}{n!}\ ,$$

kürzt $f(t+h) = \mathrm{e}^{h\mathrm{D}}f(t)$ die Formel für die Taylorreihe von f mit t als Entwicklungspunkt ab.

Nun gehen wir von $\varphi = \mathscr{L}[f]$ aus, also von der Tatsache, dass $\varphi(\mathrm{D})\delta(t) = f(t)H(t)$ gilt. Die folgende Rechnung zeigt, wie man die Laplacetransformierte φ aus der Funktion f berechnet:

$$f(t)\mathrm{H}(t) = \int_{-\infty}^{\infty}f(\tau)\mathrm{H}(\tau)\delta(t-\tau)\mathrm{d}\tau = \int_{-\infty}^{\infty}f(\tau)\mathrm{H}(\tau)\mathrm{e}^{-\tau\mathrm{D}}\delta(t)\mathrm{d}\tau =$$

$$= \int_{0}^{\infty}f(\tau)\mathrm{e}^{-\tau\mathrm{D}}\delta(t)\mathrm{d}\tau = \int_{0}^{\infty}f(\tau)\mathrm{e}^{-\tau\mathrm{D}}\mathrm{d}\tau\delta(t) = \varphi(\mathrm{D})\delta(t)\ .$$

Die Formel

$$\varphi(s) = \mathscr{L}[f](s) = \int_{0}^{\infty}f(t)\mathrm{e}^{-st}\mathrm{d}t$$

entlarvt die *Laplacetransformation* $\mathscr{L}$ als Integraltransformation. Sie führt Funktionen f, die über der t-Achse definiert sind, in Funktionen φ über, die über der s-Achse definiert sind. Der Kern der Transformation lautet e^{-st} und $[0;\infty[$ ist auf der t-Achse das Integrationsintervall. Jedenfalls ist die Laplacetransformation bei einer über $[0;\infty[$ integrierbaren Funktion f dann durch das Integral erklärt, wenn $f(x)$ bei $x \to \infty$ höchstens exponentiell wächst. Damit meinen wir, dass eine Konstante γ existiert, für die $f(x) = \mathscr{O}\left(\mathrm{e}^{\gamma x}\right)$ gilt. Dann nämlich kann man $\mathscr{L}[f](s)$ für jedes (sogar komplexe) s berechnen, sobald der Realteil von s größer als γ ist.

Die Laplacetransformation nach Pierre Simon Laplace, dem bedeutenden unter Napoleon wirkenden Astronomen, Physiker und Mathematiker, einem Zeitgenossen Fouriers, zu benennen, wurde von dem im 19. Jahrhundert lebenden österreichisch-ungarischen Mathematiker Josef Petzval vorgeschlagen. Tatsächlich hatte Laplace nur beiläufig Integrale über $[0;\infty[$ mit e^{-st} als Kern im Zuge seiner vielen Rechnungen erwähnt. Erst Petzval hatte diese Integrale systematisch untersucht. Die Namensgebung sollte Petzval nicht gut bekommen, denn einer seiner Studenten bezichtigte ihn zu Unrecht des Plagiats an Laplace. Den Zusammenhang der Laplacetransformation mit Funktionen des Differentialoperators, von dem wir in diesem Abschnitt ausgegangen sind, deckte erst im 20. Jahrhundert der deutsche Mathematiker Gustav Doetsch auf.

Die Umkehrtransformation der Laplacetransformation kann man mithilfe der Fouriertransformation berechnen – jedenfalls für Laplacetransformierte $\varphi(s)$, die bei einem konstanten reellen γ für alle komplexen s mit $\operatorname{Re} s > \gamma$ holomorph sind. Wir suchen also jenes f, für das $\mathscr{L}[f] = \varphi$ zutrifft. Zu diesem Zweck gehen wir von einem konstanten c mit $c > \gamma$ aus. Die Konstante c soll so groß sein, dass die durch $g(x) = f(x)\mathrm{e}^{-cx}\mathrm{H}(x)$ definierte Funktion g die Berechnung ihrer Fouriertransformierten

$$\mathscr{F}[g](k) = \int_{-\infty}^{\infty} f(x)\mathrm{e}^{-cx}\mathrm{H}(x)\mathrm{e}^{-\mathrm{j}kx}\mathrm{d}x = \int_{0}^{\infty} f(x)\mathrm{e}^{-(c+\mathrm{j}k)x}\mathrm{d}x$$

erlaubt. Aus dem fourierschen Integraltheorem folgt die Umkehrformel

$$g(x) = f(x)\mathrm{e}^{-cx}\mathrm{H}(x) = \frac{1}{2\pi}\int_{-\infty}^{\infty} \mathscr{F}[g](k)\mathrm{e}^{\mathrm{j}kx}\mathrm{d}k\,.$$

Nun substituieren wir einerseits $t = x$ und andererseits $s = c + \mathrm{j}k$ und bilden den Ansatz $\mathscr{F}[g](k) = \varphi(s)$. Dann ist

$$\varphi(s) = \mathscr{F}[g](k) = \int_{0}^{\infty} f(t)\mathrm{e}^{-st}\mathrm{d}t$$

die Laplacetransformierte von f und die Umkehrformel liefert

$$f(t)\mathrm{e}^{-ct}\mathrm{H}(t) = \frac{1}{2\pi}\int_{-\infty}^{\infty} \mathscr{F}[g](k)\mathrm{e}^{\mathrm{j}kt}\mathrm{d}k =$$

$$= \frac{1}{2\pi\mathrm{j}}\int_{c-\mathrm{j}\infty}^{c+\mathrm{j}\infty} \varphi(s)\mathrm{e}^{(s-c)t}\mathrm{d}s = \mathrm{e}^{-ct}\cdot\frac{1}{2\pi\mathrm{j}}\int_{c-\mathrm{j}\infty}^{c+\mathrm{j}\infty} \varphi(s)\mathrm{e}^{st}\mathrm{d}s\,.$$

Das Integral in der Berechnungsformel

$$\frac{1}{2\pi\mathrm{j}}\int_{c-\mathrm{j}\infty}^{c+\mathrm{j}\infty} \varphi(s)\mathrm{e}^{st}\mathrm{d}s = f(t)\mathrm{H}(t)$$

wird nach dem englischen Mathematiker Thomas John I'Anson Bromwich benannt, den sein berühmter Kollege Godfrey Harold Hardy den „angewandtesten unter den reinen und den reinsten unter den angewandten Mathematikern" seiner Zeit, des beginnenden 20. Jahrhunderts, nannte. Offenbar ist auch die Umkehrung der Laplacetransformation eine Integraltransformation mit $(1/(2\pi\mathrm{j}))\mathrm{e}^{st}$ als Kern und der von $c - \mathrm{j}\infty$ zu $c + \mathrm{j}\infty$ führenden zur imaginären Achse parallelen Geraden als Integrationsintervall. Bei der praktischen Auswertung des Bromwichintegrals zieht man die Methoden der Differentialrechnung im Komplexen, insbesondere den Residuensatz heran.

Zwei über der t-Achse definierten Funktionen f und g wird gemäß der Formel

$$f * g(t) = \int_0^t g(\tau) f(t-\tau)\,\mathrm{d}\tau$$

eine *der Laplacetransformation zugehörige Faltung* $f * g$ zugeordnet. Auch diese Faltung besitzt die Eigenschaften eines Produktes, insbesondere gilt $f * g = g * f$ sowie

$$f * (g_1 + g_2) = f * g_1 + f * g_2 \qquad \text{und} \qquad f * (cg) = c(f * g)\ .$$

Wie bei der Fouriertransformation besteht ein inniger Zusammenhang zwischen dem gewöhnlichen Produkt und der Faltung, die der Laplacetransformation zugehörig ist, denn es gilt der folgende

Faltungssatz: Besitzen die Funktionen f und g die Laplacetransformierten $\varphi = \mathscr{L}[f]$ und $\psi = \mathscr{L}[g]$, dann ist das Produkt $\varphi\psi$ die Laplacetransformierte der Faltung von f und g. Knapp formuliert:

$$\mathscr{L}[f] \cdot \mathscr{L}[g] = \mathscr{L}[f * g]$$

Zum Nachweis gehen wir von den beiden Beziehungen $\varphi(\mathrm{D})\delta(t) = f(t)\mathrm{H}(t)$ und $\psi(\mathrm{D})\delta(t) = g(t)\mathrm{H}(t)$ aus und erhalten

$$\varphi(\mathrm{D})\psi(\mathrm{D})\delta(t) = \varphi(\mathrm{D})\,g(t)\mathrm{H}(t) = \varphi(\mathrm{D})\int_{-\infty}^{\infty} g(\tau)\mathrm{H}(\tau)\delta(t-\tau)\,\mathrm{d}\tau =$$

$$= \int_{-\infty}^{\infty} g(\tau)\mathrm{H}(\tau)\varphi(\mathrm{D})\delta(t-\tau)\,\mathrm{d}\tau = \int_{-\infty}^{\infty} g(\tau)\mathrm{H}(\tau) f(t-\tau)\mathrm{H}(t-\tau)\,\mathrm{d}\tau =$$

$$= \int_0^t g(\tau) f(t-\tau)\,\mathrm{d}\tau = f * g(t)\ .$$

Dabei ist zu beachten, dass dieses Resultat nur bei $t \geq 0$ zustande kommt, denn bei $t < 0$ ist für alle reellen τ das Produkt $\mathrm{H}(\tau)\mathrm{H}(t-\tau) = 0$. Somit ist $\varphi(\mathrm{D})\psi(\mathrm{D})\delta(t) = f * g(t)\mathrm{H}(t)$ bewiesen, was zu zeigen war.

4.10 Anfangswertaufgaben

Wie die Fouriertransformation verwandelt auch die Laplacetransformation die Differentiation in eine Multiplikation. Bezeichnet nämlich f eine über $[0;\infty[$ definierte und stetig differenzierbare Funktion, für die $f(x)$ bei $x \to \infty$ höchstens exponentiell wächst, dann errechnet sich die Laplacetransformierte ihrer Ableitung f' mithilfe der partiellen Integration folgendermaßen:

$$\mathscr{L}[f'](s) = \int_0^{\infty} \mathrm{e}^{-st} f'(t)\,dt = \int_{t=0}^{t=\infty} \mathrm{e}^{-st}\,d\big(f(t)\big) = [\mathrm{e}^{-st} f(t)]_{t=0}^{t=\infty} + s\int_0^{\infty} \mathrm{e}^{-st} f(t)\,dt\ .$$

Wenn s hinreichend groß ist (genauer: einen hinreichend großen Realteil besitzt), verschwindet $\mathrm{e}^{-st}f(t)$ beim Grenzübergang $t \to \infty$. Weil das rechte Integral die Laplacetransformierte von f bezeichnet, gilt somit die Formel

$$\mathscr{L}[f'](s) = s\mathscr{L}[f](s) - f(0)$$

Nochmalige Anwendung dieser Formel bei einer zweimal stetig differenzierbaren Funktion f ergibt

$$\mathscr{L}[f''](s) = s\mathscr{L}[f'](s) - f'(0) = s\big(s\mathscr{L}[f](s) - f(0)\big) - f'(0)$$

also die Formel

$$\mathscr{L}[f''](s) = s^2\mathscr{L}[f](s) - sf(0) - f'(0)$$

Ferner erweist es sich für die Anwendungen als günstig, dass wir die Formel

$$\frac{1}{(\mathrm{D}-a)^{n+1}}\delta(t) = \frac{t^n}{n!}\mathrm{e}^{at}\mathrm{H}(t)$$

kennen, der wir die *Umrechnungsregel* entnehmen, wonach

$$\text{bei } f(t) = t^n\mathrm{e}^{at}: \qquad \mathscr{L}[f](s) = \frac{n!}{(s-a)^{n+1}}$$

gilt. Je nach Wahl der nichtnegativen ganzen Zahl n und der Größe a, die auch eine komplexe Größe sein darf, hat man so ein für die linearen Differentialgleichungen mit konstanten Koeffizienten ausreichendes Repertoire von Funktionen zusammen mit ihren Laplacetransformierten zur Hand. Insbesondere bekommt man bei $n = 0$ und $a = j\omega$ aufgrund der eulerschen Formel

$$\text{bei } f(t) = \cos\omega t: \qquad \mathscr{L}[f](s) = \frac{s}{s^2+\omega^2}$$

und

$$\text{bei } f(t) = \sin\omega t: \qquad \mathscr{L}[f](s) = \frac{\omega}{s^2+\omega^2}$$

Liegt zum Beispiel die Differentialgleichung

$$\dot{x} + 2x = \mathrm{e}^{-t}$$

mit der Anfangsbedingung $x|_{t=0} = 3$ vor, setzen wir $x = f(t)$ an. Wir symbolisieren die Laplacetransformierte von x mit dem entsprechenden Großbuchstaben, also $X = \mathscr{L}[f](s)$. Mit dieser Bezeichnung erhalten wir aus $f'(t) + 2f(t) = \mathrm{e}^{-t}$ unter Beachtung von $f(0) = 3$ nach Anwendung der Laplacetransformation auf der linken Seite

$$\mathscr{L}[f'+2f](s) = \mathscr{L}[f'](s) + 2\mathscr{L}[f](s) = s\mathscr{L}[f](s) - f(0) + 2\mathscr{L}[f](s) =$$

$$= (s+2)\mathscr{L}[f](s) - 3 = (s+2)X - 3\,.$$

Die Laplacetransformierte der rechten Seite e^{-t} lautet $1/(s+1)$ und die Gleichung $(s+2)X-3=1/(s+1)$ besitzt die Lösung

$$X=\frac{3}{s+2}+\frac{1}{(s+1)(s+2)}=\frac{3s+4}{(s+1)(s+2)}=\frac{1}{s+1}+\frac{2}{s+2}\,.$$

Der Umrechnungsregel zufolge ist somit

$$x=e^{-t}+2e^{-2t}$$

die Lösung der gesuchten Differentialgleichung. Die Anfangsbedingung ist automatisch mit berücksichtigt – das ist ein bemerkenswerter Effekt, den man beim Lösen von Differentialgleichungen mit der Laplacetransformation erzielt.

Betrachten wir als zweites Beispiel ein schwingungsfähiges gedämpftes System, das durch die Gleichung

$$\ddot{x}+2\dot{x}+4x=4$$

beschrieben wird. Anfangs soll es in Ruhe sein und plötzlich bei $t=0$ „eingeschaltet“ werden. Wir setzen also homogene Anfangsbedingungen voraus: $x|_{t=0}=0$ und $\dot{x}|_{t=0}=0$. Wie oben bezeichnen wir die Laplacetransformierte von $x(t)$ mit $X(t)$ und erhalten, weil $1/s$ die Laplacetransformierte von 1 ist, aus der Differentialgleichung mit ihren Anfangsbedingungen die algebraische Gleichung

$$\left(s^2+2s+4\right)X=\frac{4}{s}\,.$$

Die Partialbruchzerlegung der Lösung ergibt

$$X=\frac{4}{s\left(s^2+2s+4\right)}=\frac{1}{s}-\frac{s+2}{s^2+2s+4}=\frac{1}{s}-\frac{A}{s+1+j\sqrt{3}}-\frac{B}{s+1-j\sqrt{3}}$$

mit dem Ansatz

$$\frac{s+2}{s^2+2s+4}=\frac{A}{s+1+j\sqrt{3}}+\frac{B}{s+1-j\sqrt{3}}\,.$$

Die Konstanten A und B errechnen sich als

$$A=\frac{s+2}{2s+2}\Big|_{s=-1-j\sqrt{3}}=1+\frac{j}{2\sqrt{3}}\,,\qquad B=\frac{s+2}{2s+2}\Big|_{s=-1+j\sqrt{3}}=1-\frac{j}{2\sqrt{3}}\,.$$

Somit gewinnen wir aus der Umrechnungsformel die gesuchte Lösung

$$x=1-\left(1+\frac{j}{2\sqrt{3}}\right)e^{-t}e^{jt\sqrt{3}}-\left(1-\frac{j}{2\sqrt{3}}\right)e^{-t}e^{-jt\sqrt{3}}\,.$$

Setzt man für $e^{\pm jt\sqrt{3}}=\cos\sqrt{3}t\pm j\sin\sqrt{3}t$ ein, vereinfacht sie sich zu

$$x=1-e^{-t}\left(\cos\sqrt{3}t+\sin\sqrt{3}t\right)\,.$$

4.11 Fourierreihen

Nun gilt es endlich zu erklären, warum der Name Fouriers so prominent in einer Theorie auftaucht, die erst Jahrzehnte nach seinem Tod das Licht der Welt erblickte. Ausgangspunkt unserer Erklärung – nicht historisch für Fourier, sondern für uns, die wir bereits über verallgemeinerte Funktionen und die schwache Konvergenz Bescheid wissen – ist die von der Mercatorreihe des Logarithmus herrührende Formel

$$\log \frac{1}{1-z} = -\log(1-z) = z + \frac{z^2}{2} + \frac{z^3}{3} + \ldots .$$

Wir beachten dabei, dass, unabhängig davon, welchen Zweig des Logarithmus wir heranziehen, $-\log(1-z)$ in der offenen Kreisscheibe mit 0 als Mittelpunkt und mit 1 als Radius holomorph ist. Dementsprechend setzen wir $z = r\mathrm{e}^{\mathrm{j}\varphi}$, wobei $0 < r < 1$ gilt. Demnach ist

$$\frac{1}{1-r\mathrm{e}^{\mathrm{j}\varphi}} = \frac{1}{1-r\cos\varphi - \mathrm{j}r\sin\varphi} = \frac{1-r\cos\varphi}{1-2r\cos\varphi + r^2} + \mathrm{j}\frac{r\sin\varphi}{1-2r\cos\varphi + r^2} .$$

Betrag und Argument dieser komplexen Größe errechnen sich daraus als

$$\left|\frac{1}{1-z}\right| = \frac{1}{\sqrt{1-2r\cos\varphi + r^2}}, \qquad \arg\frac{1}{1-z} = \arctan\frac{r\sin\varphi}{1-r\cos\varphi} + k\pi .$$

Der Summand $k\pi$ in der rechten Formel mit einem ganzzahligen k berücksichtigt, dass wegen der Periodizität des Tangens mit Periode π der rechts angeschriebene Arcustangens nicht notwendig das Argument von $1/(1-z)$ wiedergibt, sondern dieses Argument um ein ganzzahliges Vielfaches von π verschiebt. Jedenfalls lautet der Logarithmus von $1/(1-z)$ bei $z = r\mathrm{e}^{\mathrm{j}\varphi}$

$$\log\frac{1}{1-z} = \frac{-1}{2}\ln\left(1-2r\cos\varphi + r^2\right) + \mathrm{j}\arctan\frac{r\sin\varphi}{1-r\cos\varphi} + \mathrm{j}k\pi .$$

$z = r\mathrm{e}^{\mathrm{j}\varphi} = r\cos\varphi + \mathrm{j}r\sin\varphi$ in die obige Mercatorreihe eingesetzt und mithilfe der Formel von de Moivre nach Real- und Imaginärteil getrennt, ergibt die Formeln

$$r\cos\varphi + \frac{r^2}{2}\cos 2\varphi + \frac{r^3}{3}\cos 3\varphi + \ldots = \frac{-1}{2}\ln\left(1-2r\cos\varphi + r^2\right)$$

und

$$r\sin\varphi + \frac{r^2}{2}\sin 2\varphi + \frac{r^3}{3}\sin 3\varphi + \ldots = \arctan\frac{r\sin\varphi}{1-r\cos\varphi} + k\pi .$$

Führen wir in der zweiten Summenformel den Grenzübergang $r \to 1$ durch, erhalten wir für Winkel φ, die von ganzzahligen Vielfachen von 2π verschieden sind,

$$\sin\varphi + \frac{\sin 2\varphi}{2} + \frac{\sin 3\varphi}{3} + \ldots = \arctan\frac{\sin\varphi}{1-\cos\varphi} + k\pi .$$

Berücksichtigen wir die aus der Formel für den halben Winkel und aus der Formel für den doppelten Winkel folgenden Beziehungen

$$1-\cos\varphi = 2\sin^2\frac{\varphi}{2} \qquad \text{und} \qquad \sin\varphi = 2\sin\frac{\varphi}{2}\cdot\cos\frac{\varphi}{2},$$

ergibt sich hieraus

$$\sin\varphi + \frac{\sin 2\varphi}{2} + \frac{\sin 3\varphi}{3} + \ldots = \arctan\left(\cot\frac{\varphi}{2}\right) + k\pi = \arctan\left(\tan\left(\frac{\pi}{2} - \frac{\varphi}{2}\right)\right) + k\pi \,.$$

Jetzt können wir uns in der Formel

$$\sin\varphi + \frac{\sin 2\varphi}{2} + \frac{\sin 3\varphi}{3} + \ldots = \frac{\pi - \varphi}{2} + k\pi$$

Gedanken darüber machen, wie man den eigentümlichen Summanden $k\pi$ verstehen soll. Die linke Seite der Formel ist periodisch mit der Periode 2π. Die rechte Seite der Formel misst den Winkel φ im Bogenmaß und liefert bei $\varphi = \pi + 2k\pi$ den Wert Null. Demnach muss die ganze Zahl k so gewählt sein, dass sich der Winkel φ im Intervall $]2k\pi; 2(k+1)\pi[$ aufhält. Dies ist genau dann der Fall, wenn bei $n = k$ die Differenz

$$\mathrm{H}(\varphi - 2n\pi) - \mathrm{H}(\varphi - 2(n+1)\pi)$$

den Wert 1 liefert. Ist hingegen n eine von k verschiedene ganze Zahl, liefert diese Differenz den Wert 0. Darum gilt

$$k = \sum_{n=-\infty}^{\infty} n\left(\mathrm{H}(\varphi - 2n\pi) - \mathrm{H}(\varphi - 2(n+1)\pi)\right) =$$

$$= \sum_{n=-\infty}^{\infty} n\mathrm{H}(\varphi - 2n\pi) - \sum_{n=-\infty}^{\infty} n\mathrm{H}(\varphi - 2(n+1)\pi) \,.$$

In der rechten Summe ersetzen wir $n+1$ durch m, also n durch $m-1$; mit n durchläuft auch m alle ganzen Zahlen, und der Summand $n\mathrm{H}(\varphi - 2(n+1)\pi)$ lautet jetzt $(m-1)\mathrm{H}(\varphi - 2m\pi)$. Da es egal ist, ob man in einer Summe den Summationsindex mit m oder mit n bezeichnet, gilt somit

$$k = \sum_{n=-\infty}^{\infty} n\mathrm{H}(\varphi - 2n\pi) - \sum_{n=-\infty}^{\infty} (n-1)\mathrm{H}(\varphi - 2n\pi) = \sum_{n=-\infty}^{\infty} \mathrm{H}(\varphi - 2n\pi) \,.$$

Somit bekommen wir das Ergebnis

$$\sin\varphi + \frac{\sin 2\varphi}{2} + \frac{\sin 3\varphi}{3} + \ldots = \sum_{k=1}^{\infty} \frac{\sin k\varphi}{k} = \frac{\pi - \varphi}{2} + \pi \sum_{n=-\infty}^{\infty} \mathrm{H}(\varphi - 2n\pi) \,.$$

Wir deuten die rechte Seite als schwachen Grenzwert der linken Reihe. Bei schwacher Konvergenz ist die gliedweise Differentiation nach φ erlaubt. Führt man diese durch und addiert man danach auf beiden Seiten $1/2$ bekommt man die Summenformel

$$\frac{1}{2} + \sum_{k=1}^{\infty} \cos k\varphi = \pi \sum_{n=-\infty}^{\infty} \delta(\varphi - 2n\pi)$$

die bereits Mitte des 19. Jahrhunderts Peter Gustav Lejeune Dirichlet, der Nachfolger von Carl Friedrich Gauß in Göttingen, erahnte. Sein Zeitgenosse Siméon Denis Poisson multiplizierte diese Formel mit 2, substituierte φ durch x und formte sie folgendermaßen um:

$$1 + \sum_{k=1}^{\infty} \left(\mathrm{e}^{\mathrm{j}kx} + \mathrm{e}^{-\mathrm{j}kx}\right) = \sum_{k=-\infty}^{\infty} \mathrm{e}^{-\mathrm{j}kx} = 2\pi \sum_{n=-\infty}^{\infty} \delta(x - 2n\pi) \,.$$

Für jede Testfunktion ϑ gilt daher

$$\sum_{k=-\infty}^{\infty} \int_{-\infty}^{\infty} \mathrm{e}^{-\mathrm{j}kx} \vartheta(x)\,\mathrm{d}x = 2\pi \sum_{n=-\infty}^{\infty} \int_{-\infty}^{\infty} \vartheta(x)\,\delta(x-2n\pi)\,\mathrm{d}x = 2\pi \sum_{n=-\infty}^{\infty} \vartheta(2n\pi)\ .$$

Die linken Integrale sind die Werte der Fouriertransformierten $\tilde{\vartheta} = \mathscr{F}[\vartheta]$ an den ganzen Zahlen k. Man nennt

$$\sum_{k=-\infty}^{\infty} \tilde{\vartheta}(k) = 2\pi \sum_{n=-\infty}^{\infty} \vartheta(2n\pi)$$

die *poissonsche Summenformel.*

Kehren wir zu Dirichlets Formel zurück, dividieren wir sie durch π und substituieren wir in ihr φ durch $x-\xi$. Dann erhalten wir die *dirichletsche Summenformel* in der Gestalt

$$\frac{1}{2\pi} + \frac{1}{\pi}\sum_{k=1}^{\infty} \cos k(x-\xi) = \sum_{n=-\infty}^{\infty} \delta(x-\xi-2n\pi)\ .$$

Nun soll f eine (zumindest integrierbare) periodische Funktion mit 2π als Periode bezeichnen. Für alle ganzen Zahlen k gilt also $f(\xi+2k\pi) = f(\xi)$. Multipliziert man die linke Seite der dirichletschen Summenformel gliedweise mit $f(\xi)$ und integriert man über das von ξ durchlaufene Intervall $[-\pi;\pi]$, bekommt man

$$\frac{1}{2\pi}\int_{-\pi}^{\pi} f(\xi)\,\mathrm{d}\xi + \frac{1}{\pi}\sum_{k=1}^{\infty}\int_{-\pi}^{\pi} f(\xi)\cos k(x-\xi)\,\mathrm{d}\xi =$$

$$= \frac{1}{2\pi}\int_{-\pi}^{\pi} f(\xi)\,\mathrm{d}\xi + \frac{1}{\pi}\sum_{k=1}^{\infty}\int_{-\pi}^{\pi} f(\xi)\cos k\xi\cdot\cos kx\cdot\mathrm{d}\xi + \frac{1}{\pi}\sum_{k=1}^{\infty}\int_{-\pi}^{\pi} f(\xi)\sin k\xi\cdot\sin kx\cdot\mathrm{d}\xi =$$

$$= \frac{1}{2\pi}\int_{-\pi}^{\pi} f(\xi)\,\mathrm{d}\xi + \sum_{k=1}^{\infty}\left(\frac{1}{\pi}\int_{-\pi}^{\pi} f(\xi)\cos k\xi\cdot\mathrm{d}\xi\cdot\cos kx + \frac{1}{\pi}\int_{-\pi}^{\pi} f(\xi)\sin k\xi\cdot\mathrm{d}\xi\cdot\sin kx\right)\ .$$

Man nennt die Größen

$$a_0 = \frac{1}{\pi}\int_{-\pi}^{\pi} f(\xi)\,\mathrm{d}\xi$$

$$a_k = \frac{1}{\pi}\int_{-\pi}^{\pi} f(\xi)\cos k\xi\cdot\mathrm{d}\xi\ , \qquad b_k = \frac{1}{\pi}\int_{-\pi}^{\pi} f(\xi)\sin k\xi\cdot\mathrm{d}\xi$$

die *Fourierkoeffizienten* der 2π-periodischen Funktion f und die oben angeschriebene Reihe

$$\frac{a_0}{2} + \sum_{k=1}^{\infty}(a_k\cos kx + b_k\sin kx)$$

ihre *Fourierreihe.* Multipliziert man die rechte Seite der dirichletschen Summenformel gliedweise mit $f(\xi)$ und integriert man über das von ξ durchlaufene Intervall $[-\pi;\pi]$, bekommt man

$$\sum_{n=-\infty}^{\infty}\int_{-\pi}^{\pi} f(\xi)\,\delta(x-\xi-2n\pi)\,\mathrm{d}\xi = \sum_{n=-\infty}^{\infty}\int_{-\pi}^{\pi} f(\xi-2n\pi)\,\delta(x-\xi-2n\pi)\,\mathrm{d}(\xi-2n\pi) =$$

$$= \int_{-\infty}^{\infty} f(y)\,\delta(x-y)\,\mathrm{d}y = f(x)\ .$$

Somit ist man leicht dazu verführt, auf die Gleichheit der beiden Seiten zu vertrauen, dass also die Funktion mit ihrer Fourierreihe übereinstimmt. Bewiesen ist dies mit diesen formalen Umformungen allerdings nicht. Dies wäre es nur, wenn f eine Testfunktion wäre, und dies ist bei einer von Null verschiedenen periodischen Funktion ausgeschlossen.

Trotzdem vertraute Fourier blind darauf, dass für jede 2π-periodische Funktion f mit den von ihm berechneten Fourierkoeffizienten $a_0, a_1, a_2, \ldots, a_k, \ldots$ und $b_1, b_2, \ldots, b_k, \ldots$ tatsächlich die Darstellung von f als Fourierreihe gelingt, mit anderen Worten: dass für alle reellen x die Formel

$$f(x) = \frac{a_0}{2} + \sum_{k=1}^{\infty} (a_k \cos kx + b_k \sin kx)$$

gilt. In seinem Buch „Théorie analytique de la chaleur“, in dem er sich mit der Wärmelehre auseinandersetzt (das französische chaleur bedeutet „Hitze“) sah er sich zum Beispiel dem Problem gegenüber, wie die Wärme auf einen metallischen kreisförmigen Ring übergeht, wenn die untere Hälfte des Ringes in eiskaltes Wasser getaucht ist und die obere Hälfte des Ringes von der warmen Luft umgeben ist. Fourier denkt sich den Kreis des Ringes an der linken Stelle der Grenzfläche zwischen Wasser und Luft durchtrennt und zu einer Strecke verbogen, die dem Intervall $[-\pi;\pi]$ entspricht. Dann wirkt auf das Teilintervall $]-\pi;0[$ die Temperatur 0 des kalten Wassers und auf das Teilintervall $]0;\pi[$ die Temperatur 1 der warmen Luft. Die so erhaltene Funktion f mit $f(x) = 0$ für $-\pi < x < 0$ und $f(x) = 1$ für $0 < x < \pi$ denkt sich Fourier periodisch mit Periode 2π fortgesetzt. Er rollt gleichsam die ganze x-Achse auf den Kreis mit Umfang 2π auf.

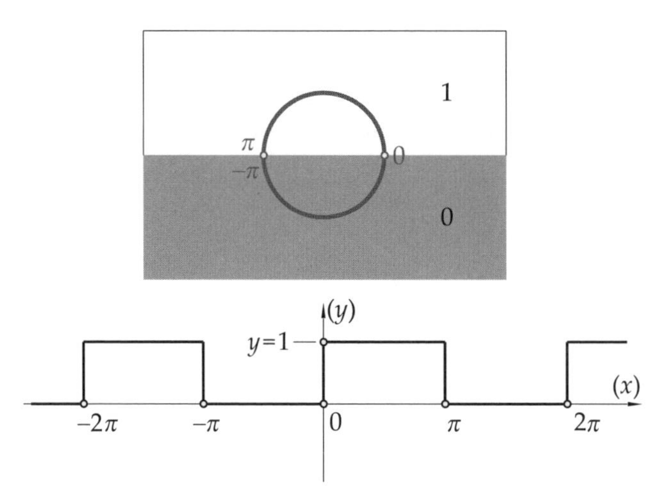

Bild 4.7 Fouriers Beispiel einer periodischen stückweise stetig differenzierbaren Funktion mit Periode 2π

Bei diesem Beispiel können wir mit der Theorie von Sobolew und Schwartz zeigen, dass sein Vertrauen in die nach ihm benannten Reihen gerechtfertigt ist. Denn offenkundig gilt, dass die Differenz

$$\mathrm{H}(x - 2n\pi) - \mathrm{H}(x - (2n+1)\pi)$$

sowohl 0 ergibt, wenn $x > (2n+1)\pi$ ist, als auch 0 ergibt, wenn $x < 2n\pi$ ist. Allein wenn sich x im Intervall $]2n\pi;(2n+1)\pi[$ befindet, ist diese Differenz 1. Darum errechnet sich die von Fourier betrachtete Funktion f nach der Formel

$$f(x) = \sum_{n=-\infty}^{\infty} (\mathrm{H}(x-2n\pi) - \mathrm{H}(x-(2n+1)\pi)) .$$

Differentiation (unter Beachtung der Tatsache, dass die rechte Reihe schwach konvergiert) ergibt:

$$f'(x) = \sum_{n=-\infty}^{\infty} (\delta(x-2n\pi) - \delta(x-(2n+1)\pi)) = \sum_{n=-\infty}^{\infty} \delta(x-2n\pi) - \sum_{n=-\infty}^{\infty} \delta(x-\pi-2n\pi) .$$

Beide Summen lassen sich mit der dirichletschen Summenformel umformen:

$$f'(x) = \left(\frac{1}{2\pi} + \frac{1}{\pi}\sum_{k=1}^{\infty} \cos kx\right) - \left(\frac{1}{2\pi} + \frac{1}{\pi}\sum_{k=1}^{\infty} \cos k(x-\pi)\right) = \frac{1}{\pi}\sum_{k=1}^{\infty} (\cos kx - \cos(kx-k\pi)) .$$

Aus der Summenformel des Cosinus folgt, dass $\cos(kx-k\pi) = (-1)^k \cos kx$ ist. Somit fallen alle Summanden mit geraden $k = 2m$ weg, bei den Summanden mit ungeraden $k = 2m+1$ verdoppelt sich $\cos kx$, und es bleibt

$$f'(x) = \frac{2}{\pi}\sum_{m=0}^{\infty} \cos(2m+1)x .$$

Gliedweise Integration führt zu

$$f(x) = C + \frac{2}{\pi}\sum_{m=0}^{\infty} \frac{\sin(2m+1)x}{2m+1} ,$$

wobei C eine Integrationskonstante bezeichnet. Weil für $x = \pi/2$ einerseits aufgrund der von Leibniz gefundenen Reihe

$$\sum_{m=0}^{\infty} \frac{\sin(2m+1)\frac{\pi}{2}}{2m+1} = \sum_{m=0}^{\infty} \frac{(-1)^m}{2m+1} = 1 - \frac{1}{3} + \frac{1}{5} - \frac{1}{7} + \ldots = \frac{\pi}{4}$$

und andererseits $f(\pi/2) = 1$ gilt, errechnet sich $C = 1/2$. Fourier fand in der Tat die Reihenentwicklung

$$f(x) = \frac{1}{2} + \frac{2}{\pi}\left(\sin x + \frac{\sin 3x}{3} + \frac{\sin 5x}{5} + \frac{\sin 7x}{7} + \ldots\right)$$

auf anderem Wege, denn sowohl die Deltafunktion wie auch die dirichletsche Summenformel waren ihm nicht geläufig. Fourier berechnete die Fourierkoeffizienten a_0, a_1, a_2, a_3, ... und b_1, b_2, b_3, ... der durch

$$f(x) = \begin{cases} 0 & \text{für } -\pi < x < 0 \\ 1 & \text{für } 0 < x < \pi \end{cases}$$

gegebenen Funktion f (die er sich mit Periode 2π periodisch fortgesetzt dachte) nach den von ihm gefundenen Formeln:

$$a_0 = \frac{1}{\pi}\int_{-\pi}^{\pi} f(\xi)\,\mathrm{d}\xi = \frac{1}{\pi}\int_0^{\pi} \mathrm{d}\xi = 1$$

sowie für alle Zahlen k

$$a_k = \frac{1}{\pi}\int_{-\pi}^{\pi} f(\xi)\cos k\xi \cdot \mathrm{d}\xi = \frac{1}{\pi}\int_0^{\pi} \cos k\xi \cdot \mathrm{d}\xi = \frac{1}{\pi}\left[\frac{\sin k\xi}{k}\right]_{\xi=0}^{\xi=\pi} = 0$$

und

$$b_k = \frac{1}{\pi}\int_{-\pi}^{\pi} f(\xi)\sin k\xi \cdot \mathrm{d}\xi = \frac{1}{\pi}\int_0^{\pi} \sin k\xi \cdot \mathrm{d}\xi = \frac{1}{\pi}\left[\frac{-\cos k\xi}{k}\right]_{\xi=0}^{\xi=\pi} =$$

$$= \begin{cases} \frac{2}{\pi}\cdot\frac{1}{k} = \frac{2}{\pi}\cdot\frac{1}{2m+1} & \text{für } k = 2m+1 \\ 0 & \text{für } k = 2m\,. \end{cases}$$

Die so erhaltene Fourierreihe

$$\frac{a_0}{2} + \sum_{k=1}^{\infty}(a_k \cos kx + b_k \sin kx) = \frac{1}{2} + \frac{2}{\pi}\sum_{m=0}^{\infty}\frac{\sin(2m+1)x}{2m+1}$$

liefert das schon zuvor mit der dirichletschen Summenformel hergeleitete Ergebnis. Es verblüffte Fouriers Zeitgenossen unerhört. Es war für sie unglaublich, dass diese Reihe, die in ihren Augen eine Summe von beliebig oft stetig differenzierbaren Funktionen ist, eine unstetige Funktion f mit Sprüngen an allen ganzzahligen Vielfachen von π darstellen soll. Phänomene wie dieses zwangen zu Beginn des 19. Jahrhunderts dazu, sich Gedanken über Grenzwerte und Konvergenz zu machen.

4.12 Partialbruchzerlegung des Cotangens

Interessant ist, dass man ebenso den umgekehrten Weg gehen kann: Aus einer gegebenen Fourierreihe gilt es die Funktion zu berechnen, die von der Reihe dargestellt wird. Wir betrachten als Beispiel die Fourierreihe

$$f(x) = \frac{1}{2a^2} + \sum_{k=1}^{\infty}\frac{\cos kx}{k^2 + a^2}\,,$$

in der a kein ganzzahliges Vielfaches von j darstellt. Die Reihe konvergiert gleichmäßig, daher sicher schwach, und die Differentiation nach x ergibt der Reihe nach

$$f'(x) = -\sum_{k=1}^{\infty}\frac{k\sin kx}{k^2+a^2}\,, \qquad f''(x) = -\sum_{k=1}^{\infty}\frac{k^2\cos kx}{k^2+a^2}\,.$$

Hieraus folgt gemäß der dirichletschen Summenformel

$$f''(x) - a^2 f(x) = -\frac{1}{2} - \sum_{k=1}^{\infty}\cos kx = -\pi\sum_{n=-\infty}^{\infty}\delta(x - 2n\pi)\,.$$

Wir beschränken uns darauf, x im Intervall $[-\pi;\pi]$ variieren zu lassen. Die Variable $y = f(x)$ löst die Differentialgleichung

$$\left(\frac{\partial^2}{\partial x^2} - a^2\right)y = \frac{\partial^2 y}{\partial x^2} - a^2 y = -\pi\delta(x)$$

mit den Randbedingungen

$$\frac{\partial y}{\partial x}|_{x=-\pi} = \frac{\partial y}{\partial x}|_{x=\pi} = 0\,.$$

Die Lösung der zugehörigen homogenen Differentialgleichung lautet $C_1 \mathrm{e}^{ax} + C_2 \mathrm{e}^{-ax}$. In Hinblick auf die Randbedingungen setzt man sie besser entweder als

$$C_1^* \cosh a\,(x+\pi) + C_2^* \sinh a\,(x+\pi)$$

oder als

$$C_1^{**} \cosh a\,(x-\pi) + C_2^{**} \sinh a\,(x-\pi)$$

an. Als Ansatz für die greensche Funktion der vorliegenden inhomogenen Differentialgleichung bekommen wir unter Beachtung der Randbedingungen

$$G(x,0) = \begin{cases} A\cosh a\,(x+\pi) & \text{für } -\pi \le x < 0 \\ B\cosh a\,(x-\pi) & \text{für } 0 < x \le \pi\,. \end{cases}$$

Weil die greensche Funktion an der Stelle 0 stetig sein soll folgt hieraus $A\cosh a\pi = B\cosh a\pi$, also $A = B$. Und weil die Ableitung der greenschen Funktion an der Stelle 0 einen Sprung der Höhe $-\pi$ aufweisen soll, folgt hieraus

$$-aB\sinh a\pi - aA\sinh a\pi = -(A+B)\,a\sinh a\pi = -\pi\,,$$

also

$$A = B = \frac{\pi}{2a\sinh a\pi}\,.$$

Somit ist die gesuchte Summe der Fourierreihe gefunden:

$$\frac{1}{2a^2} + \sum_{k=1}^{\infty} \frac{\cos kx}{k^2+a^2} = \begin{cases} \dfrac{\pi\cosh a\,(x+\pi)}{2a\sinh a\pi} & \text{für } -\pi \le x < 0 \\[2ex] \dfrac{\pi\cosh a\,(x-\pi)}{2a\sinh a\pi} & \text{für } 0 < x \le \pi\,. \end{cases}$$

Setzt man in ihr $x = 0$ oder $x = \pi$ bekommt man

$$\frac{\pi}{2a}\coth a\pi = \frac{1}{2a^2} + \sum_{k=1}^{\infty} \frac{1}{k^2+a^2}\,, \qquad \frac{\pi}{2a\sinh a\pi} = \frac{1}{2a^2} + \sum_{k=1}^{\infty} \frac{(-1)^k}{k^2+a^2}\,.$$

Die Formel

$$\frac{\pi}{\sinh a\pi} = \frac{1}{a} + \sum_{k=1}^{\infty} (-1)^k \frac{2a}{k^2+a^2}$$

heißt die *Partialbruchzerlegung des Kehrwerts vom Sinus hyperbolicus* und die Formel

$$\pi\coth a\pi = \frac{1}{a} + \sum_{k=1}^{\infty} \frac{2a}{k^2+a^2}$$

heißt die *Partialbruchzerlegung des Cotangens hyperbolicus.* Ersetzt man in ihnen a durch $a\mathrm{j}$ und beachtet man, dass $\sinh a\mathrm{j}\pi = \mathrm{j}\sin a\pi$ sowie $\coth a\mathrm{j}\pi = -\mathrm{j}\cot a\pi$ gilt, folgen hieraus die Formeln

$$\frac{\pi}{\sin a\pi} = \frac{1}{a} + \sum_{k=1}^{\infty} (-1)^k \frac{2a}{a^2-k^2} = \frac{1}{a} + \sum_{k=1}^{\infty} (-1)^k \left(\frac{1}{a-k} + \frac{1}{a+k}\right)$$

der *Partialbruchzerlegung des Kehrwerts vom Sinus* und

$$\pi \cot a\pi = \frac{1}{a} + \sum_{k=1}^{\infty} \frac{2a}{a^2-k^2} = \frac{1}{a} + \sum_{k=1}^{\infty} \left(\frac{1}{a-k} + \frac{1}{a+k}\right)$$

der *Partialbruchzerlegung des Cotangens.* Schon Leonhard Euler hatte diese Formeln gekannt, allerdings auf ganz anderem Wege hergeleitet.

Insbesondere die Formel für die Partialbruchzerlegung des Cotangens hatte es ihm angetan. Denn wenn man den Beginn der Laurententwicklung der ungeraden Cotangensfunktion, die $z = 0$ als Polstelle erster Ordnung besitzt, mit

$$\cot z = \frac{A}{z} + Bz + \mathcal{O}\left(z^3\right)$$

ansetzt, folgt aus

$$\cot z = \frac{\cos z}{\sin z} = \frac{1 - \frac{z^2}{2} + \mathcal{O}\left(z^4\right)}{z - \frac{z^3}{6} + \mathcal{O}\left(z^5\right)} = \frac{A}{z} + Bz + \mathcal{O}\left(z^3\right)$$

nach Multiplikation beider Seiten mit $\sin z$

$$\cos z = 1 - \frac{z^2}{2} + \mathcal{O}\left(z^4\right) = \left(\frac{A}{z} + Bz + \mathcal{O}\left(z^3\right)\right)\left(z - \frac{z^3}{6} + \mathcal{O}\left(z^5\right)\right) =$$

$$= A + \left(B - \frac{A}{6}\right) z^2 + \mathcal{O}\left(z^4\right) .$$

Vergleicht man die Koeffizienten, erhält man $A = 1$ und $B = -1/3$. In die Partialbruchzerlegung des Cotangens eingesetzt bedeutet dies

$$\frac{1}{a} + \sum_{k=1}^{\infty} \frac{2a}{a^2-k^2} = \pi \cot a\pi = \frac{1}{a} - \frac{a\pi^2}{3} + \mathcal{O}\left(a^3\right) .$$

Subtrahiert man von beiden Seiten $1/a$ und dividiert man danach beide Seiten durch $-2a$, verbleibt

$$\sum_{k=1}^{\infty} \frac{1}{k^2-a^2} = \frac{\pi^2}{6} + \mathcal{O}\left(a^2\right) .$$

Im Grenzübergang $a \to 0$ folgerte Euler hieraus die schöne Summenformel

$$\sum_{k=1}^{\infty} \frac{1}{k^2} = 1 + \frac{1}{4} + \frac{1}{9} + \frac{1}{16} + \frac{1}{25} + \ldots = \frac{\pi^2}{6}$$

die zu finden sich vor ihm die berühmtesten Gelehrten ihrer Zeit vergeblich bemüht hatten.

4.13 Übungsaufgaben

4.1 Für alle Zahlen n sind die Funktionen f_n durch

$$f_n(x) = x + \frac{\sin nx}{n}$$

und die Funktion f durch $f(x) = x$ definiert. Es sind die Schaubilder der Funktionen f_1, f_2, f_3 und f_4 zu skizzieren. Es ist zu begründen, dass die Funktionen f_n gleichmäßig gegen die Funktion f konvergieren. Es ist das Konvergenzverhalten der Funktionenfolge f_1', f_2', …, f_n' zu untersuchen.

4.2 Für alle Zahlen n sind die Testfunktionen g_n für x aus $[-1;1]$ durch

$$g_n(x) = \frac{\sin nx}{n} \cdot \mathrm{e}^{-1/(\pi^2 - x^2)}$$

und für x außerhalb des Intervalls $[-1;1]$ durch $g_n(x) = 0$ festgelegt. Es sind die Schaubilder der Funktionen g_1, g_2, g_3 und g_4 zu skizzieren. Es ist zu begründen, dass die Funktionen g_n gleichmäßig gegen Null konvergieren. Hingegen konvergieren diese Funktionen nicht stark gegen Null.

4.3 bis **4.5:** Die verallgemeinerte Funktion f ist so festgelegt, dass sie allen Testfunktionen ϑ das Fünffache ihrer Ableitung an der Stelle 0 zuweist: $\langle f | \vartheta \rangle = 5\vartheta'(0)$

4.3 Es ist zu begründen, dass die so definierte Zuordnung f tatsächlich eine verallgemeinerte Funktion darstellt.

4.4 Es ist zu begründen, dass die so definierte verallgemeinerte Funktion f an allen von Null verschiedenen Stellen x stetig ist und dass dort $f(x) = 0$ gilt. Insbesondere besteht für alle von Null verschiedenen x die Gleichheit $f(-x) = f(x)$.

4.5 Es ist mit der linearen Substitutionsregel zu begründen, dass die so definierte verallgemeinerte Funktion f *keine gerade*, sondern eine ungerade Funktion ist, also $f(-x) = -f(x)$ gilt.

4.6 Es sind für zwei verallgemeinerte Funktionen f und g sowie für eine Testfunktion φ einerseits die Summenregel $(f+g)' = f' + g'$ und andererseits die Produktregel $(\varphi f)' = \varphi' f + \varphi f'$ herzuleiten.

4.7 Es ist aus der linearen Substitutionsregel herzuleiten, dass die durch $f(x) = 2\mathrm{H}(x) - 1$ gegebene verallgemeinerte Funktion f eine ungerade Funktion ist.

4.8 Die Folge von verallgemeinerten Funktionen $f_1, f_2, \ldots, f_n, \ldots$ ist durch

$$f_n(x) = \frac{n}{2}\left(H\left(x + \frac{1}{n}\right) - H\left(x - \frac{1}{n}\right)\right)$$

gegeben. Es sind die Schaubilder der Funktionen f_1, f_2, f_3 und f_4 zu skizzieren. Es ist zu begründen, dass die Funktionen f_n schwach gegen die diracsche Deltafunktion konvergieren.

4.9 Für eine beliebige Testfunktion φ und ein beliebiges positives ε ist nach Substitution $x = \varepsilon y$

$$\int_{-\infty}^{\infty} \frac{\varepsilon}{x^2 + \varepsilon^2} \varphi(x)\,\mathrm{d}x = \pi \cdot \varphi(0) + \int_{-\infty}^{\infty} (\varphi(\varepsilon y) - \varphi(0)) \frac{\mathrm{d}y}{1 + y^2}$$

zu bestätigen. Bei einem positiven η zerlegt man das Integral auf der rechten Seite in die beiden Integrale über $]-\infty;-\eta]$ und $[\eta;\infty[$, bei ihnen nutzt man die Tatsache aus, dass alle Testfunktionen beschränkt sind. Und man betrachtet als dritten Summanden das Integral über $[-\eta;\eta]$ und nützt die Tatsache aus, dass alle Testfunktionen stetig sind. Hieraus ist

$$\lim_{\varepsilon\to 0}\int_{-\infty}^{\infty}\frac{\varepsilon}{x^2+\varepsilon^2}\varphi(x)\,\mathrm{d}x=\pi\cdot\varphi(0)$$

und somit bei $\varepsilon = 1/n$ die Formel

$$\lim_{n\to\infty}\frac{n}{n^2x^2+1}=\pi\cdot\delta(x)$$

zu begründen.

4.10 Es ist mit der linearen Substitutionsregel für alle verallgemeinerten Funktionen f die Formel

$$\lim_{h\to 0}\frac{f(x+h)-f(x)}{h}=f'(x)$$

herzuleiten, wobei der linke Grenzwert als Grenzwert der schwachen Konvergenz verstanden wird: Die Variable h nimmt als Werte die von Null verschiedenen Glieder einer beliebigen, nach Null konvergenten Folge an.

4.11 Es bezeichnen a und b zwei reelle Größen mit $a < b$. Die für alle von a und von b verschiedenen x definierte Funktion $\chi_{[a;b]}$ heißt die *charakteristische Funktion* des Intervalls $[a;b]$ oder die *Indikatorfunktion* dieses Intervalls, wenn

$$\chi_{[a;b]}(x)=\begin{cases}1, & \text{bei } a<x<b\\ 0, & \text{bei } x<a \text{ oder bei } x>b\end{cases}$$

gilt. Das Wort Indikator kommt vom lateinischen indicare, das „anzeigen“ bedeutet: Die charakteristische Funktion zeigt an, ob der Argumentwert im Inneren oder aber im Äußeren des Intervalls liegt. Es ist $\chi_{[a;b]}$ mithilfe der Heavisidefunktion darzustellen und somit zu zeigen, dass es sich hierbei um eine verallgemeinerte Funktion handelt. Wie lautet die Ableitung der charakteristischen Funktion $\chi_{[a;b]}$?

4.12 Es bezeichnen c_0, c_1, c_2, …, c_n reelle Größen mit $c_0 < c_1 < c_2 < \ldots < c_{n-1} < c_n$ und p_1, p_2, …, p_n beliebige reelle Größen. Setzt man $a = c_0$ und $b = c_n$, heißt eine über einer dichten Menge des Intervalls $[a;b]$ definierte Funktion f eine *Treppenfunktion*, wenn für alle Zahlen m mit $m \le n$ die Funktion f über $]c_{m-1};c_m[$ definiert ist und dort den konstanten Wert p_m annimmt. Willkürlich legt man für Argumentwerte x mit $x < a$ oder mit $x > b$ die Funktionswerte der Treppenfunktion f als 0 fest. Es ist zu zeigen, dass f eine verallgemeinerte Funktion ist, indem man f als Linearkombination von Heavisidefunktionen darstellt. Wie lautet die Ableitung f der Treppenfunktion f?

4.13 Es bezeichnet $[a;b]$ ein kompaktes Intervall und es seien c_1, c_2, …, c_n reelle Größen mit $a < c_1 < c_2 < \ldots < c_{n-1} < c_n < b$. Es sei ferner $g : [a;b] \longrightarrow \mathbb{R}$ eine stetige Funktion und es seien p_1, p_2, …, p_n beliebige reelle Größen. Für beliebige Testfunktionen φ definieren wir:

$$\langle f|\varphi\rangle=\int_a^b\varphi(x)\,g(x)\,\mathrm{d}x+\sum_{m=1}^{n}p_m\varphi(c_m)\ .$$

Es ist zu begründen, dass f eine verallgemeinerte Funktion ist, indem man f mithilfe der Funktion g, der Heavisidefunktion und mithilfe der an den Stellen c_m konzentrierten diracschen Deltafunktionen darstellt.

Bemerkung: Man nennt $\langle f|\varphi\rangle$ ein *Riemann-Stieltjes-Integral*, benannt nach Bernhard Riemann und seinem jüngeren Zeitgenossen, dem holländischen Astronomen und Mathematiker Thomas Jean Stieltjes, der ebenso wie Riemann schon in frühen Jahren verstarb: Riemann mit 40 Jahren an Tuberkulose, Stieltjes mit nur 38 Jahren an Grippe. Eine verallgemeinerte Funktion F mit $F' = f$ heißt ein *Integrator* des obigen Riemann-Stieltjes-Integrals mit der Funktion φ als *Integranden*, denn formal gilt:

$$\langle f|\varphi\rangle = \int_a^b \varphi(x)\,g(x)\,\mathrm{d}x + \sum_{m=1}^{n} p_m\varphi(c_m) = \int_{-\infty}^{\infty} \varphi(x)\,\mathrm{d}F(x)\ .$$

4.14 Es ist das Schaubild der verallgemeinerten Funktion f mit $f(x) = \max(\sin x, 0)$ zu skizzieren. Diese verallgemeinerte Funktion ist zweimal zu differenzieren.

4.15 Es ist das Schaubild der verallgemeinerten Funktion f mit $f(x) = |x|$ zu skizzieren. Diese verallgemeinerte Funktion ist zweimal zu differenzieren.

4.16 Es ist bei einem ξ aus $]0;1[$ die Differentialgleichung

$$\frac{\partial^2 u}{\partial x^2} = \delta(x-\xi)$$

mit den Randbedingungen

$$u|_{x=0} = 0\ , \qquad u|_{x=1} = 0$$

zu lösen.

4.17 Es ist bei einem positiven ξ die Differentialgleichung

$$\frac{\partial^2 u}{\partial x^2} = \delta(x-\xi)$$

mit den Randbedingungen

$$u|_{x=0} = 0\ , \qquad \frac{\partial u}{\partial x}|_{x=\infty} = 0$$

zu lösen.

4.18 Es ist bei einem ξ aus $]0;1[$ die Differentialgleichung

$$\frac{\partial^2 u}{\partial x^2} = \delta(x-\xi)$$

mit den Randbedingungen

$$\frac{\partial u}{\partial x}|_{x=0} + u|_{x=0} = 0\ , \qquad \frac{\partial u}{\partial x}|_{x=1} - u|_{x=1} = 0$$

zu lösen.

4.19 Es ist bei einem ξ aus $]0;1[$ und bei einem von allen ganzzahligen Vielfachen von π verschiedenen k die Differentialgleichung

$$\frac{\partial^2 u}{\partial x^2} + k^2 u = \delta(x - \xi)$$

mit den Randbedingungen

$$\frac{\partial u}{\partial x}|_{x=0} = 0\,, \qquad \frac{\partial u}{\partial x}|_{x=1} = 0$$

zu lösen.

4.20 Es ist mit der Methode der greenschen Funktion für ein positives ξ die Differentialgleichung

$$\frac{\partial^2 u}{\partial x^2} = \mathrm{e}^{-x}$$

mit den Randbedingungen

$$u|_{x=0} = 0\,, \qquad \frac{\partial u}{\partial x}|_{x=\infty} = 0$$

zu lösen.

4.21 Aus der Fourierdarstellung

$$\int_{-\infty}^{\infty} \mathrm{e}^{-\mathrm{j}kx}\, dx = 2\pi \cdot \delta(k)$$

ist durch mehrmalige Differentiation nach k zu bestätigen, dass für jede Zahl n die n-te Potenzfunktion f_n mit $f_n(x) = x^n$ die Fouriertransformierte

$$\mathcal{F}[f_n](k) = 2\pi \mathrm{j}^n \cdot \delta^{(n)}(k)$$

besitzt.

4.22 Aus der Fourierdarstellung

$$\int_{-\infty}^{\infty} \mathrm{H}(x)\, \mathrm{e}^{-\mathrm{j}kx}\, dx = \pi \cdot \delta(k) + \frac{1}{\mathrm{j}k}$$

ist durch mehrmalige Differentiation nach k zu bestätigen, dass für jede Zahl n die Funktion f_n mit

$$f_n(x) = \begin{cases} x^n, & \text{bei } x \geq 0 \\ -x^n, & \text{bei } x \leq 0 \end{cases}$$

die Fouriertransformierte

$$\mathcal{F}[f_n](k) = \frac{2n!}{(\mathrm{j}k)^{n+1}}$$

besitzt.

4.23 Aus der Formel für die fresnelschen Integrale ist

$$\int_{-\infty}^{\infty} \frac{\mathrm{H}(x)}{\sqrt{x}} \mathrm{e}^{\mathrm{j}kx} \mathrm{d}x = \sqrt{\frac{\pi}{k}} \mathrm{e}^{\pi \mathrm{j}/4}$$

herzuleiten, wobei für negative k vereinbart sei, dass $\sqrt{k} = \mathrm{j}\sqrt{|k|}$ ist.

4.24 Durch mehrmalige Differentiation des im vorigen Beispiel berechneten Integrals ist

$$\int_{-\infty}^{\infty} \frac{\mathrm{H}(x)\, x^n}{\sqrt{x}} \mathrm{e}^{\mathrm{j}kx} \mathrm{d}x = \frac{\Gamma\left(n+\frac{1}{2}\right)}{k^n \cdot \sqrt{k}} \mathrm{e}^{(2n+1)\pi \mathrm{j}/4}$$

herzuleiten, wobei Γ die eulersche Gammafunktion bezeichnet.

4.25 Mithilfe des Bromwichintegrals ist bei $\varphi(s) = 2\mathrm{e}^{-2s}/(s^2+4)$ jene Funktion f zu berechnen, deren Laplacetransformierte $\mathscr{L}[f] = \varphi$ lautet.

Anleitung: Die Polstellen von $\varphi(s)$ lauten $s = \pm 2\mathrm{j}$. Man wählt $c > 0$ und betrachtet für ein großes R in der komplexen s-Ebene drei Kurvenstücke Γ, Γ_1 und Γ_2: Γ ist die von $c - \mathrm{j}R$ zu $c + \mathrm{j}R$ führende Strecke. Γ_1 ist der von $c + \mathrm{j}R$ zu $c - \mathrm{j}R$ führende Halbkreis, der links von Γ liegend gegen den Uhrzeigersinn orientiert ist und zusammen mit Γ die beiden Polstellen von $\varphi(s)$ umrandet. Γ_2 ist der von $c+\mathrm{j}R$ zu $c-\mathrm{j}R$ führende Halbkreis, der rechts von Γ liegend im Uhrzeigersinn orientiert ist und zusammen mit Γ keine Singularität von $\varphi(s)$ umrandet. Es sind bei der Berechnung des Bromwichintegrals die Fälle $t < 2$ und $t > 2$ zu unterscheiden. Im ersten Fall ist zu bestätigen, dass $\varphi(s)\mathrm{e}^{st}$ entlang Γ_2 integriert für $R \to \infty$ Null ergibt, und im zweiten Fall ist zu bestätigen, dass $\varphi(s)\mathrm{e}^{st}$ entlang Γ_1 integriert für $R \to \infty$ Null ergibt. Im ersten Fall ist das Bromwichintegral mithilfe des cauchyschen Integralsatzes zu berechnen, im zweiten Fall mithilfe des Residuensatzes.

4.26 Wie lauten die Laplacetransformierten der folgenden durch

$$f_1(t) = 4e^{-t}\,, \quad f_2(t) = 3t^2 - 1\,, \quad f_3(t) = 3e^t - e^{-t}\,, \quad f_4(t) = 3\sin t - \cos t$$

gegebenen Funktionen?

4.27 Wie lauten die Originalfunktionen der folgenden durch

$$\varphi_1(s) = \frac{3}{2s}\,, \quad \varphi_2(s) = \frac{3}{s^2}\,, \quad \varphi_3(s) = \frac{2s-1}{s^2-1}\,, \quad \varphi_4(s) = \frac{s}{(s-1)\left(s^2+1\right)}$$

gegebenen Laplacetransformierten?

4.28 Mithilfe der Laplacetransformation ist das Anfangswertproblem

$$\ddot{x} + 3\dot{x} + 2x = 0 \qquad \text{mit } x|_{t=0} = 0,\ \dot{x}|_{t=0} = 1$$

zu lösen.

4.29 Mithilfe der Laplacetransformation ist das Anfangswertproblem

$$\ddot{x} + 2\dot{x} + 2x = 3 \qquad \text{mit } x|_{t=0} = 1,\ \dot{x}|_{t=0} = 0$$

zu lösen.

4.30 Mithilfe der Laplacetransformation ist das Anfangswertproblem

$$\dot{x} = x - y\,, \qquad \dot{y} = x + y \qquad \text{mit } x|_{t=0} = 1,\ y|_{t=0} = 0$$

zu lösen.

4.31 Die 2π-periodische *Dreiecksfunktion* f mit $f(x) = (\pi/2) - |x|$ für $-\pi \le x \le \pi$ ist in eine Fourierreihe zu entwickeln.

4.32 Es ist zu begründen, warum die im obigen Beispiel errechnete Fourierreihe gleichmäßig konvergiert. Setzt man $x = 0$ erhält man die Reihensumme

$$\sum_{m=0}^{\infty} \frac{1}{(2m+1)^2} = 1 + \frac{1}{9} + \frac{1}{25} + \frac{1}{49} + \ldots$$

der Kehrwerte der ungeraden Quadratzahlen. Wie lautet diese?

4.33 Es ist zu begründen, dass 2π-periodische *gerade* Funktionen f die Fourierkoeffizienten $b_k = 0$ und

$$a_k = \frac{2}{\pi} \int_0^{\pi} f(\xi) \cos k\xi \cdot d\xi$$

besitzen, und dass 2π-periodische *ungerade* Funktionen g die Fourierkoeffizienten $a_k = 0$ und

$$b_k = \frac{2}{\pi} \int_0^{\pi} g(\xi) \sin k\xi \cdot d\xi$$

besitzen.

4.34 Es ist zu begründen, dass für eine 2π-periodische Funktion f, für die sogar $f(x+\pi) = f(x)$ gilt, die ungerade indizierten Fourierkoeffizienten a_{2m-1} und b_{2m-1} verschwinden, und dass für eine 2π-periodische Funktion f, für die sogar $f(x+\pi) = -f(x)$ gilt, die gerade indizierten Fourierkoeffizienten a_{2m} und b_{2m} verschwinden.

4.35 Es ist der Verschiebungssatz herzuleiten, wonach sich bei einer 2π-periodischen Funktion f mit a_k und b_k als Fourierkoeffizienten sich die entsprechenden Fourierkoeffizienten α_k, β_k der durch $g(x) = f(x+\xi)$ gegebenen Funktion g nach den Formeln

$$\alpha_k = a_k \cos n\xi + b_k \sin n\xi\,, \qquad \beta_k = b_k \cos n\xi - a_k \sin n\xi$$

errechnen.

4.36 bis **4.40:** Es wird die Fourierreihe

$$s(x) = \frac{4}{\pi} \sum_{m=0}^{\infty} \frac{\sin(2m+1)x}{2m+1}$$

einer 2π-periodischen Funktion f betrachtet.

4.36 Es ist zu zeigen, dass s schwach gegen die 2π-periodische *Rechtecksfunktion* f konvergiert, für die $f(x) = -1$ für $-\pi < x < 0$ und $f(x) = 1$ für $0 < x < \pi$ gilt.

4.37 Es sind für $n = 0$, $n = 1$, $n = 2$, $n = 3$ die Partialsummen

$$s_n(x) = \frac{4}{\pi} \sum_{m=0}^{n} \frac{\sin(2m+1)x}{2m+1}$$

der Reihe $s(x)$ zu skizzieren. Es ist ein Computerausdruck des Schaubildes der Partialsumme für $n = 9$ und für $n = 14$ herzustellen.

4.38 Es ist zu zeigen, dass die Stelle

$$x_n = \frac{\pi}{2(n+1)}$$

eine Extremwertstelle von $s_n(x)$ darstellt, und dass der Punkt $(x_n, s_n(x_n))$ einen Hochpunkt der Funktionskurve $y = s_n(x)$ darstellt.

4.39 Es ist der Funktionswert

$$s_n(x_n) = \frac{2}{\pi} \sum_{m=0}^{n} \frac{\sin \dfrac{\left(m+\frac{1}{2}\right)\pi}{n+1}}{\dfrac{\left(m+\frac{1}{2}\right)\pi}{n+1}} \cdot \frac{\pi}{n+1}$$

als riemannsche Zwischensumme zu deuten und damit

$$\lim_{n\to\infty} s_n(x_n) = \frac{2}{\pi} \int_0^{\pi} \frac{\sin t}{t} \mathrm{d}t$$

herzuleiten.

4.40 Man kann mithilfe einer geeigneten Untersumme bestätigen, dass

$$\int_0^{\pi} \frac{\sin t}{t} \mathrm{d}t \geq 1.85$$

gilt. Hieraus ist für alle hinreichend großen n die Abschätzung

$$s_n(x_n) \geq 1.17$$

herzuleiten. Sie zeigt, dass die Fourierreihe an der Sprungstelle der Funktion um mehr als 8.5 Prozent der Sprunghöhe über und unter die rechts- und linksseitigen Grenzwerte der Funktionswerte hinausschwappt. Dieses Überschwingen schmiegt sich bei wachsender Zahl von Summanden der Partialsumme in waagrechter Richtung bloß schmäler an die Sprungstelle an, wird aber keineswegs in senkrechter Richtung kleiner. Dieses Phänomen wird nach Josiah Willard Gibbs, einem Zeitgenossen von Maxwell und Boltzmann und dem Begründer der theoretischen Physik in den Vereinigten Staaten, benannt.

4.41 Es ist, wenn man die poissonsche Summenformel auf $\psi_1(x) = \mathrm{e}^{-x^2/2}$ anwendet, die Formel

$$\sum_{n=-\infty}^{\infty} \mathrm{e}^{-n^2x^2/2} = \frac{\sqrt{2\pi}}{x} \sum_{m=-\infty}^{\infty} \mathrm{e}^{-2\pi^2m^2/x^2}$$

herzuleiten.

4.42 Ersetzt man in der Formel von Aufgabe **4.41** bei einem positiven t die Variable x durch $x = \sqrt{2/t}$, ist die folgende Formel zu begründen:

$$\sum_{n=-\infty}^{\infty} \mathrm{e}^{-n^2/t} = \sqrt{\pi t} \sum_{m=-\infty}^{\infty} \mathrm{e}^{-m^2\pi^2 t}.$$

4.43 Die gemäß

$$\Theta(z,t) = \sum_{n=-\infty}^{\infty} e^{-n^2 t} e^{jnz}$$

definierte Funktion Θ nannte Carl Gustav Jacobi *Thetafunktion*. Es ist zu zeigen, dass die Variable $u = \Theta(z,t)$ die Wärmeleitungsgleichung $\partial u/\partial t = \partial^2 u/\partial z^2$ löst. Aus der in Aufgabe **4.42** hergeleiteten Formel ist die sogenannte *Thetarelation* $\Theta(0,1/t) = \sqrt{\pi t}\cdot\Theta(0,\pi^2 t)$ zu folgern.

Anmerkung: Wenn für die Größe p zwar $p < 1$ gilt, aber p sehr nahe bei 1 liegt, konvergiert $1+2p+2p^4+2p^9+\ldots$ nur langsam gegen die Summe dieser Reihe. Wegen $\ln p < 0$ und weil $\ln p$ sehr nahe bei Null liegt, ist $q = e^{\pi^2/\ln p}$ eine positive, aber sehr nahe bei Null liegende Größe. Für sie konvergiert die unendliche Reihe $1+2q+2q^4+2q^9+\ldots$ rasant. Die aus der Thetarelation folgende Formel

$$1+2p+2p^4+2p^9+\cdots = \sqrt{\frac{\ln(1/q)}{\pi}}\left(1+2q+2q^4+2q^9+\ldots\right) \qquad \text{bei} \quad q = e^{\pi^2/\ln p}$$

erlaubt somit, eine langsam konvergente Reihe durch eine schnell konvergente Reihe zu ersetzen.

Lösungen der Rechenaufgaben

4.11 $\chi_{[a;b]}(x) = H(x-a) - H(x-b)$, $\chi'_{[a;b]}(x) = \delta(x-a) - \delta(x-b)$

4.12 $f'(x) = p_1\delta(x-c_0) - p_n\delta(x-c_n) + \sum_{m=1}^{n-1}(p_{m+1}-p_m)\delta(x-c-m)$

4.13 $f(x) = (H(x-a)-H(x-b))g(x) + \sum_{m=1}^{n} p_m\delta(x-c_m)$

4.14 $f'(x) = \sum_{n=-\infty}^{\infty}(H(x-2n\pi) - H(x-(2n+1)\pi))\cos x$, $\quad f''(x) = \sum_{m=-\infty}^{\infty}\delta(x-m\pi) - f(x)$

4.15 $f'(x) = H(x) - H(-x)$, $\quad f''(x) = 2\delta(x)$

4.16 $G(x,\xi) = \begin{cases} -(1-\xi)\cdot x & \text{für } 0 \le x < \xi \\ -\xi\cdot(1-x) & \text{für } \xi < x \le 1 \end{cases}$

4.17 $G(x,\xi) = \begin{cases} -x & \text{für } 0 \le x < \xi \\ -\xi & \text{für } \xi < x \le 1 \end{cases}$

4.18 $G(x,\xi) = \begin{cases} \xi\cdot(1-x) & \text{für } 0 \le x < \xi \\ x\cdot(1-\xi) & \text{für } \xi < x \le 1 \end{cases}$

4.19 $G(x,\xi) = \begin{cases} (\cos k(1-\xi)\cdot\cos kx)/(k\sin k) & \text{für } 0 \le x < \xi \\ (\cos k\xi\cdot\cos k(1-x))/(k\sin k) & \text{für } \xi < x \le 1 \end{cases}$

4.20 $u = e^{-x} - 1$

4.25 $f(t) = \sin 2(t-2)\cdot H(t-2)$

4.26 $\mathscr{L}[f_1](s) = 4/(s+1)$, $\mathscr{L}[f_2](s) = (6-s^2)/s^3$, $\mathscr{L}[f_3](s) = (2s+4)/(s^2-1)$, $\mathscr{L}[f_4](s) = (3-s)/(s^2+1)$

4.27 $\mathscr{L}^{-1}[\varphi_1](t) = 3/2$, $\mathscr{L}^{-1}[\varphi_2](t) = 3t$, $\mathscr{L}^{-1}[\varphi_3](t) = (1/2)e^t + (3/2)e^{-t}$, $\mathscr{L}^{-1}[\varphi_4](t) = (1/2)(e^t - \cos t + \sin t)$

4.28 $x = e^{-t} - e^{-2t}$

4.29 $x = (3/2) - (1/2)e^{-t}(\sin t + \cos t)$

4.30 $x = e^t\cos t$, $y = e^t \sin t$

4.31 $(4/\pi)\sum_{m=0}^{\infty}(\cos(2m+1)x)/(2m+1)^2$

5 Funktionenräume

5.1 Lineare Räume

Zu Beginn des vorigen Kapitels hatten wir zwei Beispiele linearer Räume kennengelernt: den Raum der Testfunktionen und den Raum der verallgemeinerten Funktionen. Sie bilden unendlichdimensionale Räume. Endlichdimensionale lineare Räume wurden schon im zweiten Band ausführlich untersucht. Wir erinnern uns, dass wir die Elemente linearer Räume *Vektoren* nennen. Bezeichnen u und v zwei Vektoren, kann man ihnen einen Vektor $u+v$ zuordnen. Es gelten dabei für Vektoren u, v, w die Rechengesetze

$$u+(v+w)=(u+v)+w\,, \qquad u+v=v+u\,.$$

Der lineare Raum enthält einen Nullvektor 0 mit der Eigenschaft $u+0=u$ für jeden Vektor u. Und jeder Vektor u besitzt im linearen Raum einen entgegengesetzten Vektor $-u$ mit der Eigenschaft $-u+u=0$. Bezeichnen r einen Skalar und u einen Vektor, kann man ihnen einen Vektor $r\,u$ zuordnen. Es gelten dabei für Skalare r, s und Vektoren u, v die Rechengesetze

$$r\,(u+v)=r\,u+r\,v\,, \qquad (r+s)\,u=r\,u+s\,u\,, \qquad (r\,s)\,u=r\,(s\,u)$$

und es ist $1\,u=u$ für jeden Vektor u.

Die genannten Beispiele des Raumes der Testfunktionen oder des Raumes der verallgemeinerten Funktionen sind Beispiele linearer Räume, die man *Funktionenräume* nennt. Es gibt noch weitere Funktionenräume, zum Beispiel den Raum aller über einem Intervall definierten stetigen Funktionen, oder den Raum aller Funktionen, die über einer gemeinsamen, in einem Intervall dichten Menge A definiert und integrierbar sind. Als Gegenbeispiel erwähnen wir die Gesamtheit der über A definierten und schwach monoton wachsenden Funktionen: Zwar ist die Summe zweier schwach monoton wachsender Funktionen ebenfalls schwach monoton wachsend, aber die entgegengesetzte einer streng monoton wachsenden Funktion ist streng monoton fallend und daher sicher nicht schwach monoton wachsend.

Zwei andere Beispiele linearer Räume haben wir im ersten Band kennengelernt. Den zweidimensionalen Raum der zu einer gegebenen Ebene parallelen Pfeile und den dreidimensionalen Raum der Pfeile im Anschauungsraum. Sie gaben Hermann Graßmann den Anstoß zur Definition des Begriffs „Vektor“. Dabei ist bei den beiden Räumen der Pfeile zu berücksichtigen, dass Graßmann zwei Pfeile, als Vektoren betrachtet, bereits dann „gleich“ nennt, wenn sie parallel, gleich orientiert und gleich lang sind.

Ein weiteres Beispiel eines linearen Raumes bekommt man, wenn man von n paarweise verschiedenen Symbolen $j_1, j_2, \ldots, j_n$ ausgeht und die Gesamtheit aller symbolisch geschriebenen Summen

$$u=a_1\,j_1+a_2\,j_2+\ldots+a_n\,j_n=\sum_{m=1}^{n} a_m\,j_m$$

betrachtet, in denen $a_1, a_2, \dots, a_n$ beliebige Skalare bezeichnen. Definiert man bei

$$u = a_1 j_1 + a_2 j_2 + \dots + a_n j_n = \sum_{m=1}^{n} a_m j_m\,, \qquad v = b_1 j_1 + b_2 j_2 + \dots + b_n j_n = \sum_{m=1}^{n} b_m j_m$$

deren Summe als

$$u + v = (a_1 + b_1)\, j_1 + (a_2 + b_2)\, j_2 + \dots + (a_n + b_n)\, j_n = \sum_{m=1}^{n} (a_m + b_m)\, j_m$$

und das Produkt des Skalars r mit u als

$$r u = r a_1 j_1 + r a_2 j_2 + \dots + r a_n j_n = \sum_{m=1}^{n} r a_m j_m\,,$$

liegt offenkundig ein linearer Raum vor. Man erkennt unmittelbar, dass dieser Raum die Dimension n besitzt, und dass die Symbole $j_1, j_2, \dots, j_n$ eine Basis dieses Raumes darstellen.

Setzt man $n = 2$ und schreibt man statt j_1 nun i und statt j_2 nun j, beschreibt dieses Beispiel zugleich den linearen Raum der zu einer Ebene parallelen Pfeile, die im Sinne Graßmanns als Vektoren aufgefasst werden. Und setzt man $n = 3$ und schreibt man statt j_1 nun i, statt j_2 nun j und statt j_3 nun k, beschreibt dieses Beispiel zugleich den linearen Raum der Pfeile des Anschauungsraumes, die im Sinne Graßmanns als Vektoren aufgefasst werden. Es ist ebenso klar, dass die Gesamtheit aller Quaternionen mit 1, i, j, k als Basis genauso von diesem Beispiel als vierdimensionaler linearer Raum erfasst ist.

Sehr schnell ist man dazu verleitet, von unendlich vielen paarweise verschiedenen Symbolen $j_1, j_2, \dots, j_n, \dots$ auszugehen und die Gesamtheit aller symbolisch geschriebenen Reihen

$$u = a_1 j_1 + a_2 j_2 + \dots + a_n j_n + \dots = \sum_{n=1}^{\infty} a_n j_n$$

mit analog definierter Summe von zwei Vektoren gemäß

$$\sum_{n=1}^{\infty} a_n j_n + \sum_{n=1}^{\infty} b_n j_n = \sum_{n=1}^{\infty} (a_n + b_n)\, j_n$$

und mit analog definiertem Produkt mit einem Skalar gemäß

$$r \sum_{n=1}^{\infty} a_n j_n = \sum_{n=1}^{\infty} r a_n j_n$$

in den Blick zu nehmen. Allerdings stellt sich die Frage, wie man diese formal angeschriebenen „unendlichen Summen" zu verstehen hat. Spielt hier die Konvergenz von Reihen eine Rolle? Wir werden im letzten Kapitel darauf zurückkommen.

Die beiden Beispiele des linearen Raumes mit der endlichen Basis $j_1, j_2, \dots, j_n$ und des linearen Raumes mit der unendlichen Basis $j_1, j_2, \dots, j_n, \dots$ lassen sich als Funktionenräume deuten: Wir betrachten einerseits die Menge A_n aller Zahlen $1, 2, \dots, n$ und andererseits die Menge A aller Zahlen $1, 2, \dots, n, \dots$ als Argumentbereich von Funktionen $f : A_n \longrightarrow \mathbb{R}$ beziehungsweise von Funktionen $f : A \longrightarrow \mathbb{R}$. Wenn die Wertetabellen zweier derartiger Funktionen f und g

x	1	2	…	n
$f(x)$	a_1	a_2	…	a_n

und

x	1	2	…	n
$g(x)$	b_1	b_2	…	b_n

beziehungsweise

x	1	2	...	n	...
$f(x)$	a_1	a_2	...	a_n	...

und

x	1	2	...	n	...
$g(x)$	b_1	b_2	...	b_n	...

lauten, ist klar, wie sich die Wertetabelle der Funktion $f+g$ und wie sich bei einem Skalar r die Wertetabelle der Funktion rf gestalten. Offensichtlich sind die Funktionenräume aller reellen Funktionen mit A_n beziehungsweise mit A als Argumentbereich treue Abbilder der linearen Räume mit mit der endlichen Basis $j_1, j_2, \ldots, j_n$ beziehungsweise mit der unendlichen Basis $j_1, j_2, \ldots, j_n, \ldots$. Der Basisvektor j_m entspricht dabei der nach Leopold Kronecker benannten Funktion δ_m, die für jede von m verschiedene Zahl k den Wert $\delta_m(k) = 0$, hingegen bei $k = m$ den Wert $\delta_m(m) = 1$ annimmt.

Leopold Kronecker, einer gebildeten und wohlhabenden jüdischen Kaufmannsfamilie entstammend und selbst höchst erfolgreicher Geschäftsmann, war als Privatgelehrter an der Berliner Universität Kollege von Karl Weierstraß. Zu seinen Schülern zählt Georg Cantor, der Erfinder der Mengenlehre, dessen unbekümmertes Betrachten des Unendlichen Kronecker maßlos störte. Die auch in diesem Buch vertretene Ansicht, dass das Unendliche ein Grenzbegriff ist, der sich dem rationalen Zugang prinzipiell entzieht, war sowohl Kronecker als auch später Brouwer und Weyl zu eigen.

Nun aber zurück zur Kroneckerfunktion δ_m: Tatsächlich ist mit ihrer Hilfe die Funktion f mit der Wertetabelle

x	1	2	...	n
$f(x)$	a_1	a_2	...	a_n

bzw.

x	1	2	...	n	...
$f(x)$	a_1	a_2	...	a_n	...

in der Formel

$$f = \sum_{m=1}^{n} a_m \delta_m \qquad \text{bzw.} \qquad f = \sum_{n=1}^{\infty} a_n \delta_n$$

erfasst.

So gesehen sind *alle* bisher betrachteten linearen Räume Beispiele von Funktionenräumen. Ein weiteres Beispiel eines linearen Raumes, der sich ebenfalls als ein Funktionenraum herausstellt, fußt auf Funktionen, die sogenannte „Elementarereignisse“ als Argumentwerte und einen sogenannten „Ereignisraum“ als Argumentbereich besitzen. Hiervon handelt der nächste Abschnitt.

5.2 Zufallsvariablen

Die Geschichte von den Ereignisräumen beginnt im 17. Jahrhundert in einem der damals in Frankreich beliebten Salons, wo sich nächtens Herren der verwöhnten, reichen und übersättigten Gesellschaft trafen. Um nicht der Langeweile und dem Verdruss zu verfallen, ergaben sich die Herren mit großer Leidenschaft den Glücksspielen, bei denen die vorher gut gemischten Karten oder die weit in die Höhe geworfenen Würfel den Spielverlauf bestimmen. Es war die Zeit, als aus dem mittelalterlichen „Rad der Fortuna“, dem Rad der Glücksgöttin, das Roulette entstand. Der Schriftsteller Antoine Gombaud war einer dieser reichen Spieler. In seinen als Dialoge verfassten Werken über das Wesen des wahren Adels und den Charakter eines Edelmannes trat er unter dem Pseudonym Chevalier de Méré als Dialogpartner auf. Seither wurde er von seinen Freunden so gerufen und ist bis heute unter diesem Namen bekannt. Eines Nachts vereinbarte Chevalier de Méré mit einem Spielgegner, dass derjenige den gesamten und ansehnlichen Einsatz erhalten solle, der als erster drei Runden eines ziemlich zeitraubenden Glücksspiels gewinnt. Die Chancen des Gewinns waren zu gleichen Teilen auf die beiden Spieler verteilt. Die ersten beiden Runden gewann Chevalier de Méré, die nächste Runde ging an seinen Gegner, dann jedoch graute bereits der Morgen. Ein Kurier des Königs betrat den Salon und rief alle anwesenden Herren zum Hof des Herrschers. Diese „force majeure" genannte „höhere Gewalt" erzwang den Abbruch des Spieles. Jetzt stellte sich die Frage, wie aufgrund des bisherigen Verlaufs der Einsatz gerecht zwischen den beiden Spielern zu verteilen sei.

Schon viele Jahrzehnte zuvor stellte sich im reichen Italien das gleiche „force majeure"-Problem. Luca Pacioli argumentierte, dass bei dem genannten Fall der Einsatz im Verhältnis 2 : 1 zugunsten des ersten Spielers, der zwei Runden gewonnen hatte und zuungunsten des zweiten Spielers, der eine Runde gewonnen hatte, aufzuteilen sei, weil eben diese Situation des bisherigen Spielverlaufs vorliegt. Gerolamo Cardano hielt dagegen, dass es nicht auf den bisherigen, sondern auf den künftigen Spielverlauf ankomme. Hier gäbe es drei Möglichkeiten: Der erste Spieler gewinnt die nächste Runde, also erhält er den Einsatz. Oder der zweite Spieler gewinnt die nächste Runde, erzwingt so eine Fortsetzung des Spiels, worauf der erste Spieler wieder gewinnt und den Einsatz erhält. Oder aber bei der Fortsetzung gewinnt der zweite Spieler ein zweites Mal, somit als erster drei Runden und bekommt den Einsatz. Zwar argumentierte Cardano anders als Pacioli, kommt aber im gegebenen Fall zum gleichen Resultat, wonach der Einsatz im Verhältnis 2 : 1 zugunsten des ersten Spielers, der zwei Runden gewonnen hatte und zuungunsten des zweiten Spielers, der eine Runde gewonnen hatte, aufzuteilen sei.

Chevalier de Méré traute den Überlegungen der italienischen Gelehrten nicht und richtete an den ihm aus früheren Tagen bekannten Blaise Pascal die Frage, wie seiner Meinung nach der Einsatz gerecht aufzuteilen sei. Pascal erörterte dieses Problem in einem Briefwechsel mit dem im Süden Frankreichs lebenden Rechtsanwalt und Amateurmathematiker Pierre de Fermat. Beide, Pascal auf etwas umständliche Weise und Fermat einfacher argumentierend, kamen zum Schluss, dass nicht 2 : 1 zugunsten des Chevalier de Méré, sondern 3 : 1 zugunsten des Chevalier de Méré die faire Aufteilung des Einsatzes sei. Das schlagende Argument von Fermat lautet: Die Wahrscheinlichkeit, dass schon bei der nächsten Runde das Spiel für den Chevalier de Méré gewinnbringend verläuft, beträgt 50 %. Die Wahrscheinlichkeit, dass noch eine weitere Runde zu folgen hat, beträgt ebenso 50 %, und mit der Hälfte dieser Wahrscheinlichkeit, also mit der Wahrscheinlichkeit von 25 % wird bei dieser weiteren Runde der Gegner des Chevalier de Méré gewinnen. Somit beträgt die Wahrscheinlichkeit, dass der Gegner des Chevalier den Einsatz erhält, nur 25 %. Selbst wenn eine weitere Runde folgt, darf auch bei dieser der Chevalier de Méré die anderen 25 % Wahrscheinlichkeit für den Gewinn des Einsatzes für sich beanspruchen. Insgesamt lautet somit die Wahrscheinlichkeit, dass Chevalier de Méré als erster drei Runden gewinnt, $50\,\% + 25\,\% = 75\,\%$.

Im Briefwechsel zwischen Pascal und Fermat wurde das opake Wort „Wahrscheinlichkeit" zum ersten Mal mathematisch präzise gefasst. Es dauerte aber noch Jahrhunderte, bis in der ersten Hälfte des 20. Jahrhunderts Andrej Nikolajewitsch Kolmogorow die Gedanken von Pascal und Fermat so zu formulieren verstand, dass man klar zwischen dem mathematischen Begriff einerseits und seiner praktischen Umsetzung andererseits zu trennen verstand.

Mathematisch betrachtet ist Wahrscheinlichkeit eine Funktion. Kolmogorow betrachtet eine Menge Ω, die er einen *Ereignisraum* oder einen *Wahrscheinlichkeitsraum* nennt. Die bevorzugt mit dem Buchstaben E bezeichneten Elemente der Menge Ω heißen *Elementarereignisse.* Wir werden uns im Folgenden auf *endliche* Ereignisräume beschränken, also davon ausgehen, dass es nur endlich viele Elementarereignisse gibt. Das erspart uns nicht nur diffizile Gedankengänge, es ist zugleich ein sehr wirklichkeitsbezogener Standpunkt. Denn die Annahme, unendlich viele Ereignisse überblicken zu können, ist fern jedem Realitätssinn pure Illusion. Eine Funktion $\mu : \Omega \longrightarrow \mathbb{R}^+$, die jedem Elementarereignis E eine positive Größe $\mu(E)$ zuweist, heißt ein *Maß* des Ereignisraumes Ω. Wie diese Funktion μ im Einzelnen festgelegt ist, interessiert aus mathematischer Sicht nicht. Die Funktion μ setzt Kolmogorow einfach als vorhanden voraus.

Jede Menge A von Elementarereignissen, also jede Teilmenge von Ω, heißt ein *Ereignis.* In der Summe

$$\sum_{E \in A} \mu(E)$$

werden alle Größen $\mu(E)$ addiert, wobei das Symbol E jedes der Elementarereignisse bezeichnet, die in A vorkommen. Man sagt, dass das Ereignis A eintritt, wenn eines der Elementarereignisse aus A eintritt. Dementsprechend nennt Kolmogorow das Verhältnis

$$\Pr(A) = \sum_{E \in A} \mu(E) : \sum_{E \in \Omega} \mu(E)$$

die *Wahrscheinlichkeit,* mit der das Ereignis A eintritt. Die Abkürzung Pr stammt vom lateinischen probabilitas, dem italienischen probabilità, dem französischen probabilité, dem englischen probability, den Wörtern für „Wahrscheinlichkeit" in den damals in der wissenschaftlichen Literatur gängigen Sprachen.

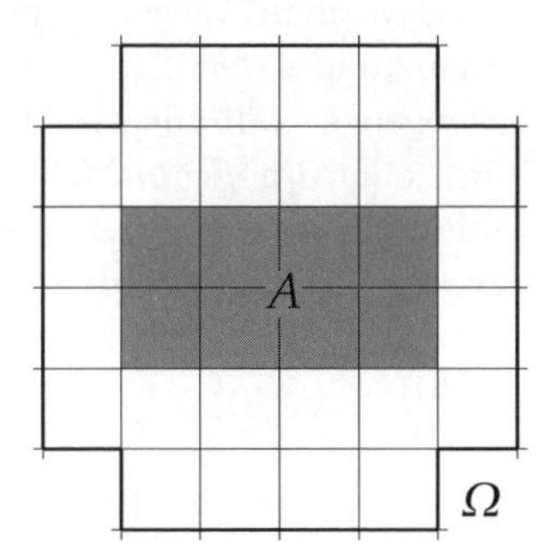

Bild 5.1 Der Wahrscheinlichkeitsraum Ω besteht aus 32 Elementarereignissen, dargestellt als Quadrate des Rasters, die alle gleich groß sind. In diesem Fall sind alle Elementarereignisse gleich wahrscheinlich. Die grau unterlegten Quadrate bilden das Ereignis A. Das Verhältnis des Flächeninhalts von A zum Flächeninhalt von Ω ist die Wahrscheinlichkeit dafür, dass A eintritt.

Bereits Laplace hatte diesen, im Grunde sehr einfachen Gedanken vorweggenommen, allerdings ging er von der sehr speziellen Funktion $\mu = 1$ aus, also von der Annahme, dass jedem Elementarereignis E der Wert $\mu(E) = 1$ zugesprochen wird. Dann nennt

$$\sum_{E \in A} 1$$

die „Zahl der günstigen Fälle", also die Anzahl der in A befindlichen Elementarereignisse. Und

$$\sum_{E\in\Omega} 1$$

nennt die „Zahl der möglichen Fälle", also die Anzahl aller Elementarereignisse. So kam Laplace auf seine Definition der Wahrscheinlichkeit: Sie ist das Verhältnis der Zahl der günstigen durch die Zahl der möglichen Fälle – unter der Voraussetzung, dass jeder „Fall", also jedes Elementarereignis gleich wahrscheinlich ist. Mit diesem Zusatz wird die Deutung von Laplace zu einer Zirkeldefinition, denn in seiner Definition der Wahrscheinlichkeit kommt das Wort „wahrscheinlich" vor, so als ob man schon wüsste, was dieses Wort bedeutet. Ganz sinnlos ist die Definition von Laplace jedoch nicht. Denn bei einem Würfel ist zum Beispiel wegen der in ihm innewohnenden Symmetrie offensichtlich, dass die Wahrscheinlichkeit, eine bestimmte Augenzahl zu werfen – die Augenzahlen 1, 2, 3, 4, 5, 6 sind die Elementarereignisse – ein Sechstel beträgt. Ebenso ist beim Münzwurf die Wahrscheinlichkeit für „Kopf" sowie für „Zahl" aufgrund der Symmetrie der zylinderförmigen Münze $1/2$. Ratlos hingegen bleibt man, wenn man einen Reißnagel wirft: Nach dem Wurf kann der Nagel mit der Spitze schräg nach unten oder mit der Spitze senkrecht nach oben zeigen. Aber nichts rechtfertigt die Annahme, dass diese beiden Elementarereignisse gleich wahrscheinlich seien. Wir lassen offen, wie man in Fällen wie diesen die Maße der Elementarereignisse bestimmt. Aus rein mathematischer Sicht ist jede Zuordnung μ von den Elementarereignissen zu positiven Größen legitim. Ob sie sich bewährt, lehrt nicht die Mathematik, sondern die Praxis.

Jedenfalls steht bei der von Kolmogorow festgelegten Wahrscheinlichkeit fest, dass für alle Ereignisse A die Beziehung $0 \le \Pr(A) \le 1$ zutrifft, wobei wir insbesondere von $\Pr(\varnothing) = 0$ und $\Pr(\Omega) = 1$ ausgehen. Es steht nämlich die leere Menge $\varnothing$ für das „unmögliche Ereignis", das nie eintritt, und der Ereignisraum Ω selbst steht für das „sichere Ereignis", das in jedem Fall eintritt. Liegen zwei Ereignisse A, B vor, sind in deren Durchschnitt $A \cap B$ all jene Elementarereignisse versammelt, die sowohl in A, als auch in B liegen. Man nennt daher $A \cap B$ das Ereignis „A und B". Ferner sind in deren Vereinigung $A \cup B$ all jene Elementarereignisse versammelt, die in A oder in B oder in beiden Mengen A und B liegen. Man nennt $A \cup B$ das Ereignis „A oder B". Dabei versteht man das Wort „oder" im *nichtausschließenden* Sinn, wie zum Beispiel im folgenden Satz: „Die Steuern werden erhöht: wer Einkommen bezieht *oder* Geld erbt, muss mehr Steuer zahlen." Offenbar fließen bei der Bildung von $\mu(A) + \mu(B)$ in der Summe

$$\mu(A) + \mu(B) = \sum_{E\in A} \mu(E) + \sum_{E\in B} \mu(E)$$

die Elementarereignisse E von $A \cup B$ ein, wobei die in $A \cap B$ liegenden Elementarereignisse in dieser Summe doppelt vorkommen. Es gilt somit

$$\mu(A \cup B) = \mu(A) + \mu(B) - \mu(A \cap B) .$$

Diese Formel überträgt sich sofort auf die Wahrscheinlichkeiten:

$$\Pr(A \cup B) = \Pr(A) + \Pr(B) - \Pr(A \cap B)$$

Zwei Ereignisse A und B heißen *einander ausschließend*, wenn sie kein Elementarereignis gemeinsam haben, wenn also $A \cap B = \varnothing$ ist. Für die Wahrscheinlichkeit einander ausschließender Ereignisse gilt die *Additionsformel*

$$\text{bei } A \cap B = \varnothing: \qquad \Pr(A \cup B) = \Pr(A) + \Pr(B)$$

Man prägt sie sich am besten mit der Merkregel ein, dass dem Wort „oder" in der Wahrscheinlichkeitsrechnung – *jedoch nur bei einander ausschließenden Ereignissen* – die Operation „plus" entspricht. Das *Gegenereignis* A^c eines Ereignisses A besteht aus allen Elementarereignissen, die nicht in A genannt sind. Offenkundig schließen Ereignis und Gegenereignis einander aus und es gilt $A \cup A^c = \Omega$. Hieraus folgt die Formel für die Gegenwahrscheinlichkeit

$$\Pr\left(A^c\right) = 1 - \Pr(A)$$

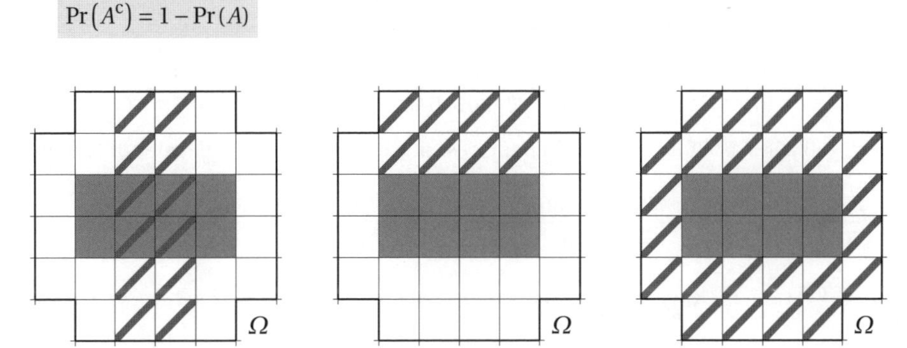

Bild 5.2 Im Ereignisraum Ω bilden die grau unterlegten Quadrate des Rasters das Ereignis A und die grau diagonal durchgestrichenen Quadrate des Rasters das Ereignis B. Links sind die beiden Ereignisse A und B nicht einander ausschließend. In der Mitte sind die beiden Ereignisse A und B einander ausschließend. Rechts ist B das Gegenereignis des Ereignisses A.

Ein bemerkenswertes Beispiel, bei dem die Gegenwahrscheinlichkeit eine wichtige Rolle spielt, ergibt sich aus der Frage, wie groß die Wahrscheinlichkeit ist, dass bei dreißig zufällig in einem Saal anwesenden Personen mindestens zwei einen gemeinsamen Geburtstag haben. Auf Anhieb würde man diese Wahrscheinlichkeit für gering einschätzen. Wenn im Saal mehr als 366 Personen anwesend wären, würden mit Sicherheit mindestens zwei von ihnen einen gemeinsamen Geburtstag besitzen. Die Begründung ergibt sich aus dem nach Dirichlet benannten *Schubfachprinzip:* Hat man mehr Gegenstände in einen Kasten unterzubringen als der Kasten Schubfächer besitzt, muss man in mindestens ein Schubfach mindestens zwei dieser Gegenstände stopfen. Da als Geburtstage – der 29. Februar mit eingeschlossen – nur 366 Tage zur Verfügung stehen, jedoch mehr als 366 Personen im Saal sind, müssen wenigstens zwei dieser Personen einen gemeinsamen Geburtstag haben. Ab 367 Personen ist der Sachverhalt geklärt – aber bei nur dreißig Personen?

Hier hilft das Gegenereignis: Wir fragen nach der Wahrscheinlichkeit, dass bei dreißig Personen jede von ihnen an einem anderen Tag des Jahres Geburtstag hat. Für die erste der dreißig Personen stehen alle 366 Tage des Jahres, die als „mögliche" Geburtstage in Frage kommen, zugleich als „günstige" Tage zur Verfügung; wir schreiben dafür den Bruch 366/366. Für die zweite der dreißig Personen gibt es unter den 366 möglichen Geburtstagen nur mehr 365 günstige. Der Geburtstag der ersten Person ist als günstiger Tag aus dem Rennen. Für sie schreiben wir daher den Bruch 365/366. Für die dritte der dreißig Personen gibt es unter den 366 möglichen Geburtstagen nur mehr 364 günstige. Die Geburtstage der beiden vorher genannten Personen sind als günstige Tage aus dem Rennen. Für sie schreiben wir daher den Bruch 364/366. So setzen wir diese Überlegung fort, bis wir zur dreißigsten und letzten Person kommen: Für sie gibt es unter den 366 möglichen Geburtstagen nur mehr $366 - 29 = 337$ günstige. Die Geburtstage aller 29 vor ihr genannten Personen sind als günstige Tage aus dem Rennen. Für sie schreiben wir daher den Bruch 337/366. Es liegt nahe – und wir werden später besser verstehen, warum – die Gegenwahrscheinlichkeit der gestellten Frage, also die Wahrscheinlichkeit dafür, dass alle dreißig Personen an verschiedenen Tagen Geburtstag feiern, als Produkt aller genannten Brüche zu berechnen:

$$\frac{366}{366} \cdot \frac{365}{366} \cdot \frac{364}{366} \cdot \ldots \cdot \frac{337}{366} .$$

Es ist ziemlich aufwendig, diesen Wert direkt zu ermitteln. Er lautet:

$$\frac{603\,907\,447\,467\,134\,849\,417\,801\,300\,413\,000\,908\,890\,674\,534\,205\,533\,495\,234\,375}{2\,049\,251\,576\,287\,544\,870\,532\,303\,080\,420\,666\,485\,132\,482\,967\,042\,784\,858\,070\,888}$$

und beträgt 0.294 696 588.... Viel einfacher ist es, sich der stirlingschen Formel zu bedienen:

$$\frac{366}{366} \cdot \frac{365}{366} \cdot \frac{364}{366} \cdot \ldots \cdot \frac{337}{366} = \frac{366!}{366^{30} \cdot 336!} \approx \frac{366^{366} \mathrm{e}^{-366} \sqrt{2\pi \cdot 366}}{366^{30} \cdot 336^{336} \mathrm{e}^{-336} \sqrt{2\pi \cdot 336}} =$$

$$= \left(\frac{366}{336}\right)^{336.5} \cdot \mathrm{e}^{-30} \approx 0.2947 .$$

Dies ist die Wahrscheinlichkeit des Gegenereignisses. Die Wahrscheinlichkeit dafür, dass unter dreißig zufällig in einem Saal befindlichen Personen mindestens zwei am gleichen Tag geboren sind, beträgt daher rund $1 - 0.2947 = 0.7053$. Sie ist erstaunlicherweise rund 70 %.

Kehren wir zur „force-majeure"-Aufgabe des Chevalier de Méré zurück. In der Sprache Kolmogorows besteht bei ihr der Ereignisraum Ω aus drei Elementarereignissen: Dem Ereignis E_1, dass Chevalier de Méré gleich die nächste Runde gewinnt, dem Ereignis E_{21}, dass Chevalier de Méré die nächste Runde verliert, aber die übernächste Runde gewinnt, und dem Ereignis E_{22}, dass Chevalier de Méré die beiden nächsten Runden verliert. Fermat hat diesen drei Elementarereignissen aufgrund der Information des Chevalier, dass bei allen Runden allein der Zufall das Spiel beherrscht und die Chancen für beide Partner gleich groß seien, die Wahrscheinlichkeiten

$$\Pr(E_1) = \frac{1}{2}, \qquad \Pr(E_{21}) = \frac{1}{4}, \qquad \Pr(E_{22}) = \frac{1}{4}$$

zugewiesen. Das Ereignis A, dass der Chevalier de Méré gewinnt und den Einsatz erhält, errechnet sich als $A = E_1 \cup E_{21}$. Das Gegenereignis zu A ist $A^c = E_{22}$. Die Beziehungen $\Pr(A) = 3/4$, $\Pr\left(A^c\right) = 1/4$ und der Aufteilungsschlüssel des Einsatzes gemäß $\Pr(A) : \Pr\left(A^c\right) = 3 : 1$ ergeben sich hieraus unmittelbar.

Dient der Ereignisraum Ω als Argumentbereich einer Funktion $X : \Omega \longrightarrow \mathbb{R}$, nennt man X eine *Zufallsvariable*. Der Würfel liefert dafür ein gutes Beispiel: Der Ereignisraum Ω besteht aus den Zahlen 1, 2, 3, 4, 5, 6, den Augenzahlen, die der Würfel nach dem Wurf zeigen kann. In diesem Sinne sind die sechs ersten Zahlen zugleich Elementarereignisse. Wenn man für alle Zahlen n mit $n < 6$ die Festlegung $X(n) = 0$, aber $X(6) = 1$ trifft, beschreibt die Zufallsvariable X die Vereinbarung, dass man beim Werfen einer von 6 verschiedenen Augenzahl leer ausgeht, hingegen beim Werfen der Augenzahl 6 gewinnt. Wenn man hingegen für alle geraden Augenzahlen n die Festlegung $Y(n) = 0$ und für alle ungeraden Augenzahlen die Festlegung $Y(n) = 1$ trifft, modelliert man die Übereinkunft, dass man beim Werfen einer geraden Zahl verliert, hingegen beim Werfen einer ungeraden Zahl gewinnt. Multipliziert man den Wert $X(E)$ der

Zufallsvariablen X beim Elementarereignis E mit der Wahrscheinlichkeit $\Pr(E)$ dafür, dass das Ereignis E eintrifft, und bildet man über alle so erhaltenen Produkte die Summe, erhält man den sogenannten *Erwartungswert*

$$\mathrm{Erw}(X) = \sum_{E\in\Omega} X(E)\Pr(E)$$

der Zufallsvariable X. Das eben genannte Beispiel des Würfels mit den Zufallsvariablen X und Y liefert die Erwartungswerte

$$\mathrm{Erw}(X) = 0\cdot\frac{1}{6}+0\cdot\frac{1}{6}+0\cdot\frac{1}{6}+0\cdot\frac{1}{6}+0\cdot\frac{1}{6}+1\cdot\frac{1}{6}=\frac{1}{6}$$

und

$$\mathrm{Erw}(Y) = 1\cdot\frac{1}{6}+0\cdot\frac{1}{6}+1\cdot\frac{1}{6}+0\cdot\frac{1}{6}+1\cdot\frac{1}{6}+0\cdot\frac{1}{6}=\frac{1}{2}\,.$$

Wie dieses Beispiel zeigt, ist jede Wahrscheinlichkeit eines Ereignisses zugleich ein Erwartungswert. Aber der Begriff des Erwartungswertes geht weit über den Begriff der Wahrscheinlichkeit hinaus. Es erweist sich in diesem Zusammenhang als hilfreich, dass man den Raum aller Zufallsvariablen eines Ereignisraumes Ω als einen linearen Raum begreift. Doch bevor wir dies tun, wollen wir uns einerseits noch eingehender mit der Wahrscheinlichkeitsrechnung auseinandersetzen und andererseits die Theorie der linearen Räume um den Begriff des inneren Produkts bereichern. Diesem Vorhaben sind die folgenden Abschnitte gewidmet.

5.3 Wahrscheinlichkeitsrechnung

Für das Verständnis von Zufallsvariablen ist es vorteilhaft, weitere Einzelheiten über Ereignisräume in Erfahrung zu bringen. Wir betrachten als Beispiel den Wurf von zwei Würfeln. Stellen wir uns vor, wir werfen mit einem roten und einem blauen Würfel. Jeder von ihnen wird nach dem Wurf eine der Augenzahlen 1, 2, 3, 4, 5, 6 zeigen. Die Elementarereignisse bestehen somit aus den Paaren (n,m), wobei n die Augenzahl des roten und m die Augenzahl des blauen Würfels symbolisiert. 36 Paare gibt es, und wegen der Symmetrie der Würfel ist keines der Paare dem anderen bevorzugt. Darum wird jedem der Elementarereignisse $E=(n,m)$ die Wahrscheinlichkeit $\Pr(n,m)=1/36$ zugeordnet. Man kann nun zum Beispiel nach der Wahrscheinlichkeit des Ereignisses A fragen, bei dem die geworfene Augenzahlsumme 7 beträgt, oder nach der Wahrscheinlichkeit des Ereignisses B, bei dem die geworfene Augenzahlsumme 8 beträgt. Da die Menge A die sechs Elementarereignisse $(1,6)$, $(2,5)$, $(3,4)$, $(4,3)$, $(5,2)$, $(6,1)$ beinhaltet und da die Menge B die fünf Elementarereignisse $(2,6)$, $(3,5)$, $(4,4)$, $(5,3)$, $(6,2)$ beinhaltet, lauten die gesuchten Wahrscheinlichkeiten

$$\Pr(A)=\frac{6}{36}\approx 16.7\,\%\,,\qquad \Pr(A)=\frac{5}{36}\approx 13.9\,\%\,.$$

Wird hingegen mit zwei grünen Würfeln geworfen, bieten sich zwei Ereignisräume für die Beschreibung dieser Situation an. Der erste stimmt mit dem oben genannten überein und besteht aus 36 Elementarereignissen. Bei diesem Ereignisraum geht man davon aus, dass bei

$n \neq m$ die beiden Elementarereignisse (n, m) und (m, n) als verschieden zu betrachten sind, obwohl man vielleicht gar nicht feststellen kann, welcher der beiden grünen Würfel die Augenzahl n und welcher die Augenzahl m zeigt. Man kann aber auch vom folgenden Standpunkt ausgehen: Wenn sich prinzipiell kein Unterschied zwischen den beiden grünen Würfeln ausmachen lässt, hat man bei $n \neq m$ nicht zwischen den Elementarereignissen (n, m) und (m, n) zu unterscheiden. Von diesem Standpunkt aus betrachtet besteht der Ereignisraum aus allen Paaren (n, m) von Zahlen, bei denen n alle ganzzahligen Werte zwischen 1 und 6 annehmen kann und m alle ganzzahligen Werte zwischen n und 6 annehmen kann. Es handelt sich hierbei um einen aus $6+5+4+3+2+1=21$ Paaren bestehenden Ereignisraum. Das Ereignis A, bei dem die geworfene Augenzahlensumme 7 beträgt, besteht so gesehen nur mehr aus den drei Elementarereignissen $(1,6)$, $(2,5)$, $(3,4)$ und das Ereignis B, bei dem die geworfene Augenzahlensumme 8 beträgt, besteht so gesehen nur mehr aus den drei Elementarereignissen $(2,6)$, $(3,5)$, $(4,4)$. Zieht man diesen Ereignisraum heran, besitzen A und B die gleiche Wahrscheinlichkeit, nämlich

$$\Pr(A) = \Pr(B) = \frac{3}{21} \approx 14.3\,\%\,.$$

Welcher der beiden Ereignisräume die Wirklichkeit spiegelt, ist eine von Seiten der Mathematik nicht beantwortbare Frage. Wer meint, der zweitgenannte Ereignisraum habe nichts mit der Wirklichkeit zu schaffen, da, wenn auch möglicherweise nicht erkennbar, so doch prinzipiell die beiden grünen Würfel ihre Unverwechselbarkeit beibehalten, möge sich nicht zu sicher fühlen. Wie der indische Physiker Satyendranath Bose in den 20-er Jahren des vorigen Jahrhunderts feststellte, geht im Rahmen der Quantentheorie bei bestimmten, später nach ihm benannten Elementarteilchen diese scheinbar so selbstverständliche Unverwechselbarkeit zur Gänze verloren.

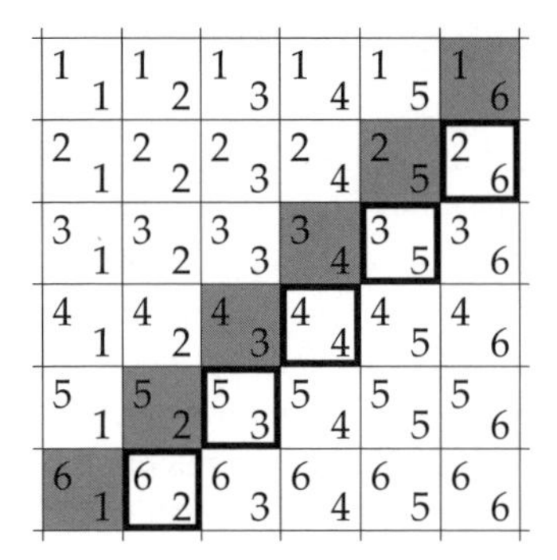

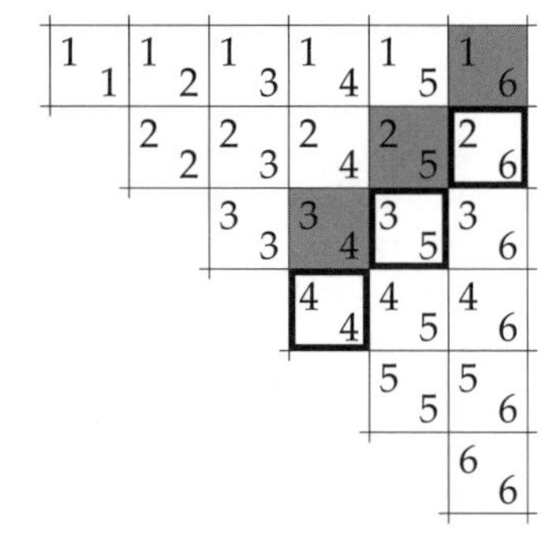

Bild 5.3 Rechts der Wahrscheinlichkeitsraum des Wurfes zweier Würfel, wenn die beiden Würfel nicht voneinander unterscheidbar wären. Links der Wahrscheinlichkeitsraum des Wurfes zweier Würfel, wenn die beiden Würfel voneinander unterscheidbar sind. Grau unterlegt ist das Ereignis, dass die Augenzahlensumme 7 geworfen wird, schwarz eingerahmt sind die Quadrate des Ereignisses, dass die Augenzahlensumme 8 geworfen wird.

Wie dieses Beispiel lehrt, muss man bei der Wahl der geeigneten Ereignisräume sehr vorsichtig sein. Besonders oft hat man es in diesem Zusammenhang mit Beispielen der folgenden Art zu tun: Im Ereignisraum Ω liegen zwei Ereignisse A und B vor, wobei $A \neq \varnothing$ sei. Man interessiert sich für die Wahrscheinlichkeit dafür, dass das Ereignis B eintritt, *wenn man weiß, dass das*

Ereignis A eingetreten ist. Die so gesuchte Wahrscheinlichkeit heißt die *bedingte Wahrscheinlichkeit* für B unter der Bedingung, dass A eintritt, und wird mit $\Pr(B|A)$ bezeichnet. In Wahrheit liegt bei der bedingten Wahrscheinlichkeit $\Pr(B|A)$ nicht mehr Ω, sondern A als Ereignisraum vor. Denn „wenn man weiß, dass das Ereignis A eingetreten ist", spielen nur mehr die in A vorkommenden Elementarereignisse eine Rolle. Und für $\Pr(B|A)$ kommen nur die dem Durchschnitt $A \cap B$ angehörenden Elementarereignisse als „günstige Fälle" in Frage. Folglich ist die bedingte Wahrscheinlichkeit durch das folgende Verhältnis gegeben:

$$\Pr(B|A) = \sum_{E \in A \cap B} \mu(E) : \sum_{E \in A} \mu(E)$$

Dividiert man beide Glieder dieses Verhältnisses durch

$$\sum_{E \in \Omega} \mu(E) \ ,$$

erhält man

$$\Pr(B|A) = \left(\sum_{E \in A \cap B} \mu(E) : \sum_{E \in \Omega} \mu(E) \right) : \left(\sum_{E \in A} \mu(E) : \sum_{E \in \Omega} \mu(E) \right)$$

und daraus die Berechnungsformel

$$\Pr(B|A) = \frac{\Pr(A \cap B)}{\Pr(A)}$$

für die bedingte Wahrscheinlichkeit. Weniger diese Formel, eher die aus ihr folgende Formel

$$\Pr(A \cap B) = \Pr(B|A) \cdot \Pr(A)$$

ist nützlich. In Worte gefasst besagt sie: Die Wahrscheinlichkeit für „A und B" ist die Wahrscheinlichkeit für B *unter der Bedingung*, dass A eintrifft, multipliziert mit der Wahrscheinlichkeit dafür, *dass* A eintrifft. So formuliert, empfindet man diese Formel als sehr einleuchtend.

Weil einerseits $B = (A \cap B) \cup \left(A^c \cap B\right)$ und andererseits $(A \cap B) \cap \left(A^c \cap B\right) = \varnothing$ zutreffen, folgt aus der Additionsformel

$$\Pr(B) = \Pr(A \cap B) + \Pr\left(A^c \cap B\right) = \Pr(B|A) \cdot \Pr(A) + \Pr\left(B|A^c\right) \cdot \Pr\left(A^c\right) \ .$$

Diese Einsicht fasst der folgende Satz zusammen:

Satz von der totalen Wahrscheinlichkeit: Wenn man neben der Wahrscheinlichkeit des Ereignisses A die bedingten Wahrscheinlichkeiten $\Pr(B|A)$ und $\Pr\left(B|A^c\right)$ des Ereignisses B unter der Bedingung des Ereignisses A und unter der Bedingung des Gegenereignisses A^c kennt, errechnet sich die Wahrscheinlichkeit des Ereignisses B aus der Formel

$$\Pr(B) = \Pr(B|A) \cdot \Pr(A) + \Pr\left(B|A^c\right) \cdot \Pr\left(A^c\right) \ .$$

Als Beispiel betrachten wir einen irdenen Topf, in dem sich fünf rote und sieben grüne Kugeln befinden. Eine Kugel wird zufällig gezogen, und danach wird eine Kugel der *anderen* Farbe in den Topf gelegt. Wie groß, so fragen wir, ist die Wahrscheinlichkeit, dass beim zweiten Ziehen eine rote Kugel gezogen wird?

Die Aufgabe wird gelöst, indem man mit A das Ereignis bezeichnet, dass beim ersten Ziehen eine rote Kugel gezogen wird, und mit B das Ereignis bezeichnet, dass beim zweiten Ziehen eine rote Kugel gezogen wird. Die Wahrscheinlichkeit $\Pr(B)$ gilt es zu berechnen. Es ist ferner zu beachten, dass beim Eintreten des Ereignisses A vor dem zweiten Ziehen vier rote und acht grüne Kugeln im Topf liegen, dass hingegen beim Eintreten des Ereignisses A^c sechs rote und sechs grüne Kugeln im Topf liegen. So will es die in der Angabe des Beispiels beschriebene Vertauschungsregel nach dem ersten Ziehen. Demnach lauten die bedingten Wahrscheinlichkeiten

$$\Pr(B|A) = \frac{4}{4+8} = \frac{1}{3}, \qquad \Pr\left(B|A^c\right) = \frac{6}{6+6} = \frac{1}{2}.$$

Die Wahrscheinlichkeiten von A und von A^c ergeben sich direkt aus der Angabe als

$$\Pr(A) = \frac{5}{5+7} = \frac{5}{12}, \qquad \Pr\left(A^c\right) = \frac{7}{5+7} = \frac{7}{12}.$$

Folglich lautet die gesuchte Wahrscheinlichkeit

$$\Pr(B) = \frac{1}{3}\cdot\frac{5}{12} + \frac{1}{2}\cdot\frac{7}{12} = \frac{31}{72} \approx 43.1\,\%.$$

Besonders lehrreich ist in diesem Zusammenhang das folgende Beispiel, dem wir den Titel *Paradoxon der Marilyn vos Savant* geben. Zwar wurde es bereits Ende des 19.Jahrhunderts vom französischen Mathematiker Joseph Louis François Bertrand als sogenanntes *Schachtelparadoxon* entdeckt, aber seine spektakuläre Ausgestaltung erhielt es erst hundert Jahre später im Zuge der folgenden Geschichte: Jahrzehntelang lief im US-amerikanischen Fernsehen die vom begnadeten Moderator Monty Hall geleitete Show „Let's Make a Deal". Hauptattraktion der Show war, dass Monty Hall dem in der Show auftretenden Kandidaten drei verschlossene Türen zeigte. Hinter einer der drei Türen befand sich der begehrte Gewinn, ein Auto, während die beiden anderen Türen je eine Ziege verbargen. Nachdem der Kandidat eine der Türen gewählt hatte, öffnete Monty Hall eine der beiden nicht gewählten Türen und gab den Blick auf eine Ziege frei. Dann bot er dem Kandidaten an, seine Entscheidung zu überdenken. Was soll der Kandidat klugerweise tun: wechseln oder bei der zuerst getroffenen Wahl bleiben? Oder ist es egal?

Marilyn vos Savant, die im Guiness-Buch der Rekorde als Person mit dem höchsten jemals gemessenen Intelligenzquotienten eingetragen war, schrieb in einem Artikel der überregionalen Zeitschrift „Parade", dass die Chance beim Wechseln doppelt so hoch sei wie beim sturen Festhalten der ersten Wahl. Eine Flut von Leserbriefen ergoss sich daraufhin über sie. Die drei folgenden Zitate stammen von Wissenschaftern an Universitäten und Akademien:

„Sie haben Unsinn verzapft! Als Mathematiker bin ich sehr besorgt über das verbreitete Unwissen in mathematischen Dingen. Bitte machen Sie den angerichteten Schaden gut, indem Sie Ihren Fehler zugeben, und seien Sie in Zukunft vorsichtiger."

„Es gibt genug mathematischen Unverstand in der Welt, und die Inhaberin des höchsten IQ braucht seiner Verbreitung nicht noch Vorschub zu leisten. Schämen Sie sich!"

„Ihre Lösung des Problems ist falsch. Aber zum Trost kann ich Ihnen verraten, dass viele meiner akademisch gebildeten Kollegen ebenfalls auf den Trugschluss hereingefallen sind."

Als vos Savant in einem weiteren Artikel auf ihrer Position beharrte, wurde „Parade“ von Leserbriefen regelrecht überschwemmt. Der britische Mathematiker Ian Stewart hat einige besonders markante gesammelt, unter ihnen die folgenden:

Der Apodiktische: „Ihre Antwort steht klar im Widerspruch zur Wahrheit.“

Der Konziliante: „Darf ich den Vorschlag machen, dass Sie zunächst einmal in ein Standard-Lehrbuch der Wahrscheinlichkeitsrechnung schauen, bevor Sie das nächste Mal versuchen, ein derartiges Problem zu lösen.“ Peinlich an diesem Brief ist, dass in manchen Lehrbüchern der Wahrscheinlichkeitsrechnung eben dieses Paradoxon von Bertrand Erwähnung findet, bei dem das Auto durch eine Münze, die Ziegen durch gar nichts und die drei Türen durch drei verbergende Schachteln ersetzt sind. Und es wird bewiesen, dass vos Savant Recht hat.

Der Autoritätsgläubige: „Wie viele entrüstete Mathematiker braucht es, bis Sie endlich Ihre Meinung ändern?“

Der Demokratische: „Ich bin schockiert, dass Sie, nachdem Sie von wenigstens drei Mathematikern korrigiert worden sind, Ihren Fehler immer noch nicht einsehen.“

Der Macho: „Vielleicht gehen Frauen mathematische Probleme anders an als Männer.“

Der Patriot: „Sie haben Unrecht. Bedenken Sie doch: Wenn sich alle diese Doktoren irren würden, stünde es sehr schlecht um unser Land.“

„Alle diese Doktoren“ irrten. Eine Erklärung dafür gibt der Satz von der totalen Wahrscheinlichkeit. Wir bezeichnen mit A das Ereignis, dass bei der ersten Wahl die Tür mit dem dahinter verborgenen Auto gewählt wird und wir bezeichnen mit B das Ereignis, dass bei der zweiten Wahl die Tür mit dem dahinter verborgenen Auto gewählt wird. Es sei allen Kritikern von vos Savant zugestanden: Sowohl die bedingten Wahrscheinlichkeiten $\Pr(B|A)$ und $\Pr\left(B|A^c\right)$ als auch die Wahrscheinlichkeit $\Pr(B)$ selbst betragen $1/2 = 50\%$. Der Clou des Paradoxons besteht jedoch darin, dass es *nicht* auf die Berechnung dieser Wahrscheinlichkeiten ankommt, sondern nur darauf, festzustellen, welcher der beiden Summanden in

$$\Pr(B) = \Pr(B|A) \cdot \Pr(A) + \Pr\left(B|A^c\right) \cdot \Pr\left(A^c\right)$$

größer ist. Tatsächlich ist der zweite Summand, der den *Wechsel* in der Auswahl der Türen beschreibt, doppelt so groß wie der erste.

Noch deutlicher wird es, wenn man aus der Beziehung

$$\Pr(A \cap B) = \Pr(B|A) \cdot \Pr(A) = \Pr(A|B) \cdot \Pr(B) \ ,$$

die deshalb gilt, weil $A \cap B = B \cap A$ zutrifft, die nach dem im 18. Jahrhundert lebenden englischer Mathematiker und presbyterianischer Pfarrer Thomas Bayes benannte Formel

$$\Pr(A|B) = \frac{\Pr(B|A) \cdot \Pr(A)}{\Pr(B)}$$

zur Lösung des Paradoxons heranzieht: $\Pr(A|B)$ bezeichnet hier die Wahrscheinlichkeit, dass man beim ersten Mal das Auto wählt, wenn man nach der zweiten Wahl das Auto gewinnt. Es handelt sich mit anderen Worten um die Wahrscheinlichkeit, dass man das Auto gewinnt, wenn man nicht wechselt, sondern seiner ersten Wahl treu bleibt. Da $\Pr(B|A) = \Pr(B) = 50\%$ gilt, verbleibt $\Pr(A|B) = \Pr(A) = 1/3$. Dementsprechend ist, wie vos Savant behauptete, die Wahrscheinlichkeit, das Auto zu gewinnen, wenn man wechselt, mit $2/3$ doppelt so groß.

Der Satz von der totalen Wahrscheinlichkeit setzt das force majeure-Problem des Chevalier de Méré in ein neues Licht: Zwei Runden hat Chevalier de Méré bisher gewonnen, eine Runde sein Gegner, und Sieger ist, wer als erster drei Runden gewinnt. Wenn A das Ereignis bezeichnet, dass Chevalier de Méré die nächste Runde gewinnt und B das Ereignis bezeichnet, dass Chevalier de Méré das Spiel gewinnt, liefern die vier offensichtlich gültigen Daten

$$\Pr(A) = \frac{1}{2}\,, \qquad \Pr\left(A^c\right) = \frac{1}{2}\,, \qquad \Pr(B|A) = 1\,, \qquad \Pr\left(B|A^c\right) = \frac{1}{2}$$

nach dem Satz von der totalen Wahrscheinlichkeit das bereits von Pascal und Fermat hergeleitete Ergebnis

$$\Pr(B) = \Pr(B|A)\cdot\Pr(A) + \Pr\left(B|A^c\right)\cdot\Pr\left(A^c\right) = 1\cdot\frac{1}{2} + \frac{1}{2}\cdot\frac{1}{2} = \frac{3}{4}\,.$$

Man sagt, dass ein Ereignis A ein Ereignis B *begünstigt*, wenn $\Pr(B|A) > \Pr(B)$ ist, und man sagt, dass ein Ereignis A ein Ereignis B *benachteiligt*, wenn $\Pr(B|A) < \Pr(B)$ ist. Besonders interessant ist der Fall, wenn $\Pr(B|A) = \Pr(B)$ zutrifft. In diesem Fall nennt man die beiden Ereignisse A und B *voneinander unabhängig*. Für die Wahrscheinlichkeit voneinander unabhängiger Ereignisse gilt die *Multiplikationsformel*

$$\text{bei } \Pr(B|A) = \Pr(B): \qquad \Pr(A\cap B) = \Pr(A)\cdot\Pr(B)$$

Man prägt sie sich am besten mit der Merkregel ein, dass dem Wort „und" in der Wahrscheinlichkeitsrechnung – *jedoch nur bei voneinander unabhängigen Ereignissen* – die Operation „mal" entspricht.

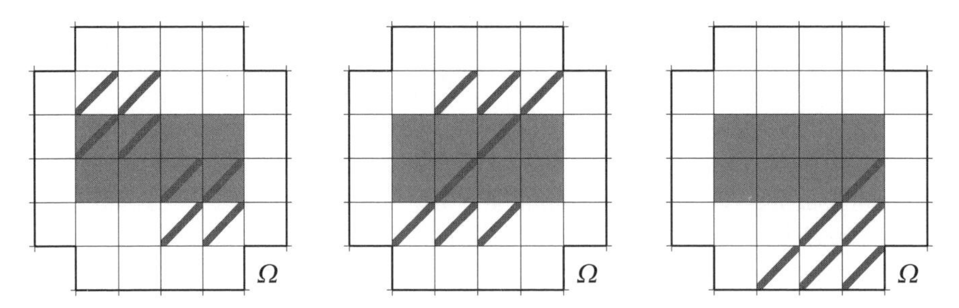

Bild 5.4 Im Ereignisraum Ω bilden die grau unterlegten Quadrate des Rasters das Ereignis A und die grau diagonal durchgestrichenen Quadrate des Rasters das Ereignis B. Links begünstigt das Ereignis A das Ereignis B. In der Mitte sind die beiden Ereignisse A und B voneinander unabhängig. Rechts benachteiligt das Ereignis A das Ereignis B.

Welche Tücken dem Begriff der voneinander unabhängigen Ereignisse innewohnen, zeigte der russische Mathematiker Sergej Bernstein, der sich bereits vor Kolmogorow um die formal korrekte Fassung des Begriffs „Wahrscheinlichkeit" bemühte, anhand des folgenden Beispiels: Ein roter und ein schwarzer Würfel werden geworfen. A bezeichnet das Ereignis, dass der rote Würfel eine ungerade Augenzahl zeigt. B bezeichnet das Ereignis, dass der schwarze Würfel eine ungerade Augenzahl zeigt. Und C bezeichnet das Ereignis, dass die Summe der von den Würfeln gezeigten Augenzahlen ungerade ist. Es ist klar, dass die Ereignisse A und B voneinander unabhängig sind. Auch die Ereignisse B und C sind voneinander unabhängig. Wenn nämlich (n, m) das Elementarereignis symbolisiert, dass der rote Würfel die Augenzahl n und der schwarze Würfel die Augenzahl m zeigen, liegen die Elementarereignisse (n, m) genau dann in $B \cap C$, wenn n eine gerade und m eine ungerade Zahl sind. Es handelt sich hierbei um $36/4 = 9$ Elementarereignisse. Weil die Anzahl der Elementarereignisse in B doppelt so groß ist, stimmt in der Tat $\Pr(C|B) = 1/2 = \Pr(C)$. Aus dem gleichen Grund sind auch die Ereignisse C und A voneinander unabhängig. Doch obwohl die drei Formeln

$$\Pr(A \cap B) = \Pr(A) \cdot \Pr(B) , \qquad \Pr(B \cap C) = \Pr(B) \cdot \Pr(C) , \qquad \Pr(C \cap A) = \Pr(C) \cdot \Pr(A)$$

stimmen, ist

$$\Pr(A \cap B \cap C) = \Pr(\varnothing) = 0 \qquad \text{aber} \qquad \Pr(A) \cdot \Pr(B) \cdot \Pr(C) = \frac{1}{8} \neq 0 .$$

Darum darf man die drei paarweise voneinander unabhängigen Ereignisse A, B, C dennoch *nicht* voneinander unabhängig nennen.

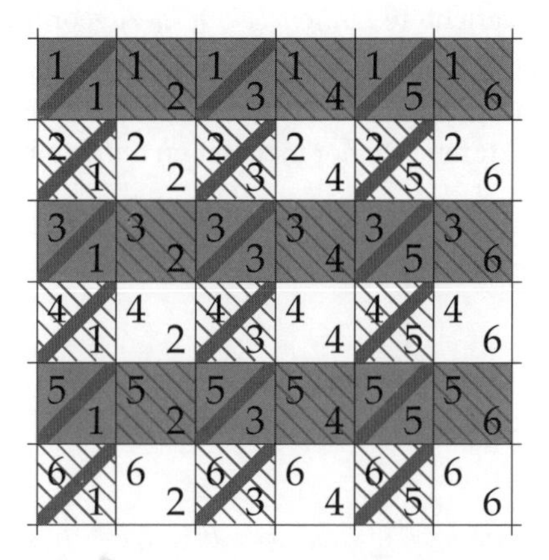

Bild 5.5 Veranschaulichung des Paradoxons von Sergej Bernstein: Im Ereignisraum Ω bilden die grau unterlegten Quadrate des Rasters das Ereignis A, die grau diagonal durchgestrichenen Quadrate des Rasters das Ereignis B und die grau schraffierten Quadrate das Ereignis C.

5.4 Inneres Produkt

Wir kehren zu linearen Räumen zurück, die Vektoren u, v, w, ... enthalten. Eine Zuordnung, die jedem Paar zweier Vektoren u, v einen Skalar $(u|v)$ zuweist, heißt ein *skalares* oder *inneres Produkt*, wenn es den drei folgenden Rechengesetzen gehorcht: Erstens dem *Gesetz der Linearität*, wonach für alle Vektoren u, v, w und alle Skalare r

$$(u|v + w) = (u|v) + (u|w) , \qquad (u|r\,v) = r\,(u|v)$$

gilt. Zweitens dem *Gesetz der Symmetrie*, wonach für alle Vektoren u, v

$$(v|u) = (u|v)$$

zutrifft. Und drittens dem *Gesetz der positiven Definitheit*, wonach für alle vom Nullvektor verschiedenen Vektoren u

$$(u|u) > 0$$

stimmt. Dieses dritte Gesetz erlaubt die Definition der *Länge* $\|u\|$ eines Vektors u aufgrund der Formel

$$\|u\| = \sqrt{(u|u)}$$

Ist der Vektor u vom Nullvektor verschieden, wird ihm mit der Festlegung

$$u_0 = \frac{1}{\sqrt{(u|u)}} u = \frac{1}{\|u\|} u$$

der zu u parallele und gleichgerichtete *Einheitsvektor* u_0 zugeordnet.

Wir hatten all dies bereits in Abschnitt 4.5 des zweiten Bandes kennengelernt und insbesondere bei einem n-dimensionalen Vektorraum mit $v_1, v_2, \ldots, v_n$ als Basis die inneren Produkte $g_{km} = (v_k|v_m)$ dieser Basisvektoren zu einer metrischen Fundamentalmatrix

$$G = \begin{pmatrix} g_{11} & g_{12} & \cdots & g_{1n} \\ g_{21} & g_{22} & \cdots & g_{2n} \\ \vdots & \vdots & \ddots & \vdots \\ g_{n1} & g_{n2} & \cdots & g_{nn} \end{pmatrix}$$

zusammengefasst. Bei

$$u = a_1 v_1 + a_2 v_2 + \ldots + a_n v_n = \sum_{k=1}^{n} a_k v_k \,, \qquad w = b_1 v_1 + b_2 v_2 + \ldots + b_n v_n = \sum_{m=1}^{n} b_m v_m$$

errechnet sich deren inneres Produkt als

$$(u|w) = \begin{pmatrix} a_1 & a_2 & \cdots & a_n \end{pmatrix} \begin{pmatrix} g_{11} & g_{12} & \cdots & g_{1n} \\ g_{21} & g_{22} & \cdots & g_{2n} \\ \vdots & \vdots & \ddots & \vdots \\ g_{n1} & g_{n2} & \cdots & g_{nn} \end{pmatrix} \begin{pmatrix} b_1 \\ b_2 \\ \vdots \\ b_n \end{pmatrix} = \sum_{k=1}^{n} \sum_{m=1}^{n} a_k b_m g_{km} \,.$$

Wir wissen ferner, dass eine derartige Matrix G dann und nur dann als metrische Fundamentalmatrix dient, wenn sie symmetrisch und positiv definit ist, und wir haben das Verfahren von Gram und Schmidt kennengelernt. Es zeigt, wie man aus der gegebenen Basis $v_1, v_2, \ldots, v_n$ eine Orthonormalbasis $j_1, j_2, \ldots, j_n$ so gewinnt, dass einerseits $(j_k|j_m)$ bei $k \neq m$ den Wert 0 und bei $k = m$ den Wert 1 besitzt und andererseits für jede Zahl m mit $m \leq n$ der von $j_1, \ldots, j_m$ aufgespannte lineare Raum mit dem von $v_1, \ldots, v_m$ aufgespannten linearen Raum übereinstimmt. Die metrische Fundamentalmatrix einer Orthonormalbasis ist die Einheitsmatrix. Dies bedeutet: Stellt man zwei Vektoren u, w bezüglich der Orthonormalbasis $j_1, j_2, \ldots, j_n$ als

$$u = \alpha_1 j_1 + \alpha_2 j_2 + \ldots + \alpha_n j_n = \sum_{k=1}^{n} \alpha_k j_k \,, \qquad w = \beta_1 j_1 + \beta_2 j_2 + \ldots + \beta_n j_n = \sum_{m=1}^{n} \beta_m j_m$$

dar, errechnet sich deren inneres Produkt als

$$(u|w) = \alpha_1\beta_1 + \alpha_2\beta_2 + \ldots + \alpha_n\beta_n = \sum_{k=1}^{n} \alpha_k\beta_k\,.$$

Bei unendlichdimensionalen linearen Räumen kennen wir ebenfalls bereits ein Beispiel für ein inneres Produkt: Ordnet man im Raum aller Testfunktionen je zwei Testfunktionen ϑ, φ den Skalar

$$\left(\vartheta|\varphi\right) = \int_{-\infty}^{\infty} \vartheta(x)\,\varphi(x)\,\mathrm{d}x$$

zu, liegt ein inneres Produkt vor. Der kompakte Träger der Testfunktionen bewirkt, dass Integrale dieser Art in Wahrheit kompakte Intervalle als Integrationsbereiche besitzen, und die beliebige Differenzierbarkeit von Testfunktionen garantiert, dass $\left(\vartheta|\varphi\right)$ als reelle Größe wohldefiniert ist. Die Linearität und die Symmetrie des so definierten inneren Produkts liegen auf der Hand. Und die Gültigkeit der positiven Definitheit überlegt man sich so: Wenn die Testfunktion ϑ von Null verschieden ist, muss wegen ihrer Stetigkeit sogar ein Intervall $[a;b]$ mit $a < b$ so existieren, dass für alle in $[a;b]$ liegenden x die Beziehung $\vartheta(x) \neq 0$ zutrifft. Dann aber ist

$$(\vartheta|\vartheta) = \int_{-\infty}^{\infty} \vartheta(x)^2\,\mathrm{d}x \geq \int_{a}^{b} \vartheta(x)^2\,\mathrm{d}x > 0\,.$$

Ein anderes Beispiel eines unendlichdimensionalen linearen Raumes mit einem inneren Produkt stellt der Raum aller stetigen und mit Periode 2π periodischen reellen Funktionen dar. Bezeichnen $f: \mathbb{R} \longrightarrow \mathbb{R}$ und $g: \mathbb{R} \longrightarrow \mathbb{R}$ zwei derartige Funktionen, liefert die Zuordnung

$$\left(f|g\right) = \frac{1}{\pi}\int_{-\pi}^{\pi} f(x)\,g(x)\,\mathrm{d}x$$

ein inneres Produkt. Die Begründung dafür ist die gleiche wie beim obigen Beispiel der Testfunktionen. Dieses Beispiel ist deshalb von besonderem Interesse, weil es bereits Leonhard Euler vorausgeahnt haben dürfte, obwohl zu seiner Zeit die Begriffe „linearer Raum“, „Vektor“ oder gar „inneres Produkt“ noch gänzlich unbekannt waren. Ausgangspunkt seiner Überlegungen war Folgendes: Wegen $\mathrm{e}^{\pm \mathrm{j}n\pi} = (-1)^{\pm n} = (-1)^n$ trifft bei von Null verschiedenen ganzen Zahlen n

$$\int_{-\pi}^{\pi} \mathrm{e}^{\mathrm{j}nx}\mathrm{d}x = \left[\frac{\mathrm{e}^{\mathrm{j}nx}}{\mathrm{j}n}\right]_{-\pi}^{\pi} = 0$$

zu, während bei $n = 0$ dieses Integral den Wert 2π liefert. Schreibt Euler $n = m - k$ als Differenz der ganzen Zahlen m und k, bekommt er

$$\int_{-\pi}^{\pi} \mathrm{e}^{\mathrm{j}mx}\mathrm{e}^{-\mathrm{j}kx}\mathrm{d}x = \begin{cases} 2\pi & \text{bei } k = m \\ 0 & \text{bei } k \neq m\,. \end{cases}$$

Aufgrund der eulerschen Formel $\mathrm{e}^{\mathrm{j}\varphi} = \cos\varphi + \mathrm{j}\sin\varphi$ errechnet sich der Integrand als

$$\mathrm{e}^{\mathrm{j}mx}\mathrm{e}^{-\mathrm{j}kx} = \left(\cos mx + \mathrm{j}\sin mx\right)\left(\cos kx - \mathrm{j}\sin kx\right) =$$

$$= (\cos mx \cdot \cos kx + \sin mx \cdot \sin kx) + \mathrm{j}\,(\sin mx \cdot \cos kx - \sin kx \cdot \cos mx)\;.$$

Das oben berechnete Integral in Real- und Imaginärteil aufgespalten, liefert somit das Ergebnis

$$\int_{-\pi}^{\pi} (\cos mx \cdot \cos kx + \sin mx \cdot \sin kx)\,\mathrm{d}x = \begin{cases} 2\pi & \text{bei } k = m \\ 0 & \text{bei } k \neq m \end{cases}$$

und

$$\int_{-\pi}^{\pi} (\sin mx \cdot \cos kx - \sin kx \cdot \cos mx)\,\mathrm{d}x = 0\,.$$

Ersetzt Euler in ihm k durch $-k$, erhält er

$$\int_{-\pi}^{\pi} (\cos mx \cdot \cos kx - \sin mx \cdot \sin kx)\,\mathrm{d}x = \begin{cases} 2\pi & \text{bei } k = -m \\ 0 & \text{bei } k \neq m \end{cases}$$

und

$$\int_{-\pi}^{\pi} (\sin mx \cdot \cos kx + \sin kx \cdot \cos mx)\,\mathrm{d}x = 0\,.$$

Die Addition der beiden Imaginärteil-Integrale führt Euler zur Einsicht, dass für alle ganzen Zahlen k und m

$$\int_{-\pi}^{\pi} \sin mx \cdot \cos kx \cdot \mathrm{d}x = 0$$

ist. Sodann beschränkt er sich bei k und m nur auf ganze Zahlen, die nicht negativ sind. Wenn er unter dieser Einschränkung die beiden Realteil-Integrale addiert und danach beide Seiten durch 2 dividiert, erhält er

$$\int_{-\pi}^{\pi} \cos mx \cdot \cos kx \cdot \mathrm{d}x = \begin{cases} 2\pi & \text{bei } k = m = 0 \\ \pi & \text{bei } k = m \neq 0 \\ 0 & \text{bei } k \neq m \end{cases}$$

Und wenn er unter dieser Einschränkung die beiden Realteil-Integrale voneinander subtrahiert und danach beide Seiten durch 2 dividiert, erhält er

$$\int_{-\pi}^{\pi} \sin mx \cdot \sin kx \cdot \mathrm{d}x = \begin{cases} 0 & \text{bei } k = m = 0 \\ \pi & \text{bei } k = m \neq 0 \\ 0 & \text{bei } k \neq m \end{cases}$$

Diese von Euler erhaltenen Beziehungen heißen die *Orthogonalitätsrelationen der trigonometrischen Funktionen.* (Weil Sinus und Cosinus zuerst beim Dreieck, griechisch trígonon, entdeckt wurden, haben diese Funktionen zusammen mit Tangens und Cotangens den Namen „trigonometrische Funktion".)

Eigentlich hatte Euler damit das entdeckt, was dem Namen „Orthogonalitätsrelationen" zugrunde liegt: Im linearen Raum aller stetigen und mit Periode 2π periodischen Funktionen, in dem je zwei solchen Funktionen durch

$$(f|g) = \frac{1}{\pi}\int_{-\pi}^{\pi} f(x)\,g(x)\,\mathrm{d}x$$

ein inneres Produkt zugewiesen wird, bilden die Funktionen $C_0, C_1, C_2, \dots, C_n, \dots$ und $S_1, S_2, \dots, S_n, \dots$, definiert durch

$$C_0(x) = \frac{1}{\sqrt{2}}\,, \qquad C_n(x) = \cos nx\,, \qquad S_n(x) = \sin nx$$

ein *Orthonormalsystem*. Damit meinen wir, dass für alle nichtnegativen ganzen Zahlen k und m jedenfalls $(C_k|S_m) = 0$ zutrifft und $(C_k|C_m)$ sowie $(S_k|S_m)$ nur im Fall $k = m$ den Wert 1, sonst immer den Wert 0 annehmen.

Sofort ist man dazu verleitet anzunehmen, dass die Funktionen $C_0, C_1, C_2, \dots, C_n, \dots$ und $S_1, S_2, \dots, S_n, \dots$ in diesem Raum sogar eine Orthonormal*basis* bilden. Das stimmt tatsächlich. Allerdings werden wir erst im letzten Kapitel die Mittel bereitstellen, dies in allen Einzelheiten beweisen zu können.

5.5 Projektion eines Vektors

Wir kehren zum allgemeinen Fall eines linearen Raumes zurück, in dem für je zwei Vektoren u, v ein inneres Produkt $(u|v)$ definiert ist, und stellen uns dem folgenden Problem:

Approximationsaufgabe: Es bezeichnen u einen vom Nullvektor verschiedenen Vektor und v einen beliebigen weiteren Vektor. Dann bestimme man den Skalar r so, dass ru den Vektor v möglichst genau erfasst. Damit ist gemeint, dass die Länge $\|v - ru\|$ der Differenz $v - ru$ des gegebenen Vektors v vom gesuchten Vektor ru möglichst klein ist.

Das Wort Approximation setzt sich aus dem lateinischen Vorwort ad, das „zu“, „an“ oder „bei“ bedeutet, und dem lateinischen proximus zusammen, das „der Nächste“ bedeutet. Man möchte also entlang des Vektors u dem Vektor v „am nächsten“ kommen.

Wir lösen die Approximationsaufgabe, indem wir das Minimum von

$$\|v - ru\|^2 = (v - ru|v - ru) = (v|v) - 2r\,(u|v) + r^2\,(u|u)$$

berechnen. Setzt man die Ableitung dieses Ausdrucks nach r Null, erhält man die Gleichung

$$-2\,(u|v) + 2r\,(u|u) = 0$$

mit der Lösung

$$r = r_0 = \frac{(u|v)}{(u|u)} = \frac{(u|v)}{\|u\|^2}\,.$$

Der in u-Richtung weisende Vektor

$$r_0 u = \frac{(u|v)}{\|u\|^2}\,u = \frac{(u|v)}{\|u\|}\,\frac{u}{\|u\|} = \left(\frac{u}{\|u\|}\Big|v\right)\frac{u}{\|u\|}\,,$$

den man mit der Festlegung $u_0 = u/\|u\|$ für den zu u parallelen und gleichgerichteten Einheitsvektor u_0 als

$$r_0 u = (u_0 | v)\, u_0$$

schreiben kann, heißt die *Projektion* des Vektors v auf den vom Vektor u aufgespannten linearen eindimensionalen Raum. Diese Projektion kommt in u-Richtung dem Vektor v der Länge nach am nächsten.

Aus der Rechnung

$$(v - r_0 u | u) = (v | u) - r_0 \|u\|^2 = (v|u) - (u|v) = 0$$

folgt, dass für den Vektor $v' = v - r_0 u$ die Beziehung $(v'|u) = 0$ zutrifft. Die beiden Vektoren v' und die Projektion $r_0 u$ von v in Richtung u sind zueinander orthogonal. Ferner ergibt sich aus

$$\|v'\|^2 = \|v - r_0 u\|^2 = (v|v) - 2 r_0 (u|v) + r_0^2 (u|u) =$$

$$= \|v\|^2 - 2\frac{(u|v)^2}{\|u\|^2} + \frac{(u|v)^2}{\|u\|^4}\|u\|^2 = \|v\|^2 - r_0^2 \|u\|^2 = \|v\|^2 - \|r_0 u\|^2$$

der *Satz des Pythagoras* in der folgenden Fassung:

$$\|v\|^2 = \|r_0 u\|^2 + \|v'\|^2 \qquad \text{bei} \qquad v' = v - r_0 u = v - (u_0|v)\, u_0$$

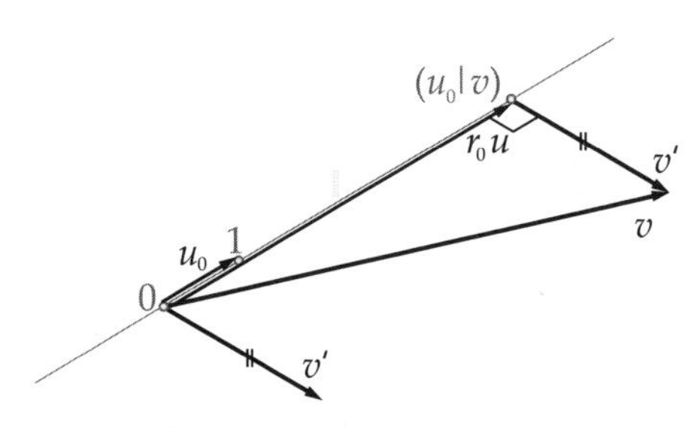

Bild 5.6 Die Projektion des Vektors v auf den vom Vektor u aufgespannten linearen Raum. Grau ist entlang des Vektors u eine Skala eingetragen.

Eine weitere Folgerung gewinnen wir aus der Beziehung

$$\|v\|^2 - \|r_0 u\|^2 = \|v'\|^2 \geq 0\,,$$

welche die Ungleichungen

$$\|v\|^2 \geq \|r_0 u\|^2 = \frac{(u|v)^2}{\|u\|^4}\|u\|^2\,, \qquad \|v\|^2\,\|u\|^2 \geq (u|v)^2$$

nach sich ziehen. Vertauschen der Seiten und Ziehen der Wurzel führt zu der nach Cauchy und Schwarz benannten Ungleichung

$$|(u|v)| \leq \|u\| \cdot \|v\|$$

Demnach kann man einen zwischen 0° und 180° liegenden *Winkel* $\sphericalangle uv$ zwischen den Vektoren u und v gemäß der folgenden Formel festlegen:

$$\cos \sphericalangle uv = \frac{(u|v)}{\|u\| \cdot \|v\|}$$

Die Idee der Projektion eines Vektors v lässt sich im folgenden Sinn verallgemeinern: Wenn die Vektoren $j_1, j_2, \ldots, j_n$ eine Orthonormalbasis eines n-dimensionalen Unterraums des gegebenen linearen Raumes darstellen, wird als *Projektion* des Vektors v auf diesen Unterraum jener in diesem Unterraum liegende Vektor

$$u = r_1 j_1 + r_2 j_2 + \ldots + r_n j_n = \sum_{k=1}^{n} r_k j_k$$

verstanden, für den die Differenz $v - u$ möglichst kleine Länge besitzt. Die Wahl einer Orthonormalbasis erleichtert die Berechnung des Quadrats dieser Länge:

$$\| v - u \|^2 = (v - u | v - u) = (v|v) - 2(v|u) + (u|u) = (v|v) - 2\sum_{k=1}^{n} r_k \left(v | j_k\right) + \sum_{k=1}^{n} r_k^2 .$$

Zur Bestimmung des Minimums differenziert man diesen Ausdruck für alle Zahlen k zwischen 1 und n nach r_k und setzt die Ableitungen Null. Hieraus bekommt man die n Gleichungen

$$-2\left(v | j_k\right) + 2r_k = 0 \qquad \text{mit den Lösungen} \qquad r_k = \left(v | j_k\right) .$$

Somit errechnet sich die Projektion von v auf den von $j_1, j_2, \ldots, j_n$ aufgespannten Unterraum als jener Vektor u mit

$$u = \left(v | j_1\right) j_1 + \left(v | j_2\right) j_2 + \ldots + \left(v | j_n\right) j_n = \sum_{k=1}^{n} \left(v | j_k\right) j_k$$

Wieder zeigt sich wegen

$$(v - u | u) = (v|u) - (u|u) = \sum_{k=1}^{n} \left(v | j_k\right)\left(v | j_k\right) - \sum_{k=1}^{n} \left(v | j_k\right)^2 = 0 ,$$

dass die Differenz $v' = v - u$ des Vektors v von seiner Projektion u zu dieser Projektion u normal steht.

Als Beispiel betrachten wir den linearen Raum der stetigen und mit Periode 2π periodischen Funktionen $f : \mathbb{R} \longrightarrow \mathbb{R}$. In ihm bilden die Funktionen $\mathrm{C}_0, \mathrm{C}_1, \mathrm{C}_2, \ldots, \mathrm{C}_n$ und $\mathrm{S}_1, \mathrm{S}_2, \ldots, \mathrm{S}_n$, definiert durch

$$\mathrm{C}_0(x) = \frac{1}{\sqrt{2}} , \qquad \mathrm{C}_k(x) = \cos kx , \qquad \mathrm{S}_k(x) = \sin kx ,$$

wobei k eine Zahl zwischen 1 und n bezeichnet, ein Orthonormalsystem eines Unterraums der Dimension $2n + 1$. Die inneren Produkte

$$\frac{a_0}{\sqrt{2}} = \left(f | \mathrm{C}_0\right) = \frac{1}{\pi} \int_{-\pi}^{\pi} f(\xi) \cdot \frac{1}{\sqrt{2}} \mathrm{d}\xi$$

und

$$a_k = \left(f | \mathrm{C}_k\right) = \frac{1}{\pi} \int_{-\pi}^{\pi} f(\xi) \cos k\xi \cdot \mathrm{d}\xi , \qquad b_k = \left(f | \mathrm{S}_k\right) = \frac{1}{\pi} \int_{-\pi}^{\pi} f(\xi) \sin k\xi \cdot \mathrm{d}\xi$$

sind die Fourierkoeffizienten $a_0, a_1, a_2, \ldots, a_n, b_1, b_2, \ldots, b_n$ der Funktion f. Wir stellen folglich fest, dass die durch

$$s_n = \frac{a_0}{\sqrt{2}} \mathrm{C}_0 + \sum_{k=1}^{n} \left(a_k \mathrm{C}_k + b_k \mathrm{S}_k\right)$$

gegebene *fouriersche Summe*, die als Funktion auf das Argument x gemäß

$$s_n(x) = \frac{a_0}{2} + \sum_{k=1}^{n} (a_k \cos kx + b_k \sin kx)$$

wirkt, die Funktion f optimal beschreibt. „Optimal" in dem Sinn, dass der Abstand von s_n zu f, also die Länge der Differenz $f - s_n$ minimal ist. Dabei wird in diesem linearen Raum die Länge einer Funktion f mit $\|f\|_2$ bezeichnet und mithilfe der Formel

$$\|f\|_2 = \sqrt{(f|f)} = \sqrt{\frac{1}{\pi} \int_{-\pi}^{\pi} f(x)^2 \, dx}$$

berechnet. Die Bezeichnung $\|.\|_2$ dieser sogenannten 2-*Norm* mit dem Index 2 nach dem rechten Normendoppelstrich betont, dass die Quadratwurzel aus einer Summe von Quadraten gezogen wird.

Weitere Überlegungen zu fourierschen Summen verschieben wir auf das letzte Kapitel. Hier soll als Nächstes die Bedeutung des inneren Produkts im Zusammenhang mit Zufallsvariablen erörtert werden.

5.6 Erwartungswert und Varianz

Wir betrachten in diesem und im folgenden Abschnitt einen Ereignisraum Ω, bestehend aus endlich vielen Elementarereignissen E. Die Funktion $\mu : \Omega \longrightarrow \mathbb{R}^+$ stellt ein Maß dar: jedem Elementarereignis E wird die positive Größe $\mu(E)$ zugeordnet. Die Wahrscheinlichkeit $\Pr(A)$ eines Ereignisses A, also einer Teilmenge von Ω, ist bekanntlich als

$$\Pr(A) = \sum_{E \in A} \mu(E) : \sum_{E \in \Omega} \mu(E)$$

definiert. Wir wissen bereits, dass eine Funktion $X : \Omega \longrightarrow \mathbb{R}$ eine Zufallsvariable heißt, und dass die Gesamtheit aller Zufallsvariablen einen linearen Raum bildet. Nun definieren wir für diesen linearen Raum ein inneres Produkt. Wir legen es so fest, dass wir je zwei Zufallsvariablen $X : \Omega \longrightarrow \mathbb{R}$ und $Y : \Omega \longrightarrow \mathbb{R}$ die reelle Größe

$$(X|Y) = \sum_{E \in \Omega} X(E)\, Y(E) \Pr(E)$$

zuordnen. Man bestätigt unmittelbar, dass die drei Rechengesetze, denen ein inneres Produkt zu gehorchen hat, von dem so definierten $(X|Y)$ tatsächlich eingehalten werden: Für Zufallsvariablen X, Y, Z und für Skalare c gilt

$$(X|Y+Z) = (X|Y) + (X|Z)\ , \qquad (X|cY) = c\,(X|Y)\ , \qquad (X|Y) = (Y|X)$$

und bei $X \neq 0$ ist $(X|X) > 0$. Wir erinnern uns daran, dass wir im zweiten Abschnitt den Erwartungswert $\mathrm{Erw}(X)$ einer Zufallsvariable X als

$$\mathrm{Erw}(X) = \sum_{E \in \Omega} X(E) \Pr(E)$$

definiert hatten. Das oben definierte innere Produkt $(X|Y)$ ist somit nichts anderes als der Erwartungswert des Produkts XY der beiden Zufallsvariablen X und Y: $(X|Y) = \mathrm{Erw}(XY)$.

Gehen wir von der Theorie der linearen Räume aus, empfiehlt es sich, nicht das für den Raum aller Zufallsvariablen definierte innere Produkt als einen Erwartungswert zu erklären, sondern umgekehrt vorzugehen: Wir sehen das oben definierte innere Produkt als den zentralen Begriff an, von dem ausgehend sich alle weiteren Begriffe herleiten, die in der Wahrscheinlichkeitstheorie von Bedeutung sind.

So können wir die Zufallsvariable 1 betrachten, die jedem Elementarereignis E den Wert $1(E) = 1$ zuweist. Demnach ist für jede Zufallsvariable X das innere Produkt von X mit 1

$$(X|1) = \sum_{E\in\Omega} X(E)\,\mathrm{Pr}(E) = \mathrm{Erw}(X)$$

der Erwartungswert von X. Wir können ferner für jedes Ereignis A die Zufallsvariable δ_A betrachten, die jedem nicht in A liegenden Elementarereignis E den Wert $\delta_A(E) = 0$, hingegen den Elementarereignissen E aus A den Wert $\delta_A(E) = 1$ zuweist. Für sie benennt das innere Produkt von δ_A mit 1 den Erwartungswert von δ_A, der sich als

$$(\delta_A|1) = \sum_{E\in\Omega} \delta_A(E)\,\mathrm{Pr}(E) = \sum_{E\in A} \mathrm{Pr}(E) = \mathrm{Pr}(A)$$

demnach als die Wahrscheinlichkeit des Ereignisses A errechnet.

Man nennt $(X|1)$, also den Erwartungswert $\mathrm{Erw}(X)$ von X, zuweilen das *erste Moment* der Zufallsvariable X. Das innere Produkt von X mit sich selbst, also $(X|X)$, das mit dem Erwartungswert $\mathrm{Erw}\left(X^2\right)$ von X^2 übereinstimmt, heißt das *zweite Moment* der Zufallsvariable X. Und das innere Produkt $(X|Y)$, also der Erwartungswert $\mathrm{Erw}(XY)$ des Produkts zweier Zufallsvariablen X und Y wird in der Wahrscheinlichkeitsrechnung die *Kovarianz* von X und Y genannt. Die Rechengesetze des inneren Produkts belegen unmittelbar die Gültigkeit der folgenden Formeln:

$$\mathrm{Erw}(X+Y) = \mathrm{Erw}(X) + \mathrm{Erw}(Y)\,, \qquad \mathrm{Erw}(cX) = c\,\mathrm{Erw}(X)\,,$$
$$\mathrm{Erw}(XY)^2 \leq \mathrm{Erw}\left(X^2\right)\cdot\mathrm{Erw}\left(Y^2\right)$$

wobei die letzte dieser Formeln eine Umschreibung der Ungleichung von Cauchy und Schwarz ist.

Von besonderem Interesse ist die Projektion einer Zufallsvariable X auf den von 1 aufgespannten eindimensionalen Teilraum im Raum aller Zufallsvariablen. Dieser *Raum der Konstanten* zeichnet sich dadurch aus, dass er aus lauter konstanten Zufallsvariablen besteht, die unabhängig von der Wahrscheinlichkeit immer den gleichen Wert besitzen, der zugleich mit ihrem Erwartungswert übereinstimmt. Aufgrund der im vorigen Abschnitt gelösten Approximationsaufgabe und weil 1 einen Einheitsvektor darstellt, ist wegen $(X|1)\cdot 1 = \mathrm{Erw}(X)\cdot 1$ der Erwartungswert von X zugleich die Projektion von X auf den Raum der Konstanten. Die gemäß

$$\Delta X = X - \mathrm{Erw}(X)$$

definierte Zufallsvariable ΔX nennen wir die *Streuung* der Zufallsvariable X um ihren Erwartungswert. Die Streuung ΔX steht auf den Raum der Konstanten normal. Ihr Erwartungswert lautet demnach $\mathrm{Erw}(\Delta X) = (\Delta X|1) = 0$. Ihr zweites Moment beziehungsweise dessen Wurzel

$$\sigma^2(X) = \mathrm{Erw}\left(\Delta X^2\right), \qquad \sigma(X) = \sqrt{\mathrm{Erw}\left(\Delta X^2\right)}$$

heißen die *Varianz* von X und die *Standardabweichung* von X. Die Rechnung $\Delta(X+Y) = (X+Y) - \mathrm{Erw}(X+Y) = X - \mathrm{Erw}(X) + Y - \mathrm{Erw}(Y) = \Delta X + \Delta Y$ und die Tatsache, dass für eine Konstante c deren Differenz Δc zur Projektion auf den Raum der Konstanten verschwindet, beweisen

$$\Delta(X+c) = \Delta X \qquad \text{und} \qquad \sigma^2(X+c) = \sigma^2(X)$$

Der hier in der Gestalt $(\Delta X|\Delta X) = (X|X) - \mathrm{Erw}(X)^2$ auftretende Satz des Pythagoras lautet:

$$\sigma^2(X) = \mathrm{Erw}\left(X^2\right) - \mathrm{Erw}(X)^2$$

Die sich zwischen -1 und 1 befindende reelle Größe

$$\rho = \frac{\mathrm{Erw}(\Delta X \cdot \Delta Y)}{\sigma(X)\sigma(Y)} = \frac{(\Delta X|\Delta Y)}{\sqrt{(\Delta X|\Delta X)}\sqrt{(\Delta Y|\Delta Y)}}$$

nennt man den *Korrelationskoeffizienten* der beiden Zufallsvariablen X und Y. Das mittellateinische Wort correlatio, eine Zusammensetzung von cum, das „mit" bedeutet, und relatio, das „die Beziehung" bedeutet, steht für „die Wechselbeziehung". Bei $\rho = 0$ sagt man, dass die beiden Zufallsvariablen X und Y miteinander nicht korrelieren. Aus der Sicht der linearen Räume ist dies genau dann der Fall, wenn ihre Streuungen ΔX und ΔY aufeinander normal stehen.

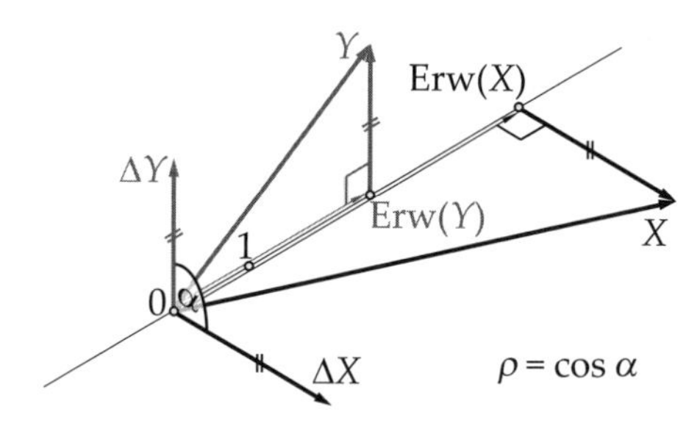

Bild 5.7 Veranschaulichung des Erwartungswertes, der Streuung und des Korrelationskoeffizienten zweier Zufallsvariablen X und Y.

Bezeichnen $X_1, X_2, \ldots, X_n$ paarweise nicht miteinander korrelierende Zufallsvariablen, zeigt die Rechnung

$$\sigma^2(X_1 + X_2 + \ldots + X_n) = \mathrm{Erw}\left((\Delta X_1 + \Delta X_2 + \ldots + \Delta X_n)^2\right) =$$

$$= (\Delta X_1 + \Delta X_2 + \ldots + \Delta X_n | \Delta X_1 + \Delta X_2 + \ldots + \Delta X_n) = \sum_{k=1}^{n}\sum_{j=1}^{n}\left(\Delta X_k|\Delta X_j\right) =$$

$$= \sum_{k=1}^{n}(\Delta X_k|\Delta X_k) = \sum_{k=1}^{n}\mathrm{Erw}\left(\Delta X_k^2\right) = \sum_{k=1}^{n}\sigma^2(X_k)$$

wie man die Varianz ihrer Summe ermitteln kann:

$$\sigma^2(X_1 + X_2 + \ldots + X_n) = \sigma^2\left(X_1^2\right) + \sigma^2\left(X_2^2\right) + \ldots + \sigma^2\left(X_n^2\right) \quad \text{bei} \quad \Delta X_k \perp \Delta X_j \quad \text{für } k \neq j$$

5.7 Binomialverteilung

Wie man mit den im vorigen Abschnitt definierten Begriffen rechnet und wozu sie dienen, ersieht man am besten anhand von Beispielen. Als erstes betrachten wir den Ereignisraum Ω_2, der aus den folgenden vier Elementarereignissen besteht: $++$, $+-$, $-+$ und $--$. Wir deuten diesen Ereignisraum so: Zwei verschieden gefärbte Würfel werden geworfen. Es interessiert nur, ob die Augenzahl 6 geworfen wurde oder nicht. Zeigen beide Würfel die Augenzahl 6, schreiben wir für dieses Elementarereignis das Symbol $++$, zeigt der erste Würfel die Augenzahl 6, der zweite aber nicht, schreiben wir für dieses Elementarereignis das Symbol $+-$, zeigt der erste Würfel nicht die Augenzahl 6, der zweite hingegen schon, schreiben wir für dieses Elementarereignis das Symbol $-+$. Und das Symbol $--$ steht für das Elementarereignis, dass beide Würfel nicht die Augenzahl 6 zeigen. Es liegt nahe, das Maß μ so zu definieren, dass es diesen Elementarereignissen die Werte $\mu(++) = 1$, $\mu(+-) = \mu(-+) = 5$ und $\mu(--) = 25$ zuordnet. Die Zufallsvariable X soll die Anzahl der geworfenen Sechser zählen. Wir definieren somit $X(++) = 2$, $X(+-) = X(-+) = 1$ und $X(--) = 0$. Dementsprechend errechnen sich

$$\mathrm{Erw}(X) = \frac{1}{36}\cdot 2 + \frac{5}{36}\cdot 1 + \frac{5}{36}\cdot 1 + \frac{25}{36}\cdot 0 = \frac{12}{36} = \frac{1}{3},$$

$$\mathrm{Erw}\left(X^2\right) = \frac{1}{36}\cdot 4 + \frac{5}{36}\cdot 1 + \frac{5}{36}\cdot 1 + \frac{25}{36}\cdot 0 = \frac{14}{36} = \frac{7}{18}, \qquad \sigma^2(X) = \frac{7}{18} - \frac{1}{9} = \frac{5}{18}.$$

Dieses Beispiel verallgemeinern wir, indem wir den Raum Ω_n betrachten, der aus folgenden Elementarereignissen besteht: Es werden n Vorzeichen nebeneinander geschrieben, wobei k dieser Vorzeichen $+$ sind. Zum Beipiel gibt es bei $n = 4$ und $k = 2$ dafür die sechs möglichen Elementarereignisse $++--$, $+-+-$, $+--+$, $-++-$, $-+-+$, $--++$. Es erweist sich als günstig, diese Elementarereignisse E so zu symbolisieren: Wir schreiben für sie $E = z_1 z_2 \ldots z_n$. Dabei steht jedes der n Vorzeichen z_k entweder für $+$ oder aber für $-$. Und das Elementarereignis $E = z_1 z_2 \ldots z_n$ deuten wir als das Ergebnis nach dem Werfen von n Würfeln. Wenn der k-te Würfel die Augenzahl 6 zeigt, soll $z_k = +$ sein, zeigt der k-te Würfel hingegen nicht die Augenzahl 6, soll $z_k = -$ sein. Dementsprechend definieren wir die Zufallsvariable X_k folgendermaßen:

$$X_k(E) = X_k(z_1 z_2 \ldots z_n) = \begin{cases} 1, & \text{wenn } z_k = + \\ 0, & \text{wenn } z_k = - \end{cases}$$

Anschaulich ist für X_k allein interessant, wie sich der k-te Würfel beim Wurf verhält: ob er die Augenzahl 6 zeigt oder nicht. Weil sich die anderen Würfel unabhängig davon verhalten, können wir davon ausgehen, dass die einzelnen Zufallsvariablen $X_1, X_2, \ldots, X_n$ paarweise nicht korrelieren. Die Zufallsvariable $X = X_1 + X_2 + \ldots + X_n$ zählt, wie oft beim Wurf mit den n Würfeln die Augenzahl 6 aufscheint. Weil für jede Zahl k zwischen 1 und n offenkundig $\mathrm{Erw}(X_k) = 1/6$ stimmt, gilt demnach $\mathrm{Erw}(X) = n/6$. Und aus

$$\sigma^2(X_k) = \mathrm{Erw}\left(X_k^2\right) - \mathrm{Erw}(X_k)^2 = 1\cdot\frac{1}{6} - \left(\frac{1}{6}\right)^2 = \frac{5}{36}$$

folgt $\sigma^2(X) = 5n/36$. Jetzt verstehen wir, warum im Spezialfall $n = 2$ die beiden Ergebnisse $\mathrm{Erw}(X) = 1/3$ und $\sigma^2(X) = 5/18$ auftauchten.

Jakob Bernoulli betrachtete in seinem Werk „ars conjectandi“, wörtlich übersetzt: „die Technik des richtigen Mutmaßens“ – es wurde erst acht Jahre nach seinem Tod von seinem Neffen

Nikolaus Bernoulli herausgegeben – die beiden eben betrachteten Beispiele aus allgemeiner Sicht: Er stellte sich vor, ein Experimentator führt n-mal hintereinander den gleichen Versuch durch und stellt mit der Angabe des Symbols $E = z_1 z_2 \dots z_n$ fest, wie die einzelnen Versuche verliefen. In der aus n Vorzeichen z_k bestehenden Symbolkette, soll bei $z_k = +$ festgehalten sein, dass der Versuch glückte, und bei $z_k = -$ festgehalten sein, dass der Versuch misslang. So ist zum Beispiel bei $n = 5$ mit $E = ++--+$ festgehalten, dass die beiden ersten Versuche glückten, die beiden darauf folgenden misslangen und der letzte Versuch wieder glückte. Jede Folge $E = z_1 z_2 \dots z_n$ von n Versuchen nennen wir eine *Bernoulli-Versuchserie*. Bernoulli bezeichnet die Wahrscheinlichkeit dafür, dass ein Versuch glückt, mit p; demnach ist $q = 1 - p$ die Wahrscheinlichkeit dafür, dass ein Versuch misslingt. Wie oben definiert Bernoulli für jede seiner Versuchserien $E = z_1 z_2 \dots z_n$ die Zufallsvariable X_k folgendermaßen:

$$X_k(E) = X_k(z_1 z_2 \dots z_n) = \begin{cases} 1, & \text{wenn der } k\text{-te Versuch glückt, } z_k = + \\ 0, & \text{wenn der } k\text{-te Versuch misslingt, } z_k = - \end{cases}$$

Und wie oben geht Bernoulli davon aus, dass die einzelnen Zufallsvariablen $X_1, X_2, \dots, X_n$ paarweise nicht korrelieren. Die Zufallsvariable $X = X_1 + X_2 + \dots + X_n$ zählt, wie viele Versuche in der Serie von n Versuchen glücken. Weil für jede Zahl k zwischen 1 und n offenkundig $\operatorname{Erw}(X_k) = p$ stimmt, gilt demnach

$$\operatorname{Erw}(X) = np$$

Und aus $\sigma^2(X_k) = \operatorname{Erw}\left(X_k^2\right) - \operatorname{Erw}(X_k)^2 = 1 \cdot p - p^2 = p\left(1-p\right) = pq$ folgt

$$\sigma^2(X) = npq$$

Ferner beantwortet Jakob Bernoulli die folgende Frage: Wie viele Serien $E = z_1 z_2 \dots z_n$ von n Versuchen, bei denen genau k Versuche glücken, gibt es? Er weiß aus der Kombinatorik, dass es $n!$ mögliche Anordnungen der Vorzeichen $z_1, z_2, \dots, z_n$ gibt. Unter diesen kann er aber die $k!$ möglichen Anordnungen der k Plus, sowie die $(n-k)!$ möglichen Anordnungen der $n-k$ Minus, nicht unterscheiden. Folglich beträgt die Anzahl der Serien $E = z_1 z_2 \dots z_n$ von n Versuchen, bei denen genau k Versuche glücken,

$$\frac{n!}{k! \cdot (n-k)!} = \frac{n(n-1) \cdot \ldots \cdot (n-k+1)}{k!} = \binom{n}{k}.$$

Mit A_k oder, sehr verfänglich, mit der Gleichung $X = k$, bezeichnen wir das Ereignis, dass bei einer Serie von n Versuchen genau k Versuche glücken. Die Wahrscheinlichkeit dafür, dass dies der Fall ist, errechnet sich aus der Tatsache, dass die Ausgänge der einzelnen Versuche jeweils voneinander unabhängig sind, als

$$\Pr(A_k) = \Pr(X = k) = \binom{n}{k} p^k q^{n-k}.$$

Für alle ganzen Zahlen k mit $0 \le k \le n$ definiert Bernoulli die nach ihm benannte *Verteilung* als eine Funktion f, die nach dem Gesetz

$$f(k) = \Pr(X = k) = \binom{n}{k} p^k q^{n-k}$$

definiert ist. Wegen des hier vorkommenden Binomialkoeffizienten heißt die bernoullische Verteilungsfunktion f auch *Binomialverteilung*. Für ganze Zahlen l und m mit $0 \le l \le m \le n$ teilt die Summe

$$\sum_{k=l}^{m} f(k) = \Pr(l \le X \le m)$$

mit, wie groß die Wahrscheinlichkeit dafür ist, dass bei einer Serie von n Versuchen mindestens l, aber höchstens m Versuche glücken.

Als einfache Anwendungsaufgabe, die den Nutzen dieser Rechnungen verdeutlicht, betrachten wir einen Sender, der eine aus acht Zeichen bestehende Nachricht überträgt. Mit der Wahrscheinlichkeit von 90% wird jedes Zeichen der Nachricht richtig übertragen. Es stellt sich die Frage, wie gut die Botschaft ankommt. Wir gehen zum Beispiel davon aus, dass man die Nachricht selbst dann noch richtig verstehen kann, wenn in ihr höchstens zwei Zeichen falsch übertragen werden. Es ist die Wahrscheinlichkeit dieses Ereignisses zu berechnen. Wir deuten den Sachverhalt als eine Bernoulli-Versuchserie mit $n = 8$ „Versuchen" – die Übertragung jedes der acht Zeichen ist ein „Versuch" – und mit $p = 0.9 = 9/10$ als Wahrscheinlichkeit dafür, dass der Versuch „glückt", das Zeichen richtig übertragen wird. Die Zufallsvariable X zählt die richtig übertragenen Zeichen, und wir sind an $\Pr(X \ge 6)$ interessiert. Diese Wahrscheinlichkeit lautet exakt

$$\begin{aligned}\Pr(6 \le X \le 8) &= \sum_{k=6}^{8} \binom{8}{k} \left(\frac{9}{10}\right)^{k} \left(\frac{1}{10}\right)^{8-k} = \binom{8}{6}\left(\frac{9}{10}\right)^{6}\left(\frac{1}{10}\right)^{2} + \binom{8}{7}\left(\frac{9}{10}\right)^{7}\frac{1}{10} + \binom{8}{8}\left(\frac{9}{10}\right)^{8} = \\ &= 28 \cdot \frac{531441}{1000000} \cdot \frac{1}{100} + 8 \cdot \frac{4782969}{10000000} + \frac{43046721}{100000000} = \frac{96190821}{100000000},\end{aligned}$$

beträgt also rund 96%.

5.8 Poissonverteilung

Die Bernoulli-Versuchserie kommt in Anwendungen der Mathematik sehr oft vor. Man ist daher bestrebt, für die gemäß $f(k) = \Pr(X = k)$ definierte Binomialverteilung f schnell zu ermittelnde Näherungsformeln zur Verfügung zu haben. Denis Poisson studierte in dem 1837 erschienenen Buch „Recherches sur la probabilité des jugements en matière criminelle et en matière civile" (Untersuchungen über die Wahrscheinlichkeit von Urteilen in Straf- und in Zivilrechtsverfahren) den Fall der „seltenen Ereignisse". Er ging von der Voraussetzung aus, dass die Wahrscheinlichkeit p dafür, dass einer der Versuche glückt, sehr klein ist, dass im Gegenzug aber die Zahl n der Versuche in der Versuchserie sehr groß ist.

Als Beispiel stellen wir uns eine Feuerwehrzentrale vor, die mit den zweitausend über die ganze Stadt verteilten Brandmeldern verbunden ist. Die Wahrscheinlichkeit dafür, dass einer der Brandmelder innerhalb einer Woche einen Fehlalarm auslöst, soll 0.5 Promille, also $p = 5 \times 10^{-4}$ betragen. In diesem Beispiel „glückt" ein „Versuch", wenn einer der Brandmelder in der betrachteten Woche einen Fehlalarm auslöst, und die Zahl n der „Versuche" ist die Zahl $n = 2000$ der vorhandenen Brandmelder. Fragt man nach der Wahrscheinlichkeit, dass in der

Woche mindestens einer, aber höchstens drei Fehlalarme gemeldet werden, hat man

$$\Pr(1 \leq X \leq 3) = \sum_{k=1}^{3} \binom{2000}{k} \left(\frac{5}{10\,000}\right)^k \left(1 - \frac{5}{10\,000}\right)^{2000-k} =$$

$$= 2000 \frac{5}{10\,000} \left(\frac{9995}{10\,000}\right)^{1999} + 1999\,000 \left(\frac{5}{10\,000}\right)^2 \left(\frac{9995}{10\,000}\right)^{1998} +$$

$$+ 1331\,334\,000 \left(\frac{5}{10\,000}\right)^3 \left(\frac{9995}{10\,000}\right)^{1997}$$

zu ermitteln. Diese Rechnung, die zum Ergebnis von ungefähr 61.33 % führt, ist ziemlich aufwendig. Hier hilft die nach Poisson benannte *Verteilung der seltenen Ereignisse* außerordentlich.

Poisson geht zu diesem Zweck von der oben genannten Voraussetzung eines sehr kleinen p und eines sehr großen n aus. Die aus ihnen gebildete endliche positive Größe $a = np$ benennt den Erwartungswert der Zufallsvariable X, welche die geglückten Versuche in der Versuchserie zählt. Da $q = 1 - p$ praktisch mit 1 übereinstimmt, benennt $a = np \approx npq$ zugleich die Varianz dieser Zufallsvariable. Aus der von Bernoulli erhaltenen Formel für $\Pr(X = k)$ schließt Poisson auf das Verhältnis von $\Pr(X = k+1)$ zu $\Pr(X = k)$:

$$\frac{\Pr(X = k+1)}{\Pr(X = k)} = \frac{\binom{n}{k+1} p^{k+1} q^{n-k-1}}{\binom{n}{k} p^k q^{n-k}} = \frac{\frac{n!}{(k+1)!\,(n-k-1)!} p}{\frac{n!}{k!\,(n-k)!} q} =$$

$$= \frac{k!}{(k+1)!} \frac{(n-k)!}{(n-k-1)!} \frac{p}{q} = \frac{1}{k+1} \frac{(n-k)\,p}{q} .$$

An dieser Stelle vereinfacht er den letzten Bruch, indem er den Zähler $(n-k)\,p$ wegen der Kleinheit von p und der Größe von n mit $np = a$ praktisch gleich setzt und den Nenner $q = 1-p$ wegen der Kleinheit von p mit 1 praktisch gleich setzt. Somit gelangt er zur Rekursionsformel

$$\Pr(X = k+1) \approx \frac{a}{k+1} \cdot \Pr(X = k) .$$

Außerdem benutzt Poisson die Näherungsformel

$$\Pr(X = 0) = q^n = (1-p)^n = \left(1 - \frac{a}{n}\right)^n \approx \mathrm{e}^{-a} .$$

Mit ihr und der Rekursionsformel erhält er der Reihe nach

$$\Pr(X = 1) \approx a \cdot \mathrm{e}^{-a}, \qquad \Pr(X = 2) \approx \frac{a^2}{2} \cdot \mathrm{e}^{-a}, \qquad \Pr(X = 3) \approx \frac{a^3}{3!} \cdot \mathrm{e}^{-a} ,$$

allgemein

$$\Pr(X = k) \approx \frac{a^k}{k!} \cdot \mathrm{e}^{-a} .$$

Für alle ganzen Zahlen k mit $k \geq 0$ definiert Poisson die nach ihm benannte *Verteilung* f nach dem Gesetz

$$f(k) = \frac{a^k}{k!} \cdot \mathrm{e}^{-a} \approx \Pr(X = k)$$

Für ganze Zahlen l und m mit $0 \leq l \leq m \leq n$ teilt die Summe

$$\sum_{k=l}^{m} f(k) = \mathrm{e}^{-a} \cdot \sum_{k=l}^{m} \frac{a^k}{k!} \approx \Pr(l \leq X \leq m)$$

mit, wie groß ungefähr die Wahrscheinlichkeit dafür ist, dass bei einer Serie von n Versuchen mindestens l, aber höchstens m Versuche glücken.

Das Beispiel der Feuerwehrzentrale mit den zweitausend Brandmeldern, die in der Woche mit der Wahrscheinlichkeit von 0.5 Promille einen Fehlalarm auslösen, zeigt, wie nützlich die Poissonverteilung ist. In diesem Beispiel lauten $n = 2000$, $p = 5 \times 10^{-4}$, folglich errechnet sich der Erwartungswert a als $a = np = 1$. Die Rechnung

$$\Pr(1 \leq X \leq 3) \approx \mathrm{e}^{-1} \cdot \sum_{k=1}^{3} \frac{1}{k!} \approx \frac{1}{2.71828}\left(1 + \frac{1}{2} + \frac{1}{6}\right) = 0.61313\ldots$$

zeigt, dass man mühelos mit 61.31 % sehr nahe an den exakten Wert herankommt.

Wie nützlich die Poissonverteilung ist, zeigt sich anhand eines weiteren Beispiels, bei dem wir noch einmal auf das im zweiten Abschnitt vorgestellte Geburtstagsparadoxon zurückkommen: Wie groß, so lautet die Frage, ist die Wahrscheinlichkeit, dass mindestens zwei von dreißig zufällig in einem Raum befindlichen Personen am gleichen Tag des Jahres Geburtstag haben? Zur Beantwortung überlegen wir uns, dass es

$$\binom{30}{2} = \frac{30 \times 29}{2} = 435$$

Paare gibt, die man aus diesen dreißig Personen bilden kann. Wenn wir den 29. Februar als 366. Tag des Jahres zulassen, ist klar, dass die Wahrscheinlichkeit dafür, dass der zweite Partner des Paares den gleichen Geburtstag wie der erste Partner des Paares besitzt, 1/366 beträgt. Somit liegt eine Versuchserie im Sinne von Bernoulli vor. Sie besteht aus $n = 435$ „Versuchen“, und die Wahrscheinlichkeit dafür, dass ein Versuch „glückt“, beträgt $p = 1/366$. Der Erwartungswert lautet $a = np = 435/366 = 145/122$, und wir fragen nach der Wahrscheinlichkeit $\Pr(X \geq 1)$, also nach der Wahrscheinlichkeit dafür, dass mindestens ein „Versuch glückt“. Geschickterweise berechnen wir diese mithilfe des Gegenereignisses, dass kein „Versuch glückt“, also alle Paare verschiedene Geburtstage besitzen, und der Poissonverteilung so:

$$\Pr(X \geq 1) = 1 - \Pr(X = 0) \approx 1 - \mathrm{e}^{-145/122} \approx 1 - \mathrm{e}^{-1.1885} = 0.69532\ldots.$$

Diese ziemlich gute Näherungsrechnung bestätigt erneut, dass die gesuchte Wahrscheinlichkeit bemerkenswert groß ist und praktisch 70 % beträgt. Man kann allgemein von der Faustregel ausgehen, dass für Wahrscheinlichkeiten p, die kleiner als 10 % sind und für Versuchserien, deren Anzahl n größer als 100 ist, die Poissonverteilung recht gut mit der ihr entsprechenden Binomialverteilung übereinstimmt.

5.9 Normalverteilung

Hundert Jahre vor Poisson versuchte Abraham de Moivre in der nur für seine Freunde bestimmten Schrift „Approximatio ad Summam Terminorum Binomii $(a+b)^n$ in Seriem Expansi" (Näherung an die in eine Reihe entwickelte Summe von Binomialausdrücken) der Binomialverteilung durch einfache Näherungsformeln zu Leibe zu rücken. De Moivre durchblickte dabei die Bedeutung seiner Rechnungen für die Wahrscheinlichkeitstheorie nicht. Erst 80 Jahre später erkannten unabhängig voneinander Carl Friedrich Gauß und Pierre Simon Laplace, vor allem angeleitet durch Anwendungen ihrer Methoden in der Astronomie, wie wichtig die von de Moivre geleisteten Vorarbeiten waren.

Ausgangspunkt ist wie schon in den beiden vorigen Abschnitten eine Bernoulli-Versuchserie bestehend aus n voneinander unabhängigen Versuchen; jeder einzelne Versuch glückt mit der Wahrscheinlichkeit p und misslingt mit der Wahrscheinlichkeit $q = 1 - p$. Die Zufallsvariable X zählt die geglückten Versuche der Versuchserie. Ihr Erwartungswert lautet $\mu = np$ und ihre Standardabweichung $\sigma = \sqrt{npq}$. Wir wissen, dass geometrisch der Erwartungswert μ die Projektion von X auf den Raum der Konstanten ist, und dass die Streuung $\Delta X = X - \mu$ den von der Projektion μ zur Zufallsvariable X weisenden Vektor darstellt, der auf den Raum der Konstanten normal steht. Die Standardabweichung σ ist die Länge dieses Normalvektors ΔX. Mit der Bildung von

$$X_0 = \frac{\Delta X}{\sigma} = \frac{X - \mu}{\sigma}$$

ordnet Gauß der Zufallsvariable X die *standardisierte Zufallsvariable* X_0 zu. Die Zufallsvariable X hat alle ganzen Zahlen k mit $0 \le k \le n$ als Argumentwerte. Dementsprechend hat die standardisierte Zufallsvariable X_0 die reellen Größen

$$x_k = \frac{k - \mu}{\sigma} = \frac{k - np}{\sqrt{npq}} \qquad \text{mit} \qquad k \in \mathbb{Z}, 0 \le k \le n$$

als Argumentwerte. Die Wahrscheinlichkeit $\Pr(X = k)$, dass genau k Versuche in der aus n Versuchen bestehenden Serie glücken, erfassen Laplace und Gauß nach der von de Moivre entwickelten Methode näherungsweise mit der stirlingschen Formel:

$$\begin{aligned}
\Pr(X = k) &= \binom{n}{k} p^k q^{n-k} = \frac{n!}{k!\,(n-k)!} p^k q^{n-k} \approx \\
&\approx \frac{n^n \mathrm{e}^{-n}\sqrt{2\pi n}}{k^k \mathrm{e}^{-k}\sqrt{2\pi k}\cdot (n-k)^{n-k}\,\mathrm{e}^{-n+k}\sqrt{2\pi\,(n-k)}} p^k q^{n-k} = \\
&= \frac{1}{\sqrt{2\pi}}\sqrt{\frac{n}{k\,(n-k)}}\cdot\left(\frac{np}{k}\right)^k\cdot\left(\frac{nq}{n-k}\right)^{n-k} .
\end{aligned}$$

Den hier vorkommenden Nenner $k\,(n-k)$ schätzt de Moivre mithilfe der Größen x_k, für die $k = np + x_k\sqrt{npq}$ gilt, so ab:

$$\begin{aligned}
k\,(n-k) &= \left(np + x_k\sqrt{npq}\right)\left(nq - x_k\sqrt{npq}\right) = \\
&= \left(np + \mathcal{O}\left(\sqrt{n}\right)\right)\left(nq + \mathcal{O}\left(\sqrt{n}\right)\right) = n^2pq + \mathcal{O}\left(n\sqrt{n}\right) .
\end{aligned}$$

Darum ist

$$\sqrt{\frac{n}{k(n-k)}} = \frac{1}{\sqrt{npq + \mathcal{O}\left(\sqrt{n}\right)}} \approx \frac{1}{\sqrt{npq}} = \frac{1}{\sigma} .$$

Als Zwischenergebnis notieren wir:

$$\Pr(X=k) \approx \frac{1}{\sigma\sqrt{2\pi}} \cdot \left(\frac{np}{k}\right)^k \cdot \left(\frac{nq}{n-k}\right)^{n-k} = \frac{1}{\sigma\sqrt{2\pi}} \cdot \left(\frac{k}{np}\right)^{-k} \cdot \left(\frac{n-k}{nq}\right)^{-(n-k)} .$$

Mit der zuletzt erfolgten Vertauschung von Zählern und Nennern bringt de Moivre nun die Mercatorformel ins Spiel: Er bildet vom Faktor $\left(k/(np)\right)^{-k}$ den natürlichen Logarithmus und setzt wieder für k die Darstellung $k = np + x_k\sqrt{npq}$ ein:

$$\ln\left(\left(\frac{k}{np}\right)^{-k}\right) = -k \cdot \ln\left(\frac{k}{np}\right) = -\left(np + x_k\sqrt{npq}\right)\ln\left(\frac{np + x_k\sqrt{npq}}{np}\right) =$$

$$= -\left(np + x_k\sqrt{npq}\right)\ln\left(1 + x_k\sqrt{\frac{q}{np}}\right) =$$

$$= -\left(np + x_k\sqrt{npq}\right)\left(x_k\sqrt{\frac{q}{np}} - \frac{x_k^2}{2} \cdot \frac{q}{np} + \mathcal{O}\left(x_k^3\right)\right) =$$

$$= -\left(x_k\sqrt{npq} + x_k^2 \cdot q - \frac{x_k^2}{2} \cdot q + \mathcal{O}\left(x_k^3\right)\right) = -x_k\sqrt{npq} - \frac{x_k^2}{2} \cdot q + \mathcal{O}\left(x_k^3\right) .$$

Beim Faktor $\left((n-k)/(nq)\right)^{-(n-k)}$ kommt er wegen $n - k = nq - x_k\sqrt{npq}$ zum folgenden Resultat:

$$\ln\left(\left(\frac{n-k}{nq}\right)^{-(n-k)}\right) = -(n-k) \cdot \ln\left(\frac{n-k}{nq}\right) = \left(-nq + x_k\sqrt{npq}\right)\ln\left(\frac{nq - x_k\sqrt{npq}}{nq}\right) =$$

$$= \left(-nq + x_k\sqrt{npq}\right)\ln\left(1 - x_k\sqrt{\frac{p}{nq}}\right) =$$

$$= \left(-nq + x_k\sqrt{npq}\right)\left(-x_k\sqrt{\frac{p}{nq}} - \frac{x_k^2}{2} \cdot \frac{p}{nq} + \mathcal{O}\left(x_k^3\right)\right) =$$

$$= x_k\sqrt{npq} - x_k^2 \cdot p + \frac{x_k^2}{2} \cdot p + \mathcal{O}\left(x_k^3\right) = x_k\sqrt{npq} - \frac{x_k^2}{2} \cdot p + \mathcal{O}\left(x_k^3\right) .$$

Sieht man von höheren Potenzen als x_k^2 ab, liefert wegen $p + q = 1$ die Summe der beiden Logarithmen den Wert $-x_k^2/2$. Als sehr einfache Näherungsformel verbleibt somit

$$\Pr(X=k) = \Pr(X_0 = x_k) \approx \frac{1}{\sigma\sqrt{2\pi}} \cdot \mathrm{e}^{-x_k^2/2} = \frac{1}{\sigma\sqrt{2\pi}} \cdot \mathrm{e}^{-(k-\mu)^2/2\sigma^2}$$

Dass diese Näherung umso besser ausfällt, je größer die Zahl n der Versuche in der Serie ist, nennt man den *Satz von de Moivre und Laplace* oder den *zentralen Grenzwertsatz*. Als Faustregel merkt man sich, dass die Näherung bei Bernoulli-Versuchserien mit Standardabweichungen einsetzbar ist, die den Wert 3 überschreiten.

Dieser Näherung zufolge lautet die Wahrscheinlichkeit, dass mindestens l, aber höchstens k Versuche der Serie glücken,

$$\Pr(l \le X \le m) \approx \frac{1}{\sigma\sqrt{2\pi}} \cdot \sum_{k=l}^{m} e^{-(k-\mu)^2/2\sigma^2} .$$

Gauß sah diese Summe als riemannsche Zwischensumme eines Integrals: Das von $l-(1/2)$ bis $m+(1/2)$ reichende Intervall wird in $m-l+1$ gleich lange Teilintervalle zerlegt und die ganzen Zahlen k mit $l \le k \le m$ sind die Zwischenpunkte dieser Zerlegung. Integriert wird dabei die durch

$$f(t) = e^{-(t-\mu)^2/2\sigma^2}$$

gegebene *Normalverteilung* f. So erhält Gauß die Näherungsformel

$$\Pr(l \le X \le m) \approx \frac{1}{\sigma\sqrt{2\pi}} \cdot \int_{l-\frac{1}{2}}^{m+\frac{1}{2}} e^{-(t-\mu)^2/2\sigma^2} \mathrm{d}t .$$

Mit der Substitution $x = (t-\mu)/\sigma$ ersetzt er die untere Grenze durch $a = (l-\mu-0.5)/\sigma$ und die obere Grenze durch $b = (m-\mu+0.5)/\sigma$. Wegen $dt = \sigma \mathrm{d}x$ schließt Gauß auf die Näherung

$$\Pr(l \le X \le m) \approx \frac{1}{\sqrt{2\pi}} \int_a^b e^{-x^2/2} \mathrm{d}x = \Phi(b) - \Phi(a) \quad \text{bei } a = \frac{l-\mu-\frac{1}{2}}{\sigma} \text{ und } b = \frac{m-\mu+\frac{1}{2}}{\sigma}$$

In dieser Formel bezeichnet Φ das gaußsche Fehlerintegral, das wir in Abschnitt 1.11 des zweiten Bandes kennengelent haben.

Wir fragen uns zum Beispiel, wie groß die Wahrscheinlichkeit dafür ist, dass bei tausend Würfen eines Würfels zwischen hundert und hundertfünfzig Mal die Augenzahl sechs gewürfelt wird. Die Anzahl n der „Versuche" ist in diesem Beispiel die Anzahl $n = 1000$ der Würfe des Würfels, und die Wahrscheinlichkeit p, dass ein „Versuch glückt" lautet bei diesem Beispiel offensichtlich $p = 1/6$. Die exakte Antwort auf die Frage findet man, wenn man

$$\Pr(100 \le X \le 150) = \sum_{k=100}^{k=150} \binom{1000}{k} \left(\frac{1}{6}\right)^k \left(\frac{5}{6}\right)^{1000-k}$$

ermittelt, was ziemlich aufwendig ist. Die Lösung lautet $0.0836887\ldots$, also etwa 8.37%. Begnügt man sich mit der Näherung, welche die Normalverteilung liefert, hat man lediglich den Erwartungswert $\mu = 1000/6 \approx 166.67$ und die Standardabweichung $\sigma = \sqrt{5000/36} \approx 11.785$ zu ermitteln. Bei der Formel mit dem gaußschen Fehlerintegral errechnen sich die Integrationsgrenzen demnach als

$$a = \frac{100 - 166.67 - 0.5}{11.785} \approx -5.700 , \qquad b = \frac{150 - 166.67 + 0.5}{11.785} \approx -1.372 .$$

Die Funktionswerte des gaußschen Fehlerintegrals sind in Tabellen verfügbar. Man erkennt aus ihnen, dass $\Phi(5.700) \approx 1.000$ ist und dass $\Phi(1.372) \approx 0.915$ beträgt. Somit errechnet sich die gesuchte Wahrscheinlichkeit als

$$\Phi(-1.372) - \Phi(-5.700) = (1 - \Phi(1.372)) - (1 - \Phi(5.700)) = 1 - 0.915 = 0.085 .$$

Der so erhaltene Wert von circa 8.5 % ist vom exakten Wert kaum entfernt.

5.10 Gesetz der großen Zahlen

Andrej Andrejewitsch Markoff, ein Schüler von Pafnuti Lwowowitsch Tschebyscheff, brachte die Heavisidefunktion H bei Zufallsvariablen ins Spiel und gewann daraus eine Ungleichung, mit deren Hilfe die Bedeutung der Begriffe „Erwartungswert" und „Standardabweichung" einsichtig wird. Wir wollen dies im vorliegenden Abschnitt erörtern.

Markoff geht von einer Zufallsvariable X aus, bei der für alle Elementarereignisse E die Werte $X(E)$ nichtnegativ sind, $X(E) \geq 0$. Es bezeichnet c eine positive Konstante. Mithilfe der Heavisidefunktion H bildet Markoff die Zufallsvariable $Y = \mathrm{H}(X - c)$. Bei einem Elementarereignis E mit $X(E) < c$ erhält Markoff $cY(E) = 0 \leq X(E)$. Bezeichnet ε eine beliebig kleine, aber positive Größe, ist im Fall $X(E) > c - \varepsilon$ jedenfalls $cY(E) \leq c < X(E) + \varepsilon$. Somit ist für alle Elementarereignisse E die Beziehung $cY(E) < X(E) + \varepsilon$ bewiesen. Da ε beliebig klein gewählt werden darf, ist für alle Elementarereignisse E die Beziehung $cY(E) \leq X(E)$ hergeleitet. (Die hier vorgestellte Argumentation ist der Sicht von Brouwer und Weyl auf die reellen Größen geschuldet: Die beiden verwerfen bekanntlich die Vorstellung, für alle reellen Größen $X(E)$ sei entweder $X(E) < c$ oder aber $X(E) \geq c$ richtig. Diese Entscheidung kann man nämlich nicht treffen, solange reelle Größen immer nur vorläufig, mit einer vorher vereinbarten Rechengenauigkeit gegeben sind. Statt dessen dürfen Brouwer und Weyl sich aber sicher sein, dass für jedes positive ε, das mit der vereinbarten Rechengenauigkeit verwoben ist, mindestens eine der beiden Ungleichungen $X(E) < c$ oder $X(E) > c - \varepsilon$ zutrifft.)

Als Nächstes beruft sich Markoff auf die Tatsache, dass bei zwei Zufallsvariablen Z und X mit $Z \leq X$ für ihre Erwartungswerte wegen

$$\mathrm{Erw}(Z) = \sum_{E \in \Omega} Z(E)\,\mathrm{Pr}(E) \leq \sum_{E \in \Omega} X(E)\,\mathrm{Pr}(E) = \mathrm{Erw}(X)$$

die Beziehung $\mathrm{Erw}(Z) \leq \mathrm{Erw}(X)$ besteht. Somit hat er $\mathrm{Erw}(cY) = c\mathrm{Erw}(Y) \leq \mathrm{Erw}(X)$ bewiesen. Nun ist der Definition von Y folgend die Wahrscheinlichkeit $\mathrm{Pr}(X > c)$, dass für ein Elementarereignis E der Wert $X(E)$ größer als c ist, höchstens so groß wie der Erwartungswert von Y. Als Formel geschrieben: $\mathrm{Pr}(X > c) \leq \mathrm{Erw}(Y)$. Die so gewonnene Ungleichung

$$\mathrm{Pr}(X > c) \leq \frac{1}{c}\mathrm{Erw}(X)$$

wird nach Markoff benannt.

Jetzt gehen wir von einer beliebigen Zufallsvariable X aus und bezeichnen mit $\mathrm{Erw}(X)$ ihren Erwartungswert, mit $\Delta X = X - \mathrm{Erw}(X)$ ihre Streuung und mit $\sigma(X) = \sqrt{\mathrm{Erw}\left(\Delta X^2\right)}$ ihre Standardabweichung. In seiner Ungleichung ersetzt Markoff nun X durch ΔX^2, er ersetzt c bei einem positiven r durch $r^2\sigma^2(X)$ und bekommt so aus der Rechnung

$$\mathrm{Pr}(|\Delta X| > r\sigma(X)) = \mathrm{Pr}\left(\Delta X^2 > r^2\sigma^2(X)\right) \leq \frac{1}{r^2\sigma^2(X)}\mathrm{Erw}\left(\Delta X^2\right) = \frac{1}{r^2}$$

die Ungleichung

$$\mathrm{Pr}(|\Delta X| > r\sigma(X)) \leq \frac{1}{r^2}$$

die nach seinem Lehrer Tschebyscheff benannt ist, obwohl sie eigentlich Tschebyscheffs Freund und Kollege Irénée-Jules Bienaymé entdeckt hatte.

In Worten besagt die Ungleichung von Tschebyscheff: Die Wahrscheinlichkeit dafür, dass für ein Elementarereignis E der Wert $X(E)$ bei einem positiven r mehr als $r\sigma(X)$ vom Erwartungswert $\mathrm{Erw}(X)$ entfernt ist, beträgt höchstens $1/r^2$. Es ist also tatsächlich so, dass sich die am wahrscheinlichsten angenommenen Werte der Zufallsvariable X um ihren Erwartungswert scharen. Daher bezieht der „Erwartungswert" seinen Namen. Die Standardabweichung $\sigma(X)$ ist ein Maß dafür, wie breit oder wie eng die am wahrscheinlichsten angenommenen Werte der Zufallsvariable X am Erwartungswert kleben: Setzt man $r = 2$, zeigt sich, dass höchstens mit 25 %iger Wahrscheinlichkeit ein Elementarereignis der Variablen X einen Wert zuspricht, der mehr als $2\sigma(X)$ von $\mathrm{Erw}(X)$ entfernt ist. Setzt man $r = 3$, zeigt sich, dass höchstens mit weniger als 12 %iger Wahrscheinlichkeit die Zufallsvariable X einen Wert besitzt, der mehr als $3\sigma(X)$ von $\mathrm{Erw}(X)$ entfernt ist. Tatsächlich werden die von Tschebyscheffs Ungleichung genannten Schranken sehr oft drastisch unterschritten. Das folgende sehr einfache Beispiel zeigt dies auf:

Die Zufallsvariable X soll die Augenzahl beim Werfen eines Würfels nennen. Wir fragen nach der Wahrscheinlichkeit dafür, dass bei einem Wurf die Augenzahl um mehr als 2 vom Erwartungswert entfernt ist. Zu diesem Zweck ermitteln wir diesen Erwartungswert aus der Rechnung

$$\mathrm{Erw}(X) = 1\cdot\frac{1}{6}+2\cdot\frac{1}{6}+3\cdot\frac{1}{6}+4\cdot\frac{1}{6}+5\cdot\frac{1}{6}+6\cdot\frac{1}{6} = \frac{7}{2} = 3.5\,.$$

Die genaue Wahrscheinlichkeit, eine um mehr als 2 von 3.5 entfernte Augenzahl zu werfen – es kann sich hier nur um die Augenzahlen 1 und 6 handeln –, lautet

$$\Pr(1)+\Pr(6) = \frac{2}{6} \approx 33.3\,\%\,.$$

Die Ungleichung von Tschebyscheff nennt für diese Wahrscheinlichkeit eine obere Schranke. Um diese ermitteln zu können, ermitteln wir zuerst die Varianz und die Standardabweichung von X aus den Rechnungen

$$\mathrm{Erw}\left(X^2\right) = 1\cdot\frac{1}{6}+4\cdot\frac{1}{6}+9\cdot\frac{1}{6}+16\cdot\frac{1}{6}+25\cdot\frac{1}{6}+36\cdot\frac{1}{6} = \frac{91}{6}\,,$$

$$\sigma^2(X) = \mathrm{Erw}\left(X^2\right)-\mathrm{Erw}(X)^2 = \frac{91}{6}-\frac{49}{4} = \frac{35}{12}\,,\qquad \sigma(X) = \sqrt{\frac{35}{12}} \approx 1.708\,,$$

sodann berechnen wir aus der Gleichung $r\sqrt{35/12} = 2$ den Wert r als $r = 2\sqrt{12/35} \approx 1.171$. Folglich besagt die Ungleichung von Tschebyscheff, dass höchstens mit einer Wahrscheinlichkeit von $1/r^2 = 35/48 \approx 73\,\%$ eine um mehr als 2 von 3.5 entfernte Augenzahl geworfen wird. Das ist zwar richtig, aber von der exakt berechneten Wahrscheinlichkeit von 33.3 % haushoch entfernt. Dieses Beispiel ist für viele andere bezeichnend: Üblicherweise sind die aus Tschebyscheffs Ungleichung ermittelten Schranken sehr viel größer als die wahren Werte. Die Zufallsvariable schmiegt sich meist viel besser an ihren Erwartungswert an, als es die Ungleichung von Tschebyscheff erwarten lässt.

Bei einer Zufallsvariable X mit dem Erwartungswert $\mu = \mathrm{Erw}(X)$ und der Standardabweichung $\sigma = \sigma(X)$ nennt man bei einem beliebigen positiven r das symmetrisch um μ errichtete Intervall $\left[\mu - r\sigma; \mu + r\sigma\right]$ ein *Konfidenzintervall*. Das lateinische confidentia bedeutet „Zuversicht" und „Vertrauen". Im Fall $r = 1$ liegt das Konfidenzintervall $[\mu-\sigma;\mu+\sigma]$ vor; dass X darin einen Wert annimmt, gilt als „ziemlich wahrscheinlich". Im Fall $r = 2$ liegt das Konfidenzintervall $[\mu-2\sigma;\mu+2\sigma]$ vor; dass X darin einen Wert annimmt, gilt als „sehr wahrscheinlich". Im Fall $r = 3$ liegt das Konfidenzintervall $[\mu-3\sigma;\mu+3\sigma]$ vor; dass X darin einen Wert annimmt, gilt als „erdrückend wahrscheinlich".

Eine besonders wichtige Folgerung aus der Ungleichung Tschebyscheffs betrifft die Bernoulliverteilung: Wie üblich zählt $X = X_1 + X_2 + \ldots + X_n$, wie viele Versuche in der Serie von n Versuchen glücken, wobei p die Wahrscheinlichkeit dafür bezeichnet, dass ein Versuch glückt, und $q = 1 - p$ die Wahrscheinlichkeit dafür, dass ein Versuch misslingt. Die Zufallsvariable

$$H = \frac{1}{n}(X_1 + X_2 + \ldots + X_n) = \frac{1}{n}X$$

vergleicht die Anzahl $X = X_1 + X_2 + \ldots + X_n$ der „Erfolge" mit der Anzahl n der Versuche und heißt daher die *Häufigkeit* der erfolgreichen Versuche. Aus den Formeln $\mathrm{Erw}(X) = np$ und $\sigma^2(X) = npq$ errechnen sich der Erwartungswert und die Varianz der Häufigkeit als

$$\mathrm{Erw}(H) = \mathrm{Erw}\left(\frac{1}{n}X\right) = \frac{1}{n}\mathrm{Erw}(X) = p\,, \qquad \sigma^2(H) = \sigma^2\left(\frac{1}{n}X\right) = \frac{1}{n^2}\sigma^2(X) = \frac{pq}{n}\,.$$

Bezeichnet ε eine beliebig kleine positive Größe, betrachten wir das Konfidenzintervall

$$[p-\varepsilon;p+\varepsilon] = \left[p - r\sqrt{\frac{pq}{n}};p + r\sqrt{\frac{pq}{n}}\right] \quad \text{mit} \quad r = \varepsilon\sqrt{\frac{n}{pq}}\,.$$

Nach der Ungleichung von Tschebyscheff beträgt die Wahrscheinlichkeit dafür, dass ein Wert von H nicht in diesem Konfidenzintervall liegt, höchstens

$$\frac{1}{r^2} = \frac{1}{n}\cdot\frac{pq}{\varepsilon^2} = \mathcal{O}\left(\frac{1}{n}\right).$$

Jedenfalls konvergiert diese Wahrscheinlichkeit mit wachsendem n nach Null. Dies ist das berühmte, schon von Cardano vermutete und von Jakob Bernoulli in seiner „ars conjectandi" bewiesene

Gesetz der großen Zahlen: Bei einer hinreichend großen Zahl von Versuchen stimmt mit fast 100 %iger Wahrscheinlichkeit die Häufigkeit der geglückten Versuche mit der Wahrscheinlichkeit dafür überein, dass ein Versuch glückt.

5.11 Lineare Operatoren

Jetzt kehren wir zu den abstrakten linearen Räumen zurück, in denen je zwei Vektoren u, v ein inneres Produkt $(u|v)$ zugeordnet ist. Eine Funktion L, die auf dem linearen Raum definiert ist und die jedem seiner Vektoren u einen Vektor Lu des gleichen oder eines anderen linearen Raumes zuweist, heißt *linear*, wenn für je zwei Vektoren u, v und jeden Skalar r die beiden Rechengesetze

$$L(u+v) = Lu + Lv\,, \qquad L(ru) = rLu$$

erfüllt sind. Wir sprechen von einem *linearen Operator* L, wenn die lineare Funktion L den Vektoren u des Raumes Vektoren Lu des gleichen Raumes zuordnet. Allgemeiner soll ein linearer Operator vorliegen, wenn zumindest Folgendes gelingt: Für jeden Vektor u des linearen Raumes und zu jedem positiven ε kann man einen Vektor w dieses linearen Raumes konstruieren, der vom Vektor Lu weniger als ε entfernt ist: $\|w - Lu\| < \varepsilon$. Anhand von Beispielen lernen wir am besten zu verstehen, was damit gemeint ist.

Im endlichdimensionalen Fall, bei dem der lineare Raum vom Orthonormalsystem $j_1, j_2, \ldots, j_n$ aufgespannt wird, ist uns der Sachverhalt vom vierten Kapitel des zweiten Bandes her vertraut: Jeder Vektor u wird als

$$u = \sum_{k=1}^{n} a_k j_k = \begin{pmatrix} j_1 & j_2 & \cdots & j_n \end{pmatrix} \begin{pmatrix} a_1 \\ a_2 \\ \vdots \\ a_n \end{pmatrix}$$

dargestellt und ein linearer Operator L, der jedem Vektor u einen Vektor Lu des gleichen Raumes zuordnet, besitzt die Bauart

$$Lu = \begin{pmatrix} j_1 & j_2 & \cdots & j_n \end{pmatrix} \begin{pmatrix} c_{11} & c_{12} & \cdots & c_{1n} \\ c_{21} & c_{22} & \cdots & c_{2n} \\ \vdots & \vdots & \ddots & \vdots \\ c_{n1} & c_{n2} & \cdots & c_{nn} \end{pmatrix} \begin{pmatrix} a_1 \\ a_2 \\ \vdots \\ a_n \end{pmatrix} = \sum_{k=1}^{n} \sum_{m=1}^{n} c_{km} a_m j_k\,.$$

Hat man sich auf das Orthonormalsystem $j_1, j_2, \ldots, j_n$ geeinigt, ist somit L umkehrbar eindeutig von der Matrix

$$\begin{pmatrix} c_{11} & c_{12} & \cdots & c_{1n} \\ c_{21} & c_{22} & \cdots & c_{2n} \\ \vdots & \vdots & \ddots & \vdots \\ c_{n1} & c_{n2} & \cdots & c_{nn} \end{pmatrix}$$

erfasst.

Im unendlichdimensionalen Fall betrachten wir als erstes Beispiel den Raum $\mathscr{C}[a;b]$ der über dem kompakten Intervall $[a;b]$ definierten und stetigen Funktionen. Je zwei derartigen Funktionen f und g ist gemäß

$$(f|g) = \int_a^b f(x)\,g(x)\,\mathrm{d}x$$

ein inneres Produkt $(f|g)$ zugeordnet. Bezeichnet K eine Funktion in zwei Variablen, wobei die Zuordnung von x und ξ zu $K(x,\xi)$ für alle x und für alle ξ aus $[a;b]$ stetig ist, heißt K der *Kern* des durch

$$Lf(x) = \int_0^1 K(x,\xi)\,f(\xi)\,\mathrm{d}\xi$$

definierten linearen Operators L. Wie im endlichdimensionalen Fall weist auch hier der Operator L jeder Funktion f aus $\mathscr{C}[a;b]$ eine Funktion Lf des gleichen Raumes zu. Die beiden oben genannten Rechengesetze folgen unmittelbar aus den Regeln des Integrierens.

Als zweites Beispiel betrachten wir den Raum $\mathscr{S}_2$ aller über $\mathbb{R}$ definierten und zweimal stetig differenzierbaren Funktionen f, die mit Periode 2π periodisch sind: für alle reellen x gilt $f(x \pm 2\pi) = f(x)$. Das in ihm definierte innere Produkt sei ähnlich wie im ersten Beispiel festgelegt: Je zwei Funktionen f und g aus $\mathscr{S}_2$ wird der Skalar $(f|g)$ nach der Regel

$$(f|g) = \frac{1}{\pi}\int_{-\pi}^{\pi} f(x)\, g(x)\, \mathrm{d}x$$

zugeordnet. Der Index 2 bei $\mathscr{S}_2$ weist auf die Voraussetzung der *zweifachen* stetigen Differenzierbarkeit hin. Mit $\mathscr{S}$ ohne Index verstehen wir den umfassenderen linearen Raum aller über $\mathbb{R}$ definierten und bloß stetigen Funktionen f, die mit Periode 2π periodisch sind. Nicht über $\mathscr{S}$, wohl aber über $\mathscr{S}_2$ definieren wir L als den linearen Ableitungsoperator zweiter Ordnung

$$L = -\,\mathrm{D}^2 \qquad \text{mit} \qquad Lf(x) = -\,\mathrm{D}^2 f(x) = -\,\frac{\partial^2 f(x)}{\partial x^2}\,.$$

Dass L linear ist, folgt unmittelbar aus den Differentiationsregeln. Außerdem liegt der Argumentbereich $\mathscr{S}_2$ des linearen Operators L im Bildbereich $\mathscr{S}$ dieses Operators *dicht*. Denn man kann für jede Funktion g aus $\mathscr{S}$ und für jedes positive ε eine Funktion f aus $\mathscr{S}_2$ so konstruieren, dass $\|f - g\|_2 < \varepsilon$ zutrifft. Dass dies wirklich stimmt, werden wir erst im letzten Kapitel erörtern.

Dass man im zweiten Beispiel L nicht auf dem ganzen Raum $\mathscr{S}$, sondern nur auf dem dichten Teilraum $\mathscr{S}_2$ definieren konnte, ist für Ableitungsoperatoren typisch. Wie sich zeigt, liegt dies daran, dass Ableitungsoperatoren *unbeschränkt* sind. Man nennt nämlich L einen *beschränkten linearen Operator*, wenn es eine Konstante c gibt, welche die Ungleichung $\|Lu\| \le c\,\|u\|$ für alle Vektoren u garantiert. Bezeichnet zum Beispiel $\mathscr{S}_1$ den Raum aller über $\mathbb{R}$ definierten, stetig differenzierbaren und mit Periode 2π periodischen Funktionen, ist auf diesem Raum der Ableitungsoperator D ein linearer Operator. Für jede Zahl n ist die Funktion S_n gemäß $\mathrm{S}_n(x) = \sin nx$ definiert. Dann divergiert $\|L\mathrm{S}_n\|_2$ wegen

$$\|\mathrm{DS}_n\|_2^2 = (\mathrm{DS}_n|\mathrm{DS}_n) = \frac{1}{\pi}\int_{-\pi}^{\pi} n^2\cos^2(nx)\,\mathrm{d}x = n^2\,(\mathrm{C}_n|\mathrm{C}_n) = n^2\,, \qquad \|L\mathrm{S}_n\|_2 = n\,,$$

bei $n \to \infty$ nach unendlich. Im Gegensatz dazu bleibt $\|\mathrm{S}_n\|_2 = 1$ für alle Zahlen n beschränkt. Deshalb ist der Operator D und umso mehr auch $L = -\,\mathrm{D}^2$, der durch zweimaliges Anwenden von $\mathrm{j}\,\mathrm{D}$ entsteht, ein unbeschränkter Operator.

Nun bringen wir das innere Produkt ins Spiel. L bezeichnet einen linearen Operator. Wir wollen annehmen, es gelingt, jedem Vektor u einen Vektor w zuzuordnen, der für alle Vektoren v die Gleichung $(u|Lv) = (w|v)$ löst. Wenn dies der Fall ist, schreiben wir $w = L^* u$. Gehen wir von zwei Vektoren u' und u'' aus und setzen wir $w' = L^* u'$, $w'' = L^* u''$, folgt aus $(w' + w''|v) = (w'|v) + (w''|v) = (u'|Lv) + (u''|Lv) = (u' + u''|Lv)$, dass $L^*(u' + u'') = L^* u' + L^* u''$ zutrifft. Ebenso zeigt man für jeden Skalar r, dass $L^*(ru) = rL^* u$ zutrifft. Somit ist das von der Gleichung

$$(u|Lv) = (L^* u|v)$$

gekennzeichnete L^* ein linearer Operator, den man den zu L *adjungierten* Operator tauft. Das lateinische adiungere bedeutet „anbinden“.

Im endlichdimensionalen Fall, bei dem wie oben $j_1, j_2, \ldots, j_n$ eine Orthonormalbasis darstellt und die Matrix

$$\begin{pmatrix} c_{11} & c_{12} & \cdots & c_{1n} \\ c_{21} & c_{22} & \cdots & c_{2n} \\ \vdots & \vdots & \ddots & \vdots \\ c_{n1} & c_{n2} & \cdots & c_{nn} \end{pmatrix}$$

den linearen Operator L erfasst, lautet bei zwei Vektoren

$$u = \sum_{k=1}^{n} a_k j_k\,, \qquad v = \sum_{m=1}^{n} b_m j_m \qquad \text{wegen} \qquad Lv = \sum_{k=1}^{n} \sum_{m=1}^{n} c_{km} b_m j_k$$

das innere Produkt von u mit Lv

$$(u|Lv) = \sum_{k=1}^{n} \sum_{m=1}^{n} c_{km} b_m a_k = \sum_{m=1}^{n} \sum_{k=1}^{n} c_{km} a_k b_m\,.$$

Hieraus ersieht man, dass die transponierte Matrix

$$\begin{pmatrix} c_{11} & c_{21} & \cdots & c_{n1} \\ c_{12} & c_{22} & \cdots & c_{n2} \\ \vdots & \vdots & \ddots & \vdots \\ c_{1n} & c_{2n} & \cdots & c_{nn} \end{pmatrix}$$

der oben angeschriebenen Matrix den zu L adjungierten Operator L^* beschreibt.

Im Beispiel des linearen Raumes $\mathscr{C}\,[a;b]$ der über dem Intervall $[a;b]$ stetigen Funktionen, bei dem der lineare Operator L durch den Kern K erfasst wird, zeigt die Rechnung

$$\begin{aligned}(f|Lg) &= \int_a^b f(x) \int_a^b K(x,\xi)\, g(\xi)\, \mathrm{d}\xi \cdot \mathrm{d}x = \int_a^b g(\xi) \int_a^b K(x,\xi)\, f(x)\, \mathrm{d}x \cdot \mathrm{d}\xi = \\ &= \int_a^b g(x) \int_a^b K(\xi,x)\, f(\xi)\, \mathrm{d}\xi \cdot \mathrm{d}x\,,\end{aligned}$$

dass der adjungierte Operator L^* gemäß der Formel

$$L^* f(x) = \int_a^b K^*(x,\xi)\, f(\xi)\, \mathrm{d}\xi = \int_a^b K(\xi,x)\, f(\xi)\, \mathrm{d}\xi$$

durch jenen Kern K^* erfasst wird, für den $K^*(x,\xi) = K(\xi,x)$ zutrifft.

Im Beispiel des linearen Raumes $\mathscr{S}_2$ der zweimal stetig differenzierbaren und mit Periode 2π periodischen Funktionen ermitteln wir den zu $L = -\,\mathrm{D}^2$ adjungierten Operator mithilfe der partiellen Integration:

$$(g|Lf) = \frac{-1}{\pi} \int_{-\pi}^{\pi} g(x)\, f''(x)\, \mathrm{d}x = \frac{-1}{\pi} \int_{x=-\pi}^{x=\pi} g(x)\, \mathrm{d}\big(f'(x)\big) =$$

$$= \left[\frac{-1}{\pi} g(x) f'(x) \right]_{-\pi}^{\pi} + \frac{1}{\pi} \int_{x=-\pi}^{x=\pi} f'(x) \, \mathrm{d}\big(g(x)\big) =$$

an dieser Stelle beachten wir, dass wegen der vorausgesetzten Periodizität $g(\pi) f'(\pi) = g(-\pi) f'(-\pi)$ gilt und daher der erste Summand wegfällt

$$= \frac{1}{\pi} \int_{x=-\pi}^{x=\pi} f'(x) g'(x) \, \mathrm{d}x = \frac{1}{\pi} \int_{x=-\pi}^{x=\pi} g'(x) \, \mathrm{d}\big(f(x)\big) =$$

$$= \left[\frac{1}{\pi} g'(x) f(x) \right]_{-\pi}^{\pi} - \frac{1}{\pi} \int_{x=-\pi}^{x=\pi} f(x) \, \mathrm{d}\big(g'(x)\big) =$$

wegen des gleichen Arguments wie zuvor fällt der erste Summand weg

$$= \frac{-1}{\pi} \int_{-\pi}^{\pi} f(x) g''(x) \, \mathrm{d}x = \big(Lg|f\big) \, .$$

In diesem Beispiel stimmt der adjungierte Operator mit dem Operator selbst überein: $L^* = L$.

Allgemein nennen wir einen linearen Operator L *selbstadjungiert*, wenn $L^* = L$ zutrifft. Im endlichdimensionalen Fall ist dies offenkundig genau dann der Fall, wenn die dem Operator – bei vorgegebener Orthonormalbasis – zugeordnete Matrix symmetrisch ist. Die Feststellungen, die in Abschnitt 4.7 des zweiten Bandes über die Eigenwerte und Eigenvektoren einer symmetrischen Matrix und der dieser Matrix zugeordneten linearen Funktion getroffen wurden, versuchen wir für den allgemeinen Fall abstrakter linearer Räume zu übertragen.

5.12 Spektraldarstellung von Operatoren

Ein Skalar λ heißt ein *Eigenwert* des linearen Operators L und ein vom Nullvektor verschiedener Vektor v heißt ein zum Eigenwert λ zugehöriger *Eigenvektor*, wenn die Gleichung $Lv = \lambda v$ zutrifft. Sind λ und μ zwei voneinander verschiedene Eigenwerte des selbstadjungierten Operators L und bezeichnet v einen zu λ und w einen zu μ zugehörigen Eigenvektor, folgt aus

$$\mu(v|w) = \big(v|\mu w\big) = (v|Lw) = (Lv|w) = (\lambda v|w) = \lambda(v|w)$$

die Gleichung $\big(\mu - \lambda\big)(v|w) = 0$, die wegen $\lambda \neq \mu$ nur bei $(v|w) = 0$ stimmen kann. Die Eigenvektoren v und w verschiedener Eigenwerte stehen aufeinander normal.

Wenn wir eine endliche Folge $v_1, v_2, \ldots, v_s$ oder eine unendliche Folge $v_1, v_2, \ldots, v_n, \ldots$ von Eigenvektoren betrachten, die zu paarweise verschiedenen Eigenwerten $\lambda_1, \lambda_2, \ldots, \lambda_s$ beziehungsweise $\lambda_1, \lambda_2, \ldots, \lambda_n, \ldots$ gehören, können wir ohne Weiteres davon ausgehen, dass alle betrachteten Eigenvektoren v_m die Länge $\|v_m\| = 1$ besitzen. Dann bilden sie eine Orthonormalbasis des gegebenen linearen Raumes, oder eines Teilraumes des gegebenen linearen Raumes. Wenn die Vektoren $v_1, v_2, \ldots, v_s$ Eigenvektoren zum gleichen Eigenwert sind, erlaubt – wie wir es in Abschnitt 4.7 des zweiten Bandes gelernt haben – das Orthogonalisierungsverfahren von Gram und Schmidt davon ausgehen zu können, dass die Vektoren $v_1, v_2, \ldots, v_s$ eine Orthonormalbasis eines s-dimensionalen Teilraumes des gegebenen linearen Raumes bilden.

In jedem Fall dürfen wir daher voraussetzen, dass eine endliche Folge $v_1, v_2, \ldots, v_s$ oder eine unendliche Folge $v_1, v_2, \ldots, v_n, \ldots$ von paarweise aufeinander normal stehenden Eigenvektoren vorliegt, die jeweils die Länge 1 besitzen und zu den Eigenwerten $\lambda_1, \lambda_2, \ldots, \lambda_s$ beziehungsweise $\lambda_1, \lambda_2, \ldots, \lambda_n, \ldots$ gehören. Für jede Linearkombination

$$u = \sum_{m=1}^{n} a_m v_m$$

gilt jedenfalls

$$Lu = \sum_{m=1}^{n} \lambda_m a_m v_m \,.$$

David Hilbert, vielseitiger Mathematiker und begnadeter akademischer Lehrer in Göttingen von 1895 bis 1930, prägte für diese Formel und ihre von ihm entdeckten Verallgemeinerungen den Namen *Spektralsatz*. Die Eigenwerte eines linearen Operators liegen, so sagte Hilbert, im *Spektrum* des Operators. Dass dieses Wort etwas mit den Spektrallinien des Lichtes zu tun hat, ahnte sein Erfinder Hilbert möglicherweise gar nicht. Es spricht für die Intuition dieses herausragenden Mathematikers, schon mit seiner Wortwahl, aber auch mit den damit verwobenen mathematischen Methoden Wesentliches von der Quantentheorie des Lichtes vorweggenommen zu haben.

Mithilfe des Spektralsatzes überblickt Hilbert nicht bloß die Wirkungsweise des linearen Operators L, sondern er weiß zugleich, wie aus ihm gebildete lineare Operatoren wirken. Bezeichnet nämlich λ einen Eigenwert von L und v einen zugehörigen Eigenvektor, gilt für jede Zahl k die Beziehung $L^k v = \lambda^k v$. Dabei steht $L^k u$ für das k-malige Anwenden des Operators L auf den Vektor u. Wenn $p(z) = c_0 z^k + c_1 z^{k-1} + \ldots + c_{k-1} z + c_k$ ein Polynom in der Variable z bezeichnet, können wir z durch den Operator L ersetzen und erhalten so einen linearen Operator $M = p(L)$. Auf einen Vektor u wirkt M nach dem Bildungsgesetz $Mu = c_0 L^k u + c_1 L^{k-1} u + \ldots + c_{k-1} Lu + c_k u$. Für den Eigenvektor v mit λ als Eigenwert gilt darum $p(M)\, v = p(\lambda)\, v$. Mit anderen Worten: v ist Eigenvektor des Operators $p(M)$, wobei der Skalar $p(\lambda)$ der zugehörige Eigenwert ist.

Wie oben soll die endliche Folge $v_1, v_2, \ldots, v_s$ oder die unendliche Folge $v_1, v_2, \ldots, v_n, \ldots$ von Eigenvektoren der Länge 1 vorliegen, die zu den Eigenwerten $\lambda_1, \lambda_2, \ldots, \lambda_s$ beziehungsweise $\lambda_1, \lambda_2, \ldots, \lambda_n, \ldots$ gehören. Dann folgt aus dem Spektralsatz

$$\text{bei} \quad u = \sum_{m=1}^{n} a_m v_m \quad \text{gilt} \quad p(L)\, u = \sum_{m=1}^{n} p(\lambda_m)\, a_m v_m$$

Es liegt nahe, statt einer Polynomfunktion p allgemeiner eine als Potenzreihe darstellbare analytische Funktion f oder noch allgemeinere Funktionen f in den Blick zu nehmen und entsprechende Operatoren $f(L)$ zu untersuchen. All dies hatten Hilbert, seine Schüler und seine Kollegen erfolgreich unternommen. Wir wollen es hier mit diesen Andeutungen belassen und uns zur Verdeutlichung der Theorie einem wichtigen Beispiel zuwenden.

Wir betrachten den Raum $\mathscr{S}_2$ aller über $\mathbb{R}$ definierten und zweimal stetig differenzierbaren Funktionen f, die mit Periode 2π periodisch sind. Der Ableitungsoperator L ist als $L = -\mathrm{D}^2$ definiert. Eine Funktion f aus $\mathscr{S}_2$ heißt eine *Eigenfunktion*, wenn sie ein Eigenvektor des Operators L ist, wenn also für einen reellen Eigenwert λ die Gleichung $Lf = \lambda f$ zutrifft. Schreibt man $u = f(x)$, verwandelt sich die Eigenwertgleichung $Lf = \lambda f$ zur Differentialgleichung

$$-\frac{\partial^2 u}{\partial x^2} = \lambda u\,, \qquad \text{also} \qquad \frac{\partial^2 u}{\partial x^2} + \lambda u = 0\,.$$

Mit $u_1 = \cos\sqrt{\lambda}x$ und $u_2 = \sin\sqrt{\lambda}x$ liegt ein Fundamentalsystem dieser Differentialgleichung vor. Die Forderung der Periodizität, also die beiden Gleichungen

$$u_1(x \pm 2\pi) = \cos\left(\sqrt{\lambda}x \pm 2\pi\sqrt{\lambda}\right) = \cos 2\pi\sqrt{\lambda}\cdot u_1(x) \mp \sin 2\pi\sqrt{\lambda}\cdot u_2(x) = u_1(x)\,,$$

$$u_2(x \pm 2\pi) = \sin\left(\sqrt{\lambda}x \pm 2\pi\sqrt{\lambda}\right) = \sin 2\pi\sqrt{\lambda}\cdot u_1(x) \pm \cos 2\pi\sqrt{\lambda}\cdot u_2(x) = u_2(x)\,,$$

führen zur Forderung $\cos 2\pi\sqrt{\lambda} = 1$ und $\sin 2\pi\sqrt{\lambda} = 0$. Aus der zweiten der beiden Gleichungen ersehen wir, dass $\sqrt{\lambda}$ ein nichtnegatives ganzzahliges Vielfaches von $1/2$ sein muss. Die erste der beiden Gleichungen schließt für $\sqrt{\lambda}$ die ungeraden Vielfachen von $1/2$ aus, weil bei ihnen $\cos 2\pi\sqrt{\lambda} = -1$ wäre. Darum ist entweder $\sqrt{\lambda} = 0$ oder aber $\sqrt{\lambda} = n$, wobei n eine beliebige Zahl bezeichnet. Es sind daher die bereits im fünften Abschnitt betrachteten Funktionen C_0, sowie $\mathrm{C}_1, \mathrm{C}_2, \ldots, \mathrm{C}_n, \ldots$ und $\mathrm{S}_1, \mathrm{S}_2, \ldots, \mathrm{S}_n, \ldots$, definiert durch

$$\mathrm{C}_0(x) = \frac{1}{\sqrt{2}}\,, \qquad \mathrm{C}_n(x) = \cos nx\,, \qquad \mathrm{S}_n(x) = \sin nx\,,$$

die Eigenfunktionen des Operators L. Der zu C_0 gehörende Eigenwert ist $\lambda = 0$ und der zu C_n und zu S_n gehörende Eigenwert ist $\lambda = n^2$.

Inwieweit man mit den Linearkombinationen dieser Eigenfunktionen den gesamten Raum $\mathscr{S}_2$, ja sogar den Raum $\mathscr{S}$, möglicherweise sogar einen noch umfassenderen Raum aufspannen kann, soll uns im letzten Kapitel beschäftigen.

5.13 Quantentheorie

Die Tatsache, dass der selbstadjungierte Ableitungsoperator $L = -\mathrm{D}^2$ als Quadrat des Ableitungsoperators $P = \mathrm{jD}$ geschrieben werden kann, wobei j mit $\mathrm{j}^2 = -1$ die imaginäre Einheit bezeichnet, veranlasste Hilbert, nicht nur reelle, sondern auch *komplexe Größen als Skalare* zuzulassen. Im letzten Abschnitt dieses Kapitels wollen wir solche von Hilbert betrachteten und von uns *komplexe lineare Räume* genannten Vektorräume zwar nur sehr verkürzt, aber dennoch präsentieren. Die üblichen Gesetze zwischen den hier mit griechischen Kleinbuchstaben $\psi, \phi, \ldots$ bezeichneten Vektoren und nun aus der komplexen Ebene $\mathbb{C}$ entnommenen Skalaren bleiben gültig. Einzig beim inneren Produkt $(\psi|\phi)$ ersetzt Hilbert das Kommutativgesetz durch die Forderung

$$(\psi|\phi) = \overline{(\phi|\psi)}\,,$$

wobei der Querstrich den Übergang zur konjugiert komplexen Größe bezeichnet.

In der von den Physikern Max Planck, Albert Einstein, Niels Bohr und anderen Anfang des 20. Jahrhunderts erfundenen Quantentheorie bilden solche komplexen linearen Räume die

Bühne des physikalischen Geschehens. Vom Nullvektor verschiedene Vektoren $\psi, \phi, \ldots$ heißen *Zustände* des jeweils betrachteten physikalischen Systems. Sie enthalten alle Informationen, die man aus dem System gewinnen kann. Lineare Operatoren heißen *dynamische Variablen* des physikalischen Systems, und wenn ein linearer Operator L selbstadjungiert ist, wird er eine *Observable* des physikalischen Systems genannt. Das Verhältnis $(\psi|L\psi) : (\psi|\psi)$ nennt man den *Erwartungswert*, mit dem man bei der Messung der Observable L rechnen muss, wenn sich das physikalische System im Zustand ψ befindet. Weil nach dem oben statt der Kommutativität angeschriebenen Gesetz für das innere Produkt bei einem selbstadjungierten Operator L

$$(\psi|L\psi) = (L\psi|\psi) = \overline{(\psi|L\psi)} \qquad \text{und} \qquad (\psi|\psi) = \overline{(\psi|\psi)}$$

gilt, ist es klar, dass der Erwartungswert einer Observable immer eine reelle Größe ist.

Wenn ψ ein *normierter Zustand* ist, der durch die Forderung $(\psi|\psi) = 1$ gekennzeichnet wird, errechnet sich der Erwartungswert einer Observable L einfach als $(\psi|L\psi)$. Bezeichnet f eine reelle Funktion, die der Observable L die Observable $f(L)$ zuordnet, nennt man dementsprechend $(\psi|f(L)\psi)$ den Erwartungswert der Observable $f(L)$, wenn sich das System im normierten Zustand ψ befindet. Bezeichnet zum Beispiel $\lambda = (\psi|L\psi)$ den Erwartungswert von L im normierten Zustand ψ, errechnet sich in diesem Zustand der Erwartungswert von $L - \lambda$ als

$$(\psi|(L-\lambda)\psi) = (\psi|L\psi) - \lambda(\psi|\psi) = 0 \,.$$

Hingegen lautet der Erwartungswert von $(L-\lambda)^2$ in diesem Zustand ψ

$$(\psi|(L-\lambda)^2\psi) = ((L-\lambda)\psi|(L-\lambda)\psi) = \|(L-\lambda)\psi\|^2 \,.$$

Dies ist, vom Fall $(L-\lambda)\psi = 0$ abgesehen, eine positive Größe.

Dieser Ausnahmefall gilt mit einer Bezeichnung gewürdigt zu werden: Ein Zustand ψ heißt ein *Eigenzustand* der Observable L, wenn für die reelle Größe λ die Beziehung $L\psi = \lambda\psi$ zutrifft. Dann gilt selbstverständlich auch $L^2\psi = L(L\psi) = \lambda L\psi = \lambda^2\psi$, sogar allgemein $f(L)\psi = f(\lambda)\psi$. Im normierten Eigenzustand ψ ist folglich der Erwartungswert der Observable $f(L)$ die reelle Größe $f(\lambda)$. Sie ergibt sich bei jeder Messung von $f(L)$, wenn sich das System im normierten Eigenzustand ψ befindet.

Ist hingegen der normierte Zustand ψ kein Eigenzustand der Observable L, erweist sich die Größe $\sigma^2 = \|(L-\lambda)\psi\|^2$ als positiv. Wie bereits oben angedeutet, errechnet sie sich als

$$\begin{aligned}\sigma^2 &= ((L-\lambda)\psi|(L-\lambda)\psi) = (L\psi|L\psi) - (\lambda\psi|L\psi) - (L\psi|\lambda\psi) + \lambda^2(\psi|\psi) = \\ &= \|L\psi\|^2 - 2\lambda^2(\psi|\psi) + \lambda^2(\psi|\psi) = \|L\psi\|^2 - \lambda^2 \,.\end{aligned}$$

Die sich hieraus ergebende Beziehung

$$(\psi|L^2\psi) = (L\psi|L\psi) = \lambda^2 + \sigma^2$$

zeigt, dass der Erwartungswert von L^2 im normierten Zustand ψ keineswegs mit dem Quadrat des Erwartungswertes von L in diesem Zustand übereinstimmt. Physikalisch deutet man dies dadurch an, dass Messungen der Observable L nicht immer den Erwartungswert λ als Messergebnis liefern, sondern um diesen schwanken. Dementsprechend heißt σ^2 die *Varianz* und deren positive Wurzel σ die *Unbestimmtheit* oder die *Unschärfe* bei der Messung der Observable L, wenn sich das physikalische System im normierten Zustand ψ befindet.

Ein Beispiel soll an dieser Stelle weiterführen: Die Variable x bezeichne die Ortsvariable des sehr einfachen eindimensionalen physikalischen Systems. Wir sagen, dass wir den Zustand ψ des Systems *im Ortsbild* betrachten, wenn wir dem abstrakten Vektor ψ eine komplexe und von x abhängige Variable zuordnen, die wir der Einfachheit halber mit $\psi(x)$ bezeichnen. Der lineare Operator X, der im Ortsbild die Variable $\psi(x)$ mit der jeweiligen Ortsvariable x multipliziert, $X\psi(x) = x \cdot \psi(x)$, ist jene Observable, die den *Ort* des physikalischen Systems im Zustand ψ bestimmt. Und der lineare Operator P, der im Ortsbild die Variable $\psi(x)$ nach x differenziert und danach mit der komplexen Einheit j multipliziert, $P\psi(x) = \mathrm{j} \cdot \partial\psi(x)/\partial x$, ist – von einer reellen Konstante abgesehen, die uns nicht interessiert – jene Observable, die den sogenannten *Impuls* des physikalischen Systems im Zustand ψ bestimmt. Die Rechnung

$$(PX - XP)\psi(x) = \mathrm{j}\frac{\partial}{\partial x}\left(x\psi(x)\right) - x \cdot \mathrm{j}\frac{\partial\psi(x)}{\partial x} = \mathrm{j}\cdot\psi(x) + x\cdot\mathrm{j}\frac{\partial\psi(x)}{\partial x} - x\cdot\mathrm{j}\frac{\partial\psi(x)}{\partial x} = \mathrm{j}\cdot\psi(x)$$

zeigt, dass PX und XP voneinander verschieden sind. Für sie gilt

$$PX - XP = \mathrm{j}\,.$$

Nun nehmen wir an, dass ψ einen normierten Zustand bezeichnet. Es symbolisieren $\xi = (\psi|X\psi)$ den Erwartungswert des Ortes und $\eta = (\psi|P\psi)$ den Erwartungswert des Impulses. Wir bezeichnen mit $\Delta X = X - \xi$ und mit $\Delta P = P - \eta$, die Streuungen der Observablen X und P um ihre Erwartungswerte ξ und η. Auch für sie errechnet sich $\Delta P\,\Delta X - \Delta X\,\Delta P$ als j, wie die Rechnung

$$\begin{aligned}&\Delta P\,\Delta X - \Delta X\,\Delta P = (P-\eta)(X-\xi) - (X-\xi)(P-\eta) = \\ &= PX - \eta X - \xi P + \xi\eta - XP + \xi P + \eta X - \xi\eta = PX - XP = \mathrm{j}\end{aligned}$$

beweist. Aus der Ungleichung von Cauchy und Schwarz und der Selbstadjungiertheit der Operatoren ΔX und ΔP folgt

$$\begin{aligned}&\left|(\psi|\Delta X\,\Delta P\psi)\right| = \left|(\Delta X\psi|\Delta P\psi)\right| \le \|\Delta X\psi\|\,\|\Delta P\psi\|\,, \\ &\left|(\psi|\Delta P\,\Delta X\psi)\right| = \left|(\Delta P\psi|\Delta X\psi)\right| \le \|\Delta P\psi\|\,\|\Delta X\psi\|\,.\end{aligned}$$

Alle diese Beziehungen verwenden wir nun in der Rechnung

$$\begin{aligned}&1 = (\psi|\psi) = \left|(\psi|\mathrm{j}\psi)\right| = \left|(\psi|\,(\Delta P\,\Delta X - \Delta X\,\Delta P)\,\psi)\right| = \left|(\psi|\Delta P\,\Delta X\psi) - (\psi|\Delta X\,\Delta P\psi)\right| \le \\ &\le \|\Delta P\psi\|\,\|\Delta X\psi\| + \|\Delta X\psi\|\,\|\Delta P\psi\| = 2\,\|\Delta X\psi\|\,\|\Delta P\psi\|\,.\end{aligned}$$

Wir lernten, dass $\|\Delta X\psi\|^2 = \|(X-\xi)\,\psi\|^2$ und $\|\Delta P\psi\|^2 = \|(P-\eta)\,\psi\|^2$ die Varianzen sowie deren Wurzeln $\|\Delta X\psi\|$ und $\|\Delta P\psi\|$ die Unbestimmtheiten der Observablen Ort und Impuls darstellen. Die eben hergeleitete Beziehung

$$\|\Delta X\psi\|\,\|\Delta P\psi\| \ge \frac{1}{2}$$

heißt die nach dem Physiker Werner Heisenberg benannte *Unschärferelation*. Sie beweist, dass in der Quantentheorie der Orts- und Impulsmessung eines physikalischen Systems prinzipielle Grenzen gesetzt sind.

5.14 Übungsaufgaben

5.1 bis **5.3**: In einem linearen Raum mit $u, v, w, \ldots$ als Vektoren ist für je zwei Vektoren u, v der reelle Skalar $(u|v)$ als inneres Produkt definiert. Der nichtnegative Abstand $\|u-v\|$ zweier Vektoren u, v ist durch $\|u-v\|^2 = (u-v|u-v)$ festgelegt.

5.1 Es sind die drei Abstandsregeln

erstens die Positivität:	bei $u \neq v$ ist $\|u-v\| > 0$
zweitens die Symmetrie:	$\|u-v\| = \|v-u\|$
drittens die Dreiecksungleichung:	$\|u-w\| \leq \|u-v\| + \|v-w\|$

zu begründen.

5.2 Es ist die Parallelogrammregel

$$\|u+v\| + \|u-v\| = 2\,\|u\| + 2\,\|v\|$$

herzuleiten.

5.3 Es ist die Darstellungsregel

$$(u|v) = \frac{1}{4}\left(\|u+v\|^2 - \|u-v\|^2\right)$$

des inneren Produktes mithilfe des Abstandes zu begründen.

5.4 bis **5.5**: Im linearen Raum $\mathscr{C}[-1;1]$ aller über $[-1;1]$ stetigen Funktionen $f, g, \ldots$ ist

$$(f|g) = \int_{-1}^{1} f(x)\,g(x)\,\mathrm{d}x$$

als inneres Produkt definiert.

5.4 Es sind die Längen der Funktionen f_0, f_1, f_2 zu berechnen, die durch $f_0(x) = 1$, $f_1(x) = x$, $f_2(x) = x^2$ gegeben sind. Welche Winkel schließen diese Funktionen zueinander ein?

5.5 In dem von den Funktionen f_0, f_1, f_2 mit $f_0(x) = 1$, $f_1(x) = x$, $f_2(x) = x^2$ aufgespannten Unterraum ist eine Orthonormalbasis g_0, g_1, g_2 zu errichten. Es sind also in diesem Unterraum drei Funktionen g_0, g_1, g_2 zu konstruieren, die jeweils die Länge 1 besitzen und paarweise aufeinander normal stehen.

5.6 Zwei Spieler vereinbaren, dass derjenige den gesamten Einsatz erhalten soll, der zuerst vier Runden gewonnen hat. Nachdem der erste Spieler zwei und der zweite Spieler eine Runde gewonnen hatten, erzwingt eine „höhere Gewalt" den Abbruch des Spiels. Wie ist der Einsatz gerechterweise zu verteilen?

5.7 Ein Spieler setzt beim Münzwurf ständig auf Kopf. Gewinnt er, erhält er einen Euro, verliert er, hat er einen Euro zu zahlen. Er beginnt mit einem Kapital von hundert Euro und will so lange spielen, bis er tausend Euro in der Tasche hat – oder alles verliert. Wie groß ist die Wahrscheinlichkeit seines Ruins?

Anleitung: Es bezeichne $p(x)$ die Wahrscheinlichkeit, dass der Spieler bei einem verfügbaren Kapital von x Euro das Spiel nicht mit dem Gewinn von tausend Euro beendet, sondern alles verliert. Offensichtlich sind nur Werte von x mit $0 < x < 1000$ von Interesse, denn es gilt $p(0) = 1$ und $p(1000) = 0$. Mit B bezeichnen wir das Ereignis des Ruins und mit A bezeichnen wir das Ereignis, dass die Münze nach dem Fallen Kopf zeigt. Es sind die Beziehungen

$$\Pr(B|A) = p(x+1)\ , \qquad \Pr\left(B|A^{\mathrm{c}}\right) = p(x-1)$$

zu begründen und hieraus

$$p(x) = \frac{p(x+1) + p(x-1)}{2}$$

zu folgern. Dies besagt: Wenn $y = p(x)$ durch die Punkte $\left(x-1, p(x-1)\right)$ und $\left(x+1, p(x+1)\right)$ verläuft, liegt auch der Mittelpunkt $\left(x, p(x)\right)$ dieser beiden Punkte auf der Funktionskurve $y = p(x)$. Darum kann man vom Ansatz $y = p(x) = kx + d$ ausgehen.

5.8 In einem Topf sind 8 weiße und 2 schwarze Kugeln. In einem zweiten Topf sind 30 weiße und 70 schwarze Kugeln. Ein dritter Topf schließlich enthält 400 weiße und 600 schwarze Kugeln. Zunächst wird einer der drei Töpfe nach dem Zufallsprinzip gewählt und danach aus diesem eine Kugel blind herausgefischt. Wie groß ist die Wahrscheinlichkeit, eine weiße Kugel zu erhalten? Wie groß ist im Gegensatz dazu die Wahrscheinlichkeit, eine weiße Kugel aus einem vierten Topf zu entnehmen, wenn man vorher den Inhalt der drei Töpfe in den zuvor leeren vierten Topf geschüttet hat?

5.9 Zwei Würfel werden geworfen. Die Zufallsvariable X nennt den Unterschied, also den Betrag der Differenz der Augenzahlen. Wie groß ist ihr Erwartungswert?

5.10 Zwei Würfel werden geworfen. Die Zufallsvariable X nennt die größere der beiden Augenzahlen und die Zufallsvariable Y nennt die Summe der beiden Augenzahlen. Wie lauten in diesem Beispiel die Erwartungswerte von X und Y, die Kovarianz von X und Y, die Varianzen von X und Y und der Korrelationskoeffizient von X und Y?

5.11 Es ist zu zeigen, dass bei zwei voneinander unabhängigen Ereignissen A und B der Korrelationskoeffizient der Zufallsvariablen $X = \delta_A$ und $Y = \delta_B$ Null beträgt.

5.12 Die Zufallsvariable X nimmt jeweils mit der Wahrscheinlichkeit $1/4 = 25\,\%$ die Werte -2, -1, 1, 2 an. Es ist zu zeigen, dass der Korrelationskoeffizient von X und $Y = X^2$ Null beträgt, obwohl X und Y offenkundig nicht voneinander unabhängig sind.

5.13 Es liegt eine Binomialverteilung X mit dem Erfolgsparameter $p = 50\,\%$ und dem Zählparameter **a)** $n = 2$, **b)** $n = 4$, **c)** $n = 8$ vor. Es ist die Wahrscheinlichkeit dafür zu ermitteln, dass der Wert x der Zufallsvariablen X im Intervall $[a - s; a + s]$ beziehungsweise im Intervall $[a - 2s; a + 2s]$ liegt, wobei $a = np$ den Erwartungswert und $s^2 = npq$ die Varianz von X bezeichnen.

5.14 Mithilfe der Poissonverteilung ist die folgende Aufgabe zu bearbeiten: Eine Fabrik stellt Glühbirnen unter gleichen Produktionsbedingungen her. Die Wahrscheinlichkeit, dass eine Glühbirne defekt ist, sei 0.5 %. Wie groß ist die Wahrscheinlichkeit, dass eine Sendung von tausend Glühbirnen höchstens eine defekte enthält?

5.15 Mithilfe der (in Tabellen aufgelisteten) Funktionswerte des gaußschen Fehlerintegrals ist zu bestätigen, dass eine Normalverteilung bei rund zwei Drittel aller Elementarereignisse die Werte im Konfidenzintervall $[\mu - \sigma; \mu + \sigma]$ besitzt, bei rund 95 % aller Elementarereignisse die

Werte im Konfidenzintervall $[\mu-2\sigma;\mu+2\sigma]$ besitzt und bei rund 99 % aller Elementarereignisse die Werte im Konfidenzintervall $[\mu-3\sigma;\mu+3\sigma]$ besitzt.

5.16 Eine Zufallsvariable X nimmt die Werte -3, -2, -1, 1, 2, 3 jeweils mit den Wahrscheinlichkeiten 1/4, 1/6, 1/12, 1/12, 1/6, 1/4 an. Mit welcher Wahrscheinlichkeit ist der Wert eines Elementarereignisses um mehr als 2.5 vom Erwartungswert entfernt? Welche maximale Wahrscheinlichkeit für dieses Ereignis nennt die Ungleichung von Tschebyscheff?

5.17 bis **5.20**: In einem Topf liegen n Kugeln, von denen k weiß und die restlichen $n-k$ schwarz sind. Aus dem Topf werden m Kugeln blind herausgefischt. Die Zufallsvariable X zählt, wie viele der entnommenen m Kugeln weiß sind. Man sagt bei Beispielen wie diesem, dass die Zufallsvariable X *hypergeometrisch* verteilt ist.

5.17 Für jede ganze Zahl h zwischen 0 und m ist die Formel

$$\Pr(X=h) = \frac{\binom{k}{h}\binom{n-k}{m-h}}{\binom{n}{m}}$$

aus den Tatsachen zu begründen, dass die beiden Faktoren im Zähler die Anzahlen der Möglichkeiten benennen, genau h der k weißen und genau $m-h$ der $n-k$ schwarzen Kugeln zu ziehen und der Nenner die Anzahl der Möglichkeiten benennt, genau m der n Kugeln zu ziehen.

5.18 Bei einer Lotterie mit tausend Losen werden zehn Lose als Gewinnlose gezogen. Wie viele Lose sollten gekauft werden, wenn man mit 90 %iger Wahrscheinlichkeit gewinnen will?

5.19 In der Aufgabe **5.18** liegt zwar eine hypergeometrische Verteilung vor. Eine Binomialverteilung liegt vor, wenn man den Aufgabentext folgendermaßen verändert: Bei einer Lotterie mit tausend Losen werden zehn Lose als Gewinnlose gezogen. Wie oft sollte an der Lotterie mit dem Kauf eines Loses teilgenommen werden, wenn man mit 90 %iger Wahrscheinlichkeit mindestens einmal gewinnen will? Mithilfe der Poissonverteilung kann man diese Frage sehr schnell beantworten.

5.20 Dass die beiden Antworten in den Aufgaben **5.18** und **5.19** fast übereinstimmen, ist kein Zufall. Es ist allgemein für ein hinreichend großes n und ein hinreichend kleines m bei $p=k/n$ die Näherung

$$\Pr(X=h) = \frac{\binom{k}{h}\binom{n-k}{m-h}}{\binom{n}{m}} \approx \frac{(mp)^h}{h!}\cdot \mathrm{e}^{-mp}$$

herzuleiten.

5.21 bis **5.22**: Wir betrachten den linearen Raum aller über $[0;1]$ definierten zweimal stetig differenzierbaren Funktionen f für die $f'(0)=f'(1)=0$ zutrifft. In ihm ist das innere Produkt $(f|g)$ zweier derartiger Funktionen durch

$$(f|g) = \int_0^1 f(x)\,g(x)\,\mathrm{d}x$$

festgelegt. Es sei der lineare Operator L durch

$$Lf(x) = -\frac{\partial^2}{\partial x^2} f(x) = -f''(x)$$

definiert.

5.21 Es ist zu begründen, dass der Operator $L = -\partial^2/\partial x^2$ selbstadjungiert ist.

5.22 Es sind die Eigenwerte und die Eigenfunktionen des Operators $L = -\partial^2/\partial x^2$ zu ermitteln.

5.23 bis **5.25**: Wir betrachten den linearen Raum $\mathscr{C}[0;1]$ aller über $[0;1]$ definierten und stetigen Funktionen f. In ihm ist das innere Produkt $(f|g)$ zweier derartiger Funktionen durch

$$(f|g) = \int_0^1 f(x)\,g(x)\,\mathrm{d}x$$

festgelegt. Es sei der lineare Operator L durch

$$Lf(x) = 3\int_0^1 x\xi f(\xi)\,\mathrm{d}\xi$$

definiert.

5.23 Es ist zu begründen, dass die durch $\varphi(x) = \sqrt{3}x$ gegebene Funktion φ eine Eigenfunktion des Operators L zum Eigenwert 1 ist und dass einerseits $\|\varphi\| = 1$ gilt und andererseits die Spektraldarstellung $Lf = (f|\varphi)\,\varphi$ besteht.

5.24 Es ist im genannten Raum die Integralgleichung

$$f(x) + 3\int_0^1 x\xi f(\xi)\,\mathrm{d}\xi = 2x$$

zu lösen.

Hinweis: Zu diesem Zweck empfiehlt es sich, die Funktion g durch $g(x) = 2x$ zu definieren und die obige Integralgleichung in der Form $f + Lf = g$ zu schreiben. Die in der vorigen Aufgabe hergeleitete Spektraldarstellung von L erlaubt die Umformung $f + (f|\varphi)\,\varphi = g$. Hieraus ergibt sich $2(f|\varphi) = (g|\varphi)$ und daher nach Einsetzen in die Integralgleichung die Lösung

$$f = g - \frac{1}{2}(g|\varphi)\,\varphi\,.$$

Wie lautet daher $f(x)$?

5.25 Es ist im genannten Raum die Integralgleichung

$$f(x) = 3\int_0^1 x\xi f(\xi)\,\mathrm{d}\xi + 3x - 2$$

zu lösen.

Hinweis: Zu diesem Zweck empfiehlt es sich, die Funktion g durch $g(x) = 3x - 2$ zu definieren und die obige Integralgleichung in der Form $f = Lf + g$ zu schreiben. Die in der vorigen Aufgabe hergeleitete Spektraldarstellung von L erlaubt die Umformung $f = (f|\varphi)\,\varphi + g$. Hieraus ergibt sich, dass die Gleichung nur in dem Fall lösbar ist, bei dem g auf die Eigenfunktion φ

normal steht. Es ist zu zeigen, dass dies bei $g(x) = 3x - 2$ und bei $\varphi(x) = \sqrt{3}x$ tatsächlich der Fall ist. Es ist zu begründen, dass mit einer speziellen Lösung f_0 der so strukturierten Integralgleichung für jedes konstante c auch $f = f_0 + c\varphi$ Lösung der Integralgleichung ist und dass die allgemeine Lösung der Integralgleichung von dieser Gestalt sein muss. Hiermit ist zu begründen, dass die allgemeine Lösung der gegebenen Integralgleichung durch $f(x) = cx-2$ gegeben ist.

Lösungen der Rechenaufgaben

5.4 $\|f_0\| = \sqrt{2}$, $\|f_1\| = \sqrt{2/3}$, $\|f_2\| = \sqrt{2/5}$, $\sphericalangle f_0 f_1 = 90°$, $\sphericalangle f_0 f_2 = 41°48'37''$, $\sphericalangle f_1 f_2 = 90°$

5.5 $g_0(x) = 1/\sqrt{2}$, $g_1(x) = \sqrt{3/2}\, x$, $g_2(x) = \sqrt{5/2}((3/2)x - (1/2))$

5.6 11/16 des Einsatzes für den ersten, 5/16 des Einsatzes für den zweiten Spieler

5.7 90 %

5.8 50 %, nach dem Zusammenwerfen der Kugeln in den vierten Topf: $146/370 \approx 39.46\,\%$

5.9 $35/18 \approx 1.94$

5.10 $\mathrm{Erw}(X) = 161/36 \approx 4.47$, $\mathrm{Erw}(Y) = 7$, $\mathrm{Erw}(XY) = 1232/36 \approx 34.22$, $\sigma^2(X) = 2555/1296 \approx 1.97$, $\sigma^2(Y) = 219/36 \approx 6.08$, $\rho = 630/\sqrt{559545} \approx 0.8422$

5.13 **a**) 1/2 und 1, **b**) 7/8 und 1, **a**) 91/128 und 119/128

5.14 $6e^{-5} \approx 4.04\,\%$

5.16 1/2, nach Tschebyscheff: 24/25

5.18 204

5.20 Für alle natürlichen Zahlen n: Eigenwerte $\lambda_n = n^2\pi^2$ mit den durch $\cos(n\pi x)$ gegebenen Eigenfunktionen

5.24 $f(x) = x$

5.25 $f(x) = cx - 2$ bei einer beliebigen Konstante c

6 Vollständige Räume

6.1 Dirichletsche Kernfunktionen

In Abschnitt 4.11 lernten wir zum ersten Mal die Fourierreihen kennen. Wir erzählten in diesem Zusammenhang, dass Dirichlet die Summenformel

$$1+2\sum_{k=1}^{\infty}\cos k\varphi = 2\pi\sum_{n=-\infty}^{\infty}\delta\left(\varphi-2\pi n\right)$$

erahnte. Tatsächlich konnte er sie nicht so anschreiben, denn Dirichlet lebte hundert Jahre, bevor die verallgemeinerten Funktionen, insbesondere die diracsche Deltafunktion, entdeckt wurden. Tatsächlich berechnete Dirichlet nicht die links angeschriebene unendliche Reihe, sondern deren Partialsummen

$$D_n\left(\varphi\right)=1+2\sum_{k=1}^{n}\cos k\varphi$$

Einerseits konnte Dirichlet diese Summen auswerten, denn er berief sich auf die Summenformel der geometrischen Summe:

$$D_n\left(\varphi\right)=1+2\sum_{k=1}^{n}\cos k\varphi=1+\sum_{k=1}^{n}\left(e^{jk\varphi}+e^{-jk\varphi}\right)=\sum_{k=-n}^{n}e^{jk\varphi}=$$

$$=e^{-jn\varphi}\sum_{m=0}^{2n}\left(e^{j\varphi}\right)^m=e^{-jn\varphi}\cdot\frac{1-e^{j(2n+1)\varphi}}{1-e^{j\varphi}}=\frac{e^{-jn\varphi}-e^{j(n+1)\varphi}}{1-e^{j\varphi}}=$$

an dieser Stelle erweitert Dirichlet den Bruch mit $e^{-j\varphi/2}$

$$=\frac{e^{-j(n+\frac{1}{2})\varphi}-e^{j(n+\frac{1}{2})\varphi}}{e^{-j\frac{\varphi}{2}}-e^{j\frac{\varphi}{2}}}=\frac{e^{-j(n+\frac{1}{2})\varphi}-e^{j(n+\frac{1}{2})\varphi}}{2j}\cdot\frac{2j}{e^{-j\frac{\varphi}{2}}-e^{j\frac{\varphi}{2}}}=\frac{\sin\left(n+\frac{1}{2}\right)\varphi}{\sin\frac{\varphi}{2}}\,.$$

Jedenfalls stellt Dirichlet fest, dass die nach ihm benannten *Kernfunktionen* D_n für jede Zahl n die folgenden Eigenschaften besitzen: Sie sind erstens gerade Funktionen und zweitens periodische Funktionen mit der Periode 2π. Sie besitzen drittens innerhalb des Intervalls $[-\pi;\pi]$ die $2n$ Nullstellen

$$\pm\frac{2\pi}{2n+1},\quad \pm\frac{4\pi}{2n+1},\quad \pm\frac{6\pi}{2n+1},\quad \ldots,\quad \pm\frac{2n\pi}{2n+1}\,.$$

Blickt Dirichlet auf die ursprüngliche Definition der D_n als Partialsummen, erkennt er viertens, dass $D_n(0)=2n+1$ ist, und fünftens, dass

$$\int_{-\pi}^{\pi}D_n\left(\varphi\right)d\varphi=2\pi$$

zutrifft. Das bei $u = D_n(\varphi)$ in der φ-u-Ebene liegende gleichschenklige Dreieck, das auf der φ-Achse das Intervall $[-2\pi/(2n+1); 2\pi(2n+1)]$ zwischen den am Ursprung angrenzenden Nullstellen von D_n als Basis besitzt und dessen Spitze auf der u-Achse bei $u = D_n(0) = 2n+1$ liegt, hat ebenfalls diesen Flächeninhalt.

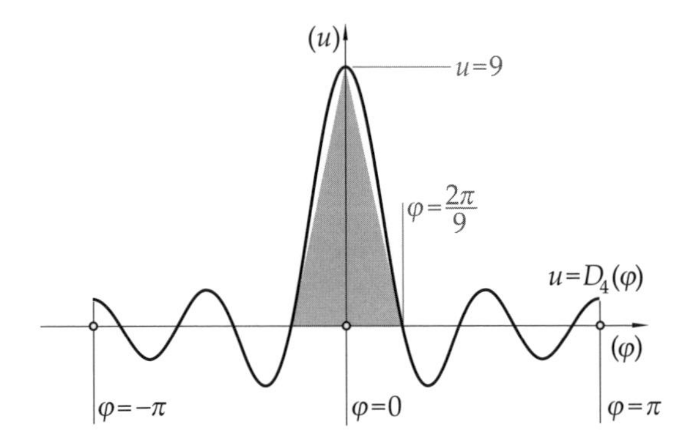

Bild 6.1 Schaubild der dirichletschen Kernfunktion D_4

Andererseits weist Dirichlet auf den Zusammenhang seiner Kernfunktionen mit den Partialsummen

$$s_n(x) = \frac{a_0}{2} + \sum_{k=1}^{n} (a_k \cos kx + b_k \sin kx)$$

der Fourierreihe einer stetigen und mit Periode 2π periodischen Funktion f hin. Deren Fourierkoeffizienten $a_0, a_1, b_1, a_2, b_2, \ldots$ errechnen sich bekanntlich nach den Formeln

$$a_0 = \frac{1}{\pi}\int_{-\pi}^{\pi} f(\xi)\,\mathrm{d}\xi\,,$$

$$a_k = \frac{1}{\pi}\int_{-\pi}^{\pi} f(\xi)\cos k\xi\cdot\mathrm{d}\xi\,, \qquad b_k = \frac{1}{\pi}\int_{-\pi}^{\pi} f(\xi)\sin k\xi\cdot\mathrm{d}\xi\,.$$

Dirichlet setzt diese Formeln in die Partialsumme s_n der Fourierreihe ein und schließt wegen

$$s_n(x) = \frac{a_0}{2} + \sum_{k=1}^{n} (a_k \cos kx + b_k \sin kx) =$$

$$= \frac{1}{2\pi}\int_{-\pi}^{\pi} f(\xi)\,\mathrm{d}\xi + \sum_{k=1}^{n}\left(\frac{1}{\pi}\int_{-\pi}^{\pi} f(\xi)\cos k\xi\cdot\mathrm{d}\xi\cdot\cos kx + \frac{1}{\pi}\int_{-\pi}^{\pi} f(\xi)\sin k\xi\cdot\mathrm{d}\xi\cdot\sin kx\right) =$$

$$= \frac{1}{2\pi}\left(\int_{-\pi}^{\pi} f(\xi)\,\mathrm{d}\xi + 2\sum_{k=1}^{n}\left(\int_{-\pi}^{\pi} f(\xi)\cos k\xi\cdot\mathrm{d}\xi\cdot\cos kx + \int_{-\pi}^{\pi} f(\xi)\sin k\xi\cdot\mathrm{d}\xi\cdot\sin kx\right)\right) =$$

$$= \frac{1}{2\pi}\int_{-\pi}^{\pi} f(\xi)\left(1 + 2\sum_{k=1}^{n}\cos k\xi\cdot\cos kx + \sin k\xi\cdot\sin kx\right)\mathrm{d}\xi =$$

$$= \frac{1}{2\pi}\int_{-\pi}^{\pi} f(\xi)\left(1 + 2\sum_{k=1}^{n}\cos k(x-\xi)\right)\mathrm{d}\xi$$

auf die Integraldarstellung

$$s_n(x) = \frac{1}{2\pi} \int_{-\pi}^{\pi} f(\xi) D_n(x-\xi)\, d\xi$$

der Partialsumme s_n der Fourierreihe mithilfe der dirichletschen Kernfunktion D_n.

Der Unterschied $|f(x) - s_n(x)|$ zwischen der Funktion f und ihrer n-ten fourierschen Summe s_n an der Stelle x errechnet sich aufgrund der eben erhaltenen Resultate als

$$|f(x) - s_n(x)| = \left| f(x) \cdot \frac{1}{2\pi} \int_{-\pi}^{\pi} D_n(x-\xi)\, d\xi - \frac{1}{2\pi} \int_{-\pi}^{\pi} f(\xi) D_n(x-\xi)\, d\xi \right| =$$

$$= \frac{1}{2\pi} \left| \int_{-\pi}^{\pi} \big(f(x) - f(\xi)\big) D_n(x-\xi)\, d\xi \right| .$$

Dirichlet hoffte, mithilfe dieser Formel die Konvergenz der Fourierreihe gegen die Funktion herleiten zu können. Er vermutete, das Integral

$$\int_{-\pi}^{\pi} \big(f(x) - f(\xi)\big) D_n(x-\xi)\, d\xi = \int_{-\pi}^{\pi} \big(f(x) - f(x+\varphi)\big) D_n(\varphi)\, d\varphi$$

würde sich im Wesentlichen auf das Intervall $[-2\pi/(2n+1); 2\pi/(2n+1)]$ der φ-Achse konzentrieren. Denn dort stimmt die Funktionskurve von D_n in erster Näherung mit den Schenkeln des oben genannten Dreiecks überein. Im restlichen Integrationsbereich liefert das Integral kaum einen Beitrag, da die nach oben wie nach unten führenden Schwingungen von D_n eine Löschung der einzelnen Anteile herbeiführen. Bei einer großen Zahl n ist die Basis des gleichschenkligen Dreiecks mit den am Ursprung angrenzenden Nullstellen als Basisecken so kurz, dass sich wegen der Stetigkeit von f die Werte $f(x)$ und $f(x+\varphi)$ fast nicht unterscheiden. Darum sollte der oben angeschriebene Unterschied $|f(x) - s_n(x)|$ bei einer hinreichend großen Zahl n beliebig klein werden.

Wir verzichten darauf, diesen grundsätzlich zielführenden Gedanken Dirichlets weiter zu entwickeln. Denn sein erstrebtes Ziel, die punktweise Konvergenz der fourierschen Summen s_n gegen die stetige Funktion f zu beweisen, gelang ihm nicht in voller Allgemeinheit. Er musste über die Stetigkeit von f hinaus zusätzliche Voraussetzungen über f in Kauf nehmen, die sich anscheinend nicht vermeiden ließen. Dirichlets jüngerer Kollege, der in Heidelberg, Freiburg, Tübingen und Berlin lehrende Mathematiker Paul du Bois-Reymond bewies 1876, dass man ohne Zusatzvoraussetzungen, wie zum Beispiel die Lipschitz-Stetigkeit der Funktion f oder die stückweise Monotonie der Funktion f, tatsächlich nicht zurande kommt.

6.2 Fejérsche Kernfunktionen

Der brillante ungarische Mathematiker Leopold Fejér diagnostizierte die „Schwäche" der dirichletschen Kernfunktionen: Sie nehmen unentwegt positive wie auch negative Werte an. Deshalb kann man bei der Abschätzung

$$\frac{1}{2\pi} \left| \int_{-\pi}^{\pi} \big(f(x) - f(\xi)\big) D_n(x-\xi)\, d\xi \right| \le \frac{1}{2\pi} \int_{-\pi}^{\pi} \big| \big(f(x) - f(\xi)\big) D_n(x-\xi) \big|\, d\xi$$

leider nicht den Faktor $D_n(x-\xi)$ vom Absolutbetrag ausgliedern. Wie Fejér feststellte, liefert das arithmetische Mittel der ersten $n+1$ Dirichletkerne, das wir mit

$$F_n(\varphi)=\frac{1}{n+1}\left(D_0(\varphi)+D_1(\varphi)+D_2(\varphi)+\ldots+D_n(\varphi)\right)=\frac{1}{n+1}\sum_{m=0}^{n}D_m(\varphi)$$

bezeichnen, Abhilfe. Wie Dirichlet verwendet auch Fejér zur Berechnung der nach ihm benannten *Kernfunktionen* F_n die geometrische Reihe:

$$F_n(\varphi)=\frac{1}{n+1}\sum_{m=0}^{n}\frac{\sin\left(m+\frac{1}{2}\right)\varphi}{\sin\frac{\varphi}{2}}=\frac{1}{n+1}\cdot\frac{1}{\sin\frac{\varphi}{2}}\sum_{m=0}^{n}\frac{e^{j(m+\frac{1}{2})\varphi}-e^{-j(m+\frac{1}{2})\varphi}}{2j}=$$

$$=\frac{1}{n+1}\cdot\frac{1}{\sin\frac{\varphi}{2}}\left(\frac{e^{j\varphi/2}}{2j}\sum_{m=0}^{n}\left(e^{j\varphi}\right)^m-\frac{e^{-j\varphi/2}}{2j}\sum_{m=0}^{n}\left(e^{-j\varphi}\right)^m\right)=$$

$$=\frac{1}{n+1}\cdot\frac{1}{\sin\frac{\varphi}{2}}\left(\frac{e^{j\varphi/2}}{2j}\cdot\frac{e^{j\varphi(n+1)}-1}{e^{j\varphi}-1}-\frac{e^{-j\varphi/2}}{2j}\cdot\frac{1-e^{-j\varphi(n+1)}}{1-e^{-j\varphi}}\right)=$$

$$=\frac{1}{n+1}\cdot\frac{1}{\sin\frac{\varphi}{2}}\left(\frac{1}{2j}\cdot\frac{e^{j\varphi(n+1)}-1}{e^{j\varphi/2}-e^{-j\varphi/2}}-\frac{1}{2j}\cdot\frac{1-e^{-j\varphi(n+1)}}{e^{j\varphi/2}-e^{-j\varphi/2}}\right)=$$

$$=\frac{1}{n+1}\cdot\frac{1}{\sin\frac{\varphi}{2}}\cdot\frac{1}{2j}\cdot\frac{2}{2j\sin\frac{\varphi}{2}}\left(\frac{e^{j\varphi(n+1)}+e^{-j\varphi(n+1)}}{2}-1\right)=$$

$$=\frac{1}{n+1}\cdot\frac{1}{2\sin^2\frac{\varphi}{2}}\cdot\left(1-\cos(n+1)\varphi\right)=\frac{1}{n+1}\cdot\frac{1-\cos(n+1)\varphi}{2\sin^2\frac{\varphi}{2}}.$$

Schließlich verwendet Fejér die Formel für den halben Winkel, wonach $2\sin^2(\varphi/2)=1-\cos\varphi$ ist, und bekommt

$$F_n(\varphi)=\frac{1}{n+1}\cdot\frac{1-\cos(n+1)\varphi}{1-\cos\varphi}$$

Analog zu Dirichlet stellt Fejér fest, dass die Funktionen F_n für jede Zahl n die folgenden Eigenschaften besitzen: Sie sind erstens gerade Funktionen und zweitens periodische Funktionen mit der Periode 2π. Sie besitzen drittens innerhalb des Intervalls $[-\pi;\pi]$ die n Nullstellen

$$\pm\frac{2\pi}{n+1},\quad \pm\frac{4\pi}{n+1},\quad \pm\frac{6\pi}{n+1},\quad \ldots,\quad \pm\frac{2k\pi}{n+1},$$

wobei k die nächstkleinere ganze Zahl an $(n+1)/2$ bezeichnet. Blickt Fejér auf die ursprüngliche Definition der F_n als arithmetische Mittel der $D_0, D_1, D_2, \ldots D_n$, erkennt er viertens, dass

$$F_n(0)=\frac{1}{n+1}(1+3+5+\ldots+(2n+1))=\frac{(n+1)^2}{n+1}=n+1$$

ist, und fünftens, dass

$$\int_{-\pi}^{\pi} F_n(\varphi)\,\mathrm{d}\varphi = 2\pi$$

zutrifft. Wir betrachten das bei $u = F_n(\varphi)$ in der φ-u-Ebene liegende gleichschenklige Dreieck, das auf der φ-Achse das Intervall $[-2\pi/(n+1); 2\pi(n+1)]$ zwischen den am Ursprung angrenzenden Nullstellen von F_n als Basis besitzt und dessen Spitze auf der u Achse bei $u = F_n(0) = n+1$ liegt. Es hat ebenfalls diesen Flächeninhalt.

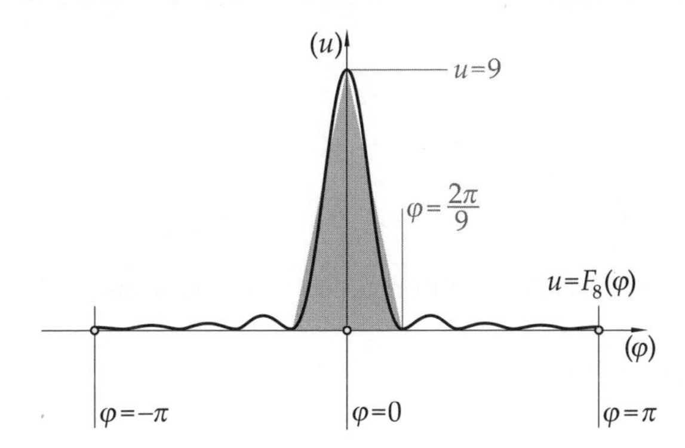

Bild 6.2 Schaubild der fejérschen Kernfunktion F_8

Im Unterschied zu den dirichletschen Kernfunktionen haben die fejérschen Kernfunktionen sechstens die Eigenschaft, nie negative Werte anzunehmen. Für alle φ gilt $F_n(\varphi) \geq 0$. Und siebentens zeigt die Berechnung der F_n, die Fejér durchführte, dass für jedes reelle δ mit $0 < \delta < \pi$ und für alle Winkel φ aus $[-\pi; -\delta]$ oder aus $[\delta; \pi]$ die Abschätzung

$$0 \leq F_n(\varphi) \leq \frac{1}{n+1} \cdot \frac{2}{1-\cos\delta} \qquad \text{bei} \qquad \delta \leq |\varphi| \leq \pi$$

zutrifft. Sie hat insbesondere zur Folge, dass die $F_n(\varphi)$ mit wachsendem n nach Null konvergieren, wobei diese Konvergenz über dem Intervall $[-\pi; -\delta]$ wie auch über dem Intervall $[\delta; \pi]$ gleichmäßig erfolgt.

Ferner geht Fejér von der für $m = 0$ und für alle Zahlen m bestehenden Darstellung

$$\frac{1}{2\pi} \int_{-\pi}^{\pi} f(\xi)\, D_m(x-\xi)\,\mathrm{d}\xi = s_m(x) = \frac{a_0}{2} + \sum_{k=1}^{m} (a_k \cos kx + b_k \sin kx)$$

der fourierschen Summen aus. Er schreibt diese ausführlich für $m = 0$ an, dann für $m = 1$, für $m = 2$, für $m = 3$ und dies so weiter bis schließlich für $m = n$:

$$\frac{1}{2\pi} \int_{-\pi}^{\pi} f(\xi)\, D_0(x-\xi)\,\mathrm{d}\xi =$$
$$= \frac{a_0}{2}$$

$$\frac{1}{2\pi} \int_{-\pi}^{\pi} f(\xi)\, D_1(x-\xi)\,\mathrm{d}\xi =$$
$$= \frac{a_0}{2} + a_1 \cos x + b_1 \sin x$$

$$\frac{1}{2\pi}\int_{-\pi}^{\pi} f(\xi)\,D_2(x-\xi)\,\mathrm{d}\xi =$$
$$= \frac{a_0}{2} + a_1\cos x + b_1\sin x + a_2\cos 2x + b_2\sin 2x$$
$$\frac{1}{2\pi}\int_{-\pi}^{\pi} f(\xi)\,D_3(x-\xi)\,\mathrm{d}\xi =$$
$$= \frac{a_0}{2} + a_1\cos x + b_1\sin x + a_2\cos 2x + b_2\sin 2x + a_3\cos 3x + b_3\sin 3x$$

und dies so weiter bis

$$\frac{1}{2\pi}\int_{-\pi}^{\pi} f(\xi)\,D_n(x-\xi)\,\mathrm{d}\xi =$$
$$= \frac{a_0}{2} + a_1\cos x + b_1\sin x + a_2\cos 2x + b_2\sin 2x + \ldots + a_n\cos nx + b_n\sin nx\,.$$

Das aus diesen Ausdrücken gebildete arithmetische Mittel ergibt auf der linken Seite

$$\frac{1}{2\pi}\int_{-\pi}^{\pi} f(\xi)\,F_n(x-\xi)\,\mathrm{d}\xi$$

und auf der rechten Seite die Summe

$$\frac{a_0}{2} + \frac{n(a_1\cos x + b_1\sin x) + (n-1)(a_2\cos 2x + b_2\sin 2x) + \ldots + (a_n\cos nx + b_n\sin nx)}{n+1}\,,$$

die man mit dem Summenzeichen zu

$$\frac{a_0}{2} + \frac{1}{n+1}\sum_{m=1}^{n}(n+1-m)\,(a_m\cos mx + b_m\sin mx)$$

zusammenfassen kann. Fejér schreibt dafür den Ausdruck

$$\sigma_n(x) = \frac{\alpha_0}{2} + \sum_{m=1}^{n}\left(\alpha_m\cos mx + \beta_m\sin mx\right)\,,$$

den er ein *trigonometrisches Polynom* nennt. In ihm sind α_0 und $\alpha_1, \beta_1, \alpha_2, \beta_2, \ldots, \alpha_n, \beta_n$ die *Koeffizienten* und n heißt im Falle, dass mindestens einer der beiden Koeffizienten α_n oder β_n von Null verschieden ist, der genaue *Grad* dieses trigonometrischen Polynoms. Tatsächlich errechnen sich die Koeffizienten des von Fejér hier berechneten trigonometrischen Polynoms als $\alpha_0 = a_0$ und für jede Zahl m mit $m \le n$ als

$$\alpha_m = \frac{n+1-m}{n+1}\cdot a_m\,, \qquad \beta_m = \frac{n+1-m}{n+1}\cdot b_m\,.$$

Die sieben genannten Eigenschaften der fejérschen Kernfunktionen F_n und die Formel

$$\frac{1}{2\pi}\int_{-\pi}^{\pi} f(\xi)\,F_n(x-\xi)\,\mathrm{d}\xi = \sigma_n(x) = \frac{\alpha_0}{2} + \sum_{m=1}^{n}\left(\alpha_m\cos mx + \beta_m\sin mx\right)$$

bilden den Ausgangspunkt für eine der wichtigsten Erkenntnisse der Mathematik des frühen 20. Jahrhunderts: des von Fejér entdeckten Approximationssatzes.

6.3 Approximationssätze von Fejér und Weierstraß

Zu jeder über $\mathbb{R}$ stetigen und mit Periode 2π periodischen reellen Funktion f und zu jedem beliebig klein vorgegebenen positiven ε gibt es ein trigonometrisches Polynom $\sigma(x)$ mit der Eigenschaft, dass für alle reellen x die Ungleichung $|f(x) - \sigma(x)| < \varepsilon$ zutrifft.

Dies ist der *Approximationssatz* von Fejér. Wie sich gleich erweisen wird, ist nach den bisher geleisteten Vorarbeiten der Beweis erstaunlich einfach.

Wir gehen von einer beliebigen über $\mathbb{R}$ stetigen und mit Periode 2π periodischen reellen Funktion f aus. Mit $a_0, a_1, b_1, a_2, b_2, \ldots$ bezeichnen wir wie üblich ihre Fourierkoeffizienten. Ferner sei uns ein beliebig kleines positives ε vorgelegt. Wir zeigen nun, wie man eine Zahl n so bestimmen kann, dass nach den Festlegungen der $\alpha_0, \alpha_1, \beta_1, \alpha_2, \beta_2, \ldots, \alpha_n, \beta_n$ als $\alpha_0 = a_0$ und für jede Zahl m mit $m \leq n$ als

$$\alpha_m = \frac{n+1-m}{n+1} \cdot a_m, \qquad \beta_m = \frac{n+1-m}{n+1} \cdot b_m$$

das trigonometrische Polynom

$$\sigma_n(x) = \frac{\alpha_0}{2} + \sum_{m=1}^{n} (\alpha_m \cos mx + \beta_m \sin mx)$$

die behauptete Eigenschaft des oben mit $\sigma(x)$ bezeichneten trigonometrischen Polynoms besitzt.

Wir wissen nämlich, dass

$$\sigma_n(x) = \frac{1}{2\pi} \int_{-\pi}^{\pi} f(\xi) F_n(x-\xi) \, d\xi$$

gilt. Die Eigenschaften der Kernfunktion F_n erlauben es Fejér, den Unterschied $|f(x) - \sigma_n(x)|$ zwischen der Funktion f und der trigonometrischen Polynomfunktion σ_n an der Stelle x in den Griff zu bekommen. Fejér folgt dabei Dirichlets Spuren:

$$|f(x) - \sigma_n(x)| = \left| f(x) \cdot \frac{1}{2\pi} \int_{-\pi}^{\pi} F_n(x-\xi) \, d\xi - \frac{1}{2\pi} \int_{-\pi}^{\pi} f(\xi) F_n(x-\xi) \, d\xi \right| =$$

$$= \frac{1}{2\pi} \left| \int_{-\pi}^{\pi} (f(x) - f(\xi)) F_n(x-\xi) \, d\xi \right| \leq \frac{1}{2\pi} \int_{-\pi}^{\pi} |(f(x) - f(\xi)) F_n(x-\xi)| \, d\xi =$$

$$= \frac{1}{2\pi} \int_{-\pi}^{\pi} |f(x) - f(\xi)| \cdot F_n(x-\xi) \, d\xi = \frac{1}{2\pi} \int_{-\pi}^{\pi} |f(x+\varphi) - f(x)| \cdot F_n(\varphi) \, d\varphi .$$

Im vorletzten Schritt dieser Umformung beruft sich Fejér darauf, dass F_n keine negativen Funktionswerte besitzt. Daher darf er den Faktor $F_n(x-\xi)$ vom Absolutbetrag ausgliedern. Im letzten Schritt substituiert er $\xi = x + \varphi$ und beruft sich darauf, dass F_n eine gerade Funktion ist. Nun betrachtet Fejér ein reelles δ mit $0 < \delta < \pi$, dessen Größe wir im Laufe der folgenden Überlegungen festlegen werden. Er zergliedert das zuletzt angeschriebene Integral in drei

Teilintegrale: das erste und das zweite erstrecken sich über $[-\pi;-\delta]$ und über $[\delta;\pi]$, das dritte erstreckt sich über $[-\delta;\delta]$:

$$\left|f(x)-\sigma_n(x)\right| \le \frac{1}{2\pi}\int_{-\pi}^{\pi}\left|f(x+\varphi)-f(x)\right|\cdot F_n(\varphi)\,\mathrm{d}\varphi =$$

$$= \frac{1}{2\pi}\int_{-\pi}^{-\delta}\left|f(x+\varphi)-f(x)\right|\cdot F_n(\varphi)\,\mathrm{d}\varphi + \frac{1}{2\pi}\int_{\delta}^{\pi}\left|f(x+\varphi)-f(x)\right|\cdot F_n(\varphi)\,\mathrm{d}\varphi +$$

$$+\frac{1}{2\pi}\int_{-\delta}^{\delta}\left|f(x+\varphi)-f(x)\right|\cdot F_n(\varphi)\,\mathrm{d}\varphi .$$

Die Funktion f ist über dem kompakten Intervall $[-\pi;\pi]$ gleichmäßig stetig. Folglich existiert ein positives δ_0 mit der Eigenschaft, dass für alle reellen x und alle reellen $\xi = x+\varphi$ die Voraussetzung $|x-\xi| < \delta_0$ die Ungleichung $\left|f(x)-f(\xi)\right| < \varepsilon/2$ nach sich zieht. Setzt Fejér für δ die Gültigkeit von $\delta < \min(\delta_0,\pi)$ voraus, hat er das dritte Integral der obigen Summe im Griff:

$$\frac{1}{2\pi}\int_{-\delta}^{\delta}\left|f(x+\varphi)-f(x)\right|\cdot F_n(\varphi)\,\mathrm{d}\varphi < \frac{\varepsilon}{4\pi}\int_{-\delta}^{\delta}F_n(\varphi)\,\mathrm{d}\varphi \le \frac{\varepsilon}{4\pi}\int_{-\pi}^{\pi}F_n(\varphi)\,\mathrm{d}\varphi = \frac{\varepsilon}{2} .$$

Es ist in diesem Zusammenhang wichtig, dass Fejér δ bereits dann berechnen kann, wenn er die Funktion f und das positive ε kennt. Von der Zahl n hängt δ ganz und gar nicht ab.

Dem Satz vom Maximum zufolge gibt es eine reelle Größe $\mu = \max_{\xi\in[-\pi;\pi]}\left|f(\xi)\right|$, die für alle reellen x die Gültigkeit von $\left|f(x)\right| \le \mu$ absichert. Mithilfe der Dreiecksungleichung schließt Fejér für alle reellen x und alle reellen $\xi = x+\varphi$ auf $\left|f(x)-f(\xi)\right| \le 2\mu$ und bekommt so die Summe der beiden ersten Integrale in den Griff:

$$\frac{1}{2\pi}\int_{-\pi}^{-\delta}\left|f(x+\varphi)-f(x)\right|\cdot F_n(\varphi)\,\mathrm{d}\varphi + \frac{1}{2\pi}\int_{\delta}^{\pi}\left|f(x+\varphi)-f(x)\right|\cdot F_n(\varphi)\,\mathrm{d}\varphi \le$$

$$\le \frac{\mu}{\pi}\int_{-\pi}^{-\delta}F_n(\varphi)\,\mathrm{d}\varphi + \frac{\mu}{\pi}\int_{\delta}^{\pi}F_n(\varphi)\,\mathrm{d}\varphi = \frac{2\mu}{\pi}\int_{\delta}^{\pi}F_n(\varphi)\,\mathrm{d}\varphi \le$$

$$\le \frac{2\mu}{\pi}\cdot\frac{1}{n+1}\cdot\frac{2}{1-\cos\delta}\cdot(\pi-\delta) < \frac{4\mu}{n+1}\cdot\frac{1}{1-\cos\delta} .$$

Insgeheim schreibt Fejér nun statt $n+1$ im rechten Bruch z, löst $(4\mu/z)(1/(1-\cos\delta)) = \varepsilon/2$ nach z und bekommt $z = 8\mu/(\varepsilon(1-\cos\delta))$. Somit erkennt Fejér, dass für alle Zahlen n, für die

$$n \ge \frac{8\mu}{\varepsilon\cdot(1-\cos\delta)}$$

zutrifft, die Ungleichung

$$\frac{1}{2\pi}\int_{-\pi}^{-\delta}\left|f(x+\varphi)-f(x)\right|\cdot F_n(\varphi)\,\mathrm{d}\varphi + \frac{1}{2\pi}\int_{\delta}^{\pi}\left|f(x+\varphi)-f(x)\right|\cdot F_n(\varphi)\,\mathrm{d}\varphi < \frac{\varepsilon}{2}$$

besteht. Zusammen mit der zuvor hergeleiteten Ungleichung schließt Fejér für diese Zahlen n auf $\left|f(x)-\sigma_n(x)\right| < \varepsilon$. Damit ist ihm der Beweis seines Approximationssatzes gelungen.

Ein Wort sei noch zur Person Leopold Fejérs verloren: Er war der einflussreichste Mathematiker unter Kaiser Franz Joseph, der zugleich ungarischer König war, sowie im nach 1918 eigenständigen Ungarn. Die Liste seiner Schüler, unter ihnen eminente Gelehrte wie Paul Erdős, John von Neumann, Pál Turán, George Pólya, Gábor Szegő, Tibor Radó, Marcel Riesz, ist höchst beeindruckend und belegt, dass Fejér ein außerordentlich inspirierender akademischer Lehrer war. Er bemühte sich immer um die ästhetisch vollkommene Ausgestaltung seiner Ideen, hatte eine starke künstlerische Ader und spielte hervorragend Klavier. Bei seinen Studenten war er vor allem deshalb beliebt, weil er es bei Prüfungen nie übers Herz brachte, jemanden durchfallen zu lassen. Es war bekannt, dass er selbst in hoffnungslosen Fällen die „Rettungsfrage" nach der binomischen Formel stellte. Als einmal bei einer öffentlichen Prüfung ein Student peinlichst versagte und erst als Fejér die letzte Frage nach der binomischen Summenformel stellte, diese halbwegs korrekt an die Tafel zu kritzeln verstand, beschworen in der anschließenden Konferenz die Assistenten Fejérs, diesen Versager mit „Nicht genügend" abzustrafen. „Ja, er hat wirklich fast nichts gewusst", gab Fejér mit trauriger Miene zu, ergänzte aber seinen Satz nach einigem Kopfschütteln mit der Bemerkung: „Aber die binomische Formel hat er wenigstens doch gekonnt." Und gab dann trotzdem die Note „Gut".

Der Bedeutung von Leopold Fejér für die Mathematik Ungarns entspricht in einem mindestens ebenso hohen Maß die Bedeutung von Karl Weierstraß für die Berliner mathematische Schule. Weierstraß war Ende des 19. Jahrhunderts der imposanteste Mathematiker der Universität Berlin. Erst spät, mit 41 Jahren, erlangte er dort die Professur. Zuvor war er als Gymnasiallehrer in Münster, in Deutsch-Krone und in Braunsberg tätig, wo er neben Mathematik die Schüler in Physik, Botanik und Turnen unterrichtete. Seine mathematischen Aufsätze verfasste er in der Freizeit und veröffentlichte sie in den Zeitschriften der Schulen. Erst als er einen Artikel im Crelleschen Journal, einer hochangesehenen mathematischen Zeitschrift, unterbrachte, wurde die wissenschaftliche Welt auf ihn aufmerksam. Ab 1856 war er an der Universität Berlin und dem Königlichen Gewerbeinstitut in Berlin, der Vorgängerinstitution der Technischen Universität Berlin tätig. Vergebens bemühte sich die Universität Wien, ihn ins Habsburgerreich zu verpflichten. Die von ihm gehaltenen Vorlesungen, ausgezeichnet durch besonders strenge Beweisführungen, prägten nicht nur seine Studenten in Berlin, sie bildeten den Maßstab aller künftigen mathematischen Erörterungen. Im übrigen findet sich in der Liste seiner Schüler, von denen als kleine Auswahl Georg Cantor, Georg Frobenius, Lazarus Fuchs, Sofia Kowalewskaja, Carl Runge oder Arthur Schoenflies namentlich genannt seien, auch Hermann Amandus Schwarz, der seinerseits Doktorvater von Leopold Fejér war.

Ein Glanzpunkt der zahlreichen Erkenntnisse von Karl Weierstraß ist der nach ihm benannte *Approximationssatz.* Dieser besagt:

Zu jeder über einem kompakten Intervall K definierten stetigen Funktion $f : K \longrightarrow \mathbb{R}$ und zu jedem beliebig klein vorgegebenen positiven ε gibt es eine Polynomfunktion p mit der Eigenschaft, dass für alle Argumentwerte x aus K die Ungleichung $\left|f(x) - p(x)\right| < \varepsilon$ zutrifft.

In Abschnitt 2.5 des zweiten Bandes haben wir den Abstand

$$\left\|f_1 - f_2\right\| = \max_{x \in K} \left|f_1(x) - f_2(x)\right|$$

zwischen zwei über K definierten und stetigen Funktionen kennengelernt. Mithilfe dieses Abstandes, den man die *Supremumsnorm* oder die *Maximumsnorm* der Differenz $f_1 - f_2$ der beiden Funktionen nennt, formuliert man den Approximationssatz von Weierstraß so: Zu jeder über dem kompakten Intervall K definierten stetigen Funktion f und zu jedem beliebig klein vorgegebenen positiven ε gibt es eine Polynomfunktion p mit $\left\|f - p\right\| < \varepsilon$. Man kann auch sagen: Die Gesamtheit aller Polynomfunktionen liegt im Raum $\mathscr{C}(K)$ der über dem Kompaktum

K definierten und stetigen Funktionen *dicht* – wenn man die Supremumsnorm der Differenz zweier Funktionen als deren Abstand festlegt.

1885 veröffentlichte Karl Weierstraß seinen Beweis dieses Ergebnisses, und schon im gleichen Jahr fand sein Schüler Carl Runge einen weiteren Beweis dafür. Der Satz galt als so wichtig, dass sich eine Reihe von Mathematikern, unter ihnen Émile Picard, Vito Volterra, Henri Lebesgue und viele andere, um Beweisvarianten bemühte. Denn jeder neue Beweis eröffnete eine neue Sicht auf seine Bedeutung.

Der Approximationssatz von Fejér erlaubt eine überraschend schnelle Herleitung. Der Einfachheit halber nehmen wir an, das kompakte Intervall K sei durch $K = [0;\pi]$ gegeben. (Diese Vereinfachung dürfen wir vornehmen, weil jedes kompakte Intervall zu $[0;\pi]$ diffeomorph ist.) Wir erweitern die über $[0;\pi]$ stetige Funktion f mit der Festlegung $f(-x) = f(x)$ zu einer geraden, über $[-\pi;\pi]$ definierten und stetigen Funktion. Weil dann insbesondere $f(-\pi) = f(\pi)$ stimmt, können wir f sogar über ganz $\mathbb{R}$ als stetige Funktion definieren, indem wir für jede Zahl n die Festlegung $f(x \pm 2n\pi) = f(x)$ treffen. Somit ist f eine über ganz $\mathbb{R}$ definierte, stetige und periodische Funktion mit 2π als Periode. Liegt ein beliebig kleines positives ε vor, gibt es dem fejérschen Approximationssatz zufolge ein trigonometrisches Polynom $\sigma(x)$ mit der Eigenschaft, dass für alle reellen x die Ungleichung $|f(x) - \sigma(x)| < \varepsilon/2$ zutrifft. Das trigonometrische Polynom $\sigma(x)$ ist – wenn man für x auch komplexe Argumentwerte zulässt – eine über der gesamten komplexen Ebene holomorphe Funktion. Seine Taylorreihe konvergiert folglich über jeder kompakten Teilmenge der komplexen Ebene gleichmäßig gegen $\sigma(x)$. Nebenbei bemerkt: Die Taylorkoeffizienten sind reell, weil sie sich aus den Ableitungen von $\sigma(x)$ errechnen. Jedenfalls kann man beim beliebig klein vorgegebenen positiven ε ein Taylorpolynom $p(x)$ als Partialsumme dieser Taylorreihe so finden, dass für alle x aus $[-\pi;\pi]$ die Ungleichung $|\sigma(x) - p(x)| < \varepsilon/2$ stimmt. Die Dreiecksungleichung belegt für alle x aus $[-\pi;\pi]$ die behauptete Ungleichung $|f(x) - p(x)| < \varepsilon$. Der Approximationssatz von Weierstraß ist bewiesen.

6.4 Verschiedene Normen, unterschiedliche Konvergenz

Es mag verwundern, dass es nicht die fourierschen Summen $s_0, s_1, s_2, \ldots, s_n, \ldots$ einer stetigen und 2π-periodischen Funktion f selbst waren, die gleichmäßig gegen diese Funktion konvergieren, sondern deren viel aufwendiger zu berechnenden arithmetische Mittel

$$\sigma_0 = s_0\,, \quad \sigma_1 = \frac{s_0 + s_1}{2}\,, \quad \sigma_2 = \frac{s_0 + s_1 + s_2}{3}\,, \quad \ldots, \quad \sigma_n = \frac{s_0 + s_1 + s_2 + \ldots + s_n}{n+1}\,, \quad \ldots.$$

Der Grund dafür ist, dass es neben der punktweisen und der gleichmäßigen Konvergenz noch andere Möglichkeiten gibt, die Konvergenz einer Funktionenfolge gegen eine Grenzfunktion zu definieren. Die den fourierschen Summen zugeschneiderte Konvergenz ist nicht die gleichmäßige Konvergenz, auch nicht die punktweise Konvergenz, sondern jene, die man die *Konvergenz im quadratischen Mittel* nennt. Schon Carl Friedrich Gauß lehrte dies in seinen Vorlesungen über die „Methode der kleinsten Quadrate“. Es war im Wesentlichen das einzige Vorlesungsthema, das Gauß seinen Studenten anbot; er war nämlich am akademischen Unterricht und der Heranführung junger Menschen zur Mathematik kaum interessiert. Es wird berichtet, dass er einmal über die drei Hörer, die seine Vorlesung besuchten, das harsche Urteil fällte: „Einer ist mittelmäßig und die beiden anderen sind Ignoranten." Man darf es ihnen nicht verübeln. Denn Gauß stand vor der Tafel mit dem Gesicht zu ihr gewendet, die Kreide in der einen, den Schwamm in der anderen Hand, sprach wie zu sich selbst und wischte die an die Tafel geschriebenen Formeln gleich wieder weg, ohne dass die Hörer die Gelegenheit hatten, seine Notizen vollständig zu lesen, da Teile von ihnen vom Körper des Vortragenden verdeckt wurden. Kein Wunder, dass selbst bei der Vorlesung über die „Methode der kleinsten Quadrate" es Gauß vermied, von ihm erkannte Sachverhalte deutlich und allgemein verständlich darzustellen.

So kam es, dass sich die Nebel um die fourierschen Summen erst nach Jahrzehnten lüfteten. Wir haben im fünften Kapitel Vorbereitungen dafür getroffen. Wir kennen den linearen Raum $\mathscr{S}$ der stetigen und 2π-periodischen Funktionen $f : \mathbb{R} \longrightarrow \mathbb{R}$. Wir wissen, dass zwei Funktionen f und g dieses Raumes mit der Definition

$$(f|g) = \frac{1}{\pi}\int_{-\pi}^{\pi} f(x)\, g(x)\, \mathrm{d}x$$

zu einem inneren oder skalaren Produkt verwoben werden und dass bezüglich dieses skalaren Produkts die Funktionen $\mathrm{C}_0, \mathrm{C}_1, \mathrm{C}_2, \ldots, \mathrm{C}_n, \ldots$ und $\mathrm{S}_1, \mathrm{S}_2, \ldots, \mathrm{S}_n, \ldots$, definiert durch

$$\mathrm{C}_0(x) = \frac{1}{\sqrt{2}}, \qquad \mathrm{C}_n(x) = \cos nx, \qquad \mathrm{S}_n(x) = \sin nx$$

ein Orthonormalsystem bilden. Schließlich wissen wir, dass die inneren Produkte

$$\frac{a_0}{\sqrt{2}} = (f|\mathrm{C}_0) = \frac{1}{\pi}\int_{-\pi}^{\pi} f(\xi)\cdot\frac{1}{\sqrt{2}}\mathrm{d}\xi$$

und

$$a_k = (f|\mathrm{C}_k) = \frac{1}{\pi}\int_{-\pi}^{\pi} f(\xi)\cos k\xi\cdot\mathrm{d}\xi\,, \qquad b_k = (f|\mathrm{S}_k) = \frac{1}{\pi}\int_{-\pi}^{\pi} f(\xi)\sin k\xi\cdot\mathrm{d}\xi$$

die Fourierkoeffizienten $a_0, a_1, a_2, \ldots, a_n, b_1, b_2, \ldots, b_n$ der Funktion f sind. Löst man die Approximationsaufgabe, stellt man fest, dass die durch

$$s_n = \frac{a_0}{\sqrt{2}}\mathrm{C}_0 + \sum_{k=1}^{n}(a_k\mathrm{C}_k + b_k\mathrm{S}_k)$$

gegebene fouriersche Summe, die als Funktion auf das Argument x gemäß

$$s_n(x) = \frac{a_0}{2} + \sum_{k=1}^{n}(a_k\cos kx + b_k\sin kx)$$

wirkt, die Funktion f optimal beschreibt. „Optimal" in dem Sinn, dass der Abstand von s_n zu f, also die Länge der Differenz $f - s_n$ minimal ist. Dabei wird im linearen Raum $\mathscr{S}$ die Länge einer Funktion f mit $\|f\|_2$ bezeichnet und mithilfe der Formel

$$\|f\|_2 = \sqrt{(f|f)} = \sqrt{\frac{1}{\pi}\int_{-\pi}^{\pi} f(x)^2\,\mathrm{d}x}$$

berechnet. Die Bezeichnung $\|.\|_2$ dieser sogenannten 2-*Norm* oder *Norm im quadratischen Mittel* betont, dass die Quadratwurzel aus einer Summe von Quadraten gezogen wird. Eben darauf läuft die von Gauß entwickelte „Methode der kleinsten Quadrate“ hinaus.

Es ist wichtig zu erkennen, dass diese 2-Norm von ganz anderer Natur als die Maximumsnorm ist. Zwar gilt bei $\mu = \|f\| = \max_{x\in[-\pi;\pi]} |f(x)|$ die Beziehung

$$\|f\|_2 = \sqrt{\frac{1}{\pi}\int_{-\pi}^{\pi} f(x)^2\,\mathrm{d}x} \le \sqrt{\frac{\mu^2}{\pi}\int_{-\pi}^{\pi} \mathrm{d}x} = \mu\sqrt{2}\,,$$

also $\|f\|_2 \le \sqrt{2}\cdot\|f\|$. Wenn aber f_n gemäß $f_n(x) = \sqrt{F_n(x)}$ als Wurzel der n-ten fejérschen Kernfunktion definiert ist, zeigen die beiden Rechnungen

$$\|f_n\|_2 = \sqrt{\frac{1}{\pi}\int_{-\pi}^{\pi} f_n(x)^2\,\mathrm{d}x} = \sqrt{\frac{1}{\pi}\int_{-\pi}^{\pi} F_n(x)\,\mathrm{d}x} = \sqrt{2}$$

und

$$\|f_n\| = \max_{x\in[-\pi;\pi]} |f_n(x)| = \max_{x\in[-\pi;\pi]} \sqrt{F_n(x)} = \sqrt{F_n(0)} = \sqrt{n+1}\,,$$

dass alle 2-Normen der Funktionen f_n den gleichen Wert $\sqrt{2}$ besitzen, die Maximumsnormen der Funktionen f_n hingegen gegen unendlich divergieren. Mit anderen Worten: Wenn zwei Funktionen f und g aus $\mathscr{S}$ in Hinblick auf die Maximumsnorm nahe beieinander sind, also $\|f-g\|$ klein ist, dann stimmt das Gleiche auch in Hinblick auf die 2-Norm. Doch zwei Funktionen f und g aus $\mathscr{S}$ können bezüglich der 2-Norm miteinander fast übereinstimmen, $\|f-g\|_2$ ist sehr klein, und sich trotzdem bezüglich der Maximumsnorm erheblich unterscheiden.

Dementsprechend halten wir bei einer Folge $f_1, f_2, \ldots, f_n, \ldots$ von Funktionen aus $\mathscr{S}$, abgesehen von ihrer möglichen punktweisen Konvergenz, begrifflich noch zwei andere Typen ihrer möglichen Konvergenz auseinander:

Wir nennen diese Folge *bezüglich der Maximumsnorm* gegen eine Grenzfunktion f aus $\mathscr{S}$ *konvergent*, wenn man zu jedem beliebig genannten positiven ε eine Zahl n_0 so konstruieren kann, dass für alle Zahlen n mit $n \ge n_0$ die Ungleichungen $\|f_n - f\| < \varepsilon$ zutreffen. Dies stimmt offenkundig genau dann, wenn man zu jedem beliebig genannten positiven ε eine Zahl n_0 so konstruieren kann, dass für alle Zahlen n mit $n \ge n_0$ und alle reellen x die Ungleichungen $|f_n(x) - f(x)| < \varepsilon$ zutreffen. Mit anderen Worten: *Die Konvergenz bezüglich der Maximumsnorm beschreibt die gleichmäßige Konvergenz der Funktionenfolge $f_1, f_2, \ldots, f_n, \ldots$ gegen die Grenzfunktion f.*

Anders ist es, wenn diese Folge *im quadratischen Mittel*, also bezüglich der 2-Norm gegen eine Grenzfunktion f aus $\mathscr{S}$ konvergiert: In diesem Fall kann man zu jedem beliebig genannten positiven ε eine Zahl n_0 so konstruieren, dass für alle Zahlen n mit $n \ge n_0$ die Ungleichungen $\|f_n - f\|_2 < \varepsilon$ zutreffen. Der nur unscheinbare Index 2 beim Normzeichen erzeugt einen riesigen Unterschied.

Es ist klar: *Wenn die Funktionenfolge gleichmäßig gegen die Grenzfunktion f konvergiert, dann konvergiert sie auch im quadratischen Mittel gegen diese Grenzfunktion.* Denn mit $\|f_n - f\| < \varepsilon$ erreicht man $\|f_n - f\|_2 < \varepsilon\sqrt{2}$, und der Faktor $\sqrt{2}$ ist unerheblich. Aber die angesprochenen Schwierigkeiten, die Dirichlet mit seinen Versuchen hatte, die Konvergenz der fourierschen

Summen gegen stetige Funktionen zu beweisen, lassen vermuten, dass eine Funktionenfolge sehr wohl im quadratischen Mittel konvergieren kann, ohne dabei gleichmäßig konvergieren zu müssen.

Der Unterschied gestaltet sich sogar noch dramatischer: Im Falle der gleichmäßigen Konvergenz gilt folgender Satz: Eine Folge $f_1, f_2, \ldots, f_n, \ldots$ von Funktionen aus $\mathscr{S}$ konvergiert bereits dann gleichmäßig, wenn man zu jedem beliebig genannten positiven ε eine Zahl m_0 so konstruieren kann, dass für alle Zahlen m und n mit $m \geq m_0$ und mit $n \geq m_0$ die Ungleichungen $\|f_m - f_n\| < \varepsilon$ zutreffen. Denn in diesem Fall stimmt für jedes reelle x umso mehr $|f_m(x) - f_n(x)| < \varepsilon$, sobald sich $m \geq m_0$ und $n \geq m_0$ bewahrheitet. Darum kann man für jedes reelle x den Funktionswert $f(x)$ der Grenzfunktion jedenfalls dann als $f_{m_0}(x)$ festlegen, wenn man sich auf eine Rechengenauigkeit einigt, bei der reelle Größen als gleich gelten, wenn sie sich höchstens um ε unterscheiden. Jedenfalls existiert für jedes reelle x der Grenzwert $f(x) = \lim_{n \to \infty} f_n(x)$. Führt man in $|f_m(x) - f_n(x)| < \varepsilon$ den Grenzübergang $m \to \infty$ durch, ersieht man hieraus $|f(x) - f_n(x)| \leq \varepsilon$, sobald $n \geq m_0$ stimmt. Darum ist ab $n \geq m_0$ auch $\|f_n - f\| \leq \varepsilon$ richtig, und f erweist sich als Grenzfunktion der Folge $f_1, f_2, \ldots, f_n, \ldots$ im Sinne der gleichmäßigen Konvergenz. Der Hauptsatz über gleichmäßige Konvergenz belegt, dass die so konstruierte Funktion f sogar dem Raum $\mathscr{S}$ angehört. Man sagt dazu, dass der lineare Raum $\mathscr{S}$ bezüglich der Maximumsnorm beziehungsweise bezüglich der gleichmäßigen Konvergenz *vollständig* ist.

Ganz anders verhält sich der lineare Raum $\mathscr{S}$ bezüglich der 2-Norm und der Konvergenz im quadratischen Mittel. Es gibt Beispiele von Funktionenfolgen $f_1, f_2, \ldots, f_n, \ldots$ mit der Eigenschaft, dass man zu jedem beliebig genannten positiven ε eine Zahl m_0 so konstruieren kann, dass für alle Zahlen m und n mit $m \geq m_0$ und mit $n \geq m_0$ die Ungleichungen $\|f_m - f_n\|_2 < \varepsilon$ zutreffen – aber von dem Raum $\mathscr{S}$ angehörenden Grenzfunktionen ist weit und breit keine Spur. Am Ende des Abschnitts 4.12 kamen wir in Andeutungen darauf zu sprechen. Genauere Auskunft darüber geben die folgenden Darlegungen.

6.5 Quadratisch summierbare Folgen

An dieser Stelle erweist es sich als günstig, an den Beginn des vorigen Kapitels zu erinnern. Wir betrachteten dort als Beispiel einen linearen Raum, der folgendermaßen konstruiert war: Man geht von unendlich vielen paarweise verschiedenen Symbolen $j_1, j_2, \ldots, j_n, \ldots$ aus und nimmt als Vektoren u dieses Raumes die symbolisch geschriebenen Reihen

$$u = c_1 j_1 + c_2 j_2 + \ldots + c_n j_n + \ldots = \sum_{n=1}^{\infty} c_n j_n$$

in den Blick. Dabei soll $c_1, c_2, \ldots, c_n, \ldots$ eine Folge reeller Größen bezeichnen. Es ist klar, dass wir bei zwei so gegebenen Vektoren

$$u = c_1 j_1 + c_2 j_2 + \ldots + c_n j_n + \ldots = \sum_{n=1}^{\infty} c_n j_n, \quad v = \gamma_1 j_1 + \gamma_2 j_2 + \ldots + \gamma_n j_n + \ldots = \sum_{n=1}^{\infty} \gamma_n j_n$$

deren Summe $u + v$ gemäß

$$u + v = \sum_{n=1}^{\infty} c_n j_n + \sum_{n=1}^{\infty} \gamma_n j_n = \sum_{n=1}^{\infty} (c_n + \gamma_n) j_n$$

und das Produkt $r\,u$ des Vektors u mit einem Skalar r gemäß

$$r\,u = r\sum_{n=1}^{\infty} c_n j_n = \sum_{n=1}^{\infty} r c_n j_n$$

erklären. Wir bezeichnen den hier betrachteten Raum mit ℓ^2, wenn wir nur solche Folgen c_1, $c_2, \ldots, c_n, \ldots$ von Komponenten eines Vektors u zulassen, bei denen die aus ihren Quadraten gebildete Reihe

$$\sum_{n=1}^{\infty} c_n^2 = c_1^2 + c_2^2 + \ldots + c_n^2 + \ldots$$

konvergiert. Man sagt dann, dass der Vektor u *quadratisch summierbar* ist. Ebenso nennt man $c_1, c_2, \ldots, c_n, \ldots$ eine *quadratisch summierbare Folge.*

Die Forderung der quadratischen Summierbarkeit erlaubt nämlich, im Raum ℓ^2 eine Norm einzuführen: Jedem quadratisch summierbaren Vektor u der obigen Gestalt ordnen wir die reelle Größe

$$\|u\| = \sqrt{\sum_{n=1}^{\infty} c_n^2} = \sqrt{c_1^2 + c_2^2 + \ldots + c_n^2 + \ldots}$$

zu. Es bleibt nachzutragen, dass mit je zwei quadratisch summierbaren Vektoren u und v der obigen Gestalt auch deren Summe $u + v$ ein quadratisch summierbarer Vektor ist, und dass zusätzlich für jeden Skalar r auch $r\,u$ ein quadratisch summierbarer Vektor bleibt. Die zweite Aussage ergibt sich unmittelbar aus

$$\sum_{n=1}^{\infty} (r c_n)^2 = r^2 \sum_{n=1}^{\infty} c_n^2$$

und die erste Aussage folgt aus der Rechnung

$$\sum_{n=1}^{\infty} \left(c_n + \gamma_n\right)^2 = \sum_{n=1}^{\infty} \left(c_n^2 + 2c_n\gamma_n + \gamma_n^2\right) \le 2\sum_{n=1}^{\infty} \left(c_n^2 + \gamma_n^2\right),$$

bei der die sich aus $\left(c-\gamma\right)^2 \ge 0$ ergebende Ungleichung $c^2 + \gamma^2 \ge 2c\gamma$ Verwendung findet. Wir stellen somit fest, dass es sich bei ℓ^2 um einen linearen Raum handelt.

Die quadratische Summierbarkeit erlaubt, je zwei quadratisch summierbaren Vektoren

$$u = c_1 j_1 + c_2 j_2 + \ldots + c_n j_n + \ldots = \sum_{n=1}^{\infty} c_n j_n\,, \quad v = \gamma_1 j_1 + \gamma_2 j_2 + \ldots + \gamma_n j_n + \ldots = \sum_{n=1}^{\infty} \gamma_n j_n$$

gemäß der Formel

$$(u|v) = \sum_{n=1}^{\infty} c_n\gamma_n = c_1\gamma_1 + c_2\gamma_2 + \ldots + c_n\gamma_n + \ldots$$

eine reelle Größe $(u|v)$ zuzuordnen. Denn die Ungleichung

$$\sum_{n=1}^{\infty} \left|c_n\gamma_n\right| \le \frac{1}{2}\sum_{n=1}^{\infty} \left(c_n^2 + \gamma_n^2\right) = \frac{1}{2}\left(\|u\|^2 + \|v\|^2\right)$$

beweist, dass die in der Definition von $(u|v)$ angeschriebene Reihe absolut konvergiert. Dass mit dieser Festlegung die an ein skalares Produkt erhobenen Forderungen der Linearität in der ersten und in der zweiten Variable, der Symmetrie und der positiven Definitheit erfüllt sind, sieht man sofort. Ebenso erkennt man unmittelbar, dass $\|u\| = \sqrt{(u|u)}$ stimmt und dass die Symbole $j_1, j_2, \ldots, j_n, \ldots$ paarweise aufeinander orthogonale Einheitsvektoren darstellen: Für Zahlen k, m, n lautet bei $k \neq m$ deren skalares Produkt $\left(j_k|j_m\right) = 0$ und es ist $\left(j_n|j_n\right) = 1$, also auch $\left\|j_n\right\| = 1$. Schließlich errechnet sich für den quadratisch summierbaren Vektor u mit c_1, $c_2, \ldots, c_n, \ldots$ als Komponenten für jede Zahl n das skalare Produkt von u mit j_n als $\left(u|j_n\right) = c_n$, und wir erhalten die Darstellung

$$u = \sum_{n=1}^{\infty} \left(u|j_n\right) j_n$$

Aus der Ungleichung $|(u|v)| \leq \|u\| \cdot \|v\|$ von Cauchy und Schwarz folgern wir wegen $\|u+v\|^2 = (u+v|u+v) = (u|u)+2(u|v)+(v|v) \leq \|u\|^2+2\|u\|\cdot\|v\|+\|v\|^2 = (\|u\|+\|v\|)^2$ die zuweilen nach Minkowski benannte Ungleichung $\|u+v\| \leq \|u\| + \|v\|$. Eigentlich handelt es sich dabei um die Dreiecksungleichung. Denn wenn man statt u nun $u-w$ und statt v nun $w-v$ schreibt, bekommt man $\|u-v\| \leq \|u-w\| + \|w-v\|$.

Die bemerkenswerteste Eigenschaft des Raumes ℓ^2 ist seine *Vollständigkeit*. Damit meinen wir, dass der folgende Satz richtig ist:

Liegt eine Folge quadratisch summierbarer Vektoren $u_1, u_2, \ldots, u_m, \ldots$ vor und kann man zu jedem beliebig vorgegebenen positiven ε eine Zahl m_0 so benennen, dass für alle Zahlen m und k mit $m \geq m_0$ und mit $k \geq m_0$ die Ungleichungen $\|u_m - u_k\| < \varepsilon$ zutreffen, dann konvergiert diese Folge $u_1, u_2, \ldots, u_m, \ldots$ gegen einen quadratisch summierbaren Vektor u. Genauer bedeutet dies: Es gibt einen in ℓ^2 befindlichen Vektor $u = \lim_{m\to\infty} u_m$ mit der Eigenschaft, dass man zu jedem beliebig vorgegebenen positiven ε eine Zahl k_0 so konstruieren kann, dass für alle Zahlen k mit $k \geq k_0$ die Ungleichungen $\|u - u_k\| < \varepsilon$ stimmen.

Um den Beweis dafür führen zu können, bezeichnen wir für jede Zahl m den quadratisch summierbaren Vektor u_m der obigen Folge mit

$$u_m = c_{1m} j_1 + c_{2m} j_2 + \ldots + c_{nm} j_n + \ldots = \sum_{n=1}^{\infty} c_{nm} j_n \,.$$

Es sei die positive Größe ε beliebig klein genannt. Wir bezeichnen mit δ eine reelle Größe, für die $0 < \delta < \varepsilon$ zutrifft. Nach Voraussetzung kann man zu diesem δ eine Zahl m_0 so benennen, dass für alle Zahlen m und k mit $m \geq m_0$ und mit $k \geq m_0$ die Ungleichungen $\|u_m - u_k\| < \delta$, ausführlich

$$\sum_{n=1}^{\infty} \left(c_{nm} - c_{nk}\right)^2 < \delta^2$$

zutreffen. Umso mehr gilt für jede einzeln herausgegriffene Zahl n, dass für alle Zahlen m und k mit $m \geq m_0$ und mit $k \geq m_0$ die Ungleichungen $|c_{nm} - c_{nk}| < \varepsilon$ zutreffen. Die Folge reeller Größen $c_{n1}, c_{n2}, \ldots, c_{nm}, \ldots$ konvergiert. Denn wenn man sich auf eine Rechengenauigkeit einigt, bei der zwei reelle Größen bereits dann als gleich gelten, wenn sie sich um weniger als

ε unterscheiden, kann man den Grenzwert $\gamma_n = \lim_{m\to\infty} c_{nm}$ mit c_{nm_0} gleich setzen. Darum existiert für jede Zahl n dieser Grenzwert γ_n als reelle Größe. Wir schreiben zunächst symbolisch

$$u = \gamma_1 j_1 + \gamma_2 j_2 + \ldots + \gamma_n j_n + \ldots = \sum_{n=1}^{\infty} \gamma_n j_n$$

und wollen zeigen, dass u einerseits im Sinne der Norm des Raumes ℓ^2 der Grenzwert $u = \lim_{m\to\infty} u_m$ ist, und dass andererseits u tatsächlich dem Raum ℓ^2 angehört:

Für jede Zahl n_0 gilt bei beliebigen Zahlen m, k mit $m \geq m_0$, $k \geq m_0$

$$\text{wegen} \quad \sum_{n=1}^{\infty} (c_{nm} - c_{nk})^2 < \delta^2 \qquad \text{sicher} \quad \sum_{n=1}^{n_0} (c_{nm} - c_{nk})^2 < \delta^2 \, .$$

Führen wir bei der rechten endlichen Summe den Grenzübergang $m \to \infty$ durch, bekommen wir

$$\sum_{n=1}^{n_0} \left(\gamma_n - c_{nk}\right)^2 \leq \delta^2 \, .$$

Und weil diese Ungleichung unabhängig davon stimmt, wie groß wir die Zahl n_0 gewählt haben, gilt sogar

$$\sum_{n=1}^{\infty} \left(\gamma_n - c_{nk}\right)^2 = \|u - u_k\|^2 \leq \delta^2 \, .$$

Dies zeigt bereits, dass $u = u_k + (u - u_k)$ als Summe der beiden Vektoren u_k und $u - u_k$ aus ℓ^2 dem Raum ℓ^2 angehört. Weil die positive reelle Größe ε beliebig gewählt war und weil wir für alle Zahlen k mit $k \geq m_0$ die Ungleichung $\|u - u_k\| \leq \delta$, und damit $\|u - u_k\| < \varepsilon$ hergeleitet haben, ist u im Sinne der Norm des Raumes ℓ^2 tatsächlich der Grenzwert $u = \lim_{m\to\infty} u_m$.

6.6 Hilberträume

Ein linearer Raum, in dem ein inneres Produkt $(u|v)$ zweier Vektoren u, v und demzufolge gemäß $\|u\| = \sqrt{(u|u)}$ eine Norm $\|u\|$ eines Vektors u definiert ist, heißt ein *Hilbertraum*, wenn er vollständig ist. Das Wort „vollständig" ist im Sinne des obigen Satzes gemeint: Wenn eine Folge von Vektoren u_1, u_2, ..., u_m, ... vorliegt und wenn man zu jedem beliebig vorgegebenen positiven ε eine Zahl m_0 so benennen kann, dass für alle Zahlen m und k mit $m \geq m_0$ und mit $k \geq m_0$ die Ungleichungen $\|u_m - u_k\| < \varepsilon$ zutreffen, dann konvergiert diese Folge u_1, u_2, ..., u_m, ... gegen einen Vektor u des Hilbertraumes. Genauer bedeutet dies: Es gibt einen in diesem linearen Raum befindlichen Vektor $u = \lim_{m\to\infty} u_m$ mit der Eigenschaft, dass man zu jedem beliebig vorgegebenen positiven ε eine Zahl k_0 so konstruieren kann, dass für alle Zahlen k mit $k \geq k_0$ die Ungleichungen $\|u - u_k\| < \varepsilon$ stimmen.

Der Begriff des Hilbertraumes wurde von zwei der besten Schüler David Hilberts geprägt. John von Neumann formulierte als erster in einem 1927 erschienenen Aufsatz über die Grundlagen der Quantenmechanik die Eigenschaften, die ein Hilbertraum besitzen soll, und Hermann

Weyl taufte in seinem zur gleichen Zeit erschienenen Buch über Quantenmechanik die vollständigen linearen Räume, deren Normen mit einem inneren Produkt erfasst sind, „Hilberträume“. David Hilbert selbst tat so, als ob er davon nichts wüsste. Als er bei einem Vortrag anwesend war, bei dem der Vortragende wie selbstverständlich von einem Hilbertraum sprach, soll er sich mit der Frage zu Wort gemeldet haben: „Bitte, was ist ein Hilbertraum?“

Wir betrachten nur *unendlichdimensionale* Hilberträume. Wir setzen also voraus, dass es für jede Zahl n gelingt, n linear unabhängige Vektoren $v_1, v_2, \ldots, v_n$ dieses Raumes zu benennen. Grob gesprochen bedeutet dies, dass Hilberträume „groß“ sein sollen. Jedoch allzu groß sollen sie auch nicht sein. Wir betrachten nämlich nur sogenannte *separable* Hilberträume. Dieses Wort besagt, dass die Folge der eben genannten Vektoren $v_1, v_2, \ldots, v_n, \ldots$, in der jede endliche Teilfolge aus linear unabhängigen Vektoren besteht, so konstruiert werden kann, dass sie eine *Basis* des Hilbertraumes bildet. Damit ist gemeint, dass man zu jedem Vektor u und jedem positiven ε endlich viele dieser Basisvektoren $v_1, v_2, \ldots, v_n$ und ebenso viele Skalare $c_1, c_2, \ldots, c_n$ so auffindet, dass der Vektor $v = c_1 v_1 + c_2 v_2 + \ldots + c_n v_n$ von u einen geringeren Abstand als ε besitzt: $\|u - v\| < \varepsilon$. Kurz gesagt: Die Gesamtheit aller endlichen Linearkombinationen $c_1 v_1 + c_2 v_2 + \ldots + c_n v_n$ liegt im Hilbertraum dicht.

Das Orthogonalisierungsverfahren von Gram und Schmidt erlaubt, aus der Folge $v_1, v_2, \ldots, v_n, \ldots$ der Basisvektoren eine neue Folge $j_1, j_2, \ldots, j_n, \ldots$ von Basisvektoren zu bilden, wobei die Vektoren $j_1, j_2, \ldots, j_n, \ldots$ paarweise aufeinander orthogonale Einheitsvektoren darstellen: Für alle Zahlen k, m, n lautet bei $k \neq m$ deren skalares Produkt $(j_k | j_m) = 0$ und es ist $(j_n | j_n) = 1$, also auch $\|j_n\| = 1$. Man sagt, dass die Folge $j_1, j_2, \ldots, j_n, \ldots$ eine *Orthonormalbasis* des Hilbertraumes darstellt.

Abstrakt gesprochen gibt es eigentlich nur einen einzigen unendlichdimensionalen und separablen Hilbertraum: den Raum ℓ^2 der quadratisch summierbaren Vektoren. Denn die Deutung der Symbole $j_1, j_2, \ldots, j_n, \ldots$ steht uns vollkommen frei. Doch wie auch immer wir sie sehen, an der Struktur des Raumes selbst ändern sie nichts.

Somit besteht bei einem vorliegenden unendlichdimensionalen linearen Raum, in dem ein skalares Produkt definiert ist, die Aufgabe einzig und allein darin, seine Struktur der des Raumes ℓ^2 anzupassen.

Wir zeigen am Beispiel des linearen Raumes $\mathscr{S}$ der über $\mathbb{R}$ definierten, stetigen und 2π-periodischen Funktionen, wie sich diese Aufgabe konkret gestaltet:

Zwei Funktionen f und g aus $\mathscr{S}$ besitzen das skalare Produkt

$$(f | g) = \frac{1}{\pi} \int_{-\pi}^{\pi} f(x)\, g(x)\, \mathrm{d}x \qquad \text{mit} \qquad \|f\|_2 = \sqrt{\frac{1}{\pi} \int_{-\pi}^{\pi} f(x)^2\, \mathrm{d}x}\,,$$

der 2-Norm von f, als zugehöriger Norm. Wir wissen, dass die Funktionen $\mathrm{C}_0, \mathrm{C}_1, \mathrm{C}_2, \ldots, \mathrm{C}_n, \ldots$ und $\mathrm{S}_1, \mathrm{S}_2, \ldots, \mathrm{S}_n, \ldots$, definiert durch

$$\mathrm{C}_0(x) = \frac{1}{\sqrt{2}}\,, \qquad \mathrm{C}_n(x) = \cos nx\,, \qquad \mathrm{S}_n(x) = \sin nx$$

ein Orthonormalsystem bilden. Der Approximationssatz von Fejér untermauert, dass es sich dabei um eine Orthonormal*basis* dieses linearen Raumes handelt. Denn jedes trigonometrische Polynom $\sigma(x)$ ist eine endliche Linearkombination der Funktionen $\mathrm{C}_0, \mathrm{C}_1, \mathrm{C}_2, \ldots, \mathrm{C}_n, \ldots$ und $\mathrm{S}_1, \mathrm{S}_2, \ldots, \mathrm{S}_n, \ldots$. Die Ungleichung $\|f - \sigma\| < \varepsilon$ mit der Supremumsnorm zieht die Ungleichung $\|f - \sigma\|_2 < \varepsilon\sqrt{2}$ mit der 2-Norm nach sich. Hieraus folgt, dass die Gesamtheit der trigonometrischen Polynome in $\mathscr{S}$ dicht liegt.

Mit der umkehrbar eindeutigen Zuordnung $\mathrm{C}_0 \mapsto j_1$, $\mathrm{C}_1 \mapsto j_2$, $\mathrm{C}_2 \mapsto j_4, \ldots, \mathrm{C}_n \mapsto j_{2n}, \ldots$ und $\mathrm{S}_1 \mapsto j_3$, $\mathrm{S}_2 \mapsto j_5, \ldots, \mathrm{S}_n \mapsto j_{2n+1}, \ldots$ ist der Raum $\mathscr{S}$ in den Hilbertraum ℓ^2 eingebettet. Der Darstellung jedes quadratisch summierbaren Vektors u als

$$u = \sum_{n=1}^{\infty} (u|j_n)\, j_n$$

entspricht der Darstellung einer Funktion f durch ihre Fourierreihe. Allerdings ist zu beachten, wie die Formel

$$f = \frac{a_0}{\sqrt{2}}\mathrm{C}_0 + \sum_{n=1}^{\infty} (a_n\mathrm{C}_n + b_n\mathrm{S}_n) = \frac{a_0}{2} + \sum_{n=1}^{\infty} (a_n\mathrm{C}_n + b_n\mathrm{S}_n)$$

mit den Fourierkoeffizienten $a_0, a_1, a_2, \ldots, a_n, \ldots$ und $b_1, b_2, \ldots, b_n, \ldots$ zu lesen ist: Die hier angeschriebene Gleichheit besagt keineswegs, dass die rechte Reihe punktweise oder gar gleichmäßig gegen die Funktion f konvergiert, sondern bloß im Sinne der 2-Norm, also im quadratischen Mittel. Worauf wir aber schließen können, ist, dass sich das Quadrat der 2-Norm von f nach der Formel

$$\frac{1}{\pi}\int_{-\pi}^{\pi} f(x)^2\,\mathrm{d}x = \frac{a_0^2}{2} + \sum_{n=1}^{\infty} \left(a_n^2 + b_n^2\right)$$

errechnet – eine Formel, die bereits im 19. Jahrhundert der französische Landedelmann Marc-Antoine Parseval des Chênes erahnte. Man nennt sie die *parsevalsche Identität.*

Allerdings ist der Raum $\mathscr{S}$ kein Hilbertraum, sondern $\mathscr{S}$ liegt nur in einem Hilbertraum $\mathscr{H}$ dicht. Dieser Hilbertraum $\mathscr{H}$ ist das treue Abbild des Hilbertraumes ℓ^2. Er besteht aus allen formalen Summen der Gestalt

$$f = \frac{a_0}{\sqrt{2}}\mathrm{C}_0 + \sum_{n=1}^{\infty} (a_n\mathrm{C}_n + b_n\mathrm{S}_n) = \frac{a_0}{2} + \sum_{n=1}^{\infty} (a_n\mathrm{C}_n + b_n\mathrm{S}_n)\ ,$$

bei denen die aus den reellen Größen $a_0, a_1, a_2, \ldots, a_n, \ldots$ und $b_1, b_2, \ldots, b_n, \ldots$ gebildete Folge $a_0/\sqrt{2}, a_1, b_1, a_2, b_2, \ldots, a_n, b_n, \ldots$ quadratisch summierbar ist. Damit ist gemeint, dass die in der parsevalschen Identität genannte Reihe

$$\frac{a_0^2}{2} + \sum_{n=1}^{\infty} \left(a_n^2 + b_n^2\right)$$

konvergiert. So gehört zum Beispiel

$$f = \frac{1}{2} + \frac{2}{\pi}\sum_{m=0}^{\infty} \frac{1}{2m+1}\mathrm{S}_{2m+1}$$

dem Hilbertraum $\mathscr{H}$ an. Für ihn gilt

$$\|f\|_2^2 = \frac{1}{2} + \frac{4}{\pi^2}\sum_{m=0}^{\infty} \frac{1}{(2m+1)^2}$$

und dies ist eine konvergente Reihe. Am Ende des Abschnitts 4.11 lernten wir, dass die hier angeschriebene Fourierreihe jene verallgemeinerte Funktion f darstellt, die für reelle x mit

$-\pi < x < 0$ den Wert $f(x) = 0$ und für reelle x mit $0 < x < \pi$ den Wert $f(x) = 1$ besitzt, also an der Stelle $x = 0$ unstetig ist und daher im Raum $\mathscr{S}$ nichts zu suchen hat.

Tatsächlich sind *Distributionen*, also *verallgemeinerte Funktionen*, die Bewohner des Hilbertraumes $\mathscr{H}$. Aber nicht jede verallgemeinerte Funktion findet in $\mathscr{H}$ ihren Platz, sondern nur die über $[-\pi;\pi]$ *quadratisch integrierbaren* verallgemeinerten Funktionen. Den üblichen Formeln

$$\frac{a_0}{\sqrt{2}} = \langle f|\mathrm{C}_0\rangle = \frac{1}{\pi}\int_{-\pi}^{\pi} f(x)\cdot\frac{1}{\sqrt{2}}\mathrm{d}x$$

und

$$a_n = \langle f|\mathrm{C}_n\rangle = \frac{1}{\pi}\int_{-\pi}^{\pi} f(x)\cos nx\cdot\mathrm{d}x\,,\qquad b_n = \langle f|\mathrm{S}_n\rangle = \frac{1}{\pi}\int_{-\pi}^{\pi} f(x)\sin nx\cdot\mathrm{d}x$$

gehorchend können wir zwar für alle verallgemeinerten Funktionen f die Fourierkoeffizienten $a_0, a_1, a_2, \ldots, a_n, \ldots$ und $b_1, b_2, \ldots, b_n, \ldots$ berechnen, doch nur jene verallgemeinerten Funktionen f heißen über $[-\pi;\pi]$ quadratisch integrierbar, bei denen die in der parsevalschen Identität genannte Reihe konvergiert. Und nur diese sind Vektoren des Hilbertraumes $\mathscr{H}$. Die stetigen und 2π-periodischen Funktionen aus $\mathscr{S}$ fallen natürlich darunter. Der lineare Raum $\mathscr{S}$ ist sogar ein in $\mathscr{H}$ dicht liegender Unterraum. Man sagt, dass der Hilbertraum $\mathscr{H}$, bezogen auf das für Funktionen aus $\mathscr{S}$ definierte innere Produkt und dessen Norm, die *Vervollständigung* des linearen Raumes $\mathscr{S}$ darstellt.

6.7 Hermitepolynome

Um anhand eines zweiten Beispiels verstehen zu können, wie man einen linearen Raum an die Struktur des Hilbertraumes ℓ^2 anpasst, muss als Vorbereitung zuvor einiges an Rechenarbeit geleistet werden. Wir studieren die sogenannten *Hermitepolynome* $\mathrm{H}_0(x)$, $\mathrm{H}_1(x)$, $\mathrm{H}_2(x)$, $\ldots$, $\mathrm{H}_n(x)$, $\ldots$, benannt nach dem französischen Mathematiker Charles Hermite, dem Doktorvater von Henri Poincaré. Die Namensgebung ist, wie oft in der Mathematik, irreführend. Denn tatsächlich haben bereits Pierre Simon Laplace und der in Moskau und Sankt Petersburg wirkende Mathematiker Pafnuti Lwowowitsch Tschebyscheff mit diesen Polynomen gerechnet.

Ausgangspunkt ist die fortgesetzte Differentiation von e^{-x^2} nach x: Man erhält der Reihe nach

$$\mathrm{e}^{-x^2} = 1\cdot\mathrm{e}^{-x^2}\,,$$

$$\frac{\partial}{\partial x}\mathrm{e}^{-x^2} = -2x\cdot\mathrm{e}^{-x^2}\,,$$

$$\frac{\partial^2}{\partial x^2}\mathrm{e}^{-x^2} = -2\mathrm{e}^{-x^2} + 4x^2\mathrm{e}^{-x^2} = \left(4x^2-2\right)\cdot\mathrm{e}^{-x^2}\,,$$

$$\frac{\partial^3}{\partial x^3}\mathrm{e}^{-x^2} = 8x\mathrm{e}^{-x^2} - 2x\left(4x^2-2\right)\mathrm{e}^{-x^2} = -\left(8x^3-12x\right)\cdot\mathrm{e}^{-x^2}\,,$$

und so weiter. Geht man allgemein für eine natürliche Zahl n von

$$\frac{\partial^n}{\partial x^n}\mathrm{e}^{-x^2} = (-1)^n\,\mathrm{H}_n(x)\cdot\mathrm{e}^{-x^2}$$

aus, ergibt eine nochmalige Differentiation

$$\frac{\partial^{n+1}}{\partial x^{n+1}} \mathrm{e}^{-x^2} = (-1)^n \mathrm{H}_n'(x)\,\mathrm{e}^{-x^2} - 2x(-1)^n \mathrm{H}_n(x)\,\mathrm{e}^{-x^2} = (-1)^{n+1}\left(2x\mathrm{H}_n(x) - \mathrm{H}_n'(x)\right)\cdot \mathrm{e}^{-x^2} .$$

Deshalb kann man mit der *ersten Rekursionsformel der Hermitepolynome*

$$\mathrm{H}_{n+1}(x) = 2x\mathrm{H}_n(x) - \mathrm{H}_n'(x) , \quad \text{bei} \quad \mathrm{H}_0(x) = 1$$

der Reihe nach die Hermitepolynome $\mathrm{H}_0(x)$, $\mathrm{H}_1(x)$, $\mathrm{H}_2(x), \ldots, \mathrm{H}_n(x), \ldots$ berechnen. Die ersten Hermitepolynome lauten:

$$\mathrm{H}_0(x) = 1 , \qquad \mathrm{H}_1(x) = 2x , \qquad \mathrm{H}_2(x) = 4x^2 - 2 ,$$

$$\mathrm{H}_3(x) = 8x^3 - 12x , \qquad \mathrm{H}_4(x) = 16x^4 - 48x^2 + 12 , \qquad \mathrm{H}_5(x) = 32x^5 - 160x^3 + 120 .$$

Offenbar ist jedes Hermitepolynom $\mathrm{H}_n(x) = 2^n x^n + \ldots$ ein Polynom vom genauen Grad n und gerade beziehungsweise ungerade, je nachdem ob n gerade beziehungsweise ungerade ist. Hermite wies selbst darauf hin, dass die schöne Formel

$$\mathrm{H}_n(x) = (-1)^n \cdot \mathrm{e}^{x^2} \cdot \frac{\partial^n}{\partial x^n} \mathrm{e}^{-x^2}$$

auf den aus einer sephardischen Familie aus Bordeaux stammenden und in Paris lebenden Bankier und Sozialreformer Benjamin Olinde Rodrigues zurückgeht. Sie wird daher die *Rodrigues-Formel* der Hermitepolynome genannt.

Entwickelt man $\mathrm{e}^{-(x+t)^2}$ nach der Variable t in eine Taylorreihe, bekommt man

$$\mathrm{e}^{-(x+t)^2} = \sum_{n=0}^{\infty} \frac{1}{n!} \left[\frac{\partial^n}{\partial t^n} \mathrm{e}^{-(x+t)^2}\right]_{t=0} \cdot t^n = \sum_{n=0}^{\infty} \frac{t^n}{n!} \left[(-1)^n \mathrm{H}_n(x+t) \cdot \mathrm{e}^{-(x+t)^2}\right]_{t=0} =$$

$$= \sum_{n=0}^{\infty} \frac{t^n}{n!} (-1)^n \mathrm{H}_n(x) \cdot \mathrm{e}^{-x^2} .$$

Setzt man nun $y = -t$ und multipliziert man beide Seiten mit e^{x^2}, erhält man wegen $\mathrm{e}^{-(x-y)^2} = \mathrm{e}^{-x^2}\mathrm{e}^{2xy-y^2}$ die sogenannte *Erzeugendengleichung*

$$\mathrm{e}^{2xy-y^2} = \sum_{n=0}^{\infty} \frac{y^n}{n!} \mathrm{H}_n(x)$$

der Hermitepolynome. Und die gemäß

$$U(x, y) = \mathrm{e}^{2xy-y^2}$$

definierte Funktion U heißt die *erzeugende Funktion* der Hermitepolynome.

Die Differentiation der linken Seite der Erzeugendengleichung nach y führt zur folgenden Rechnung:

$$\frac{\partial}{\partial y}\left(\mathrm{e}^{2xy-y^2}\right) = (2x - 2y)\,\mathrm{e}^{2xy-y^2} = 2\sum_{n=0}^{\infty} \frac{y^n}{n!} x\mathrm{H}_n(x) - 2\sum_{n=0}^{\infty} \frac{y^{n+1}}{n!} \mathrm{H}_n(x) =$$

$$= 2\sum_{n=0}^{\infty} \frac{y^n}{n!} x\mathrm{H}_n(x) - 2\sum_{n=0}^{\infty} \frac{y^{n+1}}{(n+1)!}(n+1)\mathrm{H}_n(x) =$$

Die Erweiterung im zweiten Summanden mit $n+1$ erlaubt, in ihm $n+1$ durch m zu ersetzen:

$$= 2\sum_{n=0}^{\infty} \frac{y^n}{n!} x\mathrm{H}_n(x) - 2\sum_{m=1}^{\infty} \frac{y^m}{m!} m\mathrm{H}_{m-1}(x) =$$

Man kann den Laufindex m der zweiten Summe sogar mit $m = 0$ beginnen lassen, denn der in ihr vorkommende Faktor m bewirkt bei $m = 0$ keine Änderung. Schreiben wir statt m nun wieder n als Laufindex, bekommen wir weiter:

$$= 2\sum_{n=0}^{\infty} \frac{y^n}{n!} x\mathrm{H}_n(x) - 2\sum_{n=0}^{\infty} \frac{y^n}{n!} n\mathrm{H}_{n-1}(x) = \sum_{n=0}^{\infty} \frac{y^n}{n!}\left(2x\mathrm{H}_n(x) - 2n\mathrm{H}_{n-1}(x)\right).$$

Differentiation der rechten Seite der Erzeugendengleichung nach y führt zu:

$$\frac{\partial}{\partial y}\left(\sum_{n=0}^{\infty} \frac{y^n}{n!}\mathrm{H}_n(x)\right) = \sum_{n=1}^{\infty} \frac{y^{n-1}}{(n-1)!}\mathrm{H}_n(x) = \sum_{m=0}^{\infty} \frac{y^m}{m!}\mathrm{H}_{m+1}(x) = \sum_{n=0}^{\infty} \frac{y^n}{n!}\mathrm{H}_{n+1}(x).$$

Hier haben wir im vorletzten Schritt $n-1$ durch den Laufindex m ersetzt und im letzten Schritt statt m wieder n geschrieben. Weil die Differentiation beider Seiten der Erzeugendengleichung zum gleichen Resultat führen muss, haben wir somit die *zweite Rekursionsformel der Hermitepolynome*

$$\mathrm{H}_{n+1}(x) = 2x\mathrm{H}_n(x) - 2n\mathrm{H}_{n-1}(x), \qquad \text{bei} \quad \mathrm{H}_0(x) = 1, \quad \mathrm{H}_1(x) = 2x$$

hergeleitet. Zusammen mit der ersten Rekursionsformel folgt hieraus die *Differentiationsregel der Hermitepolynome*

$$\frac{\partial}{\partial x}\mathrm{H}_n(x) = \mathrm{H}'_n(x) = 2n\mathrm{H}_{n-1}(x)$$

Zugleich folgt aus der ersten Rekursionsformel

$$\mathrm{H}'_n(x) = 2x\mathrm{H}_n(x) - \mathrm{H}_{n+1}(x),$$

was bei weiterer Differentiation unter Verwendung der Differentiationsregel der Hermitepolynome Folgendes ergibt:

$$\mathrm{H}''_n(x) = 2\mathrm{H}_n(x) + 2x\mathrm{H}'_n(x) - \mathrm{H}'_{n+1}(x) =$$

$$= 2\mathrm{H}_n(x) + 2x\mathrm{H}'_n(x) - 2(n+1)\mathrm{H}_n(x) = 2x\mathrm{H}'_n(x) - 2n\mathrm{H}_n(x).$$

Wir ersehen daraus, dass $u = \mathrm{H}_n(x)$ die Differentialgleichung

$$\frac{\partial^2 u}{\partial x^2} - 2x\frac{\partial u}{\partial x} + 2nu = 0$$

löst, die man die *Differentialgleichung des* n*-ten Hermitepolynoms* nennt.

6.8 Quadratisch integrierbare Funktionen

Wir betrachten nun den Raum $\mathscr{C}(\mathbb{R})$ aller stetigen Funktionen $f:\mathbb{R}\longrightarrow\mathbb{R}$. Ihm entnehmen wir den Teilraum $\mathscr{C}_0(\mathbb{R})$ der *quadratisch integrierbaren* stetigen Funktionen f. Damit meinen wir, dass neben der Stetigkeit von der Funktion f gefordert wird, dass das uneigentliche Integral

$$\int_{-\infty}^{\infty} f(x)^2\,\mathrm{d}x$$

als reelle Größe existiert. Es ist klar, dass mit zwei quadratisch integrierbaren stetigen Funktionen auch deren Summe eine quadratisch integrierbare stetige Funktion ist, und dass auch das skalare Vielfache einer quadratisch integrierbaren stetigen Funktion eine quadratisch integrierbare stetige Funktion bleibt. Es handelt sich bei $\mathscr{C}_0(\mathbb{R})$ somit um einen linearen Raum. Jedenfalls sind in ihm Funktionen f der Gestalt $f(x)=p(x)\mathrm{e}^{-x^2/2}$ enthalten, wenn $p(x)$ ein Polynom beliebigen Grades bezeichnet. Und mit der Zuordnung, die je zwei quadratisch integrierbaren stetigen Funktionen f und g die reelle Größe

$$(f|g)=\int_{-\infty}^{\infty} f(x)\,g(x)\,\mathrm{d}x$$

zuweist, ist im linearen Raum $\mathscr{C}_0(\mathbb{R})$ ein skalares Produkt definiert. Die sich aus ihm ergebende Norm

$$\|f\|_2=\sqrt{(f|f)}=\sqrt{\int_{-\infty}^{\infty} f(x)^2\,\mathrm{d}x}$$

nennen wir wieder eine 2-Norm oder eine Norm im quadratischen Mittel – diesmal aber für den Raum $\mathscr{C}_0(\mathbb{R})$ erklärt.

Dass hierbei alles mit rechten Dingen zugeht und die entsprechenden Rechengesetze erfüllt sind, zeigt man ganz ähnlich, wie wir es beim Raum der quadratisch summierbaren Folgen durchführten. Es sind bloß Summen durch Integrale zu ersetzen.

Die für diesen Raum entscheidende Rechnung betrifft die erzeugende Funktion U der Hermitepolynome. Sie lautet:

$$\int_{-\infty}^{\infty} U(x,y)\,U(x,z)\,\mathrm{e}^{-x^2}\,\mathrm{d}x=\int_{-\infty}^{\infty} \mathrm{e}^{2xy-y^2}\mathrm{e}^{2xz-z^2}\,\mathrm{e}^{-x^2}\,\mathrm{d}x=\int_{-\infty}^{\infty} \mathrm{e}^{-(x^2+y^2+z^2-2x(y+z))}\,\mathrm{d}x=$$

an dieser Stelle beachten wir, dass $\left(x-(y+z)\right)^2=x^2-(y+z)^2-2x(y+z)=x^2+y^2+z^2-2x(y+z)+2yz$ ist

$$=\int_{-\infty}^{\infty} \mathrm{e}^{-(x-(y+z))^2}\,\mathrm{e}^{2yz}\mathrm{d}x=\mathrm{e}^{2yz}\int_{-\infty}^{\infty} \mathrm{e}^{-(x-(y+z))^2}\,\mathrm{d}x=\mathrm{e}^{2yz}\int_{-\infty}^{\infty} \mathrm{e}^{-t^2}\,\mathrm{d}t=\mathrm{e}^{2yz}\sqrt{\pi}\,.$$

Im vorletzten Schritt wurde im Integral $x-(y+z)$ durch t substituiert, wobei t aus der Sicht des Integrals nur von der Integrationsvariable x abhängt und daher $\mathrm{d}x$ durch $\mathrm{d}t$ ersetzt wird. Und zum Schluss kam die Formel für das euler-poissonsche Integral zum Tragen. Nach der Taylorentwicklung von e^{2yz} ersehen wir somit

$$\int_{-\infty}^{\infty} U(x,y)\,U(x,z)\,\mathrm{e}^{-x^2}\,\mathrm{d}x=\sum_{n=0}^{\infty}\frac{(2yz)^n}{n!}\sqrt{\pi}=\sum_{n=0}^{\infty}\frac{y^n z^n}{(n!)^2}\cdot 2^n n!\sqrt{\pi}\,.$$

Die zuletzt vorgenommene Erweiterung mit $n!$ führten wir im Hinblick auf die folgende Rechnung durch. Denn wenn man die Erzeugendengleichung verwendet, bekommt man für das gleiche Integral

$$\int_{-\infty}^{\infty} U(x,y)\,U(x,z)\,\mathrm{e}^{-x^2}\,\mathrm{d}x = \int_{-\infty}^{\infty} \sum_{k=0}^{\infty} \frac{y^k}{k!} \mathrm{H}_k(x) \sum_{m=0}^{\infty} \frac{z^m}{m!} \mathrm{H}_m(x)\,\mathrm{e}^{-x^2}\,\mathrm{d}x =$$

$$= \sum_{k=0}^{\infty} \sum_{m=0}^{\infty} \frac{y^k z^m}{k!m!} \int_{-\infty}^{\infty} \mathrm{H}_k(x)\,\mathrm{H}_m(x)\,\mathrm{e}^{-x^2}\,\mathrm{d}x\,.$$

Der Vergleich der beiden Ergebnisse liefert die *Orthogonalitätsrelationen der Hermitepolynome*. Für alle natürlichen Zahlen k und m gilt:

$$\int_{-\infty}^{\infty} \mathrm{H}_k(x)\,\mathrm{H}_m(x)\,\mathrm{e}^{-x^2}\,\mathrm{d}x = \begin{cases} 2^n n!\sqrt{\pi}\,, & \text{wenn } k = m = n \text{ ist} \\ 0\,, & \text{wenn } k \neq m \text{ ist} \end{cases}$$

Die Orthogonalitätsrelationen veranlassen, für jede natürliche Zahl n eine n-te *Hermitefunktion* ϕ_n so zu definieren:

$$\phi_n(x) = \frac{1}{\sqrt[4]{\pi}\sqrt{2^n n!}} \mathrm{H}_n(x)\,\mathrm{e}^{-x^2/2}$$

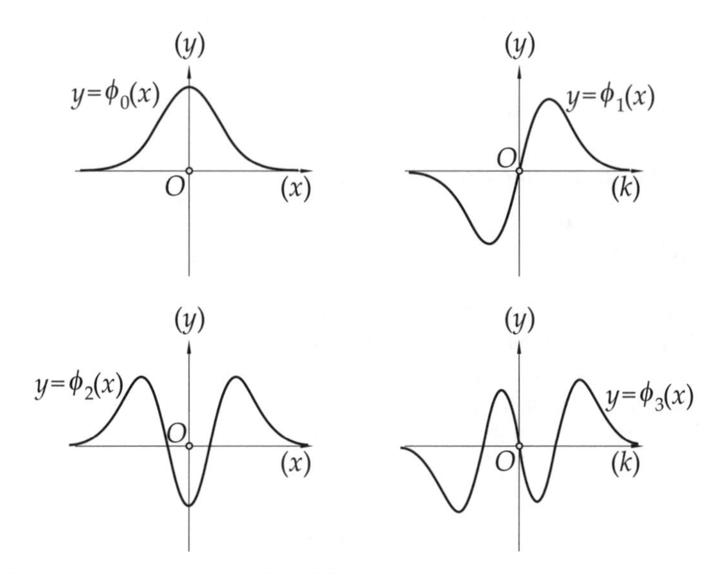

Bild 6.3 Schaubilder der ersten vier Hermitefunktionen

Jede Hermitefunktion ist eine quadratisch integrierbare stetige Funktion und für alle natürlichen Zahlen k und m gilt

$$(\phi_k|\phi_m) = \int_{-\infty}^{\infty} \phi_k(x)\,\phi_m(x)\,\mathrm{d}x = \begin{cases} 1\,, & \text{wenn } k = m = n \text{ ist} \\ 0\,, & \text{wenn } k \neq m \text{ ist}\,. \end{cases}$$

Die Folge $\phi_0, \phi_1, \phi_2, \ldots, \phi_n, \ldots$ der Hermitefunktionen bildet ein Orthonormalsystem. Die folgende Überlegung zeigt, dass diese Folge sogar eine Orthonormal*basis* des linearen Raumes $\mathscr{C}_0(\mathbb{R})$ darstellt:

Zur Vorbereitung stellen wir fest, dass für jede quadratisch integrierbare stetige Funktion f die aus ihr nach der Formel

$$F(z) = \int_{-\infty}^{\infty} f(x)\, U\left(z, \frac{x}{\sqrt{2}}\right) \mathrm{d}x = \int_{-\infty}^{\infty} f(x)\, \mathrm{e}^{zx\sqrt{2}-x^2/2} \mathrm{d}x =$$

$$= \sum_{n=0}^{\infty} \frac{2^{n/2}}{n!} \int_{-\infty}^{\infty} f(x)\, x^n \mathrm{e}^{-x^2/2} \mathrm{d}x \cdot z^n$$

gebildete Funktion F über der ganzen komplexen Ebene holomorph ist. Der rechte Ausdruck in der obigen Formel ist die um Null entwickelte und über ganz $\mathbb{C}$ konvergente Taylorreihe dieser Funktion. Im Besonderen zeigt sich, dass

$$F\left(\frac{-\mathrm{j}k}{\sqrt{2}}\right) = \int_{-\infty}^{\infty} f(x)\, \mathrm{e}^{-x^2/2} \mathrm{e}^{-\mathrm{j}kx} \mathrm{d}x$$

die Fouriertransformierte jener Funktion ist, die dem Argument x den Wert $f(x)\,\mathrm{e}^{-x^2/2}$ zuordnet.

Jetzt soll f eine quadratisch integrierbare stetige Funktion bezeichnen, bei der für alle natürlichen Zahlen n die inneren Produkte $(f|\phi_n)$ verschwinden, für die also für alle natürlichen Zahlen n

$$\int_{-\infty}^{\infty} f(x)\, \mathrm{H}_n(x)\, \mathrm{e}^{-x^2/2} \mathrm{d}x = 0$$

gilt. Dann trifft für alle natürlichen Zahlen n auch

$$\int_{-\infty}^{\infty} f(x)\, x^n \mathrm{e}^{-x^2/2} \mathrm{d}x = 0$$

zu und die oben gebildete Funktion F verkümmert zur konstanten Funktion mit Null als Wert. Also ist auch die Fouriertransformierte jener Funktion, die dem Argument x den Funktionswert $f(x)\,\mathrm{e}^{-x^2/2}$ zuordnet, konstant Null. Daher gilt für jedes reelle x auch $f(x)\,\mathrm{e}^{-x^2/2} = 0$ und somit ist $f = 0$. Diese Überlegung zeigt, dass die endlichen Linearkombinationen der Hermitefunktionen im Raum $\mathscr{C}_0(\mathbb{R})$ dicht liegen. Die Folge $\phi_0, \phi_1, \phi_2, \ldots, \phi_n, \ldots$ der Hermitefunktionen bildet in ihm tatsächlich eine Orthonormalbasis.

Nun gelingt es leicht, den Raum $\mathscr{C}_0(\mathbb{R})$ zu einem Hilbertraum – er wird Henri Léon Lebesgue zu Ehren $L^2(\mathbb{R})$ getauft, obwohl er in Wahrheit von Friedrich Riesz, dem Bruder des Fejérschülers Marcel Riesz, erfunden wurde – zu vervollständigen. Es sind Distributionen, also verallgemeinerte Funktionen f, die den Raum $L^2(\mathbb{R})$ bewohnen. Aber nur jene verallgemeinerten Funktionen f dürfen sich in $L^2(\mathbb{R})$ aufhalten, die *quadratisch integrierbare verallgemeinerte Funktionen* sind. Damit ist Folgendes gemeint: Wir betrachten nur jene verallgemeinerten Funktionen f, bei denen wir für jede natürliche Zahl n das innere Produkt von f mit der n-ten Hermitefunktion ϕ_n gemäß

$$(f|\phi_n) = \langle f|\phi_n\rangle = \int_{-\infty}^{\infty} f(x)\, \phi_n(x)\, \mathrm{d}x$$

ermitteln können. Und wir verlangen von den so erhaltenen reellen Größen $c_n = \langle f|\phi_n\rangle$, dass die aus ihnen gebildete Folge $c_0, c_1, c_2, \ldots, c_n, \ldots$ quadratisch summierbar ist. In diesem Fall gilt

$$f = \sum_{n=0}^{\infty} c_n\phi_n \quad \text{und} \quad \int_{-\infty}^{\infty} f(x)^2\,\mathrm{d}x = \sum_{n=0}^{\infty} c_n^2$$

Nachträglich ist klar, dass es sich bei f um eine verallgemeinerte Funktion handeln muss. Denn für jede Testfunktion ϑ, die bekanntlich einen kompakten Träger besitzt, kann man selbstverständlich

$$\langle f|\vartheta\rangle = \int_{-\infty}^{\infty} f(x)\,\vartheta(x)\,\mathrm{d}x$$

berechnen. Offenkundig ist mit der Zuordnung $\phi_0 \mapsto j_1$, $\phi_1 \mapsto j_2$, $\phi_2 \mapsto j_3, \ldots, \phi_{n-1} \mapsto j_n$, $\phi_n \mapsto j_{n+1}, \ldots$ der Raum $\mathscr{C}_0(\mathbb{R})$ in den Hilbertraum ℓ^2 eingebettet und ein dichter Teilraum des Hilbertraumes $L^2(\mathbb{R})$, der seinerseits, abstrakt gesprochen, mit ℓ^2 übereinstimmt.

6.9 Fouriertransformation

Die nullte Hermitefunktion ϕ_0 lautet

$$\phi_0(x) = \frac{1}{\sqrt[4]{\pi}}\mathrm{e}^{-x^2/2}\,.$$

Wir haben ihre Fouriertransformierte $\widetilde{\phi}_0 = \mathscr{F}[\phi_0]$ bereits in Abschnitt 4.7 kennengelernt:

$$\widetilde{\phi}_0(k) = \int_{-\infty}^{\infty} \phi_0(x)\,\mathrm{e}^{-\mathrm{j}kx}\mathrm{d}x = \frac{1}{\sqrt[4]{\pi}}\int_{-\infty}^{\infty} \mathrm{e}^{-x^2/2}\mathrm{e}^{-\mathrm{j}kx}\mathrm{d}x = \frac{1}{\sqrt[4]{\pi}}\sqrt{2\pi}\mathrm{e}^{-k^2/2} = \sqrt{2\pi}\cdot\phi_0(k)\,.$$

Die Formel $\mathscr{F}[\phi_0] = \sqrt{2\pi}\cdot\phi_0$ besagt, dass ϕ_0 eine Eigenfunktion der Fouriertransformation ist, und der zugehörige Eigenwert $\sqrt{2\pi}$ lautet.

Unser Ziel ist, diese Aussage für alle Hermitefunktionen zu verallgemeinern.

Zu diesem Zweck betrachten wir den in $L^2(\mathbb{R})$ dichten Teilraum $\mathscr{D}$ aller endlichen Linearkombinationen von Hermitefunktionen. $\mathscr{D}$ besteht aus beliebig oft stetig differenzierbaren Funktionen, die bei nach plus oder minus unendlich divergierenden Argumentwerten x, also bei $x \to \pm\infty$, in der Größenordnung $\mathrm{e}^{-x^2/2}$ nach Null streben. Wenn man Funktionen aus $\mathscr{D}$ differenziert oder mit ihren Argumenten multipliziert, erhält man als Ergebnisse wieder Funktionen aus $\mathscr{D}$. Besonders bedeutsam ist ein linearer Operator Λ, der aus einer Kombination der Multiplikation mit dem Argument und der Differentiation nach dem Argument besteht. Er ist für Funktionen f aus $\mathscr{D}$ durch

$$\Lambda f(x) = \frac{1}{\sqrt{2}}\left(x - \frac{\partial}{\partial x}\right)f(x) = \frac{1}{\sqrt{2}}\left(xf(x) - f'(x)\right)\,,$$

definiert. Seine Bedeutung wird klar, wenn man erkennt, wie er bei einer beliebigen natürlichen Zahl n auf die n-te Hermitefunktion ϕ_n wirkt:

$$\Lambda\phi_n(x) = \frac{1}{\sqrt[4]{\pi}\sqrt{2^{n+1}n!}}\left(x - \frac{\partial}{\partial x}\right)\left(\mathrm{H}_n(x)\,\mathrm{e}^{-x^2/2}\right) =$$

$$= \frac{1}{\sqrt[4]{\pi}\sqrt{2^{n+1}n!}}\left(x\mathrm{H}_n(x)\,\mathrm{e}^{-x^2/2} - \mathrm{H}_n'(x)\,\mathrm{e}^{-x^2/2} + x\mathrm{H}_n(x)\,\mathrm{e}^{-x^2/2}\right) =$$

$$= \frac{1}{\sqrt[4]{\pi}\sqrt{2^{n+1}n!}}\left(2x\mathrm{H}_n(x)\,\mathrm{e}^{-x^2/2} - \mathrm{H}_n'(x)\,\mathrm{e}^{-x^2/2}\right) =$$

an dieser Stelle verwenden wir die Rekursion $\mathrm{H}_n'(x) = 2x\mathrm{H}_n(x) - \mathrm{H}_{n+1}(x)$ und erhalten weiter

$$= \frac{1}{\sqrt[4]{\pi}\sqrt{2^{n+1}n!}}\mathrm{H}_{n+1}(x)\,\mathrm{e}^{-x^2/2} = \sqrt{n+1}\cdot\phi_{n+1}(x)\ .$$

Wir ersehen daraus $\Lambda\phi_n = \sqrt{n+1}\cdot\phi_{n+1}$. Es ist diese Formel, die dazu veranlasst, Λ den „Erzeugungsoperator" zu nennen. Tatsächlich kann man mithilfe von

$$\phi_0(x) = \frac{1}{\sqrt[4]{\pi}}\mathrm{e}^{-x^2/2}\ , \qquad \phi_{n+1}(x) = \frac{1}{\sqrt{n+1}}\Lambda\phi_n(x) = \frac{1}{\sqrt{n+1}}\frac{1}{\sqrt{2}}\left(x - \frac{\partial}{\partial x}\right)\phi_n(x)$$

der Reihe nach die Hermitefunktionen berechnen.

Als Nächstes beachten wir, wie sich bei einer Funktion f aus $\mathscr{D}$ einerseits der Multiplikationsoperator mit dem Argument und andererseits der Differentiationsoperator wandeln, wenn man danach die Fouriertransformation anwendet. Einerseits gilt

$$\int_{-\infty}^{\infty} x f(x)\,\mathrm{e}^{-\mathrm{j}kx}\mathrm{d}x = \int_{-\infty}^{\infty}\mathrm{j}\frac{\partial}{\partial k}\mathrm{e}^{-\mathrm{j}kx} f(x)\,\mathrm{d}x = \mathrm{j}\frac{\partial}{\partial k}\int_{-\infty}^{\infty} f(x)\,\mathrm{e}^{-\mathrm{j}kx}\mathrm{d}x = \mathrm{j}\frac{\partial}{\partial k}\widetilde{f}(k)\ ,$$

wobei $\widetilde{f} = \mathscr{F}[f]$ die Fouriertransformierte von f bezeichnet. Andererseits gilt

$$\int_{-\infty}^{\infty}\left(\frac{\partial}{\partial x}f(x)\right)\mathrm{e}^{-\mathrm{j}kx}\mathrm{d}x = \left[f(x)\,\mathrm{e}^{-\mathrm{j}kx}\right]_{-\infty}^{\infty} - \int_{-\infty}^{\infty} f(x)\,\frac{\partial}{\partial x}\mathrm{e}^{-\mathrm{j}kx}\mathrm{d}x =$$

$$= \mathrm{j}k\int_{-\infty}^{\infty} f(x)\,\mathrm{e}^{-\mathrm{j}kx}\mathrm{d}x = \mathrm{j}k\widetilde{f}(k)\ .$$

In beiden Rechnungen wurde die Tatsache verwendet, dass $f(x)$ bei $x \to \pm\infty$ in der Größenordnung $\mathrm{e}^{-x^2/2}$ nach Null strebt: bei der oberen Formel, um den Satz von Leibniz über die Differentiation von Parameterintegralen anwenden zu dürfen, und bei der unteren Formel beim Einsetzen der Grenzen im ersten Summanden nach der partiellen Integration. Jedenfalls ergibt sich hieraus

$$\int_{-\infty}^{\infty}\Lambda f(x)\,\mathrm{e}^{-\mathrm{j}kx}\mathrm{d}x = \frac{1}{\sqrt{2}}\int_{-\infty}^{\infty}\left(x f(x) - \frac{\partial}{\partial x}f(x)\right)\mathrm{e}^{-\mathrm{j}kx}\mathrm{d}x =$$

$$= \frac{1}{\sqrt{2}}\left(\mathrm{j}\frac{\partial}{\partial k} - \mathrm{j}k\right)\widetilde{f}(k) = -\mathrm{j}\Lambda\widetilde{f}(k)\ .$$

Die *Vertauschungsregel* $\mathscr{F}[\Lambda f] = -\mathrm{j}\Lambda\mathscr{F}[f]$ ist somit hergeleitet.

Nun nehmen wir an, es sei für eine natürliche Zahl n bereits bekannt, dass die n-te Hermitefunktion ϕ_n eine Eigenfunktion der Fouriertransformation ist, und der zugehörige Eigenwert λ_n lautet. Wir gehen also von $\mathscr{F}[\phi_n] = \lambda_n\cdot\phi_n$ aus. Wir wissen, dass diese Annahme für $n = 0$ richtig ist und $\lambda_0 = \sqrt{2\pi}$ lautet. Aufgrund der oben getroffenen Vorbereitungen schließen wir dann auf

$$\mathscr{F}[\phi_{n+1}] = \mathscr{F}\left[\frac{1}{\sqrt{n+1}}\Lambda\phi_n\right] = \frac{1}{\sqrt{n+1}}\mathscr{F}[\Lambda\phi_n] = \frac{-\mathrm{j}}{\sqrt{n+1}}\Lambda\mathscr{F}[\phi_n] =$$

$$= \frac{-\mathrm{j}}{\sqrt{n+1}} \Lambda\left(\lambda_n \cdot \phi_n\right) = -\mathrm{j}\lambda_n \cdot \frac{1}{\sqrt{n+1}} \Lambda\phi_n = -\mathrm{j}\lambda_n \cdot \phi_{n+1} \, .$$

Somit trifft auch $\mathscr{F}\left[\phi_{n+1}\right] = \lambda_{n+1} \cdot \phi_{n+1}$ zu. Also ist auch die $(n+1)$-te Hermitefunktion ϕ_{n+1} eine Eigenfunktion der Fouriertransformation, und der zugehörige Eigenwert λ_{n+1} lautet $\lambda_{n+1} = -\mathrm{j}\lambda_n$. Die Eigenwerte der Fouriertransformation zu ihren Eigenfunktionen ϕ_0, ϕ_1, ϕ_2, $\ldots$, ϕ_n ,... errechnen sich folglich als

$$\lambda_0 = \sqrt{2\pi}\,, \quad \lambda_1 = -\mathrm{j}\sqrt{2\pi}\,, \quad \lambda_2 = -\sqrt{2\pi}\,, \quad \lambda_3 = \mathrm{j}\sqrt{2\pi}\,, \quad \lambda_4 = \sqrt{2\pi}\,, \quad \ldots$$

allgemein als $\lambda_n = (-\mathrm{j})^n \sqrt{2\pi}$.

Jede quadratisch integrierbare verallgemeinerte Funktion f besitzt eine Darstellung der Form

$$f = \sum_{n=0}^{\infty} c_n \phi_n \qquad \text{mit} \qquad c_n = \left(f|\phi_n\right) = \int_{-\infty}^{\infty} f(x)\, \phi_n(x)\, \mathrm{d}x \, .$$

Wendet man auf f die Fouriertransformation an, erhält man

$$\widetilde{f} = \mathscr{F}[f] = \sum_{n=0}^{\infty} c_n \widetilde{\phi_n} = \sqrt{2\pi} \sum_{n=0}^{\infty} (-\mathrm{j})^n c_n \phi_n =$$

$$= \sqrt{2\pi} \left(\sum_{k=0}^{\infty} (-1)^k c_{2k} \phi_{2k} - \mathrm{j} \sum_{k=0}^{\infty} (-1)^k c_{2k+1} \phi_{2k+1} \right) .$$

Nur im Fall gerader Funktionen f, bei denen alle Koeffizienten c_1, c_3, $\ldots$, c_{2k+1}, $\ldots$ mit ungeraden Indizes Null sind, gehört $\widetilde{f}$ dem Raum $L^2(\mathbb{R})$ der quadratisch integrierbaren verallgemeinerten Funktionen an. Wenn man aber in $\mathscr{C}_0(\mathbb{R})$ nicht bloß reellwertige, sondern auch komplexwertige Funktionen f, g, $\ldots$ zulässt, und bei ihnen das innere Produkt $\left(f|g\right)$ mit der Formel

$$\left(f|g\right) = \int_{-\infty}^{\infty} f(x)\, \overline{g(x)}\, \mathrm{d}x$$

festlegt, was $\left(g|f\right) = \overline{\left(f|g\right)}$ zur Folge hat, kann man diesen komplexen linearen Raum genauso in den komplexen Hilbertraum $L^2(\mathbb{R})$ einbetten. Bei dieser Verallgemeinerung gewinnen wir den folgenden Satz:

Die Fouriertransformation ist ein für alle quadratisch integrierbaren verallgemeinerten Funktionen definierter linearer Operator, der $L^2(\mathbb{R})$ in sich überführt. Sie besitzt die Hermitefunktionen ϕ_0, ϕ_1, ϕ_2, $\ldots$, ϕ_n, $\ldots$ als Eigenfunktionen mit den entsprechenden Eigenwerten $\sqrt{2\pi}$, $-\mathrm{j}\sqrt{2\pi}$, $-\sqrt{2\pi}$, $\ldots$, $(-\mathrm{j})^n \sqrt{2\pi}$, $\ldots$. Die beiden Formeln

$$\widetilde{f}(k) = \mathscr{F}[f](k) = \int_{-\infty}^{\infty} f(x)\, \mathrm{e}^{-\mathrm{j}kx} \mathrm{d}x \quad \text{und} \quad f(x) = \mathscr{F}^{-1}\left[\widetilde{f}\right](x) = \frac{1}{2\pi} \int_{-\infty}^{\infty} \widetilde{f}(k)\, \mathrm{e}^{\mathrm{j}kx} \mathrm{d}k$$

für die Fouriertransformation und ihre Umkehrtransformation sind dementsprechend im Sinne der verallgemeinerten Funktionen zu lesen.

Michel Plancherel, der in Göttingen bei David Hilbert und Hermann Weyl, seinem späteren Kollegen an der ETH Zürich, studierte, hatte die in diesem Satz zusammengefassten Erkenntnisse 1910 erahnt. Jedoch besitzen auch verallgemeinerte Funktionen, wie zum Beispiel die diracsche Deltafunktion, die den Hilbertraum $L^2(\mathbb{R})$ nicht bewohnen, Fouriertransformierte. Wir deuteten dies bereits im vierten Kapitel an. Damit wollen wir es bewenden lassen.

6.10 Übungsaufgaben

6.1 bis **6.5:** Anhand der folgenden Aufgaben wird mithilfe der von Peter Gustav Dirichlet entwickelten Idee die punktweise Konvergenz der Fourierreihe einer stetigen und 2π-periodischen Funktion gegen diese Funktion an all jenen Punkten hergeleitet, an denen die Funktion stetig differenzierbar ist:

6.1 Für eine Testfunktion ϑ ist mithilfe der partiellen Integration von

$$\widetilde{\vartheta}(k) = \int_{-\infty}^{\infty} \vartheta(x)\, \mathrm{e}^{-\mathrm{j}kx} \mathrm{d}x$$

das *Lemma von Riemann und Lebesgue* herzuleiten, wonach $\widetilde{\vartheta}(k) = \mathcal{O}(1/k)$ bei $k \to \pm\infty$ zutrifft.

6.2 Eine verallgemeinerte Funktion f gehört dem Funktionenraum $L^1(\mathbb{R})$ an, wenn man zu jedem positiven ε eine Testfunktion ϑ finden kann, für die

$$\int_{-\infty}^{\infty} \left| f(x) - \vartheta(x) \right| \mathrm{d}x < \varepsilon$$

zutrifft. Mithilfe dieser Definition und der Aufgabe **6.1** ist für eine Funktion f aus dem Funktionenraum $L^1(\mathbb{R})$ das *Lemma von Riemann und Lebesgue* herzuleiten, wonach für ihre Fouriertransformierte $\widetilde{f}$ die Abschätzung $\widetilde{f}(k) = o(1)$ bei $k \to \pm\infty$ zutrifft.

6.3 Aus dem in den Aufgaben **6.1** und **6.2** bewiesenen Lemma von Riemann und Lebesgue ist herzuleiten, dass man bei einer stetigen und mit Periode 2π periodischen Funktion g für jedes positive ε eine Zahl m so finden kann, dass für alle Zahlen n mit $n \geq m$

$$\left| \int_{-\pi}^{\pi} g(\varphi) \sin\left(n + \frac{1}{2}\right) \varphi \cdot \mathrm{d}\varphi \right| < \varepsilon$$

zutrifft.

6.4 Für eine stetige und mit Periode 2π periodische Funktion f, die an der Stelle x stetig differenzierbar ist, ist herzuleiten, dass die durch

$$g(\varphi) = \frac{f(x) - f(x+\varphi)}{\sin\varphi} = -\frac{f(x+\varphi) - f(x)}{\varphi} \cdot \frac{\varphi}{\sin\varphi}$$

definierte Funktion g stetig und mit der Periode 2π periodisch ist.

6.5 Mit den Fourierkoeffizienten a_0, a_1, b_1, a_2, b_2, $\ldots$, a_n, b_n und dem Dirichletkern D_n bezeichnet

$$s_n(x) = \frac{a_0}{2} + \sum_{k=1}^{n} (a_k \cos kx + b_k \sin kx) = \frac{1}{2\pi} \int_{-\pi}^{\pi} f(\xi)\, D_n(x-\xi)\, \mathrm{d}\xi$$

die fouriersche Summen der stetigen und mit Periode 2π periodischen Funktion f. Es ist $\lim_{n\to\infty} s_n(x) = f(x)$ zu beweisen, wenn f an der Stelle x stetig differenzierbar ist.

6.6 bis **6.14**: Wie in Abschnitt 6.5 gehen wir von unendlich vielen paarweise verschiedenen Symbolen $j_1, j_2, \ldots, j_n, \ldots$ aus und betrachten den linearen Raum der symbolisch geschriebenen Reihen

$$u = c_1 j_1 + c_2 j_2 + \ldots + c_n j_n + \ldots = \sum_{n=1}^{\infty} c_n j_n\,,$$

die Vektoren heißen, und mit $c_1, c_2, \ldots, c_n, \ldots$ als Folge reeller Größen. Wie in Abschnitt 6.5 sind die Addition zweier Vektoren und die Multiplikation eines Skalars mit einem Vektor definiert. Es bezeichnet p eine reelle Größe, für die $p \geq 1$ gilt. Im Raum ℓ^p werden nur solche Folgen $c_1, c_2, \ldots, c_n, \ldots$ als Komponenten eines Vektors zugelassen, bei denen die Reihe

$$\sum_{n=1}^{\infty} |c_n|^p$$

konvergiert. Die reelle Größe

$$\|u\|_p = \sqrt[p]{\sum_{n=1}^{\infty} |c_n|^p}$$

heißt die p-*Norm* des Vektors $u = c_1 j_1 + c_2 j_2 + \ldots + c_n j_n + \ldots$.

6.6 Es ist zu begründen, dass bei $u \neq 0$ stets $\|u\|_p > 0$ zutrifft, die p-Norm also positiv definit ist.

6.7 Es ist für jeden Skalar r die Formel $\|r u\|_p = |r| \cdot \|u\|_p$ zu begründen.

6.8 Es ist für $p = 1$ die Formel $\|u + v\|_1 \leq \|u\|_1 + \|v\|_1$ zu beweisen und daraus die Dreiecksungleichung $\|u - v\|_1 \leq \|u - w\|_1 + \|w - v\|_1$ herzuleiten. Insbesondere folgt hieraus, dass für zwei Vektoren u und v aus ℓ^1 auch deren Summenvektor $u + v$ in ℓ^1 liegt.

6.9 Es sei p eine reelle Größe mit $p > 1$. Aus dem Schaubild der durch $f(x) = |x|^p$ gegebenen Funktion, insbesondere aus der Tatsache, dass es nach oben gekrümmt ist, ist die Ungleichung

$$|x + \xi|^p = 2^p \left| \frac{x}{2} + \frac{\xi}{2} \right|^p \leq 2^{p-1} \left(|x|^p + |\xi|^p \right)$$

herzuleiten. Hieraus ist zu folgern, dass für zwei Vektoren u und v aus ℓ^p auch deren Summenvektor $u + v$ in ℓ^p liegt.

6.10 Es bezeichnen α, β zwei positive Größen und es sei t eine reelle Größe mit $0 < t < 1$. Die Ungleichung $\ln\left(t\alpha + (1-t)\beta\right) \geq t \ln\alpha + (1-t)\ln\beta$ ist aus dem Schaubild der Logarithmuskurve, insbesondere aus der Tatsache, dass sie nach unten gekrümmt ist, zu folgern.

6.11 Es bezeichnet p eine reelle Größe, für die $p > 1$ gilt. Ihr wird die reelle Größe $q = p/\left(p-1\right)$ so zugeordnet, dass auch $q > 1$ zutrifft und $\left(1/p\right) + \left(1/q\right) = 1$ gilt. Setzt man $a = \sqrt[p]{\alpha}$, $b = \sqrt[q]{\beta}$ und $t = 1/p$, ist aus der in Aufgabe **6.9** genannten Ungleichung die nach dem englischen Mathematiker William Henry Young benannte Ungleichung

$$ab \leq \frac{a^p}{p} + \frac{b^q}{q}$$

herzuleiten.

6.12 Mithilfe der youngschen Ungleichung von Aufgabe **6.11** ist für jeden vom Nullvektor verschiedenen Vektor $u = c_1 j_1 + c_2 j_2 + \ldots + c_n j_n + \ldots$ aus ℓ^p und für jeden vom Nullvektor verschiedenen Vektor $v = \gamma_1 j_1 + \gamma_2 j_2 + \ldots + \gamma_n j_n + \ldots$ aus ℓ^q die nach Otto Hölder, einem ehemaligen Studenten von Weierstraß und Kronecker, benannte Ungleichung

$$\sum_{n=1}^{\infty} \left| c_n \gamma_n \right| \leq \|u\|_p \cdot \|v\|_q$$

zu beweisen.

6.13 Für ein reelles p mit $p > 1$ bezeichnen $u = a_1 j_1 + a_2 j_2 + \ldots + a_n j_n + \ldots$ und $v = b_1 j_1 + b_2 j_2 + \ldots + b_n j_n + \ldots$ zwei Vektoren aus ℓ^p, für die $\|u+v\|_p$ positiv ist. Auf den zuletzt errechneten Ausdruck in der Formelzeile

$$\|u+v\|_p^p = \sum_{n=1}^{\infty} |a_n + b_n|^p = \sum_{n=1}^{\infty} \left(|a_n + b_n| \cdot |a_n + b_n|^{p-1}\right)$$

$$\le \sum_{n=1}^{\infty} \left(|a_n| \cdot |a_n + b_n|^{p-1}\right) + \sum_{n=1}^{\infty} \left(|b_n| \cdot |a_n + b_n|^{p-1}\right)$$

ist die in Aufgabe **6.12** hergeleitete höldersche Ungleichung anzuwenden und damit

$$\|u+v\|_p^p \le \left(\|u\|_p + \|v\|_p\right) \sqrt[q]{\sum_{n=1}^{\infty} \left(|a_n + b_n|^{p-1}\right)^q}$$

mit $q = p/(p-1)$. zu bestätigen. Nach Division beider Seiten durch $\|u+v\|_p^{p-1}$ ist die nach Hermann Minkowski benannte Ungleichung $\|u+v\|_p \le \|u\|_p + \|v\|_p$ zu folgern. Aus ihr ist die Dreiecksungleichung $\|u-v\|_p \le \|u-w\|_p + \|w-v\|_p$ herzuleiten.

6.14 Wie in Abschnitt 6.5 ist auch für $p = 1$ und für reelle p mit $p > 1$ zu beweisen, dass ℓ^p einen vollständigen linearen Raum darstellt: Liegt eine Folge $u_1, u_2, \ldots, u_n, \ldots$ von Vektoren vor und kann man zu jedem beliebig vorgegebenen positiven ε eine Zahl m_0 so benennen, dass für alle Zahlen m und k mit $m \ge m_0$ und $k \ge m_0$ die Ungleichungen $\|u_m - u_k\| < \varepsilon$ zutreffen, dann gibt es einen in ℓ^p befindlichen Vektor $u = \lim_{n\to\infty} u_n$ mit der Eigenschaft, dass man zu jedem beliebig vorgegebenen positiven ε eine Zahl k_0 so konstruieren kann, dass für alle Zahlen k mit $k \ge k_0$ die Ungleichungen $\|u - u_k\| < \varepsilon$ stimmen. Vollständige lineare Räume, bei denen der Abstand zwischen zwei Vektoren wie bei den ℓ^p-Räumen durch eine Norm ihrer Differenz erfasst wird, werden Stefan Banach zu Ehren *Banachräume* genannt.

6.15 Kritiker werden zu Recht bemerken, dass in den Formeln $a_0/\sqrt{2} = \langle f|\mathrm{C}_0\rangle$ und $a_n = \langle f|\mathrm{C}_n\rangle$, $b_n = \langle f|\mathrm{S}_n\rangle$ die Funktionen C_0 und C_n, S_n gar keine Testfunktionen sind. Dies stimmt, wenn man Testfunktionen so definiert wie im vierten Kapitel. Man kann jedoch Testfunktionen auch innerhalb des linearen Raumes aller stetigen reellen Funktionen definieren, die mit Periode 2π periodisch sind: Eine in diesem Raum befindliche Funktion ϑ soll eine *Testfunktion* heißen, wenn sie nicht nur mit Periode 2π periodisch ist, sondern wenn sie auch beliebig oft stetig differenzierbar ist. Es ist zu begründen, dass genau jene Funktionen ϑ in diesem linearen Raum Testfunktionen sind, deren Folge von Fourierkoeffizienten $a_0 = \sqrt{2}\langle\vartheta|\mathrm{C}_0\rangle$ und $a_n = \langle\vartheta|\mathrm{C}_n\rangle$, $b_n = \langle\vartheta|\mathrm{S}_n\rangle$ *schnell nach Null konvergieren.* Dabei soll eine Folge $\gamma_1, \gamma_2, \ldots, \gamma_n, \ldots$ reeller Größen per definitionem genau dann *schnell nach Null konvergent* heißen, wenn für alle Zahlen m die Beziehung $\gamma_n = o(n^{-m})$ zutrifft. Anschaulich gesprochen: Die Folgeglieder streben schneller nach Null als jeder Kehrwert einer Potenz, egal wie groß die Hochzahl ist.

6.16 Es ist wie im vierten Kapitel, nun aber auf den linearen Raum aller stetigen reellen und mit Periode 2π periodischen Funktionen bezogen, eine Theorie der Distributionen f zu skizzieren, wobei f jeder Testfunktion ϑ eine reelle Größe $\langle f|\vartheta\rangle$ zuordnet und diese Zuordnung den Gesetzen der Linearität gehorcht. Es ist zu begründen, dass genau jene f in diesem linearen Raum Distributionen sind, deren Folge von Fourierkoeffizienten $a_0 = \sqrt{2}\langle f|\mathrm{C}_0\rangle$ und $a_n = \langle f|\mathrm{C}_n\rangle$, $b_n = \langle f|\mathrm{S}_n\rangle$ *höchstens langsam divergieren.* Dabei soll eine Folge $c_1, c_2, \ldots, c_n, \ldots$ reeller Größen per definitionem genau dann *höchstens langsam divergent* heißen, wenn es eine Zahl m gibt, für welche die Beziehung $c_n = \mathcal{O}(n^m)$ zutrifft. Anschaulich gesprochen: Die Folgeglieder diviergieren höchstens so schnell nach unendlich wie eine Potenz.

Anmerkung: Die in den Aufgaben **6.15** und **6.16** angedeuteten Überlegungen lassen sich auf Folgenräume übertragen: Man definiert ℓ_* als Gesamtheit aller Vektoren $\vartheta = \gamma_1 j_1 + \gamma_2 j_2 + \cdots + \gamma_n j_n + \ldots$, bei denen die Folge $\gamma_1, \gamma_2, \ldots, \gamma_n, \ldots$ schnell nach Null konvergiert. Man definiert ℓ^* als Gesamtheit aller Vektoren $f = c_1 j_1 + c_2 j_2 + \cdots + c_n j_n + \ldots$, bei denen die Folge $c_1, c_2, \ldots, c_n, \ldots$ höchstens langsam divergiert. Und man legt $\langle f|\vartheta\rangle$ als $\langle f|\vartheta\rangle = \gamma_1 c_1 + \gamma_2 c_2 + \cdots + \gamma_n c_n + \ldots$ fest. Wenn man für die Basisvektoren $j_1, j_2, \ldots, j_n, \ldots$ die Hermitefunktionen $\phi_0, \phi_1, \ldots, \phi_{n-1}, \ldots$ einsetzt, schreibt man statt ℓ_* nun $\mathcal{D}_*$ und statt ℓ^* nun $\mathcal{D}^*$. Wie sich zeigt, besteht der Raum $\mathcal{D}_*$ aus etwas mehr Testfunktionen als die im vierten Kapitel betrachteten. Die Voraussetzung des kompakten Trägers wird aufgeweicht: Es sind in $\mathcal{D}_*$ die beliebig oft stetig differenzierbaren Funktionen ϑ enthalten, bei denen für alle Zahlen n und m der Betrag von $x^m \vartheta^{(n)}(x)$ im Grenzübergang $x \to \pm\infty$ nach Null strebt. Im Gegenzug enthält der entsprechende Raum $\mathcal{D}^*$ weniger Distributionen als die im vierten Kapitel betrachteten: Man nennt sie die *temperierten Distributionen.* Die diracsche Deltafunktion ist eine temperierte Distribution, und es zeigt sich, dass just die temperierten Distributionen der Fouriertransformation zugänglich sind.

6.17 Es ist für das n-te Hermitepolynom $\mathrm{H}_n(x)$ die Summenformel

$$\mathrm{H}_n(x+\xi) = \sum_{k=0}^{n} \binom{n}{k} \mathrm{H}_k(x)\,(2\xi)^{n-k}$$

herzuleiten.

6.18 Es ist für das n-te Hermitepolynom $\mathrm{H}_n(x)$ für jede natürliche Zahl k die Differentiationsformel

$$\frac{\partial^k}{\partial x^k}\mathrm{H}_n(x) = \mathrm{H}_n^{(k)}(x) = 2^k k! \cdot \binom{n}{k} \mathrm{H}_{n-k}(x)$$

herzuleiten.

6.19 Es ist die Formel

$$\frac{1}{2\pi \mathrm{j}} \int_\Gamma \frac{\mathrm{e}^{-z^2}}{(z-x)^{n+1}}\mathrm{d}z = \frac{(-1)^n}{n!}\mathrm{H}_n(x)\,\mathrm{e}^{-x^2}$$

zu beweisen, in der Γ eine geschlossene Kurve in der komplexen Ebene symbolisiert, die x einmal positiv umrandet, und $\mathrm{H}_n(x)$ das n-te Hermitepolynom bezeichnet.

6.20 Mit $\mathcal{D}$ bezeichnen wir den im $L^2(\mathbb{R})$ dichten Teilraum aller endlichen Linearkombinationen von Hermitefunktionen. Der lineare Operator V ist für Funktionen f aus $\mathcal{D}$ durch

$$\mathrm{V}f(x) = \frac{1}{\sqrt{2}}\left(x + \frac{\partial}{\partial x}\right) f(x) = \frac{1}{\sqrt{2}}\left(x f(x) + f'(x)\right)$$

definiert. Für die n-te Hermitefunktion ϕ_n ist $\mathrm{V}\phi_n = \sqrt{n}\cdot\phi_{n-1}$ herzuleiten. Es ist diese Formel, die dazu veranlasst, V den „Vernichtungsoperator“ zu nennen.

6.21 Es bezeichnen Λ den in Abschnitt 6.9 vorgestellten Erzeugungsoperator und V den in Aufgabe **6.20** vorgestellten Vernichtungsoperator. Es ist zu beweisen, dass die Hermitefunktionen ϕ_n die Eigenfunktionen des Operators $\mathrm{V}\Lambda = \Lambda\mathrm{V}$ sind und jeweils n als Eigenwerte besitzen.

6.22 Es ist zu bestätigen, dass bei der für x aus $]-\pi;\pi[$ durch $f(x) = x/2$ gegebene und mit Periode 2π periodisch fortgesetzte *Sägezahnfunktion* f die Fourierkoeffizienten $a_n = 0$ und $b_n = (-1)^{n-1}/n$ lauten. Aus der parsevalschen Identität ist die von Leonhard Euler entdeckte Summenformel

$$\sum_{n=1}^{\infty} \frac{1}{n^2} = \frac{\pi^2}{6}$$

erneut herzuleiten.

Index